Advanced Nuclear Fuels and Materials

先进核燃料与材料

刘荣正 刘马林 马景陶 编著

清華大學出版社
北京

内容简介

本书重点介绍先进核燃料及反应堆用材料，分为基础篇、燃料篇、材料篇和发展篇四大部分，共16章。基础篇重点介绍核能利用现状与核反应的基本原理，核能用材料发展现状，核材料研究基础及核燃料循环基础。燃料篇系统介绍金属燃料、氧化物燃料、碳化物和氮化物燃料、复合燃料及六种第四代先进反应堆燃料，从反应堆结构、燃料特点、制备过程及服役性能等方面详细展开。材料篇介绍反应堆用控制材料、结构材料和炭材料及聚变堆用材料，覆盖反应堆用主要材料体系。发展篇介绍目前核燃料与核用材料前沿研究领域，包括先进核燃料与材料中的数值模拟、纳米结构与核燃料以及事故容错燃料，展望未来先进核燃料的发展方向。

本书可作为核燃料循环与材料以及材料科学与工程学科的本科生和研究生基础课教材，对从事反应堆设计、核燃料生产研发、核能用材料研究的专业技术人员也有参考价值。

图书在版编目(CIP)数据

先进核燃料与材料/刘荣正，刘马林，马景陶编著. —北京：清华大学出版社，2022.3
ISBN 978-7-302-60157-9

Ⅰ. ①先… Ⅱ. ①刘… ②刘… ③马… Ⅲ. ①核燃料—介绍 ②核工程—工程材料—介绍
Ⅳ. ①TL2 ②TL34

中国版本图书馆 CIP 数据核字(2022)第031462号

责任编辑： 柳　萍　赵从棉
封面设计： 常雪影
责任校对： 赵丽敏
责任印制： 沈　露

出版发行： 清华大学出版社
网　　址： http://www.tup.com.cn，http://www.wqbook.com
地　　址： 北京清华大学学研大厦A座　　**邮　　编：** 100084
社 总 机： 010-83470000　　**邮　　购：** 010-62786544
投稿与读者服务： 010-62776969，c-service@tup.tsinghua.edu.cn
质量反馈： 010-62772015，zhiliang@tup.tsinghua.edu.cn
印 装 者： 三河市龙大印装有限公司
经　　销： 全国新华书店
开　　本： 185mm×260mm　　**印　张：** 23.75　　**字　　数：** 574千字
版　　次： 2022年4月第1版　　**印　　次：** 2022年4月第1次印刷
定　　价： 85.00元

产品编号：089801-01

随着我国国民经济水平的不断提升，人均能源消耗水平急速上升，在未来相当长一段时期内，能源问题一直会是制约我国社会经济可持续发展的核心问题。作为清洁能源的核能，在国家发展战略中的地位也不断提升。在“一带一路”倡议和核电“走出去”战略的背景下，核能发电在我国能源结构中的占比不断提升，核能的重要性日趋凸显。

在公众认知中，核能是把双刃剑，在为人类带来清洁能源的同时，也存在核辐射、核污染等潜在问题。纵观整个核能发展历程，安全性一直是所有核能系统设计首要关心的问题。核电厂产生的能量来自于燃料元件，核裂变产生的放射性裂变产物主要滞留在燃料元件内部，因此，燃料元件是反应堆的核心部件，直接影响核反应堆的安全性。深刻理解核燃料及核用材料的宏观和微观结构与服役性能的关联，对于设计新型核能系统至关重要。

由于核能领域的特殊性，其创新一直是在坚守传统过程中波浪式的创新，核能用关键工程材料的研发也大都以工程技术上相对成熟的材料为起点。目前的商业水堆核电站几乎全部用锆合金作为燃料元件的包壳材料，随着日本福岛核事故后对反应堆安全的日益重视，锆合金包壳本身的一些问题包括水中的腐蚀、吸氢和锆水反应等，使得对新型包壳材料的探索成为一个重要研究方向。随着核能研究的深入，第四代核能系统的研发和商业化开始加快步伐，适用于第四代核能系统的新型燃料元件不断被开发出来。这些新型燃料元件在事故条件下可为反应堆提供更大的安全余量，被称为事故容错燃料(accident tolerant fuel，ATF)。事故容错燃料除满足商业电站发电之外，还可以广泛用于深空、深海、国防等相关领域核能系统中，因此近年来世界上重要的核燃料研究机构都将事故容错燃料元件的研发列为未来核燃料研究中的重要任务。

随着我国核能事业的深入发展，众多高校开始设立与核燃料相关的专业，从事核用材料研究开发的科研队伍也日益扩大。为了深入总结现有核燃料体系的基础知识和目前国际国内在核燃料及核用材料领域的前沿研究成果，我们编写了本书。本书分为基础篇、燃料篇、材料篇和发展篇四大部分，共16章，全面覆盖目前核燃料和反应堆用材料领域的基础知识体系。在内容设计上，试图建立从核燃料结构设计、材料开发、材料制备、组织性能关系到服役性能的全生命周期流程。

本书由清华大学核能与新能源技术研究院从事核燃料及核用材料研发第一线的教师和研究人员编写。其中第1章、第2章和第15章由刘荣正编写；第3章由陈晓彤、焦增彤编写；第4章由陈昭编写；第5章由马景陶、徐瑞编写；第6章由邓长生、赵世娇编写；第7章由陈猛、聂磊编写；第8章和第12章由刘马林编写；第9章由宋晶编写；第10章、第11章和第13章由刘荣正、程心雨编写；第14章由周湘文编写；第16章由赵健编写。研究生刘子平、董雪、韦晓钰、闫津、赵凡、魏雅璇为本书部分章节提供了素材。全书由刘荣正统稿。清华大学唐春和教授、朱钧国教授、唐亚平教授和刘兵教授对全书进行了审核，并提出了宝贵建议。本书中部分素材来源于国内外学者的专著或期刊论文，在此一并感谢！

核燃料和反应堆用材料内容广泛，知识体系庞杂，目前核燃料领域的新内容、新体系不断涌现，因编者水平有限，书中不妥或谬误之处在所难免，恳请读者批评指正。

编 者

2022年3月于清华园

CONTENTS

第1篇 基 础 篇

第2篇 燃 料 篇

第3篇 材 料 篇

第4篇 发 展 篇

第1篇

基础篇

核能利用与核能用材料概述

能源的产生和利用是人类社会发展的永恒问题。当人类开始意识到原子核内部蕴藏着巨大的能量时,核能利用的大门缓缓打开。核能的利用离不开核燃料及材料的发展,特殊的服役环境也对核能用材料提出了新的更高的要求。本章首先介绍核能及其利用的基础理论知识,其次介绍世界商用核电站的发展历程及现状,最后介绍核燃料及核能用材料的相关内容。

1.1 核能基础知识

核能的产生以核反应为基础。1938 年德国科学家哈恩和斯特拉斯曼发现了重金属^{235}U 原子核的裂变现象。铀原子核裂变时释放出巨大的能量,这个能量来源于原子核内核子的结合能,能量值与核裂变时的质量损失相关。在此之前,原子物理的发展为核能利用做了长期的理论铺垫,这其中不乏一个个里程碑式的事件。

1895 年,德国物理学家伦琴发现了 X 射线。

1896 年,法国物理学家贝克勒尔发现了天然放射性现象。

1897 年,英国物理学家汤姆逊发现电子。

1898 年,居里夫妇发现新的放射性元素钋(Po)。

1902 年,居里夫人发现放射性元素镭(Ra)。

1905 年,爱因斯坦提出质能转换公式。

1914 年,英国物理学家卢瑟福实验确定了氢原子核的结构。

1935 年,英国物理学家查德威克发现了中子。

此后,核能利用从理论走向现实,人类进入了原子能时代,从核武器研发到核能的和平利用,从裂变反应堆到聚变反应堆,核能已成为人类能源结构中不可或缺的一环,并将在未来发挥更为关键的作用。

1.1.1 核反应

在一定条件下，一些粒子与原子核相撞会引发核反应，形成另一种化学元素或新的同位素。能引起核反应的粒子主要有 α 粒子（氦原子核）、质子（氢原子核）、中子、γ 射线（光子）等。对于核反应堆而言，最重要的是中子与原子核的相撞。中子为电中性粒子，质量与质子相当，自由中子的半衰期为 10.6min，可衰变为质子和电子。在原子核中，中子和质子间存在巨大引力，可克服质子间的静电斥力形成原子核。原子核密度非常大，原子半径为 10^{-10}m 量级，而原子核半径为 10^{-15}m 量级，单纯提取原子核的密度为 10^{14}g/cm^3。中子与原子核相撞产生的核反应可以归结为三类：

（1）散射。包括弹性散射和非弹性散射，特点是中子的轰击不引起原子核结构的变化，只改变其能量状况。

（2）吸收。中子被原子核吸收，原子核放出一些粒子（α 粒子、质子、β 粒子、γ 粒子）变成别的核素。

（3）裂变。中子的轰击使原子核分裂，放出射线和另外的中子，同时释放能量。

发生核反应后，单个原子核的构成会发生变化，总结合能也会发生变化，核反应所释放的能量来源于核反应后的质量亏损。由于质子、中子的动能和电子的动能不同，核反应所涉及的能量一般是化学反应的 10^6 倍。常温下粒子的平均动能为 0.025eV，核裂变生成中子的能量高达 2MeV，相当于 230 亿 K 高温的能量，如图 1-1 所示。

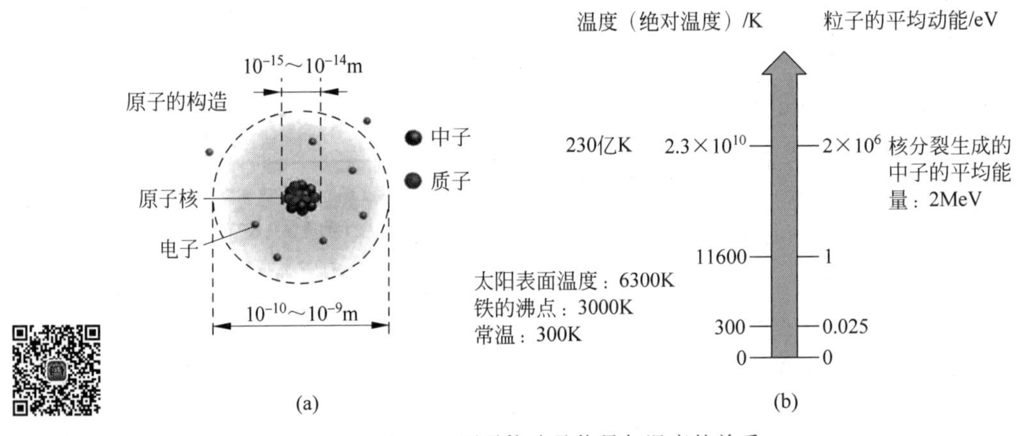

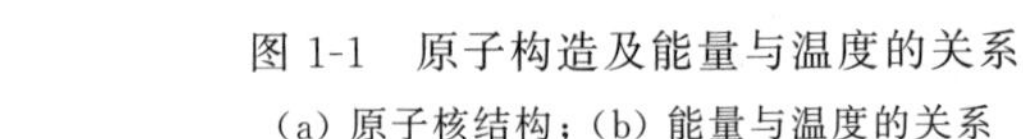
图 1-1 原子构造及能量与温度的关系

(a) 原子核结构；(b) 能量与温度的关系

1.1.2 中子截面

对于不同的核素，中子与其碰撞后发生各种核反应的概率往往差别很大，各种核素同中子碰撞时发生核反应的能力可以用截面的大小来表示。一般而言，截面是指一个粒子入射到单位面积内只含一个靶核的靶子上发生反应的概率，单位为靶恩(b)，1b=10^{-28}m^2。

图 1-2 所示为截面的概念示意图及其分类。根据中子与原子核的相互作用，截面可以分为吸收截面和散射截面。吸收截面又分为核裂变截面和俘获截面。中子俘获指的是中子

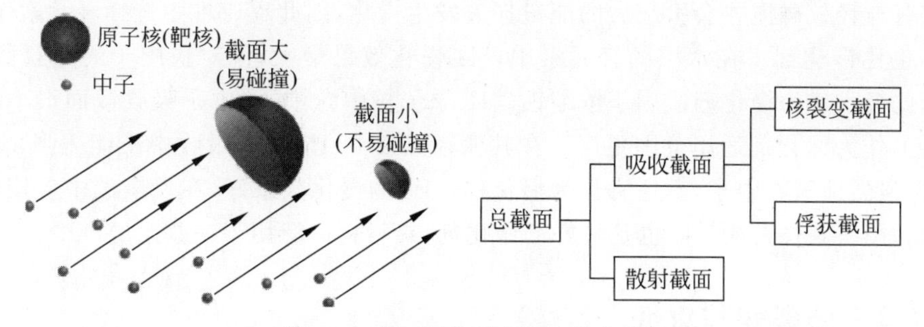

图 1-2　截面概念示意图及其分类

与原子核相互碰撞后，被核吸收并发出 γ 射线的过程，辐射俘获反应(n,γ)是反应堆内最常见的吸收反应，其反应为

$$ {}_{0}^{1}n + {}_{Z}^{A}X \longrightarrow ({}^{A+1}_{Z}X) \longrightarrow {}^{A+1}_{Z}X + \gamma \tag{1-1}$$

截面的大小代表了反应的难易程度，其不仅与核素种类相关，还与中子的能量相关，是中子能量的函数。中子的能量分布即中子谱，对于各种反应堆的设计和运行至关重要。如图 1-3 所示，^{235}U 和^{238}U 的反应截面大为不同，在低能量中子区，^{235}U 核裂变的截面随中子能量降低具有增大的趋势，而^{238}U 的核裂变截面在中子能量 1MeV 以下时几乎为零。在中等能量中子区，截面值在几个能量点会出现峰值，这主要是由于原子核和中子共存状态的稳定性会随能量而变化，达到能量的共振状态就会稳定，这样的截面峰值称为共振峰。^{235}U 和^{238}U 核裂变截面的差异决定了其作为核燃料在不同反应堆中的运行条件。

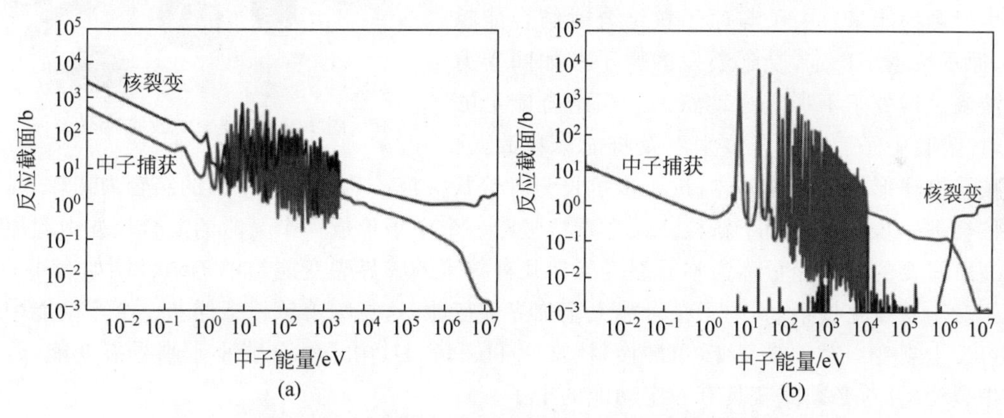

图 1-3　^{235}U 和^{238}U 的中子反应截面与中子能量的关系

(a) ^{235}U 的反应截面；(b) ^{238}U 的反应截面

1.1.3　中子慢化

很多重要核素的反应截面会随中子能量的减少而增大(图 1-3)，为了使核反应更容易发生，需要使中子慢化。中子同慢化剂发生碰撞，便会发生慢化，经过反复碰撞后，中子能量最终和周围原子核的运动能量平衡，被称为热中子。热中子的能量大约为 0.025eV。与热中子对应的中子为快中子，快中子的能量一般大于 0.1MeV，可引发增殖反应。

在反应堆中，中子通过弹性散射发生慢化，中子与重核碰撞会改变运动方向但能量损失不大,只有与轻核碰撞才会引起大的能量损失发生慢化,因此反应堆中选择轻元素作为中子减速剂,也称慢化剂。在常用的轻元素中,^{1}H 慢化效果最大,但对快中子的俘获截面也会变大,因此轻水作为慢化剂适用于浓缩铀。^{2}H 原子核中含中子,中子吸收截面很小,因此重水($^{2}H_2O$)作为慢化剂适用范围更广。在其他轻元素中,Li 和 B 吸收中子能力强,尤其是 B 元素可以强烈地吸收中子,不适宜作为慢化剂。Be 的慢化效果好,在反应堆中应用较多,但其毒性高,制备条件苛刻。C 也是较好的慢化剂,炭材料广泛用于一些反应堆中。

1.1.4 核裂变与衰变

核裂变一般是指一个重原子核分裂成两个质量为同一量级的碎片的现象,少数情况下也可分裂成三个或更多的碎片,产生的核裂变碎片也称核裂变产物。吸收热中子产生核裂变的物质称为可裂变物质,天然存在的可裂变物质只有^{235}U,如果让天然存在的^{238}U 或^{232}Th 吸收中子,可能会产生可裂变物质^{239}Pu 或^{233}U,分别称为铀-钚转换和钍-铀转换,其反应路径为

$$^{238}U \xrightarrow{n,\gamma} {^{239}U} \xrightarrow{\beta(23.45m)} {^{239}Np} \xrightarrow{\beta(2.3565d)} {^{239}Pu} \xrightarrow{(n,f)} \text{裂变产物} \tag{1-2}$$

$$^{232}Th \xrightarrow{n,\gamma} {^{233}Th} \xrightarrow{\beta(22.3m)} {^{233}Pa} \xrightarrow{\beta(26.967d)} {^{233}U} \xrightarrow{(n,f)} \text{裂变产物} \tag{1-3}$$

一般可用图 1-4 所示的液滴模型来描述核裂变的过程。当中子挤进类球形的原子核时,原子核就增加了由中子带来的结合能,这个过程中会产生过剩的能量。中子与原子核结合时结合能越大,原子核越不稳定,受到激发的原子核如同受力的液滴一样处于不稳定振动状态。当结合能足够大时,吸收中子后的复合核来不及将能量释放,原子核将由球形体变为椭球体,进一步拉长为哑铃状。哑铃状原子核中间的结合力比较弱,复合核会进一步分裂成两个新核。某个重核吸收一个中子形成一个受激的复合核并引起原子分裂所需要的最低能量称为临界裂变能。几种核素的临界裂变能与中子结合能如表 1-1 所示。对于易裂变核素,其中子结合能大于临界裂变能,这意味着该核素俘获一个零动能中子即可发生裂变。对于难裂变(可转换)核素^{232}Th 和^{238}U,中子结合能小于临界裂变能,若需发生裂变反应,必须俘获具有一定动能的中子。

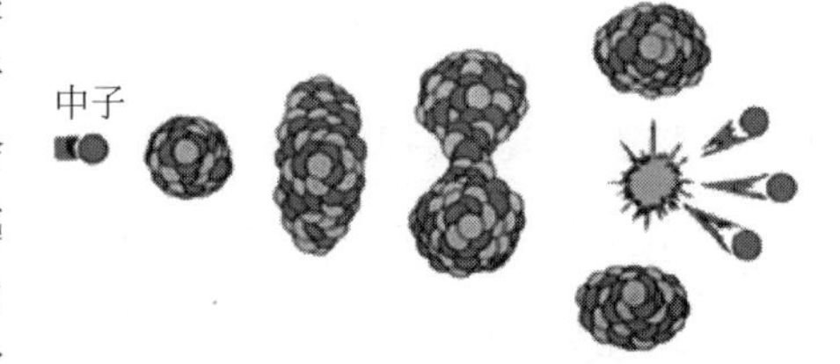

图 1-4 核裂变的液滴模型

表 1-1 几种核素的临界裂变能与中子结合能

核　　素	^{232}Th	^{238}U	^{235}U	^{233}U	^{239}Pu
临界裂变能/MeV	6.5	5.5	5.3	4.6	4.0
中子结合能/MeV	5.1	4.9	6.4	6.6	6.4

可裂变核素经过核裂变每个重核都大致裂变成大小两个轻核,一个质量数在 86～107 之间,一个质量数在 131～148 之间,如图 1-5 所示。这些新的原子核是不稳定的,它们会进一步发生衰变,以释放出多余的核子、射线及能量,逐渐形成稳定的原子核。一般而言,核裂变产物可以分为两类:第一类是强放射性裂变产物,包括^{131}I、^{134}Cs、^{137}Cs、^{89}Sr、^{90}Sr 等,其半衰期较短,衰变过程中产生强的放射性;第二类裂变产物的放射性很低,但寿命非常长,

包括^{129}I、^{135}Cs和^{99}Tc。以上这些核素的生成率比较高，是反应堆运行关注的主要核素。

核裂变反应的重要特征是产生新的中子。新的中子可以进一步轰击可裂变核素，发生链式反应。一般而言，每发生一次核碰撞，产生2～3个中子，这些中子一部分会继续参与链式反应，另一部分发生泄漏或者被吸收。从一次核裂变到下一次核裂变被称为中子的一代，某代中子数除以前代中子数的值，称为中子增殖系数。产生的中子数与泄漏或者被吸收的中子数平衡，中子增殖系数为1，称为核临界状态。运转中的核反应堆通常呈临界状态，进行自持裂变反应。

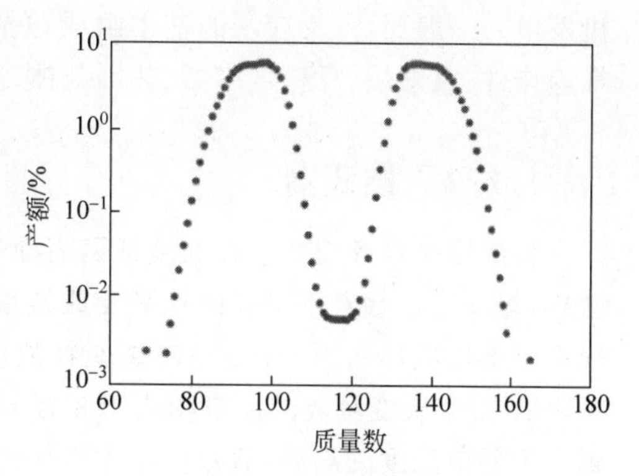

图1-5 ^{235}U核裂变产物的质量分布

核裂变反应的另一个重要特征是释放能量。核裂变碎片以很高的速度往相反的方向飞开，一般碎片移动距离在几微米到几十微米量级，移动过程中会与其他原子核撞击产生能量。一个^{235}U原子完全裂变产生的能量约为200MeV，1kg ^{235}U裂变释放的能量相当于2700吨标准煤，可见核反应所产生的能量是巨大的。

1.2 核能利用现状

1.2.1 裂变反应堆

目前核能利用最为广泛的领域为裂变反应堆。反应堆是进行裂变反应的专门装置，又被称为“原子锅炉”，是一种特殊的压力容器。按照反应堆的用途可分为生产堆、动力堆、研究堆和生产动力堆。生产堆主要用于生产易裂变材料和其他材料，或者用于工业规模辐照。动力堆主要用于产生动力，大量用于核电站，也用于核动力装置。研究堆主要用于基础研究或应用研究。生产动力堆即在生产易裂变材料的同时也产生动力。

按照中子能量分，反应堆包括热中子堆、中能中子堆和快中子堆。热中子堆是主要由热中子或低能中子(能量为0.025～1eV)引起裂变的反应堆，生产堆、绝大部分动力堆及大部分研究堆都是热中子堆。中能中子堆是主要由中能中子(能量为1eV～0.1MeV)引起裂变反应的反应堆。快中子堆是主要由快中子(能量>0.1MeV)引起裂变反应的反应堆。

按反应堆所用的核燃料分，有天然铀堆和浓缩铀堆。前者是以天然铀做燃料的反应堆，如我国秦山三期核电站就是以天然铀做燃料的重水堆。20世纪50—60年代，英国和法国建造的石墨慢化、气体冷却的反应堆也是天然铀反应堆。大部分动力反应堆，包括压水堆、沸水堆等都以浓缩铀为燃料。

按照反应堆用的慢化剂和冷却剂分，有轻水堆、重水堆、石墨堆以及液态金属冷却堆等。石墨堆是以石墨作为慢化剂的反应堆，如用水做冷却剂，称石墨水冷堆；如用气体做冷却剂，称为石墨气冷堆。快中子堆如用热态金属钠作冷却剂，则是钠冷堆。

现代反应堆，从外形看是一个立式球形的圆柱体或球形建筑物，这就是所谓的核岛。发电部分也称为常规岛，核电厂和火电厂都是用蒸汽膨胀做功，推动蒸汽轮机旋转，带动发动机发电。一般而言，反应堆的基本组成包括如下部分：燃料元件、冷却剂、慢化剂、控制棒、堆内构件、反射层、反应堆容器、热屏蔽体、冷却剂系统、自动控制系统和监测系统等。

1.2.2 核武器

核武器是以核裂变或核聚变或两者兼容而制成的大规模杀伤性武器。核武器装的是核燃料，爆炸后进行着不可控的核裂变或核聚变反应，在极短时间内释放出巨大核能，产生大规模的杀伤破坏作用。1kg ^{235}U 裂变释放的能量相当于 2 万 t TNT 炸药爆炸释放出的能量，1kg 氘氚聚变释放的能量相当于 8 万 t TNT 炸药爆炸释放出的能量。核爆炸时中心达到上千万摄氏度的高温，数百亿个大气压的压力。目前发展出的核武器主要包括原子弹、氢弹和中子弹。

1. 原子弹

原子弹用高能烈性炸药引爆，使处于亚临界状态的核装料（^{235}U 或 ^{239}Pu）达到超临界状态，并迅速由中子源提供中子引发链式裂变反应，瞬时释放巨大的能量。原子弹实现爆炸的方法有两种，如图 1-6 所示。一种称为压拢法，将核燃料装成两个半球，引爆时通过炸药的强大冲击力将另一块核燃料打入两个半球中，瞬间达到超临界状态，发生核爆炸；另一种称为压紧法，将处于次临界状态的核燃料球体放在原子弹中心，在其外围布置上烈性炸药和雷管，引爆后产生强大压力，将核燃料压缩到极高的密度，达到超临界状态，并由球中心提供中子源，引发自持裂变反应。压拢法利用增大质量达到超临界状态，压紧法利用增大密度达到超临界状态，后者核燃料利用率高。现在的原子弹多采用压紧法。我国第一颗原子弹也采用压紧法。

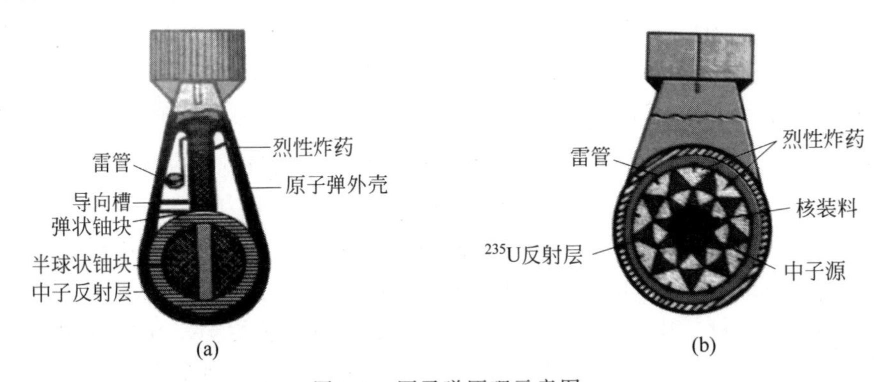

图 1-6 原子弹原理示意图

(a) 压拢法；(b) 压紧法

2. 氢弹

氢弹利用原子弹的爆炸产生高温高压，实现氘氚聚变。最初制造的氢弹用三个互相分开的铀块或钚块作为原子弹的装料，原子弹由炸药引爆压紧达到超临界状态，产生高温，引发氘氚聚变。氘和氚常温下都是气体，密度很小，需要冷冻到零下 200 多摄氏度，变成液态后装料，使得氢弹体积很大。苏联科学家使用氘化锂-6 作为装料，原子弹引爆产生的中子与 ^{6}Li 反应产生氚，与氘发生聚合反应，这种氘化锂被称为干式氢弹，大大缩小了体积，减轻了重量。另一种氢弹为威力更大的三相弹，三相弹利用氘化锂-6 作为聚变材料，在其外设一层^{238}U外壳，通过氘氚聚合产生的快中子使^{238}U发生裂变反应，它的爆炸过程为裂变—聚变—裂变，爆炸时威力更大，产生的放射性裂变产物更多。

3. 中子弹

中子弹是超小型化的氢弹，它用微型原子弹引爆，不用氘化锂，无^{238}U外壳，有弱的冲击波作用和强的辐射作用，爆炸时放出大量的高能中子和强 γ 辐射，可穿透 20～30cm 厚的坦克和装甲，而对武器装备和建筑物的主体结构破坏不严重。

1.2.3　核动力装置

要实现深空深海探测和长距离航行要求，关键在于交通工具。目前最为重要的交通工具为核动力装置。

1. 核动力航母

航空母舰是海军舰载机起降的海上活动机场，大型航母可载飞机 70～120 架，航母的自重和负载量特别大，要求有非常高的动力。核动力航母利用核裂变反应释放的热能提供动力，具有非常高的功率。航母核燃料换料周期长，可长期不补给燃料，续航能力强，减轻了航母对基地的依赖性和对后勤支援的要求。此外，核动力航母没有排烟问题，不需要设计进气道和烟囱，也免受烟气的腐蚀及热流的影响，生存能力强。

2. 核潜艇

常规动力潜艇水下航行采用柴油机推动，同时给蓄电池充电，因蓄电池容量有限，水下续航能力低，经常需要浮出水面充电，隐蔽性和生存能力受到威胁。核动力潜艇可长期在水下连续航行，可 80～90 天不浮出水面，续航能力达 100 万海里（1 海里＝1852m）。现在服役的核潜艇，一般采用压水堆，热功率为 100～400MW，堆芯燃料可使用 30 年。

3. 核动力商船

北冰洋有厚厚的冰层覆盖，因此破冰船具有重要的实用价值。原子破冰船用核反应堆-汽轮机作为动力，代替柴油发动机，续航能力强，无须储备大量燃料，不依赖燃料基地，功率大，破冰能力强。1957 年，世界上第一艘核动力破冰船——苏联“列宁”号原子破冰船下水，1960 年正式投入运行，该船可在 2m 厚的冰层中以每小时 3 海里的速度行进。除了破冰船，普通的商船也可用核动力推动，以满足巨大的动力需求。

4. 核动力火箭

核热火箭是利用核燃料裂变时产生的巨大热能把推进剂（氢、氦或氮）加热到极高的温度（4000℃以上），以极高速度从火箭尾部喷出，推动火箭高速飞行。核热火箭的比冲高，可大大缩短火箭的航行时间。另外一种核动力火箭的形式为核电火箭，它是把核裂变能转化为电能，提供给火箭，使推进剂（如汞或氙）电离，加速成为等离子态推进剂，高速排出产生极大的推动力。

5. 核动力卫星

当前，航天能源主要有太阳能、化学能和核能三大类。在外行星探测中，远离太阳，无法使用太阳能，而化学能蓄能有限，因而核能是优先的选择。目前的核电源有两类，一是放射性同位素温差电源，二是核反应堆电源。放射性同位素温差电源是将放射性同位素(如^{90}Sr)衰变过程释放的热能通过热电偶转换成电能。这种核电源尺寸小，重量轻，性能稳定可靠，使用期可达几十年，但功率较小，仅几十瓦至上千瓦，适用于通信卫星等使用。长期载人的大型宇宙飞船、空间站和大型通信卫星需要功率在几千瓦以上的电源，微型高功率空间反应堆是最理想的电源。

1.3 世界商用核电站发展历程

1938年，德国科学家哈恩用中子轰击铀原子核，发现了核裂变现象。第二次世界大战后期，美国为了赶在德国之前造出原子弹，秘密进行了庞大的“曼哈顿工程”，包括在芝加哥足球场看台下的一个网球场建造了一个反应堆。该反应堆由费米主导建造，将石墨块堆砌起来，用10t金属铀和40t氧化铀做成的棒插在385t石墨砖块中，形成10m×9m×6m的庞然大物，插入10根控制棒，于1942年12月2日实现了世界上第一次受控自持链式反应，功率约为200W(图1-7(a))。之后，美国第一座实验快堆EBR-Ⅰ首次发电，点亮了4个灯泡。世界第一座核电站是1954年建成的奥布宁斯克(Obninsk)核电站，该核电站为5MW轻水冷却石墨反应堆(图1-7(b))。此后人类进入了大规模利用核能发电的时代。

(a) (b)

图1-7 早期的核反应堆

(a) 费米主导建造的人类第一座原子反应堆；(b) 世界上第一座核电站——奥布宁斯克核电站

1.3.1 核电发展历程

核能发展至今，经历了四个主要的阶段：

1. 起步期(1954—1965年)

20世纪50—60年代，是核电发展的起步期，随着一系列原型试验堆投入运行，以压水堆和沸水堆为主的核电发展路线得以确认。在此期间，世界共有38个机组投入运行，几个主要有核国家建成了自己的早期原型反应堆，形成第一代核电技术。

2. 爆发期(1966—1980年)

发达国家的经济飞速发展，对电力供应产生了巨大需求。1973年第一次石油危机爆发，核电以其运行经济性和能源独立性优势在世界范围内进入爆发式增长阶段。在此期间，共有242台机组投入运行，均采用第二代核电技术。美国成批建造500～1100MW的压水堆、沸水堆；苏联建造1000MW石墨堆和440MW、1000MW的VVER型压水堆；法国的核电发电量增加了20.4倍，比例从3.7%增加到40%以上；日本的核电发电量增加了21.8倍，比例从1.3%增加到20%。到1980年年底，全世界运行核电机组近300台，总装机容量已达1.8亿kW。1966—1980年，核电装机容量年增长率达到26%，如图1-8所示。

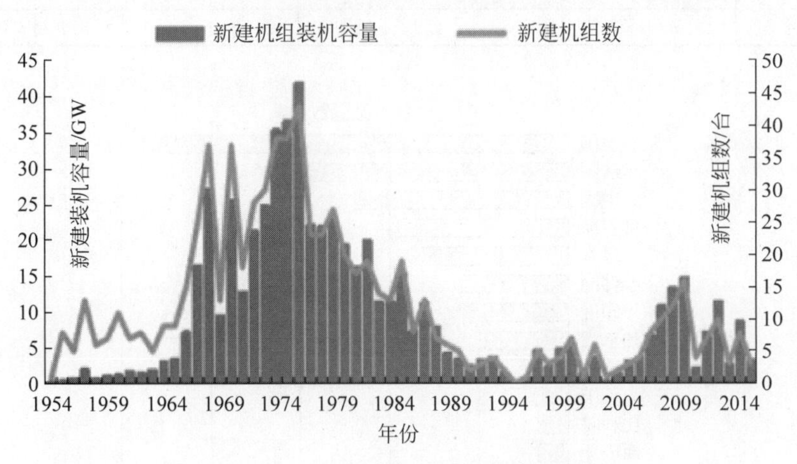

图1-8 1954—2016年全球核电新建机组情况

3. 低潮期(1981—2000年)

受1979年第二次石油危机的影响，西方各国经济发展减速，电力需求出现回落。这期间1979年美国三里岛核电站、1986年苏联切尔诺贝利核电站两起重大事故的发生，直接导致了全球核电发展的停滞，核电的安全性和经济性被重新评估。为保证核电厂的安全，世界各国采取了增加更多安全设施、更严格审批等措施，核电经济效益下降、投资风险增大，核电发展进入低潮阶段。西方国家调整核电政策，发展速度明显减缓，而中国、印度和韩国等亚洲国家成为核电产业新的增长极。

4. 复苏期(2001年至今)

进入21世纪后，减少温室气体排放成为摆在世界各国面前的难题，电气化进程的推进和能源供给的大幅波动推动了电力需求的再次增长。在福岛大地震导致的核泄漏事故前，核电长期处于安全运行状态。世界各国对核电重新转为积极态度，核电产业开始复苏。第三代核电技术取得突破性进展，在设计原理上以其固有的安全性逐步消除了社会舆论的顾虑。

1.3.2 世界核电发展现状

截至2021年6月，全世界的核电站运行机组数量为443台，总装机容量约为3.9亿kW。核电厂主要分布在美国、法国、中国、俄罗斯、日本、韩国、印度、加拿大、乌克兰和英国等国家。在主要核电国家中，法国核电比例为70.6%，韩国为26.2%，美国为19.7%，俄罗斯为19.7%，而中国仅为4.9%(表1-2)。目前全世界在建核电机组52台，总装机容量为54515MWe，主要集中在中国、印度、俄罗斯等国。图1-9展示了目前的世界核电发展现状。

表 1-2 世界主要核电国家核电发电量和核电占比(截至 2021 年 6 月)

核电概况	国家									
	美国	法国	日本	中国	俄罗斯	韩国	加拿大	乌克兰	瑞典	英国
总发电量/MWe	99648	63130	36476	51027	28448	23833	13554	13107	8592	8923
核电占比/%	19.7	70.6	7.5	4.9	19.7	26.2	14.9	53.9	34.0	15.6

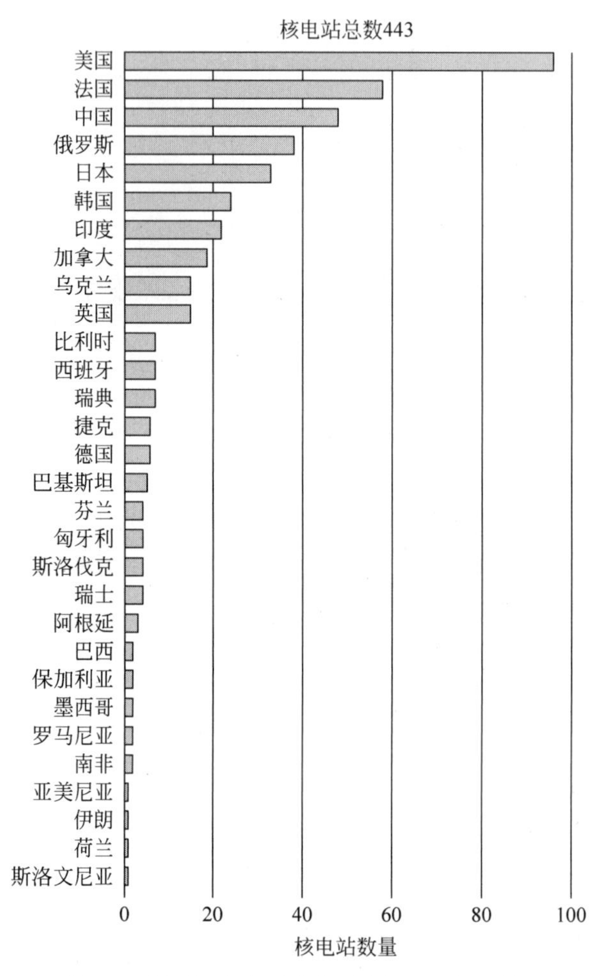

图 1-9 世界核电发展现状(截至 2021 年 6 月)

1.3.3 中国核电发展现状

与世界主要核电国家相比,中国核电起步较晚,但发展较快。1991 年,我国自行设计、建造和运行的第一座压水堆核电厂 300MW 秦山核电站投入运行。之后,我国引进技术建造的广东大亚湾核电站(2×900MW)、秦山二期核电站(2×600MW)、岭澳核电站(2×900MW)、秦山三期核电站(2×700MW)、江苏田湾核电站(2×1000MW)等相继建成发电,为中国核电加速发展奠定了良好的基础。

截至 2021 年 6 月,中国大陆运行的核电机组为 49 台,核电在中国发电总量占比由

2014 年的 2.2%提升至 4.9%(图 1-10)。在建机组 13 台,约占目前世界在建机组的 25%。从核电发展战略上,中国运行和在建的核电站多数属于二代改进型,目前从美国引进的 AP1000 和从法国引进的 EPR 属于第三代核电技术,在三代核电技术的基础上,通过引进吸收再创新开发出了 CAP1400、"华龙一号"等先进压水堆堆型。在自主创新方面,以清华大学的高温气冷堆技术为基础的高温气冷堆示范电站在山东荣成开工建设,已于 2021 年底实现并网发电。高温气冷堆示范电站是我国具有完全自主知识产权的核电系统。目前中国核电技术正在逐步推向全球核电市场,成为中国推进"一带一路"倡议的重要支柱。

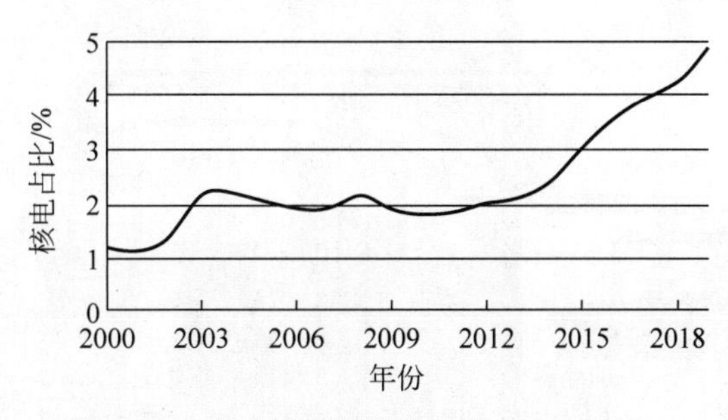

图 1-10　核电占中国发电总量比例的变化

1.4　商业反应堆的发展

目前全球商业运行的核电站主要有六种堆型,分别为压水堆(pressurized light-water moderated and cooled reactor,PWR)、沸水堆(boiling water cooled and moderated reactor,BWR)、重水堆(pressurized heavy-water moderated and cooled reactor,PHWR)、气体冷却石墨慢化堆(gas cooled graphite moderated reactor,GCR)、轻水冷却石墨慢化堆(light-water cooled graphite moderated reactor,LWGR)和快中子堆(fast breeder reactor,FBR),各反应堆的运行情况如表 1-3 所示。在所有的商业电站中,压水堆、沸水堆和重水堆的占比分别为 68.2%、14.2%和 11.1%,是商业反应堆的主流堆型。

表 1-3　不同类型核电站运行情况(截至 2021 年 6 月)

	核电站种类					
	压水堆	沸水堆	重水堆	气体冷却石墨慢化反应堆	轻水冷却石墨慢化反应堆	快中子堆
数量/座	302	63	49	14	12	3
总发电量/MW	286958	64122	24505	7725	8358	1400

1.4.1　商业反应堆类型

1. 压水堆

压水堆使用普通水作为冷却剂和慢化剂。压水堆的结构示意图如图 1-11 所示。一回路中水在极高压力下通过反应堆堆芯,二回路中产生蒸汽驱动汽轮机发电。反应堆堆芯中的水温约为 325℃,这个温度下必须保持在 150 倍的大气压下水才不致沸腾。这样高的压力通过稳压器来保持。一回路中的水也是慢化剂，如果其中部分水被转化为了蒸汽，裂变反应就会缓降下来，这一负反馈效应是压水堆的安全特性之一。二回路在较低的压力下工作，水在蒸汽发生器的热交换器中沸腾。蒸汽驱动汽轮机并带动发电机产生电力。过剩蒸汽被排到冷凝器中，凝结成水，并由组泵泵出，重新回到反应堆的压力容器。

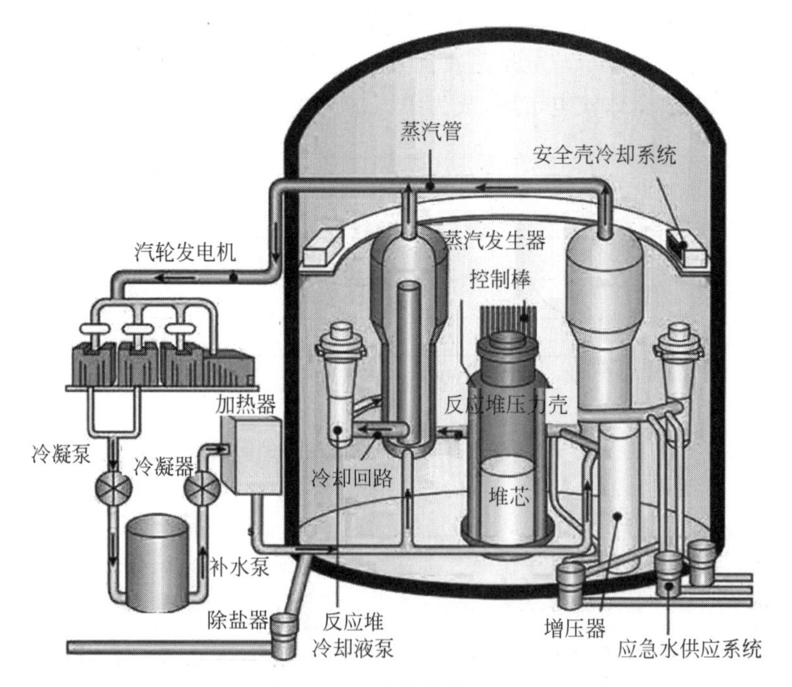

图 1-11　压水堆结构示意图

压水堆结构紧凑，堆芯功率密度大，轻水价格便宜，建造风险不大，安全措施高，在经济上具有竞争力。但是压水堆必须使用耐高压的压力容器，必须使用富集的燃料，一般富集度要达到 3%左右。

压水堆设计有三道主要的屏障。第一道屏障为锆合金包壳，将核燃料和放射性裂变产物束缚在包壳内部。第二道屏障为压力容器，压力容器厚 20cm，可有效防止辐射泄漏。第三道屏障为反应堆堆芯及主冷却系统外的安全壳厂房，安全壳由 90cm 厚的预应力混凝土构成，并且有 6mm 厚的防漏钢制衬垫。

2. 沸水堆

沸水堆的结构与压水堆有许多相似之处，但其只有一个单独的回路，其结构示意图如图 1-12 所示。沸水堆以沸腾轻水为慢化剂和冷却剂，并在压力容器内直接产生饱和蒸汽。在沸水堆中水处在较低的压力(75 个大气压)下，堆芯中的水大约在 285℃沸腾。冷却水从反应堆底部流进堆芯，对燃料棒进行冷却，带走裂变产生的热能，冷却水温度升高并逐渐汽化，最终形成蒸汽和水的混合物。经过汽水分离器和蒸汽干燥器，利用分离出的蒸汽推动汽轮机发电。

沸水堆采用一体化蒸汽供应系统，直接产生动力蒸汽，不需要蒸汽发生器，简化了回路系统。沸水堆功率密度比压水堆低，在相同功率下燃料装载量比压水堆高 50%，压力容器也比压水堆重。

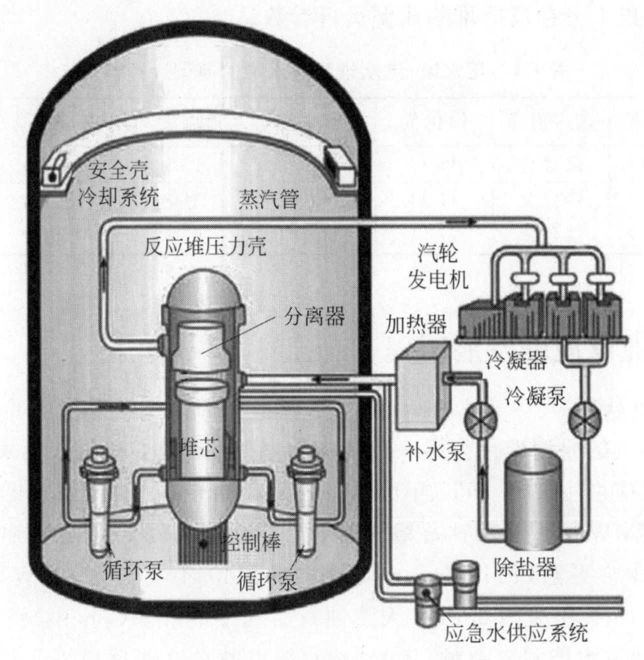

图 1-12　沸水堆结构示意图

3. 重水堆

重水堆也称 CANDU 堆，采用重水为中子慢化剂，天然铀作为燃料，且没有压力容器，其结构示意图如图 1-13 所示。重水堆的一回路结构一般为压力管式，重水围绕着燃料组件，压力保持在包容燃料棒束的管道中。重水与轻水相比吸收中子较少，较高的中子经济性使得重水堆可以使用天然铀作为燃料，压力管式的布局可以实现非停堆换料。但重水堆的功率密度低，慢化剂带走的热量未能充分利用，压力管寿命低，重水成本高，氚排放量大。

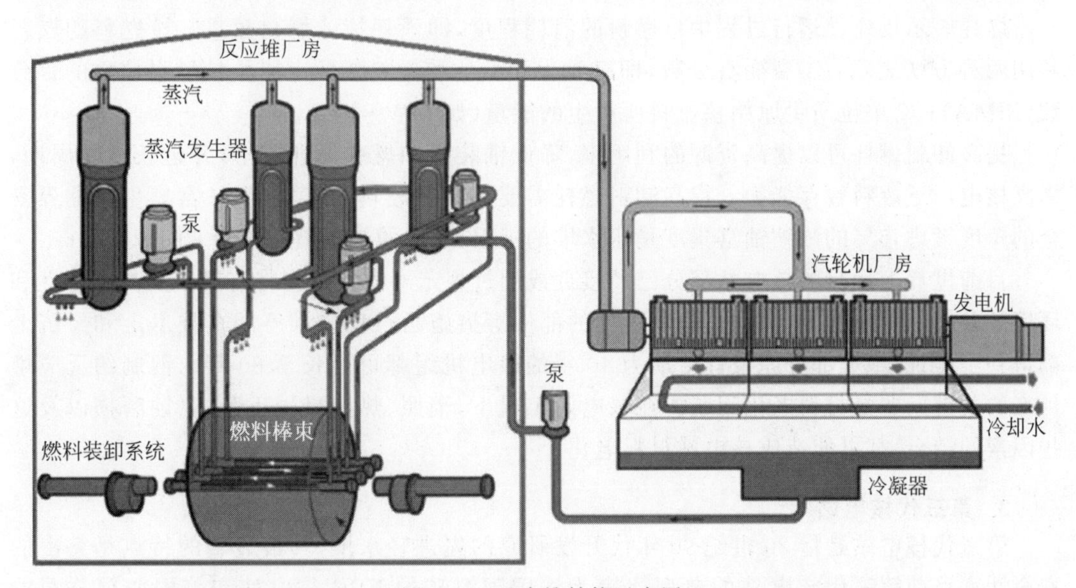

图 1-13　重水堆结构示意图

表 1-4 总结了以上三种反应堆的典型运行参数。

表 1-4 压水堆、沸水堆和重水堆的典型运行参数

反应堆类型	燃料材料	燃料包壳	慢化剂	冷却剂	入口温度/℃	出口温度/℃	运行压力/MPa
压水堆	低浓 UO_2	锆合金	H_2O	H_2O	290	325	15
沸水堆	低浓 UO_2	锆合金	H_2O	H_2O	280	330	7
重水堆	天然 UO_2	锆合金	D_2O	D_2O	270	310	10

1.4.2 商业反应堆发展历程

1. 第一代核电站

以试验验证为主的原型堆称为第一代核电站，它们证明了利用核能发电的技术是可行的。这一时期的反应堆主要有 1954 年苏联 5MW 奥布宁斯克(Obninsk)石墨沸水堆核电站，1956 年英国 45MW 原型天然铀石墨气冷堆卡德豪尔(Calder Hall)核电站，1957 年美国 60MW 原型压水堆希平港(Shippinport)核电站，1960 年美国 250MW 沸水堆德累斯顿(Dresden)核电站，1962 年法国 60MW 天然铀石墨气冷堆舒兹(Chooz)核电站和 1962 年加拿大 25MW 天然铀重水堆罗尔弗顿(Rolphton)核电站。这些反应堆是后续各主流商业反应堆的原型堆。

2. 第二代核电站

在第一代核电站发展的基础上，20 世纪 70—80 年代进行了反应堆设计的标准化和系列化，这些批量建设的核电站为第二代核电站。第二代核电站功率范围为 600～1400MW，包括了现在正在运行的诸如 PWR、VVER、BWR 和 CANDU 等大部分商业核电站，它们证明了发展核电在经济上是可行的。对于第二代核电站，主要任务是提高核燃料燃耗和延长核电站寿命。

燃耗表示反应堆运行过程中核燃料的消耗程度，即消耗掉的燃料数量。核燃料的燃耗常用两种方法表示：①裂变百分数，即已发生裂变的核燃料核数占原始核燃料核数的百分数(FIMA)；②单位质量原始核燃料所产生的能量(如 MW・d/t)。

提高卸料燃耗可以提高资源的利用率，降低铀装量和燃料循环成本，并延长换料周期，提高核电厂乏燃料暂存能力。提高卸料燃耗需要提高核燃料的富集度，从富集生产临界安全的角度考虑，5%的浓缩铀富集度是压水堆的极限，对应的卸料燃耗约为 60GW・d/t。

目前世界上运行的核电站部分已经接近或超过规定寿命。延寿将有助于提高经济性和环境效益。从可行性上，通过更换反应堆的部件等措施延长反应堆寿期在技术上和经济上都得到了验证，绝大部分原设计寿期为 40 年的核电机组都可延长至 60 年。但制约反应堆延寿的关键问题是材料老化问题。在核电站工况下，辐照、热和机械负荷、腐蚀磨损以及这些因素的结合，都可能造成核电站材料老化。

3. 第三代核电站

第三代核电站是指 20 世纪 90 年代开发研究的先进轻水堆，其最显著的特点是突出的安全性。目前第三代核电站的典型代表为法国阿海珐的 EPR 核电站和美国西屋公司的 AP1000 核电站。

EPR 采取了“增加专设安全系统”的思路，在第二代核电站基础上增加强化专设安全系统，反应堆厂房非常牢固，混凝土底座厚达 6m，安全壳为双层，内壳为预应力混凝土结构，外壳为钢筋混凝土结构，厚度都是 1.3m。2.6m 厚的安全壳可抵御坠机等外部侵袭，EPR 的熔堆事故影响严格限制在反应堆安全壳内，即使发生概率极低的熔堆事故，压力壳被熔穿，熔化的堆芯逸出压力壳，熔融物仍封隔在专门的区域内冷却。

AP1000 采用“非能动安全”技术路线，利用自然界物质的固有规律来保证安全：利用物质的重力，流体的自然对流、扩散、蒸发、冷凝等原理在事故应急时冷却反应堆厂房和带走堆芯余热。假设核电站的反应堆发生泄漏，堆芯上方水箱内的冷水就因下面压力减小，在重力作用下自然向下补充，冷水经过管道循环可以迅速把反应堆产生的热量带走。

第三代核电站设计上有如下特点：

(1) 简化的设计。非能动系统的应用使得核电厂设备大为简化，便于操作，降低运行带来的波动。

(2) 建设周期缩短。标准化的设计可以使模块化制造和建设同步进行，以加速许可证颁发过程，降低固定资产投资，缩短建设周期。

(3) 安全性更高。进一步降低堆芯熔化概率，第二代核电站的堆芯熔化概率为 10^{-4}，核物质大规模释放概率为 10^{-5}。三代核电技术(如 AP1000)这两个指标分别为 5.08×10^{-7} 和 5.92×10^{-8}。安全性的提高可提供较大的宽限期，停堆后电站不需要人工干预时间为 72h。

(4) 经济性更好。第三代核电站设计寿命一般为 60 年，更多地使用可燃毒物吸收材料，延长燃料寿命，同时提高燃耗，以更充分有效地使用燃料，减少核废物。

4. 第四代核能系统

2000 年 5 月，由美国能源部发起、美国阿贡实验室组织全世界约 100 名专家进行了研讨，提出了第四代核电站的四项基本要求。

(1) 经济性要求。要有竞争力的发电成本，其基准发电成本为 3 美分/kW·h，比投资小于 1000 美元/kW，建造时间少于三年。

(2) 核安全和辐射安全要求。堆芯熔化概率低于 10^{-5}，不会发生严重的堆芯损坏，不需要场外应急，人因容错性能高，辐射照射尽可能小。

(3) 核废物要求。具有完整的解决方案，解决方案被公众接受，废物量小。

(4) 防核扩散要求。对武器扩散分子的吸引力小，内在和外部的防止核扩散的能力强，对防止核扩散要经过评估。

2002 年 9 月在东京召开的第四代核能系统国际论坛(Generation Ⅳ International Forum，GIF)会议上，与会的 10 个国家代表在 94 个概念堆的基础上，一致同意开发以下 6 种第四代核电站概念堆系统：气冷快堆(gas cooled fast reactor，GFR)，铅合金液态金属冷却快堆(lead-cooled fast reactor，LFR)，液态钠冷却快堆(sodium-cooled fast reactor，SFR)，熔盐反应堆(molten salt reactor，MSR)，超高温气冷堆(very high temperature gas cooled reactor，VHTR)，超临界水冷堆(supercritical-water-cooled reactor，SCWR)。各反应堆堆型的主要参数特点如表 1-5 所示。

表 1-5 六种第四代反应堆的主要运行参数

反应堆类型	中子谱	冷却介质	出口温度/℃	燃料循环	最大电功率/MW
气冷快堆(GFR)	快	He	850	闭式	1200
铅冷快堆(LFR)	快	Pb,Pb-Bi	480～570	闭式	600～1000
钠冷快堆(SFR)	快	Na	500～550	闭式	600～1500
熔盐反应堆(MSR)	快/热	氟化物熔盐	700～800	闭式	1000
超高温气冷堆(VHTR)	热	He	900～1000	一次	250～300
超临界水冷堆(SCWR)	快/热	H_2O	510～625	一次/闭式	1000～1500

第四代核能系统具有更高的运行温度、更高的发电效率，同时可满足多种工业用途，其模块化、小型化的设计理念可以灵活适用于多种场景。6 种典型堆型中有 5 种可以设计成快堆，提高了核燃料的利用率。但由于运行环境更加苛刻，第四代核能系统对燃料、材料要求更高，特别是对材料的高温性能和耐腐蚀性的要求也更高。

图 1-14 总结了核电技术的发展历程。

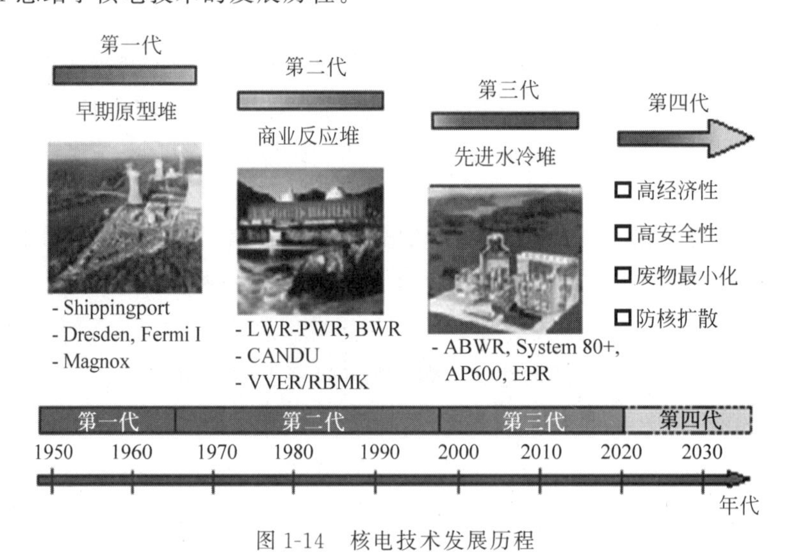

图 1-14 核电技术发展历程

1.4.3 其他先进核能系统

1. 行波堆

行波反应堆(traveling wave reactor,TWR)是一种原位增殖反应堆，不需要燃料的再加工和再循环，通过燃料增殖实现反应堆运行几十年而无需换料。行波堆采用了多区域的堆芯，其中某个小区域有着适量的裂变材料并达到足以提供过量中子去启动一个增殖燃烧波的临界状态时，这个波将扩展到只包含有增殖材料的邻近区域。波慢慢扩展，直到到达增殖区域的顶端。行波堆只有在启动时需要少量的浓缩铀，此后使用如贫化的铀或钍等多种燃料来运行，可以达到 40 倍于目前压水堆的燃料利用率。

2. 加速器驱动的核能系统

高能粒子可以触发元素种类发生变化，称为嬗变，原则上嬗变能够使核燃料废料中的长寿命的放射性元素转变为短寿命的放射性核素。在加速器驱动的核能系统中，一个加速器和一个裂变堆可以组合成为一个加速器驱动的系统(accelerator driven system，ADS)。在ADS中，利用加速器加速的高能质子撞击重靶核(如铅)发生散裂反应，一个质子引起的散裂反应可产生几十个中子，用散裂产生的中子作为中子源来驱动次临界包层系统，使系统维持裂变反应，以获得能量并利用多余的中子增殖核材料和嬗变核废物。

3. 聚变堆

两个轻原子核结合成一个较重的原子核时也会释放能量，这种结合称为聚变，所释放的能量称为聚变能。目前最常见的聚变反应为氘氚反应：

$$ {}_{1}^{2}\mathrm{D} + {}_{1}^{3}\mathrm{T} = {}_{2}^{4}\mathrm{He} + \mathrm{n} \tag{1-4} $$

该反应释放的能量为17.6MeV，1kg($^{2}D+^{3}T$)完全聚变将释放10^{8}kW·h的能量，相当于燃烧1.2万吨标准煤。相比于裂变能，聚变能具有很多优势，主要表现在：

(1) 核燃料来源丰富。聚变反应的基本原料氘可从海水中提取，1L海水中氘转换为聚变能相当于300L汽油燃烧产生的能量，地球上的海水总共可提供5×10^{31}J的能量，足够人类使用几百亿年。聚变反应的另一燃料氚可用中子与Li反应得到，地球上Li资源也非常丰富。

(2) 聚变反应更为清洁。聚变反应是轻核聚变，不会产生裂变堆那么多的放射性同位素，只产生一些由中子活化而引起的感生放射性，因此放射性废物的数量大为降低，也容易处置。

(3) 聚变反应更为安全。聚变反应很难启动，却非常容易中断，不会发生裂变反应堆的超临界及堆芯熔化等事故。通过磁性约束、惯性约束等手段可以实现核聚变。

同时采用聚变堆作为中子驱动源、采用天然铀为初装核燃料，并采用现有压水堆核电站的轻水慢化和冷却技术可设计聚变-裂变混合堆。易裂变核燃料在不断的产生和消耗中基本能够保持平衡，反应堆内部产生过量增殖的易裂变核燃料，同时可以保证产生足以维持混合聚变堆聚变反应消耗的氚。对于聚变堆的建造和利用，目前尚处于研发阶段，科学界估计，人类有望在2050年后用上热核聚变反应堆发出的电。

1.5 核燃料与材料

反应堆是一个极其复杂的系统，反应堆用材料的服役环境也极为苛刻，其最显著的特征为高温、高压、高腐蚀和高辐射。按照功能分类，可以将反应堆用材料分为核燃料和核用材料两大类。

1.5.1 核燃料

目前使用的核燃料主要为U、Th、Pu等核素的单质或化合物，其中商业电站中使用的主要是U的同位素^{235}U和^{238}U的混合物。在天然铀中，主要含有三种同位素^{234}U、^{235}U和^{238}U，丰度分别为0.005%、0.720%和99.275%。除重水堆使用天然铀做燃料外，其余核电站均使用浓缩铀(^{235}U)做燃料，浓缩铀的富集度为2%～5%。

除部分液态核燃料外，核燃料均需要制造成一定的结构和形状入堆服役，称为燃料元件。

核燃料元件是含有易裂变核素材料的专门部件，是裂变反应的发生器，核裂变能在燃料元件中以热能的形式释放出来。按照核燃料的组成可以分为金属型元件、陶瓷型元件和弥散型元件；按照元件的几何结构可以分为棒状元件、管状元件、板状元件和球形元件等。燃料元件要在反应堆堆芯高温、高压和高辐射环境下长期工作的同时，还要面对腐蚀、振动等恶劣条件，燃料元件的性能直接关系到反应堆的安全性、经济性和先进性。

核燃料部分是本书的核心内容，将在后续章节详细展开介绍。

1.5.2 核用材料

除了核燃料，其他核用材料主要包括包壳材料、结构材料、冷却剂材料、慢化材料、控制材料、反射层材料和屏蔽材料等。

1. 包壳材料

为防止核燃料与冷却剂和慢化剂材料直接接触，并束缚固体和气体裂变产物，需要在核燃料芯块外围设置包裹核燃料的材料，即包壳材料。包壳材料的运行工况极为苛刻，要求材料具有小的中子吸收截面、高的导热系数、优良的高温力学性能和良好的抗腐蚀性能。目前商业水堆用包壳材料主要为锆合金。铝合金、高温合金及陶瓷包壳材料主要用于小型试验堆和新型核能系统，目前正在大力研发中。

2. 结构材料

结构材料是反应堆内用量最大的材料，包括压力壳材料、管路材料和蒸汽发生器材料等。主要是各种低合金钢、不锈钢和高温合金，其本身需要承受反应堆内的高温高压环境和严重的介质腐蚀，要求材料具有较高的强度、韧性和耐腐蚀性，同时还必须有小的诱发放射性。

3. 冷却剂材料

反应堆运行时，由于核燃料裂变产生大量的热量，必须用冷却剂及时将堆芯的热量输运出来，保证堆内各部件的温度不超过允许温度，同时将热量引入堆外加以利用。对反应堆冷却剂，首先要求具备良好的核特性，包括中子吸收截面低、辐照稳定性好以及感生放射性小。并具有良好的物理化学特性，熔点低、沸点高、排热性能好、热稳定性好以及与反应堆材料相容性好。其次要求经济性好、价格低廉、使用方便等。反应堆常用的冷却剂有轻水、重水、某些气体(如 CO_2、He)及液态金属(Na、Pb)等。

4. 慢化材料

热中子堆目前广泛采用的慢化剂有轻水、重水和石墨。重水从性能上讲是最好的慢化剂，但价格昂贵。石墨由于具有良好的力学性能和热稳定性，而且价格便宜，是一种良好的慢化剂。轻水慢化能力强，但缺点是中子吸收截面较大，但由于其廉价易得，且物理化学特性为人们所熟知，因此核动力堆绝大部分选用轻水做冷却剂和慢化剂。

5. 控制材料

反应堆运行时，采用控制棒控制核燃料裂变反应程度。控制棒可在堆内移动，是保持反应堆正常工作的部件。控制棒按其功能可分为三种：补偿棒、调节棒和安全棒。补偿棒用于功率粗调，补偿剩余反应性；调节棒在反应堆运行时用于调节反应性微小的变化；安全棒用于停堆。控制棒材料一般为硼、镉、铪、银、铟等元素及其化合物或合金，它们具有强的中子吸收能力，熔点高，导热性好，并具有一定的机械性能及热稳定性和辐照稳定性。

6. 反射层材料

为了减少中子的泄漏和对反应容器的辐照损伤，通常在堆芯周围设置一层由具有良好散射性能的物质构成的中子反射层，把从堆芯逃逸的中子部分散射回堆芯。热中子堆的反射层通常采用与慢化剂相同的材料，如轻水、重水或石墨，此外金属铍或氧化铍也是常用的反射层材料。

7. 屏蔽材料

屏蔽材料主要用于屏蔽反应堆内的射线、中子和热量。屏蔽射线要求用质量大、密度大的材料，如铅、重混凝土等。屏蔽中子需要用轻质材料，如轻水、石蜡或石墨等。屏蔽热量需要用空腔不锈钢弧形瓦或者通过增大间距、增厚屏蔽层来实现。

1.5.3　反应堆先进核燃料和材料性能要求

1. 中子吸收截面

除吸收材料和屏蔽材料之外，核燃料及核用材料一般都要求低的中子吸收截面，以最大限度地降低中子的俘获和损失，提高中子经济性。在核用材料中，目前一般都以硼当量来衡量材料中子吸收截面的大小。硼当量是指将杂质对中子的俘获等价于硼俘获中子的假想硼含量。

2. 辐照稳定性

辐照是一个高能输入的过程，涉及堆内各种射线和粒子对材料的高速撞击，由此会引发材料内部产生缺陷，缺陷的相互作用会引起材料宏观性能的变化，进而引起材料的失效。反应堆的部件，在整个服役过程中，必须保持结构的完整性和性能的稳定性，以防止因肿胀、蠕变和性能变化引起失效和泄漏事件的发生。因此辐照稳定性也是核用材料的基本要求。

3. 耐蚀性

反应堆内的腐蚀环境极为复杂，高温、高压和高流速的冷却剂介质及其中腐蚀性杂质均可引起燃料元件、回路管道和堆内构件发生腐蚀和磨蚀。腐蚀会减小燃料包壳的厚度，降低燃料的目标燃耗，腐蚀和磨蚀累积到一定程度会引起材料宏观的破损，引发放射性物质的泄漏。

4. 力学性能

反应堆运行过程温度较高，对材料的高温力学性能要求也较高。尤其是在辐照和腐蚀叠加条件下，显微结构的变化会引发力学性能的变化，包括辐照硬化和材料脆化等。材料的力学性能是反应堆包壳和结构材料需要重点关注的问题。

5. 热物理性能

在反应堆运行条件下，核燃料内部产生的大量热量需要及时输运出去，以防止形成大的温度梯度引发材料显微结构和形状的显著变化，因此需要核燃料和包壳材料具有高的热导率。作为冷却剂，在一定的温度和压力下的物理性能需要满足冷却换热的需求，同时要求材料具有高的热容以抵抗热量突变情况下可能引发的事故。

6. 相容性

反应堆内部不同材料之间会发生力学或化学相互作用而使材料发生性能劣化或者破坏。最为典型的相互作用为芯块包壳相互作用，是指由芯块肿胀导致燃料与包壳接触，引发力学的相互作用或者是元素组元发生扩散的化学相互作用。在某些裂变产物(如碘)的作用下，包壳会出现应力腐蚀开裂。这要求芯块和包壳、包壳和冷却介质之间具有很好的相容性。

总之，在核燃料和核用材料的选择上，除了满足材料基本的结构-性能关系外，还需要考虑由反应堆类型和核燃料特征不同而产生的特殊的服役环境，并通过大量的辐照考验和工程验证来进行材料的筛选。图 1-15 展示了核用材料的选择依据与设计准则。

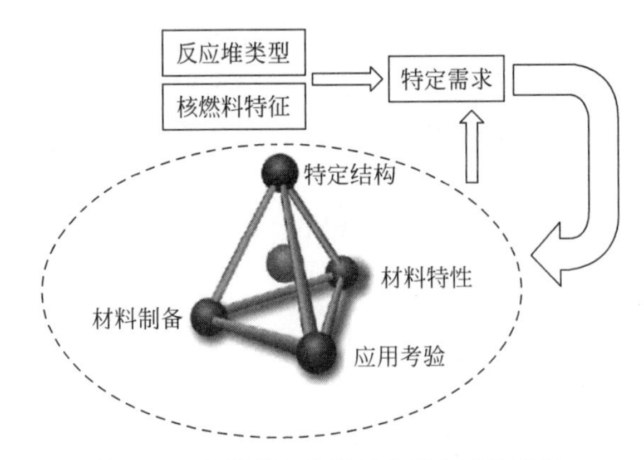

图 1-15　核用材料的选择依据与设计准则

参考文献

[1] 欧阳予，于仁芬，缪宝书. 核能——无穷的能源[M]. 北京：清华大学出版社；广州：暨南大学出版社，2002.
[2] 关本博. 图解核能 62 问[M]. 彭瑾，译. 上海：上海交通大学出版社，2015.
[3] 朱华. 核电与核能[M]. 杭州：浙江大学出版社，2009.
[4] 小安东尼 V. 内罗. 核反应堆知识入门[M]. 张士贯，杨宇，等译. 北京：原子能出版社，1984.
[5] 周明胜，田民波，戴兴建. 核材料与应用[M]. 北京：清华大学出版社，2017.
[6] 周明胜，田民波，俞冀阳. 核能利用与核材料[M]. 北京：清华大学出版社，2016.
[7] 成松柏，王丽，张婷. 第四代核能系统与钠冷快堆概论[M]. 北京：国防工业出版社，2018.
[8] 罗上庚. 走进核科学技术[M]. 北京：原子能出版社，2004.
[9] 沃尔夫冈·霍费尔纳. 核电厂材料[M]. 上海核工程研究设计院，译. 上海：上海科学技术出版社，2017.
[10] 三岛良绩. 核燃料工艺学[M]. 张凤林，郭丰守，等译. 北京：原子能出版社，1981.
[11] 刘庆成，贾宝山，万骏. 核科学概论[M]. 哈尔滨：哈尔滨工程大学出版社，2004.
[12] 周志伟. 新型核能技术：概念、应用与前景[M]. 北京：化学工业出版社，2010.
[13] 吴明红，王传珊. 核科学技术的历史、发展与未来[M]. 北京：科学出版社，2015.
[14] 詹姆斯·马哈菲. 原子的觉醒[M]. 戴东斯，高见，等译. 上海：上海科学技术文献出版社，2011.
[15] 阎昌琪，丁铭. 核工程概论[M]. 哈尔滨：哈尔滨工程大学出版社，2018.
[16] 许维钧，白新德. 核电材料老化与延寿[M]. 北京：化学工业出版社，2014.
[17] Power Reactor Information system(PRIS). IAEA 网站，https://www.iaea.org/.
[18] 国家核安全局网站，https://www.nnsa.mee.gov.cn/.

核材料基础

核燃料及核用材料服役环境为各种特定反应堆。材料在辐照条件下会发生显著的微观结构及宏观性能变化，这些变化需要从材料学的基本原理和材料的辐照效应方面去理解。本章概要介绍材料科学的基本内容，包括材料的晶体结构、相结构和缺陷，为后续核燃料章节的展开打下基础。在此基础上介绍材料的辐照效应，以更深入地理解辐照与材料本征结构的相互作用。同时简要介绍材料的基本制备方法和表征方法。

2.1 材料科学基础概述

材料科学主要研究材料的组织结构、性质、制备方法和使用效能以及它们之间的相互关系，是集物理学、化学、冶金学于一体的科学。材料科学同时又是一门与工程技术密不可分的应用科学。在材料学中，结构-性能关系是一条重要的研究主线，这种关系涉及原子、晶胞、晶格、晶粒、相以及缺陷等多级结构。了解材料学的基础知识可以更深刻地理解核燃料及核用材料的服役行为。

2.1.1 材料的晶体结构

材料的分类有多个维度。按照材料属性可分为金属材料、陶瓷材料和高分子材料；按照材料效用可分为结构材料和功能材料。结构材料主要与材料力学性能相关，功能材料包括电、磁、声、光、热等多种物理性能。此外还有纳米材料和复合材料等典型概念。从更微观层面，根据材料内部原子的排列规律，可将材料分为晶体材料和非晶体材料。在一定的热力学和动力学条件下，材料内部的原子都倾向于在一定尺度内定向排列，在宏观上展示出某种周期性。由这种周期性的原子排列组成的结构单元称为晶体。晶体一般具有固定的熔点，并在物理化学性质和外形方面表现出规律的对称性。如图 2-1 所示，四氧化三铁晶体表现出规则的八面体形状，其内部原子排列具有长程有序的周期性。晶体和非晶体的典型例子为图 2-2 中的碳纳米管和支撑碳纳米管的碳膜，碳纳米管的外壁表现出规则的原子排列，是晶体；而碳膜中碳原子的排列是杂乱无章的，没有长程有序性，是非晶体。晶体的另一个显著特征是各向异性，即沿着不同方向，原子排列的规律是不同的，材料也表现出不同的性质。图 2-3 展示了沿着不同的方向切割晶体后原子排列的各向异性。

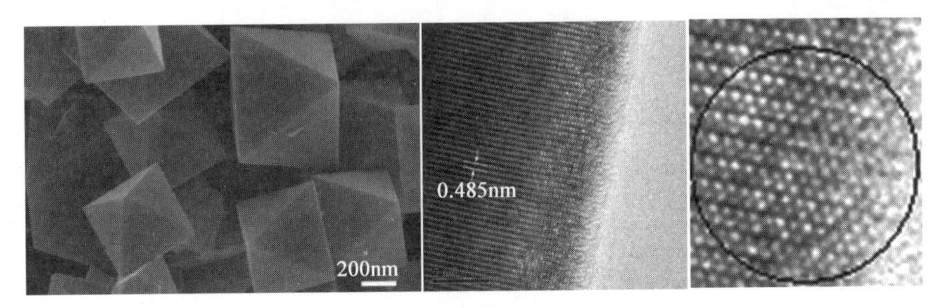

图 2-1　四氧化三铁晶体的显微形貌及高分辨透射电镜照片

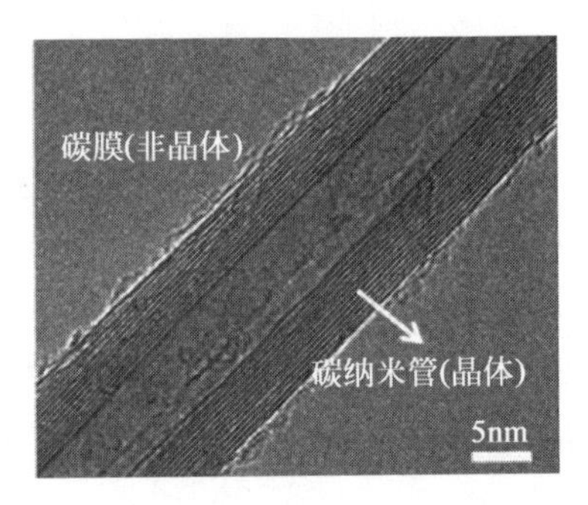

图 2-2　支撑在碳膜(非晶体)上的碳纳米管(晶体)

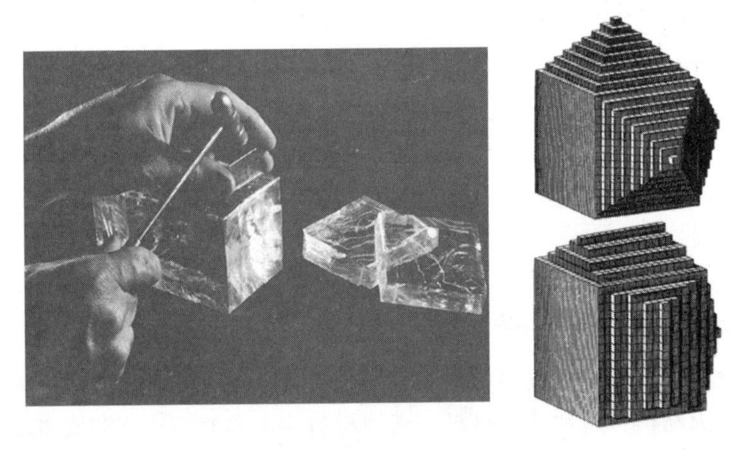

图 2-3　晶体中原子排列的各向异性

晶体是内部质点(原子、分子或离子)在三维空间呈周期性重复排列的固体，或者说，晶体是具有格子构造的固体。为了描述晶体的结构，需要引入空间点阵的概念，空间点阵由一系列平行六面体构成。例如图 2-4(a)所示的氯化钠晶体中，每个氯离子的周围都有 6 个钠离子，每个钠离子的周围也有 6 个氯离子，钠离子和氯离子按照这种排列方式向空间各个方向伸展，形成氯化钠晶体。将钠离子和氯离子各抽象成一个点，展示其在晶体中排列规律的空间点阵称为晶格，如图 2-4(b)所示。在晶体结构中，晶胞是代表晶体结构全部对称性的最小空间重复单元。为了描述氯化钠晶胞在三维空间的周期性排列规律，可以将一个钠离子和一个氯离子作为一个抽象的点来构造空间点阵，其基本的结构单元为简单立方结构，如图 2-4(c)所示。

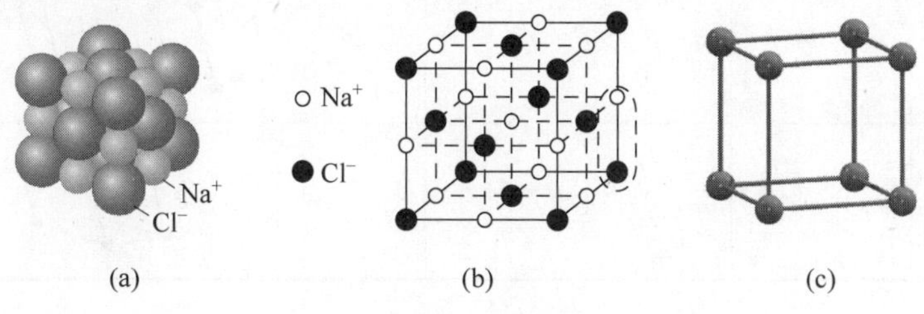

图 2-4　氯化钠的晶体结构

(a) 原子排列；(b) 晶格；(c) 晶胞

对于晶胞，描述其形状和尺寸的参数称为点阵常数，由三维空间坐标系中的三个长度和三个角度参数来描述(图 2-5)。根据材料的宏观对称性，可以分为七大晶系。在七大晶系基础上，如果进一步考虑到简单格子和带心格子(体心、面心、底心)，就会产生如表 2-1 所总结的 14 种空间点阵，也叫作 14 种布拉维格子。根据布拉维点阵结构和点阵常数可以在空间坐标系中描述点阵中原子间的位置和夹角关系，即晶面和晶向。

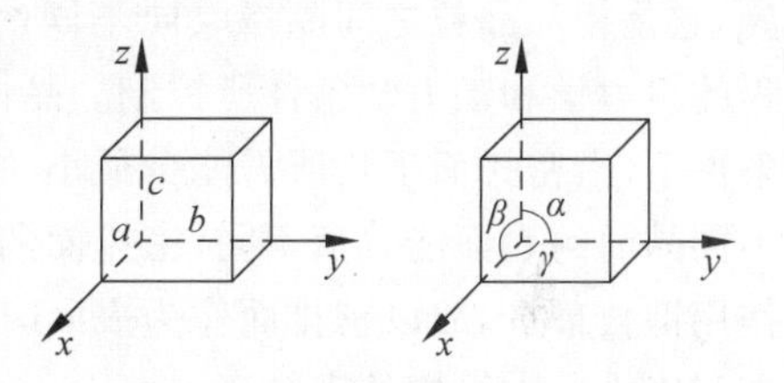

图 2-5　描述晶胞的点阵常数

表 2-1　表征晶体对称性的七大晶系与 14 种布拉维点阵

点阵类型	晶格参数 (a,b,c)	晶格参数 (α,β,γ)	布拉维点阵 P—基本；I—体心；F—面心；C—底心
立方 (cubic)	$a=b=c$	$\alpha=\beta=\gamma=90^\circ$	P　I　F
四方 (tetragonal)	$a=b\neq c$	$\alpha=\beta=\gamma=90^\circ$	P　I
六方 (hexagonal)	$a=b\neq c$	$\alpha=\beta=90^\circ,\gamma=120^\circ$	P
三方 (triagnoal)	$a=b=c$	$\alpha=\beta=\gamma\neq 90^\circ$	P
正交 (orthorhombic)	$a\neq b\neq c$	$\alpha=\beta=\gamma=90^\circ$	P　I　F　C

续表

点阵类型	晶格参数 (a,b,c)	晶格参数 (α,β,γ)	布拉维点阵 P—基本；I—体心；F—面心；C—底心
单斜 (monoclinic)	$a\neq b\neq c$	$\alpha=\beta=90°\neq\gamma$	P C
三斜 (triclinic)	$a\neq b\neq c$	$\alpha\neq\beta\neq\gamma\neq 90°$	P

排列规律相同的无数个晶胞的聚集体称为晶粒。由一个晶粒构成的晶体材料称为单晶体。许多取向不同的晶粒组成多晶体。晶粒的平均尺寸叫晶粒度。晶粒之间的边界称为晶界,它是相邻晶粒之间晶格取向不同的过渡层(图 2-6)。晶体的最终形态受形核和生长过程的热力学和动力学条件所控制。晶体总是力图处于最低的自由能状态,在无外界干扰的条件下,沿密排面生长所需能量最小。密排面是指单位面积上的原子数最大的晶面,晶体中不同晶面的表面能数值不同,密排面的原子密度最大,则该面上任一原子与相邻晶面原子的作用键数最少,故以密排面作为表面时不饱和键数最少,表面能量低。图 2-7 展示了面心立方和密排六方结构的密排面。

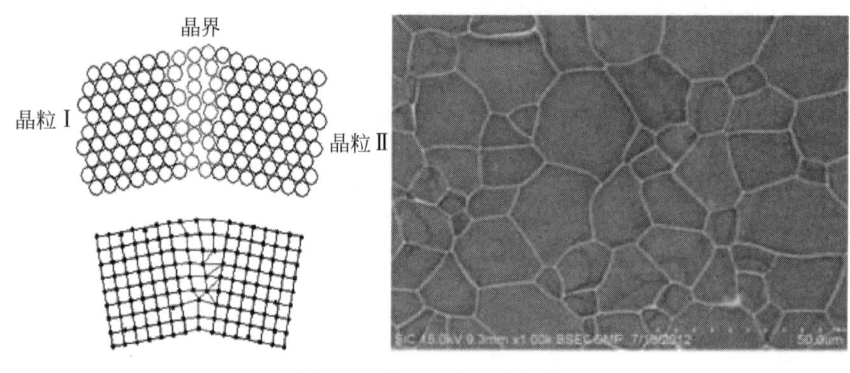

图 2-6　晶粒和晶界的结构

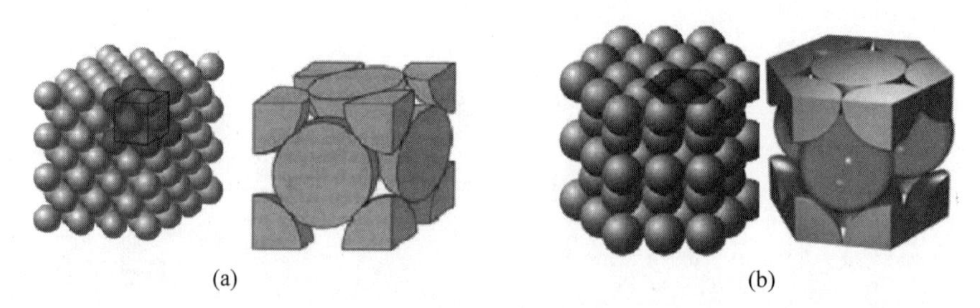

图 2-7　面心立方和密排六方结构的密排面

(a) 面心立方；(b) 密排六方

不同的材料表现出不同的晶体结构，例如 UO_2 晶体，其阳离子（U^{4+}）呈立方密堆积，阴离子（O^{2-}）填充在四面体空隙中，属于面心立方萤石型结构，其点阵常数为 $a=b=c=5.47$ Å[①]，$\alpha=\beta=\gamma=90°$，其密排面为(111)面。

2.1.2　材料的相结构

1. 相的组成

相是材料中成分、结构和性质相同并以界面相互分开的各个均匀的组成部分。一般而言，材料的相可以分为单质、固溶体和化合物。

1）单质

单质指单一元素组成的材料，是最简单的相结构。同一物质晶体结构不同，具有不同的性质，是不同的相。例如同为碳材料的石墨和金刚石是两种不同的相。石墨为六方结构，为深灰色的细鳞片状固体，有金属光泽，其硬度极小，可作为润滑材料，导电、导热性能良好。金刚石为面心立方结构，其晶体是无色透明正八面体形状的固体，是自然界最硬的物质，但其导电性很差。

2）固溶体

固溶体是指溶质原子固溶在溶剂晶格内的均一的结晶相，其晶体结构和溶剂晶格相同。溶质原子替换溶剂原子并占据其晶格节点位置的称为置换固溶体。溶质原子不占据溶剂原子节点而处于晶格节点之间的称为间隙固溶体。无论是置换固溶体还是间隙固溶体，溶质原子都会引起溶剂晶格的畸变，引起材料性能的变化。

3）化合物

化合物是由两种或两种以上不同元素组成的具有一定化学计量比的纯净物。例如在合金中，溶质元素含量超过它在基体相中固溶体中的溶解度，形成晶格类型和性能均不同于任一组元的新相，新相通常具有一定的金属性质，称为金属间化合物，也称为中间相。和单质材料类似，化学计量比相同但晶体结构不同的化合物是不同的相。例如碳化硅材料，按照其晶体结构不同，有 200 多种变体，具有立方结构的为 β 相碳化硅，是低温稳定相，其余的碳化硅统称为 α 相碳化硅，典型的结构有 2H、4H、6H、15R 等，不同的碳化硅在弹性模量、热导率和带隙等性能方面具有差别，如表 2-2 所示。

表 2-2　不同物相碳化硅材料的参数和性能

性能参数	物相		
	β-SiC(3C)	α-SiC(4H)	α-SiC(6H)
晶体结构	立方	六方	六方
晶格常数/Å	4.3596	3.0730；10.053	3.0730；15.11
密度/($g\cdot cm^{-3}$)	3.21	3.21	3.21
带隙/eV	2.36	3.23	3.05
弹性模量/GPa	250	220	220
热导率/($W\cdot cm^{-1}\cdot K^{-1}$)	3.6	3.7	4.9

① 1Å$=10^{-10}$m。

2. 相转变

材料不同的物相在温度、压力等条件变化时会发生相的转变。相变的过程除了发生吸放热,往往还伴随着材料体积的变化,并引起性能的变化。如氧化锆陶瓷,其存在三种不同的物相,在950℃以下为单斜氧化锆,1200～2370℃时为四方氧化锆,2370℃以上时为立方氧化锆。在950～1200℃区间会发生单斜和四方的相转变。相转变时发生较大的体积变化,容易造成产品的开裂,限制了纯氧化锆在高温领域的应用。在使用过程中,在氧化锆中添加CaO、MgO、Y_2O_3等稳定剂可以将高温四方相保持到室温,防止因相变而引起的体积变化。除了体积变化,材料相变过程同样会引起性能的突变,如典型的铁电材料$BaTiO_3$,其在120℃以下为四方相,具有压电特性,当温度升至120℃以上时,发生四方—立方相变,压电性消失。由此可见,相转变是在材料中发生的一种普遍现象。

3. 相图

相图是用来表征平衡系统中相组成与温度或压力的关系图。材料的相平衡和体系的自由能相关。自由能由内能U、焓H和熵S定义,即Helmholtz自由能为

$$F = U - TS \tag{2-1}$$

F用于描述等容条件下的平衡问题。而Gibbs自由能为

$$G = H - TS \tag{2-2}$$

G用于描述等温、等压条件下的平衡问题。固体及液体等凝聚态体系,多数过程都是在等压条件下进行的,所以讨论相平衡或相的稳定性通常用G。相平衡的条件为Gibbs自由能变化为0,即$\Delta G=0$,而使反应自发进行的条件为$\Delta G<0$。

单组分一元体系的稳定性问题可以由G-T图进行判定,二元系以上的多组分体系,自由能不但随温度变化,还随成分(x)的变化而变化。在两相共存体系中,两相自由能曲线G-x的公切线的切点所对应的成分,即为两相平衡时各自的成分。如果作出二元系在不同温度下处于平衡状态时的G-x图,找出对应公切线的切点成分,再画出这些切点成分与各自对应温度之间的曲线图,即得到二元相图。

利用相图可以分析平衡体系在不同温度下稳定存在的相,可以判断组元间的固溶性质,可以描述各相之间的相互转换规律,同时可以表征相之间的化学反应过程,是材料热力学分析中一种非常强大的必备工具。

图2-8所示为金属学中非常著名的铁碳平衡相图,它是研究钢铁性能和组织形态以及热加工和各种热处理的基础。它反映了在缓慢冷却的平衡条件下,不同碳含量的钢随温度变化时组织中相的成分和转变,以及组元比的关系。通过铁碳相图可以预测钢铁的性能特征,并指导材料生产制备过程。

2.1.3 材料中的缺陷

理想的晶体永远是相对的,而具有缺陷的晶体则是绝对的。材料在凝固、加热、加工、相变或者辐照等条件下,其内部原子排列的规律性会在局部区域遭到破坏,产生各种晶体缺陷。即使在同一晶体内部,晶体取向也不是完全一致的,而是由很多尺寸更小、位向差别不大的微晶组成,称为亚晶,亚晶之间的分界线称为亚晶界。实际材料的晶体中存在着各种缺陷,根据缺陷的几何形态,可分为点缺陷、线缺陷和面缺陷三种类型。

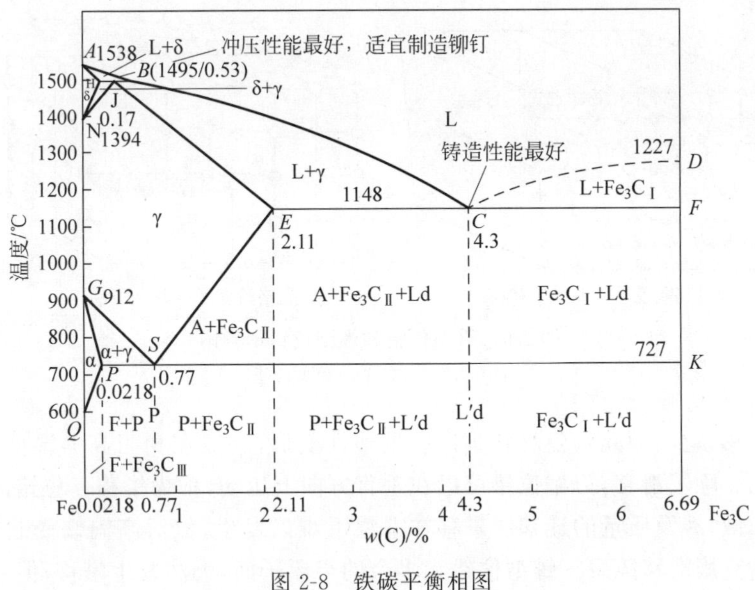

图 2-8 铁碳平衡相图

1. 点缺陷

点缺陷为三维空间在原子尺寸量级的缺陷。在一定外界条件的作用下，某些点阵上的原子离开结点位置而产生空位，脱离结点的原子滞留在晶格间隙处，成为间隙原子。在掺杂的条件下，固溶的原子可以以间隙原子的形式分布在晶格间隙处，也可以替换晶格中原有的溶剂原子，成为置换原子。对于离子型晶体，为了保持电中性，缺陷一般都是成对存在的。离子晶体中代表性的缺陷有肖脱基缺陷(Schottky defect)和弗兰克尔缺陷(Frenkel defect)。前者由一对阴阳离子空位形成，后者由间隙型离子和空位形成。无论是哪种点缺陷，在缺陷周围都会引起晶格畸变，产生应力场。该应力场既可以与其他缺陷的应力场相互作用，还可以影响扩散过程。

2. 线缺陷

线缺陷是在一维方向上具有宏观尺寸，其余二维方向为原子尺度的缺陷。典型的线缺陷为位错。由于晶体某一部分原子排列的错位或由于塑性变形而使晶体沿着某一原子面(滑移面)产生相对滑动，在原子层错排区或滑动与未滑动区域的交界处产生的线状晶体缺陷称为位错。位错为局部的晶格畸变区，其畸变量即位移矢量用柏氏矢量 $\boldsymbol{b}$ 表示。柏氏矢量与位错线垂直的称为刃型位错。刃型位错的形成是由于滑移面上下两晶体在切应力的作用下相对滑移了一个原子间距 $\boldsymbol{b}$，从而多了一个半原子面，如同刀面插入滑移面之上的晶体内(图 2-9(a))。柏氏矢量与位错线平行的称为螺型位错。螺型位错的形成是由于滑移面两侧晶体的始端在切应力的作用下发生了一个原子间距的相对错动，螺型位错的畸变区的原子分布呈螺旋状(图 2-9(b))。当柏氏矢量与位错线既不垂直又不平行时称为混合位错，它是刃型和螺型位错的混合形态。

位错运动理论是材料塑性变形的基础，位错可以沿着滑移面运动，称为滑移。位错的滑移面和滑移方向组合在一起称为滑移系。对于金属材料，其滑移系一般为密排面上的密排方向。对于陶瓷材料，由于阳离子之间的排斥力，会给位错运动带来额外的约束力。此外，

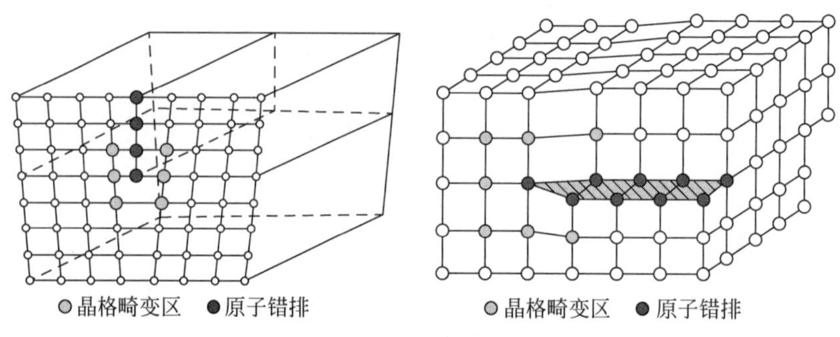

图 2-9　刃型位错和螺型位错示意图

(a) 刃型位错；(b) 螺型位错

陶瓷的独立滑移系少，因此陶瓷材料难以产生塑性变形，一般在相当高的温度下，陶瓷的滑移系才会启动。除了滑移，刃型位错可以在垂直方向上运动，称为攀移。位错的攀移需要离子或者空位扩散，涉及质量的迁移。攀移在室温下难以发生，但对高温蠕变起重要作用，它可以帮助位错克服滑移障碍。螺型位错无多余的半原子面，无法发生攀移，但可以发生交滑移，即位错线从一个滑移面转移到另一个滑移面。

位错本身是一种晶格缺陷，会产生应力场和应变能。材料中其他的缺陷也可以产生应力场和应变能，它们之间相互作用是理解材料变形和强韧化机制的理论基础。例如，合金中的固溶元素可以钉扎位错，增大位错运动的阻力，形成固溶强化。弥散分布的第二相也可以阻碍位错运动，提高材料强度，这是核能用氧化物弥散强化钢(ODS)强化的理论基础。晶界两边原子排列差别大，晶界也是位错运动的障碍，因此晶粒越细晶界越多，强化效应越强。实际材料中的位错状态比较复杂，位错可以表现出不同的形态并可以形成位错环，在高度变形区域位错密度增高可以引起位错的塞积，并引起加工硬化。

3. 面缺陷

面缺陷是一维方向上为原子尺度，其他二维方向具有宏观尺度的缺陷。材料的面缺陷一般包括晶界、相界、孪晶界和堆垛层错等。

1) 晶界

晶界是晶体结构相同但位向不同的晶粒之间的过渡界面，晶界上的原子排列取向为相邻晶粒位向的折中状态。位向差大于 10°的称为大角度晶界，小于 10°的称为小角度晶界。由于晶界原子排列混乱，并可以吸收位错和点缺陷等，一般低温下晶界强度大于晶粒强度；高温时晶界上的原子扩散比晶内快，强度下降多，晶界强度会低于晶粒。在等强度温度点以下，一般发生穿晶断裂；在等强度温度点以上，一般发生沿晶断裂。

2) 相界

若相邻两晶粒的晶体结构和成分均不同，代表不同的相时，它们之间的界面称为相界。相界分为共格、半共格和非共格三种。共格是指相界面上的原子为相邻两相晶格共有。非共格界面的界面能最高。

3) 孪晶界

若相邻两晶体以它们的相交面呈镜像对称的位向关系，则此相交面称为孪晶界。面上的原子同时位于两个晶体点阵的结点上时，称为共格孪晶界；孪晶界不与孪晶面重合时，称为非共格孪晶界。

4）堆垛层错

因滑移或点缺陷聚集、崩塌而使局部区域的晶面顺序发生了错排，便会产生堆垛层错，晶面堆垛序列的扰乱会带来一定的额外能量，称为层错能。

2.2　材料的基本制备方法

2.2.1　粉体制备方法

1. 固相反应法

固相反应法为两种或两种以上的固体粉末，经混合后在一定热力学条件和气氛下反应制取固态化合物或固溶体粉料的方法。由于原料以固体颗粒相接触，反应物亦为固体，故原子、离子需通过缓慢的扩散过程才能完成反应。为加速固相反应，应使原料粉体粒度尽量细化，适当增加反应物的接触表面，提高反应物的均匀混合程度，并合理提高反应温度。固相反应法制粉时，首先将各种原料按准确比例配料并混匀。常采用湿法混磨强化混合，然后通过烘烤、压滤、喷雾干燥、冷冻干燥等方法去除液体，最后经煅烧完成反应。煅烧后粉体多伴随不同程度的烧结或粗化，需用机械粉碎法使之细化。

2. 溶胶-凝胶法

溶胶(sol)是具有液体特征的胶体体系，分散的粒子是固体或者大分子，尺寸在1～100nm之间。凝胶(gel)是具有固体特征的胶体体系，被分散的物质形成连续的网状骨架，骨架空隙中充有液体或气体，凝胶中分散相的含量很低，一般在1%～3%之间。溶胶-凝胶法就是以无机物或金属醇盐作前驱体，在液相将这些原料均匀混合，并进行水解、缩合化学反应，在溶液中形成稳定的透明溶胶体系，溶胶经陈化，胶粒间缓慢聚合，形成三维空间网络结构的凝胶，凝胶网络间充满了失去流动性的溶剂。凝胶经过干燥、烧结固化制备出具有纳米乃至分子亚结构的材料，如图2-10所示。溶胶-凝胶法中所用的原料首先被分散到溶剂中而形成低黏度的溶液，因此，就可以在很短的时间内获得分子水平的均匀性，同时很容易均匀定量地掺入一些微量元素。一般认为固相反应时组分扩散是在微米范围内，而溶胶-凝胶体系中组分的扩散在纳米范围内，因此反应容易进行，所需温度较低。

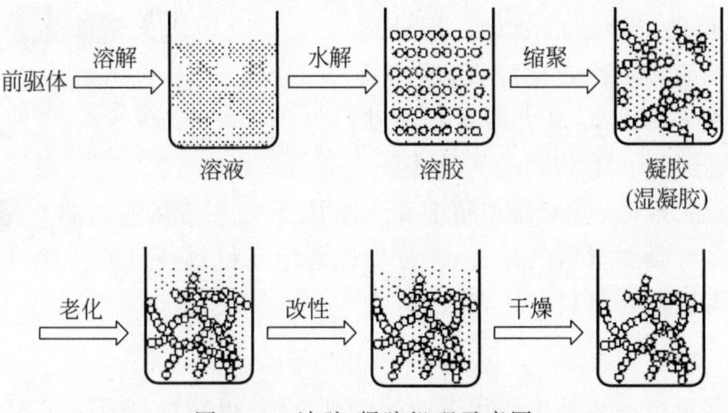

图2-10　溶胶-凝胶机理示意图

3. 共沉淀法

共沉淀法是制备含有两种或两种以上元素的复合氧化物超细粉体的重要方法，其过程为在含有两种或多种阳离子的均相溶液中加入沉淀剂，经沉淀反应后，得到成分均一的沉淀。将沉淀物进行热分解得到高纯纳米粉体材料。共沉淀法容易制备粒度小而且分布均匀、化学成分均一的纳米粉体材料。

2.2.2 金属工艺

1. 铸造工艺

铸造是将经过熔炼的金属液体浇注入铸型内，经冷却凝固获得所需形状和性能的零件的制作过程。铸造是常用的制造方法，制造成本低，工艺灵活性大，可以获得复杂形状和大型的铸件。铸造主要工艺过程包括金属熔炼、模型制造、浇注凝固和脱模清理等。铸造用的主要材料有铸钢、铸铁、铸造有色合金（铜、铝、锌、铅）等。铸造工艺可分为砂型铸造工艺和特种铸造工艺。特种铸造工艺有离心铸造、低压铸造、差压铸造、增压铸造、石膏型铸造和陶瓷型铸造等方式。

2. 粉末冶金

粉末冶金是用金属粉末或金属粉末与非金属粉末的混合物作为原料，经过成形和烧结，制取金属材料或复合材料制品的工艺技术，其工艺过程示意图如图2-11所示。粉末的生产过程包括粉末的制取、粉料的混合等步骤。为改善粉末的成型性和可塑性，通常加入一定的增塑剂。粉末在15～600MPa压力下，压成所需形状，之后在保护气氛的高温炉或真空炉中进行烧结，烧结过程中粉末颗粒间通过扩散、再结晶、熔焊、化合、溶解等一系列的物理化学过程，成为具有一定孔隙度的冶金产品。一般情况下，烧结好的制件可直接使用。但对于某些尺寸要求精度高并且有高的硬度、耐磨性的制件还要进行烧结后处理。后处理包括精压、滚压、挤压、淬火、表面淬火、浸油及熔渗等。粉末冶金技术可以最大限度地减少合金成分偏聚，消除粗大、不均匀的铸造组织。可以制备非晶、微晶、准晶、纳米晶和超饱和固溶体等一系列高性能非平衡材料。粉末冶金可以容易地实现多种类型材料的复合，充分发挥各组元材料各自的特性，是一种低成本生产高性能金属基和陶瓷复合材料的工艺技术。

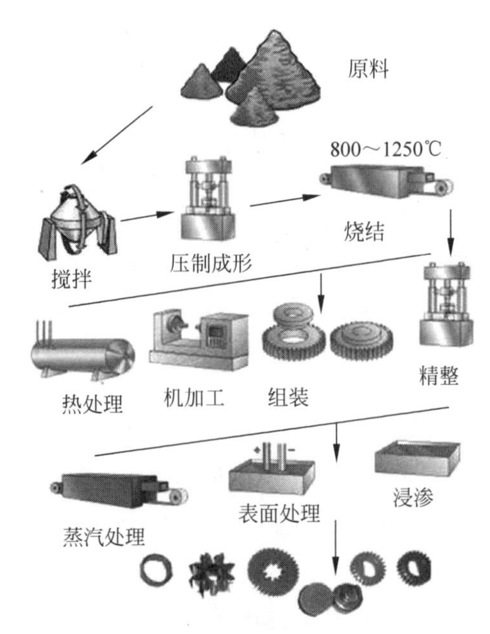

图2-11 粉末冶金及后续处理工艺过程示意图

3. 压力加工

压力加工是利用金属在外力作用下产生塑性变形，以获得具有一定形状、尺寸和力学性能的原材料、毛坯或零件的生产方法，又称金属塑性加工。压力加工包括如下基本工艺过程：

(1) 轧制：金属坯料在两个回转轧辊的缝隙中受压变形以获得产品的加工方法。坯料靠摩擦力连续通过轧辊间隙而受压变形。

(2) 锻造：在锻压设备及模具的作用下，使坯料或铸锭产生塑性变形，以获得一定几何尺寸、形状和质量的锻件的加工方法。

(3) 挤压：金属坯料在挤压模内受压被挤出模孔而变形的加工方法。

(4) 拉拔：将金属坯料拉过拉拔模的模孔而变形的加工方法。

(5) 冲压：金属板料在冲模之间受压产生分离或成形的加工方法。

(6) 旋压：在坯料随模具旋转或旋压工具绕坯料旋转中，旋压工具与坯料相对进给，从而使坯料受压并产生变形的加工方法。

2.2.3　陶瓷工艺

陶瓷工艺与粉末冶金工艺有一定的相似性，是将无机非金属原料粉体经混合、成型和烧结获得陶瓷制品的过程。典型的陶瓷一般以氧化物、氮化物、硅化物、硼化物或碳化物为主要原料，粉体原料的化学组成、形态、粒度和尺寸分布等可以精确控制。成型除了模压，还可采用等静压、流延成型和注射成型等方法，通过添加一定的有机助剂获得密度分布均匀和尺寸相对精确的坯体。烧结方法上，传统陶瓷以炉窑为主要生产手段，特种陶瓷还广泛采用真空烧结、保护气氛烧结、热压、热等静压、反应烧结和自蔓延高温烧结等手段。UO_2 芯块的制备过程为典型的陶瓷工艺，具体内容将在后续章节介绍。图 2-12 展示了制备择优取向陶瓷的流延成型方法。

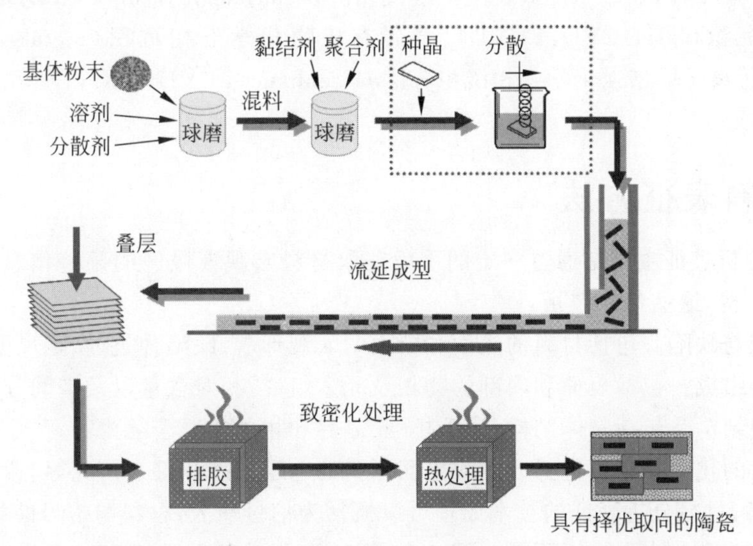

图 2-12　流延成型方法制备择优取向陶瓷工艺示意图

2.2.4　涂层工艺

涂层技术是指采用物理的或者化学的方法在金属或非金属基体表面形成具有一定厚

度、不同于基体材料且具有一定的强化、防护或特殊功能的覆盖层。

1. 物理气相沉积

物理气相沉积(physical vapor deposition,PVD)是用物理的方法(如蒸发、溅射等)使镀膜材料汽化,在基体表面沉积成膜的方法。除传统的真空蒸发和溅射沉积技术外,还包括近年来蓬勃发展起来的各种离子束沉积、离子镀和离子束辅助沉积技术等。物理气相沉积技术的基本过程包括三个环节,即镀料(靶材)汽化、气相输运和沉积成膜。各种沉积技术的不同点主要表现为在上述三个环节中能源供给方式、气相转变的机制、气相粒子形态转变、气相粒子在输运过程中能量补给的方式、镀料粒子与反应气体的反应性以及沉积成膜的基体表面条件等。物理气相沉积技术已广泛用于各行各业,许多技术已实现工业化生产。

2. 化学气相沉积

化学气相沉积(chemical vapor deposition,CVD)是利用气态或蒸汽态的物质在气相或气固界面上发生反应生成固态沉积物的过程。化学气相沉积过程分为三个重要阶段:反应气体向基体表面扩散,反应气体吸附于基体表面以及在基体表面上发生化学反应形成固态沉积物。最常见的化学气相沉积反应有热分解反应、化学合成反应和化学传输反应等。化学气相沉积既可以沉积金属薄膜、非金属薄膜,也可以按要求制备多组分合金的薄膜,以及陶瓷或化合物层。反应在常压或低真空进行,对于形状复杂的表面或工件的深孔、细孔都能均匀镀覆。通过调节沉积的参数,可以有效地控制覆层的化学成分、形貌、晶体结构和晶粒度等,能得到纯度高、致密性好、残余应力小以及结晶良好的薄膜涂层。化学气相沉积的方法很多,如常压化学气相沉积(atmospheric pressure CVD,APCVD)、低压化学气相沉积(low pressure CVD,LPCVD)、超高真空化学气相沉积(ultrahigh vacuum CVD,UHVCVD)、激光化学气相沉积(laser CVD,LCVD)、金属有机物化学气相沉积(metal-organic CVD,MOCVD)和等离子体增强化学气相沉积(plasma enhanced CVD,PECVD)等。

2.3 材料表征方法

材料的分析表征主要是通过一定的手段获取材料宏观或微区的某些信息,以深入了解材料的显微结构,这些信息包括:

(1) 形貌与缺陷。包括材料的表面和断面的宏观形貌、缺陷种类、缺陷尺度和形状等。

(2) 成分组成。包括表面和内部的物相及元素组成、相对含量以及空间分布等。

(3) 微观结构。包括晶体结构、原子排列、晶界和相界的原子结构等。

(4) 元素的化学状态。包括表面或界面原子的电子状态和键合情况等。

总体而言,材料分析表征的技术原理可以概括为信号输入、材料与信号的相互作用以及信号输出三个过程,如图 2-13 所示。图 2-14 所示为电子和物质相互作用产生各种信息的示意图,从图中可以看出,这些信息被相应的分析仪器采集和分析,可以获得对微观结构和微区成分的全面了解。输入输出信号包括电子、离子和光子等。根据输入和输出信号的不同,可以形成不同的分析方法,如表 2-3 所示。

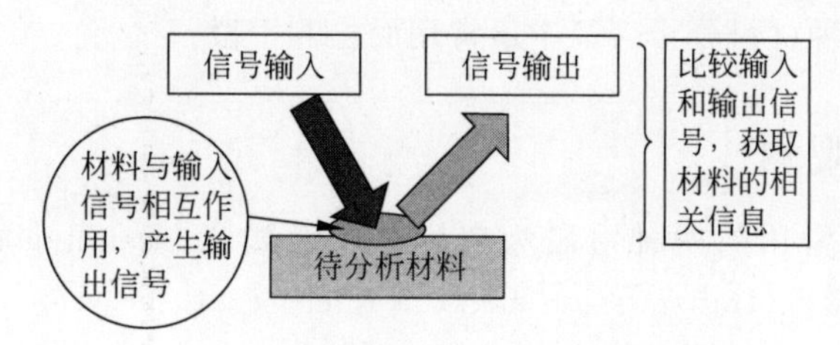

图 2-13 材料分析表征信号输入输出的基本原理

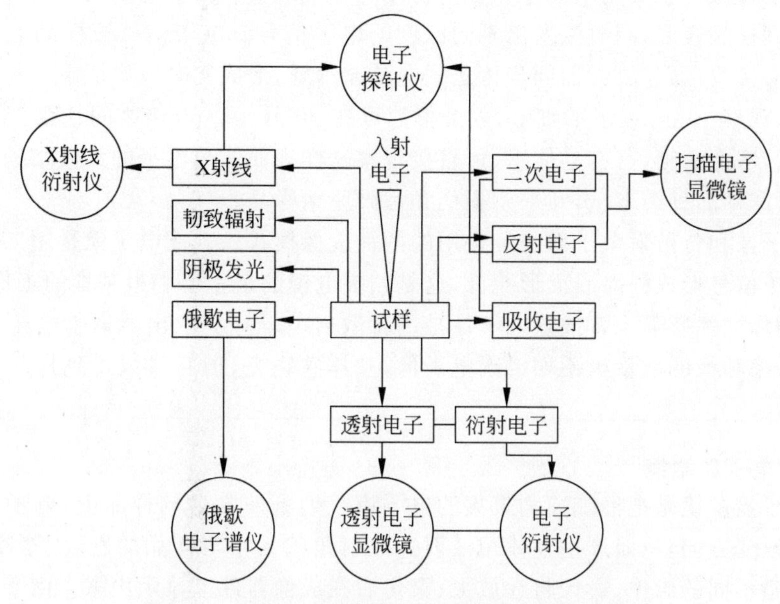

图 2-14 高能电子和物质相互作用产生信息示意图

表 2-3 材料显微分析方法分类

输入信号	输出信号		
	电子	离子	光子
电子	扫描电子显微镜 透射电子显微镜 俄歇电子能谱 特征能量损失谱 低(高)能电子衍射	电子诱导脱附	电子探针
离子	离子中和谱	离子散射谱 次级离子质谱 卢瑟福背散射谱 离子探针	
光子	X射线光电子能谱 紫外光电子能谱	激光探针	X射线衍射分析 X射线荧光分析 红外吸收谱 拉曼光谱

下面简要介绍几种材料分析表征中最常用的检测手段。

2.3.1 形貌观测

材料形貌观测最常用的两种手段为扫描电子显微镜(scanning electron microscope,SEM)和透射电子显微镜(transmission electron microscope,TEM)。

1. 扫描电子显微镜

扫描电子显微镜主要用来观察和分析物体的外观形貌。扫描电镜电子枪发射出的高能电子束轰击到样品表面,同时激发出不同深度的电子信号。电子信号被样品上方不同信号接收器的探头接收,通过放大器同步传送到电脑显示屏,形成实时成像记录。其特点为分辨本领高,可以观察10nm以下的细节,放大倍数可在20万~30万倍之间连续变化。聚焦景深长,视野大,图像清晰,富有立体感,可直接观察试样表面凹凸不平的细微结构。另外试样制备简单,可测样品种类丰富,几乎不损伤和污染原始样品。

二次电子像和背散射电子像是最常用的两种成像模式。二次电子像是用二次电子探头取出二次电子信号形成样品表面形貌像,这是扫描电镜的最主要和最基本的工作模式,它的分辨率高、图像立体感强。背散射电子像是用背散射电子探头取出背散射电子信号而成的像,它的分辨率和像的质量虽不如二次电子像,立体感也差,但它可以得到样品中大致的成分分布。

2. 透射电子显微镜

透射电子显微镜是把经加速和聚集的电子束投射到非常薄的样品上,电子与样品中的原子碰撞而改变方向,从而产生立体角散射。散射角的大小与样品的密度、厚度相关,因此可以形成明暗不同的影像,影像将在放大、聚焦后在成像器件上显示出来。由于电子的德布罗意波长非常短,透射电子显微镜的分辨率比光学显微镜高很多,可以达到0.1~0.2nm,放大倍数为几万到几百万倍。使用透射电子显微镜可以观察样品的精细结构,甚至可以观察仅一列原子的结构。

透射电镜主要的成像模式包括:

1) 明暗场衬度图像

明场成像是在物镜的背焦面上,让透射束通过物镜光阑而把衍射束挡掉得到图像衬度的方法。暗场成像是将入射束方向倾斜一定角度,使衍射束通过物镜光阑而把透射束挡掉得到图像衬度的方法。

2) 高分辨图像

高分辨图像可以获得晶格条纹像(反映晶面间距信息)、结构像及单个原子像(反映晶体结构中原子或原子团配置情况)等分辨率更高的图像信息。

3) 电子衍射图像

选区电子衍射(selected area electron diffraction,SAED)为微区的电子衍射花样,可实现晶体样品的形貌特征与晶体学性质的原位分析。

2.3.2 成分分析

材料成分分析的主要手段为使用电子探针。电子探针是一种利用电子束作用样品后产生的特征 X 射线进行微区成分分析的仪器。电子探针镜筒部分的构造大体上和扫描电子显微镜相同，只是在探测器部分使用的是 X 射线谱仪，专门用来检测 X 射线的特征波长或特征能量，以此来对微区的化学成分进行分析。分析对象是固体物质表面细小颗粒或微小区域，最小范围直径为 1μm。除专门的电子探针外，相当多的一部分电子探针是作为附件安装在扫描电镜或透射电镜镜筒上，以满足微区组织形貌、晶体结构和化学成分三位一体分析的需求。根据将特征 X 射线展谱的方式不同，电子探针可以分为波长色散谱仪和能量色散谱仪。

波长色散谱仪(wavelength dispersive spectrometer，WDS)简称波谱仪，是用已知晶面间距的分光晶体进行分光，在特定方向上检测未知波长的特征 X 射线。波谱仪的波长分辨率很高，但 X 射线信号的利用率很低，所以要在大束流下使用，空间分辨率低。

能量色散谱仪(energy dispersive spectrometer，EDS)简称能谱仪，是用电子学的方法测定 X 射线特征能量来进行成分分析。每种元素所具有的特定的 X 射线波长的大小取决于能级跃迁过程中释放出的特征能量。能谱仪利用不同元素 X 射线光子具有不同特征能量这一特点来进行成分分析。

2.3.3　结构分析

物质结构的分析中 X 射线衍射是最有效的、应用最广泛的手段。当一束单色 X 射线入射到晶体时，晶体中规则排列的原子间距离与入射 X 射线波长有相同数量级，故由不同原子散射的 X 射线相互干涉，在某些特殊方向上产生强 X 射线衍射，衍射线在空间分布的方位和强度与晶体结构密切相关。这就是 X 射线衍射的基本原理。1913 年英国物理学家布拉格父子提出了作为晶体衍射基础的著名公式——布拉格方程：

$$2d\sin\theta = n\lambda \tag{2-3}$$

式中，d 为晶面间距；n 为反射级数；θ 为掠射角；λ 为 X 射线的波长。布拉格方程是 X 射线衍射分析的根本依据。

X 射线衍射峰可以提供如下信息：

(1) 位置。测量衍射峰的位置可得到晶胞尺寸(点阵参数和晶面间距)、晶型(四方、立方等)和取向(用于测定晶体的定向排列和晶面)。

(2) 强度。测量峰的高度或积分面积，得到各峰的相对强度，可获得晶胞中原子位置，同时可进行各相含量计算。

(3) 形状。峰的形状，特别是峰的高度和半高宽，给出了微晶尺寸及含有应变的点阵的信息。

根据以上衍射峰的信息可以确定材料内部存在的物相种类，并对各相的含量进行定量分析。可对材料进行结构分析，获得晶体材料的晶格参数，测定晶粒大小。并能分析材料内部存在的微观应力，确定晶体材料的加工取向等。

2.3.4　表面化学状态分析

1. X 射线光电子能谱仪

X 射线光电子能谱仪(X-ray photoelectron spectroscopy，XPS)是一种对样品表面敏

感，主要获得样品表面元素种类、化学状态及成分的分析技术。其基本原理为用一定能量的光子束（X射线）照射样品，使样品原子中的内层电子以特定概率电离，产生光电子，光电子从样品表面逸出进入真空，被收集和分析。由于光电子具有特征能量，其特征能量主要由出射光子束能量及原子种类确定，因此，在一定的照射光子能量下，测试光电子的能量，可以进行定性分析，确定样品中存在的元素。在一定的条件下，根据光电子能量峰的位移和形状变化，可获得样品表面元素的化学态信息，根据光电子信号的强度，可以半定量分析元素含量。

XPS可分析来自固体样品表面0.5～2.0nm薄层区域的信息，分析元素广（可分析除H和He以外的所有元素），具有测定深度成分分布曲线的能力。

2. 俄歇电子能谱仪

俄歇电子能谱仪（Auger electron spectroscopy，AES）的基本原理是用一定能量的电子束轰击样品，使样品内层电子电离，产生俄歇电子，俄歇电子从样品表面逸出进入真空，被收集和分析。由于俄歇电子具有特征能量，其特征能量主要由原子种类确定，因此测试俄歇电子的能量，可以进行定性分析，确定样品中存在的元素。在一定的条件下，根据俄歇电子能量峰的位移和形状变化，可获得样品表面元素的化学态信息。而根据俄歇电子信号的强度，可以确定元素含量。

与XPS类似，AES能提供固体样品表面0～3nm薄层区域的成分信息，可分析除H和He以外的所有元素。对轻元素敏感，分析区域小，具有提供元素化学态和测定深度成分分布曲线的能力。

2.3.5 光谱分析技术

光谱分析法是根据物质的光谱来鉴别物质及确定其化学组成和相对含量的方法，是以分子和原子的光谱学为基础建立起的分析方法。光谱法分类很多，根据物质粒子对光的吸收现象而建立起的分析方法称为吸收光谱法，如紫外-可见吸收光谱法、红外吸收光谱法和原子吸收光谱法等。利用发射现象建立起的分析方法称为发射光谱法，如原子发射光谱法和荧光发射光谱法等。由于不同物质的原子、离子和分子的能级分布是特征的，则一定条件下产生的吸收光子和发射光子的能量也是特征的。可利用物质在不同光谱分析法中产生的特征光谱对其进行定性分析，根据光谱强度进行定量分析。光谱分析大多适用于气体或溶液体系，其中对于金属和陶瓷材料最为常用的是拉曼光谱分析。

拉曼光谱（Raman spectroscopy）是一种散射光谱，它是基于光和材料内化学键的相互作用而产生的，可以提供样品化学结构、相、结晶度以及分子相互作用的详细信息。激光光源的高强度入射光被分子散射时，大多数散射光与入射激光具有相同的波长，不能提供有用的信息，这种散射称为瑞利散射。然而，还有极小一部分（大约1/109）散射光的波长与入射光不同，其波长的改变由测试样品（所谓散射物质）的化学结构所决定，这种散射称为拉曼散射。拉曼谱线的频率虽然随入射光频率而变化，但拉曼散射光的频率和瑞利散射光频率之差却基本上不随入射光频率而变化，而与样品分子的振动和转动能级有关。此频率差称为拉曼频移（Raman shift），即拉曼光谱的横坐标。一张拉曼谱图通常由一定数量的拉曼峰构成，每个拉曼峰代表了相应的拉曼散射光的波长位置和强度。

以上的基本分析测试技术可以提供材料表面和内部的显微结构信息，为了更深入地了解材料特性，还要对材料进行相关的物理化学性能测试。例如对于核燃料粉体原料，需要进行粒度分布及比表面分析测试；对于芯块材料，需要进行热导率、热膨胀系数等热物理性能的测试；对于燃料元件及相关基体材料，需要进行诸如拉伸、压缩、弯曲、蠕变和疲劳等相关的力学性能测试。材料的宏观性能指标往往与材料的显微结构密切相关，在研究材料的具体行为时，需要将显微分析测试技术与宏观性能测试技术及材料加工制备过程和服役行为相关联。

2.4　材料辐照效应基础

相比于其他工程材料，核燃料及核用材料服役环境最显著的特征是高的放射性，包括高能中子和各种射线。在辐照条件下，材料的显微结构会发生明显改变，材料的尺寸及宏观物理性能也会发生显著变化。在核燃料的整个生命周期中，从材料设计、元件制造到堆内服役以及后处理过程，辐照效应贯穿始终，是首要考虑的关键因素。材料在辐照过程中会出现一些异于常规的表现，例如锆钚合金的“辐照生长”，石墨材料在辐照过程中“先收缩后膨胀”等现象，要解释这些现象需要深入了解辐照过程中材料显微结构的演变，及辐照与材料本征状态和内部缺陷的相互作用。

2.4.1　辐照损伤

射线粒子(中子、质子、重离子、电子、X射线、γ射线)会撞击材料原子使其产生缺陷，其核反应会产生嬗变元素，这些晶格缺陷和嬗变元素所引起的材料宏观性能变化称为辐照效应，其性能下降称为辐照损伤。

1. 辐照损伤类型

在辐照条件下，材料内部主要产生如下几种效应：

1）电离效应

电离效应是指反应堆内产生的带电粒子和快中子撞出的高能离位原子与靶原子轨道上的电子发生碰撞，从而使其脱离轨道的电离现象。电离效应涉及原子的外层轨道，对金属材料影响不大，是过渡效应，但对于高分子材料，电离破坏了其分子键，对性能影响较大。

2）嬗变

嬗变是指被撞原子核吸收一个中子变成异质原子的核反应。嬗变是永久效应，嬗变后材料内将产生可观浓度的外生元素。特别是在快中子的辐照下，由(n,α)反应产生的惰性气体氦对金属和合金的性能产生重要影响。

3）离位效应

碰撞时，若中子传递给原子的能量足够大，原子将脱离点阵结点而留下一个空位，当离位原子停止运动而不能回到原位时，便停留在晶格间隙中形成间隙原子。此间隙原子和它留下的空位称为弗兰克尔(Frenkel)对缺陷。堆内快中子引起的离位效应会产生大量的初级离位原子，随之又产生级联碰撞，伴生许多点缺陷，它们的变化行为和聚集形态是引起材料辐照效应的主要原因。

通常用原子平均离位(displacement per atom，DPA)来描述辐照损伤的程度，原子平均离位是指单位体量材料中位移原子数与原子总数之比，通常以其值来衡量辐照损伤程度。

2. 碰撞与能量传递过程

核反应堆内的中子谱很宽，但由于热中子的能量较小，产生离位损伤的主要是快中子。碰撞中的能量传递问题可以通过经典力学计算。设质量为 M_1、能量为 E_0 的中子与质量为 M_2 的靶原子核发生碰撞，根据弹性碰撞中的能量和动量守恒方程，可以求出中子传给靶原子的最大能量 E 为

$$E=\frac{4M_1M_2}{(M_1+M_2)^2}E_0=\mu E_0 \tag{2-4}$$

式中 μ 称为中子能量损失系数或靶原子的能量吸收系数，也称为质量数因子。以铁为例，将 $M_2=56$ 代入得 $\mu=0.069$。靶核的质量越小，μ 越小，即从中子吸收的能量就越多。

如果是随机碰撞，则上式变为

$$E=\frac{4M_1M_2}{(M_1+M_2)^2}E_0(1-\cos\theta) \tag{2-5}$$

其中 θ 为质心散射角。因为碰撞角度的随机性，被撞原子吸收中子的能量介于 $0\sim\mu E_0$ 之间，其平均值为 $\mu E_0/2$。如果原子获得的能量 E 较小，则由于受周围原子的约束而不能离开自己所处的晶格点阵位置，仅以热振动的方式消耗所吸收的能量；如果 E 足够大，则被撞原子离开自己的点阵平衡位置，并留下一个空位，形成弗兰克尔对缺陷；如果 E 相当大，则被撞原子不仅自身发生离位，还能撞击其他原子，产生新的弗兰克尔对缺陷，直到能量消耗至小于 E_d 为止。E_d 是被撞原子离开其平衡位置时所需的最低临界能量值，这个临界值称为点阵中的离位阈能。E_d 值的大小相当于形成一个弗兰克尔对缺陷的能量。除了贵金属外，一般常见金属的离位阈能 E_d 约为 25eV。根据离位阈能 E_d，可计算出使晶格原子离位的入射粒子所应具有的最低能量，即引起原子离位的入射粒子的阈能，如表 2-4 所示。

表 2-4 使晶格原子产生离位的各种入射粒子的最低轰击能量（E_d=25eV）

入射粒子	静止原子质量			
	10	50	100	200
中子，质子/eV	76	325	638	1263
电子，γ射线/eV	0.10×10^6	0.41×10^6	0.68×10^6	1.10×10^6
α粒子/eV	31	91	169	325
核裂片（质量数为 100）/eV	76	28	25	28

平均能量 2MeV 的堆内中子轰击铁原子后，传递给铁原子的能量为 0.14MeV，远大于原子的离位阈能，也大大超过使铁原子离位所需的入射中子阈能。因此这个最初离位的原子，还可连续和点阵中的其他原子发生碰撞。第一次离位的原子称为初级离位原子（primary knock-on atom，PKA）。PKA 和点阵原子碰撞，继续产生离位原子的过程称为级联碰撞。理论计算表明，由一个 PKA 最终撞出的离位原子数在 $10^2\sim10^3$ 数量级，但由于产生的空位和间隙原子复合湮灭及被吸收的概率也比较高，最终一个级联碰撞对辐照效应起作用的点缺陷数目，可能只有理论预计值的 1%。

3. 离位峰与热峰

级联碰撞结束时，高密度碰撞会驱使沿途碰撞链上的原子向外运动，因此在级联碰撞区域中心附近的缺陷主要是空位，而间隙原子则分布在空位区的外围。这种空位和间隙原子

相互分离的现象称为离位峰(图 2-15(a))。

与离位峰相伴而生的还有热峰,即局部微区温度急升骤降的现象。在间隙原子密集处该区能量偏高,导致该微区的温度骤然升到很高温度,甚至达到熔点,但因它的体积很小,很快又被周围未受扰动的原子冷却下来,形成热峰(图 2-15(b))。

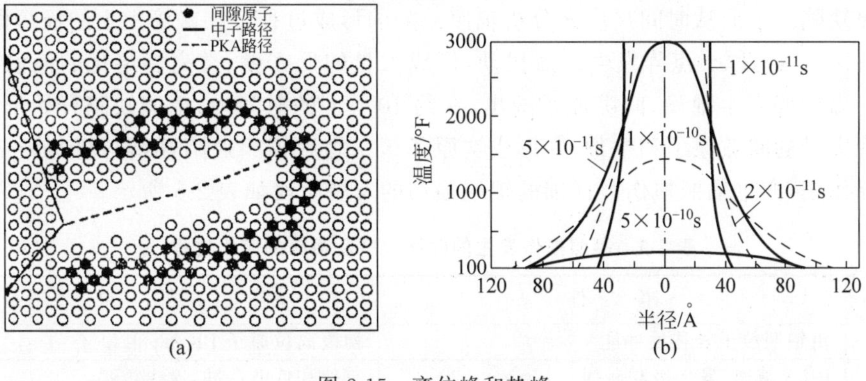

图 2-15　离位峰和热峰

(a) 离位峰；(b) 热峰

晶体中的原子排列是长程有序和周期重复的,在不同的晶面和晶向上原子间距不同。在有序晶体中发生级联碰撞时,会发生沟道效应和聚焦换位等特殊的碰撞现象。沟道效应是指离位原子沿点阵密排晶向围成的间隙腔入射时,可使级联碰撞距离比较长,并且不产生大量点缺陷。沟道效应的产生主要是沿密排方向相邻两列原子的距离增大,如同在其间形成了一个原子隧道,多发生在 PKA 级联碰撞的高能阶段。在 PKA 级联碰撞的低能阶段,多发生聚焦碰撞。所谓聚焦碰撞是指级联碰撞时,每级离位原子的散射角逐渐减小,并按照某一晶向以准直线的方式传递能量和输送原子的碰撞过程。聚焦碰撞能量损失大,缺陷生成少,PKA 能量可沿聚焦轴传输至较远的地方,空位和间隙原子距离较远,复合概率小,在密排的原子列上会产生动力挤塞子,即在 n 个节点之间存在 $n+1$ 个原子。由于沟道效应和聚焦碰撞的存在,离位峰的形态会发生一定的变化,形成了动力挤塞子,间隙原子环远离了内层空位环,在级联碰撞的终端出现了部分原子被运走的原子稀疏区,称为贫原子区。图 2-16 描述了级联碰撞的演变过程。

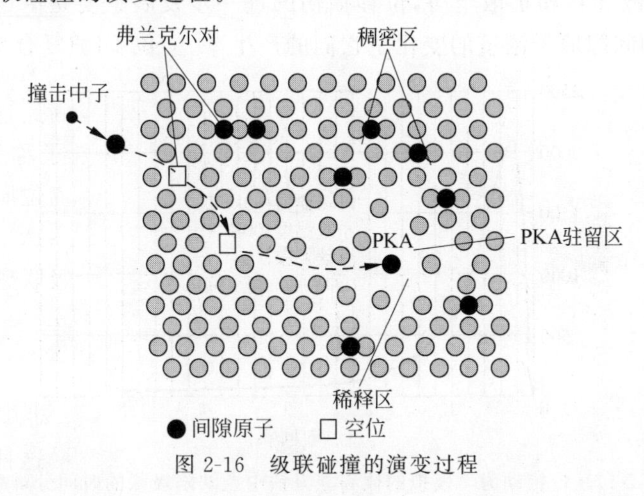

图 2-16　级联碰撞的演变过程

2.4.2 辐照缺陷

1. 辐照缺陷形成的过程

材料的辐照缺陷来源于初始的碰撞过程，而这种碰撞过程在极短的时间内便可生成大量的辐照缺陷。下面从时间尺度来分析辐照缺陷的形成过程。在碰撞发生的极短的时间内(10^{-18}～10^{-13}s)，原子点阵发生剧烈扰动，形成大量的低密度、类高温熔化的液滴，并形成离位峰。离位峰发生弛豫，间隙原子逸出，在约 10^{-12}s 的时间内，辐照缺陷开始形成，晶格内部出现大量的间隙原子和空位，并形成贫原子区。之后辐照缺陷开始与材料内部的固有缺陷相互作用，产生辐照损伤。详细的辐照损伤的发展阶段如表 2-5 所示。

表 2-5 辐照损伤发生的时间次序及相应的变化过程

时刻/ps	事 件	结 果
10^{-6}	由辐照粒子转移反冲能	初级离位原子 PKA
10^{-6}～0.2	PKA 减速，发生级联碰撞	空位和低能反冲，次生级联
0.2～0.3	形成热峰	低密度热熔，激波前沿
0.3～3	热峰弛豫，弹射间隙原子，从热态向过冷液体的核心过渡	稳定的自间隙原子混合
3～10	热峰核心凝固并冷却至环境温度	贫化区，无序区，非晶区，空位崩塌
大于 10	热级联的恢复，级联产生点缺陷的热迁移，点缺陷在迁移过程中发生反应	缺陷残留，间隙原子和空位的迁移，空位和间隙原子向缺陷阱稳态迁移，点缺陷团簇的长大和萎缩，溶质的偏析

总体而言，辐照损伤的产生首先源于高能输入，辐照缺陷形成之后晶格内部产生额外的应力场、电场及晶格振动场，这些外场与材料内部的杂质原子、位错和晶界等相互作用造成材料微观结构的改变。

2. 点缺陷的反应

分子动力学模拟表明，在碰撞发生的初级阶段会形成大量的点缺陷，但这些点缺陷会迅速地发生反应，导致最终形成的缺陷量大大降低(图 2-17)。产生的点缺陷能够发生反应的形式包括复合、扩散迁移和扩散至阱，位移损伤的进一步发展主要是由这些扩散过程引起的。最终的空位和间隙原子浓度的变化是它们的产生率、空位-间隙复合率、空位-阱复合率

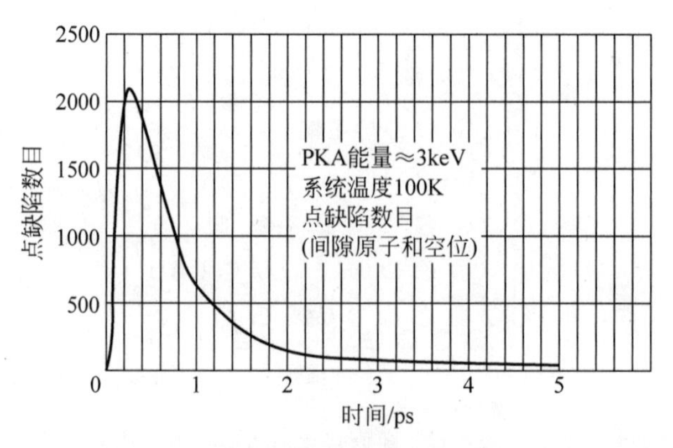

图 2-17 位错动力学模拟的体心立方铁中点缺陷级联的时间分辨率

以及间隙-阱复合率之间的平衡。

可能导致空位或间隙原子损失的阱包括三种类型：

(1) 无偏向的阱。包括空洞、非共格析出物和晶界。它们对于捕获不同类型的缺陷并不显示偏好性。

(2) 有偏向的阱。主要是位错。表现出捕获间隙原子的偏好，显示了一种缺陷优先于另一种的吸引力。

(3) 偏向可变的阱。比如共格析出物起到陷阱作用时，会将捕获到的缺陷保持缺陷原属性，直到这个缺陷被相反的缺陷湮灭。

实际的材料中，点缺陷的反应过程非常复杂，某些类型的点缺陷可能聚集成多重的点缺陷、位错环、层错四面体或空洞。表2-6列举了金属在高温下发生缺陷反应的一些例子。

表2-6 金属在高温下发生缺陷反应的例子

反 应	结 果
间隙原子和空位的再结合	点缺陷消失
间隙原子团簇化	双间隙原子 三间隙原子 位错环
空位团簇化	双空位 三空位 位错环，层错四面体，空洞
间隙原子和空位被捕获： 在杂质原子处 在位错处 在空位处 在晶界处、在析出物处等	缺陷的混合排布 位错攀移 空洞扩大 显微组织损伤
氦原子团簇	氦气泡

3. 辐照缺陷的影响因素

1) 温度

对于扩散驱动的效应，温度是一个非常重要的参数。辐照诱发的微观组织演变在很大程度上取决于相关缺陷的热可动性或热稳定性。一般而言，在较低的温度下，辐照诱发的缺陷是主要的，随着温度升高，热平衡状态的点缺陷浓度主导显微结构的变化，而辐照损伤开始消失。

2) 点阵类型

显微组织的演变也取决于点阵类型，不同的点阵类型代表了不同的原子排布和间隙的类型，其与缺陷的相互作用规律是不同的。分子动力学模拟和有关缺陷的实验研究表明FCC和BCC金属表现出不同的辐照性质。对于原子质量相近的典型的过渡金属，虽然FCC和BCC金属总的缺陷产生率和级联中缺陷团簇化的数量是差不多的，但FCC金属在位移级联过程中产生的平均团簇尺寸要大得多。

3) 化学成分

化学成分也对辐照导致的显微组织演变有影响。纯金属中添加溶质元素通常会增加点缺陷团簇。相比于纯金属，合金的位错环密度要高得多。

4. 其他类型的辐照缺陷

因能量的转移和点缺陷的产生，辐照增加了晶格的无序度，可以诱发许多新的缺陷，这些缺陷和材料热处理过程中形成的缺陷具有一定的类似性。

1）辐照诱发的偏析

偏析主要指材料组分在缺陷（如晶界）处的重新分布。辐照诱发的偏析可通过逆柯肯达尔效应（Kirkendall effect）来解释。辐照产生了过量的点缺陷，点缺陷的流动会影响 A 原子和 B 原子之间的互扩散，由于 A 原子与 B 原子扩散系数的差异导致了某一位置不同原子浓度的不同，引发偏析。作为一种扩散驱动的效应，辐照诱发的偏析取决于温度和计量率。温度太低时，空位只能缓慢移动，缺陷复合将成为主导因素。在热效应为主的温度下可以忽略辐照效应，因此辐照偏析只能在这两个条件之间的温度窗口中发生。图 2-18 所示为质子辐照 304SS 奥氏体不锈钢的例子，晶界处 Cr 浓度降低，而 Ni 含量明显增加。

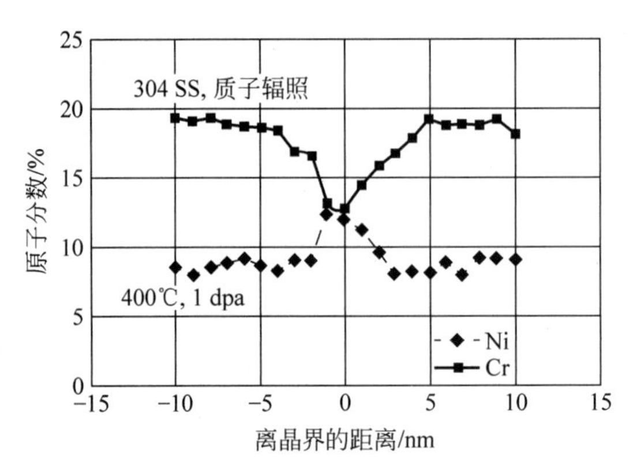

图 2-18　奥氏体不锈钢中辐照诱导的元素偏析

2）辐照诱发的相变

辐照诱发的相变也是扩散控制的现象，它可以导致相的沉淀或溶解。这些微观结构变化的驱动力是大量的过饱和点缺陷的存在或者是逆柯肯达尔效应。辐照诱发的点缺陷陷阱，如弗兰克尔间隙原子环、氦气泡和孔洞也能促进沉淀，可以形成共格或者非共格析出物。

3）辐照诱发的非晶化

非晶化是指晶格的长程有序性被破坏。在辐照过程中，许多材料会表现出非晶化的特征，例如石墨和碳化硅材料（如图 2-19 所示）。非晶化可能会导致材料硬度的明显降低。辐照诱发的非晶化发生在较低的温度，此时热平衡的点缺陷浓度还很低。

4）外生原子的产生

辐照导致的外生原子的产生是另一种重要的损伤类型，尤其是产生气体的反应。气体原子，特别是氦，可以形成晶间或者晶内的气泡，会严重降低反应堆部件的长期机械完整性。某些材料，例如镍，具有很高的反应截面，发生如下反应：

$$ {}^{58}_{28}\mathrm{Ni} + {}^{1}_{0}\mathrm{n}^{\mathrm{th}} \longrightarrow {}^{59}_{28}\mathrm{Ni} + \gamma \tag{2-6} $$

$$ {}^{59}_{28}\mathrm{Ni} + {}^{1}_{0}\mathrm{n}^{\mathrm{th}} \longrightarrow {}^{56}_{26}\mathrm{Fe} + {}^{4}_{2}\mathrm{He}(4.67\mathrm{MeV}) \tag{2-7} $$

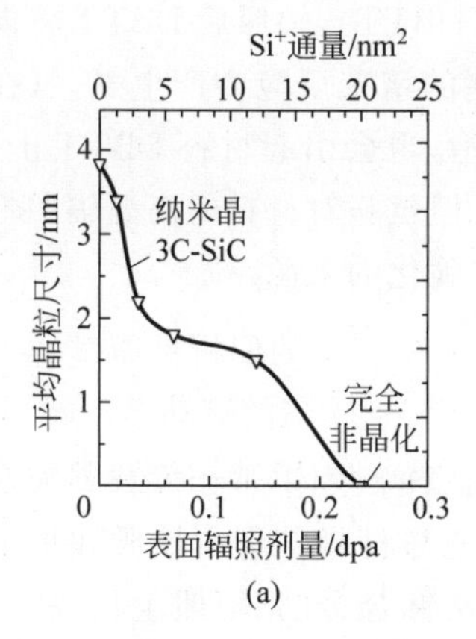

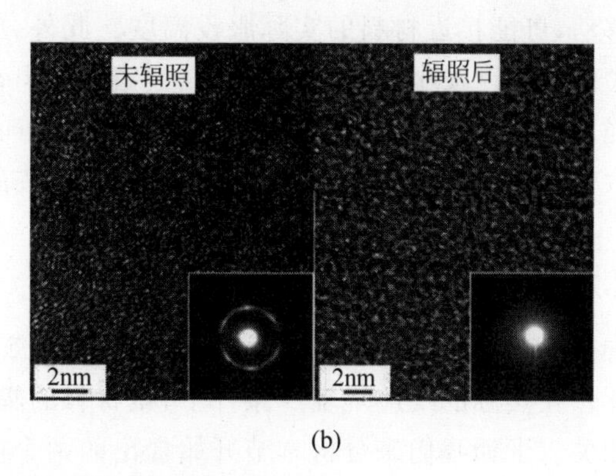

图 2-19 纳米晶碳化硅辐照诱导的非晶化

(a) 非晶化与辐照剂量的关系；(b) 辐照前后的 TEM 图像

晶间气泡导致蠕变塑性严重下降，因此被选作高温材料的镍基合金不能被用于堆芯内部。

2.4.3 辐照效应

1. 辐照肿胀

辐照产生的空位浓度达到一定过饱和度之后，将聚集在一起形成缺陷孔洞，宏观上材料密度降低，体积膨胀。孔洞的形成必须考虑两个因素：孔洞的形核和长大。孔洞的形核率取决于空位的饱和度、内压和孔洞的表面能等参数。孔洞的长大主要是空位向孔洞的净流入。肿胀的过程可以分为三个阶段(图 2-20)：过渡期(包括图中前两个阶段，即成核＋瞬态肿胀)、稳态肿胀和饱和阶段。第一阶段，孔洞形核并开始长大，直到达到剂量和体积肿胀几乎呈线性关系的稳定状态。随着孔洞尺寸的进一步增大，辐照导致的缺陷对宏观肿胀的贡献率逐渐降低，直至饱和状态。

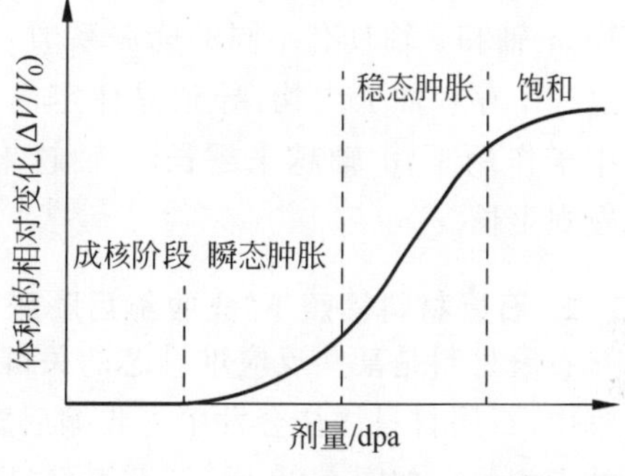

图 2-20 孔洞肿胀的不同阶段

2. 辐照蠕变

辐照蠕变是材料在辐照和机械载荷的叠加作用下发生的变形。实际上，辐照肿胀和蠕变并不是相互分离的过程，肿胀更倾向于各向同性，而蠕变则是改变质量的各向异性流动。辐照蠕变也是扩散过程控制的，在低于热点缺陷为主的温度下，辐照蠕变是重要的。对于辐照蠕变机制的解释主要是基于点缺陷和位错的相互作用，包括间隙原子在位错处的吸收、位错环或间隙原子团簇的形成和长大以及攀移控制的位错运动机制等。

3. 辐照硬化和脆化

辐照产生的缺陷(点缺陷团簇、位错环、层错四面体)会阻碍位错的运动形成硬化，性能上表现为辐照后强度升高，尤其是屈服强度增加更快。辐照硬化的另一个后果是会降低断裂韧性。随着温度下降，材料特别是金属材料会在某一特定温度附近发生由韧性断裂向脆性断裂的突然变化，这个转变温度通常称为韧脆转变温度(DBTT)，辐照后 DBTT 将向高温方向移动，可能接近材料的实际服役温度。此外，中子辐照的嬗变反应会产生氦，氦在晶体材料中的溶解度极小，很容易在晶界、位错处析出，形成氦泡，也会引起材料 DBTT 上升，称为氦脆。高温条件下，材料内部的其他点缺陷倾向于复合，但氦脆对材料的高温辐照性能影响较大。辐照诱发的沉淀和析出物也可以成为辐照硬化和脆化的来源。

2.4.4 辐照效应实例

如前所述，辐照后材料内部可以形成各种微观缺陷及缺陷聚集体，并引发材料宏观性能的变化。在实际的反应堆辐照条件下，核材料的辐照效应还与材料自身的性质和加工制备过程相关。下面我们来分析本节开始提出的两个问题，即锆钚合金的"辐照生长"和石墨材料在辐照过程中"先收缩后膨胀"现象。

1. 锆钚合金的"辐照生长"

锆钚合金为 Pu 溶在 α-Zr 中的固溶体，Pu 的质量分数为 5%，是早期研究快中子增殖堆的实验材料。样品于堆内辐照时，燃耗在 0.8%～1.8%之间，辐照后长度增长到原来的 4 倍，截面积减小，合金密度降低了 3%，如图 2-21 所示。锆合金的"辐照生长"主要是由于其为密排六方结构，a 轴和 c 轴具有不同的膨胀系数，材料在制备过程中存在加工织构，导致晶体定向排列。长期中子作用下，a 轴越来越长，c 轴越来越短，形成宏观生长。

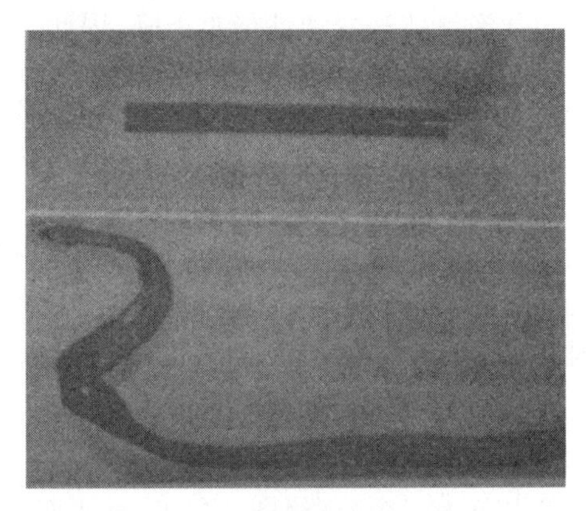

图 2-21 锆钚合金的"辐照生长"

2. 石墨材料辐照下"先收缩后膨胀"

石墨材料是某些反应堆堆芯的关键结构材料，但其本身的显微结构非常复杂。在辐照过程中，石墨材料往往会发生先收缩后膨胀的尺寸变化，核用石墨材料的寿命和辐照膨胀开始的点相关。如图 2-22 所示，石墨材料为六方结构，c 轴方向层间晶面间距很大，以范德华力结合。中子作用下，石墨层内的原子被轰击，进入层间，c 方向膨胀，a 方向收缩，整体体积表现为收缩。进一步增大中子注入量，晶格内大量原子离位形成空位，造成膨胀。

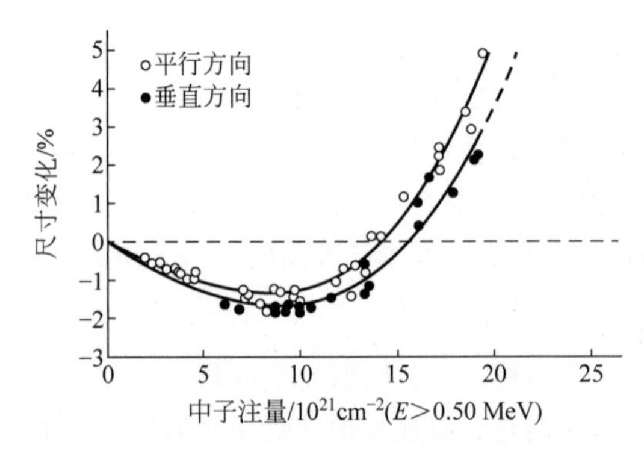

图 2-22 石墨材料辐照下"先收缩后膨胀"现象及其形成机制

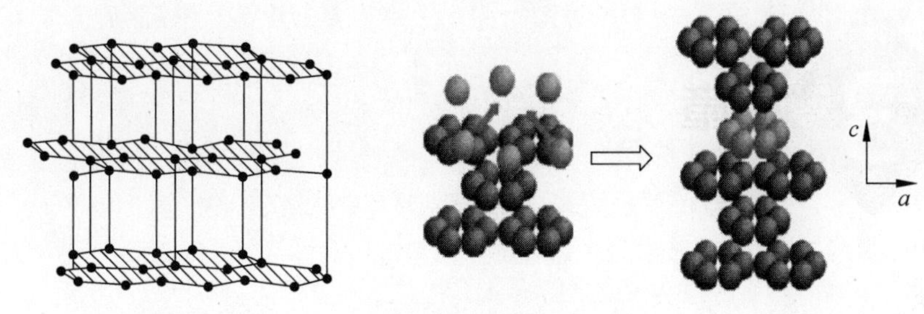

图 2-22 (续)

反应堆内部辐照条件复杂,材料种类繁多,环境介质各异,具体材料的辐照行为也不尽相同。本书重点关注核燃料及包壳和基体材料的辐照行为,相关内容将在后续章节详细展开。

参考文献

[1] 潘金生,仝健民,田民波. 材料科学基础[M]. 北京:清华大学出版社,2011.

[2] 崔忠圻. 金属学与热处理[M]. 北京:机械工业出版社,2011.

[3] 刘国勋. 金属学原理[M]. 北京:冶金出版社,1980.

[4] 周玉. 陶瓷材料学[M]. 北京:科学出版社,2004.

[5] 金格瑞,鲍恩,乌尔曼. 陶瓷导论[M]. 清华大学新型陶瓷与精细工艺国家重点实验室,译. 北京:高等教育出版社,2010.

[6] 黄天佑,都东,方刚,等. 材料加工工艺[M]. 北京:清华大学出版社,2010.

[7] 李凤生,刘宏英,陈静,等. 微纳粉体技术理论基础[M]. 北京:科学出版社,2010.

[8] 杜希文,原续波. 材料分析方法[M]. 天津:天津大学出版社,2006.

[9] 郭立伟,戴鸿滨,李爱滨. 现代材料分析测试方法[M]. 北京:兵器工业出版社,2008.

[10] 李冠兴,武胜. 核燃料[M]. 北京:化学工业出版社,2007.

[11] 郁金南. 材料辐照效应[M]. 北京:化学工业出版社,2007.

[12] 万发荣. 金属材料的辐照损伤[M]. 北京:科学出版社,1993.

[13] 沃尔夫冈·霍费尔纳. 核电厂材料[M]. 上海核工程研究设计院,译. 上海:上海科学技术出版社,2017.

[14] 杨文斗. 反应堆材料学[M]. 北京:原子能出版社,2000.

[15] JIANG W, WANG H, KIM I, et al. Response of nanocrystalline 3C silicon carbide to heavy-ion irradiation[J]. Physical Review B, 2009, 80(16): 161301.

[16] JIANG W, WANG H, KIM I, et al. Amorphization of nanocrystalline 3C-SiC irradiated with Si^+ ions [J]. Journal of Materials Research, 2010, 25(12): 2341-2348.

核燃料循环概述

3.1 核燃料循环过程

核燃料循环概念的产生基于反应堆运行的两个特点，一是核燃料在反应堆中无法一次完全燃烧耗尽，二是反应堆中的中子作用于可转换核素^{238}U和^{232}Th，会分别产生新的易裂变核素^{239}Pu和^{233}U。当核燃料从反应堆中卸出时(卸出的燃料称为乏燃料)，其中含有一定量的易裂变核素和可转换核素。因此，需要对乏燃料进行化学处理，提取并回收易裂变核素和可转换核素，除去裂变产物，重新制成可用的燃料元件返回反应堆复用，从而形成核燃料循环体系。

3.1.1 核燃料循环体系

根据核反应堆使用的核燃料中易裂变核素与可转换核素组合方式的不同，可分成三种核燃料循环体系，每种核燃料循环体系由一定类型的反应堆来实现。

1. 铀燃料循环

如果核燃料中的易裂变核素是^{235}U，可转换核素是^{238}U，则称为铀燃料循环。铀燃料可以由低富集铀(^{235}U含量低于20%，一般轻水堆的燃料富集度在5%左右)或高富集铀(^{235}U含量高于20%，用于核武器的富集度一般在90%以上)制备。

2. 铀-钚燃料循环

如果在天然铀(约0.7% ^{235}U)或贫铀(<0.7%^{235}U)中加入的^{239}Pu量相当于燃料中^{235}U的相应富集度，则可实现铀-钚燃料循环。

3. 钍-铀燃料循环

在钍-铀燃料循环中，^{235}U或^{233}U可作为易裂变材料，^{232}Th是转换材料。

目前运行中的压水堆、沸水堆、重水堆和石墨堆均采用铀燃料循环或铀-钚燃料循环。因钍基燃料的后处理和工程经济问题，钍-铀燃料循环尚处于研究实验阶段。因此，通常所说的核燃料循环指的是铀燃料循环或铀-钚燃料循环。

核燃料循环是指铀资源的开采和使用全过程。如图 3-1 所示，核燃料循环以堆内使用为节点，可划分为堆前部分（前段）和堆后部分（后段）。燃料循环前段工艺过程包括：①铀矿地质勘探；②铀矿开采；③铀的提取和精制；④铀的化学转化；⑤^{235}U 的富集（铀同位素浓缩）；⑥燃料元件制造；⑦堆内使用。燃料循环后段工艺过程包括：①乏燃料中间储存；②乏燃料运输；③乏燃料后处理；④放射性废物的处理和最终处置。

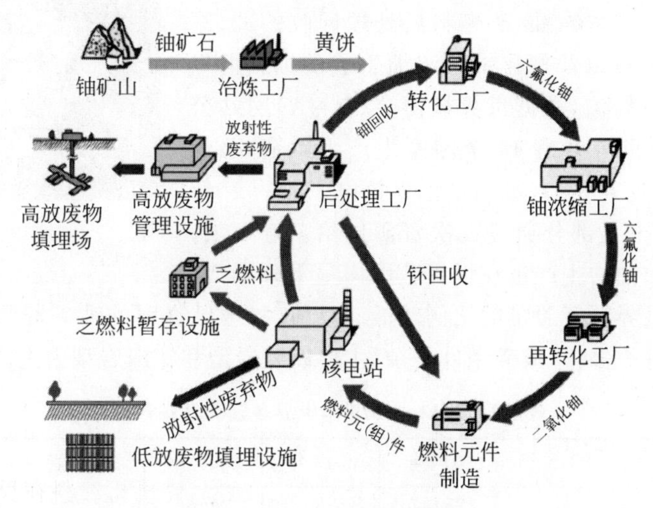

图 3-1　反应堆核燃料循环体系

3.1.2　核燃料循环方式

根据是否对乏燃料进行后处理，并对铀、钚循环利用，核燃料循环方式大体上分为两种。

1. 一次通过方式

一次通过方式（one through cycle），也叫开式燃料循环，指核燃料元件在反应堆内使用后作为乏燃料长期储存，在可预计的时间内不再处理。这种循环方式的铀资源利用率不到 1%。

2. 后处理再循环方式

后处理再循环方式（reprocessing fuel cycle），也叫闭式燃料循环，指将乏燃料元件进行后处理，除提取铀、钚外，还从高放废液中提取次锕系元素（如镎、镅、锔）和长寿命裂变产物。

当前仅美国、加拿大、瑞典决定采用开式燃料循环，法、英、俄、日、中、印等国坚持发展闭式燃料循环，发展快中子增殖堆和后处理工艺。现在，热中子反应堆核燃料的再循环规模已能节约 10%～35% 的天然铀，如果用铀钚氧化物混合燃料代替铀燃料，将使热中子反应堆燃料循环费用降低 9%～12%。

3.2　铀资源与铀矿冶

3.2.1　铀资源的分类和分布

铀是一种银白色金属元素（如图 3-2 所示），属于元素周期表中的锕系元素之一，化学符号为 U,原子序数为 92。铀具有微放射性,其同位素都不稳定。铀在地壳中的丰度约为 2.5g/t,是 Au 的 500 倍,Ag 的 40 倍,与 Sn、Mo、W 的丰度相当。

图 3-2 金属铀

反应堆燃料铀的供给源大致分为两类:一类为一次供给源,从自然界存在的天然铀而来;另一类称为二次供给源,不是铀矿山的直接产物,主要来源于民用及军用储备和库存的天然铀或浓缩铀、乏燃料后处理回收的铀、军用钚中生产的核燃料以及贫化铀再浓缩生成的铀。世界铀矿资源分布极不均匀,根据世界核协会(WNA)网站公布的信息,2019 年世界共有 14 个国家生产天然铀,总产量为 5.37 万 t(详见表 3-1),可满足世界核电工业约 79%的年度用铀需求,不足部分通过二次资源供给。近年来,作为一次供给源的铀的生产量在世界范围内呈下降趋势。我国铀资源量占世界总资源量的比例较低。目前,我国已查明的铀矿资源分布于 23 个省、市、自治区,矿床种类多样,成矿条件复杂,主要以砂岩型和花岗岩型为主。

表 3-1 2013—2019 年世界各国天然铀产量 t

国家		2013 年	2014 年	2015 年	2016 年	2017 年	2018 年	2019 年
哈萨克斯坦		22451	23127	23607	24586	23321	21705	22808
加拿大		9331	9134	13325	14039	13116	7001	6938
澳大利亚		6350	5001	5654	6315	5882	6517	6613
纳米比亚		4323	3255	2993	3654	4224	5525	5476
尼日尔		4518	4057	4116	3479	3449	2911	2983
俄罗斯		3135	2990	3055	3004	2917	2904	2911
乌兹别克斯坦(估计)		2400	2400	2385	2404	2404	2404	2404
中国(估计)		1500	1500	1616	1616	1885	1885	1885
乌克兰		922	926	1200	1005	550	1180	801
美国		1792	1919	1256	1125	940	582	67
印度(估计)		385	385	385	385	421	423	308
南非(估计)		531	573	393	490	308	346	346
伊朗(估计)		0	0	38	0	40	71	71
巴基斯坦(估计)		45	45	45	45	45	45	45
捷克		215	193	155	138	0	0	0
罗马尼亚		77	77	77	50	0	0	0
巴西		192	55	40	44	0	0	0
法国		5	3	2	0	0	0	0
德国		27	33	0	0	0	0	0
马拉维		1132	369	0	0	0	0	0
世界总产量	U/t	59331	56042	60342	62379	59502	53499	53656
	U_3O_8/t	69966	66087	71113	73560	70120	63087	63273

3.2.2　铀矿石分类

铀矿物指铀的天然化合物,已发现的铀矿物有180多种。铀矿物按矿的成因可分为原生矿物和次生矿物两大类。

1. 原生矿物

(1) 沥青铀矿(pitchblende)。沥青铀矿分布十分广泛,它是工业价值最高的原生铀矿。从矿物的化学成分看,沥青铀矿属简单氧化物类型,其化学式可表示为 $k\mathrm{UO_2}\cdot\mathrm{UO_3}\cdot n\mathrm{PbO_3}$,其中铀的含量占42%~76%。

(2) 晶质铀矿(uraninite)。晶质铀矿也是一种原生铀矿,与沥青铀矿有相同的结晶构造,但矿物成分和形态显著不同,最主要的差别是晶质铀矿含有钍和稀土元素,其一般化学式为 $k(\mathrm{U,Th})\mathrm{O_2}\cdot\mathrm{UO_3}\cdot m\mathrm{PbO}$。晶质铀矿分布虽广,但工业价值较小,至今尚未发现富集的工业铀矿床。

(3) 复杂氧化物。这一类矿物是指含铀的钛、铌、钽矿物,其成分复杂而且变化不定,这些矿物性质相似,一般都具有较高的化学稳定性,相对密度和硬度都较大,难以水冶加工处理,但具有综合利用的工业价值。

2. 次生矿物

内生的四价铀矿(沥青铀矿、晶质铀矿等)在表生氧化的条件下,矿物中的四价铀氧化成六价铀,并与氧离子结合形成铀酰离子,进而形成的各种铀酰矿物统称为铀的次生矿物。在自然界含铀的水溶液也可以通过蒸发作用等形成铀酰矿物,因此现在次生铀矿泛指铀酰矿物。目前已发现的次生铀矿物有140多种,占铀矿物总数的85%以上。云母矿物是最常见的一类次生矿物,如钙铀云母、铜铀云母等。

常见铀矿物的外观形貌见图3-3。

图3-3　常见铀矿物的外观形貌

3.2.3　铀矿开采

对目标矿物的存在地域进行科学的探测称为铀矿地质勘探。铀矿石开采时,鉴于矿床的形态、矿石以及母岩的性质等,必须选择合适的开采方法。铀矿的开采方法大致分为露天开采法、地下开采法以及浸出法。露天开采法适用于离地表较浅的铀矿床,剥离表土和覆盖岩石后，用大型机械开采，该法生产效率高、劳动条件好、回采率高、成本低。地下开采法适用于开采离地面较深的铀矿床，通过掘进联系地表与矿体的井巷来进行开采，分三个步骤，即开拓、采准和回采，该法工艺复杂、成本高，放射性气体氡会造成对工作人员的伤害。浸出法又称为化学浸出或化学采收法，是把化学浸出剂通过钻孔直接注入地下矿体内，浸出矿石中的铀，再将含铀浸出液提升到地面进行处理。

3.2.4 铀矿冶

铀的冶炼包含从铀矿石中提取铀，对其进行富集、精制，直至加工成 UF_4 等一系列的操作。一般包括粗冶炼和精冶炼。从处理铀矿石直至生成铀化学浓缩物的操作称为粗冶炼。铀化学浓缩物的化学形式有很多种，如重铀酸盐、过氧化物、三碳酸铀酰铵等，最常见的是重铀酸盐，俗称“黄饼”，如图 3-4 所示。精制黄饼直至转换为铀的氧化物（UO_3）或四氟化铀（UF_4）的操作称为精冶炼。

图 3-4 铀化学浓缩物——“黄饼”

铀的粗冶炼，包括铀矿石的破碎/粉碎工序、浸出工序（酸浸或碱浸）、固液分离工序、铀的富集/精制工序以及黄饼制造工序，其目标是将具有工业品位的矿石加工富集成含铀量较高的中间产品，即铀化学浓缩物。

开采出的矿石须破碎成粒径较小的颗粒后才能获得较高的浸出率。目前广泛应用的铀矿石破碎方式有两种：机械力破碎和非机械力破碎。机械力破碎包括挤压、冲击、研磨和劈裂等；非机械力破碎包括爆破、超声、热裂、高频电磁波和水力等。

浸出是借助于化学溶剂将矿石中有价值的组分选择性地溶解出来，根据铀矿石性质的不同，可采用酸或碱作浸出剂。酸法浸出多采用硫酸浸出，由于六价铀易于溶解，因此常加入氧化剂（如 $NaClO_3$）将矿石中的铀氧化成六价，以提高浸出率，发生的反应为

$$UO_3 + H_2SO_4 \longrightarrow UO_2SO_4 + H_2O \tag{3-1}$$

$$UO_2SO_4 + 2SO_4^{2-} \longrightarrow [UO_2(SO_4)_3]^{4-} \tag{3-2}$$

随后将浸出液中的铀与其他杂质分离，提取方法有两种——离子交换法和溶剂萃取法，常用的萃取剂有胺类萃取剂（如三辛胺（TOA））和有机磷萃取剂（如磷酸三丁酯（TBP）、三烷基氧膦（TRPO）等）。

铀的淋洗液或反萃液经加热到50～60℃，再加入氨水或苛性钠溶液生成重铀酸铵（$(NH_4)_2U_2O_7$）或重铀酸钠（$Na_2U_2O_7$），形成的沉淀再经洗涤、压滤、干燥，得到含铀化学浓缩物。

对含碳酸盐较多的矿物，为了减少酸的消耗，通常采用碱法浸出，即以碳酸钠与碳酸氢钠（或碳酸铵与碳酸氢铵）的混合液作为浸出剂，发生反应：

$$UO_3 + Na_2CO_3 + 2NaHCO_3 \longrightarrow Na_4[UO_2(CO_3)_3] + H_2O \tag{3-3}$$

用碱法浸出的好处是选择性好，无须再分离，可直接把浸出液过滤后进行沉淀就得到化学浓缩物。如果浸出液中的铀的浓度太低（<2.0g/L）则需要先通过离子交换法进行浓缩，然后沉淀。

铀的精冶炼，包括干法、湿法以及干法和湿法组合的方式，其目的是去除铀化学浓缩物中的大量杂质，如高中子吸收截面的物质（B、Cd等）、可形成挥发性氟化物的元素（Mo、W等）和化学性质与铀相近的元素（Th等），获得核纯产品，并将其制成易于氢氟化的氧化物。

干法为美国阿贡实验室开发的无水氟化物挥发法，即将铀化学浓缩物直接氟化，随后再将得到的UF_6进行纯化，就可以得到核纯产品，目前只有日本采用了这一方法。湿法工艺包括化学沉淀法、离子交换法和溶剂萃取法等，其应用更为普遍。沉淀法是最早采用的从铀矿浸出液中制备铀化合物的方法，由于铀矿浸出液中的杂质问题，沉淀法现在只用于从已经纯化的铀溶液中制备合格的铀化合物。离子交换法是一种从溶液中提取和分离元素的技术，利用离子交换剂在特定体系中对不同离子亲和力的差异，可以有效分离包括稀土元素在内的难分离元素。铀的浸出矿浆与浸出液大致分为酸性和碱性两种，离子交换法提取既适用于酸性介质，也适用于碱性介质。萃取法的优点是选择性好、回收率高、设备简单且容易实现连续化生产及自动化。使用的萃取剂有二乙醚、甲基异丁基酮和磷酸三丁酯（TBP）。通常采用TBP，在适当的条件下，铀的回收率可达99.9%以上。

3.3 铀的转化

核燃料循环中铀的转化是指精制后的铀（铀的氧化物或者UF_4）转化成适合于铀同位素分离的UF_6的过程。

3.3.1 以铀化学浓缩物为原料制备UO_2

UO_2粉末的颜色与制取所用的原料和方法密切相关，从褐色到黑色均有，如图3-5所示。UO_2的松装密度因制备技术路线不同而在较宽的范围内变动。在空气中，UO_2即使在室温下也会慢慢氧化，在较高温度下，迅速氧化为U_3O_8。

根据铀化学浓缩物的不同，制备UO_2的工艺路线有如下几种：

1. 硝酸铀酰（$UO_2(NO_3)_2 \cdot 6H_2O$，简称UNH）脱硝还原法

硝酸铀酰溶液在流化床内受热脱水、脱硝并被由床底部进入的氢气还原为UO_2，该方法称为一步脱硝法，发生的反应包括：

$$UO_2(NO_3)_2 \cdot 6H_2O \xrightarrow{\Delta} UO_3 + NO_2\uparrow + NO\uparrow + O_2\uparrow + 6H_2O \tag{3-4}$$

图 3-5 不同颜色的 UO_2 粉末

2. 重铀酸铵（$(NH_4)_2U_2O_7$，简称 ADU）热解还原法

重铀酸铵加热至 260℃时会分解成三氧化铀，反应方程式如下：

$$(NH_4)_2U_2O_7 \xrightarrow{\Delta} 2UO_3 + 2NH_3\uparrow + H_2O \tag{3-5}$$

3. 三碳酸铀酰铵（$(NH_4)_4[UO_2(CO_3)_3]$，简称 AUC）热解还原法

在密闭状态下，三碳酸铀酰铵能长时间保持稳定。在空气中，该晶体缓慢分解，加热时分解加速。在空气中三碳酸铀酰铵热分解的差热热重曲线表明，160℃时三碳酸铀酰铵开始显著分解，到 350℃左右全部分解为 UO_3，反应式为

$$(NH_4)_4[UO_2(CO_3)_3] \xrightarrow{\Delta} UO_3 + 4NH_3\uparrow + 3CO_2\uparrow + 2H_2O \tag{3-6}$$

4. 高价铀氧化物还原法

高价铀氧化物多为 U_3O_8，还原反应如下：

$$U_3O_8 + 2H_2 \longrightarrow 3UO_2 + 2H_2O \tag{3-7}$$

以铀化学浓缩物为原料制备 UO_2 的过程中大多会形成中间产物三氧化铀（UO_3），也称作铀酸酐，为橙红色，不溶于水，是制备 UO_2、U_3O_8、UF_4 及 UF_6 的重要中间产物。UO_3 可由铀酰的化合物，如碳酸铀酰、草酸铀酰或硝酸铀酰分解制得。目前工业上应用最广泛的是热解脱硝法（TDN 法），将硝酸铀酰溶液（UNH）浓缩至铀含量达到 900～1200g/L 后经热脱水和脱硝来制备 UO_3。UO_3 转化为 UO_2 可用氢气在 500℃的温度下发生还原反应来实现，反应式为

$$UO_3 + H_2 \longrightarrow UO_2 + H_2O \tag{3-8}$$

3.3.2 UO_2 氢氟化制备 UF_4

图 3-6 UF_4 粉末

通常情况下，UF_4 为绿色固体粉末，如图 3-6 所示，俗称“绿盐”。UF_4 有两种晶型：α-UF_4 和 β-UF_4。温度 833℃以下时，主要以 α-UF_4 的形式存在。α-UF_4 具有单斜结构，理论密度约为 $6.70g/cm^3$。温度高于 833℃时，α-UF_4 转化为 β-UF_4。UF_4 的松装密度因制备方法不同而有所差异，一般在 $1.5\sim3.5g/cm^3$ 之间。

UF_4 是一种稳定的化合物，在 600～700℃时，UF_4

对于干燥的 N_2、H_2、CO_2 等是稳定的，但在一定条件下，UF_4 能和某些物质发生反应，比如当温度高于 100℃时，水蒸气能与 UF_4 作用，可导致 UF_4 发生如下水解反应：

$$UF_4 + 2H_2O \longrightarrow UO_2 + 4HF\uparrow \tag{3-9}$$

工业生产中，UF_4 的制备工艺主要有湿法与干法两种。

1. UF_4 的湿法制备

以 UO_2 为原料湿法制备 UF_4 的基本原理如下：

$$UO_2 + 4HCl + HF \longrightarrow H(UCl_4F) + 2H_2O \tag{3-10}$$

$$H(UCl_4F) + 3HF \longrightarrow UF_4 + 4HCl \tag{3-11}$$

实际生产中，以精制厂制备的 UO_2 为原料时，UF_4 的湿法制备过程包括 UO_2 预还原、制备盐酸-氢氟酸络合液并溶解 UO_2、40%氢氟酸沉淀 UF_4、过滤、洗涤、造浆、干燥和煅烧几个部分。

2. UF_4 的干法制备

UF_4 的干法制备主要是利用流化床、移动床、卧式搅拌床等氢氟化专用设备，实现 UO_2 与无水 HF 接触并反应，其主要反应原理如下：

$$UO_2 + 4HF \longrightarrow UF_4 + 2H_2O \tag{3-12}$$

相对于湿法制备工艺，UF_4 的干法制备过程不使用盐酸、氢氟酸等水溶液，较大限度地减少了含铀放射性废液的产量和处理量。目前，在铀转化过程中，大多使用干法工艺制备 UF_4，其制备工艺包括原料 UO_2 和无水 HF 的供给、UO_2 氢氟化反应、尾气中 HF 的回收和处理、产品处理和包装等步骤。

3.3.3 UF_4 制备 UF_6

常温常压下，UF_6 是一种白色晶体，如图 3-7(a)所示。红外吸收光谱、磁化率和电子衍射结果表明，UF_6 分子为正八面体结构，如图 3-7(b)所示。其晶体结构为正交晶体，晶格常数 $a=0.9900$nm，$b=0.8962$nm，$c=0.5207$nm。20.7℃时，UF_6 晶体密度为 5.09g/cm^3，25℃时密度为 5.06g/cm^3。在 101.325kPa 下，加热到 56.4℃时，UF_6 可不经熔化直接升华，该性质为 UF_6 产品纯化、物料转移的基础。

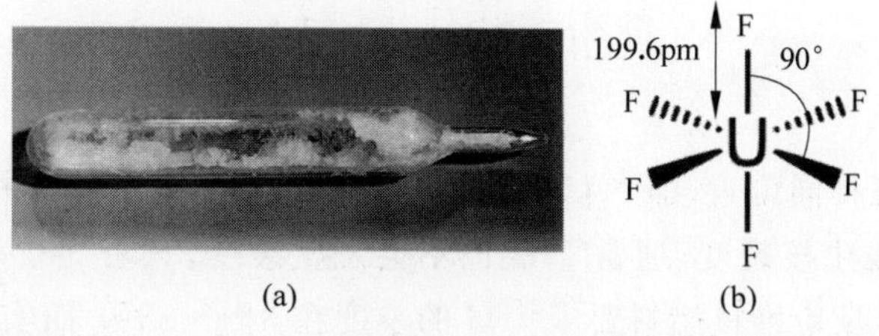

图 3-7 UF_6 晶体及其分子结构式

(a) UF_6 晶体；(b) 分子结构式

一般条件下，UF_6 在干燥的 O_2、N_2、CO_2 等气体中是稳定的，在生产实践中，N_2 可作为氟化生产系统的保护、稀释或置换气体。UF_6 与水发生剧烈的水解反应，在空气中冒白烟，利用该现象可以检查 UF_6 生产系统的密封性。UF_6 具有强氧化性，能被 H_2、CCl_4、HCl、

Cl_2、HBr、NH_3、C_2HCl_3 等还原剂还原为 UF_4。

目前，工业上生产 UF_6 的方法主要有精制 UF_4 氟化法和氟化物挥发法两种。

1. 精制 UF_4 氟化法

精制 UF_4 氟化法是指在流化床、火焰炉等专用氟化反应器中，通过核纯 UF_4 与氟气反应，并对反应生成的气体进行分离（凝华接收、冷凝液化），以制备符合铀同位素分离使用 UF_6 产品的工艺过程，主要反应原理如下：

$$UF_4 + F_2 \longrightarrow UF_6 \tag{3-13}$$

精制 UF_4 氟化法制备的 UF_6 产品，可直接作为铀同位素分离厂的原料使用，为世界上多数 UF_6 生产厂所采用。

2. 氟化物挥发法

氟化物挥发法是由美国联合化学公司开发的一种由铀化学浓缩物（U_3O_8）经流化床还原、氢氟化、氟化过程转化为粗制 UF_6，再通过分馏法纯化制备铀同位素分离用 UF_6 产品的工艺过程，是一种将铀精制和铀转化结合在一起的生产技术方案。

氟化物挥发法制备 UF_6 工艺，代表着铀转化生产技术的一种发展方向。该方法简化了工艺流程，降低了投资成本，消除了铀转化生产过程中含铀放射性废液产生的根源，大大减少了放射性废液的产量和处理处置成本。对确保铀转化厂的环境安全、改善工作环境等也具有非常重要的意义。

3.3.4 金属铀的制备

在工业上，生产金属铀真正有实用价值的方法是用高纯的金属钙或镁来还原 UF_4，其反应式为

$$UF_4 + 2Ca \longrightarrow U + 2CaF_2 \tag{3-14}$$

$$UF_4 + 2Mg \longrightarrow U + 2MgF_2 \tag{3-15}$$

为获得浓缩的金属铀，可以通过将经过扩散法或离心法浓缩的 UF_6 转化为 UF_4，进而制得金属铀。

3.4 铀浓缩

自然界中铀有三种同位素，即 ^{234}U、^{235}U 和 ^{238}U，它们的化学性质相同，但核性质不同。自然界中 ^{234}U 不会发生核裂变，通常 ^{238}U 也不会发生裂变，只有 ^{235}U 易发生核裂变，核燃料主要指 ^{235}U。通常反应堆核燃料要求 ^{235}U 的丰度在 3%～5%；而实验堆、增殖堆燃料以及军用核材料等对 ^{235}U 的丰度要求更高，要达到 20%甚至 90%以上，因此必须通过同位素分离技术提高 ^{235}U 的丰度，即为铀浓缩过程。

目前有多种铀浓缩的方法被研究开发且实用化，根据浓缩过程可分为统计的分离法和选择的分离法。统计的分离法，根据构成分子的同位素种类，利用其微小的差异（质量、运动速度等）将所需部分取出，包括气体扩散法、气体离心法、分离喷嘴法和离子交换法等。而选

择的分离法是根据特定同位素固有的性质,仅仅取出所需部分的方法,代表性的有激光分离法。

在这些方法中,铀的化学形态几乎都是 UF_6。因为氟元素只有单一的稳定同位素(原子量约 19),通过分子量可反映出铀同位素的质量差,即含^{235}U 的 UF_6 和含^{238}U 的 UF_6 的分子量的差一定是 3。另外,UF_6 在相较于大气压更低的环境下,即使是室温,也能够维持气体状态,十分便于工业上的操作。

目前已经实现工业应用的是气体扩散法和气体离心法,激光分离法虽尚处于实验室研究阶段,但被认为是非常有应用前景的分离方法。

3.4.1 气体扩散法

气体扩散法是最早、最成熟的浓缩方法,也是商业开发的第一种浓缩方法。它是基于分子渗透、扩散原理,利用不同质量的铀同位素转化为气态时运动速率的差异实现同位素的分离。图 3-8 所示为气体扩散法分离富集铀示意图,当高压 UF_6 混合气体(铀同位素的混合气体)透过级联安装的多孔薄膜时,UF_6 中^{235}U 轻分子气体比 UF_6 中^{238}U 重分子气体更快地通过多孔膜。通过膜管的气体立即被泵送到下一级,留在薄膜管中的气体则返回到较低级再循环。在每一个气体扩散级中^{235}U 与^{238}U 浓度比仅略有增加,浓缩到工业级别^{235}U 浓度需要 1000 级以上。

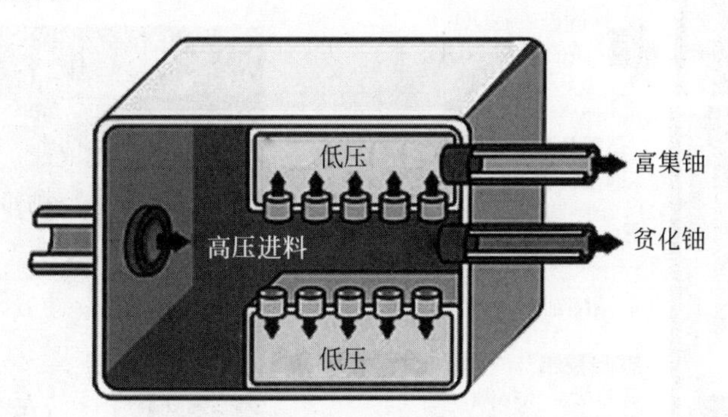

图 3-8 气体扩散法分离富集铀示意图

该技术的核心是多孔扩散分离膜,分离膜有三种类型:金属膜、陶瓷或非金属无机膜和氟化树脂(聚四氟乙烯)膜。无论何种膜,均应满足五点要求:一是具备耐 UF_6 腐蚀的能力;二是合理控制分离膜的孔径,过大或者过小都不利于分离;三是要有一定的机械强度,能够承受膜前后压差及机械弯曲和振动;四是要有合适的渗透值,保证有一定量的气体通过;五是成本低,容易大批量生产。

3.4.2 气体离心法

人类很早就发现,利用引力场可以分离不同分子量的物质,并在淘金等技术中应用了这一方法。早在 1895 年,德国的布雷迪什首先利用这种方法分离了混合气体。后来,当发现了元素存在同位素以后,很快就有人提出用引力场来分离气体同位素。1919 年,德国科学家 G. 瑞皮完成了气体离心机的基本设计。铀浓缩离心机的概念和应用则是 20 世纪 30—

40 年代由美国弗吉尼亚大学的高速离心机专家比姆斯提出的。1934 年,比姆斯首先研制成功了能分离气体同位素的离心机,并实现了两种氯同位素的分离；1941 年,他和同事利用离心机首次成功分离了铀同位素。

浓缩铀常用机械式分离法,真空高速离心机是关键设备。与气体扩散法相比,气体离心法功效较高,所需电能较少,已被大多的铀浓缩工厂采用。图 3-9 为气体离心机的工作示意图,将高压 UF_6 气体注入高速转动的封闭式离心机里,由于质量存在差异,在惯性离心力的作用下,较轻的 $^{235}UF_6$ 分子大多集中在容器转轴处,较重的 $^{238}UF_6$ 分子则大多集结在边缘。在近轴处富集的 $^{235}UF_6$ 气体被导出,再输送到下一台离心机继续分离,逐渐累积、纯化、浓缩。最后,利用化学法处理已收集的、较轻的 $^{235}UF_6$ 气体,就可获得浓缩铀。气体离心机级联装置如图 3-10 所示。

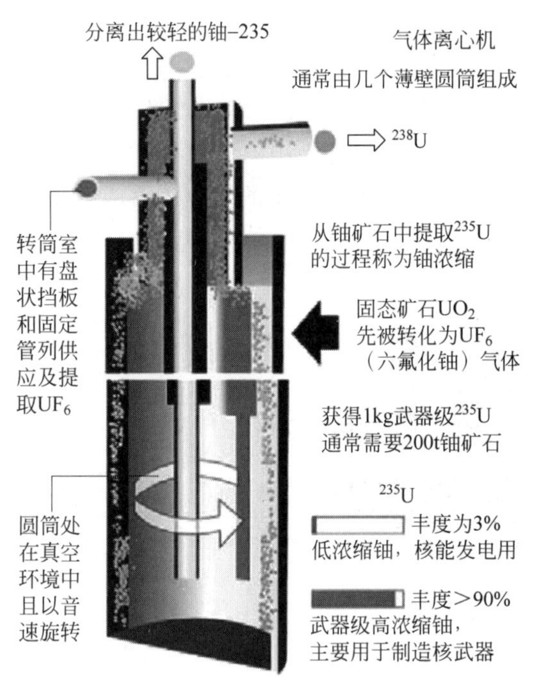

图 3-9　气体离心机工作示意图

图 3-10　气体离心机级联装置

3.4.3 激光分离法

原子或分子吸收光子后会引起物质化学反应的变化,这一现象被称为光化学过程。在元素同位素的光谱研究中发现原子或分子的同位素效应后,人们就设想用选择性光激发原子或分子发生的光化学过程作为一种分离同位素的方法。

1975 年,美国劳伦斯利弗莫尔实验室用双频激光光电离技术,成功进行了铀同位素分离,获得了毫克量级丰度为 3%的 ^{235}U。1985 年,美国正式宣布使用原子激光光电离法作为第三代铀同位素分离方法,以取代气体扩散法。这也促进了世界各国对激光分离同位素技术的研究。

激光分离法浓缩 ^{235}U,是利用 ^{238}U 和 ^{235}U 形成的化合物化学键的键能不同,利用激光单一频率的性质选择性使一种铀化合物的化学键断裂达到分离效果。此法比其他方法优越,设备可大大简化,成本可大大降低。据估计,该法的生产投资约是气体扩散法的1/2,生产过程耗能只有气体扩散法的1/10左右。激光分离技术包括激光原子法和激光分子法。

原子法浓缩用的原料是提炼铀矿后的铀块,把铀块加热到高温形成铀原子蒸气,铀原子蒸气中含有^{234}U、^{235}U和^{238}U原子。然后用可见光波段的激光照射铀原子蒸气,调谐激光器的输出波长,让它落在^{235}U的原子吸收谱线中心,使^{235}U原子电离,但不激发或电离^{238}U原子等。然后,利用电场对通过收集板的^{235}U原子进行扫描,使^{235}U原子从铀同位素混合气体中分离出来。这种技术较成熟,现已处于生产应用阶段。

分子法则依靠铀同位素吸收光谱存在差异,它用的原料是铀的分子化合物(如UF_6),先用中红外波段的激光(如波长16μm的激光)照射UF_6混合气体分子,激光波长只让^{235}U化合物分子电离,^{235}U分子吸收了这些光子,能态会提高;再用紫外线激光器分解UF_6混合气体分子,便可以从中分离出^{235}U,最后利用含^{235}U化合物通过分解反应得到^{235}U。理论上它能生产出很纯的^{235}U,但此法还未达到生产阶段。从发展潜力看该法比原子法优越。分子法浓缩用的原料是铀的分子化合物,原料来源丰富,且分离过程不需加热,而原子法则需加热到2000℃以上,高温铀原子蒸气有很强的腐蚀性。相对而言,分子激光法生产设备较简单,成本较低。分子激光法只能用于浓缩UF_6,不适合纯化、浓缩金属钚的化合物;原子激光法既能浓缩金属铀,又能浓缩金属钚。

3.5　燃料元(组)件制造

核燃料在"燃烧"的过程中会不断产生具有放射性的裂变产物,必须被可靠地包封起来。绝大多数反应堆采用燃料元件的结构形式,将固体核燃料芯体装在密封的金属包壳内,做成燃料棒。通常把若干燃料棒组装成为便于装卸、搬运及更换的棒束组合体,称为燃料(元)组件。燃料元(组)件制造是核燃料循环中的一个极为重要的环节。它与核电厂运行的安全性、可靠性及经济性密切关联。反应堆各种堆型按其用途对燃料元(组)件有不同的性能要求,这导致不同的结构形式及不同的燃料和包壳材料品种。关于各种堆型燃料元(组)件的结构、性能、制备工艺等细节,将在以后章节中分别叙述,本章只作简单介绍。

1. 生产堆燃料组件

核燃料生产堆的主要作用是将^{238}U转换成易裂变核素^{239}Pu。生产堆以天然铀为核燃料,多做成较粗大的实心金属铀棒,直径为25～36mm。为了减少附加的中子吸收,提高后备反应性和燃料转换比,多采用纯金属铀做成燃料芯体,而不用铀合金或铀化合物。严格地选用热中子吸收截面小的包壳材料,例如石墨水冷生产堆和重水堆多采用铝合金包壳,石墨气冷生产堆多采用镁合金包壳。

生产堆因为需要限制^{240}Pu的含量,一般燃耗很浅。其换料量很大,也正适宜采用简单而廉价的燃料元件,但元件的冷却和寿命均受到限制。

2. 轻水堆燃料组件

轻水动力堆普遍采用低富集度(2%～5% ^{235}U)的二氧化铀(UO_2)为核燃料,锆合金为包壳材料。为了尽量增大对应于每千克U的传热面积，采用由细燃料棒组成的棒束型燃料组件。棒径越细，比功率和功率密度就越高，但同时对应于每千克U的包壳材料质量和中子吸收将增加，燃料组件的制造成本也将升高。

3. 重水堆燃料组件

重水堆以UO_2(天然铀)为核燃料，由于采用天然铀，必须尽量减少结构材料用量以减少有害的中子吸收。CANDU型重水堆的燃料棒外径为13～15mm，长度约为500mm，包壳厚度只有0.4mm，在芯块与包壳之间不留空隙，在包壳内壁涂覆石墨。石墨作为润滑剂可以减少燃料与包壳之间的摩擦阻力，并阻止腐蚀性裂变产物碘等扩散到包壳内壁。芯块的密度一般为理论密度的95%～97%，芯块一端有碟形凹陷，以补偿芯块的轴向膨胀。将密封的燃料棒按同心圆形式焊接到两侧端部支承片上，形成燃料棒束。

4. 高温气冷堆燃料元件

高温气冷堆由于气体出口温度高(750～900℃)，燃料表面温度更高(900～1100℃)，不能使用通常的金属包壳燃料元件，而应采用包覆燃料颗粒弥散在石墨基体中的全陶瓷型元件。根据高温气冷堆的堆芯结构不同，燃料元件有棱柱形和球形两种。但无论哪种堆型，包覆燃料颗粒都是这两种堆型燃料元件的重要组成部分。

5. 钠冷快中子堆燃料组件

钠冷快中子堆的燃料棒束作六角形密集排列，以尽量减少冷却剂的慢化作用，这与水冷、气冷的热中子堆不一样。由于功率密度很高，为保持燃料中心温度低于熔点，燃料棒必须做得细长，直径为5～8mm，长度为2～3m。燃料棒包含燃料段和上部、下部再生段，燃料段装铀钚混合氧化物的烧结陶瓷芯块，再生段装贫化UO_2的烧结陶瓷芯块。在棒的一端或两端留有较长的容纳裂变气体的空腔(0.4～1m)。包壳管用特殊不锈钢制成，壁厚约0.4mm。燃料棒束装在不锈钢的六角形组件盒内，作为燃料组件插入堆芯。

6. 研究试验堆燃料元件

研究试验堆需要提供高中子通量，而不需要产生高的冷却剂温度，对于高的比功率和表面热流密度来说，具有较大表面积/体积比的片状元件极为适宜。因此，大多数游泳池式和水罐式反应堆都采用片组型燃料元件，将10～20个燃料片组装在一个方形元件盒内，构成燃料元件。由于水温不超过100℃，通常采用铝作包壳材料。

3.6 堆内使用

为了有效利用核裂变产生的巨大能量，人们设计了能够维持易裂变核燃料自持链式裂变反应的核反应堆，在反应堆中核燃料受控持续稳定地“燃烧”，并向外释放大量的热能。反应堆产生的热能可以实现多种用途，最常见的一种是用于发电。核电厂一般包括核岛和常规岛两大部分。核岛部分包括反应堆本体和冷却回路系统，常规岛则是与普通火电厂相似的汽轮机发电系统。用于发电的燃料制成单元组件，按照一定的规律和控制棒交错布置于反应堆厂房内的压力壳内，这就是反应堆的堆芯。堆芯设计要能确保形成可控的裂变链式反应，以及确保核燃料和放射性裂变产物所在包壳的结构完整性。

反应堆是核燃料循环中一个重要的中间环节，它除了提供能量外，还能再生核燃料，而反应堆中燃烧的燃料元件也是核燃料循环的一个重要载体。下面简要介绍一下核燃料在堆内产生变化的一些物理过程。

3.6.1　中子循环

对于大多数的热中子反应堆，引起核燃料^{235}U裂变的主要是热中子，也包括一定的快中子。当快中子能量大于1.1MeV时，就可能引起^{235}U和^{238}U的快中子裂变，由于燃料中^{235}U的富集度比较低，堆内大量存在的是^{238}U，因此可以忽略^{235}U的快中子俘获。

假设反应堆中原有N个快中子，由于存在快中子裂变而使得N个中子增加到ε倍，ε称为快中子裂变因子，其值主要取决于燃料性质。对于天然铀，ε约为1.03。

快中子在慢化过程中有一部分泄漏到了堆外，假设快中子不泄漏概率为P_F，即留在堆内的快中子数为$N\varepsilon P_F$。

当快中子能量接近^{238}U的共振能时，^{238}U会强烈地吸收中子，设p为中子经过共振能区不被吸收的概率，即逃脱共振俘获概率，被慢化到热中子的会有$N\varepsilon P_F p$个。

热中子在堆内扩散，也存在一定的泄漏，假设热中子的不泄漏概率为P_T，则留在堆内的热中子为$N\varepsilon P_F p P_T$。

堆内存在着燃料、慢化剂以及结构材料等，都有可能吸收中子，燃料吸收的只是其中一部分，假设f为热中子利用系数，则被燃料吸收的热中子总数为$N\varepsilon P_F p P_T f$。

燃料吸收的热中子，并非都引起了裂变反应，定义热中子裂变因子η，表示俘获热中子后有效裂变的中子产出率，即燃料平均每吸收一个热中子产出的裂变中子数，由裂变产出的中子均为快中子。

至此，原有的N个快中子，经过慢化、扩散以及引起裂变反应后，变成了$N\varepsilon P_F p P_T f\eta$个快中子。

定义有效中子增殖因子$k_{eff}=\varepsilon P_F p P_T f\eta$，它表示堆内新一代中子和上一代中子数的比例。显然，对于一个无限大的反应堆，不存在快中子和热中子的泄漏，此时的增殖因子称为无限介质增殖因子$k_\infty=\varepsilon p f\eta$。这是由费米首先提出的一个用于研究热中子反应堆的经典式子，称为四因子公式。其中ε、η主要由燃料的性质决定，p、f可以通过堆芯设计进行改变。在实际设计中，往往要找出一种使pf乘积最大的成分和布置，以使链式反应得以维持。

3.6.2　反应堆临界

对于反应堆系统，当它的中子循环的有效增殖因子$k_{eff}=1$时，意味着任意相邻的两代中子数都相等，我们称这个系统处于临界状态，即系统内裂变反应可以以恒定的速率进行下去。

当系统处在临界状态时，中子的通量密度将在空间形成一个稳定的分布。假定堆芯材料是已知的且是均匀的，当堆芯几何形状确定后，可以解出反应堆临界所需要的最小体积，称为最小临界体积。例如对于有限高度的圆柱堆，临界体积是高度H和半径R的函数。

当堆芯材料特性给定后，可以求出具有最小临界体积的圆柱均匀堆，其高度与直径之比大约为 1∶1，从综合传热的角度看，一般认为高度与直径比在 1.05～1.20 之间较好。表 3-2 给出了实际投入运行的一些压水堆的堆芯高度与直径的数据。

表 3-2 实际压水堆功率及堆芯尺寸

投入运行时间	核电厂名称	输出功率/MW	堆芯高×直径/(m×m)
1972 年 4 月	施塔德(Stade KKs，德国)	630	2.99×3.05
1974 年 9 月	勇士(Trojan，美国)	1130	3.66×3.3
1976 年 8 月	比布利斯(Biblis，德国)	1180	3.9×3.6
1991 年 12 月	秦山核电厂	300	2.90×2.486
1995 年	大亚湾核电厂	900	3.65×3.36
2002 年	秦山第三核电厂	700	5.945×6.286
2006 年	田湾核电厂	1000	3.53×3.16

值得注意的是，无论何种几何形状的反应堆，在临界时中子通量密度分布都是不均匀的，因此反应堆内的功率密度也是不均匀的，往往中心处最大，边缘处最小。此外，在堆运行期间，由于控制棒的运动，中子通量密度分布还要复杂得多。在实际的工程中，会采用反射层的设计、采取不同富集度燃料分区装载、优化控制棒提棒和落棒程序等措施，尽可能使中子能量密度趋于平坦均匀分布，各处的裂变反应趋于均衡，以避免局部的反应过速和过热导致的破损或堆芯熔毁。

3.7 核燃料的后处理

反应堆内使用后的乏燃料被移送至后处理工厂，用化学方法分离除去其中的裂变产物，以回收并净化铀、钚，也可以回收镎(Np)、镅(Am)、锔(Cm)等超铀元素及有价值的裂变元素锶(Sr)、铯(Cs)、钷(Pm)等。一部分回收的铀和钚，通过燃料工厂加工成铀钚混合氧化物，即 MOX 燃料，在核电站中进行再利用。

3.7.1 乏燃料后处理工艺

核燃料后处理工艺主要经历了如下几个阶段。

1. 磷酸铋流程

磷酸铋流程的核心是，使钚交替地呈现水溶性和不溶性化合物形态。工艺过程为用硝酸溶解含有钚、铀和裂变产物的铀燃料元件，用 $NaBiO_3$ 将铀、钚氧化为 UO_2^{2+}、PuO_2^{2+}，加入 $Bi(NO_3)_3$ 和 Na_3PO_4 使稀土金属、碱土金属和锆等形成磷酸盐沉淀，过滤除去；往滤液中加入 $NaNO_2$，将钚还原为四价态，接着加入 $Bi(NO_3)_3$ 和 Na_3PO_4，使四价钚以 $Pu_3(PO_4)_4$ 形式与 $BiPO_4$ 共沉淀。为防止铀的沉淀，溶液中需有足量 SO_4^{2-} 共存，使六价铀形成$[UO_2(SO_4)_2]^{2-}$阴离子络合物。随后，再用硝酸溶解 $BiPO_4$ 沉淀，并连续进行两个 $BiPO_4$ 共沉淀循环以净化钚。钚经过三次 $BiPO_4$ 共沉淀循环之后，再用 LaF_3 共沉淀载带法进一步纯化，以除去 $BiPO_4$ 沉淀法各步骤中尚未除去的裂变产物。该流程的主要缺点是间歇操作，不能回收铀，化学试剂耗量大，产生的废水量大。

2. Redox 流程

雷道克斯(reduction-oxidation，Redox)流程用异己酮为萃取剂，异己酮与水不互溶，当水相中有足够浓度的 NO_3^- 时，它能选择性地萃取 $UO_2(NO_3)_2$ 和 $PuO_2(NO_3)_2$，而裂变产物仍留在水相。在铀钚共去污萃取中，用 $Na_2Cr_2O_7$ 将钚氧化到六价态，用含 $Al(NO_3)_3$、$NaNO_3$ 和 $Na_2Cr_2O_7$ 的洗涤液洗涤有机相。在铀、钚分离萃取中，用含 $Al(NO_3)_3$ 的氨基磺酸亚铁还原反萃钚。用 0.1mol/L HNO_3 溶液将 $UO_2(NO_3)_2$ 反萃。随后分别经过几个萃取循环纯化钚和铀，铀的最后一步纯化采用硅胶吸附法。

与磷酸铋相比，Redox 流程的优点是能连续操作，能同时回收铀和钚，以及回收率及去污因子都很高。缺点是异己酮具有挥发性和易燃性，此外，放射性废液中的盐分(如 $Al(NO_3)_3$)很高。

3. Trigly 流程

大致在美国研究 Redox 流程的同时，加拿大的乔克河实验室着手研究特里格里(Trigly)流程，用于从国家研究试验堆(NRX)的天然铀辐照燃料中提取钚。萃取剂为二氯代三甘醇($ClC_2H_4OC_2H_4OC_2H_4Cl$，Trigly)，盐析剂为硝酸和硝酸铵。PuO_2^{2+} 在有机相中的分配系数比 UO_2^{2+} 高。经 7 次间歇萃取后(体积比为有机相∶水相＝1∶4)，钚的回收率达 97%，而铀和裂变产物的萃取率分别为 5% 和 0.01%，随后用 Redox 流程纯化钚。

4. Butex 流程

Redox 和 Trigly 流程有一个共同缺点：大量的硝酸盐浓集在高放废液中。布特克斯(Butex)流程是第一个能克服此缺点的流程，其萃取剂为 β′，β′-二丁氧基二乙基醚($C_4H_9OC_2H_4OC_2H_4OC_4H_9$，Butex)，盐析剂为硝酸。硝酸可用蒸发法从高放废液中回收并返回使用。

5. Purex 流程

普雷克斯(plutonium-uranium reduction extraction，Purex)流程采用磷酸三丁酯(TBP)和碳氢化合物(稀释剂)的混合物作为萃取剂，从硝酸溶液中萃取硝酸铀酰和硝酸钚(Ⅳ)。与 Redox 流程相比，Purex 流程有四个优点：作为盐析剂的硝酸可用蒸发法回收、复用，大大减少废水体积；TBP 的挥发性及易燃性低于异己酮；TBP 在硝酸中较稳定；运行费用较低。1958 年以后所建造的后处理厂大都采用 Purex 流程，其工艺步骤见图 3-11。

6. Thorex 流程

与 Purex 流程一样，钍雷克斯(thorium-uranium extraction，Thorex)流程也采用 TBP-碳氢化合物的混合物作为萃取剂，从硝酸水溶液中萃取铀和钍。TBP 之所以能从辐照钍燃料中提取并回收铀和钍，是基于 TBP 的化学及辐照稳定性以及对四价和六价金属硝酸盐的选择性萃取。

7. TRPO 流程

TRPO 流程是对 Purex 流程的改进，以混合三烷基氧膦(简称 TRPO)为萃取剂，用于去除 Purex 流程无法处理的高放废液中的锕系元素。高放废液是 Purex 流程等后处理方法

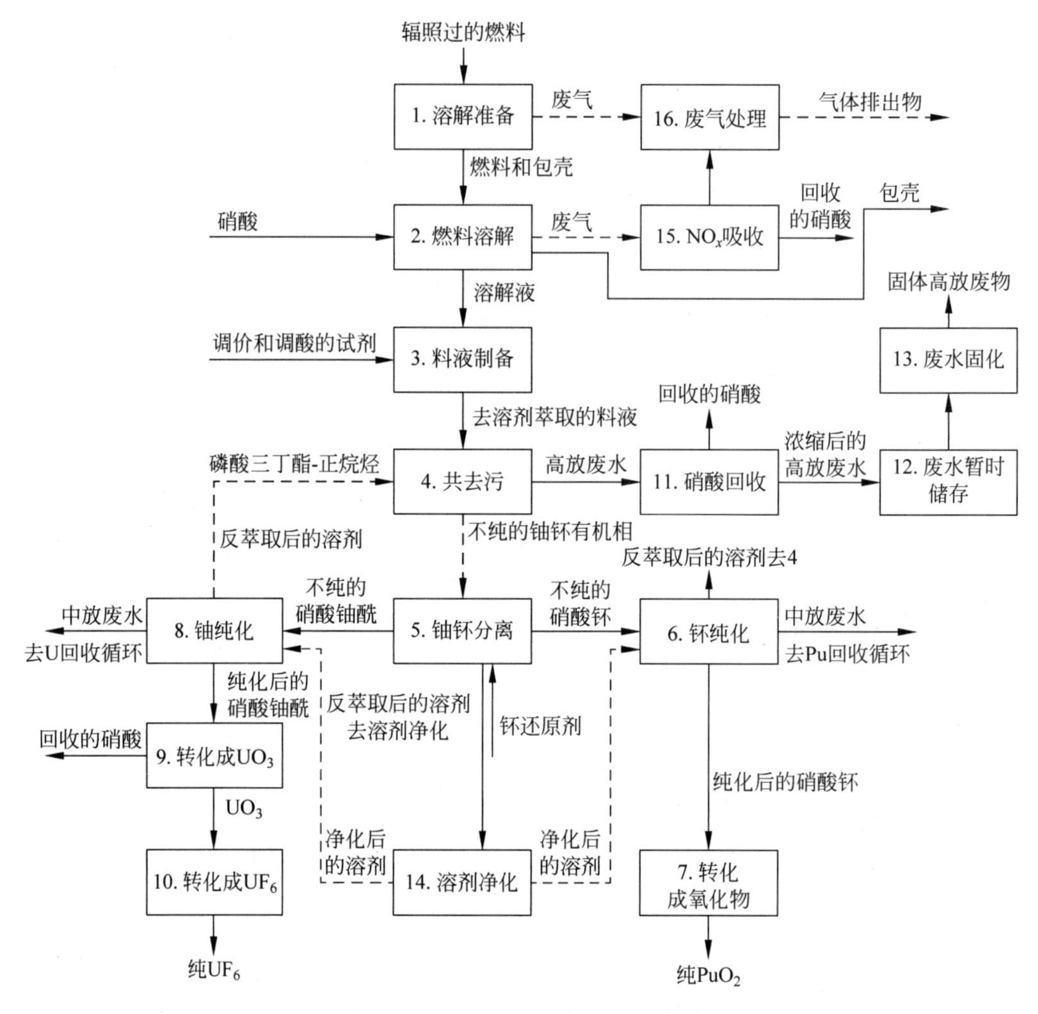

图 3-11 Purex 流程的主要工艺步骤

排放出来的废液,它集中了乏燃料中 95%以上的放射性,其中 α 放射性核素的存在决定了需要将其处置在地质安置库中与生物圈隔离 10 万年以上。TRPO 具有良好的物理性能、辐照稳定性和对三价、四价和六价锕系元素良好的萃取选择性,图 3-12 给出了 TRPO 的分子结构。基于此,20 世纪 80 年代,清华大学朱永(贝睿)等发明了采用 TRPO 从高放废液中萃取去除锕系元素的方法,称之为 TRPO 流程。

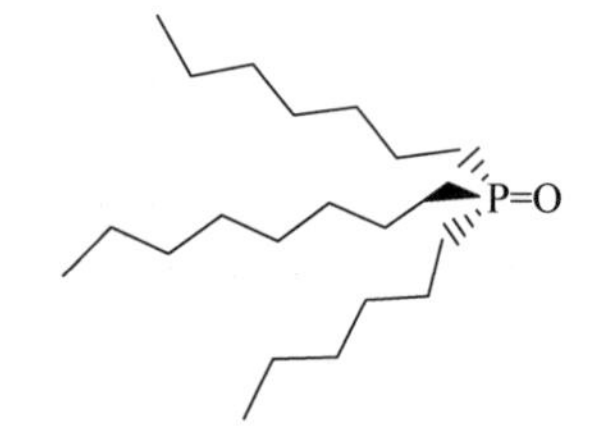

图 3-12 TRPO 的分子结构

如图 3-13 所示,在该流程中,经过调制的高放废液料液与 30%TRPO-煤油接触,Am(Cm)与镧系元素被反萃下来;然后与 0.5mol/L 的草酸接触,Np 与 Pu 被反萃下来;最后与 0.5mol/L Na_2CO_3 接触,U 被反萃下来。反萃完成后 TRPO 经过调配可以复用。该流程突出的特点就是在反萃部分只采用常用的酸碱就可以实现,并且 Am(Cm)、Np+Pu 和 U 物料之间的交叉污染小,有利于锕系元素的进一步利用或嬗变处理。

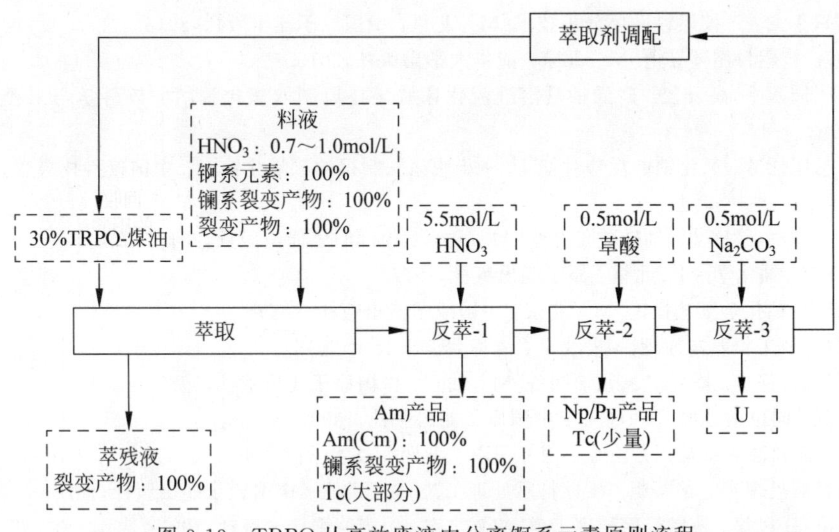

图 3-13 TRPO 从高放废液中分离锕系元素原则流程

3.7.2 乏燃料后处理工艺流程

乏燃料后处理工艺流程主要包括乏燃料元件的首端处理、铀钚共去污-分离循环、钚的净化循环和尾端处理、铀的净化循环和尾端处理。

1. 乏燃料元件首端处理

用萃取工艺处理动力堆乏燃料元件时，首先必须将元(组)件解体、料液溶解，然后调制成符合工艺流程要求的原料液。首端处理的目的是，将不同种类的乏元(组)件加工成具有特定的物理、化学状态的料液，供铀钚共萃取共去污工序使用。

2. 铀钚共去污-分离循环

萃取净化过程包括三个主要步骤：萃取、洗涤和反萃。铀钚共去污-分离循环包括铀钚共萃取共去污、铀钚分离、铀的反萃三个单元操作。

3. 钚的净化循环和尾端处理

钚净化循环的任务是进一步除去共去污分离循环钚产品液及钚的第二萃取循环的钚产品液中的铀和裂片元素，同时将钚溶液浓缩。钚净化循环与铀钚共去污-分离循环相比，其主要特点是：料液的放射性比活度大大降低了，因为钚的回收率和钚的净化系数很难兼顾，在确定工艺参数时，首先要确保钚有更高的回收率。

4. 铀的净化循环和尾端处理

铀净化循环的功能是，将来自共去污分离循环的铀溶液再经过两个 TBP 萃取循环以进一步除去裂片元素、镎和钚，第二萃取循环的目的是进一步除去钌和钚。

参考文献

[1] 韦悦周，吴艳，李辉波．最新核燃料循环[M]．上海：上海交通大学出版社，2016.
[2] 连培生．原子能工业[M]．北京：中国原子能出版社，2002.

[3] 贾瑞和，丁戈龙. 核燃料循环分析技术[M]. 北京：中国原子能出版社，2013.
[4] 周明胜. 核燃料循环导论[M]. 北京：清华大学出版社，2016.
[5] 江亦平，周永平，高云程. 硝酸铀酰溶液流化床脱硝还原制取氧化铀[J]. 核科学与工程，1981(1)：84-93.
[6] 葛庆仁，康仕芳. 氧化铀的反应性能Ⅰ. 一步脱硝法制得的二氧化铀[J]. 中国核科技报告，1986(S1)：733-743.
[7] 栗万仁，魏刚，姚守忠. 铀转化工艺学[M]. 北京：中国原子能出版社，2012.
[8] 科德芬克. 铀化学[M]. 北京：原子能出版社，1977.
[9] 格罗莫夫. 铀化学工艺概论[M]. 北京：中国原子能出版社，1989.
[10] 俞冀阳. 核工程基本原理[M]. 北京：清华大学出版社，2016.
[11] 蔡文仕，舒保华. 陶瓷二氧化铀制备[M]. 北京：中国原子能出版社，1987.
[12] 肖啸菴. 同位素分离[M]. 北京：中国原子能出版社，1999.
[13] 曾铁. 铀和铀浓缩及其方法综述[J]. 湖南工业职业技术学院学报，2013，13(1)：6-10.
[14] 核燃料后处理工艺编写组. 核燃料后处理工艺[M]. 北京：中国原子能出版社，1978.
[15] 姜圣阶，任凤仪. 核燃料后处理工学[M]. 北京：中国原子能出版社，1995.
[16] 周贤玉. 核燃料后处理工程[M]. 哈尔滨：哈尔滨工程大学出版社，2009.
[17] 刘学刚，朱永(贝睿)，徐景明. 我国核燃料循环战略研究[M]. 北京：清华大学出版社，2006.
[18] 杨长利. 中国核燃料循环后段[M]. 北京：中国原子能出版社，2016.
[19] 韩宾兵. 核燃料循环后段处理与分离一体化的研究[D]. 北京：清华大学，1999.
[20] 刘学刚. 核燃料循环后端一体化研究[D]. 北京：清华大学，2004.

第2篇

燃料篇

第 4 章

金属及合金燃料

反应堆发展初期,铀及其合金曾是最重要的核燃料,用于热中子试验堆、钚生产堆、动力堆及快中子实验增殖堆。自 20 世纪 60 年代以来,燃耗的限制使得快堆燃料的发展转向氧化物燃料,但关于金属燃料的研究并没有停止。随着研究堆的发展,一些新型的金属燃料元件应运而生,比如板状弥散型燃料、整体型燃料等,这些燃料具有高的铀密度和热导率。本章主要从燃料的基本性质、制造方法以及辐照行为等方面对金属铀及其合金燃料(U-Mo 合金、U-Zr 合金、U-Pu-Zr 合金)、铀的金属间化合物燃料(U-Al、U-Si、U-Mo)和 U-Zr-H 燃料进行介绍。

4.1 金属铀

4.1.1 铀的基本性质

铀属于Ⅲ B 族锕系放射性化学元素,是一种软的银白色金属。金属铀熔点为 1132℃,室温下理论密度为 19.04g/cm^3。沸点为 3818℃,晶态金属铀存在三种同素异构体,分别为 α 相、β 相和 γ 相。α 铀为正交晶格,晶格结构如图 4-1 所示。α 铀的强度很高,性能在不同的晶体学方向具有很强的各向异性。α 相在 667℃ 时转变为 β 相,当温度达到 774℃时,β 相又转变为 γ 相(图 4-2)。β 铀为四方晶格,在 β 相温度范围内进行热处理可破坏在制造时发生的选择性取向。γ 相为体心立方晶格,此相的铀柔软不坚固。相变的发生限制了金属铀的使用温度。

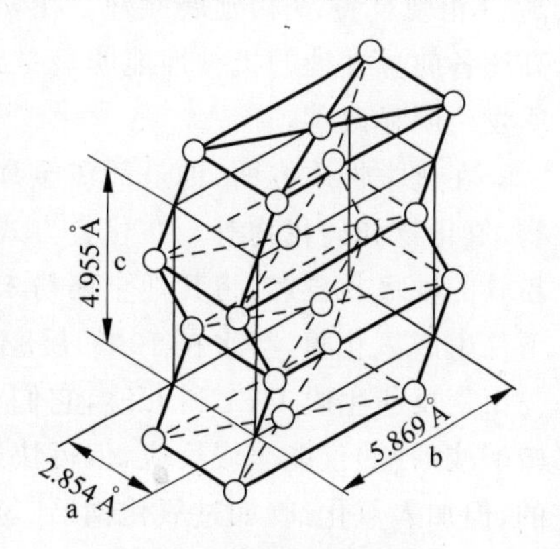

图 4-1 α 铀的晶格结构

铀的物理性质与其晶格结构相关,对纯度和组织较为敏感,具体参数可见表 4-1。铀的比热容与热导率均随温度的升高而提高。热膨胀系数具有显著的各向异性,因此多晶铀的制造必须选择合适的加工和热处理方法。

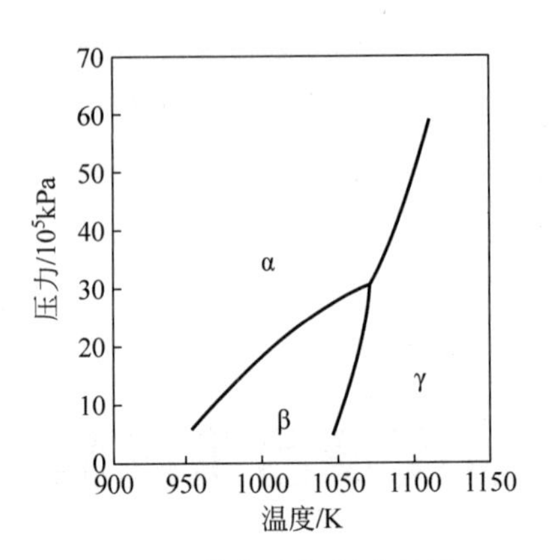

图 4-2 铀的温度-压力相图

表 4-1 铀的结构参数与物理性质

	α	β	γ
晶体结构	<667℃	667～774℃	774～1133℃
	正交晶系	四方晶系	立方晶系
	a=0.2854nm	a=b=1.0579nm	a=0.3524nm
	b=0.5869nm		
	c=0.4955nm	c=0.5656nm	
相变时的体积变化/%	α→β 1.15 β→γ 0.71		
密度/(g·cm^{-3})	19.12	18.81	18.06
热导率/(W·m^{-1}·K^{-1})	30.28(316℃)	38.08(760℃)	
热膨胀系数(42.8℃)/℃$^{-1}$	[100]36.4×10^{-6}		
	[010]−9.4×10^{-6}		
	[001]34.2×10^{-6}		

注：[100]、[010]、[001]为三个互相垂直的晶体学方向。

铀的力学性质对其纯度、冷加工变形量、晶粒度及试验温度十分敏感，各种性质数据的波动范围也较大。表 4-2 列举了不同加工条件下铀在室温下的力学性质。其中 α 相强度最高，β 相硬且脆，γ 相延展性好。在 α 铀的温度范围内进行热处理可以消除加工硬化的影响。高度各向异性铀的机械性能明显受到取向作用影响。加入 Nb、Cr、Mo 或 Zr 可使其力学性质发生明显改善。

在化学性质方面，铀是活泼金属，可与许多非金属元素反应，形成如铀的氧化物、碳化物、氮化物和硅化物等。在化合方式上，常以 U^{3+}、U^{4+}、UO^{2+} 和 UO_2^{2+} 等离子存在。高度粉碎的铀极易自燃，将其他金属粉末与铀粉混合可能会引起自燃甚至爆炸。块状铀在室温下易生成氧化膜，与水在 100℃反应生成氧化铀，与氢发生可逆反应，生成 UH_3。此外还可与卤素反应生成 UF_4 和 UF_6，它们是铀富集过程中的重要物质。块状铀和稀的无机酸(如硫酸或磷酸)仅能缓慢反应，但可快速溶解在氧化性的酸中(如硝酸)。铀对碱性溶液是惰性的，但加入氧化剂(如过氧化钠)到氢氧化钠溶液中可导致铀溶解。

表 4-2 不同加工条件下铀在室温下的力学性质

力学性质	铸态	α相(600℃轧制)	β相(热处理)	γ相(挤压)
弹性模量/GPa	205	192	176～201	205
切变模量/GPa	83.4	78.6	83.4	82.7
体弹性模量/GPa	121	105	117	116
泊松比	0.23	0.20	0.19	0.21
屈服强度/MPa	206	276	241	172
拉伸强度/MPa	448	758	586	552
延伸率(50mm)/%	5	20	10	10
面缩率/%	10	14	12	12

4.1.2 铀的辐照行为

铀燃料在冷热循环以及辐照条件下会发生畸变和肿胀。由于α铀的各向异性，在热循环下，不同取向的相邻晶粒发生相互作用从而产生塑性变形，这种现象称为热循环畸变。在300℃以下的辐照环境中，铀燃料会发生辐照生长。辐照生长有两种形式：一是由晶粒扭曲导致的表面褶皱，且晶粒越大，褶皱越严重；二是由织构引起的形状和尺寸的变化。随着温度的升高以及燃耗的加深，金属铀开始发生辐照肿胀现象。辐照肿胀是指由辐照和裂变产物引起的体积增加或密度降低的现象。在低燃耗(<0.5%)下，温度小于500℃时，中子轰击使得晶内空位聚集或发生位错交互作用，通过晶内或晶界撕裂而形成空隙，此种肿胀称为空化肿胀。在高燃耗或温度高于500℃时，由于固体裂变产物积累或气态裂变产物聚集形成气泡而产生肿胀。不同条件下的铀的辐照行为参见表4-3。

表 4-3 铀金属的辐照行为

类型	条件	行为
畸变	多次冷热循环	热循环畸变
辐照生长	<300℃，辐照环境	表面褶皱、织构引起形状和尺寸变化
辐照肿胀	<500℃，<0.5%燃耗	空化肿胀
	>500℃，高燃耗	固态裂变产物积累、气态裂变产物聚集形成气泡

4.2 铀合金

金属铀本身的理化性质及相变特征限制了其直接作为反应堆燃料的使用，可通过合金化的方式调控铀的显微结构，改善铀的辐照行为，获得更耐辐照的金属铀燃料。铀的合金化的目的在于细化晶粒、消除各向异性和提高强度，以提高铀燃料抗辐照褶皱、生长和肿胀的能力。铀合金可分为三大类：添加少量合金元素(Cr、Zr)促进晶粒细化的α相铀合金；添加适量的合金元素(Mo、Zr、Nb)获得部分或全部属于立方结构的γ相铀合金；添加大量合金元素(Al、Si、Be)形成金属间化合物的弥散相合金。对于少量合金添加的α相铀，Cr元素添加对晶粒的细化作用最为突出。添加0.1%和0.45%的Cr可使铀的晶粒度从118μm分别降至 57μm 和 28μm。含 Cr 铀合金拉伸强度大幅提升，但辐照肿胀依然严重，因此未得到推广应用。目前具有实际应用价值的主要是 U-Mo 合金及 U-Zr(或 U-Zr-Pu)合金。

4.2.1 U-Mo 合金

铀的高温体心立方 γ 相比低温正交 α 相在抗燃料肿胀方面表现出更加优越的性能。早在发展快堆燃料时，人们就认识到 Mo 是过渡金属元素中最强的 γ 稳定剂之一，甚至比 Zr 更强，它使含 U 的合金具有相对较高的 U 密度。U-Mo 合金还具有稳定的辐照行为，U-2.5Mo 合金在 568～786℃辐照到 0.5%燃耗时体积肿胀仅为 2.4%。Mo 作为合金元素的一个缺点是具有相对高的中子吸收截面，但物理计算表明，寄生中子吸收所造成的损失是十分微小的。

1. U-Mo 合金的基本性质

图 4-3 所示为 U-Mo 相图。Mo 在高温 γ 相铀中的溶解度可达到 22%(质量分数，原子分数为 41%)，但它在 α 相和 β 相中只有几个百分比。含 Mo 的 γ 相铀在 565℃经历共晶分解，转变为正交 α 相和具有 U_2Mo 标称化学计量比的有序四方 γ'-相的双相混合物。当 Mo 的质量分数大于 6%时，这种转变是缓慢的。通常 Mo 质量分数为 6%～12%的 γ 相亚稳定 U-Mo 合金可通过淬火合金熔体来获得 γ 相，此合金在室温下可永久保持 γ 相。

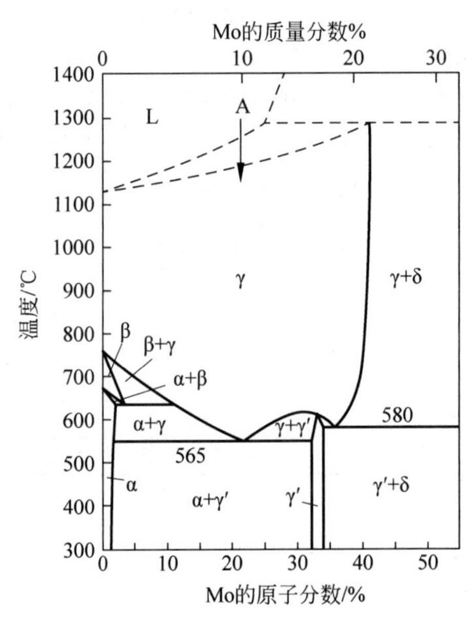

图 4-3 U-Mo 系统中富 U 侧的部分相图

箭头 A 代表 U-10%(质量分数)Mo 合金

2. U-Mo 合金的制备

目前广泛采用的 U-Mo 合金粉末制备方法是雾化法和粉碎法。雾化法通常包括在惰性气体中浇注熔化的 U-Mo 合金到旋转圆盘上或使用旋转自耗电极。雾化粉末的微观结构由“细胞”状凝固结构组成，这种结构通常在具有明显固-液相线间隙的合金快速冷却过程中发现。如图 4-3 所示，当 U-Mo 相图中的 U-10Mo 熔体[①]（或 $U_{0.78}Mo_{0.22}$）冷却时，熔体成分变化遵循图中 A 箭头。当达到液相线时，$U_{0.64}Mo_{0.36}$ 首先固化成岛状。随着冷却过程的进行，固相体积增大，同时固相中 Mo 含量减小。然而，在雾化过程中，冷却不遵循这个平衡过程。一旦它到达固相线，剩下的液相会突然凝固，形成一个 Mo 含量较低的互联网络状结构。

粉碎法是使用机械和/或化学方法对合金锭进行研磨的方法。U-Mo 合金有延展性，为了克服燃料合金的韧性，允许燃料合金在粉碎过程中轻微氧化。粉碎粉末来源于均匀化的铸造合金棒，在制造过程中不涉及热过程。相比雾化粉末燃料，粉碎粉末为等轴状颗粒，颗粒分布更为均匀，也不出现快速凝固雾化粉末典型的“芯状”结构。

U-Mo 燃料采用与其他 U 合金燃料相同的板材加工方法，即热轧法。热轧工艺对燃料性能有显著影响，因为加热过程会改变燃料颗粒的特性，增强燃料颗粒与基体的反应。

3. U-Mo 合金的辐照性能

U-Mo 合金的辐照稳定性很大程度上取决于其在辐照过程中保持 γ 相的能力。固体裂变产物造成的肿胀是燃耗的线性函数，而气体裂变产物的燃料肿胀动力学（即裂变气体气泡的增长）随燃耗的加深是不同的。U-Mo 合金的肿胀分为低燃耗时的缓慢肿胀和高燃耗时的快速肿胀，形成原因分别对应于 γ 相 U-Mo 的晶粒细化或再结晶以及气泡聚集加速。图 4-4 显示了三种不同燃耗下裂变气体气泡的形成和聚集对燃料微观结构的影响。裂变气泡首先出现在晶界上，颗粒内部几乎无宏观气泡（如图 4-4(a)所示）。但显微结构分析表明内部存在众多纳米级气孔，由于气泡太小而不能产生显著的燃料体积增加。随着燃耗的增加，晶界上的气泡数量增加，气泡分布在新形成的晶界上导致晶粒细化（如图 4-4(b)所示）。在这一阶段，平均气泡尺寸随着裂变密度的增加而增大。最终，在更高的燃耗下，气泡均匀地分布在整个燃料截面上（如图 4-4(c)所示），此时晶粒细化已接近完成。

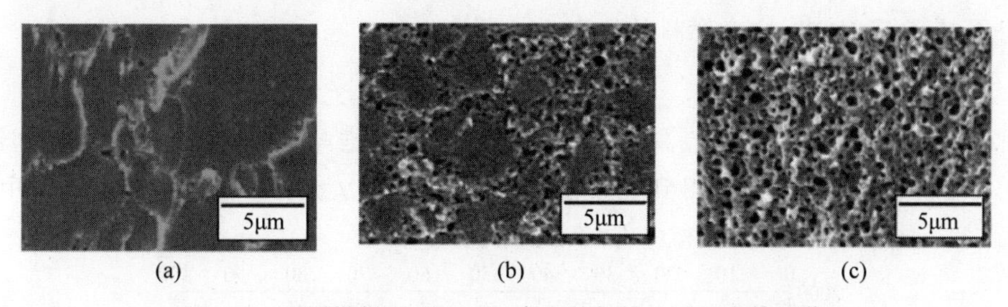

图 4-4 不同燃耗下 U-10Mo 合金的扫描电子显微镜图像

(a) 35%等价燃耗；(b) 65%等价燃耗；(c) 80%等价燃耗

一般 U-Mo 合金与基体 Al 组成燃料元件，使用过程中燃料与基体间的相互作用会造成潜在的燃料失效风险。图 4-5 显示了辐照后 U-Mo 在 Al 分散相中的横截面。可以发现存在一定的相互作用层和宏观气孔。在辐照过程中，由于其在辐照下的无定形性质，相互作用层的成分是可变的，随着 U-Mo 合金中 Mo 含量的增加，更容易形成高铝含量的相互作用层。

高铝含量的相互作用层具有低的密度，可能是孔隙发育的原因。抑制高铝化合物形成的方法主要是添加 Si、Ge 或 Zr 来抑制 UAl_4 的包晶化反应。目前正在研制的 U-Mo 整体

---

① U-10Mo 表示 U 的质量分数为 90%，Mo 的质量分数为 10%。

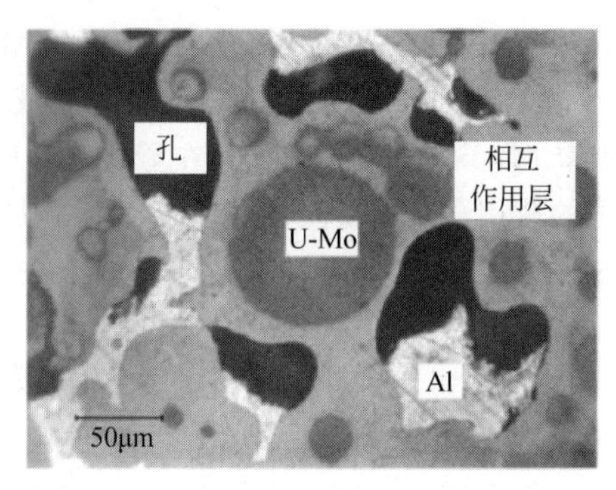

图 4-5 19.5% ^{235}U 富集度的 U-Mo/Al 在燃耗为 78%裂变原子分数下的光学显微镜图像

燃料是在包壳层之间夹一层 U-Mo 薄膜并直接与包壳层黏合。这种燃料具有比分散形式更高的 U 密度的优势，同时基本上消除了燃料和基体之间的反应问题。然而，在这种燃料实用之前，必须解决燃料和包壳之间存在间隙的问题。

4.2.2 U-Zr 与 U-Pu-Zr 合金

U-Zr 合金的研究始于 20 世纪 50 年代，这个阶段主要集中于 U-Zr 合金的物理冶金研究和一些基本物性参数的获取。20 世纪 60 年代，U-Zr 合金用作 EBR-Ⅱ燃料，开发了制备 U-Zr 合金的真空感应熔炼注射铸造技术和高温熔盐电解精炼技术，研究了 U-Zr 合金中子辐照肿胀规律。20 世纪 70 年代期间，U-Zr 合金燃料研究进展较为缓慢。在美国一体化快堆(integral fast reactor，IFR)项目的支持下，U-Zr 合金燃料的研究在 20 世纪 80 年代得到飞速发展。通过相关研究形成了一条以快中子堆为核心的 U-Zr 合金燃料闭式循环的技术路线，并开展了 U-Pu-Zr 合金燃料的研究。

1. U-Zr 合金的基本性质

U-Zr 合金中子截面低，熔点高，抗水腐蚀能力强。β 锆与 γ 铀完全互溶，为抑制铀的结构相变，添加一定量的锆可以得到在室温下稳定存在的 γ 铀。U-Zr 体系相图如图 4-6 所

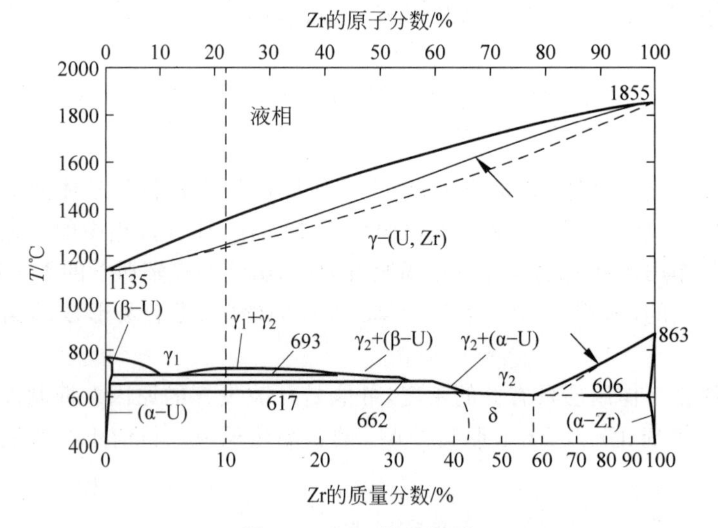

图 4-6 U-Zr 体系相图

示，相图中存在 5 种稳定的固相，分别为体心立方的 γ-U 相、密排六方的 α-Zr 相、正交的 α-U 相、正方的 β-U 相以及中间相 δ-UZr_2。锆的加入使得铀的 β-γ 相变温度降低到 693℃，在此温度下，Zr 原子分数在 14.5%～57%之间存在一个由亚稳相($\gamma_1+\gamma_2$)组成的固溶体。

2. U-Pu-Zr 合金的基本性质

以^{238}U 为可转换材料的快中子增殖堆需要含 Pu 燃料，但 Pu 和 U-Pu 合金熔点低(Pu 的熔点为 640℃)，添加 Zr 可明显提高固相线温度。因此 U-Pu-Zr 合金也是一类非常重要的金属燃料。在 U-Pu-Zr 合金中，Zr 的质量分数以 10%为宜。如图 4-7 所示，U-xPu-yZr 合金固相温度线随 x 增大而减小。U-xPu-yZr 固相线温度数据参见表 4-4。

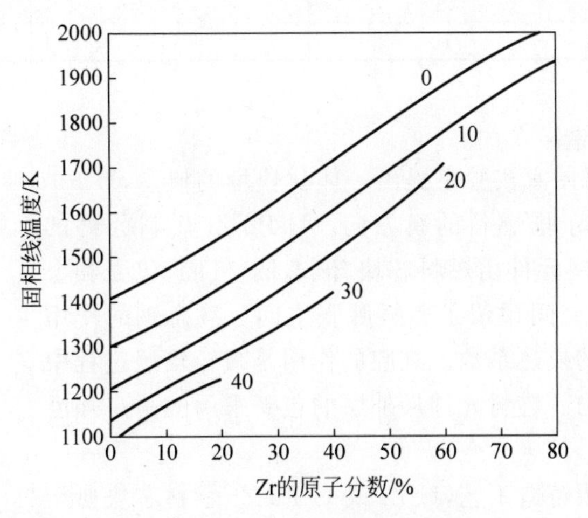

图 4-7　U-xPu-yZr 合金的固相线温度

图中数字为 Pu 的原子分数

表 4-4　U-xPu-yZr 固相线温度

组分的原子分数/%	U-10Pu-15Zr	U-12.9Pu-22.5Zr	U-15Pu-30Zr	U-13.5Pu-16Zr
固相线温度/K	1393	1428	1443	1378±10
组分的原子分数/%	U-12.3Pu-29Zr	U-19.3Zr	U-19.5Pu-3.3Zr	U-19.3Pu-14.5Zr
固相线温度/K	1468±10	1489±7	1269±5	1366±8

U-Pu-Zr 合金的相较为复杂，在不同的温度下，Pu 和 Zr 在 U 中有着不同的溶解度。室温下 U-Pu-Zr 铸体的密度随合金中 Zr 的原子分数呈线性变化。Pu 的原子分数从 10%上升到 20%，合金密度变化微小，但密度会受到 C、O 杂质的影响。表 4-5 所示为 U-xPu-yZr 合金的部分物理参数。

表 4-5　U、U-10%(质量分数)Zr 和 U-x(质量分数)Pu-10%(质量分数)Zr 合金的物理参数

物理性质	U	U-10Zr	U-8Pu-10Zr	U-19Pu-10Zr
室温密度/($g\cdot cm^{-3}$)	19.0	15.9	15.9	15.9
热焓/($kJ\cdot kg^{-1}\cdot K^{-1}$)	83.5	95.0	96.6	98.7
热膨胀系数(25～600℃)/$10^{-6}K^{-1}$	—	16.5	17.4	18.3
热导率/($W\cdot m^{-1}\cdot K^{-1}$)	40.6	30.5	26.3	20.4

U-xPu-yZr 合金的力学性能与合金成分无明显相关性，但随温度升高而下降。样品制备方法的不同会对其力学性能数据产生影响。U-Zr 合金与 U-Pu-Zr 合金相比具有较高的弹性模量，且弹性模量随温度的升高而降低。表 4-6 列举了 U-10%（原子分数）Pu-15%（原子分数）Zr 合金的相关力学性质。

表 4-6　U-10%（原子分数）Pu-15%（原子分数）Zr 合金的力学性质

温度/K	弹性模量/GPa	屈服强度/MPa	极限抗拉强度/MPa
298	171	—	178
773	67	—	295
898	29	85	93
948	14	11	12

3. 合金燃料的制造

1984 年，美国阿贡国家实验室提出一体化快堆的概念，U-Pu-Zr 合金燃料成为快中子堆燃料的新方向。U-Pu-Zr 燃料元件的结构如图 4-8 所示，燃料元件由燃料芯块、液态钠、气腔、包壳和上下端塞组成，燃料与包壳间预留了燃料肿胀空间。液态钠的作用是增强芯块到包壳间的换热系数。气腔的作用是减轻辐照过程中积累的裂变气体的压力。燃料元件最外层的包壳采用的是高强度的马氏体钢。

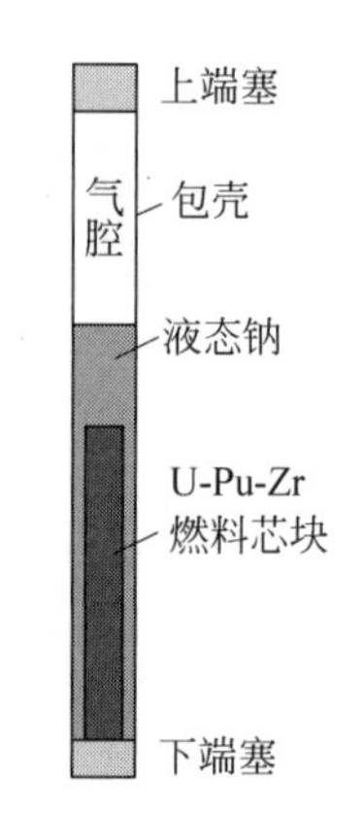

图 4-8　U-Pu-Zr 燃料元件结构示意图

金属燃料一般采用铸造工艺，U-Zr 或 U-Pu-Zr 燃料芯块典型的制备技术为喷射铸造工艺，其基本流程如图 4-9 所示。首先将原料铀（U-Pu-Zr 铸造时为铀钚合金）、锆金属注入喷射铸造炉中的石墨坩埚里，在坩埚上方设置上端封闭的石英管模具。坩埚内部涂有氧化钇，模具的内部涂有氧化锆，防止与熔融铀合金发生反应。关闭炉膛，充入高纯度氩气。坩埚被感应加热到 1833K，这个温度远高于合金燃料的液相温度。为了保证熔体的均匀性，将熔体保持在高温下，并对坩埚进行电磁搅拌。之后铸造炉抽真空，模具下移，模具底部浸入熔体中。用氩气再一次填充熔炉，依靠模具内部（真空）和熔炉（氩气）之间的压力差将熔体注入模具。注入的熔体从上至下迅速凝固。冷却后，将燃料合金铸件从模具中取出。铸件取出时，模具会被破坏，因此模具是不可重复利用的。通过切断铸件的两端得到燃料块。燃料块的直径由模具的内径控制。熔体温度、模具预热温度、注射增压率以及注射后的冷却速率等铸造参数应根据模具尺寸和燃料合金成分确定。不恰当的参数可能会导致铸件出现收缩管、微收缩和热裂纹等缺陷。

4. U-Pu-Zr 合金的辐照行为

长期的堆内使用经验累积了大量辐照数据，对 U-Pu-Zr 合金的辐照行为研究较为充分，其辐照行为也代表了金属燃料辐照的典型特征。在中子辐照过程中，金属燃料表现出与陶瓷燃料不同的行为特征，如图 4-10 所示。与氧化物燃料相比，金属燃料芯块倾向于容纳更多的裂变气体原子，并在辐照的早期阶段表现出较高的气体膨胀率。燃料合金较高的蠕变率导致肿胀的燃料芯块具有较高的可压缩性。由于扩散作用，镧系裂变产物在燃料块的外围区域聚团并可与铁基金属包壳反应。

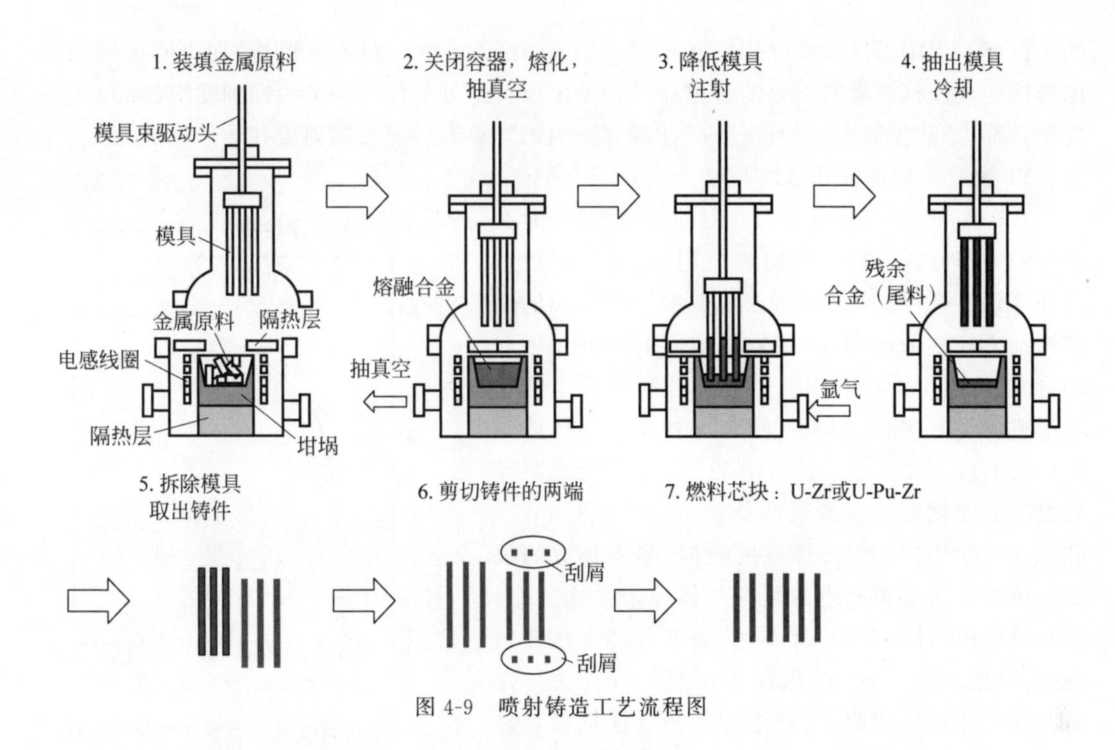

图 4-9 喷射铸造工艺流程图

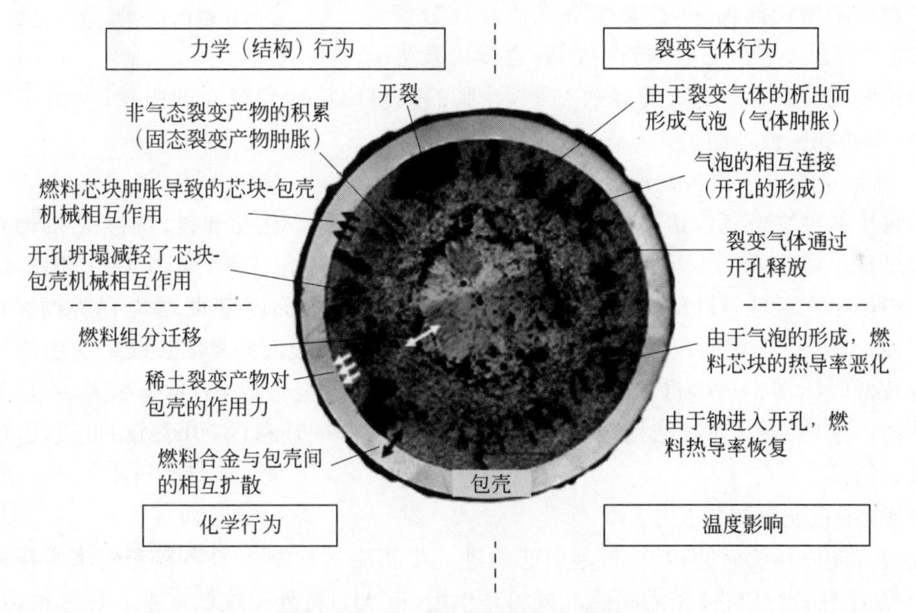

图 4-10 金属燃料辐照行为概述

1）燃料组分迁移

铸态金属燃料块在宏观上表现出燃料成分的均匀分布，它最初的微观结构主要由亚稳态低温 α 相和过饱和 Zr 组成。在辐照过程中，该相将转变为在燃料块各区域对应温度下稳定的相结构。随着相变，燃料成分沿径向迁移，Zr 向以 *bcc* 结构的 γ 相主导的中心热区域迁移。高温的中心区域呈现出 γ 单一相，其中 Zr 的原子分数＞40％，中部区域为 ζ 单一相，其中 Zr 的原子分数＞2％～5％。U 的迁移方向与 Zr 的迁移方向相反。Pu 没有显示出显著的再分配。当中部区域温度相对较低时(约<930K),γ 单一相不再形成,在中心区域的 Zr 向外围区域迁移。燃料组分的迁移被认为是由燃料组分的化学势的径向梯度引起的。这种现象被称为"热扩散"。燃料组分的迁移会影响燃料块的局部凝固温度和导热系数。

2) 裂变气体释放和气体肿胀

在辐照早期阶段(燃耗<1%(原子分数)),裂变产生的大部分气体原子停留在燃料块内形成气泡,这便导致了燃料块在此阶段显著膨胀。进一步的辐照增加了气泡的体积,并导致气泡间的合并。气泡的合并、气泡与裂纹和空腔的相互连接促进了开孔的形成。气泡中包含的裂变气体通过开孔释放出来。图 4-11 展示了辐照试验中 U-Fs(Fs 为乏燃料经高温冶金处理后残留裂变产物的混合物)、U-Pu-Fs 和 U-Pu-Zr 中裂变气体释放的数据(累积释放的裂变气体原子与累积产生的裂变气体原子之比)。当燃料块体积增加 20%~30%时,裂变气体突然开始释放,与燃料合金成分、燃耗和辐照温度无关。在 33.3%的体积膨胀时,气泡之间的相互连接很容易发生。肿胀随燃耗而加深,直至裂变气体释放分数逐渐接近 70%~80%。这一特性与 Pu 含量以及燃料块的长度无关。在裂变气体释放初期,肿胀的燃料块接触到包壳的内壁,但由于气体释放,进一步的肿胀被抑制了。

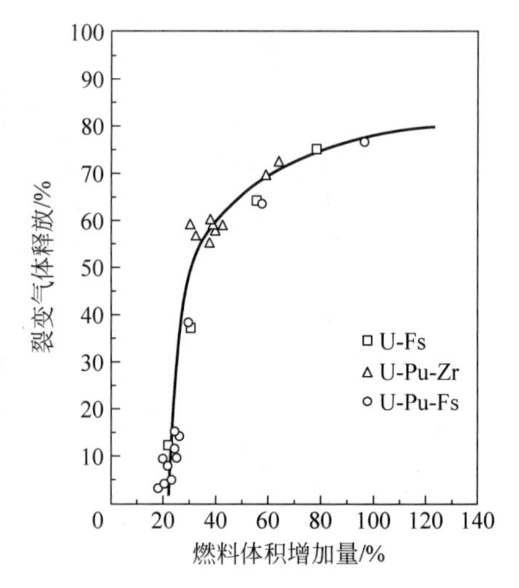

图 4-11 金属燃料中裂变气体释放分数与燃料体积增加量的关系

3) 燃料块的重结构与变形

燃料块的肿胀机制包括裂变气泡形成、辐照生长、晶界空化和开裂。辐照后的燃料块的横截面呈现出两个或三个环的结构,每个环形区域外观各有特点,如图 4-10 和图 4-12 所示。在中心 γ 相区域,可以发现球形气泡。中部区域的孔洞高度扭曲,这与晶界撕裂和空穴肿胀有关。U-Pu-Zr 燃料块的温度较低的外围区域会出现较大的径向裂纹。当中间区域温度相对较低时(<650~700℃),在未形成 γ 单一相的地方会形成 Zr 的耗尽区,并且截面呈双环结构。这种结构(环状结构)的形成是先于燃料成分的迁移的,但成分的迁移也可能会影响重结构。

4) 燃料-包壳机械相互作用

在裂变气体释放后的初期,气泡引起的进一步膨胀被抑制。如果裂变气体的释放先于燃料-包壳接触,燃料与包壳之间的机械相互作用(FCMI)将处于较低水平。在这种情况下,裂缝和开孔可以容纳气体膨胀的增加。燃料内部可以被挤压到周边区域的径向裂纹中去,从而导致中心形成空洞。开孔在被压缩时可能会坍塌。因此,只要有足够的裂纹和气孔,FCMI 就不会增加。图 4-13 显示了包壳径向应变数据与燃耗的关系,其中包壳是耐肿胀的铁素体/马氏体钢 HT9。图中的曲线是在可忽略 FCMI 的情况下计算得到的包壳径向应变。将曲线与数据趋势进行比较发现,FCMI 在燃耗约为 10%(原子分数)时才发生。在超过 10%(原子分数)的较高燃耗时,FCMI 会逐渐积累起来。FCMI 的积累可归因于固体裂变产物积累造成的体积增加。固体裂变产物肿胀可能不会导致低燃耗时燃料块的肿胀,但

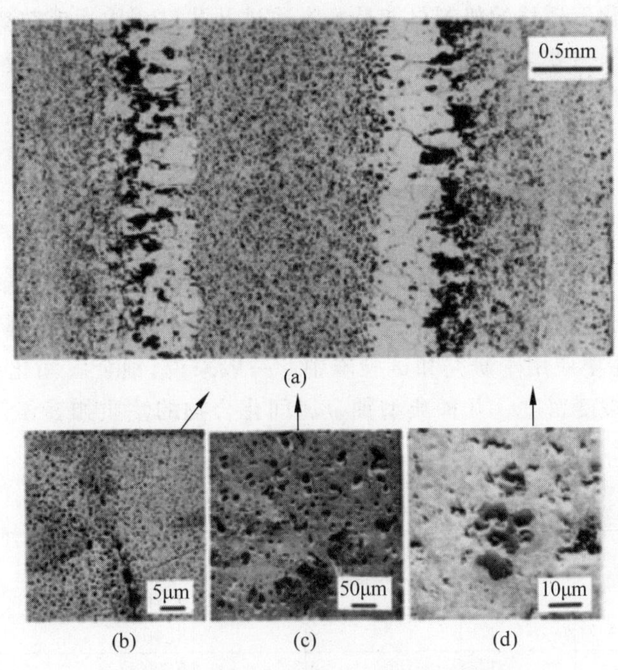

图 4-12 辐照后的 U-Pu-Zr 燃料的形貌

(a) 轴向截面；(b) 中部区域；(c) 中心区域；(d) 外部区域

在高燃耗时会引起 FCMI。固体裂变产物肿胀率可由裂变产额计算。固体裂变产物肿胀率的上限(1.5 vol.%/at.%,vol%/at.%指单位原子百分数变化的体积分数变化)可通过假设除惰性气体外的所有裂变产物(固态+气态)对肿胀的贡献计算得来。包壳径向尺寸变化在燃料块的中部增加最多,在两端减小,这与固体裂变产物引起肿胀的分布相似。

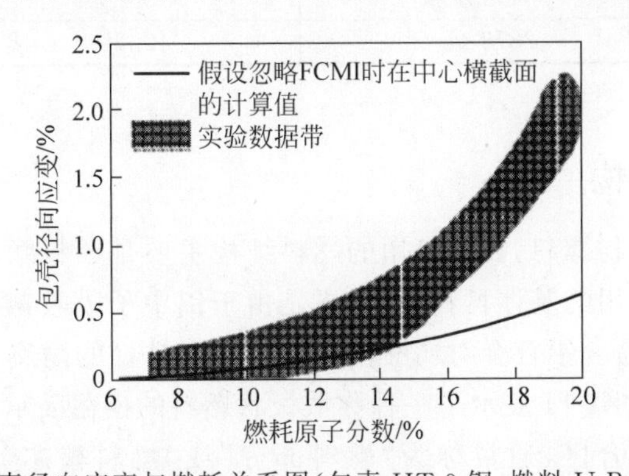

图 4-13 包壳径向应变与燃耗关系图(包壳 HT-9 钢,燃料 U-Pu-Zr 合金棒)

5) 燃料-包壳化学相互作用

部分镧系裂变产物在燃料块的周边区域聚团,并与包壳内壁发生反应。在高于阈值温度时,在燃料块与包壳的界面上将形成液相,燃料和包壳成分间会发生扩散。这种燃料侧与包壳侧的反应称为燃料-包壳化学相互作用(FCCI)。在稳态辐照过程中,FCCI 主要由镧系裂变产物与包壳的反应所主导。伴随液相形成的反应是在瞬态工况下产生的。损耗层最大厚度随局部燃耗和局部温度的增加而增加。镧系裂变产物迁移到燃料块的外围区域的过程控制了损耗层的变化。迁移的机制可能是蒸汽通过开孔进行输运或热扩散，但这一点尚未确定。为防止 FCCI，一些学者提出了“内衬包壳”的概念，即在包壳内壁涂覆一种相对惰性的材料，如难熔金属。

4.3 铀金属间化合物

研制新型燃料的重要目标是在燃料相中获得较高的铀密度。金属铀的铀密度最高，但因辐照稳定性差而无法使用。为了获得稳定的辐照特性，引入了铀金属间化合物，如 U-Al 和 U-Si，这些燃料主要应用于研究和试验堆中。一般来说，铀金属间化合物燃料比氧化物燃料能获得更高的裂变密度。几种典型铀金属间化合物的性质如表 4-7 所示，为了便于比较，将 U-Mo 合金及 UO_2 的相关性质也列入表中。

表 4-7 几种典型的铀化合物的性质

燃　料	熔点/℃	密度/($g \cdot cm^{-3}$)	铀密度/($g \cdot cm^{-3}$)
U	1133	19.10	19.1
U-7Mo	1145	18.40	17.1
U-10Mo	1150	18.20	16.4
U_3Si	930(分解)	15.60	15.0
U_3Si_2	1665	12.20	11.3
USi	1580	10.96	9.8
UAl_2	1590	8.10	6.6
UAl_3	1350(分解)	6.80	5.0
UAl_4	731(分解)	6.10	4.2
$U_{0.9}Al_4$	641(分解)	5.70	3.7
UO_2	2878	10.96	9.7

4.3.1 燃料结构

对于铀金属间化合物燃料，目前可用的燃料结构主要是燃料颗粒分散在惰性基体中形成的弥散体。铝是最常用的基体材料，这主要是由于铝中子吸收截面低，成本低，加工性能好，并且后处理比较容易。铝合金对弱酸性冷却剂具有良好的耐腐蚀性能并具有较好的力学、物理和热学性能。图 4-14 展示了一种弥散板状燃料的横截面示意图。燃料板中的燃料区，即燃料颗粒-基质混合区，通常称为“燃料部分”或“燃料核芯”，并以冶金方式与包壳结合。

图 4-14 板状弥散燃料的横截面示意图

弥散型燃料典型的制备方法为“片-框法”，图 4-15 展示了片-框法制备弥散燃料组件的示意图及工艺过程。金属燃料与基体铝粉首先混合压制成密实体形成燃料区。燃料区与铝金属框架组装焊接，之后进行热挤压成型。最后与一定形状的上下覆盖板冷挤压获得燃料元件。

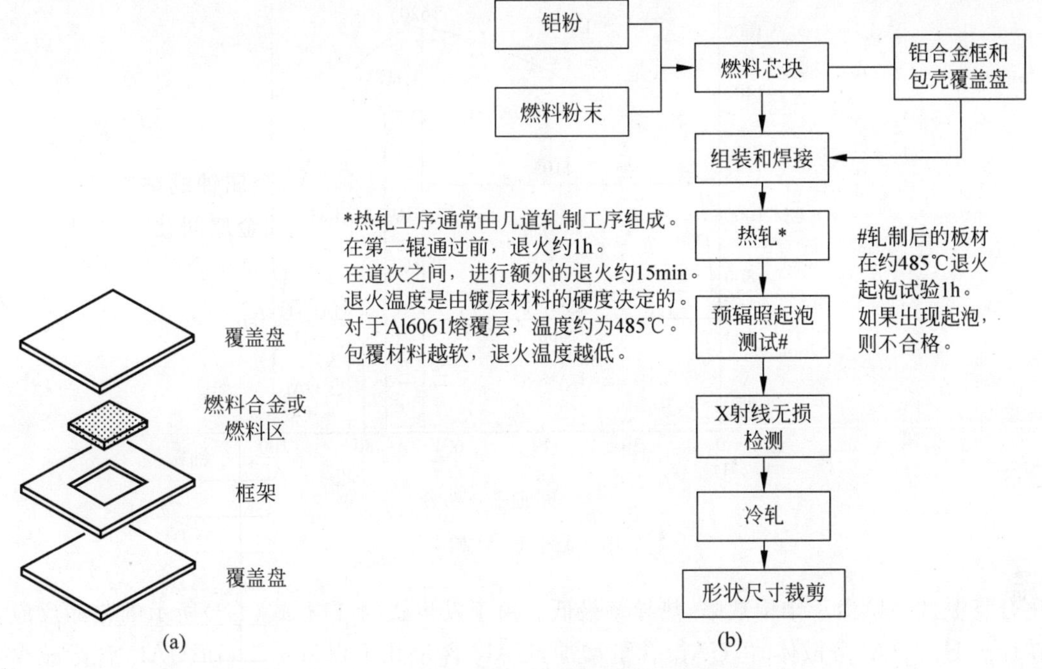

图 4-15　片-框法制备弥散燃料组件的示意图

(a) 结构示意图；(b) 工艺过程

4.3.2　U-Al 合金

U-Al 合金是最早用于研究和试验堆的铀金属间化合物。U-Al 合金燃料一般为几种 U-Al 化合物的混合物，被称为 UAl_x。UAl_x 分散燃料的形式有助于减少燃料膨胀，且对裂变气体气泡形成有阻碍作用。U-Al 相图如图 4-16 所示。U-Al 系统中有三种金属间化合物：UAl_2、UAl_3 和 UAl_4。UAl_2 可直接从液相中生成，UAl_3 和 UAl_4 由 UAl_2 与铝发生包晶反应生成：

$$UAl_2 + Al \longrightarrow UAl_3 \tag{4-1}$$

$$UAl_3 + Al \longrightarrow UAl_4 \tag{4-2}$$

UAl_2 具有面心立方结构，晶格常数为 0.776nm。UAl_3 具有简单立方结构，晶格常数为 0.426nm。UAl_4 具有体心正交结构，晶格常数 $a=0.441$nm，$b=0.627$nm，$c=1.371$nm。UAl_4 存在 U-晶格缺陷，通常用 $U_{0.9}Al_4$ 来表示。

U-Al 合金的热导率取决于合金中的铀成分和温度。一般来说，U-Al 金属间化合物中 Al 含量越高，热导率越高，因为铝的导热性比铀的导热性强。在 65℃时，铸态 U-Al 合金的热导率与铀含量成线性递减的关系：

$$k_T(\text{U-Al 合金}) = 225 - 2.9C_U \tag{4-3}$$

其中 k_T 为 U-Al 合金的热导率，单位为 W/(m·K)；C_U 为合金中铀含量，采用质量分数表示。

UAl_2 的热导率不易通过实验测得，但可以合理地认为其热导率低于 UAl_3。在 U-Al

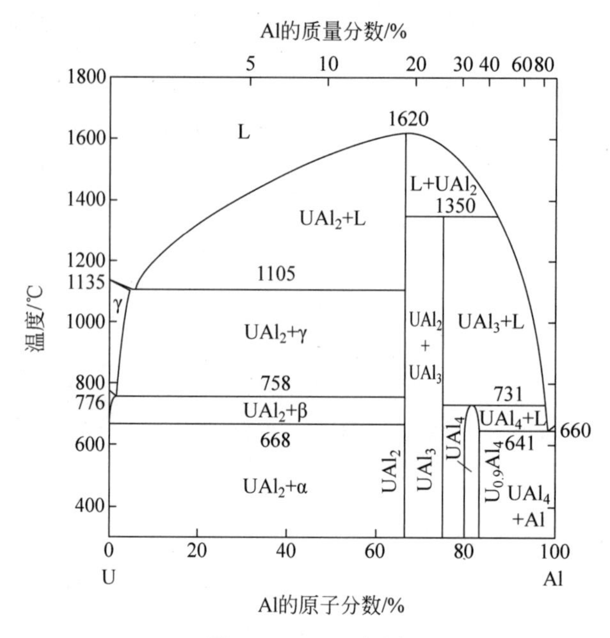

图 4-16 U-Al 相图

化合物中，UAl_4 由于结构缺陷，热导率最低。由于发生式(4-1)和式(4-2)所示的包晶反应，在加热 UAl_x-Al 分散体时，UAl_4 含量增加，UAl_3 含量几乎保持不变，而 UAl_2 含量减少，因此，在加热过程中，UAl_x-Al 的整体热导率减小。但 UAl_x-Al 的热导率主要由铝基体决定。当 UAl_x(60% UAl_3 和 40% UAl_4，均为质量分数)占燃料区的体积分数为 35%时，燃料区的热导率为 62 W/(m・K)。

在制备方法上，U-Al 合金是将适量的 U 和 Al 金属熔铸在一起直接生产的，这种方式直接决定了合金中的 U 密度。对于板型燃料，将合金熔体倒入石墨模具中，制成铸造的合金板。每个 U-Al 合金整体板夹在铝合金包壳之间，热轧成固定规格，形成板型燃料元件。

4.3.3 U-Si 合金

与 U-Al 合金相比，U-Si 合金具有更高的铀密度，可进一步提升铀装量。在 U-Si 系统中，存在 U_3Si、U_3Si_2 和 USi 等化合物。U_3Si、U_3Si_2 和 USi 的铀密度分别为 15.0g/cm^3、11.3g/cm^3 和 9.8g/cm^3，因此 U_3Si 是 U-Si 金属间燃料中最有利的燃料。U-Si 相图如图 4-17 所示。U_3Si_2 和 USi 直接在液相中形成，但 U_3Si 只通过以下的包析反应在 930℃形成：

$$U_3Si_2 + 3U \longrightarrow 2U_3Si \tag{4-4}$$

室温下，U_3Si 具有体心四方结构，晶格参数为 $a=6.029$Å，$c=8.696$Å，在 765℃会转变为面心立方结构。U_3Si 没有紧密的 Si-Si 键，只有 U-U 和 U-Si 键存在，这是它具有独特延展性的原因。

U_3Si_2 的熔点为 1665℃，晶体结构为四方结构，$a=7.3299$Å，$c=3.9004$Å。每个晶胞有 10 个原子，相比于 U_3Si，由一对 Si 原子取代单个 Si 原子。这些紧密的 Si-Si 键使化合物具有脆性。目前对 USi 的晶体结构存在争议，最新数据表明该结构为四方结构，晶格参数为 $a=10.5873$Å，$c=24.3105$Å。

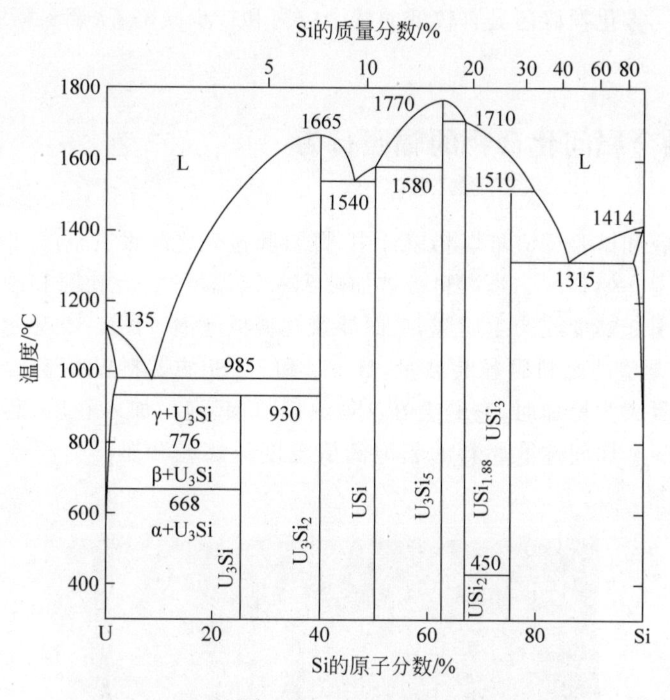

图 4-17　U-Si 相图

在实践中，几乎不可能制造出精确化学计量比的 U-Si 化合物。U-Si 合金锭是通过将铀和硅按所需的比例混合熔融而制成的，有时需在惰性气氛中退火以促进化合物的形成。之后合金锭通过粉末加工过程被粉碎成更小的颗粒。相对易碎的 U_3Si_2 和 USi 的化合物是通过在氮气气氛下将合金在手套箱中粉碎得到的。由于 U_3Si 比 U_3Si_2 和 USi 有更大的韧性，U_3Si 粉末制造通过在"粉碎箱"中研磨来实现。典型的颗粒大小在 40～150μm 之间。也可采用粉末冶金中广泛应用的雾化技术制备 U_3Si_2 和 U_3Si 的球形粉末。这种方法通常使用真空室中的旋转圆盘。当液体燃料熔体倒在圆盘上时，在圆盘的离心力作用下产生液体燃料液滴，液滴在飞离过程中冷却。燃料颗粒的大小由圆盘的转速决定。

图 4-18 显示了粉碎法和雾化法制备 U_3Si_2 粉末的形貌对比。雾化粉末与粉碎粉末相比有较多优势。首先，雾化颗粒表面积与体积比更小，燃料颗粒与基体铝之间的反应产物的体积也更小。其次，颗粒硅含量的均匀性更高，杂质较少，因为它们从液体中迅速凝固，不受

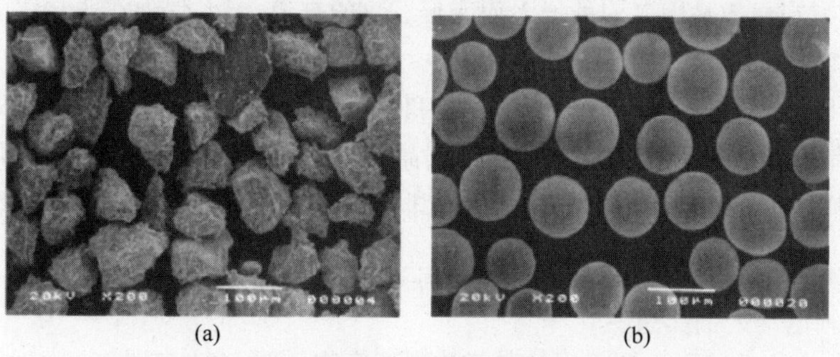

图 4-18　不同制备方法获得的 U_3Si_2 形貌图

(a) 粉碎法制备的 U_3Si_2 粉末；(b) 雾化法制备的 U_3Si_2 粉末

机械粉碎的污染。雾化颗粒还具有较低的残余应力和较少缺陷，从燃料膨胀的角度来看，这也是一个优势。

4.3.4 铀金属间化合物的辐照行为

1. 起泡

在典型的研究和试验反应堆燃料设计中，燃料和包壳之间没有空隙，但裂变气体和制造过程中的气体仍留在燃料区。当燃料板被加热到一定温度时，大孔隙和裂变气泡中的气体压力可能不足以引起蠕变或产生屈服，从而导致燃料板起泡。图 4-19 显示了一个起泡试验板的图像。对于典型的燃料颗粒装载量，U_3Si_2 和 U_3Si 的燃料板在 515～530℃范围内起泡。当燃料装载量大大增加时，它们会在 450～475℃起泡。加入硼后，起泡阈值温度可降低约 100℃。U-Si 金属间弥散燃料的起泡阈值温度对燃耗和燃料体积载荷的敏感性低于 UAl_x-Al 弥散燃料。

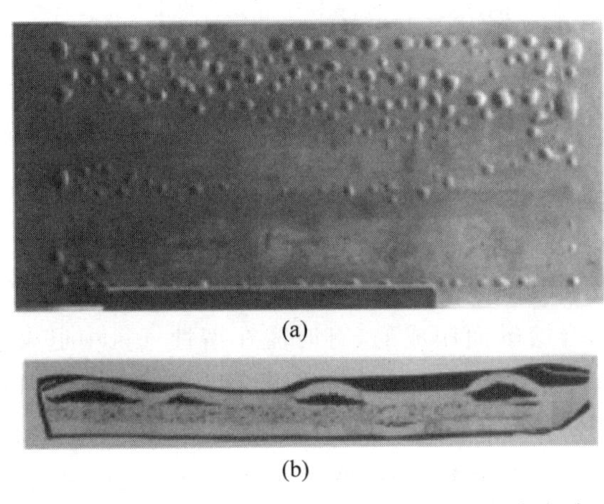

(a)

(b)

图 4-19 辐照后 U_3Si_2-Al 弥散燃料板的起泡实验

(a) 起泡板表面形貌；(b) 在板厚方向上板的横截面形貌

2. 非晶化

铀金属间化合物燃料的性能与燃料在辐照过程中的结晶状态密切相关。铀金属间化合物燃料往往会由于高能裂变碎片引起晶体结构破坏而非晶化。在非晶材料中，裂变气体的迁移率很高，燃料更容易因气泡的增大而变形。总的来说，裂变气泡在非晶体中的增长速度更快。

金属间化合物的非晶化取决于裂变速率和温度。辐照温度越低，裂变速率越高，燃料越容易变成非晶态。U-Al 体系中 UAl_4 最易非晶化，UAl_2 非晶化趋势最小。U-Si 金属间化合物（U_3Si 和 U_3Si_2）在辐照过程中也会变成非晶态。图 4-20 显示了非晶态燃料的裂变气泡形态。

3. 肿胀

金属间化合物的肿胀也源于固体和气体裂变产物。图 4-21 和图 4-22 分别展示了 U_3Si 和 U_3Si_2 的肿胀随燃耗的变化关系及气泡的显微形貌。值得注意的是 U_3Si 的裂变气泡增

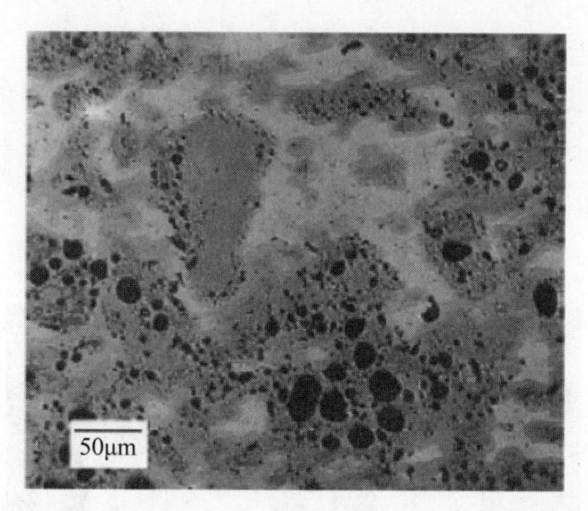

图 4-20　不稳定的裂变气体气泡增长导致的 U_3Si 非晶化

长快且不稳定，不适合板型元件，但仍适合燃料棒，而 U_3Si_2 的裂变气泡增长一般较低，具有稳定的肿胀。由于低的裂变气泡膨胀，UAl_x-Al 系弥散燃料具有比任何其他类型弥散燃料都低的燃料区肿胀。

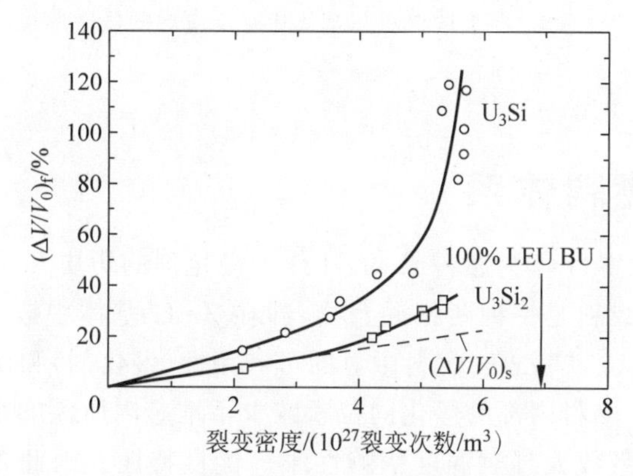

图 4-21　U-Si 金属间化合物燃料膨胀

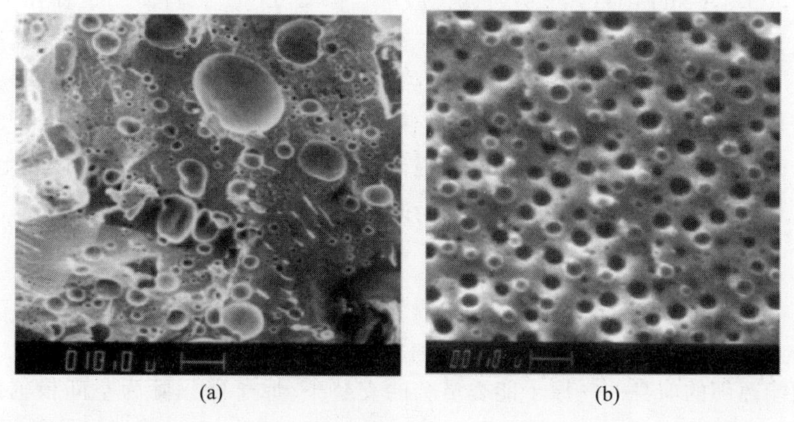

图 4-22　辐照温度为 100℃的铀硅化物燃料(19.5%^{235}U 富集度)的裂变气泡形态

(a) U_3Si 辐照至原子分数为 15%的燃耗；(b) U_3Si_2 辐照到原子分数为 19%的燃耗(图(b)的放大倍数为图(a)的 10 倍)

4. 燃料与基体的相互作用

UAl_x 和 Al 在辐照过程中即使在低温下也会由于辐照增强的相互扩散而发生反应。U_3Si、U_3Si_2 和 USi 与 Al 反应形成单一金属间化合物 $U(AlSi)_3$。在实际的辐照过程中，燃料与基体的相互作用比较复杂，还与辐照气泡、非晶化等因素耦合。典型的燃料与基体相互反应的结构如图 4-23 所示。

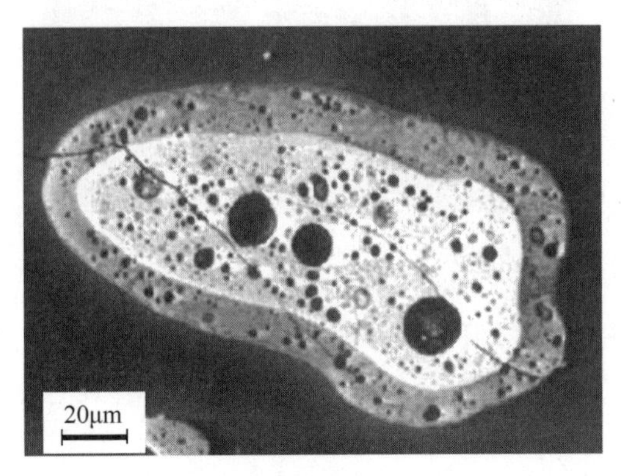

图 4-23 典型的燃料与基体相互反应后的显微形貌

4.4 U-Zr-H 燃料体系

在核反应堆中，U-Zr-H 作为燃料或 Zr-H 作为慢化剂的历史几乎可追溯到氧化物燃料的研究时期。U-Zr-H 燃料是一种两相混合物，即在 Zr-H 基体中嵌入金属铀的小颗粒，最典型的成分是 $U\text{-}ZrH_{1.6}$。U-Zr-H 燃料中氢的可利用性（慢化剂）和良好的热物理性质增强了燃料设计的灵活性。燃料内部的慢化同位素减少了堆芯内所需的水量，同时具有燃耗高、负反应性反馈强、导热系数大且对温度依赖性小等优良特性。因此 U-Zr-H 燃料体系是非常有发展潜力的轻水堆燃料。典型的 $U\text{-}ZrH_{1.6}$ 燃料用于著名的 TRIGA（training, research, isotopes, general, atomics）研究反应堆。但 U-Zr-H 燃料体系也存在一些缺点，譬如其铀密度只有氧化物燃料的 40%，这意味着在相同的线功率下，^{235}U 的富集度必须增加 2.5 倍，这不仅增加了燃料制造中的铀浓缩成本，同时也挑战了电力反应堆的最高富集度标准。此外氢化物中的裂变产物体积膨胀率比氧化物燃料大 3 倍，燃料的制造过程也相对复杂。氢化物燃料的主要热化学挑战和使用限制是其工作温度。高温下燃料发生分解，形成金属铀颗粒与氢化锆相，包层材料发生氢脆，并与水冷却剂反应。

4.4.1 U-Zr-H 燃料的应用

1. SNAP 堆

在美国能源部的前身——原子能委员会的支持下，原子能国际为空间核辅助动力项目（systems for nuclear auxiliary power, SNAP）开发了一种备受关注的氢化物燃料反应堆。有 6 个热输出功率为 50kW 到 1MW 的反应堆建成并运行，其中一个被送入地球轨道。该项目进行了大量的辐照试验，其中许多试验与使用氢化物燃料的轻水堆有关。SNAP 反应堆选择的是铀质量分数为10%，富集度为93%的氢化物燃料，但SNAP燃料的功率密度只有轻水堆氧化物燃料的1/4。在轻水堆的功率密度下氢化物燃料的峰值温度是550℃。轻水堆氢化物燃料不能长时间在大于800℃的工况下运行，因为锆合金包壳和燃料元件内的气态氢会发生反应，这是SNAP堆选择哈氏合金包壳的部分原因。但轻水堆不允许使用哈氏合金作为包壳是因为它的高镍含量及其对中子经济性的负面影响。考虑到SNAP反应堆燃料的高^{235}U含量，高燃耗非常容易达到。氧化物燃料(60MW·d/kgU)的最大燃耗是SNAP氢化物燃料的1/5。

2. TRIGA反应堆

氢化物燃料使用最广泛的反应堆是著名的通用原子能公司开发的TRIGA堆。这是一个稳态功率几兆瓦的研究反应堆。早期的TRIGA燃料使用8%的高浓缩铀，随后提升到20%，燃料中铀的质量分数增加到45%或体积分数增加到21%。即使如此，氢化物燃料中的铀密度也只有UO_2的40%。增加^{235}U的富集度是克服这一不足的唯一途径。TRIGA堆芯通过与60℃左右的水自然对流进行冷却。与目前氧化物动力反应堆燃料相比，TRIGA燃料体积较大，一个单一的燃料芯块直径大约4cm，长约35cm。包壳是铝或者不锈钢。

3. 嬗变反应堆

核素的嬗变是快堆的典型应用之一。目前对核废料进行地质处置需要减少由次锕系元素引起的放射性和热量释放。含^{237}Np、^{241}Am、^{243}Am的氢化物可作为嬗变靶材。在研究中，U-Th-Zr氢化物已作为含次锕系元素燃料的替代品进行实验。

4.4.2 U-Zr-H燃料的基本性质

U-Zr-H燃料是由连续的ZrH_x基体和金属铀颗粒组成的两相混合物，如图4-24所示。U-Zr-H燃料运行温度很低，热导率高，与锆合金相当。低温运行释放的裂变产物少，热应力小，可避免芯块破裂。在相同线功率下，U-Zr-H燃料可实现远高于氧化物燃料的燃耗，但铀富集度必须大幅增加。

氢化锆晶体结构如图4-25所示，4个Zr原子形成1个四面体间隙，在晶胞中有8个四面体间隙，可填充H原子。

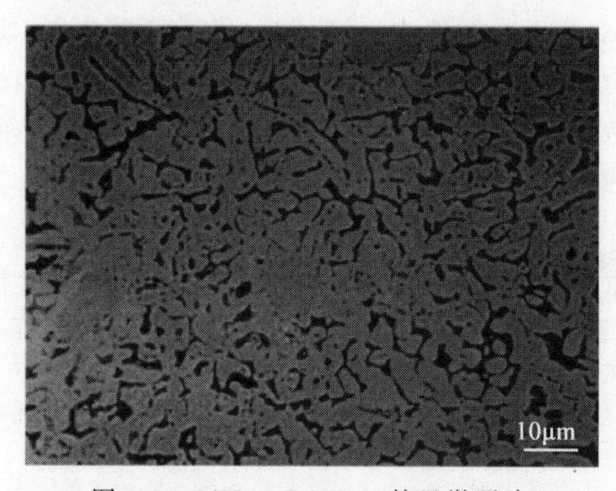

图4-24 $(U_{0.31}Zr)H_{1.6}$的显微照片

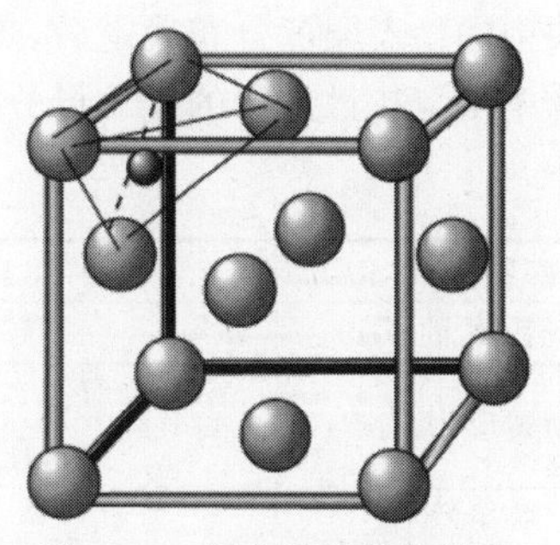

图4-25 氢化锆的晶体结构

大球为锆原子，小球为氢原子

U-Zr-H 燃料相中氢化物性质主要体现为氢扩散与热扩散。两个主相(β-Zr 金属和 δ-ZrH_x 陶瓷)在制备过程中由氢化动力学控制的氢扩散以及运行过程中的氢的再分配对氢化物燃料很重要。另一个影响 ZrH_x 燃料输运特性的是热扩散。这种性质使 Zr 基体中的 H 在没有浓度梯度的情况下也会向冷区移动。当浓度扩散梯度与热扩散梯度平衡时,该过程达到稳态。图 4-26 显示了在抛物线温度分布下,$ZrH_{1.6}$ 中氢的再分布程度,其中线热流密度(LHR)为 375W/cm。实线为燃料-包壳间隙填充氦气的燃料元件,虚线为燃料-包壳间隙填充液态金属(LM)的燃料元件。再分布的范围是广泛的,原始 H/Zr 原子比为 1.6,在燃料芯块中心已经下降到 1.46～1.49,而在燃料外围上升到 1.74～1.78。这种再分布对氢化物燃料的中子特性影响较小。

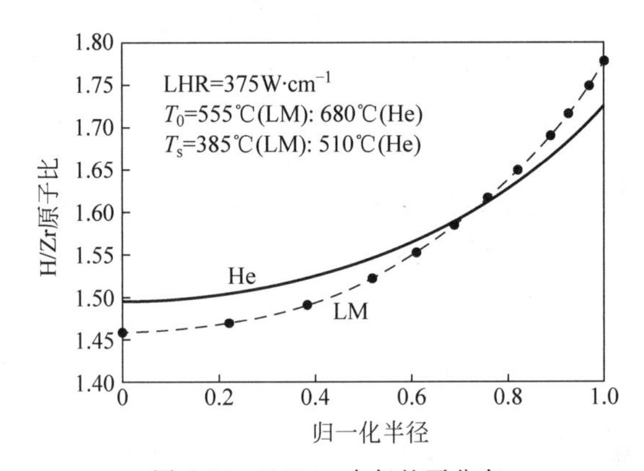

图 4-26 $ZrH_{1.6}$ 中氢的再分布

燃料-包壳间隙充满氦气/液态金属;T_0 和 T_s 分别为中心线和表面温度

U-Zr-H 燃料的性能数据参见表 4-8。氢化物中的铀金属的热导率为 28 W/(m·K),两相热导率为 20 W/(m·K),是 UO_2 的 7 倍。为了降低氢化物燃料中心线温度,用惰性液态金属(Pb-Bi-Sn)取代氦作为间隙填充剂,可使中心线温度降幅超过 100℃。堆内温度分布、燃料密度变化与 H/Zr 值、热膨胀以及氢的再分布等的协同作用导致氢化物燃料启动时产生特殊的力学行为。在裂变产生的抛物线温度分布中,热膨胀导致燃料芯块周边的方位角的拉应力超过了断裂应力。燃料芯块边缘的低温区氢的再分布和 H/Zr 原子比增加引起的膨胀导致了燃料芯块外部产生显著的压应力,称之为"氢应力",也被称为"迁移应力"。总应力是热应力和氢应力的总和。单独的热应力能够使燃料芯块表面开裂。然而,氢应力在芯块边缘表现为压应力,大大抵消了拉伸状态的热应力。热应力和氢应力的时间响应不同。当燃料芯块中的稳态温度分布确定后,热应力便开始发展,这发生在反应堆启动的几天内。然而,氢化物中由氢扩散控制的氢的再分布的动力学相比之下是较慢的,导致氢应力的发展较慢。

表 4-8 $(U_{0.31}Zr)H_{1.6}$ 的性能

热膨胀系数/K^{-1}	$\alpha=7.4\times10^{-6}(1+2\times10^{-3}T)$ *	氢膨胀	$(\Delta L/L)_{H/Zr}=0.027(H/Zr-1.6)$
杨氏模量/GPa	130	泊松比	0.32
断裂应力/MPa	200(拉应力),55(拉应力),100(压应力)	热导率/($W\cdot m^{-1}\cdot K^{-1}$)	18±1
摩尔热容/($J\cdot mol^{-1}\cdot K^{-1}$)	$(25+4.7x)+(0.31+2.01x)T/100+(1.9+6.4x)/T^2\times10^{-5}$ *		

注:* 300K<T<1000K;x=H/Zr。

U-Zr-H 燃料的化学性质主要体现在氢化锆和锆合金包壳之间的化学相互作用，即包壳氢化。因此，使用锆合金作为氢化物燃料棒的包壳金属必须非常小心。充氦氢化物燃料芯块在线功率峰值为 37kW/m，间隙厚度为 35μm 时的表面温度为 500℃左右。在温度超过 800℃时，氢化物中氢气平衡压强非常大，以至于发生气体积聚或包壳的氢化，并伴随着燃料的 H/Zr 比的减少。如果所有释放的氢气均迁移到间隙中，燃料的中子慢化能力将会受到影响。用液态金属替换间隙中的氦便可以防止氢到达包壳的内表面。然而，燃料-包壳间隙的闭合会产生燃料包壳相互作用(FCMI)。对这种情况，保守的设计对策是使初始间隙足够大以至于燃料肿胀和包壳蠕变共同作用时不会在燃料生命周期内发生间隙闭合，从而完全地避免 FCMI。另外，还可在包壳内表面添加一个氢渗透屏障，以达到分离燃料和锆合金包壳的目的，比如不锈钢衬套、SiC 内部涂层或套管、玻璃-珐琅涂层或氧化锆涂层等。

4.4.3 U-Zr-H 燃料的制造

U-Zr-H 燃料元件为粗棒状，图 4-27 所示为用于材料测试反应堆的 U-Zr-H 燃料，由包壳管、燃料芯块、氧化铝块体、弹簧和上下端塞等组成。下端塞设有轴向通孔，用于抽出空气并通入氦气，最后通过堵孔焊接密封。

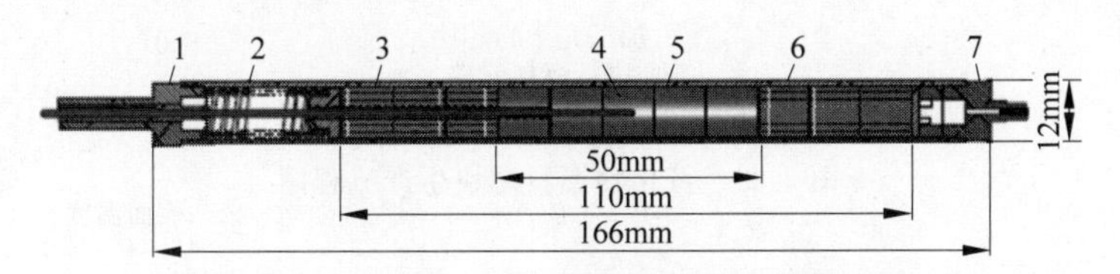

图 4-27 用于材料测试反应堆的 U-Zr-H 燃料

1—上端塞(SUS316)；2—弹簧(因科镍-X750)；3—氧化铝块体；4—热电偶；5—燃料芯块；6—包壳管；7—下端塞(SUS316)

U-Zr-H 可通过粉末冶金或熔铸渗氢的方法制备。粉末冶金的方法是通过混合氢化锆和氢化铀粉末，冷压烧结或热压成型。此种方法虽然经济，但成品致密性和导热性不佳。而熔铸渗氢的方法则可制备大块、致密、均匀和导热性良好的铀氢锆棒，应用最为广泛。熔铸渗氢法是首先制备 U-Zr 合金，再通过渗氢工艺使铀从合金中分离出来。分离出来的铀作为细小的均匀弥散燃料相而存在。铀锆合金可采用电弧熔炼和感应熔炼两种方法得到。电弧熔炼要经过多次熔炼和加压，工艺繁琐复杂。感应熔炼可直接铸造，进而氢化，大大简化了生产工艺，提高了成品的利用率。铀锆合金的氢化可采取定量渗氢和连续渗氢两种方法进行。在渗氢过程中，恒温条件下，通入过量氢气使其氢化，此间体系经历了 α-Zr、金属两相区、β-Zr、金属氢化物的两相区和 δ-氢化物单相。此过程体积的变化是显著的。β-Zr 的锆原子密度比 δ-氢化物中的大 16%，说明在氢化发生时体积增加，此外，晶体结构也发生了变化。

图 4-28 显示了(U,Zr)H_x 燃料芯块的制备流程图。从浓缩厂得到的 UF_6 被还原为 UF_4，进而被还原为金属铀。将铀锭和适量的金属锆在感应炉中熔化，液相 U-Zr 合金流入模具中得到燃料粗锭芯块。将燃料粗锭芯块合金表面清理干净，并转移到氢化炉中。彻底清除表面的氧化物和氮化物是必要的，因为氢的吸收很容易被这种类型的污染阻碍。

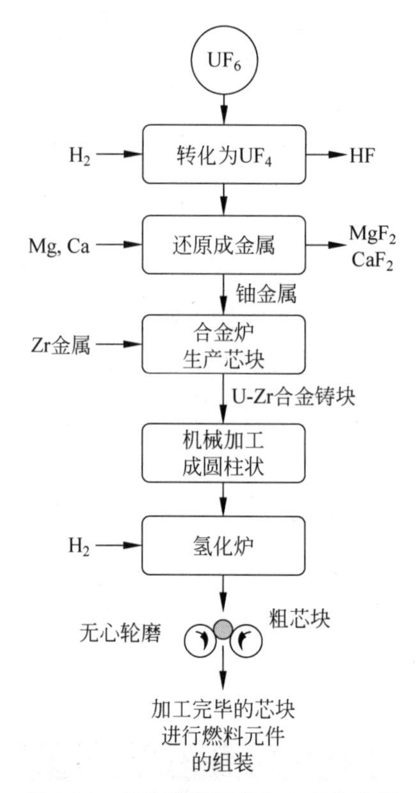

图 4-28 氢化物燃料芯块生产流程图

4.4.4 U-Zr-H 燃料的辐照行为

与所有核燃料一样，U-Zr-H 燃料关键的辐照特性包括燃料肿胀、裂变气体释放和裂变产物化学，它们是温度(或线功率)和燃耗的函数。图 4-29 所示为蚀刻的 $UTh_4Zr_{10}H_{20}$ 辐照芯块的光学显微图片，可以观察到截面上存在两个明显的区域(外暗区和内亮区)，裂纹穿插在其中。

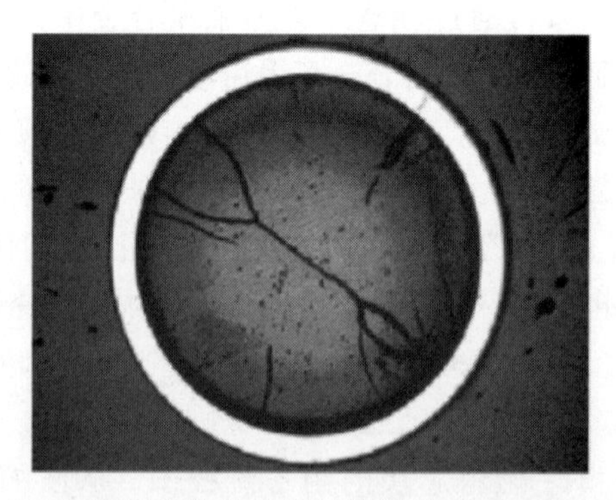

图 4-29 辐照芯块的光学显微照片($UTh_4Zr_{10}H_{20}$)

氧化物燃料在辐照初期会发生密实化，氢化物燃料早期体积要么不变化($T<700$℃)，要么显示巨大的增加量($T>700$℃)，被称为“补偿肿胀”。补偿肿胀是相当大的，并且对高温敏感，在760℃时，大约有5%。氢化物燃料和氧化物燃料之间的主要区别为辐照过程中裂变气体释放的机制。现有的数据表明，反冲回弹是裂变气体在温度达到700℃时释放的唯一机制。由于反冲回弹而产生的裂变气体释放分数量级在10^{-4}，如果燃料温度在操作过程中保持在650℃以下，裂变气体的释放可以忽略不计。

参考文献

[1] OGATA T. Comprehensive Nuclear Materials[M]. Amsterdam,Elsevier,2012.

[2] 周明胜，田民波，戴兴建. 核材料与应用[M]. 北京：清华大学出版社，2017.

[3] 科德芬克. 铀化学[M]. 核原料编辑部铀化学翻译组，译. 北京：中国原子能出版社，1977.

[4] MARKUS H A P(Ed). Advances in Nuclear Fuel Chemistry[M]. Amsterdam,Elsevier,2020.

[5] DAWN E J,STEVEN L H. Experimentally known properties of U-10Zr alloys：a critical review[J]. Nuclear Technology,2018,203：109-128.

[6] 李冠兴. 研究试验堆燃料元件制造技术[M]. 北京：化学工业出版社，2007.

[7] SUMAN S,KHAN M K,PATHAK M,et al. Hydrogen in Zircaloy：Mechanism and its impacts[J]. International Journal of Hydrogen Energy,2015,40：5976-5994.

[8] OGATA T，TSUKADA T. Engineering-scale development of injection casting technology for metal fuel cycle[C]. Advanced nuclear fuel cycles and system(Global，2007)，Boise：American Nuclear Society,2007.

[9] DWIGHT A E. A Study of the uranium-aluminum-silicon system[R]. Argonne，Argonne National Laboratory,ANL82-13,1982.

[10] MATOS J E,SNELGROVE J L. Research reactor core conversion guidebook[M]. Vienna,IAEA, IAEA-TECDOC-643,1992.

[11] SNELGROVE J L. Safety evaluation report：related to the evaluation of low-enriched uranium silicide-aluminum dispersion fuel for use in non-power reactors[R]. Washington,DC，U. S. Nuclear Regulatory Commission NUREG-1313,1988.

[12] WILLARD R M,SCHMITT A R. Irradiation swelling,phase reversion,and intergranular cracking of U-10 wt% Mo fuel alloy[R]. Canoga Park，California，Atomics International，A Division of North American Aviation,NAA-SR-8956,1965.

[13] GYLFE J D，ROOD H，GREENLEAF J，et al. Evaluation of zirconium hydride as moderator in integral boiling-water superheat reactors[R]. Canoga park，california，Atomics International，A Division of North American Aviation,NAA-SR-5943,1962.

[14] LILLIE A F，MCCLELLAND D T，ROBERTS W J，et al. Zirconium hydride fuel element performance characteristics[R]. Canoga Park，California，Atomics International，Report AI-AEC-13084,1973.

[15] ALBRECHT W M,GOODE J R W D. Diffusion of hydrogen in zirconium hydride[R]. Columbus, ohio,Battelle Memorial Institute,Report BMI-1426,1960.

[16] MERTEN U，DIJKSTRA L J，CARPENTER F D，et al. Preparation and properties of U-Zr hydrogen alloys[R]. Geneva,General Atomic Division NSA-12-014826,1958.

氧化物燃料

目前反应堆中普遍采用的核燃料主要分为三种类型：金属型核燃料、陶瓷型核燃料和弥散型核燃料。金属型核燃料的优点是具有较高的热导率和铀密度，但熔点比较低，辐照过程中核燃料发生肿胀变形较大。陶瓷型核燃料，主要有二氧化铀（UO_2）、铀钚混合氧化物以及相应的碳化物和氮化物。UO_2 已经被核电站广泛使用，铀钚混合氧化物被增殖堆广泛使用，而碳化物和氮化物则因具有高的热导率和铀密度成为目前先进核燃料的研发热点。弥散型核燃料，指燃料颗粒均匀分布在非裂变基体材料内，它兼具陶瓷型核燃料和金属型核燃料的优点，可实现高燃耗，具有高的传热效率。但是，由于弥散型基体材料的加入导致裂变核素的浓度变低，在制造过程中需要用浓缩铀作原料，增加了操作难度。

在这三种类型的核燃料中，陶瓷型核燃料中的 UO_2 经过了长期的堆内考验，被公认为一种很好的核燃料。本章从 UO_2 的性质、UO_2 芯块的制备、UO_2 燃料棒的制造、商业堆中的 UO_2 燃料组件以及 UO_2 燃料的堆内辐照行为等五个方面对其进行详细的介绍。

5.1 UO_2 的性质

UO_2 的密度为 $10.96g/cm^3$，熔点高达 2878℃，而且在熔点以内只有一种晶体形态，其晶格结构为面心立方，晶格常数为 0.547nm，如图 5-1 所示。室温时，U-U 键的原子间距值为 3.868Å，O-O 键的原子间距值为 2.735Å，U-O 键的原子间距值为 2.368Å。

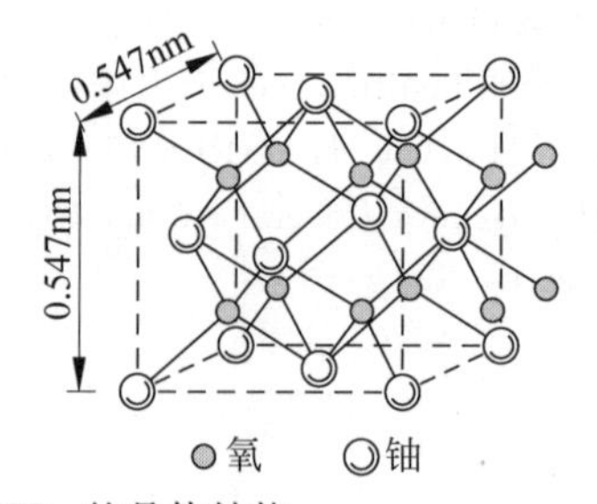

图 5-1 UO_2 的晶体结构

5.1.1 热学性质

1. 热导率

95%理论密度的 UO_2 在常温下热导率为 $8.68W \cdot m^{-1} \cdot K^{-1}$，2000K 时的热导率为 $2W \cdot m^{-1} \cdot K^{-1}$。$UO_2$ 的热导率随温度和 O/U 的化学计量比而变化，具体趋势如图 5-2 所示。从图 5-2(a)中可以看出，UO_2 的密度越大，热导率越高，热导率随温度呈先降低后升高的趋势，且在 1600℃时热导率最小。由图 5-2(b)可得，O/U 比越小，热导率越大。当 O/U 比等于 2 时的热导率最大。UO_2 的热导率与温度的关系曲线可总结为如下的经验公式：

$$K_{固} = 8.775 \times 10^{-13} T^3 + \frac{1}{0.0238T + 11.78} \tag{5-1}$$

其中 $K_{固}$ 为固态 UO_2 的热导率，单位为 W/(cm·℃)；T 为温度，单位为℃。

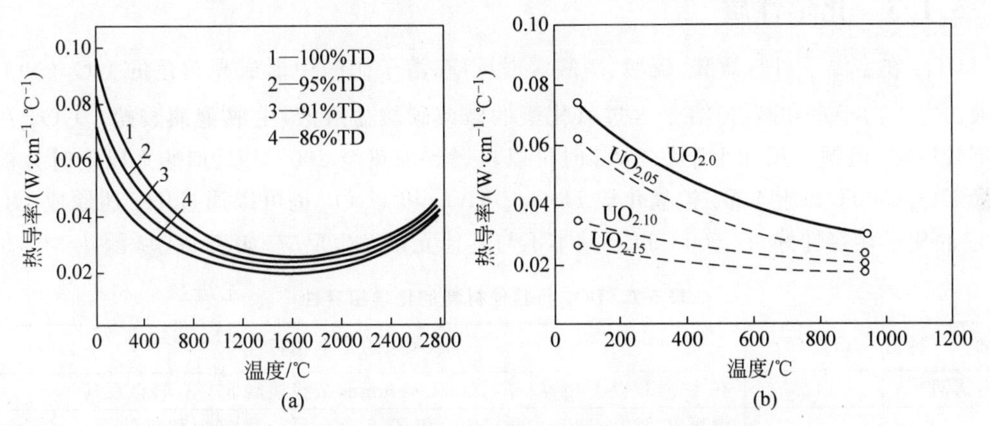

图 5-2　不同的参数 UO_2 热导率随温度变化关系曲线

(a) 不同的密度；(b) 不同的 O/U 化学计量比

2. 比热容

UO_2 的比热容是用于事故工况分析的重要热力学量。对于给定的燃料温度变化，比热容控制了热容量的变化幅度。UO_2 在 20℃下的比定压热容为 234.7J/(kg·℃)。UO_2 的比热容随温度变化的经验公式如式(5-2)和式(5-3)所示。其中，C_p 的单位是 J/(kg·℃)，T 的单位是℃。

在 25℃$<T<$1226℃的情况下，

$$C_p = 304.38 + 2.51 \times 10^{-2} T - \frac{6 \times 10^6}{(T + 273.15)^2} \tag{5-2}$$

在 1226℃$<T<$2800℃的情况下，

$$C_p = -712.25 + 2.789T - 2.71 \times 10^{-3} T^2 + 1.12 \times 10^{-6} T^3 - 1.59 \times 10^{-10} T^4 \tag{5-3}$$

3. 热膨胀系数

UO_2 的热膨胀系数为 10.8×10^{-6}/℃，2000℃以上 UO_2 体膨胀大大增加。UO_2 在 2450℃以上显著蒸发，因此，UO_2 的高温热膨胀数据只是定性的。UO_2 发生熔化时，体积会膨胀 7%～10%。其中热膨胀经验公式如式(5-4)所示，式中 $\Delta L/L$ 为相对于 25℃的线膨胀率；T 为温度，单位为℃，温度适用范围为 25～2800℃。

$$\frac{\Delta L}{L}=1.732\times10^{-2}+6.797\times10^{-4}T+2.896\times10^{-7}T^2 \tag{5-4}$$

5.1.2 力学性能

UO_2 在常温下是脆性陶瓷体，断裂强度约为 110MPa，一定温度下 UO_2 在脆性范围内的断裂强度与其晶粒度、密度有关。在韧脆转变温度(1400℃)以上，随着温度升高，强度急剧降低，同时具有一定塑性。晶粒尺度在 0～20μm 的 UO_2 的压缩强度在 420～980MPa 之间。UO_2 的弹性模量在室温下为 210～230GPa。另外，UO_2 的弹性模量还与温度和气孔率有关。随着温度的升高，UO_2 的弹性模量下降。随着气孔率的增加，弹性模量也会下降。UO_2 的高温蠕变与晶粒尺寸、温度、裂变率等因素相关。

5.1.3 化学性质

UO_2 在室温下可与盐酸、硫酸、硝酸缓慢反应，溶于硝酸中形成亮黄色的 $UO_2(NO_3)_2$ 溶液。它不溶于水和碱，但溶于含过氧化氢的碱或碳酸盐溶液，生成重铀酸盐。UO_2 在室温下较稳定，但颗粒尺寸小于 0.5μm 时可以自燃。加热至 200℃以上 500℃以下时会被氧化为 UO_3，500℃以上 UO_2 被氧化成 U_3O_8。UO_3 和 U_3O_8 也可以通过 H_2 还原成 UO_2。UO_2 的化学相容性好，在 500℃以下基本不与其他元素发生反应，如表 5-1 所示。

表 5-1 UO_2 与其他材料的化学相容性

材　料	熔点/℃	与 UO_2 的化学相容性
不锈钢	1420	在 1500℃以下相容；在 1600℃，90min，某些接触面会有轻微反应
Zr-2 合金	1758	温度在 600～1300℃时，UO_2 和 Zr-2 合金反应生成饱和氧的 Zr-2 合金、锆和铀。含有 UO_2 的 Zr-2 合金包壳燃料棒在反应堆内辐照 34000h，内壁的氧化膜略微变厚
锆	1855	在 400～650℃，反应极为缓慢，700℃不相容
铝	659.7	UO_2 和 Al 会在 500℃发生反应，生成 UAl_4 和 UAl_3，当 UO_2 的颗粒大于 40μm 时，在此温度下，UO_2 和 Al 的反应缓慢
铌	2468	UO_2 和 Nb 在 1000℃反应，生成氧化物固溶体
镍	1455	在 1400℃缓慢侵蚀
钼	2620	在 2600℃以下相容
钨	3380	在 2760℃以下相容
钽	2980	在 2760℃以下相容
铍	1315	块状 UO_2 与 Be 在 600℃下相容
铜	1083	直至熔点，短时都相容
铂	1772	
金	1063	
氢	−259	UO_2 和氢直至熔点不反应

铀氧相图如图 5-3 所示，相图中至少存在四个热力学稳定的氧化物相，分别是 UO_2(O/U=2)、U_4O_9(O/U=2.25)、U_3O_8(O/U=2.67)和 UO_3(O/U=3)。当 O/U<2 时，1125℃以下是 UO_2 和固体金属铀的混合物，在 1125℃以上则为 UO_2 和液态金属铀的混合

物。在 O/U>2 的情况下，300℃以上氧原子开始渗入 UO_2 晶格形成 UO_{2+x} 的固溶体，当温度继续升高至 1123℃，UO_{2+x} 与 U_3O_8 之间呈平衡态。

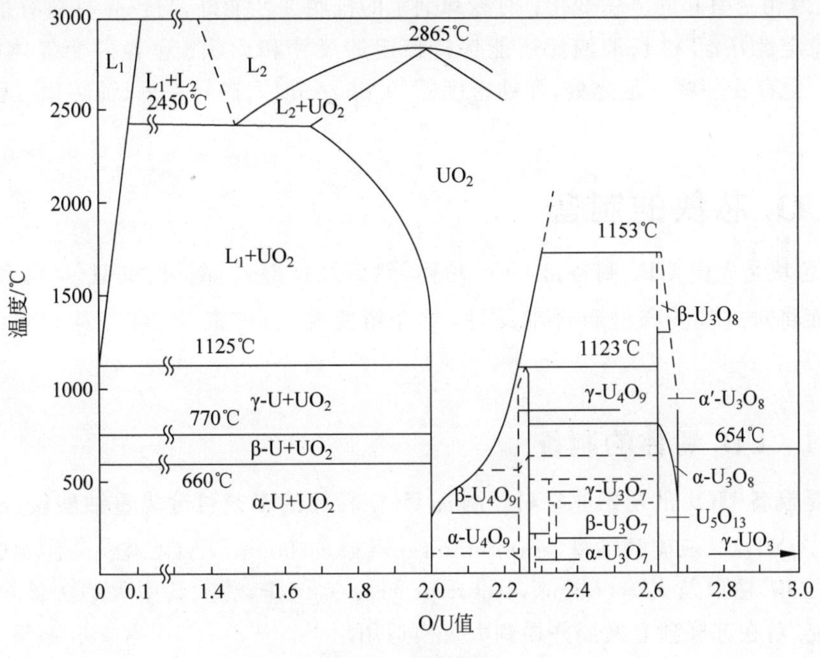

图 5-3　铀氧相图

在铀氧化合物中，铀由于不同的原子价而存在多种晶体结构的化合物。表 5-2 总结了各种铀氧化物的晶体结构、点阵常数和密度。

表 5-2　铀氧化物的晶体结构、点阵常数和密度

铀氧化物	O/U	晶体结构	点阵常数						密度/(g·cm^{-3})
			a/Å	b/Å	c/Å	α/(°)	β/(°)	γ/(°)	
UO_2	2.0	面心立方	5.47						10.96
U_4O_9	2.25	立方	21.76						11.29
α-U_3O_7	2.26	四方	5.46		5.40				11.41
β-U_3O_7	2.26	四方	5.38		5.55				11.39
γ-U_3O_7	2.26	四方	5.41		5.49				11.36
U_5O_{13}	2.615	正交	6.74	31.70	8.27				8.38
α-U_3O_8	2.667	正交	6.72	11.96	4.15				8.43
α'-U_3O_8	2.667	正交	4.14	11.82	6.82				—
β-U_3O_8	2.667	正交	7.07	11.45	8.30				8.38
γ-U_3O_8	2.667	六方	8.78		9.18				9.15
δ-U_3O_8	2.667	正交	6.70	12.46	8.53				7.86
α-UO_3	3.0	正交	6.84	43.45	4.16				7.44
β-UO_3	3.0	单斜	10.34	14.93	3.91		99.03		8.25
γ-UO_3	3.0	正交	9.81	19.93	9.71				8.02
δ-UO_3	3.0	立方	4.15						6.67
ε-UO_3	3.0	三斜	4.00	3.84	4.17	98.1	90.20	120.17	8.73
ζ-UO_3	3.0	正交	7.51	5.47	5.22				8.86

作为反应堆用燃料，UO_2 的优良特性主要表现在如下方面：热中子俘获截面较低（<0.0002b）；高温稳定性好，扩大了反应堆的工作温度范围；在熔点内只有一种结晶形态，不存在因相变引起的体积变化；对冷却剂水的抗腐蚀性能好，与包壳材料有很好的相容性；辐照稳定性好，经过长期辐照还能保持稳定的尺寸和形状；包容裂变气体的能力强。当然，UO_2 也存在一些不足之处，如铀密度低（$9.66g/cm^3$）、热导率低、铀转化过程复杂等。

5.2 UO_2 芯块的制备

UO_2 芯块是先由 UF_6 制备出 UO_2 粉体，然后经过混料、制粒、成型、烧结和磨削后得到的。下面将对这些步骤进行详细阐述，并介绍完美 UO_2 芯块、可燃毒物 UO_2 芯块等概念。

5.2.1 UO_2 粉体的制备

UF_6 是制备 UO_2 的初始原材料。制备 UO_2 粉体的工艺可分为重铀酸铵（ammonium diuranate，ADU）法、三碳酸铀酰（ammonium urangl carbonate，AUC）法、一体化（integrated dry route，IDR）法以及火焰（flame reactor processes，FRP）法。其中火焰法最早由美国通用公司研究，后在苏联独立发展并得到大规模运用。

1. ADU 法

ADU 法是我国最常用的燃料制造工艺。首先将 UF_6 水解再与氨水反应生成中间产物重铀酸铵（ADU）。经过水洗、干燥后的重铀酸铵在氢气中煅烧，先生成 U_3O_8，然后进一步被还原为 UO_2。具体过程为首先将加热到 70℃的 UF_6 气体导入到水解槽中，与定量的去离子水生成 UO_2F_2 水解液。水解液再进一步与稀氨水反应生成 ADU 浆料。经过老化后的 ADU 浆料通过过滤、洗涤、干燥后成为 ADU 粉料。再将粉料送入还原炉中还原得到 UO_2 粉末，最后经过稳定化处理和筛分，进入下一道工序，反应如式(5-5)～式(5-8)所示。ADU 法步骤繁琐，有大量的中间步骤，而且还需要处理中间步骤产生的大量放射性废液。

$$UF_6 + 2H_2O \longrightarrow UO_2F_2 + 4HF \tag{5-5}$$

$$2UO_2F_2 + 6NH_4OH \longrightarrow (NH_4)_2U_2O_7 + 4NH_4F + 3H_2O \tag{5-6}$$

$$3(NH_4)_2U_2O_7 \longrightarrow 2U_3O_8 + 6NH_3 + 3H_2O + O_2 \tag{5-7}$$

$$U_3O_8 + 2H_2 \longrightarrow 3UO_2 + 2H_2O \tag{5-8}$$

ADU 法中最重要的两个工序是 ADU 浆料的沉淀和 ADU 粉体的还原。ADU 的沉淀过程需要在 30℃，pH 值为 8～9 之间进行。在沉淀过程中氨水不断被反应，反应槽中的 pH 值在不断变化。因此对反应过程中 pH 值控制非常严格，过量的氨水会生成难以过滤的胶状 ADU。在缺乏精密仪器控制下进行 ADU 沉淀，往往会因为沉淀温度、反应物和产物的浓度、pH 值以及沉淀速度的微小变化产生不同形态的 ADU 浆体。ADU 颗粒的形状与大小基本决定了 UO_2 颗粒形状与大小，ADU 颗粒中的原始形态缺陷也决定了 UO_2 粉末的压制性和烧结性。ADU 浆料由 $UO_3 \cdot 2H_2O$、$NH_3 \cdot 2UO_3 \cdot 5H_2O$、$NH_3 \cdot 2UO_3 \cdot 3H_2O$、$2NH_3 \cdot 3UO_3 \cdot 4H_2O$ 等混合物组合而成，必要时需要采取溶剂萃取的方法提纯，这势必会使本来繁复的工艺更加复杂。针对ADU法的难点，研究者们也对ADU法进行了改进，如在UF_6的水解过程中加入$Al(NO_3)_3$，用萃取法脱氟，使UO_2F_2转换为$UO_2(NO_3)_2$，然后用氨水沉淀，经过洗涤、干燥和烧结后获得高纯度的UO_2粉体。

2. AUC法

AUC法最初是由德国的NUKEM公司在20世纪60年代提出的。AUC的沉淀反应被称为"三气沉淀"，它是由UF_6、CO_2和NH_3共同反应生成三碳酸铀酰（AUC）。因此AUC在氢气中热解成UO_3，然后被还原成UO_2，反应过程如式(5-9)～式(5-11)所示。具体过程是：UF_6气体在沉淀槽中与NH_3、CO_2共同反应并在水中析出AUC沉淀。AUC沉淀经过过滤、洗涤和干燥形成AUC粉料。AUC粉料在沸腾床中被热解还原成UO_2粉末。AUC法中AUC以黄色单晶的形式沉淀，晶粒大小取决于沉淀条件。AUC法制备的UO_2粉末颗粒呈球形，流动性好，含氟量低，烧结活性高，不需要制粒，可直接压制成UO_2芯块。但AUC法是一种湿法工艺，会产生大量的放射性废水和废渣，不利于环境保护。

$$UF_6 + 5H_2O + 10NH_3 + 3CO_2 \longrightarrow (NH_4)_4UO_2(CO_3)_3 + 6NH_4F \tag{5-9}$$

$$(NH_4)_4UO_2(CO_3)_3 \longrightarrow 4NH_3 + UO_3 + 3CO_2 + 2H_2O \tag{5-10}$$

$$UO_3 + H_2 \longrightarrow UO_2 + H_2O \tag{5-11}$$

3. IDR法

IDR法最初由英国在20世纪60年代提出，在英国的Spring-fields工厂实现工业化生产。IDR法是采用转炉直接将UF_6还原成UO_2粉末，被称为直接还原法。其流程相对简单，整个工艺可分为UF_6汽化、转炉转化、粉末合成和HF回收等四个部分。IDR法转换过程分为两步进行：第一步，UF_6气体与水蒸气反应，生成固体氟化铀酰和氟化氢气体；第二步，氟化铀酰被氢气还原。具体方程式如式(5-12)及式(5-13)所示：

$$UF_6 + 2H_2O \longrightarrow UO_2F_2 + 4HF \tag{5-12}$$

$$UO_2F_2 + H_2 \longrightarrow UO_2 + 2HF \tag{5-13}$$

IDR法生产能力大，流程短，且产生的废液量小，HF还可以回收利用，对环境的污染小。采用IDR法制备UO_2粉末的生产效率远高于ADU法。这一方面是因为ADU法的工艺流程太长，另一方面是因为HNO_3溶解UO_2粉末产生的废水废液需要处理。另外，IDR也能大大降低操作人员的劳动强度和危险性，提高核燃料的经济性。采用ADU法生产3t左右的UO_2粉末，将会产生75t左右的废水，3.9t左右的CaF_2渣，0.3～0.45t含铀碱渣。而且ADU法会大量使用氨水，氨水易挥发，进入空气中会损害人体。相对而言，采用IDR法产生的废液废渣很少，尾气喷淋液可以重复利用。

IDR法制备的UO_2粉末具有低的体积密度和细小的颗粒尺寸。因此，通常需要在压制前造粒和造孔，适当添加有机造孔剂。IDR法制备的UO_2粉末烧结性能好，可以达到99%TD(即理论密度的99%)，杂质含量低，性能稳定。

4. 火焰法

火焰法或称FRP法是美国最早研究的工艺，具体过程是将UF_6置于氢氧火焰中直接生成UO_2。但由于所制备的UO_2粉末含氟量很高，还原不完全，不能直接制备UO_2芯块，加之火焰炉的结构问题未完全解决，于是美国就放弃了这一工艺。

苏联独立研究了火焰法工艺，克服了上述种种难点，于 1962 年用于生产。与 IDR 法相比，火焰法是一种两步法生产工艺，第一步是将气态的 UF_6 经火焰反应器生成一个富集 UO_2 的混合物，第二步则是经过二级转炉，将富集 UO_2 的混合物脱氟、干燥、还原成合格的 UO_2 粉末。火焰法生产连续稳定，技术成熟，而且基本不产生废料，脱氟过程中的氟以 HF 的形式回收利用。利用火焰法制备的 UO_2 粉末烧结性能好，压制性能优异，可以在较低的压力下压制成型。

5.2.2 成型

1. 混料

在混料过程中为了满足某些要求，通常需要在基体 UO_2 粉末中加入一些添加剂。如为控制成品 UO_2 芯块密度和微观结构，需要在基体 UO_2 粉末中添加密度调节剂或造孔剂(如 U_3O_8 和草酸铵)；为改善粉末压制性能需要添加润滑剂(如硬脂酸锌)；为获得较大芯块晶粒尺寸需要添加晶粒长大剂(如硅酸铝)。需要注意的是，添加剂粉末必须均匀地分布在基体粉末中，UO_2 粉末混合采用机械混合法，以机械方式实现均匀的混合。

2. 制粒

UO_2 陶瓷粉末由于颗粒很细，流动性差，无法满足自动成型的需要。因此，在成型前要对粉末进行制粒处理，提高 UO_2 流动性。AUC 法制备的 UO_2 粉末接近于球形，平均晶粒尺寸 $10\mu m$ 左右，流动性好，在旋转压机上可以自动成型，而其他工艺制备的 UO_2 粉末一般需要制粒。制粒按操作可以分为湿法制粒和干法制粒两种。湿法制粒即在 UO_2 粉末中加入一些黏结剂使粉末粒化。美国在早期研究中，在 UO_2 粉末中加入质量分数为 1%的聚乙烯醇(PVA)水溶液，经过混合、干燥和过筛后就可以得到具有一定粒度的 UO_2 颗粒。我国则是在 UO_2 粉末中加入质量分数为 10%的去离子水，以使 UO_2 粉末润湿，然后经过轧片、烘干、制粒、过筛就可以得到用于自动成型的粉末颗粒。干法制粒最常用的流程是将 UO_2 粉末与 U_3O_8 和造孔剂混合后用液压机压成一定厚度的小块，然后经过破碎、过筛和球化，球化过程中可添加适量的硬脂酸锌作为润滑剂来得到一定粒度的 UO_2 颗粒，该法已经被广泛用于核燃料加工厂。

3. 压制

成型过程是通过压制将 UO_2 粉末制成生坯。在压制过程中 UO_2 颗粒之间的“拱桥”首先被破坏，颗粒被压进空隙中。其次，在达到 UO_2 断裂应力之后，UO_2 颗粒会发生破碎变成更小的 UO_2 颗粒。最后，这些更小的 UO_2 颗粒经过滑动或者转动，被重新分配进粉末的空隙中，生坯密度进一步提高。实际操作中为了获得性能优异且几何尺寸规范的 UO_2 芯块，对 UO_2 的成型过程有两个基本要求：一是等压压制，以获得密度均匀的生坯；二是高压压制，使生坯密度尽可能高。因此，压制过程需要解决好压机和模具的问题。

适应等压压制和高压压制的压机可分为两类。一类是多冲头的液压机，一次成型 7～14 个 UO_2 生坯，为了使每个坯块密度均匀，在每个冲头上需要有液压补偿；另一类是旋转式压机，这种压机速度快，产量大。旋转式压机分两种：一种是机械式旋转压机，带有气压补偿系统，如图 5-4 所示；另一种是液压式旋转压机，成型压力略小。

(a)

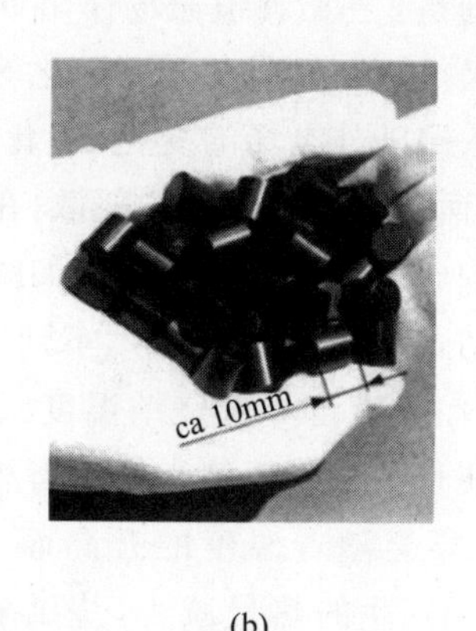

(b)

图 5-4 比利时 Courtoy 公司生产的机械式旋转压机及制品

(a) 旋转压机；(b) 压制后的 UO_2 生坯

对于模具，考虑到 UO_2 粉末本身就是一种高硬度材料，为了提高模具的工作寿命，成型模具(如阴模和冲头)的工作部分一般采用硬质合金材料，另外，为了减少成型生坯产生横向裂纹的可能性，需要阴模具有合适的脱模锥度。因此，机械加工制作阴模和冲头时有严格的尺寸公差和表面粗糙度要求。

5.2.3 烧结

UO_2 的烧结按加热方式不同可以分为常规烧结、场辅助烧结以及微氧化烧结等。

1. 常规烧结

UO_2 生坯的烧结在高温卧式推舟烧结炉中进行，经 1700℃以上的还原性气氛(一般为 H_2)烧结 7h，可获得 95%TD 以上的 UO_2 芯块，晶粒尺寸在 16～22μm 之间。在加热过程中，升温速率控制在 10℃/min 以内，生坯在预热区 600℃保温 0.5h，然后在还原烧结区升温至 1700℃，并保温 6h 以上，烧结完成后在 H_2 或者 N_2 等气氛下随炉冷却，具体过程如图 5-5 所示。这种方法工艺成熟，但耗能、耗时，烧结温度很高。随着对核燃料质量和经济性要求的提高，不断开发出新的烧结技术，如场辅助烧结以及微氧化烧结。这些新型的烧结技术不仅能降低能耗，还能缩短烧结时间，同时 UO_2 芯块的性能也得到改善。

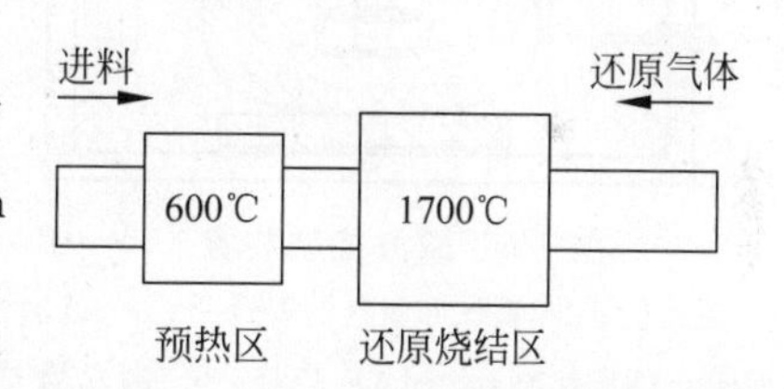

图 5-5 利用高温卧式推舟烧结炉烧结 UO_2 芯块过程示意图

2. 场辅助烧结

场辅助烧结是一种利用外加的电场、磁场或者它们的组合来进行辅助烧结的新型烧结技术，被广泛应用于陶瓷材料的制备和合成。其中微波烧结、高频感应加热烧结、放电等离子烧结和闪烧是目前场辅助烧结研究的主要领域。

1) 微波烧结

微波烧结是利用电磁场中陶瓷材料的介质损耗使材料整体加热从而实现烧结和致密

化。它的具体机理是：在微波电磁场作用下，陶瓷材料会产生一系列的介质极化，如电子极化、原子极化、偶极子转向极化和界面极化等。由于微波电磁场的频率很高，使材料内部的介质极化过程无法跟随外电场的变化，极化强度矢量 $\boldsymbol{P}$ 总是滞后于电场 $\boldsymbol{E}$，导致产生与电场同向的电流，从而构成材料内部的耗散，在微波波段，主要是偶极子转向极化和界面极化产生的吸收电流构成材料的介质耗散。如图 5-6 所示，将 UO_2 生坯放在绝热材料包裹的铝盒中进行微波烧结，在微波功率 1kW，不到 1h 的时间制备出了 95.5%TD 的 UO_2 芯块。

微波烧结 UO_2 具有可降低烧结温度、缩短烧结时间、降低成本、有利于环保以及可实现选择性烧结和获得纳米结构等优势。当然微波烧结 UO_2 也存在着难点。UO_2 具有半导体的性质，电子电导会随着温度的升高而升高，即电阻会随着温度升高而降低。这会使 UO_2 在微波烧结中产生的热量减少，烧结效果变差，且微波腔体内部的电磁场不稳定，对 UO_2 烧结的均匀性会产生影响。因此，微波炉的腔体需要优化，以避免烧结的不均匀性。

2）高频感应加热烧结

高频感应加热烧结是利用导体在高频磁场的变化下产生的感应电流引起导体内部磁场的磁滞损耗来导致导体自身发热。利用高频感应加热烧结，在还原气氛下采用 60kHz 的高频电流将 UO_2 烧结至 1700℃，可制备出 96%TD 的 UO_2 芯块。具体装置如图 5-7 所示。与传统的常规烧结相比，感应加热烧结装置结构更简单，且成本较低。

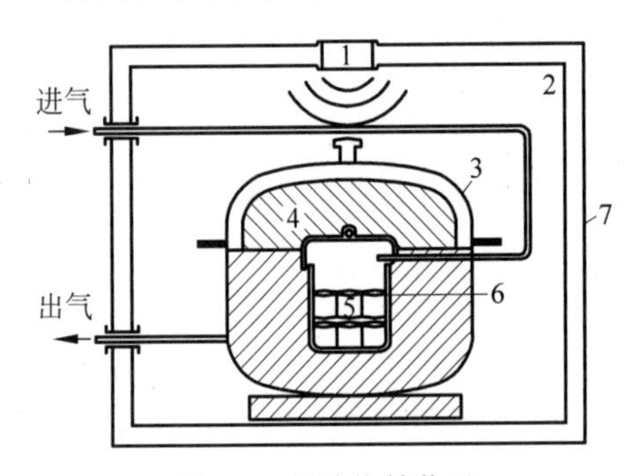

图 5-6 微波烧结装置

1—磁控管；2—氩气和氢气的混合物；3—玻璃室；4—陶瓷坩埚；5—UO_2 生坯；6—陶瓷毯；7—研究级的微波炉

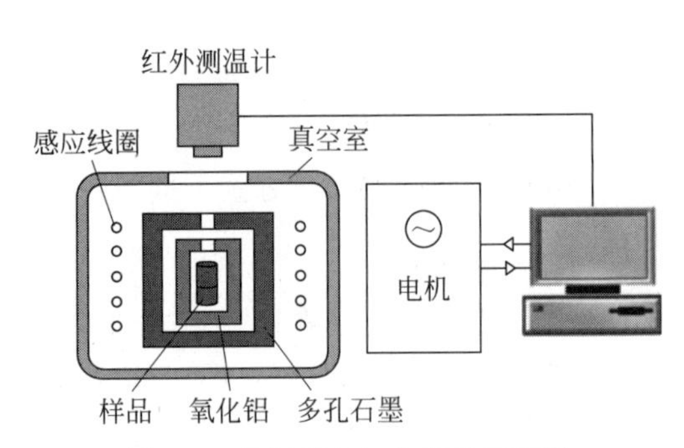

图 5-7 高频感应加热烧结装置图

3）放电等离子烧结

放电等离子烧结(spark plasma sintering，SPS)又称电火花烧结，是将机械压力和脉冲大电流同时施加于烧结粉末，从而在颗粒之间形成等离子体，使体系中各个颗粒均匀地产生焦耳热，并使颗粒表面活化，从而快速实现材料的低温烧结。其特点是烧结时间短，颗粒生长受到明显抑制。SPS 烧结炉主要由脉冲电流发生器、炉体、气氛控制系统和温度测量系统等组成，具体装置如图 5-8 所示。

利用 SPS 将 UO_2 粉末在 1050℃下保温 0.5min 可制备出 96%TD 的 UO_2 芯块。电场对 SPS 烧结 UO_2 有一定的影响。芯块与正极接触部分呈现更高的氧化态，且 UO_2 晶粒较大，这种现象归因于电场下缺陷的再分布，这种再分布会对局部阳离子的扩散速率和 UO_{2+x} 的化学计量比产生影响。虽然 SPS 是一种快速烧结技术，但 SPS 烧结炉成本高，难以实现批量化。而且关于 SPS 的烧结机理还存在着争议，烧结过程和烧结本质还需更深入的研究。

4）闪烧

闪烧是一种新的场辅助烧结技术，指的是在一定温度和临界电场下实现生坯的低温极速致密化，这个过程一般为几秒钟。2017 年，美国洛斯阿拉莫斯国家实验室（Los Alamos National Laboratory，LANL）开始尝试用闪烧来制备核燃料。LANL 将热膨胀仪进行改造，如图 5-9 所示，用于核材料的闪烧工艺。研究发现 UO_2 生坯可以在 26～600℃温度进行闪烧，极大地降低了 UO_2 的烧结温度。根据理论计算，他们将这一现象归因于焦耳热热失控效应。化学计量比对闪烧也有影响，超化学计量比的 UO_2 比标准化学计量比的 UO_2 更容易发生闪烧。目前闪烧烧结 UO_2 的研究还处于起步阶段，后续关于闪烧工艺和闪烧机理还有很大的研究空间。

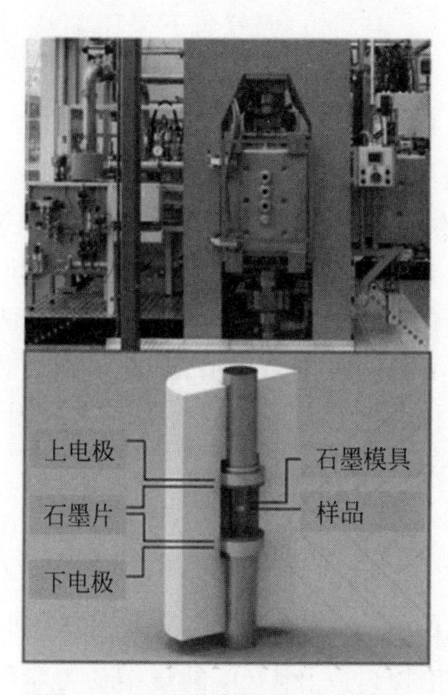

图 5-8　SPS 烧结炉的基本结构

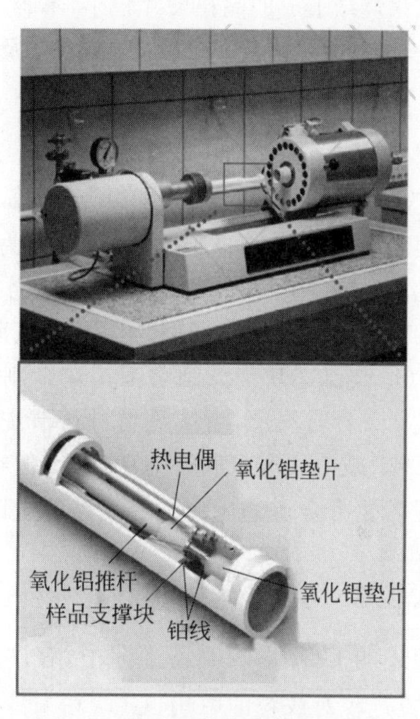

图 5-9　改造的热膨胀仪用于闪烧

3. 微氧化烧结

微氧化烧结于 20 世纪 60 年代流行，它能明显降低 UO_2 的烧结温度。微氧化烧结工艺主要分为两阶段烧结与三阶段烧结。一般使用的材料为氧铀比为 2.25 的 ADU 粉末，氧铀比的调节靠掺入 U_3O_8 来实现。微氧化烧结本质上是活化烧结，UO_2 烧结是扩散控制过程，由于氧的扩散系数比铀高出几个数量级，故铀原子扩散速率是烧结的控制因素。在超化学剂量比的 UO_{2+x} 中，铀原子的扩散激活能随过剩氧量的增加呈指数下降，通过在 UO_2 粉末中增加超化学剂量氧，降低铀原子的扩散激活能，实现低温烧结。所以，微氧化烧结的特点是在微氧化气氛中烧制含有超化学剂量比的 UO_2 芯块。

两阶段烧结是将烧结过程分为微氧化阶段和还原（H_2）阶段。三阶段烧结是将烧结过程分为还原(H_2)、微氧化、还原(H_2)三个阶段。微氧化气氛有多种选择,常见的有 CO_2/CO、CO_2、H_2O 等,气氛中的氧分压应当与坯块中的氧铀比相对应。在各种微氧化气氛下,普遍获得了烧结密度93%TD以上的 UO_2 芯块,甚至可达到98%TD,但 UO_2 晶粒尺寸较小,为4~10μm。下面以 CO_2/H_2 气氛下的二步烧结为例,介绍其工艺过程。烧结开始时,先通入 N_2 作为保护性气氛,并控制升温速率在10℃/min以内,300℃时开始通入 CO_2,600℃时保温0.5h,等待生坯内气体充分挥发,继续升温到1100~1200℃保温3~4h,切断 CO_2,保温0.5h后通入 H_2 进行还原,1h后在 H_2 气氛下随炉冷却直到室温。

法国的法马通公司在微氧化烧结工艺研究方面取得了一定的成果,得出了微氧化烧结工艺的动力学曲线,并与常规烧结工艺曲线进行了对比。在 CO_2 微氧化气氛下烧结得到 $UO_{2.2}$ 的烧结温度只有1100℃,远低于常规烧结的1700℃,能显著地降低烧结温度。由此,可以看出微氧化烧结有以下优点:能耗低,烧结温度低,设备结构简单、容易操纵。但也存在一些缺点,如微氧化烧结形成的晶粒尺寸较小,不容易形成大晶粒芯块、不容易去除黏结剂等有机物,对氟含量较多的 UO_2 粉末去氟不彻底,以及芯块中O/U不易调整至规定的化学计量比。

5.2.4 磨削

UO_2 芯块入堆时,为了避免 UO_2 芯块与反应堆包壳的机械相互作用而有严格的尺寸公差要求。常规烧结的 UO_2 生坯会因为烧结致密化而发生收缩,体积收缩接近50%,线性收缩达17%~20%。这样不可避免地会导致烧结块发生某种程度的形变。需要对 UO_2 烧结芯块进行磨削,使之达到尺寸公差,从而保证 UO_2 烧结芯块与包壳之间有合适的间隙。

UO_2 烧结芯块的外圆磨削是在金刚石作为磨轮的无心磨床上进行的。一般有两种磨削方式:一种是湿磨,后续需要进行清洗和烘干操作;另一种则是干磨,干磨得到的芯块不需要干燥,减小了废水和磨渣的产生,但在干磨过程中会产生大量的放射性粉末。因此,干磨过程需要有合适的风冷和放射性粉尘回收系统。

5.2.5 完美燃料芯块

上述的 UO_2 芯块制备工艺中,有许多值得优化的地方,比如,制粒粉末在球化时的行为、制粒过程对成粒的影响、UO_2 粉末冷压成型的理论探讨以及 UO_2 的烧结动力学等。研究者们在这些工艺和理论上不断优化,以期望获得完美燃料芯块。所谓的完美燃料芯块一般满足如下要求:①开口孔率最少,以减少水和气体的吸附,避免锆合金包壳管的氢脆;②尽量不使芯块发生堆内辐照密实,以避免包壳倒塌和出现局部中子通量峰的情况;③有足够的孔隙空间容纳基体肿胀,减小包壳变形,尽量减少裂变气体释放,防止包壳内部超压。具体质量要求总结在表5-3中。

表5-3 完美燃料芯块的指标

指　标	要求值	指　标	要求值
密度	(95±1.5)%TD	晶粒度	5~20μm
开口孔	<1%	总氢量	<2μg/gU
O/U比	2.000~2.015		

5.2.6 可燃毒物 UO_2 芯块制备

可燃毒物是布置在堆芯内，主要用来吸纳反应堆较大的初始后备反应性、加深燃耗和展平中子注量率分布的固体中子毒物。随着反应堆运行，可燃毒物因吸收中子逐渐减少，被其吸纳的后备反应性又逐渐释放出来。可选的材料一般为 B、Gd 和 Er 的化合物。例如含 Gd 的芯块（UO_2-Gd_2O_3），通常由 Gd_2O_3 与 UO_2 粉末混料烧结而成。这是因为 Gd 具有中子吸收截面较大、氧化物与 UO_2 有宽的固溶度等优点，被广泛用于核反应堆中。另一种常用的可燃毒物芯块是涂有 ZrB_2 的芯块，这种芯块不存在残余抑制效应，可以完全烧尽。通常利用磁控溅射技术将 ZrB_2 涂在 UO_2 芯块表面。

5.3 UO_2 燃料棒的制造

5.3.1 燃料棒的基本结构

UO_2 燃料棒主要由 UO_2 芯块和包壳材料组成。燃料棒是裂变产物的屏障，承受冷却剂的外部压力和裂变气体释放引起的内部压力。燃料棒主要由包壳管及其内部轴向堆叠圆柱形燃料芯块组成，包壳管的两端用塞子焊接封闭。在大多数情况下，棒的顶部为气室，形成一个可容纳裂变气体的空间。氦气在大气压或给定压力下充满空间。位于气室中的压紧弹簧在装运和搬运过程中保持燃料芯块位于适当的位置。在某些燃料棒设计中，在燃料棒的两端插入隔热块如 Al_2O_3 以隔离金属部件端部和压紧弹簧。

以压水堆的燃料棒结构为例，如图 5-10 所示。压水堆燃料棒由燃料芯块、锆合金包壳、端塞、Al_2O_3 隔热块、压紧弹簧及氦气腔组成。隔热块的作用是防止燃料棒的轴向传热。空腔的作用是给裂变气体释放预留空间，预充入压力为 2MPa 的氦气是为了防止辐照初期燃料棒被压塌，同时增加间隙传热。压紧弹簧的作用则是防止芯块在运输过程中的上下窜动。

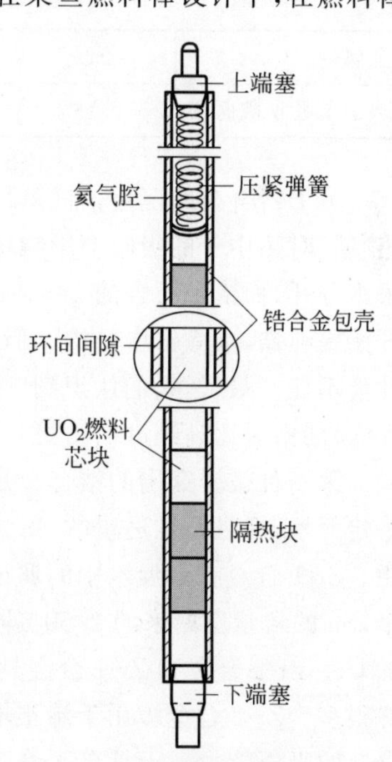

图 5-10 压水堆燃料棒的基本结构

压水堆 UO_2 芯块的直径一般为 7.5～8.5mm，高径比约为 1.5。由于在堆内会发生径向和轴向的变形，UO_2 芯块两端需要倒角和做成蝶形，如图 5-11 所示。有限元模拟表明，在内热源的情况下，芯块中心温度达到 2000℃，圆柱体芯块表面温度为 578.56℃，芯块表面与中心的温度差为 1421℃。而带浅碟形和倒角的芯块表面温度分别为 1078.26℃、1075.58℃，与表面温差降至 925℃。这说明倒角和蝶形的芯块加强了导热，降低了热应力对 UO_2 芯块的影响。

图 5-11 带有倒角和蝶形的芯块

5.3.2 包壳材料

包壳材料将裂变材料与冷却剂和慢化剂分开，是堆内最重要的结构材料。为保证燃料元件在堆内成功运行，包壳材料应具备下列性能：热中子吸收截面小，感生放射性小，半衰期短；强度高，塑韧性好，抗腐蚀性强，对晶间腐蚀、应力腐蚀和吸氢腐蚀不敏感；热稳定性和抗辐照性能好；热导率高，热膨胀系数小，与燃料和冷却剂相容性好；易加工、便于焊接和成本低廉等。表 5-4 展示了几种金属的热中子吸收截面，其中锆合金具有低的热中子吸收截面，是核反应堆包壳的主流材料。

表 5-4 某些金属的热中子吸收截面

金属	Zr	Fe	Ni	Cu	Al	Mg
热中子吸收截面/b	0.18	2.43	4.50	3.59	0.21	0.059

关于锆合金的诞生，有一段曲折的历史。最初，锆并不作为核工业的材料，因为研究表明"锆"对热中子的吸收会影响核反应堆的效率。后来，人们发现由于锆和铪在矿石中伴生，很难分开，而锆中所含的 2.5%(质量分数)铪会导致材料具有很大的热中子俘获截面，因此开始提纯锆，去除锆中的铪。但是，提纯后的锆仍含有少量的氮元素，使得它的高温耐腐蚀性能不佳。最后，人们认识到 99.99%的锆耐腐蚀性能不佳，而含有一些杂质(如锡、铁、铬和镍)的锆要比高纯度的锆更具有耐蚀性。因此，锆合金的研究正式拉开序幕。

第一种被研究出的锆合金是 Zr-1 合金，含有 2.50%(质量分数)Sn。Sn 是 Zr 的 α 相的稳定元素，而且添加适量的 Sn 能抵消氮元素的有害作用，但 Zr-1 合金的耐腐蚀性能并不理想。Zr-1 合金在高温水中的腐蚀速率会不断增加，导致很快被抛弃。之后又研究出 Zr-2 合金，Sn 的含量由原来的 2.50%降低为 1.50%，并添加了 0.10%的 Fe、0.05%的 Ni、0.10%的 Cr。Zr-2 合金和 Zr-1 合金具有相同的力学性能，但 Zr-2 合金的高温耐腐蚀能力比 Zr-1 好很多。Zr-2 合金被用于沸水堆的包壳材料，但在压水堆中，由于镍元素的存在，增加了锆合金的吸氢能力。于是在 Zr-3 合金中将 Ni 去掉，但此合金力学性能太差。而且，Zr-3 合金在两相区加工的时候会产生很多条纹状的 Fe-Cr 二元金属间化合物，耐腐蚀性能差，于是很快就被放弃。后来将 Zr-3 合金中的 Fe 含量增加，来补偿去掉的 Ni，即 Zr1.50%Sn0.20%Fe0.10%Cr，结果发现新的锆合金与 Zr-2 合金具有相同的耐腐蚀性能，但其吸氢率只有 Zr-2

合金的1/3～1/2，这个新的锆合金被命名为Zr-4合金，被广泛用于重水堆、压水堆和石墨水冷堆的包壳材料。

目前锆合金已经发展至第三代，第三代锆合金具有优良的性能，目前被广泛用作燃料棒包壳管、燃料组件的导向管。以美国西屋的ZIRLO合金，法国法马通的M5，俄罗斯的E635为代表。日本的NDA和MDA、韩国的HANA以及西门子公司的复合包壳等也属这代产品之列。我国自主研发的N18和N36新型锆合金，其堆外性能与第三代锆合金相当，辐照性能优异，N36已进入商业堆应用阶段。这些锆合金的具体配方和成分如表5-5所示。

表5-5　当前主要在研和在用核用锆合金包壳材料

名　　称	合金组分	开发国家	状　　况
Zr-2	Zr-1.5Sn-0.2Fe-0.1Cr-0.05Ni①	美国	应用
Zr-4	Zr-1.5Sn-0.2Fe-0.1Cr	美国	应用
Zr-2.5Nb	Zr-2.5Nb	加拿大	应用
Zr-1Nb(E110)	Zr-1Nb	苏联	应用
ZIRLO	Zr-1.0Sn-1.0Nb-0.1Fe	美国	应用
M5	Zr-1.0Nb-0.16O	法国	应用
E635	Zr-1.2Sn-1Nb-0.4Fe	俄罗斯	应用
NDA	Zr-1.0Sn-1Nb-0.4Fe	日本	在研
N18(NZ2)	Zr-1Sn-0.1Nb-0.28Fe-0.16Cr-0.01Ni	中国	在研
N36(NZ8)	Zr-1Sn-1Nb-0.3Fe	中国	应用
HANA3	Zr-1.5Nb-0.4Sn-0.1Fe-0.1Cu	韩国	在研
HANA4	Zr-1.5Nb-0.4Sn-0.2Fe-0.1Cr	韩国	在研
HANA6	Zr-1.1Nb-0.05Cu	韩国	在研
ELS0.8	Zr-0.8Sn-0.3Fe	德国	在研
MDA	Zr-0.8Sn-0.5Nb0.2Fe-0.1Cr	日本	在研

① Zr-1.5Sn-0.2Fe-0.1Cr-0.05Ni表示Zr合金中Sn、Fe、Cr、Ni的质量分数分别为1.5%、0.2%、0.1%和0.05%。

锆合金的冶炼首先是将锆英石($ZrSiO_4$)中的Hf去除，然后通过镁热还原反应，在1150℃制备出海绵饼状的金属锆。海绵锆合金的熔炼至少需要经过3次自耗真空电弧熔炼来去除杂质元素，形成铸锭。之后将锆铸锭在1050℃锻造或者热轧，管坯再经过热挤压、连续冷轧和α相再结晶退火制成管状。对于无缝管的生产，一般在600～700℃的温度范围内进行热挤压。对于压力管的生产，是在无缝管这一步骤之后进行单一的冷拉伸和最终的去应力热处理。对于包壳管，首先挤压生产直径50～80mm、厚度15～20mm的大型挤压管，然后在轧机上进一步通过冷轧减小其尺寸。在板材或管材的每个冷加工步骤之后，都必须进行退火处理以恢复延展性，通常在530～600℃范围内进行，以获得完全再结晶材料。管的内表面用流动酸洗处理，外表面则需要打磨抛光。

5.3.3　燃料棒的制造和检测工艺

燃料棒涉及众多组件，需要多重检查和组装，具体流程如图5-12所示。

其中燃料棒的装管操作，如果装入低富集度的UO_2芯块，是在装管台上直接用手推工具将芯块柱推入包壳管内。但如果装入含有钚元素的芯块，由于钚元素会放出很强的α粒

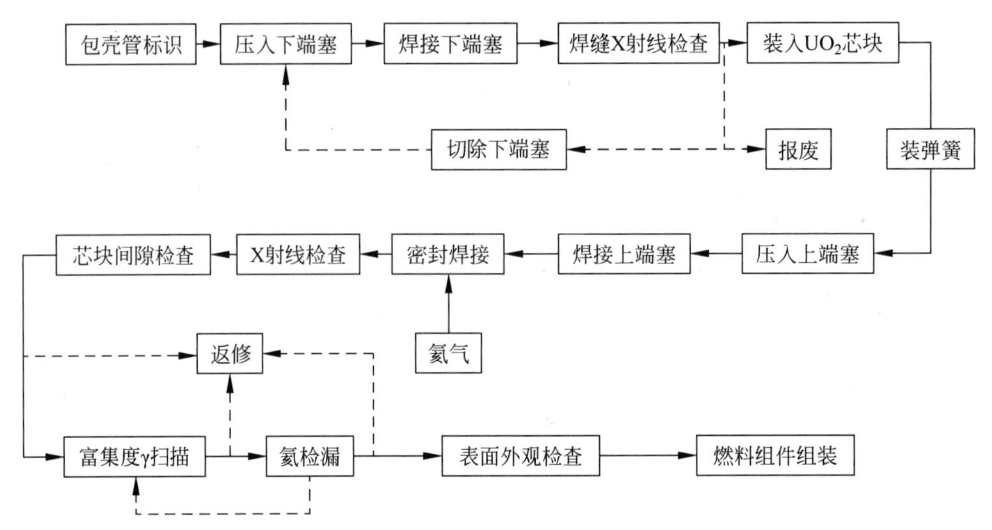

图 5-12 燃料棒的制造和检测流程

子,所有的操作都需要在手套箱中进行。为了防止燃料制造过程中钚吸入事故的发生,这些手套箱采用密闭结构,其内部连续保持负压。燃料棒的焊接采用电子束焊机,利用电子束对燃料棒进行精细的焊接工作。最后,已经制造好的燃料棒需要进行化学和物理分析,分析 UO_2 粉末和芯块的元素、总氢、总气体、总水分、铀总量、U 同位素富集度、Gd_2O_3 含量、芯块气孔分布、晶粒尺寸、粉末比表面积、粒度分布、粉末可烧结性、芯块稳定性、O/U 比、芯块承载能力、芯块密度和开口孔率等多个指标是否合格,若不合格,则将燃料棒重新返厂制造。

5.4 商业堆中的 UO_2 燃料组件

在水堆和快中子反应堆中,许多燃料棒形成一个燃料组件。而核反应堆类型很多,燃料组件种类繁杂。下面就我国水堆用典型燃料组件和三代核电的燃料组件的发展现状进行概述,并对压水堆燃料组件、沸水堆燃料组件和重水堆燃料组件进行介绍。

5.4.1 我国水堆燃料组件发展现状

1. 我国二代水堆核电站燃料组件类型

浙江秦山一期核电站 1991 年 12 月并网发电,采用我国自主研发的 15×15 燃料组件,设计燃耗为 25GW·d/tU,经过改进现已达到 33GW·d/tU。之后我国压水堆核电站使用的燃料组件主要是法国的 AFA 燃料组件和俄罗斯的 VVER 燃料组件。其中大亚湾、岭澳一期和秦山二期共 6 个机组采用 AFA-2G 燃料组件,之后堆芯采用逐步过渡的方案,采用 AFA-3G 型 17×17 方形排列燃料组件,提高了燃耗和换料周期。秦山二期扩建工程、岭澳二期机组和后续开工建设的福清、方家山、红沿河、宁德、阳江等均采用 AFA-3G 型燃料组件。田湾核电站采用 VVER 燃料组件,并从俄方引进了 VVER-1000 六边形核燃料组件制造技术。秦山三期核电站为加拿大 CANDU-6 型重水堆核电站,采用 CANDU-6 型燃料棒束,为实现后续换料的国产化,引进加拿大 ZPI 公司 CANDU-6 型燃料棒束制造技术。

2. 三代水堆核电站燃料组件

2007 年 7 月，国家核电和三门与海阳核电业主作为联合采购方，与美国西屋联合体及分包商分别签订了第三代核电自主化依托项目的核岛采购和技术转让合同，同时引进了 AP1000 燃料制造技术。同年 11 月，中国广东核电集团公司与法国阿海珐集团、法国电力集团分别签署协议，在引进法国 EPR 核电站时也引进了相应的燃料组件制造技术。

AP1000 系统将换料水箱放置于安全壳内部，在换料水箱里面设置应急换热器，通过管道连接主冷却剂系统(RCS)。事故工况下，构成备用二回路冷却系统，而换热水箱是开放式设计，可以作为应急状态下的最终热阱。这就是所谓的"非能动余热排出系统"(PRHR)，如图 5-13 所示。

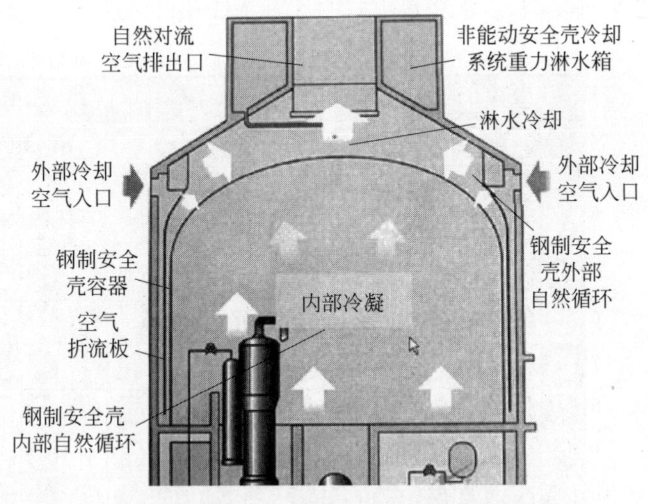

图 5-13 AP1000 非能动安全壳冷却示意图

AP1000 三代核电站的燃料组件的具体参数如表 5-6 所示。AP1000 燃料棒中采用了 3 种类型的燃料芯块，分别为常规的碟形加倒角的 UO_2 芯块、低富集度环形 UO_2 芯块和碟形加倒角表面涂覆 ZrB_2 的一体化燃料可燃吸收体(IFBA)。燃料棒还采用轴向再生区设计，即燃料棒顶部和底部的芯块采用低富集度铀或天然铀芯块。根据设计将不同类型的芯块布置在燃料棒的不同位置，增加了堆芯布置的灵活性，减少了中子的泄漏，提高了反应堆堆芯的中子经济性和燃料的利用率。AP1000 除了燃料棒上端的上腔室以外，还采用了下腔室设计。AP1000 燃料棒顶部和底部还采用环形芯块。这些设计增加了燃料棒的气腔体积，能容纳更多的裂变气体，满足高燃耗的需求。AP1000 燃料组件包壳管和结构材料采用 ZIRLO 合金。

表 5-6 AP1000 燃料组件的具体参数

部 件	参数(或类型)	部 件	参数(或类型)
包壳材料	ZIRLO 合金	上下端部格架	各 1 个，共 2 个
组件总长	4795.5mm	流量搅混格架	4 个
组件金属 U 装量	541kg	中间格架	8 个
燃料棒束数量	264 根	保护格架	1 个
导向管	24 根	上下管座	各 1 个，共 2 个
仪表管	1 根		

一体化燃料可燃吸收体是将 ZrB_2 涂在 UO_2 芯块表面，厚度小于 0.025mm，IFBA 的^{10}B 含量为 0.773mg/cm。IFBA 只用于燃料棒的中段，端部是不含 IFBA 的环形 UO_2 芯块。该设计的特点是 UO_2 可以完全耗尽，剩余的反应性几乎为 0。为了控制初始堆芯的反应性，还需要通水环状可燃毒物棒（WABA）。WABA 是一种分立的可燃毒物棒，可燃吸收体为环形的 Al_2O_3-B_4C。可燃毒物棒插入到燃料组件导向管中。AP1000 中，燃料组件共 157 组，按低泄漏方式装载。高富集度组件内进行富集度径向分区和轴向分区，联合使用分段设计的 IFBA 和 WABA 以降低峰值因子。初始堆芯中共有 6768 根不同类型的 IFBA 棒，有 528 根不同类型的 WABA 棒。按燃料的富集度、有无 IFBA 燃料棒和 IFBA 燃料棒的多少和燃料棒分段设计的情况，共采用 7 种燃料组件，包括 13 种不同的燃料棒，如图 5-14 所示。堆芯配置复杂，以求获得更好的堆芯特性和经济性。

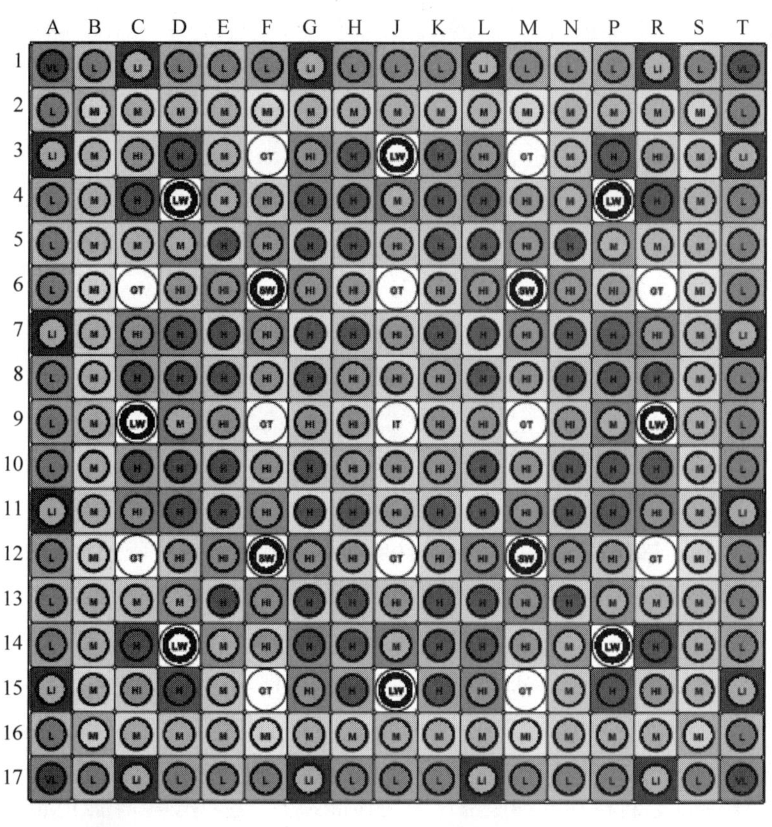

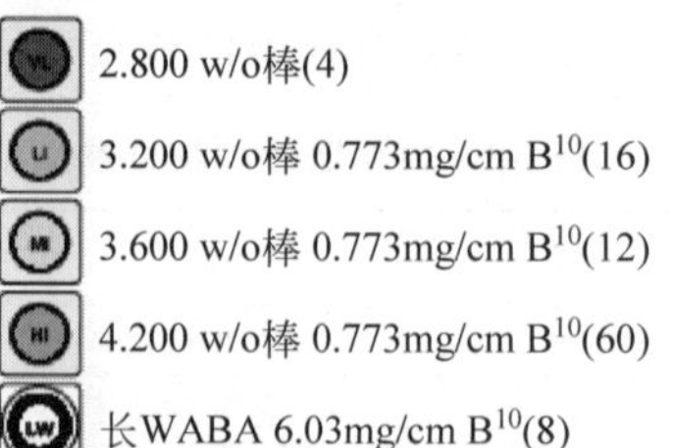

图 5-14 AP-1000 初始堆芯燃料组件的径向分区

燃料组件是核反应堆的重要组成部件，是一种非常复杂的工程产品，要通过详细的设计，严格的审评。作为专用产品的核燃料组件是专门为某一种特定的堆型，甚至有时是为某一个堆设计制造的。这大大加深了燃料组件制造在燃料循环产业中的复杂性，应该对此有充分的认识。

5.4.2 压水堆燃料组件

压水堆的燃料组件由燃料棒和燃料组件骨架组成。首先制作组件骨架，该骨架是仪器管与网格的组合。其次，将燃料棒和导管插入组件骨架中。最后，上端塞和下端塞通过螺钉安装在导管上。燃料组件骨架是支撑燃料棒束的结构部件，它承受冷却剂的冲刷和紧急停堆时控制棒下落产生的冲击力和内辐照下机械性能的变化，决定了燃料组件的刚性和组件外形尺寸。压水堆燃料组件骨架由控制棒导向管和与之固定的定位格架及上下管座组成。典型的燃料组件骨架由导向管、仪表管、端部结构格架、搅混翼格架、上下管座组成。导向管，一般是上大下小的锆管，为中子吸收棒、可燃毒物棒提供插入通道。定位格架是夹持燃料棒的弹性部件，与导向管间通过电焊连接，定位格架一般采用锆合金。上管座由不锈钢焊接而成，具体是用框板来定位，用围板来引导冷却水，用孔板来承受轴向载荷从而限制燃料棒移动，用压紧板弹簧抵消冷却水向上的冲击力。下管座由不锈钢做成，有 4 条正方形钢板和 4 条支撑柱。燃料组件骨架具体的连接方式是先把若干个定位格架固定在平台上，导向管按给定的数目插入定位格架的给定格子里，并进行机械连接或点焊，然后将燃料棒插入各定位格架的格子中，再将上下管座用铆接或点焊的方法与导向管连接固定，组装成 $N\times N$ 的燃料组件。如图 5-15 所示为秦山一期的燃料元件组件，其中有 20 根控制棒导向管，204 根燃料棒，一根中子通量测量管。外形尺寸为 199.3mm×199.3mm。

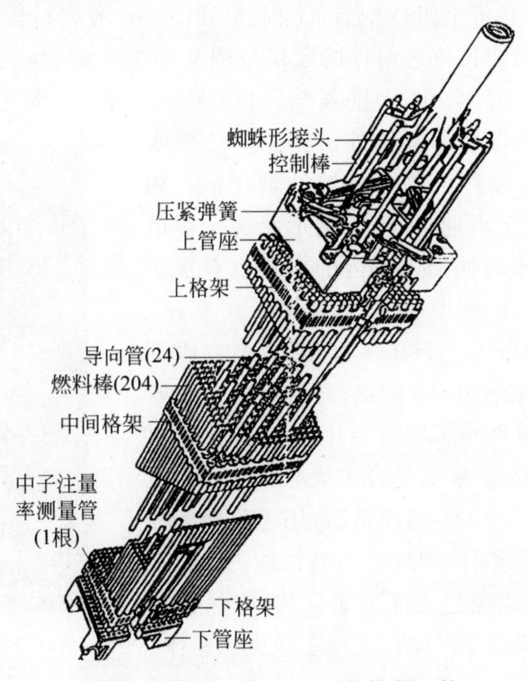

图 5-15 秦山一期 15×15 的燃料组件

以大亚湾和秦山为代表的核电站为了增加核燃料组件的燃耗，减少换料周期，提高核燃料的经济性，普遍采用了 M5AFA-3G 燃料组件，该燃料组件的最大燃耗可以达到 62GW・d/tU。它的具体参数如表 5-7 所示。

表 5-7 M5AFA-3G 燃料组件的具体参数

部　　件	参数(或类型)
包壳材料	M5 合金
组件总长	4060.20mm
组件金属 U 装量	460kg
燃料棒束数量	264 根
导向管	24 根
仪表管	1 根
上下端部格架	各 1 个，共 2 个
结构搅混格架	6 个
中间跨距格架	3 个
上下管座	各 1 个，共 2 个

5.4.3 沸水堆燃料组件

沸水堆燃料组件由燃料棒、水棒、栅极垫片、上连接板和下连接板组成。首先，将水棒、栅极垫片和下连接板进行组装。其次，将燃料棒插入栅极垫片中，并将拉杆与下连接板连接。最后，将上连接板安装并连接到拉杆上。沸水堆燃料组件的具体结构为正方形柱状体，由一个截面为正方形的元件盒包住燃料棒束，这主要是为了防止局部密度变化影响反应堆堆芯的中子和热工水力。每个组件中有 91 根、92 根或 96 根燃料棒，具体数量取决于制造商。在美国沸水堆中，反应堆堆芯组件的数量范围从 368 个到 800 个不等。每个沸水堆燃料棒内充入约 3 个大气压(300kPa)的氦气。每组燃料组件中，除了有不同 ^{235}U 富集度的 UO_2 燃料棒和一些可燃毒物燃料棒外，还有 1～2 根水棒，水棒没有燃料，充水以作为局部区域的慢化剂。四组燃料组件构成一个十字形通道，以容纳形状为十字形的控制棒组件，而控制棒组件插入堆内的方式也有别于压水堆，是自下而上插入十字形通道内，如图 5-16 所示。沸水堆中燃料组件的制造工艺与压水堆相似，但有以下几点不同：燃料芯块高径比小、密度高，芯块密度一般要求约 95%TD，碟形带倒角的芯块高径比为 1.1，比压水堆的芯块高径比小；包壳管采用复合包壳管，在 Zr-2 包壳内壁复合约占管壁厚度 1/10 的纯锆层，用来改善 Zr-2 合金的抗燃料芯块和包壳间的碘致应力腐蚀能力；燃料棒在高温高压釜内预生成黑色光泽的氧化膜，来保护燃料棒免受水汽腐蚀；采取大晶粒的 UO_2 芯块做燃料棒。

图 5-16 沸水堆燃料组件的结构形式

5.4.4　重水堆燃料组件

我国秦山3期核电站1号和2号机组采用的是CANDU重水堆燃料组件。CANDU堆燃料组件是由天然UO_2陶瓷芯块、Zr-4合金包壳管、端塞、隔离块、支承垫和端板等部件组成的棒束，即燃料棒束。每只CANDU-6型燃料棒束由37根单棒组成，UO_2芯块的直径为12.15mm，高为17.7mm，为将芯块装入壁厚0.4mm的Zr-4合金包壳管内，其两端由端塞密封焊接组成单棒，每根棒内装有30块芯块。密封前，棒内充以氦气和空气或氦气和惰性气体的混合气体，以便于探测泄漏及改进芯块与包壳之间的热传递。包壳管内表面为石墨涂层，涂层厚度不小于3μm，可降低包壳与芯块反应的可能性。燃料棒束的直径为103mm，长度为495mm，37根单棒按照固定位置环形排列，两侧用端板焊接固定，组成燃料棒束。燃料单棒之间的间隙靠钎焊隔离块保持，而棒束和压力管之间的间隙则靠钎焊于外圈燃料棒表面上的支承垫来保持，如图5-17所示。元件直径约10cm，长约0.5m，质量约20kg。

重水堆组件使用了薄壁包壳，中子的寄生吸收很小，中子经济性好。采用高密度的UO_2烧结芯块和短尺寸棒束，不存在芯块密实化引起的倒塌问题，减少了弯曲变形，安全性好。包壳管内壁石墨涂层可以调节燃料功率的裕度，燃料组件能够适应更大范围的功率波动，而且石墨涂层还能减少包壳与UO_2芯块之间的反应，大大减少燃料组件破损率。使用天然UO_2陶瓷芯块，比轻水堆的低浓缩铀芯块加工费用低得多，而且所用锆合金结构材料也比轻水堆燃料元件少，可不停堆换料。燃料元件结构简单，一共只有6种零件，容易加工，整体尺寸短小，重量较轻，生产和运输方便。

当然它也存在一些缺点，因为CANDU堆使用天然铀燃料，采用重水慢化、重水冷却和不停堆换料方式，存在燃耗浅、换料频繁、操作量大、乏燃料产出量大和中间储存费用高等缺点。而且，CANDU-6机组安全裕量小，当机组长时间运行后，由于老化现象可能导致堆芯进口温度上升，安全裕量下降，需要核电机组降功率运行。

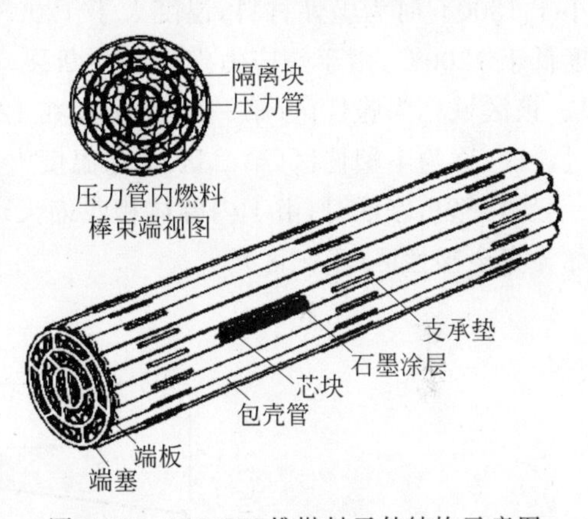

图5-17　CANDU堆燃料元件结构示意图

5.5　UO_2燃料棒的堆内辐照行为

UO_2燃料棒由UO_2芯块和锆合金包壳组成，UO_2燃料棒的堆内辐照行为也分为UO_2芯块的堆内行为和锆合金包壳的堆内行为。

5.5.1　UO_2芯块的堆内行为

UO_2燃料在反应堆中发生裂变反应，产生的高能裂变产物的碰撞减速和进一步的衰变都会转变为热能。由于UO_2导热性能较差，燃料棒中心温度最高可达2000℃，燃料棒的边缘温度只有 500～600℃，燃料棒沿径向会形成很大的温度梯度，产生热应力，热应力会导致燃料棒表面出现裂纹。随着燃耗的加深，芯块会进一步开裂。不同燃耗下出现的堆内行为如表 5-8 所示。

表 5-8　UO_2 芯块在不同燃耗下的堆内行为

0～100MW・d/tU	100～1×10^4MW・d/tU	1×10^4～1×10^5MW・d/tU
裂纹的产生和消失	密实化完成	肿胀
重结晶	肿胀开始	固态裂变产物析出
燃料开始密实	燃料、包壳相互作用	由于裂变气体释放，燃料棒内压上升
核裂变元素和氧沿径向重新分布	由于裂变气体释放，燃料棒内压开始升高	包壳管内表面被腐蚀
释放出被吸收的气体		裂变率降低

由表 5-8 可以看出 UO_2 芯块受辐照的行为可以归纳为 6 类：芯块开裂；芯块密实化；重结晶；辐照肿胀；裂变气体释放；组分及裂变产物的再分布。下面将详细介绍这 6 种堆内行为。

1. 芯块开裂

由于 UO_2 芯块的导热能力差，会导致芯块边缘温度低，中心温度高。UO_2 芯块在温度小于 1200℃时为脆性材料，温度大于 1200℃时具有一定塑性。如图 5-18 所示，芯块边缘温度低于 1200℃，由于热应力发生脆性断裂，会在反应堆启动初期发生径向开裂，成辐射状小块，该区域称为脆性区(第一区)；温度在 1200～1400℃的区域，属于完全脆性到完全塑性的过渡区，称为半塑性区(第二区)；在温度大于 1400℃的区域，材料的强度明显下降，塑性好，一般不开裂，停堆时，由于内圈体积收缩大可形成裂纹，但该裂纹会在下次开堆后重新愈合，称为完全塑性区(第三区)。

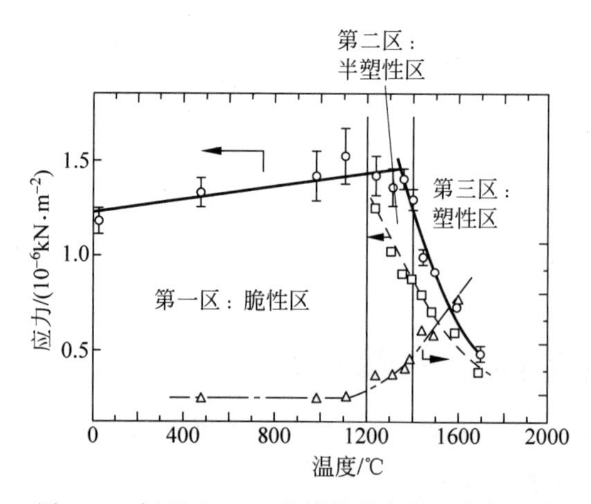

图 5-18　辐照后 UO_2 芯块的强度随温度的变化

芯块开裂在堆内的具体表现是环脊的产生。燃料芯块是有限长圆柱体，在温度梯度下，芯块中心温度明显比外围高，因此芯块发生热变形，呈现沙漏状。当芯块与包壳贴紧后，燃料元件外观形成竹节状的环脊。环脊位置在两个芯块的界面上，该处是包壳承受应力最集中的地方，也是应变最集中的部位。沙漏状芯块也会导致包壳应力过大而产生裂纹，从而成为燃料棒破损的原因之一。如图 5-19 所示为芯块开裂示意图。

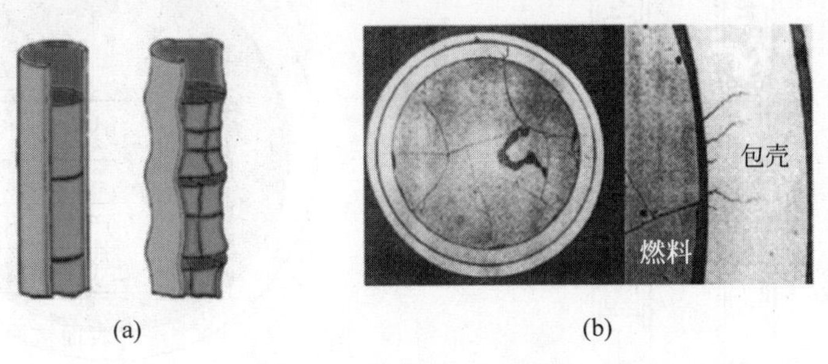

图 5-19　芯块开裂示意图

(a) 环脊；(b) 芯块及包壳开裂

2. 芯块密实化

20 世纪 70 年代，为补偿燃料肿胀，采用较低密度(约 90%TD) UO_2 芯块。在燃料组件卸料时，发现包壳管在冷却剂作用下发生坍塌，甚至压扁和破损。这是由于 UO_2 芯块密实化造成了包壳的坍塌，如图 5-20 所示。辐照造成燃料的重结晶或烧结体的孔隙封闭，结果导致芯块密度增加并且芯块的半径和长度减小。宏观表现为包壳管在冷却剂作用下发生倒塌，甚至包壳管被压扁，当燃耗值超过一定值后，密实趋于缓和。密实化的现象在热中子和快中子堆的氧化物燃料中都有发生。芯块密实化对反应堆的安全运行影响重大，影响分别为：包壳被压扁造成裂变产物的泄漏；芯块的长度减小，线功率增加，使得芯块温度升高；芯块半径减少，间隙加大，间隙导热率下降，也会使芯块温度升高。针对芯块密实化可采取一些措施，如提高芯块的初始密度，芯块密度达 94%TD 以上时孔隙减少，密实量减少；研制辐照尺寸稳定的芯块，如添加造孔剂来保留大孔，得到大于 5μm 的原始孔隙，减少小于 1μm 的孔隙体积份额；燃料棒预充一定压力的氦气，防止包壳管的坍塌等。芯块密实化引起的包壳坍塌现象主要发生在轻水反应堆。由于上述措施的采取，在轻水堆的安全分析中已不再考虑芯块密实化的问题。由于沸水堆具有较低的运行压力(约为 70 个大气压)，冷却水在堆内以汽液形式存在，因此也不会发生因芯块密实化而导致包壳管坍塌以及由于压扁而引起的破损。

3. 重结构

UO_2 芯块内原始烧结组织随时间的延长而改变，最终形成 4 个区域，由内而外依次为中心孔洞、柱状晶区、等轴晶区和原始组织区，这种现象称为重结晶，又称重结构，如图 5-21 所示。裂变气孔沿着温度梯度的方向会向高温端迁移，较大的气孔在高温端蒸发，在低温侧又开始凝聚。柱状晶区的温度最高达到 1800℃以上，结果是柱状区的晶粒密实化，而芯块中心形成了空洞。一般来说，由于压水堆的线功率较低(160～240W/cm)，芯块中心温度保持在 1300～1400℃以下，因此，基本上看不到燃料微观结构的变化，有时在燃料内部有等轴晶长大区存在。而对于快堆，燃料棒线功率大，中心温度在 2000℃以上，芯块沿径向的晶区分布明显。

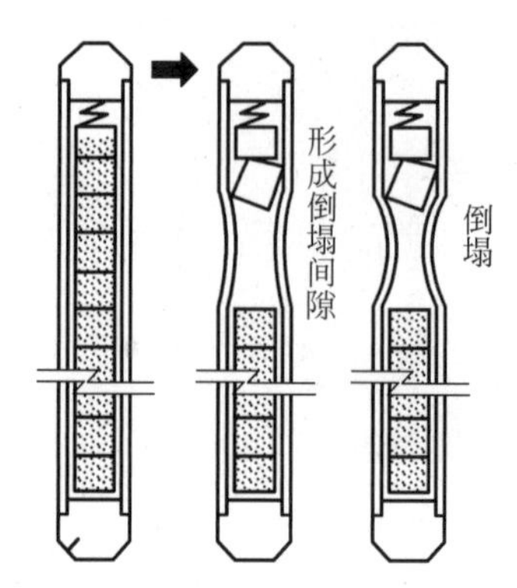

图 5-20 芯块密实化造成包壳坍塌

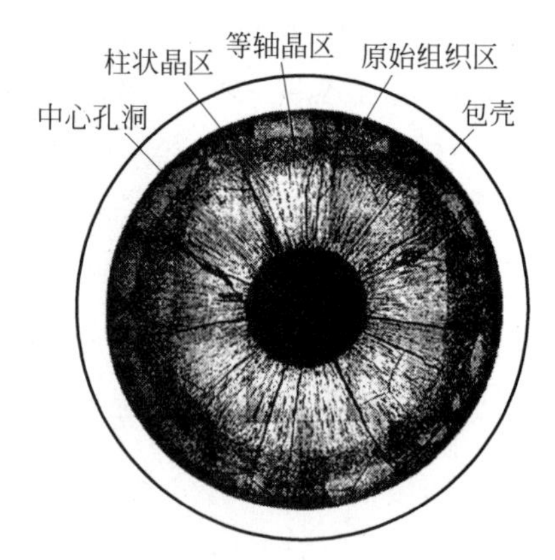

图 5-21 UO_2 芯块受到辐照形成的重结构

4. 辐照肿胀

辐照肿胀是指随着燃耗的增加，UO_2 芯块密度减小，体积膨胀的现象。肿胀主要是由裂变产物引起的，如图 5-22 所示。固体裂变产物中一个裂变原子分裂后形成两个质量相对较小的裂变原子，造成体积膨胀。气体裂变产物引起的肿胀主要由裂变产物中的气体聚集形成气泡，镶嵌在燃料中，使燃料的密度下降，发生肿胀。主要的裂变气体有氙(Xe)和氪(Kr)，还有一些挥发性的裂变产物如碘(I)、铯(Cs)、碲(Te)、镉(Cd)和铷(Rb)等。其中气体裂变产物引起的肿胀占肿胀量的 99.35%～99.7%。芯块的肿胀使燃料与包壳贴紧，甚至发生芯块-包壳机械相互作用，引起包壳管的径向变形和轴向变形，并在应力集中处造成包壳管破损。燃料的辐照肿胀是燃料寿命的限制因素之一。

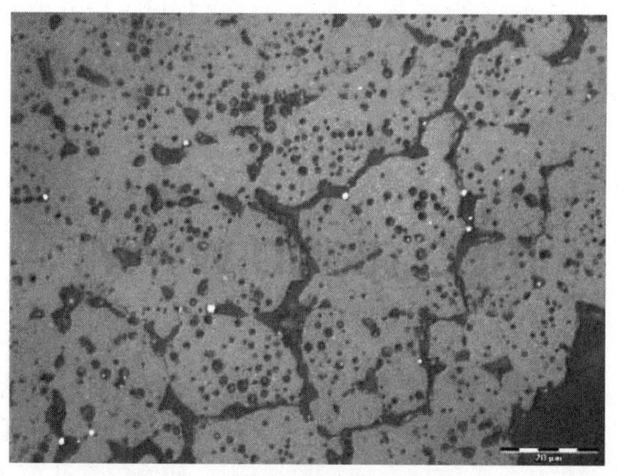

图 5-22 辐照肿胀后的燃料芯块

晶界的白点为固体裂变产物，晶内的黑色区域为气体裂变产物

5. 裂变气体释放

裂变气体的总产额为 25%～30%(原子分数)，主要成分为惰性裂变气体氙和氪。轻水堆中燃耗为 40000GW · d/tU 时，每立方厘米的 UO_2 芯块可以产生标准状态下 $16cm^3$ 的 Xe、Kr 惰性气体。这些惰性气体在一定条件下进行扩散运动，形成气泡。气泡在无序和定

向运动中长大、迁移，最终被晶体缺陷所捕获。气泡在晶界聚集长大、联合、连网，从而在晶界上形成释放通道，晶界开裂使气体得以释放，如图 5-23 所示。气体裂变产物释放后，会使燃料棒的内压升高，而且气体裂变产物会释放到燃料棒的氦气中，减少间隙的热导率，从而对反应堆的运行产生一定的影响。

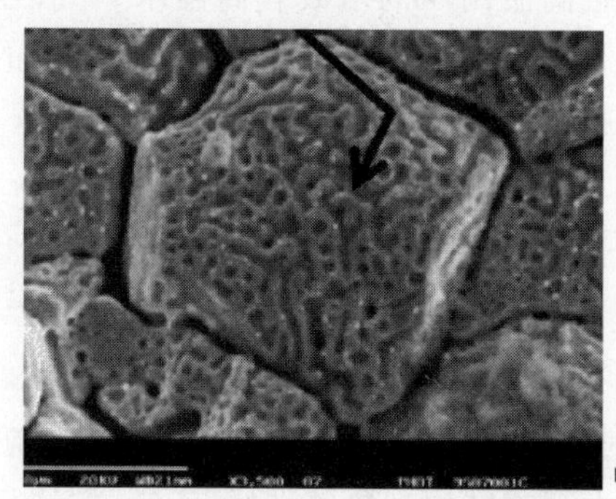

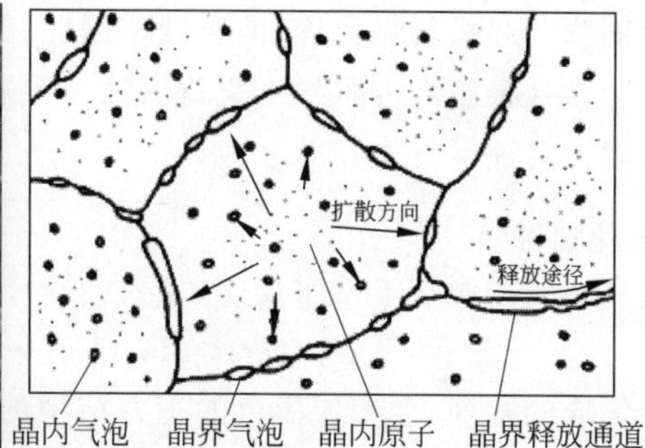

图 5-23　裂变气体的释放

箭头为气泡联合形成的气体通道

裂变气体的释放与温度有关。温度低于 1000℃时，气体不能释放或者释放量很小。在 1000～1600℃的范围内，裂变气体原子有一定的可动性，能够形成气泡，可以迁移，但是可迁移的距离很短。晶界气泡的密度明显增加，会使晶界变脆和部分开裂，导致晶界附近的气泡可以释放出来，在这个过程中，只有 4%的裂变气体靠成核、长大、迁移的机理释放。温度在 1600～1800℃范围内，气泡和闭口气孔具有很强的可动性，在温度梯度驱动下，气泡很快迁移到晶界及其裂缝处，约有 50%的裂变气体释放。温度大于 1800℃时，裂变气体完全释放。控制裂变气体的释放是提高轻水反应堆的寿命的关键因素之一。

6. 组分及裂变产物的再分布

辐照过程中氧化物燃料芯块发生氧、钚、铀及裂变产物的再分布，它们对芯块热导率、熔点等热力学性能及包壳管的腐蚀行为有很大影响，其中比较典型的是氧的再分布。氧的再分布对全面评估燃料的运行性能具有十分重要的作用。燃料的许多性质和 O/M 比都有关系。例如，氧的径向再分布会改变燃料的温度分布；O/M 比强烈地影响氧在基体中的化学位，决定包壳抗燃料腐蚀的能力，影响燃料的蠕变特性；此外这一比值还强烈影响燃料内各物质的扩散系数。所以氧的再分布间接地影响着裂变气体产物气泡形成，从而导致肿胀或裂变气体释放。

氧的再分布与化学计量比和温度有关。准化学比的氧化物燃料在辐照时不发生氧的再分布，芯块截面上氧含量变化不大；超化学比的芯块中心端的 O/M 比增加，外侧冷端稍下降；次(亚)化学比的氧化物，热端 O/M 比下降，冷端上升。只要有温度梯度存在，氧分压就会发生变化。即温度梯度会造成气相中存在氧分压梯度，故氧会通过气相或固态扩散，沿温度梯度而迁移。芯块中心温度最高，氧会从燃料的中心往边缘移动，使燃料表面的 O/M 比高于燃料中心，但结果不一定按照预期，这个过程还与 UO_2 芯块自身化学计量比对氧的再分布的影响有关。裂变产物中铯、铷、碘等元素具有挥发性，也会出现再分布，其中低密度、高产额的铯最为严重。它会像气体一样向燃料较冷的部分迁移。并冷凝在冷的锆包壳管表面，对包壳管壁有一定的腐蚀作用。

5.5.2 锆合金包壳的堆内行为

锆合金包壳的内表面会接触到各种裂变产物和辐照后的 UO_2 芯块，还要承受裂变气体产生的压力。而锆合金包壳的外表面需要接触高温高压的水或者高温水蒸气，还要受到水中的添加物(硼酸、氢氧化锂)的腐蚀。因此，锆合金包壳的堆内行为对于反应堆的安全性至关重要。锆合金在堆内可发生氧化腐蚀和吸氢腐蚀，同时在辐照条件下会与芯块作用，并产生碘致应力腐蚀等行为。

1. 氧化腐蚀

氧化腐蚀的根源在于锆水反应，如式(5-14)所示：

$$Zr + 2H_2O \longrightarrow ZrO_2 + 2H_2 \tag{5-14}$$

锆水反应的初期，会生成黑色的正方结构的 ZrO_{2-x}，形成一层防氧化的钝化膜。锆水反应的后期，会生成白色的单斜结构的 ZrO_2。由正方结构到单斜结构，ZrO_2 的体积会发生变化，导致锆合金包壳出现微裂纹。在这个过程中，由辐照产生的应力和杂质元素氮都可以加速氧化腐蚀的程度。在氧化腐蚀的过程中，会出现三种典型的腐蚀现象，分别是均匀腐蚀、疖状腐蚀和接触腐蚀，如图 5-24 所示。其中疖状腐蚀是沸水堆中锆合金表面常见的一种非均匀腐蚀现象，在压水堆中也有出现，其外观形貌呈白色氧化膜圆斑，直径约 0.5mm，局部深度达 10～100μm，随着燃耗加深，腐蚀斑扩展成片。

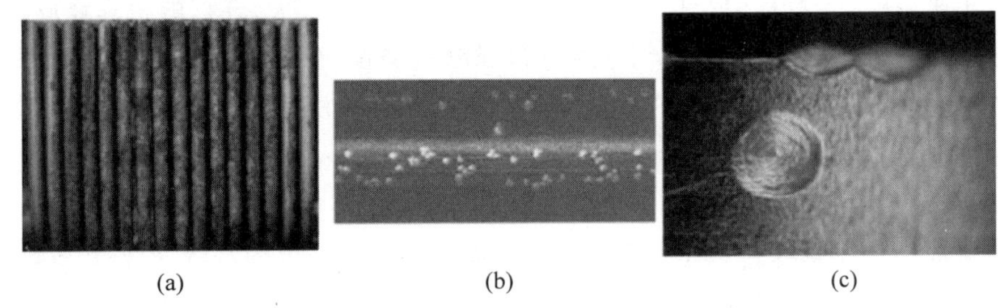

图 5-24 氧化腐蚀的几种现象

(a) 均匀腐蚀；(b) 疖状腐蚀；(c) 接触腐蚀

2. 吸氢腐蚀

锆与水反应生成自由基的氢原子，大多数的氢原子会重新结合形成氢气，溶解逃逸在冷却剂中，有限的氢原子会迁移进入锆金属基体中。锆合金中捕获氢的程度用氢吸附分数(HPUF)表示。Zr-2 合金的 HPUF 值在 30%～60%之间；Zr-4 合金的 HPUF 值较低，在 15%～25%之间；Zr-Nb 合金的 HPUF 值最低，在 4%～10%之间。为了减少氢的积累，应注意避免合金中含有氢分子分解催化剂，如镍和铂。去除镍后，锆合金的 HPUF 值通常低于标准压水堆燃料包层的 15%。由于氢的溶解度随温度强烈变化(350℃时为 200ppm[①]，RT 时接近 1ppm)，当合金冷却时，锆合金中的氢原子含量超过了极限固溶度后析出，与 Zr 形成氢化物 $ZrH_{1.5\sim1.7}$。氢化物在 200℃以下为脆性。因此，在较低的温度下，溶解的氢原子以氢化物的形式存在，氢化物碎片的渗流可导致燃料元件在低温下失效。锆合金包壳管

① $1ppm = 10^{-6}$。

内部也有可能由于含氢杂质、冷却剂的渗入等因素，造成氢原子渗入锆合金内产生吸氢腐蚀，导致包壳管内壁出现裂纹，如图5-25所示。

3. 辐照效应

锆合金包壳受到辐照后，可能会发生辐照生长，导致锆合金包壳形状及尺寸发生变化；也可能使锆合金产生一定的点缺陷和位错，阻碍位错的滑移，产生辐照强化；还可能加速氧化腐蚀和吸氢腐蚀，对锆合金包壳产生不利的影响。

4. 与芯块作用

UO_2 在堆内会因为热应力的影响发生芯块开裂。UO_2 芯块会发生径向变形与锆合金包壳接触，从而出现环脊等变形。

5. 碘致应力腐蚀

碘元素会对锆合金产生严重的腐蚀。在这个过程中，由于拉应力与化学介质联合作用会出现裂纹生长和扩展，从而导致锆合金的脆性断裂，如图5-26所示。

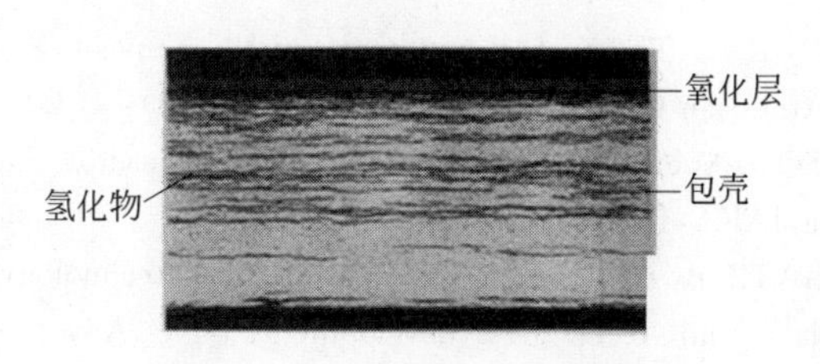

图5-25　锆合金包壳的吸氢腐蚀

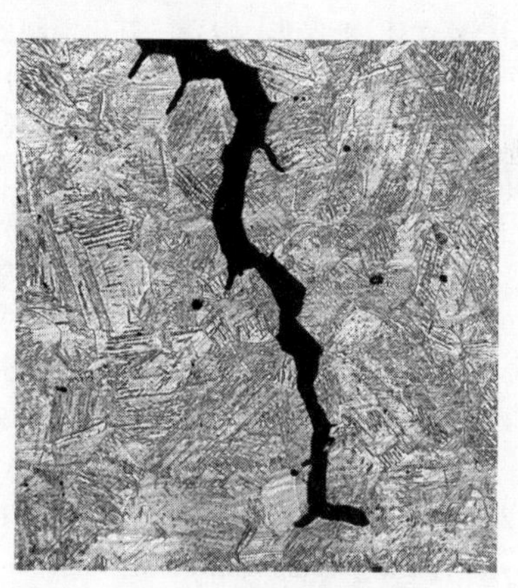

图5-26　锆合金在碘蒸气环境下应力腐蚀开裂后的断口形貌

以上的锆合金的堆内行为对应于反应堆正常运行工况，在事故条件下，在反应堆中可能发生锆合金包壳的高温氧化、脆化、UO_2 芯块高温胀破、燃料与包壳反应甚至堆芯熔融等堆内行为。以2011年的福岛核电站为例，福岛核电站（均为沸水堆）由于受到地震和海啸影响导致应急冷却系统发生故障，反应堆内的冷却水下降，使堆芯裸露。堆芯温度升高，导致锆合金包壳表面的温度超过了发生锆-水反应的极限温度，从而发生了剧烈的锆-水反应，生成了大量的氢气。氢气达到爆炸极限后，遇到高温即发生了爆炸。爆炸直接掀翻了厂房的屋顶，造成大量放射性物质泄漏。可以看出锆-水反应对反应堆的安全至关重要，福岛事故之后探索新型的耐事故包壳材料也成为核燃料领域一个新的发展方向。

5.5.3　燃料棒运行破损率

虽然燃料棒在运行中会发生一系列结构和性能的变化，但正常工况下这些变化在核燃料设计的安全指标之内。总体上世界核电站中核燃料的破损率是在逐步下降的。美国和欧洲都对制造缺陷引起的燃料棒破损率做了限制，即过早破损率低于 2.0×10^{-5}，目标值分别为 1.0×10^{-5} 和 2.0×10^{-6}，后者即“零破损”。按照国际标准，核燃料元件产品质量指标为堆内破损率低于万分之三。目前我国的压水堆和重水堆燃料元件的堆内破损率远远低于国际标准。未来，随着新一代核燃料在安全性设计上的进一步提升，燃料棒的运行破损率还将持续降低。

参考文献

[1] 杨晓东. 含钆二氧化铀芯块制备及工业化应用研究[D]. 重庆：重庆大学，2008.

[2] 郁金南. 材料辐照效应[M]. 北京：化学工业出版社，2007.

[3] 孙晓思. 二氧化铀核燃料芯块形状优化的数值模拟[D]. 太原：太原科技大学，2012.

[4] 吴曙芳. 二氧化铀粉末表面改性的研究[D]. 重庆：重庆大学，2009.

[5] FRITZ I J. Elastic properties of UO_2 at high pressure[J]. Journal of Applied Physics，2008，47(10)：4353-4358.

[6] 蔡文仕，舒保华. 陶瓷二氧化铀制备[M]. 北京：原子能出版社，1987.

[7] 伍志明. 二氧化铀核燃料的粉末冶金技术[J]. 粉末冶金技术，1996，14(1)：63-68.

[8] KONINGS R J M. Comprehensive Nuclear Materials：Uranium Oxide and MOX Production[M]. Amsterdam，Elsevier，2012.

[9] TAKAHASHI H. Fission reaction in the high-energy proton nucleus collision[J]. Transactions of The American Nuclear Society，1980，34：771-772.

[10] MATTSON F H，MARTIN J B，VOLPENHEIN R A. The gossypol content and oil composition of “Gossypol-free”cottonseeds[J]. Journal of the American Oil Chemists Society，1960，37(3)：154.

[11] ANDERSSON T，THORVALDSSON T，WILSON A，et al. Improvements in Water Reactor Fuel Technology and Utilization[M]. Vienna，Austria，IAEA，1987.

[12] GUILLON O，GONZALEZ-JULIAN J，DARGATZ B，et al. Field-assisted sintering technology/spark plasma sintering：mechanisms，materials，and technology developments [J]. Advanced Engineering Materials，2014，16(7)：830-849.

[13] JHA S K，PHUAH X L，LUO J，et al. The effects of external fields in ceramic sintering[J]. Journal of the American Ceramic Society，2019，102(1)：5-31.

[14] 周健，程吉平. 2450MHz/5kW 改进的单模腔型微波烧结系统研制[J]. 武汉工业大学学报，1999，21(4)：4-6.

[15] THORNTON T A，HOLADAY V D. Sintering UO_2 and oxidation of UO_2 with microwave radiation[P]. US，US4389355 A，1983.

[16] SUBRAMANIAN T，VENKATESH P，NAGRAJAN K，et al. A novel method of sintering UO_2 pellets by microwave heating[J]. Materials Letters，2000，46(2)：120-124.

[17] YANG J H，SONG K W，LEE Y W，et al. Microwave process for sintering of uranium dioxide[J]. Journal of Nuclear Materials，2004，325(2)：210-216.

[18] 范景莲，黄伯云，刘军，等. 微波烧结原理与研究现状[J]. 粉末冶金工业，2004(1)：31-35.

[19] YANG J H，KIM Y W，KIM J H，et al. Pressureless rapid sintering of UO_2 assisted by high-frequency induction heating process[J]. Journal of the American Ceramic Society，2008，91(10)：3202-3206.

[20] HIRSCHHORN J S，BARGAINNIER R B. The Forging of Powder Metallurgy Performs[J]. The Journal of the Minerals，1970，22(9)：21-29.

[21] GE L. Processing of uranium dioxide nuclear fuel pellets using spark plasma sintering [D].

Gainesville, University of Florida, 2014.

[22] TYRPEKL V, NAJI M, HOLZHÄUSER M, et al. On the role of the electrical field in spark plasma sintering of UO_{2+x}[J]. Scientific Reports, 2017, 7: 46625.

[23] COLOGNA M, RASHKOVA B, RAJ R. Flash Sintering of Nanograin Zirconia in <5s at 850℃[J]. Journal of the American Ceramic Society, 2010, 93(11): 3556-3559.

[24] RAFTERY A M, DA SILVA J G P, BYLER D D, et al. Onset conditions for flash sintering of UO_2[J]. Journal of Nuclear Materials, 2017, 493: 264-270.

[25] VALDEZ J A, BYLER D D, KARDOULAKI E, et al. Flash sintering of stoichiometric and hyper-stoichiometric urania[J]. Journal of Nuclear Materials, 2018, 505: 85-93.

[26] 李锐，高家诚，杨晓东，等. 二氧化铀核燃料芯块烧结工艺的发展概况[J]. 材料导报，2006，20(2)：91-93.

[27] CHEVREL H, DEHAUDT P, FRANCOIS B, et al. Influence of surface phenomena during sintering of over-stoichiometric uranium dioxide UO_{2+x}[J]. Journal of Nuclear Materials, 1992, 189(2): 175-182.

[28] HARADA Y. UO_2 sintering in controlled oxygen atmospheres of three-stage process[J]. Journal of Nuclear Materials, 1997, 245(2): 217-223.

[29] 杨晓东. 二氧化铀芯块低温烧结工艺研究[D]. 重庆：重庆大学，2004.

[30] 王峰，王快社，马林生，等. 核级锆及锆合金研究状况及发展前景[J]. 兵器材料科学与工程，2012(1)：111-114.

[31] 徐翠娟. 陶瓷核燃料二氧化铀及其结构缺陷的第一性原理研究[D]. 烟台：烟台大学，2012.

[32] 彭玉艺. 辐照及温度作用下二氧化铀中空洞的动力学相场模拟[D]. 哈尔滨：哈尔滨工业大学，2018.

第6章

非氧化物燃料

6.1 碳化物燃料

碳化物燃料的开发和应用最早是在快堆方面，主要原因在于它具有好的增殖性能和良好的热学性能。UC和(U，Pu)C是碳化物燃料的常见应用形式，它具有和氧化物燃料一样的高熔点、膨胀各向同性及良好的辐照行为和机械性能。相比氧化物燃料，碳化物燃料具有更高的裂变原子密度和更高的热导率。高金属原子密度允许低裂变材料存量，具有良好的中子经济性，可实现灵活的堆芯设计，提高增殖率和倍增时间。高热导率能够允许高线性功率运行。此外，在以石墨作为基体的高温堆燃料中，由于氧化物燃料在1100℃以上可与石墨反应，生成碳化物，因此，用碳化物燃料替换氧化物燃料还适用于高温堆，被认为是一种先进燃料，是未来适合的燃料发展方向。

6.1.1 晶体结构与相图

1. 主要碳化物

U和Pu与C可以组成多种化合物的形式，每种化合物的结构和性质不同。表6-1列出了几种U和Pu主要的碳化物的晶体结构、晶格常数和熔点/分解温度。在这些化合物中，研究最多、应用最广的为UC。

表6-1 U和Pu碳化物的晶体结构、晶格常数及熔点/分解温度

物　相	结　构	晶格常数/nm	熔点/分解温度/K
UC	NaCl型，面心立方	0.4961	2780(熔点)
U_2C_3	Pu_2C_3型，体心立方	0.8090	2100(包晶分解)
α-UC_2	CaC_2型，四方晶型	0.3512(c/a=1.702)	1790 2051(包晶分解)
β-UC_2	面心立方	0.5488	2038 2720(熔点)

续表

物　相	结　构	晶格常数/nm	熔点/分解温度/K
PuC_{1-x}	NaCl 型,面心立方	0.4968	1875(包晶分解)
Pu_2C_3	体心立方	0.8131	2285(包晶分解)
PuC_2	CaC_2 型,四方晶型	0.363(c/a=1.6788)	1933 2500(熔点)
$(U_{0.8}Pu_{0.2})C$		0.4963	2700(分解)
$(U_{0.8}Pu_{0.2})_2C_3$			2540(分解)

图 6-1(a)所示为 U-C 二元相图,铀的碳化物包括一碳化物(UC)、二碳化物(UC_2)和倍半碳化物(U_2C_3)。在 $T<1400$K 时,铀的碳化物为单一组分化合物 UC,为 NaCl 型面心立方晶体结构。当温度高于 1400K 时,碳化铀范围扩大为 0.9<C/U<2.0 的立方相碳化物。应当指出的是,当从 C/U>1.0 的高温单相区直接快速冷却时,碳会以 UC_2 的形式析出,而非 U_2C_3,这是由于 UC_2 的结构与 UC 的结构更加相似,而倍半碳化物 U_2C_3 的形核需要晶格缺陷的存在。图 6-2 展示了几种铀的碳化物的晶胞结构。

图 6-1(b)所示为 Pu-C 二元相图,与 UC 不同,钚的一碳化物是以一定范围内的缺碳形式存在的。当温度升高至 1873K 时,一碳化物会分解为液相 Pu、C 和倍半碳化物 Pu_2C_3,Pu_2C_3 在一定碳含量范围内存在,参与包晶反应。

2. 碳化物固溶体与混合碳化物

碳化铀晶格中可以固溶部分原子形成固溶体。碳氧化铀是指碳化铀中固溶部分氧原子而形成的固溶体 U(C,O)。热力学计算表明,当 UC 晶格中的空位达到 5%以上时,就会形成这种非金属的亚晶格固溶体。碳氮化铀的特征是 UC 和 UN 之间能够完全互溶。$UC_{1-x}N_x$ 的晶体结构为 NaCl 型,其晶格参数随组分变化而连续变化。碳化物 UC 和 ThC 能够完全互溶形成混合碳化物。在亚化学计量比的碳化铀中,Th 是可以任意混溶的,但 U 只能少量混溶于 ThC_{1-x} 中,且 $x>0.5$。混合二碳化物$(U,Th)C_2$ 系统的固相线温度从纯

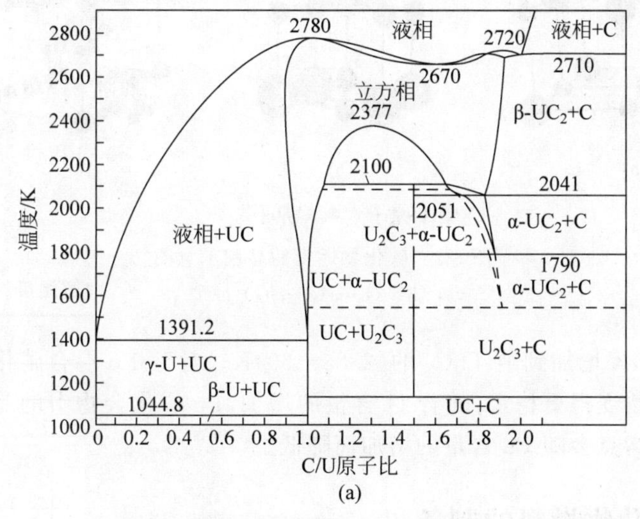

图 6-1　U 和 Pu 与碳的相图

(a) U-C 二元相图;(b) Pu-C 二元相图

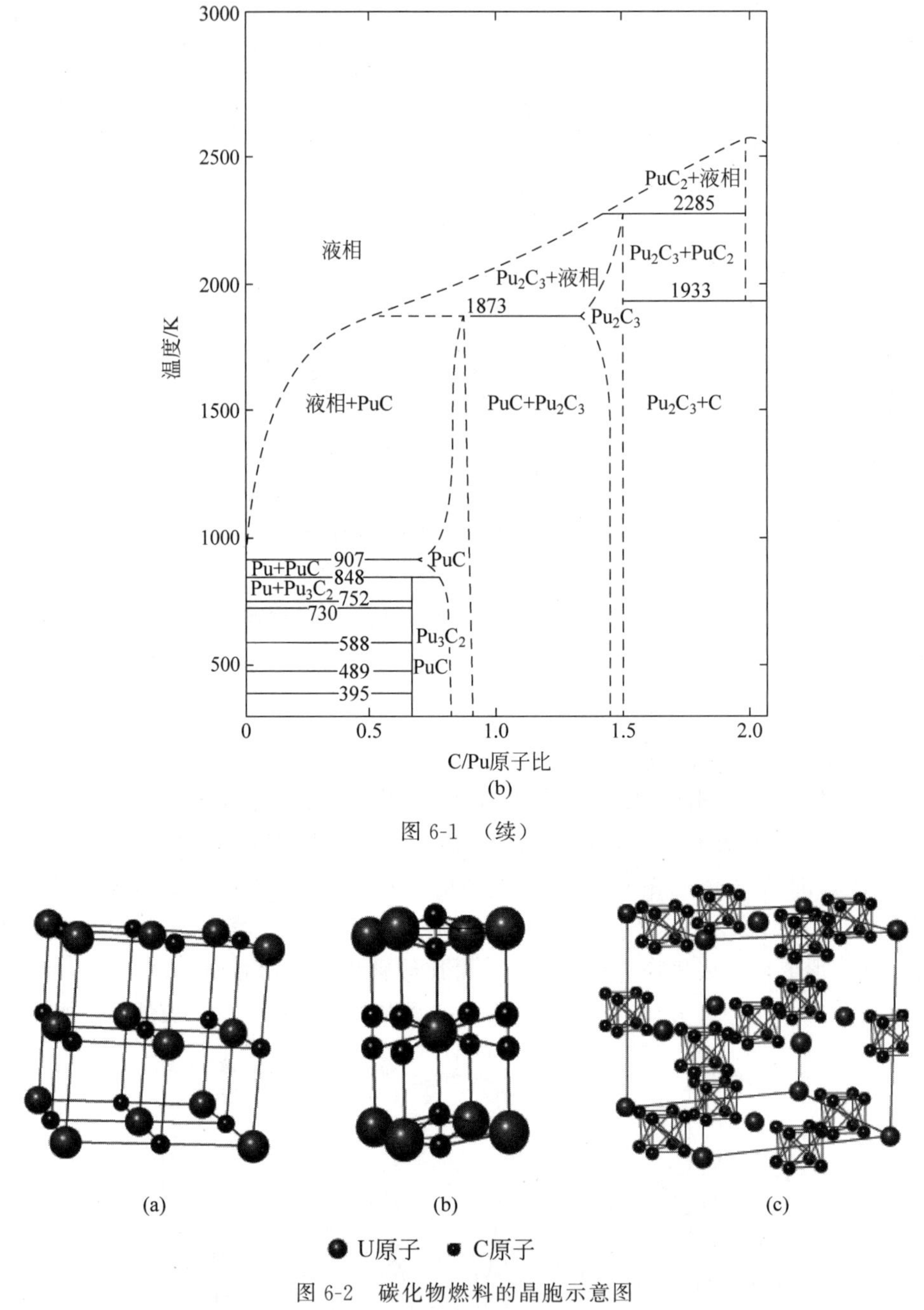

图 6-1 （续）

图 6-2 碳化物燃料的晶胞示意图

(a) UC；(b) α-UC_2；(c) β-UC_2

UC_2 的(2750±25)K 增加到纯 ThC_2 的(2883±50)K。对 U-Pu 混合碳化物，随着 Pu 含量的增加，倍半碳化物变得更稳定，随着 U 含量的增加，Pu-C 化合物中的晶格缺陷浓度会降低，混合碳化物的熔点会随 Pu 含量的增加而降低。

6.1.2 碳化物燃料的制备

碳化物燃料本身易于自燃，且在制备中需注意临界性的限量。此外，由氧化物获得的碳化物粉末易于氧化和水解，因此，碳化物燃料较难于实现大规模量产。其生产线通常需要在高纯度惰性气体（氮气或氩气）保护的手套箱中进行。其中氧和水分的体积含量均应小于25ppm，以最小化碳化物燃料制备中的氧吸收，减小由于碳化物燃料自燃性质而引发火灾的可能性。

1. 制备方法

1）熔铸法

在研发早期，熔铸法被认为是一种用于碳化物燃料可靠的制备方法。这一方法基于金属铀直接与碳（式(6-1)）或甲烷气体（式(6-2)）进行反应获得UC，可以获得高密度、高纯度的UC产物。此外，也可以用丙烷或丁烷代替甲烷进行反应，其含碳量更高、反应性更强，可以获得纯的UC。具体地，首先是将石墨与金属铀的碎屑进行混合并制成纽扣状，其次将其置于电弧熔炼炉中进行多次部分熔化以实现均质化，最后将其熔化后置于模具中获得目标形状。

$$U + C \longrightarrow UC \tag{6-1}$$

$$U + CH_4 \longrightarrow UC + 2H_2 \tag{6-2}$$

熔铸法也可通过固液反应实现，通过在电弧炉内使用惰性电极将金属加热至高温液态，进而在惰性气氛中与石墨反应生成液态的碳化物，再将其浇铸到模具中，得到单根的碳化物燃料棒。炉内气氛对碳化物纯度有很大的影响，杂质N的存在会析出碳氮化物U(C,N)，碳过量时，可能生成二碳化物UC_2。由于UC的溶解区域有限，可析出游离的铀或碳。为保证获得成分上接近化学计量的UC，可在炉内衬上镀铜，防止生成UC_2。采用熔铸法可以实现大尺寸芯块的制备，但由于金属制造的成本高，熔铸法的经济性较差。

2）氢化-碳化法

氢化-碳化法是使用氢气在470～870K的温度范围内进行氢化-还原循环来获得铀的氢化物（式(6-3)），再将氢化物与碳进行反应制备UC（式(6-4)）。氢化物颗粒细小，具有高表面积，从而提高了其与碳的反应活性。采用这一方法能够生产低杂质含量的产物甚至是单晶产物。采用氢化-碳化法获得的碳化物燃料中，氧杂质的含量低于90ppm，金属杂质的含量低于30ppm。但这一方法对生产环境具有很高的要求，仅适用于高纯碳化物的小规模生产。

$$U + 1.5H_2 \longrightarrow UH_3 \tag{6-3}$$

$$UH_3 + C \longrightarrow UC + 1.5H_2 \tag{6-4}$$

3）卤化物还原法

铀的卤化物包括UF_4和UCl_3等。在Si、Mg或Al存在的条件下，铀的卤化物能够与碳在真空中反应生成UC（式(6-5)～式(6-7)）。产物中的SiF_4、$MgCl_2$和AlF_3可在高温时挥发去除，但UC产物中仍会存在较多的杂质。

$$UF_4 + Si + C \longrightarrow UC + SiF_4 \tag{6-5}$$

$$2UCl_3 + 3Mg + 2C \longrightarrow 2UC + 3MgCl_2 \tag{6-6}$$

$$3UF_4 + 4Al + 3C \longrightarrow 3UC + 4AlF_3 \tag{6-7}$$

4）碳热还原法

碳热还原法由于成本低、易于实现商业规模的生产，且适用于各类形式的碳化物制备，如粉体、微球、块材等，近年来受到了越来越多的关注，并得到了大量的研究。采用碳热还原法制备 UC 包括如下两步：

$$UO_2 + 4C \longrightarrow UC_2 + 2CO \tag{6-8}$$

$$UO_2 + 3UC_2 \longrightarrow 4UC + 2CO \tag{6-9}$$

碳热还原法可以通过传统粉末压制的方式进行。此外，还可以通过直接压制路径和溶胶凝胶路径实现。下面从这三种实现路径的角度来对碳热还原法进行介绍。

（1）粉末压制路径

在这一工艺中，均匀混合的 UO_2 和碳首先在 300～600MPa 的压力下进行压制成型，坯体在真空中被加热到 1700℃保温 2h 得到 UC，其中 UC_2 作为中间产物出现。铀-钚混合碳化物同样可以采用碳热还原法进行制备，反应温度在 1400～1600℃之间，采用真空或者惰性气体。混合物的均匀性和物理状态会影响反应的速率和最终产物的质量。将 UO_2 和 PuO_2 与碳混合干压成型，当原料粒径较小、具有较高的比表面积时，能够降低反应温度，同时增加反应速率，从而减少由于蒸发而导致的 Pu 损失。碳热还原的温度很大程度上取决于材料中钚的含量。图 6-3 所示为制备高钚（PuC 的质量分数大于 30%）含量混合碳化物燃料芯块的工艺流程图。

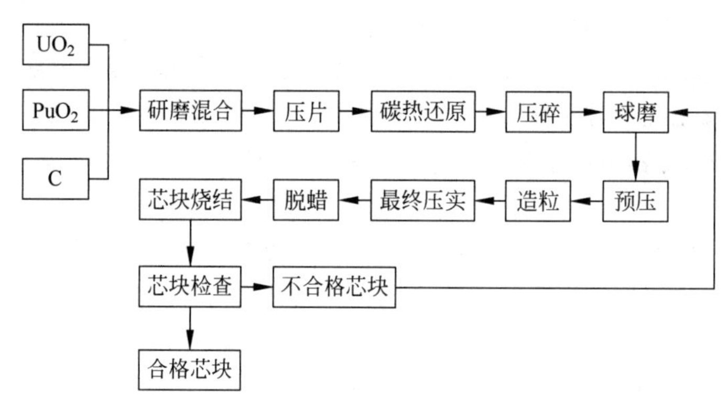

图 6-3 粉末压制碳热还原法流程图

这一路径首先是制备碳化物粉体，再将粉体进行烧结致密化。在制备碳化物粉体时，碳热还原中所用的碳源有多种。石墨和炭黑均是常用的碳源。此外，近年来许多研究者采用新型碳源制备了碳化物粉体，降低了粉体粒度，提高了产物性能，如碳纳米管、石墨烯、柠檬酸等。

（2）直接压制路径

传统的粉末压制路径在生产时存在放射性粉尘污染的问题，且粉末在压制过程中容易吸收氧，处理过程中存在自燃的风险。经过碳热还原呈预定形状的碳化物熟料被直接压制成致密度 65%TD～75%TD 的芯块，随后进行烧结获得最终产品。这一方法目前已被应用于混合碳化物燃料的制备中。其存在如下 5 个方面的优点：

① 避免了直接处理碳化物粉末，消除了氧吸收的途径；

② 最小化碳化物粉末自燃的可能性；

③ 无粉尘污染；

④ 避免了由球磨过程引入的杂质；

⑤ 整体制备时间缩短，提高了经济性。

(3) 溶胶凝胶路径

溶胶凝胶法是一种湿法无尘路径，并且能够实现碳源和氧化物前驱体的均匀混合，能够在高温热处理环节降低碳热还原温度、缩短保温时间。此外，溶胶凝胶法也适用于制备各种形态和尺寸的产物，且能够实现远程控制。因此，它是一种简单、经济、安全的制备方法。

通过溶胶凝胶法实现碳化物燃料的制备，首先要配制含有铀或钚的前驱体胶液，并在胶液中加入一定量的碳源，再通过一定的胶凝方式(外胶凝、内胶凝或全胶凝)，将溶胶转变为凝胶，对凝胶三维网络骨架进行碳热还原热处理，即可获得碳化物产物。其制备工艺流程如图 6-4 所示。

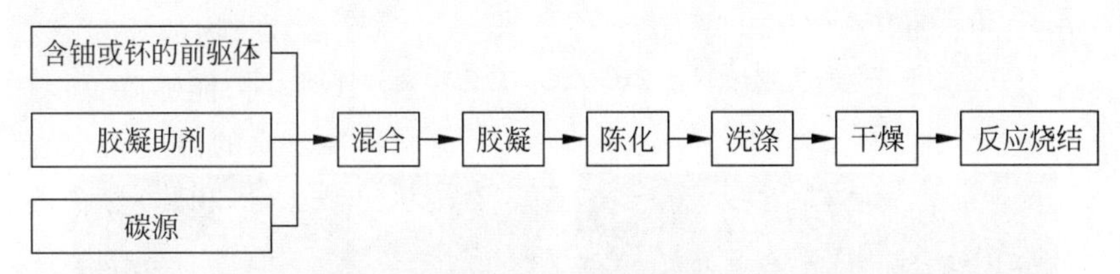

图 6-4 溶胶凝胶法制备碳化物燃料流程图

溶胶凝胶法在制备碳化物球形燃料方面具有很大优势，通过凝胶过程成型，可制得尺寸均一、球形度好的球形产品，但由于微球本身形状限制等因素，实现微球中碳化物的完全转化目前还较为困难，获得的物相多为氧化铀-碳化铀两相的混合物，通常将其称为 UCO 微球。

瑞士的保罗谢勒研究所(PSI)采用溶胶凝胶法制备了致密度为 80%TD～85%TD 且具有高开孔率的球形燃料。在这一方法中，将浓缩的铀、钚硝酸盐溶液与六次甲基四胺(HMTA)、尿素和炭黑进行混合，冷却后将混合液逐滴滴入热硅油的液柱中得到直径约 800μm 的颗粒，或将其通过注射的方式滴入到流动的热硅油中得到直径约 70μm 的颗粒。液滴在热硅油中的温度上升，会导致六次甲基四胺和尿素分解产生氨气。进一步地，液滴中的重铀酸铵和钚盐发生水解，液滴固化形成固体球。美国橡树岭国家实验室在采用内凝胶法制备碳化铀微球以及碳化铀-氧化铀复合微球方面进行了大量的研究工作，重点分析了胶液的配比、碳源的选择、洗涤工艺、烧结气氛等对微球性能的影响，并对参数进行了优化。

我国清华大学核能与新能源技术研究院在 UCO 微球的研究方面首先以 Zr 体系作为模拟材料，在内凝胶工艺方面进行了优化，研究了六次甲基四胺、尿素、HNO_3 等对胶液稳定性的影响，并在此基础上优化得出了无须冷却的常温内凝胶过程。如图 6-5 所示为 ZrC-ZrO_2 复合陶瓷微球的制备工艺过程。在碳源选择方面的探究包括水溶性酚醛树脂、壳聚糖、葡萄糖、柠檬酸和果糖等有机物。如图 6-6 所示为不同有机物作为碳源时获得的 UCO 陶瓷烧结微球形貌。关于气氛的研究发现，当 UO_2 微球的烧结温度达到 1680℃时，UC 成为烧结微球中的主相，此时气氛中少量的 CO(5%)即可使碳热还原反应变得温和，获得的微球表面无明显凹坑，且具有较高的压碎强度和致密度。

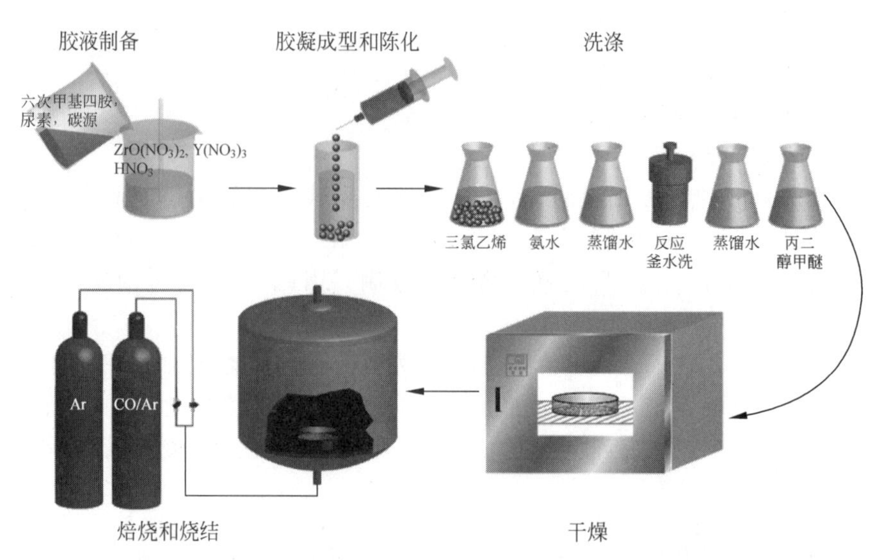

图 6-5 内凝胶法制备 $ZrC-ZrO_2$ 复合陶瓷微球的工艺过程

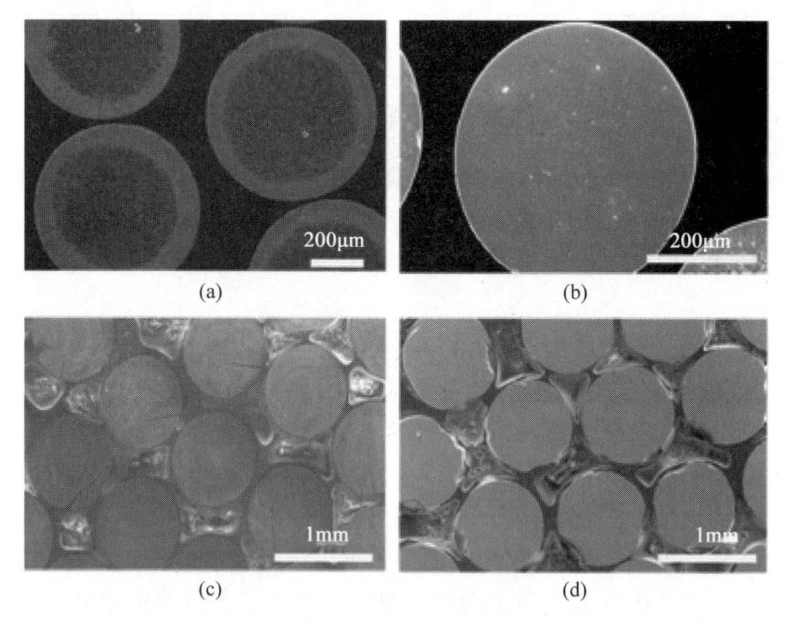

图 6-6 以不同有机物作为碳源获得的 UCO 陶瓷烧结微球

(a) 蔗糖；(b) 水杨醇；(c) 葡萄糖；(d) 果糖

2. 分析检测

分析检测是制备碳化物燃料非常重要的一步，它体现在制备工艺的每一个流程中，包括化学分析和物理分析两个方面。化学分析包含对 U、Pu、C、O 和 N 等元素的评估，以及对产物物相定性和定量的分析。物理分析包括分析评估燃料芯块的形状、密度、尺寸和微结构等。

1）化学分析

（1）铀和钚的元素分析

用于分析铀元素和钚元素的方法包括热电离质谱、电感耦合等离子体质谱、同位素稀释质谱、X射线荧光光谱、比重法、重铬酸盐滴定的氧化还原方法、高精度滴定法和库仑法等。比重法是快速分析碳化物中U+Pu总量的一种方法，首先将碳化物样品完全氧化，之后通过CO/CO_2平衡使获得的氧化物中氧原子和金属原子的比例O/M=2.0，通过前后的质量变化来分析金属含量。同位素稀释质谱法用于U和Pu的鉴别。氧化还原法则是采用不同的还原剂或氧化剂，实现U^{4+}与U^{6+}、Pu^{3+}与Pu^{4+}、Pu^{6+}与Pu^{3+}之间的转化。

在化学分析中，碳化物样品首先在空气中被加热到500℃，转变为氧化物，随后溶解于HNO_3-HF中，再蒸发去除氟化物。氧化还原法是在含有微量HNO_3的H_2SO_4(>6mol/L)介质中采用$TiCl_3$作为还原剂，将所有的U元素转变为U^{4+}，过量的还原剂则被HNO_3氧化。进一步原位生成HNO_2可将Pu^{3+}氧化为Pu^{4+}，从而消除了其对U元素测定的干扰。再加入氨基磺酸可去除过量的HNO_2，并用水稀释将酸度降低。加入Fe^{3+}溶液将U^{4+}氧化为U^{6+}，生成的Fe^{2+}采用$K_2Cr_2O_7$进行滴定。

(2) 非金属元素的分析

对碳的分析，首先需要将样品在氧气流中点燃，然后使生成的气体流过氧化剂(五氧化碘附于硅胶上)，从而将碳、CO均氧化为CO_2，随后，收集CO_2并利用测压法、红外光谱法、电导法或使用热导检测器进行气相色谱分析，或将CO_2转化为甲烷，通过火焰离子化检测器进行气相色谱分析，从而实现碳的间接检测。

对氮和氧的分析，首先是将样品与镍助熔剂混合于石墨坩埚中，在还原性气氛中将其加热至高温产生CO和N_2。采用气相色谱分离气体，使用氧化剂将CO转变为CO_2，采用红外检测。随后，N_2采用热导仪进行测定。

(3) 金属杂质元素的分析

通常采用ICP发射光谱测定金属杂质元素。可以通过X射线衍射谱对混合碳化物中的其他金属碳化物进行定量估算。

2) 物理分析

(1) 燃料芯块结构检测

① 宏观结构分析：对烧结的燃料芯块首先需要通过肉眼检测其表面缺陷，将芯块与标准件进行对比以确定其是否合格。芯块的缺陷类型包括末端崩裂、表面裂纹等。此外，测定芯块的长度和直径以估算其线质量，从而去除尺寸过大或过小的芯块。

② 显微结构分析：碳化物芯块的显微结构分析包括检测其晶粒尺寸、裂纹、孔隙和夹杂物等。碳化物烧结芯块的金相制样需要在刻蚀的过程中严格控制气氛，以防止其由于高度腐蚀而发生氧化。由于手套箱中始终存在一定量的氧或水分，因此抛光后的样品在被刻蚀之前会失去光泽，抛光碳化物表层的氧化层可以由着色剂进行指示。如图6-7(a)和(b)分别所示为含70%和20% PuC的混合碳化物芯块的典型微观结构。

(2) 孔隙控制

燃料芯块的孔隙对燃料性能的影响主要体现在如下三个方面：

① 孔隙率对机械性能和热传导的影响；

② 孔隙率对辐照过程中裂变气体及其他挥发性裂变产物的释放过程的影响；

③ 孔隙在燃料运行状态容纳燃料肿胀的作用。

碳化物的燃料芯块主要分为两类：一类是致密型燃料(致密度达到98%TD)，主要用于

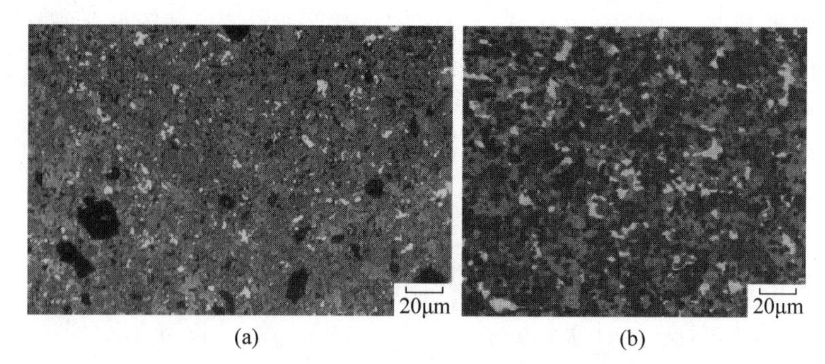

图 6-7 不同含量 PuC 的混合碳化物芯块微观结构
(a) 70%PuC；(b) 20%PuC

钠冷快堆；另一类是非致密型燃料(致密度为 80%TD～85%TD)，主要用于氦冷堆型。在燃料制造过程中，采用直接压制法或溶胶凝胶法，可通过在生坯或原料中添加适当的造孔剂，实现对燃料芯块孔隙率的控制。

6.1.3 碳化物燃料的性能

1. 热学性能

1) 定压热容

对于 $T>298$K，UC 由室温到熔点范围内的定压热容 C_p，通常可以由如下的拟合公式得到：

$$C_p(T)=a+bT+cT^2+dT^3+e/T^2 \tag{6-10}$$

其中的各项参数具体取值见附录表 1。

2) 热膨胀

对于由室温到熔点的温度范围，热膨胀曲线可以采用如下的拟合公式进行计算，其中的各项参数具体取值见附录表 2。

$$\frac{\Delta L(T)}{L_0}\left(\text{或}\frac{\Delta a(T)}{a_0}\right)=A+BT+CT^2+DT^3+\cdots \tag{6-11}$$

原则上，孔隙率对热膨胀几乎没有影响，但实际中低密度的燃料在运行时的致密化会带来直径变化，进而可能对热膨胀产生间接影响。相比于 UC，含 Pu 的混合碳化物具有更高的热膨胀率。

表 6-2 给出了几种碳化物的平均膨胀系数。

表 6-2 几种碳化物的平均膨胀系数

化合物	平均膨胀系数/10^{-6}℃$^{-1}$	化合物	平均膨胀系数/10^{-6}℃$^{-1}$
UC	10.98(20～1000℃)	$PuC_{0.82}$	11.0(25～900℃)
UC_2	16.53(a 轴，20～1000℃) 10.43(c 轴，20～1000℃)	Pu_2C_3	14.8
U_2C_3	13.53(1100～1730℃)	ThC	5.8(室温约 1500℃)

3）热导率

热导率主要分为声子贡献和电子贡献。在碳化物和氮化物这类陶瓷材料中，其热导率主要来源于电子贡献。热导率的测定方法主要有热流法和激光闪射法，前者对于低温下的测定更加适用，后者则适用于小尺寸样品的热导率测定且应用范围更广，更加适于高温下热导率的测定。这里对热导率等性能的讨论，将 UC 和 UN 进行了对比，在基于 UC 和 UN 的燃料中，主要考虑五个方面对热导率的影响：

① 碳化物中过量碳的影响；

② 与 PuC 或 PuN 的固溶化；

③ 氧作为制造残留杂质元素的影响；

④ 孔隙率的影响；

⑤ 超出溶解度极限的金属杂质的影响，尤其是固体裂变产物。

图 6-8 总结了以上前三个因素对热导率的影响。研究 U-Pu-C 系统中碳化物的热导率发现，$MC+M_2C_3$ 的热导率（$M=U_{0.8}Pu_{0.2}$，低氧含量）在 500K 和 1500K 之间从 17～19W/(m·K)几乎呈线性变化。式(6-12)和式(6-13)给出了氧的质量分数约为 0.3%的混合碳化物$(U_{0.8}Pu_{0.2})C$ 热导率与温度的关系。

$$\lambda=17.5-5.65\times10^{-3}(T-273)+8.14\times10^{-6}(T-273)^2,\quad 323K<T<773K \tag{6-12}$$

$$\lambda=12.76+8.71\times10^{-3}(T-273)-1.88\times10^{-6}(T-273)^2,\quad 773K<T<2573K \tag{6-13}$$

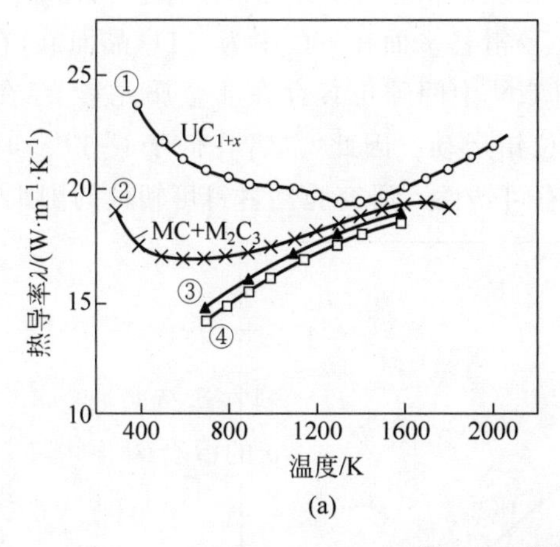

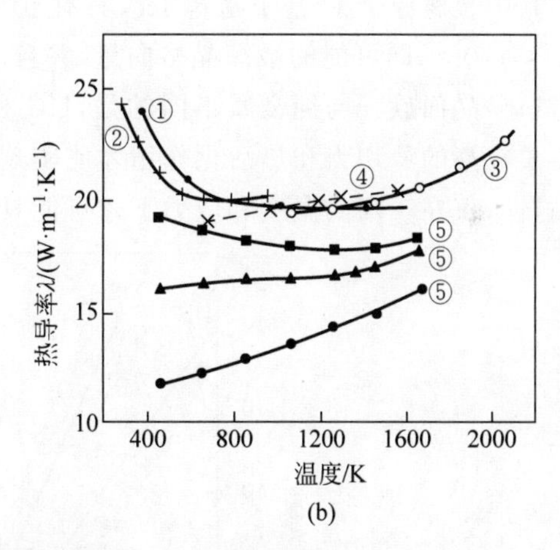

图 6-8 碳化物的热导率

(a) ①UC_{1+x} 和②$MC+M_2C_3$（$M=U_{0.8}Pu_{0.2}$），低氧含量；③和④MC，氧质量分数为 0.3%；(b) 氧对 UC 热导率的影响，①、②、③分别为不同研究者所得 UC 热导率数据；④氧质量分数为 0.32%的 UC，⑤U(C,O)

■—氧的原子分数为 2%；▲—氧的原子分数为 3%；●—氧的原子分数为 17%

氧含量对热导率的影响在低温下较为明显，随着温度的升高而减弱。溶解氧对碳化物热导率的影响很重要。在孔隙率的影响方面，开孔和闭孔以不同的方式对热导率产生影响。裂变产物原子的产生会降低热导率，其中 Ce 的影响最小，Mo 的影响最大，而 Zr 介于二者之间。

2. 力学性能

1）弹性、塑性和硬度

燃料的弹性性能包括弹性模量、杨氏模量、泊松比、剪切模量和体积模量，通常会受到燃料孔隙和温度的影响。对于燃料的孔隙，不仅给出整体孔隙率，其形状、尺寸和取向分布等都应当被表征出来。

UC 的杨氏模量 E 和体积模量 ν 与孔隙率 p 的关系如下①：

$$E = E_0(1-2.31p) \tag{6-14}$$

$$\nu = \nu_0(1-0.986p),\quad 0 \leqslant p < 1 \tag{6-15}$$

杨氏模量 E 与温度的依赖关系为

$$E(T) = E_0[1-0.92\times10^{-4}(T-298)] \tag{6-16}$$

在孔隙率较高的 UC 中，裂变产物对杨氏模量的影响较小。UC 在载荷和高温下均具有一定的可塑性，因此可以通过挤出法制造。其脆性-塑性转变发生在 1273～1473K 之间，具体温度取决于变形程度和晶粒尺寸。

对于硬度而言，在 4.9N 的载荷下，室温下 UC 的维氏硬度（HV）为 6.7GPa。对于化学计量不足的碳化物其硬度值略有增加（对于 $UC_{0.91}$ 为 7.3GPa），而在超化学计量的碳化物中则降低（在 $UC_{1.05}$ 中为 6.5GPa）。随着温度的升高，碳化铀的硬度会逐渐降低。

2）蠕变性能

图 6-9 给出了现有的关于碳化铀和氮化铀的相关蠕变数据。像 UC 和 UN 这样的陶瓷固体，其中金属原子 U 基于密排 fcc，具有五个独立的滑行系统，位错的布拉格向量为 $\boldsymbol{b}=(a/2)<110>$，即可能的最短晶格向量，并且主要滑移平面在 UC 中为{111}晶面族，在 UN 中为{110}晶面族。与纯金属不同的是，UC 和 UN 中间隙位置存在非金属元素、存在共价键，需要较高的剪切力和热活化作用才能实现位错运动。因此，二者在低于 $0.5T_m$ 时会表现出脆性，仅在较高的温度和应力下才可能具有可塑性。研究脆性材料可塑性的困难在于，

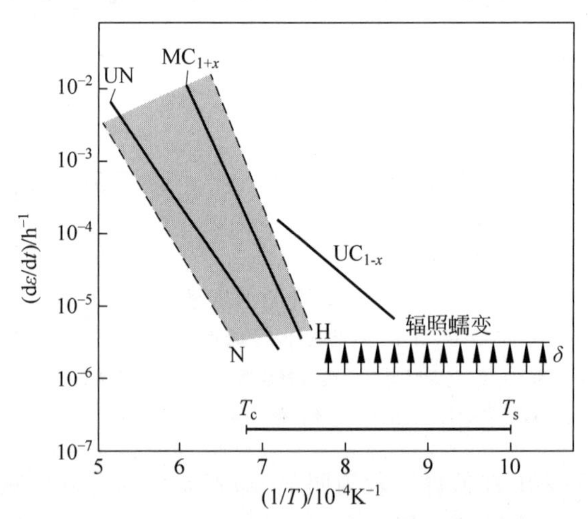

图 6-9　碳化铀和氮化铀的蠕变性能对比

① 式中，E_0、ν_0 为 UC 的标准模量值。

必须在高温下进行压应力分析或弯曲实验，这限制了有用形变的总量，且难于控制裂纹在这一过程中的形成。

6.2 氮化物燃料

自20世纪60年代以来，氮化物燃料首先作为快堆的一种先进燃料被提议应用并随后在整个核领域得到了发展。氮化物燃料主要指的是一氮化铀(UN)及其和一氮化钚(PuN)形成的固溶体(即(U,Pu)N)，其中Pu/(U+Pu)(摩尔比)大约在0.15～0.25的范围内。氮化物燃料具有较高的导热性和较高的金属原子密度，其熔点高、热稳定性好、辐照性能好、高温抗变形性能好，且与碳化物燃料相比具有和包覆材料更好的相容性。国际上在第四代核能系统的规划方面，已将氮化物燃料作为铅冷快堆和钠冷快堆的重要候选燃料。

氮化物燃料虽具有与碳化物燃料相似的物理和化学性质，但其发展和应用晚于碳化物。原因是氮化物燃料的制造研发过程晚于碳化物。除此之外，^{14}N高的中子俘获截面(天然氮中99.6%的丰度)使氮化物燃料的中子经济性变差。但是，自20世纪80年代后期以来，燃料的制造工艺已有所改善。由于氮化物燃料的吸湿性比碳化物燃料小，且氮化物燃料能很好地溶解在硝酸中，从而与湿法化学后处理技术兼容，因此，UN、PuN和次锕系元素的一氮化物的应用和发展逐渐受到广泛的关注，被提议作为新型快堆的候选燃料。此外，氮化物燃料有望成为未来空间动力反应堆、空间核电源以及核动力火箭的首选燃料，同时也是具有前景的高温气冷堆先进燃料，以及次锕系元素嬗变系统(例如加速器驱动的次临界系统)的专用燃料。近年来，氮化物燃料在轻水堆方面的应用也逐渐受到了越来越多的关注，通过将氮化物燃料与氧化物燃料混合或对氮化物燃料进行表面改性等方式，降低了氮化物与水反应的活性，从而实现了氮化物燃料在热中子堆方面的应用。

6.2.1 晶体结构与相图

1. 主要氮化物

表6-3列出了几种U和Pu主要氮化物的晶体结构、晶格常数和熔点/分解温度，图6-10所示为U-N二元相图。

表6-3 U和Pu氮化物的晶体结构、晶格常数及熔点/分解温度

物相	结构	晶格常数/nm	熔点或分解温度/K
UN	NaCl型	0.4889	3120(熔点)
α-U_2N_{3+x}	Mn_2O_3型	1.0685	1440(分解)
β-U_2N_{3-x}	La_2O_3型 六方	0.3696 (c/a=1.580)	1070 1620(分解)
$UN_{1.75}$	CaF_2型	0.531	约700(分解)
PuN	NaCl型	0.4905	2843(分解)
$(U_{0.8}Pu_{0.2})N$		0.4891	3053(分解)

UN 是最为典型的氮化物燃料，为浅灰色粉末，理论密度为 14.32g/cm^3，具有金属性质，是热和电的良导体。当温度在 300℃以下时，UN 易与水发生反应，生成一层 UO_2 保护层。UN 易于氧化，在温度为 1200℃以下制得的 UN，在室温下的空气中即可着火。此外，UN 溶于硝酸、浓高氯酸或热磷酸，不溶于盐酸、硫酸或氢氧化钠溶液。

UN 的晶体结构属于 NaCl 型面心立方结构。金属原子占据立方晶胞的顶角和面心位置，其邻域有 6 个八面体配位间隙，N 原子占据间隙位置。

与 UC 类似，UN 也是单一组分的化合物，即使在 $T>1600$K 的温度下，UN 相也在 0.995<N/U 原子比<1.0 的范围内。在 1.5<N/U 原子比<1.8 范围内的斜点线粗略地指示了在 1bar 氮气压力下 β-U_2N_{3-x}、α-U_2N_3 和 UN_{2-x} 三相的温度极限。其中，在 1.54<N/U 原子比<1.73 范围内，是六方的 β-U_2N_{3-x}（La_2O_3 结构，$0.02<x<0.1$）和体心立方的 α-U_2N_3 相。在 N/U 原子比>1.73 时变为 CaF_2 晶型的 UN_{2-x} 相。如图 6-11 所示为 UN、α-U_2N_3 和 β-U_2N_3 的晶胞示意图。

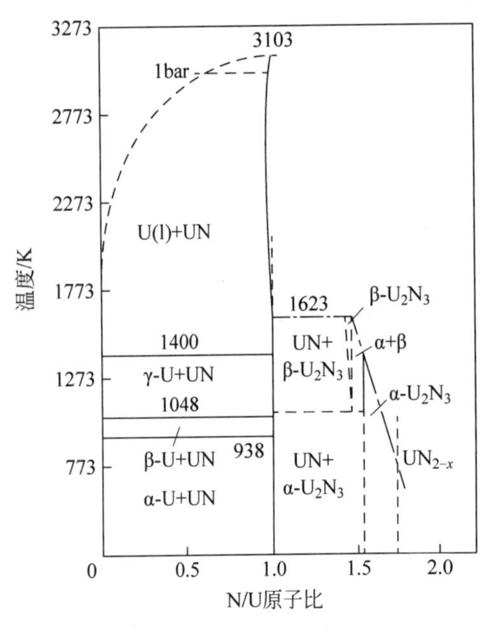

图 6-10 U-N 二元相图

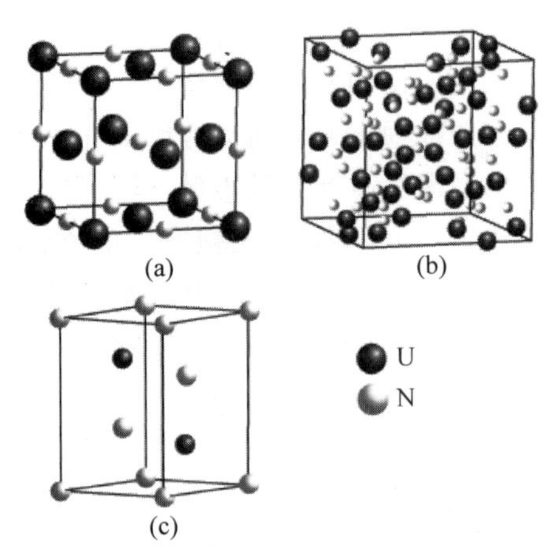

图 6-11 氮化铀晶胞示意图

(a) UN; (b) α-U_2N_3; (c) β-U_2N_3

N/U 原子比>1 的氮化物通常不会直接作为燃料应用，但是在制造过程中必须将它们考虑在内。通常，在 $N_2+8\%H_2$ 气氛下通过氧化物的碳热氮化形成氮化物或在 $T>2020$K 的 N_2 气氛下将氮化物粉末烧结之后，在 N_2 压力降低至一定值之后，才可以用惰性气体（如 Ar）或一次真空代替 N_2+H_2 气氛，将具有开孔率的一氮化物芯块冷却至室温。否则，固态产物会形成低密度的倍半氮化物。

对于 Pu-N 二元系统而言，只存在一种化合物，即符合化学计量比的一氮化物 PuN，如表 6-3 中所示，其晶体结构为 NaCl 型，熔点为 2843K。

2. 氮化物固溶体与混合氮化物

氮化物固溶体燃料(U,Pu)N 是快堆中最有发展潜力的燃料核芯。UN 和 PuN 之间可以形成连续的固溶体，其晶格参数随 Pu 含量的增加而增加，氮化物固溶体和混合物也被作为惰性基体燃料，将次锕系元素(MA)以及 U 和 Pu 嵌入基质中，用于次临界驱动系统 ADS 嬗变。ZrN、YN、TiN 和 AlN 作为基体的候选材料，具有好的化学稳定性和热导率。其中 ZrN 具有 NaCl 型 fcc 结构，晶格参数为 4.580Å，具有与 UN 几乎相同的热导率，熔高点，在空气中具有好的化学稳定性。在封闭的燃料循环中使用含约 20%～25%Pu 的(Pu,Zr)N 来燃烧 Pu。(Pu,Zr)N 的晶格参数随 Zr 含量的增加而降低。

6.2.2 氮化物燃料的制备

1. 制备方法

1) 以金属或氢化物为原料的氮化方法

这种方法主要在 20 世纪 60 年代时应用。这类方法具体包括：在 1073～1173K 温度下，于 N_2 或 NH_3 中对金属 U 或 Pu 进行直接氮化；在高压 N_2 下将 U 或 Pu 金属进行电弧熔化；用氢化物分解而形成的细颗粒 U 或 Pu 粉末在 N_2 或 NH_3 中进行氮化；氢化-氮化法，即使 UH_3 或 $PuH_{2.7}$ 直接与 N_2 或 NH_3 反应。就氮化铀而言，获得的产物通常为 U_2N_3，为获得 UN 需要在 1300～1400℃热处理使 U_2N_3 分解。

这些反应都是放热反应，需要在慢速的温度制度中实现对产物更好的控制。另外，由于反应中包含非常细小的金属粉末、氢化物和氮化物，这些物质具有很高的化学活性，在室温下对湿度和环境中的氧气非常敏感，需要在高纯惰性气体中进行操作。因此这类方法仅局限于实验室制备，很难实现工业化生产。

2) 碳热还原氮化法

碳热还原氮化法是氮化物燃料制备应用最广泛的一种方法。这种方法的实现有两种路径，第一种是首先将氧化物与碳在惰性气氛中发生碳热还原，再将获得的碳化物于 N_2-H_2 混合气氛中进行二次高温反应实现氮化，即称为碳热还原-氮化路径，如式(6-17)所示：

$$MC + N_2 + 1/2H_2 \longrightarrow MN + HCN \tag{6-17}$$

第二种路径是直接一步在 N_2 或 N_2-H_2 气氛中完成高温氮化，即称为碳热氮化路径，如式(6-18)所示：

$$MO_2 + 2C + 1/2N_2 \longrightarrow MN + 2CO \tag{6-18}$$

这里 M 指的是锕系元素如 U 和 Pu。通常需要将氧化物与碳的混合物在 N_2 气氛中加热至 1773～1973K。当温度降低至 1673K 以后需要将气氛从 N_2 或 N_2-H_2 转换为 Ar，以防止高氮化物的形成。这类方法成本低、操作简便，能够更好地实现在实验室规模和工业化规模的燃料制备，且能够很好地实现均质化。

这一方法的缺点是会带来高含量的 C、O 杂质。因此，通常在初始混合物中加入过量的碳以减小氧含量，进一步地再于 N_2-H_2 混合气氛中进行高温除碳，以使残余的碳以 CH_4 或 HCN 气体的方式逸出。对于 UN 和(U,Pu)N，通常选取起始的 C/MO_2(摩尔比)为 2.2～2.5。

瑞士的保罗谢勒研究所(PSI)开发了以锕系元素的硝酸盐为起始原料的氮化物颗粒的制备方法。该方法避免了粉尘产生，与传统粉末工艺相比，具有远程操作的可行性。制备的氮化物颗粒可以直接填充到燃料棒中，也可以压制并烧结成燃料芯块。如图 6-12 所示为瑞士的保罗谢勒研究所制得的混合氮化物微球。

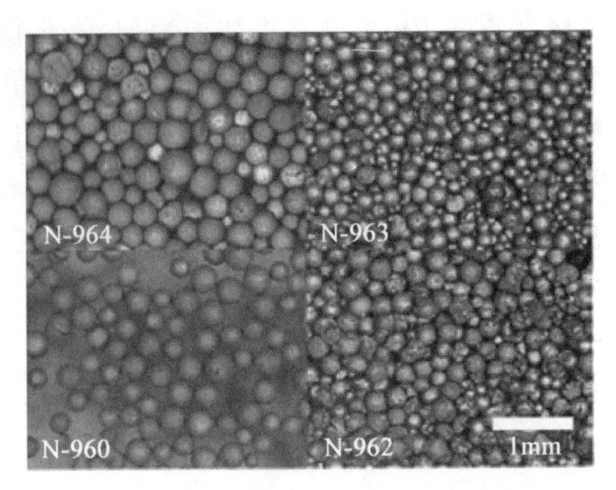

图 6-12 瑞士 PSI 获得的氮化物烧结微球形貌

N-964：ZrN；N-963：(Zr,Ce)N；N-960：(Zr,Nd)N；N-962：(Zr,U)N

美国橡树岭国家实验室在制备 UN 微球方面进行了大量研究，得到了致密度达 83％TD～86％TD 的 $UC_{1-x}N_x$ 微球，其中 x 最高可达 0.98，微球形貌如图 6-13 所示。近年来，清华大学核能与新能源技术研究院在采用碳热氮化法进行氮化铀微球制备方面做了大量研究。类似于碳化物燃料，在氮化锆模拟材料方面进行了研究，对制备工艺中的各项参数的影响进行研究并优化，并借鉴应用于 U 体系。采用炭黑作为碳源，于 N_2 气氛下直接进行碳热氮化反应，研究了碳热氮化的反应机理，并通过两步氮化法，首先在 1500℃氮化 5 h 后，再进行第二步——于 1580℃氮化 1h，获得了以氮化锆为主相的陶瓷微球，如图 6-14 所示。

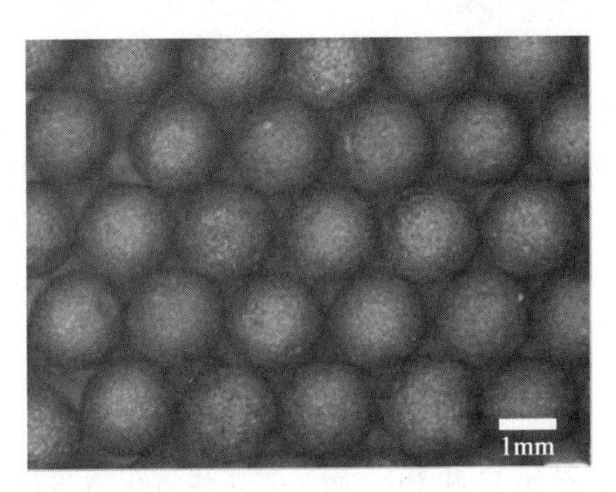

图 6-13 美国橡树岭国家实验室制备的致密度为 83％TD～86％TD 的 $UC_{1-x}N_x$ 微球

3）其他方法

在乏燃料的热化学后处理方面，有四种制备氮化物的方法。第一种是将氮化物乏燃料直接溶解在液态 Sn 中，然后用 N_2 加压，高密度的 UN 粉末就会沉积到液相底部，从而分离出来。第二种方法和第三种方法涉及在液态镉阴极中用熔融盐电解回收锕系元素。第二种方法是通过氮气鼓泡进行氮化，其中氮气在 773～823K 下进入液态 Cd 相。据报道，通过 N_2 鼓泡法成功地制备了 UN 或 U_2N_3 颗粒。但是，由于 Pu 在液相 Cd 中具有热力学稳定作用，因此该方法不适用于 Pu 的氮化。第三种方法是氮化-蒸馏合并反应，其中将含镉阴极的液态锕系元素在 N_2 中于 973 K 加热。在这种方法中，锕系元素的氮化和 Cd 的蒸馏同时进行。迄今为止，已经报道了通过氮化-蒸馏组合方法制备(U,Pu)N、PuN 和 AmN 的方

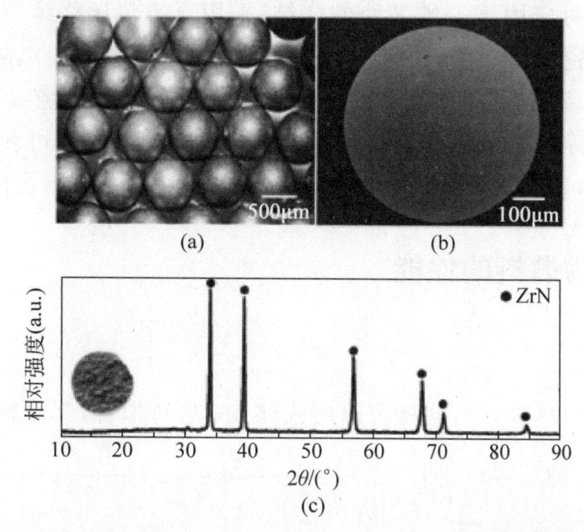

图 6-14　两步氮化法获得的以氮化锆为主相的陶瓷微球

(a) 光学显微照片；(b) SEM 照片；(c) 微球的 XRD 图谱

法。第四种方法称为锕系元素直接氮化工艺，该工艺将锕系元素溶解在氯化物熔融盐中，通过与 Li_3N 直接反应转化为氮化物。

2. 烧结方法

氮化物燃料芯块通常是通过粉末冶金的方式，用球磨机将碳热氮化的产物磨成粉末，压成生坯，然后在 1923～2023K 的熔炉中烧结。有时需将有机黏合剂添加到磨碎的粉末中以促进压制。最后，通过使用无心磨床来调节烧结体的直径。烧结气氛对氮化物燃料的烧结密度有显著的影响。在高 N_2 分压下(例如在 N_2 或 N_2-H_2 流中)烧结获得的芯块密度低于在低 N_2 分压下(例如在 Ar 或 Ar-H_2 流中)烧结获得的芯块密度。氧杂质含量可能会影响芯块在不同气氛下烧结的致密度，如图 6-15 所示为不同氧杂质含量下(U,Pu)N 燃料的微观结构。

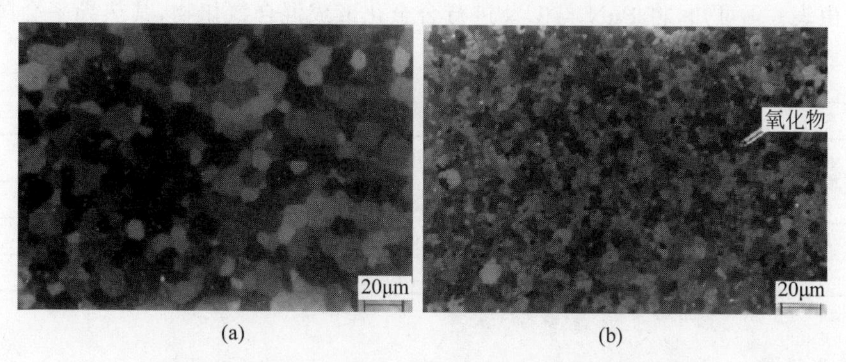

图 6-15　不同氧杂质含量下(U,Pu)N 燃料的微观结构

(a) 氧杂质的质量分数为 0.21%；(b) 氧杂质的质量分数为 0.99%

与氧化物或碳化物粉末相比，锕系氮化物粉末烧结能力较低，这是由于金属原子在氮化物中的扩散速度较低。因此，要制备高于 90%TD 的致密 UN 或(U,Pu)N 芯块，须相当高的烧结温度(一般 $T>1973K$)。

热压烧结技术也可应用于 UN 芯块的烧结，采用真空热压烧结可获得高致密度、不残留金属铀相的 UN 陶瓷。放电等离子烧结是一种利用脉冲电流加热的压力辅助烧结的方法。与传统方法相比，该方法大大降低了烧结温度，可在非常短的烧结时间内获得高致密度的烧结体。采用放电等离子烧结在 1650℃仅保温 3 min 的情况下可获得高致密度、低孔隙率的氮化铀芯块，平均孔隙率仅 0.2%，相比传统烧结芯块的孔隙率要低很多。

6.2.3 氮化物燃料的性能

1. 热学性能

1）热容

对于氮化物燃料的热容 C_p，同样可以用式(6-10)进行拟合，其热容的拟合公式如下：

$$C_p(T)=a\left(\frac{\Theta}{T}\right)^2\frac{\exp(\Theta/T)}{\left[\exp\left(\frac{\Theta}{T}\right)-1\right]^2}+cT+\frac{d}{T^2}\exp\frac{e}{T} \tag{6-19}$$

式中，Θ 为德拜特征温度，各项参数具体取值见附录表 3。

2）热膨胀

一些研究中指出，同样可以采用上一节碳化物燃料中提到的拟合公式(6-11)对氮化物燃料的热膨胀系数进行评估。相应的拟合系数见附录表 4。

3）热导率

对于氮化物燃料，其中的氧杂质含量与化合物的化学计量对热导率的影响较小，主要的影响因素为孔隙率。对 UN 的热导率及其孔隙率依赖性进行研究获得的公式为

$$\lambda(p,T)=\lambda_0(T)\frac{1-p}{1+p},\quad 0\leqslant p\leqslant 0.1 \tag{6-20}$$

$$\lambda_0=1.37T^{0.41}\,\mathrm{W/(m\cdot K)} \tag{6-21}$$

式中，λ_0 为完全致密 UN 的热导率；p 为孔隙率。

混合氮化物的热导率变化不同于碳化物。如表 6-4 所示为 Pu 加入对氮化物燃料 UN 的影响。由表 6-4 可知，将 PuN 与 UN 进行合金化形成混合氮化物，其热导率会降低，且这种影响随着温度的升高更加明显。

表 6-4 三种组分混合氮化物的 $\lambda_{UN}/\lambda_{MN}$ 比率

PuN/%(摩尔分数)	700K	1200K
20	1.188	1.180
35	1.460	1.367
60	1.696	1.613

2. 力学性能

氮化物的杨氏模量与温度和孔隙率有关，其杨氏模量与二者的依赖关系如下：

$$E=0.258D^{3.002}(1-2.375\times10^{-5}T) \tag{6-22}$$

式中，E 为杨氏模量；D 为致密度；T 为温度。适用范围为 TD=75%～100%，T=198～1473K。

剪切模量 G 和体积模量 K 与上述二者的依赖关系如下：

$$G=1.44\times10^{-2}D^{3.446}(1-2.375\times10^{-5}T) \tag{6-23}$$

$$K=1.33\times10^{-3}D^{4.074}(1-2.375\times10^{-5}T) \tag{6-24}$$

这两个公式的适用范围与上述杨氏模量的适用范围相同。

氮化铀的泊松比被认为与温度无关。与体积模量类似，泊松比可以通过测量杨氏模量和剪切模量来估算，而测量杨氏模量和剪切模量的小误差导致这些计算的分散性很大。在泊松比与温度无关的假设下，泊松比与孔隙率的关系如下：

$$\nu=1.26\times10^{-3}D^{1.174} \tag{6-25}$$

其中，ν 为泊松比；D 为致密度，范围为 70%～100%。

氮化铀的硬度随着孔隙率的增加而线性降低，随着温度的升高而指数式降低，对于孔隙率 p 在 0～0.26 以及温度 298～1673K 的范围，硬度与二者的相关性如下：

$$\mathrm{HD}=951.8(1-2.1p)\exp(-1.882\times10^{-3}T) \tag{6-26}$$

其中，HD 为邵式硬度。

6.3　非氧化物燃料的辐照效应

6.3.1　碳化物燃料的辐照效应

1. 堆内行为

研究碳化物燃料的堆内行为有助于调节燃料棒使用寿命内稳定条件下的燃料运行参数，并有助于在不同条件下设定新的运行状态。燃料的堆内行为很大程度上依赖于运行温度以及燃料棒类型，如充 He 燃料或充 Na 燃料等。

美国实验快堆 EBR-Ⅱ辐照了大量的充 He 燃料棒和充 Na 碳化物燃料棒。通过在碳化物燃料棒中用故意诱导的间隙模拟了辐照过程中由于 Na 排出而形成的间隙。燃料棒显示出微观结构的变化，反映出燃料局部温度较高，但包壳依然保留完整性。表明碳化物燃料具有足以用于钠冷快堆的辐照性能，尤其是采用低肿胀合金包壳的 80%燃料密度的充 He 燃料棒显示出最佳的性能潜力。日本原子能研究所在其研究堆 JFR 2 和 JMTR 以及随后的实验快堆 JOYO 中进行了燃料棒辐照。印度的快堆计划始于实验堆 FBTR，高 Pu 的驱动燃料(70%PuC)已经达到了原子分数为 16%的燃耗。瑞士使用的是保罗谢勒研究所(PSI)生产的球形燃料，并在美国的快速通量测试设备中进行了辐照。研究了混合碳化物燃料燃耗周期内的结构变化与肿胀效应。这些基础分析适用于所有类型的燃料，包括充 Na 和充 He 燃料。

在日本 JFR 2 和 JMTR 实验堆关于碳化物燃料的辐照实验中，在原子分数为 1.5%的燃耗之后，芯块的典型开裂和结构重组发生在芯块的中心部位，并形成了大孔。检测到半挥发性 Cs 迁移到气腔和其他冷却部位。在表面附近的晶界也观察到包壳渗碳。

由碳化物燃料辐照结果可以得出结论：充 Na 燃料棒设计具有一些固有的良好性能特征，其线性功率密度更高，但它的缺点是工艺更复杂、质量保证更严苛以及包壳渗碳程度更大；充 He 燃料棒设计可以更好地满足碳化物燃料制造、燃料棒设计以及燃料-包壳间隙和燃料孔隙率之间的设计平衡，从而在线性功率密度和燃耗方面实现更好的性能；与氧化物燃料相比，碳化物燃料的肿胀是其关键问题。固体裂变产物以及溶解在基质中的裂变气体都会促进肿胀发展。肿胀率随着气泡的增加与合并而增加，且是温度的函数。超过临界温度时，碳化物会急剧肿胀。

2. 燃料-包壳相互作用

碳活度和一氧化碳分压是包壳渗碳的重要参数，包壳渗碳会使其变脆甚至破裂。在充 Na 燃料棒中，碳会溶解在 Na 液体中，从燃料转移到包层。在充 He 燃料棒中，碳以 CO 的形式转移。燃耗达到 2%～3%(原子分数)后，燃料可能会发生肿胀并与包壳直接接触。

3. C/M 比和裂变产物化学价态对燃耗的影响

铀-钚碳化物的裂变会形成不同类型的裂变产物，主要是镧系元素、稀土和贵金属。裂变产物的化学状态将在很大程度上影响燃料的堆内行为。裂变产物的形成取决于燃料的燃耗和冷却时间。所产生的裂变产物可以形成二碳化物或一碳化物，取决于在燃料横截面中占主导地位的燃料碳势(C/M 比)和温度梯度。裂变产物与碳的反应可能导致 C/M 比降低以及金属相 U/Pu 的形成，与包壳材料中的低熔点组分形成共熔物。裂变产物及其化学状态也将取决于燃料的 Pu 含量。Pu 的快速裂变导致更多的贵金属形成。每种元素的化学状态及其数量取决于燃料组分、中子谱、燃料在堆内的停留和冷却时间。随着 Pu 和其他裂变产物的量减少，Mo、Pd 和 Nd 的量增加。裂变产物的类型及其化学状态包括：惰性气体 Xe、Kr；挥发性裂变产物 Cs、Rb、Te、I；碱金属 Sr、Ba(形成二碳化物)；四价金属 Zr、Mo、Ru、Pd、Y、Nb、Tc、Rh、Ag(形成一碳化物、二碳化物和倍半碳化物)；Ce、Nd、La、Pr、Pm、Sm、En、Gd、Tb(形成一碳化物和倍半碳化物)。

4. 碳化物燃料的燃料循环

对于碳化物燃料的燃料循环与后处理，目前可采取三种不同的策略：直接处置(一次通过燃料循环)、存储和推迟决策(等待和观察)以及后处理和回收(封闭燃料循环)。碳化物燃料的后处理可以通过湿法冶金法或火法冶金法进行。对氧化物燃料特别是轻水堆燃料进行的大量工作表明，通过萃取循环工艺(plutonium and uranium recovery by extraction, PUREX)进行的湿法冶金是燃料后处理的最先进技术。基于快堆的碳化物燃料与轻水堆燃料的不同点，可对燃烧后的碳化物燃料处理在相同方法的基础上进行改进。这些不同点包括：碳化物燃料的高易裂变核素含量，高比活度和高燃耗；燃料或子组件(钠冷却反应堆)中存在钠；裂变形成的铂族金属与其他元素形成了不溶的残留物；碳化物燃料的自燃性质；碳化物在溶解过程中会形成一些复杂的有机化合物，从而对分离过程产生干扰。

6.3.2 氮化物燃料的辐照效应

1. 辐照经验

与快堆的其他燃料(例如金属、氧化物和碳化物燃料)相比，氮化物燃料的辐照经验非常有限。如表 6-5 所示为快堆中(U,Pu)N 燃料棒的辐照试验。在 EBR-Ⅱ快堆的辐照试验中燃耗最高，但仍低于 10%FIMA。在热反应堆中，例如美国的 ETR 和荷兰的 HFR，达到了大于 15%FIMA 的高燃耗。

表 6-5 各反应堆中(U,Pu)N 燃料棒的辐照试验

反应堆名称	冷却剂类型	最大线性功率/(kW/m)	最高燃耗/% FIMA
EBR-Ⅱ	He 和 Na	110	9.3
DFR	He	130	7.6
RAPSODIE	Na	130	3.4
PHENIX	He	73	6.9
JOYO	He	75	4.3

除(U,Pu)N 外,20 世纪 80 年代 BR-10 中有 5 个富含^{235}U的 UN 燃料组件被辐照至 9%FIMA 燃耗。此外,用于 MA 嬗变的氮化物燃料已接受了辐射测试,包括在 PHENIX 中辐照的(U,Pu,Np,Am)N 和(Pu,Am,Zr)N 燃料,在俄罗斯和日本辐照的(Pu,Zr)N 燃料。

2015 年,在 HFR 中以中等线性功率(46～47kW/m)辐照了两个凤凰型 $Pu_{0.3}Zr_{0.7}N$ 燃料,在 170 个满功率日内,将燃料棒辐照到 9.7%(88MW·d/kgHM)[①]的燃耗,辐照后检测表明,燃料的总体肿胀率为 0.92 vol%/%FIMA。裂变气体的释放量为 5%～6%,而氦气的释放量大于 50%,没有观察到燃料重组,只有轻微的裂化。

对设计制造的氮化铀 TRISO 颗粒也开展了初步辐照试验,在美国橡树岭国家实验室的高通量同位素反应堆(high flux isotope reactor,HFIR)中辐照到 0.7%FIMA 的燃耗,获得了低燃耗的有效数据。

2. 裂变产物

氮化物燃料中裂变产物的化学形式通过热力学平衡计算和燃耗模拟实验以及辐照后检查进行评估。这些方法获得的结果总体上是一致的。但在采用 XRD 或金相分析进行物相鉴别时,即使燃耗高于 10%FIMA,对于除 UN 以外的其他物相也很难确定。

表 6-6 显示了辐照(U,Pu)N 燃料中裂变产物最可能的化学形式。其中,诸如 Xe 和 Kr 的气态裂变产物作为基本态存在。半挥发性裂变产物(例如 Cs、I 和 Te)很可能以单质状态或化合物(例如 CsI 和 CsTe)形式存在。Nd、Ce、Pr、Y、Zr 和 Nb 等稀土元素被认为溶解在(U,Pu)N 中并形成一氮化物固溶体。Mo 和 Tc 一起以单质状态存在,Ba 和 Sr 形成氮化物 Ba_3N_2 和 Sr_3N_2。铂族元素(例如 Pd、Ru 和 Rh)则很可能在辐照的氮化物燃料中形成金属间化合物(U,Pu)$(Pd,Ru,Rh)_3$。

表 6-6 辐照(U,Pu)N 燃料中典型裂变产物的化学形式

元素	化学形式	元素	化学形式
Ba	Ba_3N_2	Ce	CeN
Cs	Cs、CsI、CsTe	I	CsI
Kr	Kr	La	LaN
Mo	Mo	Nd	NdN
Pd	(U,Pu)$(Pd,Ru,Rh)_3$	Pm	PmN
Pr	PrN	Rb	Rb、RbI
Rh	(U,Pu)$(Pd,Ru,Rh)_3$	Ru	(U,Pu)$(Pd,Ru,Rh)_3$

① HM 为 heavy metal 的缩写,是重金属的意思。

续表

元 素	化学形式	元 素	化学形式
Sm	SmN	Sr	Sr_3N_2
Tc	Tc	Te	Te、CsTe
Xe	Xe	Y	YN
Zr	ZrN		

由于辐照后检查的氮化物燃料棒数量有限，因此目前还没有关于处理氮化物燃料裂变产物气体释放的系统结果。但是，氮化物燃料的裂变产物气体释放量远低于混合氧化物燃料的释放量。裂变气体的释放受到燃耗、颗粒密度、晶粒尺寸、孔隙率以及燃料温度的影响。

3. 结构重组

由于相对较低的燃料温度和较小的温度梯度，氮化物燃料(U,Pu)N的结构重组相比混合氧化物燃料较温和。然而，充He的(U,Pu)N燃料在高的线性功率密度下辐照时，会产生明显的结构重组。图6-16所示为非氧化物燃料在高的线性功率密度下辐照时的结构重组。区域Ⅰ位于燃料芯块的中心，为多孔结构，孔隙生长到和晶粒相当的尺寸，且裂变产物气体释放率高。有时会在晶粒内部发现小尺寸的中心孔。区域Ⅱ的柱状晶在混合氧化物燃料和线性功率密度达到100kW/m以上的(U,Pu)C燃料中发现，而在(U,Pu)N燃料中没有观察到。区域Ⅲ的结构伴随着晶粒长大、晶界气泡和裂纹的自愈合。裂变气体释放率很高且(U,Pu)N燃料的肿胀在这一区域变得明显。区域Ⅳ保持着燃料原始结构。在低密度的燃料中，由于堆内再烧结的原因会发生轻微的致密化。此外，区域Ⅳ的裂变气体释放和肿胀也都较小。

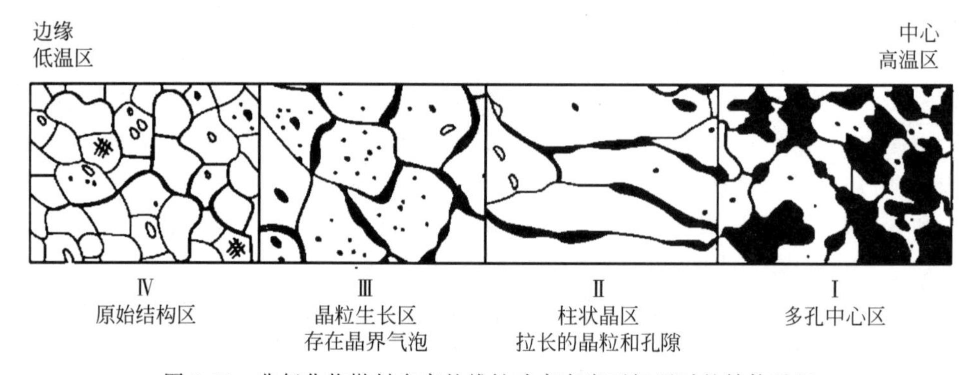

图6-16 非氧化物燃料在高的线性功率密度下辐照时的结构重组

4. 燃料-包壳相互作用

1) 机械相互作用

氮化物燃料中裂变气体的释放较低，这一特征潜在地决定了氮化物燃料由于裂变气体而引起的肿胀增加，即裂变气泡形成并保持在芯块内部。体积肿胀还可能是由于芯块内固态裂变产物或裂纹形成而引起的。另外，由于金属原子在氮化物燃料中低的扩散率，氮化物燃料的蠕变速率相比金属燃料或混合氧化物燃料要低。因此，机械相互作用是评估氮化物燃料最重要的参数，尤其是在高燃耗时。20世纪六七十年代，充He的(U,Pu)N燃料棒在辐照实验中发生了由机械相互作用导致的破坏。

在充 Na 的(U,Pu)N 燃料棒辐照期间,大的燃料-包壳间隙不会完全闭合。但在这种情况下,(U,Pu)N 芯块中裂变碎片的迁移会导致包壳管椭圆化,引起局部的燃料-包壳机械相互作用,有时甚至会因此产生破裂。

2) 化学相互作用

氮化物燃料与用于快堆包壳的不锈钢具有很好的化学相容性。尽管在热力学平衡条件下,对于超化学计量的氮化物燃料而言,可能形成氮化铬,但尚未有包壳机械性能下降的相关报道。在具有高氧和碳含量、充 Na 的(U,Pu)N 燃料中发现包壳内表面略有渗碳。由于在间隙区域中的氧势足够低,在(U,Pu)N 燃料中未发生在混合氧化物燃料中由裂变产物引起包壳的晶间氧化。亚化学计量比组分的(U,Pu)N 燃料的组成应避免,因为自由金属相和包壳会发生反应,形成$(U,Pu)Fe_2$ 和$(U,Pu)Ni_5$ 型化合物。

5. 氮化物燃料循环

到目前为止,关于氮化物乏燃料后处理的相关研究仅局限在实验室水平。湿化学法和高温化学法的后处理技术都被提出可用于氮化物燃料的后处理过程。处置含有天然氮的氮化物燃料中由$^{14}N(n,p)$-^{14}C 反应产生的长寿命^{14}C,或在富^{15}N 氮的氮化物燃料中回收昂贵的^{15}N,成为氮化物燃料后处理中的关键问题。

如果在氮化物燃料中使用富含^{15}N 的氮,则挥发氧化法将有望用于湿法化学工艺。挥发氧化法的优点是在气路系统中将^{15}N 转变为$^{15}NO_x$ 气体回收,从而防止了^{15}N 在溶解过程中被^{14}N 污染和同位素交换反应。

氮化物燃料作为第四代快中子反应堆的先进燃料、MA 嬗变系统专用燃料和水堆可应用的潜在燃料,其研究与开发仍在继续。氮化物燃料具有好的热学性能和足够的安全裕度,使其应用成为可能。然而,对于氮化物燃料的工业化,几个关键问题还有待解决。首先,高燃耗条件下氮化物燃料的辐照性能有待证明。在快中子辐照条件下,辐照试验获得的最高燃耗仍低于 10%FIMA。除了在正常和瞬态条件下对燃料行为进行建模之外,辐照试验中实现最低燃耗 15%FIMA 至关重要。其次,氮化物燃料与包壳的机械相互作用将成为其工业化发展中的限制因素。当然,在使用含^{15}N 的氮化物燃料时,应该开发较为经济且易于大规模扩展、对环境友好的浓缩技术。特别是,MA 嬗变系统专用燃料不可避免地要使用富含^{15}N 的氮化物燃料。因此,基于经济原因,在后处理中回收^{15}N 将是实现燃料制造过程中^{15}N 循环的可选路径。

参考文献

[1] BLANK H. Nonoxide Ceramic Nuclear Fuels[M]. Weinheim: Wiley-VCH Verlag GmbH & Co. KGaA,2006.

[2] HILL H H. In Plutonium and Other Actinides[M]. New York: American Institute of Mining, Metallurgical and Petroleum Engineers,1970.

[3] HOLLECK H,KLEYKAMP H. Gmelin Handbook of Inorganic Chemistry U Supplement Volume C12[M]. Berlin: Springer-Verlag,1987.

[4] 赵世娇. 氮化物颗粒的内凝胶结合碳热氮化制备、机理和性能[D]. 北京:清华大学,2021.

[5] KONINGS R J M. Comprehensive Nuclear Materials[M]. Amsterdam：Elsevier,2012.
[6] LEDERGEBER G,HERBST R,ZWICKY H U,et al. Characterization and quality control of uranium-plutonium carbicle for the AC-3/FFTF experiment[J]. Journal of Nuolear Materials,1988(153)：189-204.
[7] MATZKE H J. Science of Advanced LMFBR Fuels[M]. Amsterdam：Elsevier Science Publishers,1986.
[8] RICHTER K,COQUERELLE M,GABOLDE J,et al. In Proceedings of a Symposium on Fuel and Fuel Elements for Fast Reactors[C]. Vienna,IAEA,1974.
[9] DUGUAY C,PELLOQUIN G. Fabrication of mixed uranium-plutonium carbide fuel pellets with a low oxygen content and an open-pore microstructure[J]. Journal of Nuclear Materials. 2015(35)：3977-3984.
[10] CORRADETTI S, BIASETTO L, MANZOLARO M. Neutron-rich isotope production using a uranium carbide-carbon nanotubes SPES target prototype[J]. European Physical Journal A,2013,49(5)：56.
[11] MATTHIAS R S H,VOGEL C,TANG M. In situ synthesis and characterization of uranium carbide using high temperature neutron diffraction[J]. Journal of Nuclear Materials,2016(471)：308-316.
[12] BIASETTO L,CORRADETTI S,CARTURAN S. Morphological and functional effects of graphene on the synthesis of uranium carbide for isotopes production targets[J]. Scientific Reports, 2018(8)：8272.
[13] GUO H X, WANG J R, BAI J, et al. Low-temperature synthesis of uranium monocarbide by a Pechini-type in situ polymerizable complex method[J]. Journal of the American Ceramic Society, 2018,101(7)：2786-2795.
[14] 郭航旭. 碳化铀和硼化铀陶瓷粉末的制备及性质研究[D]. 北京：中国科学院大学,2019.
[15] HARRISON R W,LEE W E. Processing and properties of ZrC,ZrN and ZrCN ceramics：a review [J]. Advances in Applied Ceramics,2016,115(5)：294-307.
[16] 高勇. 内凝胶法制备碳化锆-氧化锆复合陶瓷微球的研究[D]. 北京：清华大学,2016.
[17] 孙玺. 内凝胶工艺结合碳热还原工艺及铀碳氧微球制备研究[D]. 北京：清华大学,2018.
[18] HUNT R D,MCMURRAY J W,HELMREICH G W,et al. Production of 28μm zirconium carbide kernels using the internal gelation process and microfluidics[J]. Journal of Nuclear Materials,2020(528)：151870.
[19] 易伟,代胜平,沈保罗,等. 氮化铀粉末合成工艺研究[J]. 核动力工程,2007,28(5)：46-49.
[20] ODEYCHUK M. The advanced nitride fuel for fast reactors[C]. IAEA Technical Meeting,Obninsk, IAEA,2011.
[21] LINDEMER T B,VOIT S L,SILVA C M,et al. Carbothermic synthesis of 820 μm uranium nitride kernels：Literature review,thermodynamics,analysis,and related experiments[J]. Journal of Nuclear Materials,2014,448：404-411.
[22] HUNT R D,SILVA C M,LINDEMER T B,et al. Preparation of $UC_{0.07\text{-}0.10}N_{0.90\text{-}0.93}$ spheres for TRISO coated fuel particles[J]. Journal of Nuclear Materials,2014,448(1-3)：399-403.
[23] ZHAO S J,XU R,MA J T,et al. Preparation and microstructure characterization of crack-free zirconium nitride microspheres by internal gelation combined with two-step nitridation[J]. Journal of Sol-Gel Science & Technology,2020,95(2)：398-407.
[24] 尹邦跃,屈哲昊. 热压烧结 UN 陶瓷芯块的性能[J]. 原子能科学技术,2014(10)：1850-1856.
[25] FONSECA L,HEDBERG M,HUAN L,et al. Application of SPS in the fabrication of UN and (U, Th)N pellets from microspheres[J]. Journal of Nuclear Materials,2020,536：152181.
[26] JOHNSON K D,LOPES D A. Grain growth in uranium nitride prepared by spark plasma sintering [J]. Journal of Nuclear Materials,2018,503：75-80.

[27] Investigation of High Burn-up Nitrides as Candidate Fuel for Incineration of Plutonium[C]. Luxembourg, European Commission, 1996.

[28] BLANK H. In Proceedings of Topical Meeting on Advanced LMFBR Fuels[C]. Tucson, American Nuclear Society, 1977: 482-501.

[29] INOUE M, TAKASHI I, ARAI Y, et al. In Proceedings of International Conference on Atoms for Prosperity: Updating Eisenhower's Global Vision for Nuclear Energy[C]. New Orleans: American Nuclear Society, 2003: 1694-1703.

[30] MAYORSHIN A A, KISLY V A, SHISHALOV O V, et al. In Proceedings of International Conference on Atoms for Prosperity: Updating Eisenhower's Global Vision for Nuclear Energy[C]. New Orleans: American Nuclear Society, 2003: 1989.

[31] HANIA P R, KLAASSEN F C, WERNLI B, et al. Irradiation and Post-irradiation Examination of Uranium-free Nitride Fuel[J]. Journal of Nuclear Materials, 2015(466): 597-605.

复合燃料及嬗变靶材

复合燃料是由非燃料惰性基体和分散在惰性基体中的易裂变相组成的。自20世纪50年代中期以来,复合燃料的可靠性和高燃耗性能引起了人们的研究兴趣。早期的研究是基于燃料性能的理论分析,结果表明相比于常规氧化物和金属燃料,复合燃料的高燃耗性能具有很大潜力。最完整的实验工作集中于将 UO_2 分散在不锈钢中,以用于紧凑的热谱和快中子增殖反应堆中。在20世纪60年代后期,由于对紧凑型反应堆的需求不强,并且核电站供应商继续围绕水冷堆的锆合金包壳-氧化物燃料进行标准化,复合燃料系统的研发工作进展缓慢。如今,复合燃料主要用于研究和测试反应堆中,因为在这些研究堆中通常需要高功率密度和高燃耗。日本福岛核电站事故后,随着对反应堆安全性要求的日益提升,安全性更高的新型的复合燃料体系又迎来新的研究热潮。此外,具有惰性基质的复合燃料也可以作为靶材嬗变钚元素和次锕系元素。

7.1 复合燃料

7.1.1 复合燃料的分类

在核燃料领域,复合燃料一般主要包括两种类别:

(1) 金属-陶瓷复合燃料(cer-met)。由金属基质及分散在其中的陶瓷燃料颗粒组成。金属-陶瓷燃料芯块通常以冶金方式与包壳材料结合,以改善从燃料到冷却剂的热传递。

(2) 陶瓷-陶瓷复合燃料(cer-cer)。由陶瓷基质及分散在其中的陶瓷燃料颗粒组成。由于具有类似的陶瓷性质,陶瓷-陶瓷复合燃料芯块可以替代现有的 UO_2 芯块。

复合燃料与水冷动力反应堆和液态金属冷却反应堆系统中常用的燃料类型的主要区别在于可裂变材料在惰性基体中的位置。一种典型的复合燃料的结构示意图如图7-1所示。球形燃料颗粒首先被包覆在某些涂层材料中,涂层设计一定的缓冲层。缓冲层可以是施加到颗粒表面的包覆层,或者由自由空间组成。缓冲层可以有效地将燃料颗粒与基质隔离,并在裂变气体积累或燃料颗粒膨胀时提供自由体积,从而不会在基体上施加应力。陶瓷燃料中燃料颗粒之间的自由空间也有助于防止由于燃料颗粒膨胀而导致的基体破裂。之后将包覆颗粒弥散分布在基体材料中，为了进一步束缚裂变产物，基体材料之外还有一层包壳材料。这种复合结构设计虽然以降低重金属密度为代价，但具有提升燃耗的潜力，并可以提高燃料的可靠性，防止裂变气体和固体裂变产物传输到燃料外。选择合适的基体材料还可以提高对燃料颗粒膨胀的机械抵抗力。

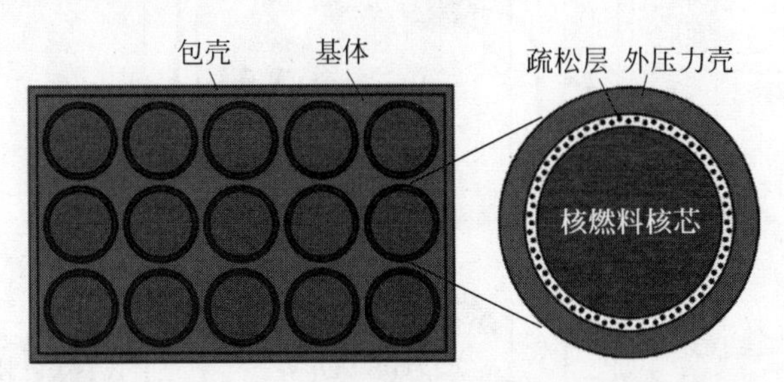

图 7-1　一种含有包覆燃料颗粒的复合燃料示意图

复合燃料除了从组成种类方面分为金属-陶瓷和陶瓷-陶瓷两种类型外，根据其分散体的尺寸还可以分为宏观分散燃料和微观分散燃料。宏观分散燃料通常使用的粒径为 50～200μm，可以将大部分裂变碎片保留在燃料颗粒内，并使基质材料保持不受损。微观分散体的燃料粒径通常为几微米，一些设计采用微观分散体是由于其制造方便，同时采用陶瓷-陶瓷复合可以有效避免基体材料的开裂。

7.1.2　复合燃料的主要结构形式

主流的商业水堆燃料大都采用芯块-包壳的结构形式，但目前正在大力发展中的新型的核能系统由于对高功率密度和高燃耗的追求，大都采用复合燃料的结构形式。这些具体的燃料类型将在后续章节详细介绍，下面就复合燃料主要的结构形式进行概述。

1. 球形燃料颗粒弥散分布的复合燃料

复合燃料包括燃料相和基体相，为实现更均匀的复合，一般将燃料相制备成球形。众多反应堆燃料采用如图 7-1 所示的结构形式。例如高温气冷堆燃料采用包覆燃料颗粒弥散分布在石墨基体中的球形或柱状燃料元件。这种结构设计同样也适用于熔盐堆和气冷快堆，不同之处在于包覆颗粒的包覆层材料的选择及包覆层结构的设计，例如两层结构和多层结构。同样，除了石墨基体，其他碳化物（如 SiC、ZrC）和氮化物（AlN、TiN）高温陶瓷也是重要的潜在基体材料。

2. 颗粒密堆燃料

采用随机形状的核燃料颗粒直接填充在包壳中形成复合燃料的历史可以追溯到 20 世纪 50 年代，这种燃料称为颗粒密堆燃料，它具有简单、多功能性和易于适应远程操作等特点。最简单的颗粒密堆燃料为使无固定形状的燃料颗粒根据尺寸分布形成一定的级配，然后采用振动填料的方式做成棒状。图 7-2 中展示了一种采用电解沉积工艺制备颗粒密堆混合氧化物（MOX）燃料的工艺流程。另外一种颗粒密堆燃料为采用球形燃料颗粒，由于球形颗粒的尺寸分布窄，可以对燃料的各项结构参数进行精确的调控和设计。小直径的颗粒可以填入大直径颗粒形成的各种间隙中，获得高的堆积密度。根据颗粒混合方式的不同一般分为渗透填充和平行填充两种。平行填充为级配颗粒直接混合。渗透填充为先填充大颗粒再填充小颗粒，由于大颗粒排布更为紧密，小颗粒的有效填隙可以实现更高的填充密度，如图 7-3 所示。

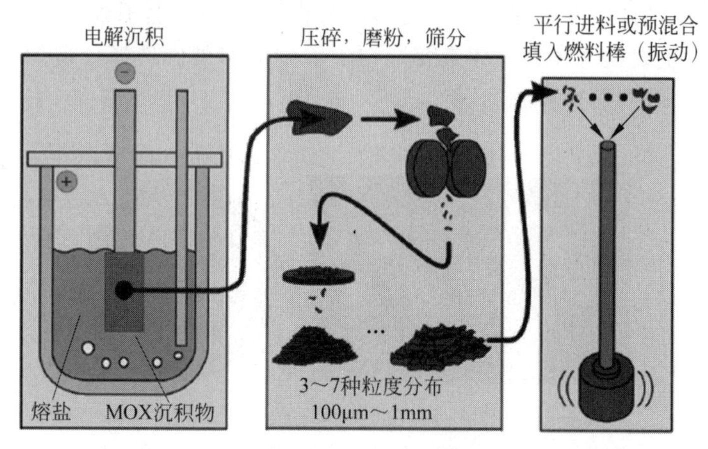

图 7-2 采用电解沉积工艺制备颗粒密堆混合氧化物(MOX)燃料的工艺流程

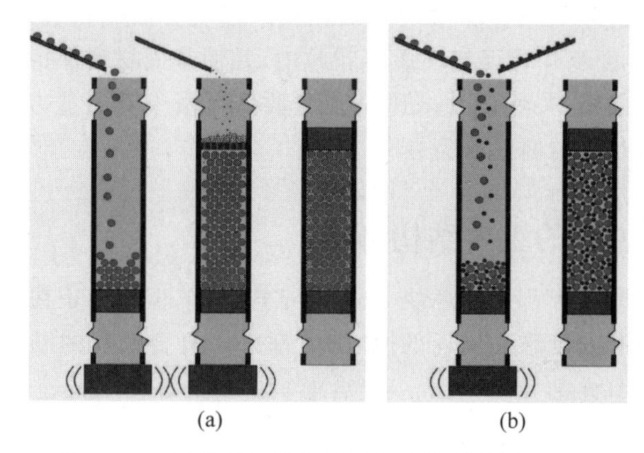

图 7-3 不同颗粒级配的球形密堆燃料的填充方式

(a) 渗透填充；(b) 平行填充

3. 其他复合形式

燃料相除了选用颗粒外，还可以设计成棒状等其他形式。日本核能研究计划(nuclear energy research initiative，NERI)提出了新的燃料元件设计思路，将包覆疏松 SiC 层的氮化物混合燃料放入含有圆柱状孔洞的 SiC 基体中。基体 SiC 材料的制备过程如图 7-4 所示，首先通过共烧将毫米级的碳棒均匀布置在 SiC 基体中，经过脱碳处理后碳棒的位置留下孔洞，然后将包覆有疏松 SiC 层的氮化物混合燃料插入基体孔洞中得到燃料元件。

7.1.3 复合燃料设计的理论基础

1. 金属-陶瓷复合燃料

对于一般的金属-陶瓷复合燃料结构，燃料的性能在很大程度上取决于基体相在辐照过程中保持强度和延展性的能力。在辐照过程中，基体的强度必须足以抵抗因固体裂变产物和裂变气体驱动的燃料膨胀而引起的开裂或撕裂。例如之前讨论过的以金属铝为基体的板

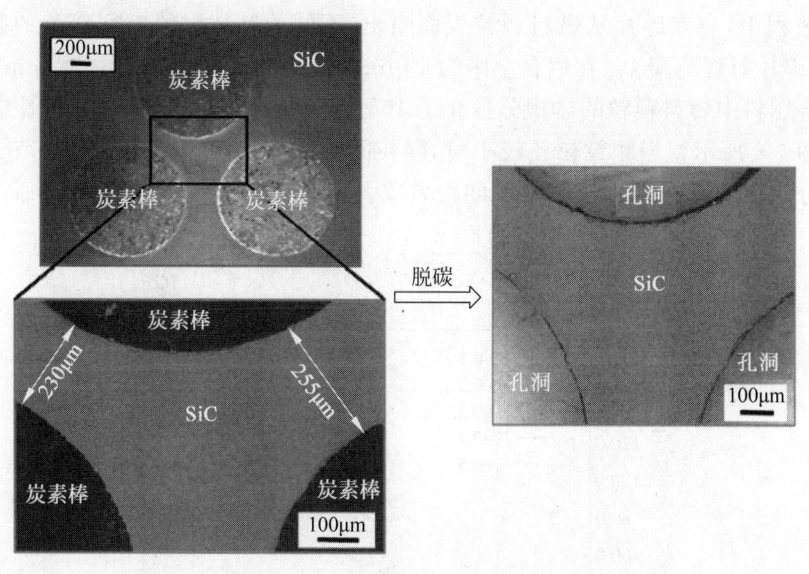

图 7-4　含轴向阵列孔洞的 SiC 燃料基体的制备过程

型燃料中，在燃料相之间连通的基体中观察到的裂纹或撕裂会导致板型燃料分层，并最终形成大的裂变气孔，造成燃料的失效。

在辐照期间，从燃料颗粒表面释放到周围基体中的裂变碎片是复合燃料性能劣化的主要因素。裂变碎片损坏机制下燃料颗粒尺寸与燃料颗粒装载量之间的关系如图 7-5 所示。由于原子离位和局部基体成分变化，这些高能、高原子质量的粒子会导致材料性能快速降低。基体由于裂变碎片而遭到破坏的体积分数取决于燃料装载量、燃料颗粒大小、累积裂变密度及裂变碎片射程范围。可用简单几何模型描述球形燃料颗粒均匀分散燃料中颗粒间距与未损坏基体体积之间的关系。燃料颗粒之间的距离 d 与燃料颗粒体积 V_f 和燃料颗粒直径 D 的关系如下：

$$d = D\left[\left(\frac{\pi}{3\sqrt{2V_f}}\right)^{1/3} - 1\right] \tag{7-1}$$

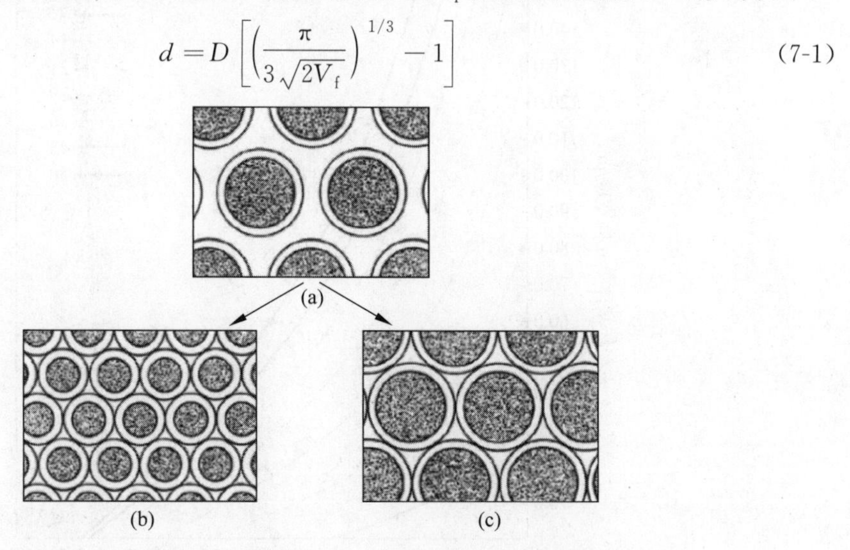

图 7-5　裂变碎片损坏机制下燃料颗粒尺寸与颗粒装载量之间关系示意图

(a) 合适的颗粒体积装载量和尺寸可防止受损体积重叠；(b) 相同体积装载较小的粒径；(c) 较高的体积装载量导致受损体积重叠

辐照过程中，裂变碎片从燃料颗粒表面喷出，不同的基体材料裂变碎片的射程范围不同，典型的碎片射程范围 λ_m 在铝合金中为 13μm，锆合金中为 9μm，钢中为 7μm。

当复合燃料中燃料颗粒的体积分数介于 10%～50%之间时，颗粒表面间距与燃料粒径的关系如图 7-6 所示。当颗粒粒径较小时，颗粒间距离将小于裂变碎片射程范围。基体中未损坏部分的宽度 d'可以通过从颗粒间距离减去裂变碎片射程范围的 2 倍来简单计算：

$$d' = D\left[\left(\frac{\pi}{3\sqrt{2V_f}}\right)^{1/3} - 1\right] - 2\lambda_m \tag{7-2}$$

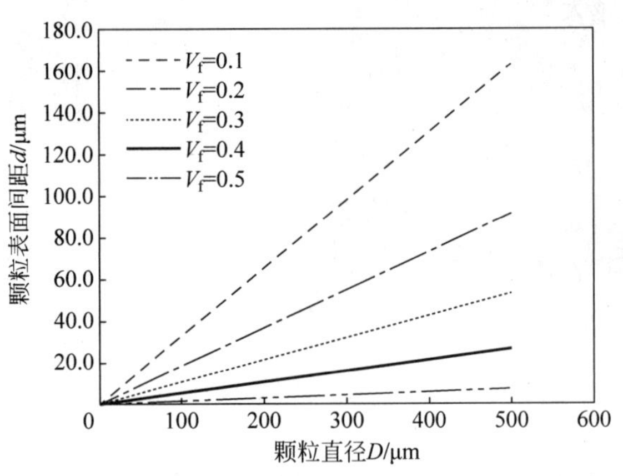

图 7-6 颗粒表面间距与燃料粒径的关系图(燃料颗粒体积分数介于 10%～50%之间)

未损坏基体单元间厚度 d'与不同颗粒粒径燃料装载体积关系如图 7-7 所示。图中引入了颗粒直径与裂变碎片射程的比值作为变化参数，该参数值越大，代表燃料颗粒的直径与裂变碎片射程的比值越大。图中的曲线与横坐标相交的点代表裂变碎片损坏区开始重叠的点。

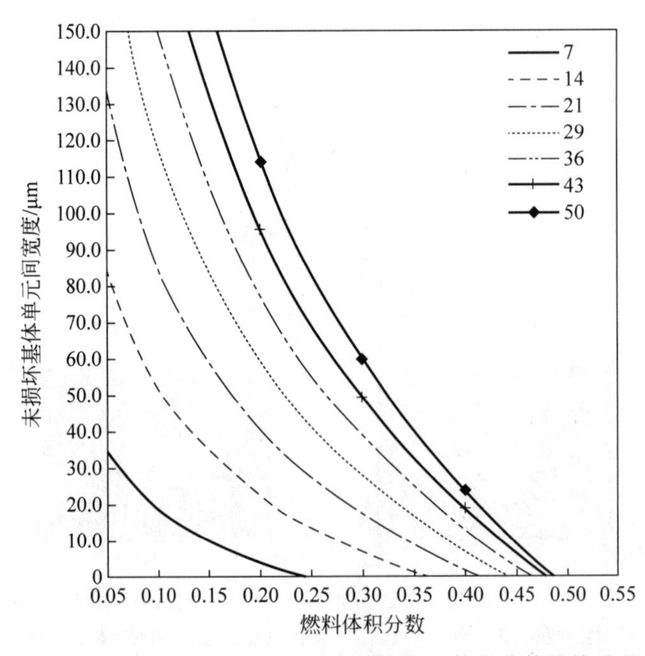

图 7-7 未损坏基体单元间宽度与燃料颗粒体积分数的关系图

图例表示颗粒直径与裂变碎片射程的比值($D/2\lambda_m$)。例如，$D/2\lambda_m=14$，表示颗粒直径是裂变碎片射程的 28 倍

对于理想的颗粒分散，裂变碎片射程 λ_m、粒径 D、燃料颗粒体积分数 V_f 及未损坏的基体的体积分数 V_{udm} 之间的关系如下所示：

$$V_{udm}=1-\left(\frac{V_f}{1-V_f}\right)\left[\left(1+\frac{1}{D/2\lambda_m}\right)^3-1\right] \tag{7-3}$$

图 7-8 展示了射程为 10μm 的裂变碎片在不同的颗粒装载量条件下，未损坏基体的体积分数随颗粒尺寸的变化关系。从图中可以看出，对于固定比例的燃料颗粒体积装载量，颗粒尺寸越小，基体损坏的体积分数越大；对于指定的颗粒大小，燃料颗粒的装载体积越大，基体损坏的体积分数越大。

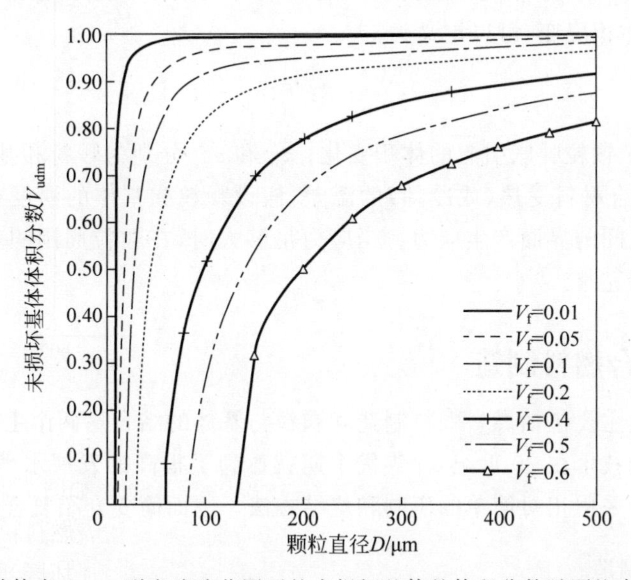

图 7-8　在理想分散体中 10μm 裂变碎片范围下的未损坏基体的体积分数随颗粒直径和装载量的变化

以上计算基于理想的均匀分布，在实际的核燃料制备中，与理想均匀分布结构的偏差会导致更大的基体损伤分数。金属陶瓷燃料的性能还取决于基体强度随温度的变化。进一步结合材料在反应堆内的力学行为，采用这些分析方法可以更准确地预测金属-陶瓷燃料的失效阈值。

2. 陶瓷-陶瓷复合燃料

陶瓷-陶瓷复合燃料中典型的失效模式为基体的开裂，这种开裂一般来源于因燃料颗粒膨胀而产生的拉应力。基于对双相陶瓷热膨胀差异的分析，有研究者提出了一种基体开裂的理论模型，如下式所示：

$$\left[\frac{\beta R_p(\beta+2)}{\pi(\beta+1)}\right]^{1/2}\left[\left(\frac{1}{(\beta+1)^2}+\frac{6\sqrt{2}}{\pi}V_p\right)c_4\right]>K_{IC} \tag{7-4}$$

其中

$$\beta=\frac{R_m}{R_p}-1 \tag{7-5}$$

$$R_m=\sqrt[3]{\frac{\pi\sqrt{2}}{3V_p}R_p^3} \tag{7-6}$$

$$c_4 = \frac{c_1}{c_2 + c_3 (R_p / R_m)^3} \tag{7-7}$$

$$c_1 = \frac{2}{3} E_p E_m \varepsilon_V \tag{7-8}$$

$$c_2 = 2E_m (1 - 2\nu_p) + E_p (1 + \nu_m) \tag{7-9}$$

$$c_3 = 2[E_p (1 - 2\nu_m) - E_m (1 - 2\nu_p)] \tag{7-10}$$

在上面的公式中，K_{IC} 为基体的断裂韧性，V_p 为颗粒的体积分数，$2R_m$ 表示颗粒间距离，$2R_p$ 为颗粒粒径，E_p、E_m、ν_p 及 ν_m 分别表示粒子相和基体相的杨氏模量和泊松比。

ε_V 为颗粒的体积应变，可以定义为

$$\varepsilon_V = \frac{\Delta V}{V} + 3\Delta T (\alpha_p - \alpha_m) \tag{7-11}$$

式中，$\Delta V/V$ 为由于颗粒肿胀引起的体积变化；α_p 和 α_m 分别为颗粒和基体的线膨胀系数；ΔT 为整个陶瓷复合材料受热（或冷却）的温差，假设颗粒和基体的温度相同。颗粒的膨胀会在基体和颗粒之间的界面产生应力。当应力足够大时，在颗粒周围的基体中形成环形裂纹而颗粒本身保持完整。

7.1.4 复合燃料制造

复合燃料制造主要包括燃料颗粒制造和颗粒与基体的结合这两个主要过程。不锈钢金属陶瓷燃料的制造技术在 20 世纪 60 年代中期就达到了很高的发展水平，将陶瓷燃料制备成芯块的过程一般采用相对简单的压制和烧结方法。下面简要介绍复合燃料的制备方法。

1. 燃料颗粒制造

早期尝试使用机械研磨方法来制备球形颗粒，后来采用溶胶凝胶方法来制备氧化物球形燃料颗粒或多孔颗粒，通过将多孔颗粒在锕系元素的硝酸盐溶液中渗透获得燃料颗粒。目前燃料颗粒制造主要基于溶胶凝胶法。

1）内凝胶法

内胶凝方法适合生产氧化锆基混合氧化物燃料球和氧化镎基混合氧化物燃料球。具体制备方法为，首先将金属硝酸盐水溶液与六次甲基四胺（$C_6H_{12}N_4$）和尿素（$CO(NH_2)_2$）混合，其次使溶液流过振动的毛细管，产生液滴。液滴从毛细管落入加热的硅油浴中，液滴中的尿素和六次甲基四胺分解生成氢氧化铵，导致金属氢氧化物沉淀并形成半固体球体，然后用溶剂（如三氯乙烷）冲洗球体。最后将残留的反应产物在稀释的氨溶液中除去，完成凝胶化过程。将凝胶球在热空气中干燥，煅烧以除去有机物，之后通过烧结达到所需的密度和化学计量比。图 7-9 展示了不同直径球形颗粒的制备方法。小颗粒通过振动形成油射流，喷射到油浴中，而大的液滴则直接滴入油浴中。制备小球时，大约每秒产生 1.5 万个液滴，而制备大球体时，大约每秒产生 6 个液滴。内凝胶的凝胶过程除了可在加热的油浴中进行，也可以采用其他的加热方式，例如微波（见图 7-10）。

2）外凝胶法

外凝胶法使用的原料为锕系元素溶解在硝酸中形成的硝酸盐溶液。使用离心旋转或者喷雾的方法形成液滴，液滴的大小由溶液的黏度决定。喷出的液滴在氨浴中骤冷，外表面固

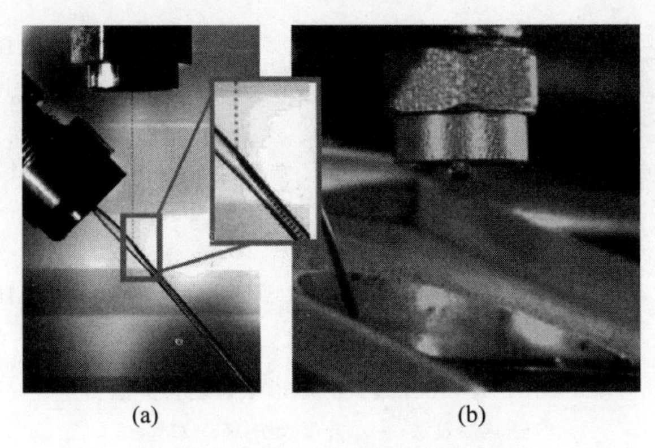

图 7-9 不同直径颗粒的制备方法

(a) 直径 40μm；(b) 直径 1mm

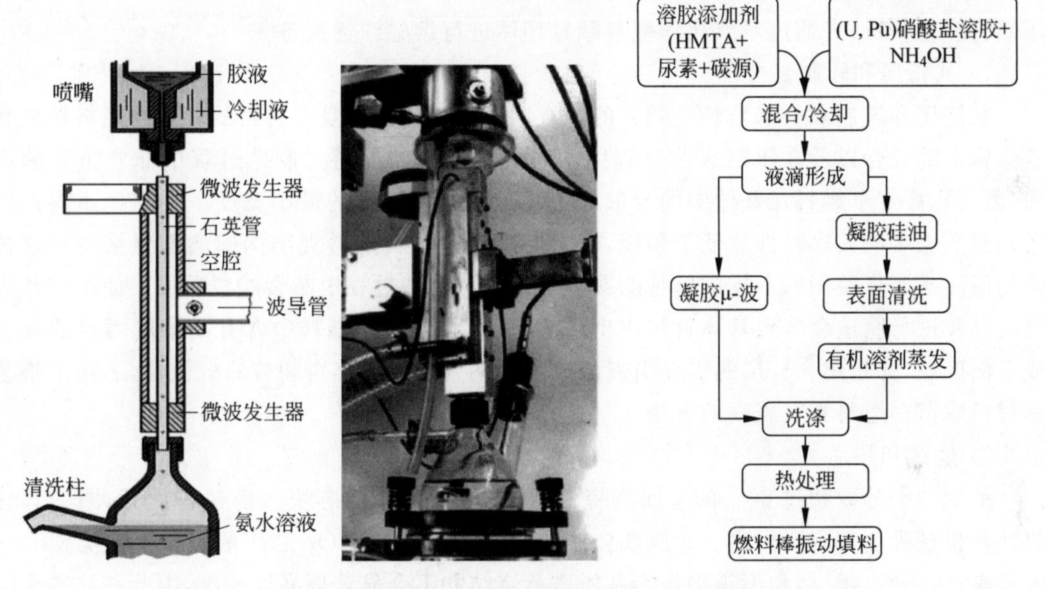

图 7-10 采用微波加热制备内凝胶微球的装置和技术路线(瑞士 PSI)

化并逐渐形成颗粒。然后将颗粒洗涤、干燥并煅烧以获得球形燃料。内凝胶和外胶凝过程均采用氨来沉淀金属离子形成凝胶球,其根本区别在于氨的来源不同。

3) 水代法

水代法是由固体氧化物颗粒分散胶液的溶胶体系来形成微球。氧化物凝胶微球由含水氧化物溶胶制备,过程是在水的溶解度为 0.3%～10%体积分数且含有表面活性剂的有机溶剂中首先形成一定尺寸的液滴,保持液滴与有机溶剂接触,水由凝胶球中向有机溶液扩散,直到它们完全凝固。

以上方法适合制备纯相或复合的球形燃料颗粒,其基本原理如图 7-11 所示。此外,在某些需要低装载量重金属的复合燃料中,微球渗透法是常用的一种选择。这种方法首先制备一定粒径和孔隙率的多孔陶瓷微球作为基体,之后基体在含重金属的硝酸盐溶液中反复渗透,然后煅烧以获得重金属质量分数为 40%或更高的复合微球。

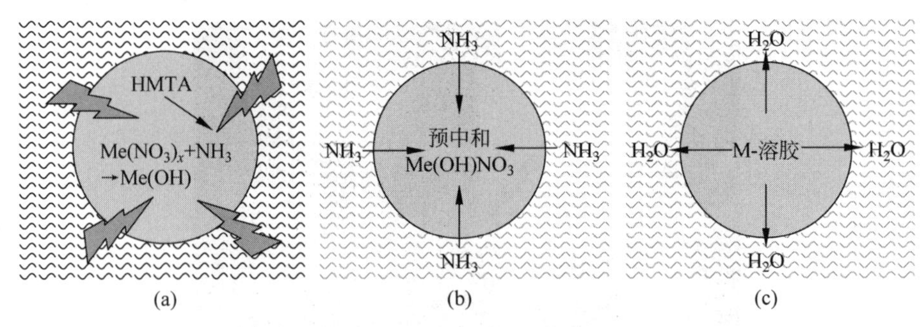

图 7-11 几种典型的球形颗粒制备方法

(a) 内凝胶法；(b) 外凝胶法；(c) 水代法

2. 金属-陶瓷复合燃料制造

金属陶瓷燃料可以通过共挤压或轧制黏合制成棒状和板状。对于燃料芯块，一般通过压制、烧结制备或者通过对氧化物燃料颗粒坯体进行熔融渗透制备。

1）共挤压和轧制黏合

共挤压和轧制黏合都依赖于颗粒的粉末冶金工艺来制造复合燃料的芯体。燃料颗粒和基体粉末的混合以及在压制成芯过程中均匀混合状态的保持是制造过程中非常重要的步骤，因为它决定了燃料在基体中的分散均匀性以及基体损坏的最小宽度。早期金属陶瓷燃料辐照数据表明其燃耗性能低于预期，这主要是由于燃料的微观结构偏离理想结构。这种结构偏离来源于使用的不规则形状的颗粒或在燃料制造过程中断裂的弱颗粒。使用这些类型的颗粒进行制造会导致基体材料中出现隆起，这些隆起是燃料中含有高浓度燃料的线性或平面区域，并是燃料分层的潜在引发因素。后期为了提高燃料颗粒的分散性，采用了将基体材料涂覆在燃料颗粒表面的方法。

2）烧结和热压

铀的体积分数超过 60%的金属陶瓷芯块可以作为 UO_2 芯块的潜在替代品，因为其导热性和机械强度都有所提高。金属陶瓷芯块的烧结工艺与 UO_2 芯块的制备工艺类似。一般而言，使用铌、钼、铬和不锈钢作为基质进行烧结并不会显著提高致密度，因此往往需要引入加压烧结工艺。当用球型 UO_2 颗粒制造金属陶瓷时，在 10KSI(1KSI＝6.84MPa)的热等静压和 1422～1561K 的温度下，密度超过理论值的 90%。图 7-12 分别展示出采用烧结工艺制备金属陶瓷复合燃料的典型显微结构。

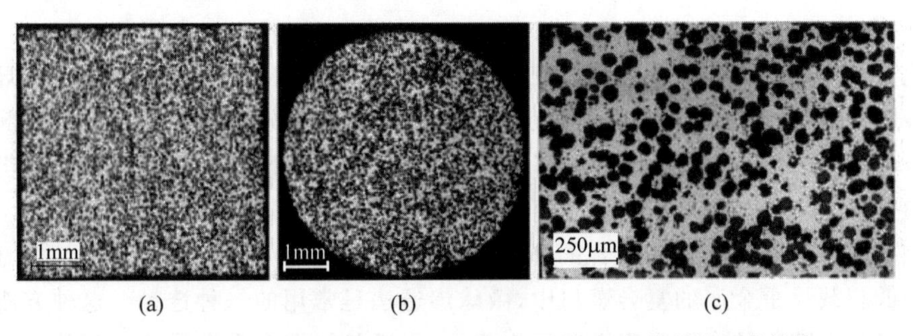

图 7-12 烧结工艺制备的 Y-Zr-Pu-O 与不锈钢复合燃料的显微结构

(a) 轴向剖面；(b) 径向剖面；(c) 微球形貌

3）金属渗透

熔融金属渗透技术主要是通过向燃料颗粒堆积体中渗透熔融金属来制造金属陶瓷燃料。一般铝合金或锆合金是常用的金属基体材料。在制备过程中，燃料颗粒和合金粉末一起填充入模具中，通过振动的方法实现较高的松装密度，然后将混合物加热到基体合金的熔点以上，形成金属基体的三维连通结构。

3. 陶瓷-陶瓷复合燃料制造

陶瓷-陶瓷复合燃料基质通常使用传统的压制和烧结方法，煅烧或烧结的燃料颗粒与基体粉末混合，冷压成生坯，然后烧结。燃料典型的显微结构与图7-12类似。为了在燃料颗粒和基体之间产生自由空间以容纳裂变气体和抵消肿胀，可以采用不同预烧密度的燃料颗粒以引起燃料和基体之间的差异烧结。

7.1.5 复合燃料的性能

1. 复合燃料的热导率

对于复合燃料可通过改善燃料的热导率降低燃料中心温度。燃料的中心温度及其温度分布是控制燃料性能的重要因素。基体强度、裂变气体释放速率和燃料-基体反应速率等都与温度密切相关。

目前有很多两相系统热导率模型，其中Hashin-Shtrikman模型为各向同性、均匀分布的两相材料提供了热导率的上限和下限。式(7-12)是基于此方法的修正，并已被证明与铝基分散燃料的导热系数具有较高的吻合度。

$$K_{\text{comp}}=\frac{-K_{\text{f}}+3V_{\text{f}}K_{\text{f}}+2K_{\text{m}}-3V_{\text{f}}K_{\text{m}}}{4}+\frac{\sqrt{8K_{\text{f}}K_{\text{m}}+(K_{\text{f}}-3V_{\text{f}}K_{\text{f}}-2K_{\text{m}}+3V_{\text{f}}K_{\text{m}})^2}}{4} \tag{7-12}$$

其中，K_{comp}为复合燃料的有效热导率；K_{f}和K_{m}分别为燃料和基体的热导率；V_{f}为燃料的体积分数。

2. 复合燃料的辐照行为

1）金属-陶瓷复合燃料

对于金属-陶瓷燃料的辐照行为的研究大多是在20世纪50年代和60年代进行的，并在特定燃料体系中获得了一些瞬态性能数据。比如在氧化物弥散分布在不锈钢基体中的复合燃料中，燃料比例及辐照温度越高，燃料元件破损的概率就越大，燃料元件所能达到的燃耗就越低。通过选择耐高温基体相金属或合金(钨、铌和钼)，金属陶瓷燃料可以在极高的温度下运行。这些燃料可用于核热推进系统，以提高系统的功率转换效率。对W-UO_2金属陶瓷进行的辐照试验表明，尽管未经钨包覆的UO_2会发生表面升华，但该体系在峰值温度超过2673K的短时间辐照下是稳定的。图7-13所示为铌基体中UO_2颗粒分散复合燃料辐照后的显微照片。首先通过化学气相沉积法在燃料颗粒上涂上铌，然后在1260℃、69MPa下等静压3h，燃料装载量为80%(质量分数)。到大约4%(原子分数)燃耗下燃料的中心温度为1753K。辐照后燃料的密度下降了1.4%。

2）陶瓷-陶瓷复合燃料

陶瓷基复合燃料辐照行为的早期研究主要集中在热导率的提高方面。之后，对陶瓷基

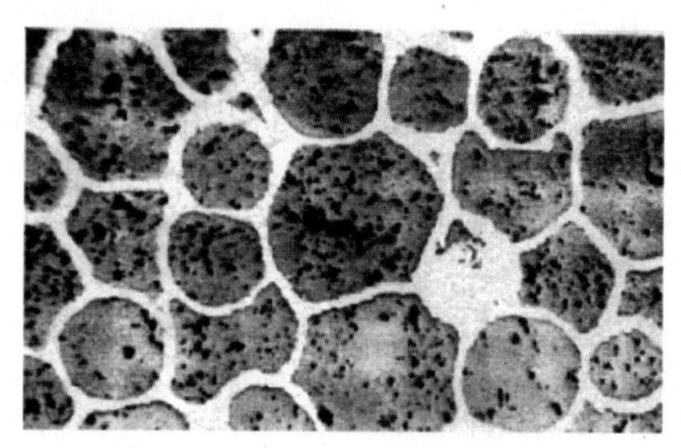

图 7-13 UO_2/Nb 燃料在 4%燃耗条件下的显微结构(燃料中心温度为 1753K)

复合材料的研究集中于使用这些燃料进行次锕系元素的嬗变。由于不同的陶瓷基体表现出的性能差异较大,因此陶瓷-陶瓷复合燃料也会表现出复杂的辐照行为。由于这部分燃料更多地被归类为惰性基体燃料,其辐照行为将在下节进行介绍。

7.2 惰性基体燃料

从严格意义上来讲,惰性基体燃料(inert matrix fuel,IMF)是指任何以低活化基体作为易裂变材料载体的核燃料,其最初目的是改善燃料特性和节省铀资源。但是目前惰性基体燃料一词与不含铀的钚燃料密切相关,以达到在一次辐照中获得对过量钚(分离的民用钚或拆除武器中的钚)销毁的最高效率。在无铀燃料的情况下,惰性基体燃料也可用于次锕系元素的嬗变,严格意义上来说这种类型的燃料通常称为靶材,因为其裂变材料含量太低而无法用作燃料。

根据应用类型,人们已提出多种材料作为核燃料的惰性基体,如 MgO、ZrO_2 及 CeO_2 等陶瓷,石墨或 SiC 等耐火材料,以及不锈钢、锆或钼等金属,具体的选择取决于应用类型以及反应堆类型。在热反应堆中,由于对中子经济性的考虑,只有几种基体材料是理想的选择,其中 MgO 和 ZrO_2 基燃料一直是研究的重点。在燃料结构上主要有两种类型:一类是固溶体,例如基于氧化锆的燃料$(Zr,Y,Pu)O_{2-x}$;另一类是复合燃料,例如$((Zr,Y,Pu)O_{2-x})(ss)+$ MgO(基体)。

ZrO_2 基核燃料的开发始于 20 世纪 60 年代,基于对快中子辐照 ZrO_2 进行的一些开创性工作之后,对 UO_2-ZrO_2 燃料也进行了成功的辐照试验。20 世纪 60 年代后期,开展了 ZrO_2-PuO_2、MgO-PuO_2 和 PuO_2-UO_2-ZrO_2 燃料的辐照性能研究。但公开报道的辐照性能数据很少,甚至根本没有公布。进入 20 世纪 90 年代,核燃料循环后端问题突出,人们又开始重视惰性基体燃料的研究,主要是基于对不断累积的钚含量的以及具有长期放射毒性元素销毁的需求。

7.2.1 制备方法

惰性基体燃料制造的两种主要方法为直接粉末混合工艺和液相工艺。粉末混合过程是对不同粉末进行混合和研磨的干法过程，它所获得的产品在微观尺度上不能完全保持均匀。液相沉淀过程基于溶液的混合，通过共沉淀从溶液中获得固体粉末。该沉淀物通常是非常均匀的，但是由于使用水溶液，一般需要使用少量(多批)进料来确保该工艺免受临界风险的影响。这两个过程也可以结合起来，用作生产具有不同微观结构的固溶体燃料或复合燃料。

1. 液相工艺

液相工艺主要用于制造固溶体燃料，通常使用硝酸盐溶液作为起始原料，将溶液混合并通过共沉淀转化为粉末，或者通过外凝胶或内凝胶化过程转化为微球。所得粉末可通过球磨、压实和在还原性气氛(N_2/H_2 或 Ar/H_2)中烧结直接获得燃料颗粒。图 7-14 显示了用外凝胶和内凝胶法制备$(Pu,Zr,Y)O_{2-x}$ 颗粒的两种工艺流程。所制备的球形颗粒的典型形貌如图 7-15 所示。

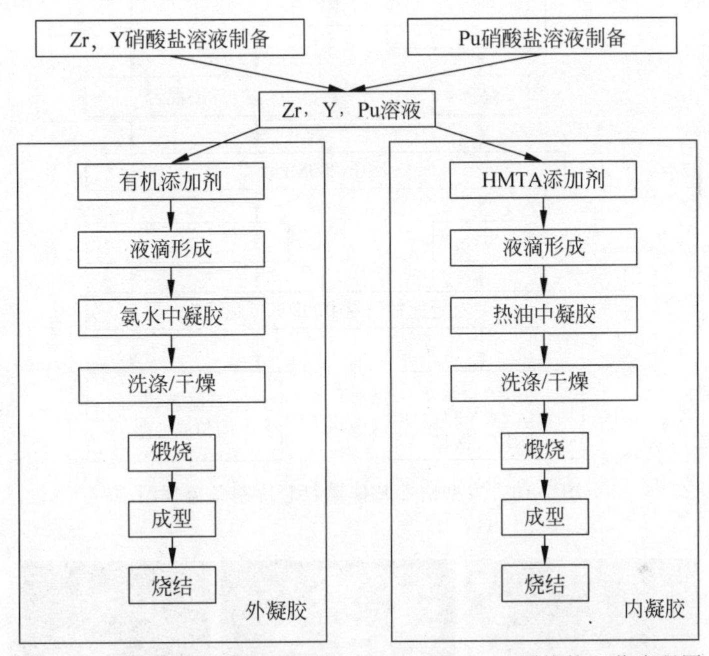

图 7-14　外凝胶和内凝胶法制备$(Pu,Zr,Y)O_{2-x}$ 颗粒的工艺流程图

图 7-15　液相法制备的$(Y,Pu,U,Zr)O_{2-x}$ 微球的外观(a)和$(Er,Y,Pu,Zr)O_{2-x}$ 微球的外观(b)

2. 粉末混合工艺

粉末混合工艺通常用于制造混合氧化物(MOX)燃料，也可将其用于惰性基体燃料的制

备。虽然与液体工艺相比它具有产生更多粉尘的缺点，但粉末混合工艺更简单直接。为了生产固溶惰性基体燃料，将适当比例的原材料（如 UO_2 或 PuO_2，ZrO_2 和 Y_2O_3）粉末混合，然后将这些粉末在磨机（球磨机或磨碎机）中混合，压制成小丸，然后在还原性气体（如 N_2/H_2 或 H_2）中烧结，烧结温度在 1723～2023K 之间。

复合燃料的生产更加复杂，图 7-16 所示为颗粒分散和均匀混合惰性基体燃料的流程图。根据不同的分散体系，燃料相可以选择煅烧微球或者混合粉末之后再与基体粉末进行混合，后续继续进行压制烧结等工艺。图 7-17 展示了 $(Er,Y,Pu,Zr)O_{2-x}+MgAl_2O_4$ 尖晶石惰性基体燃料的微观结构。

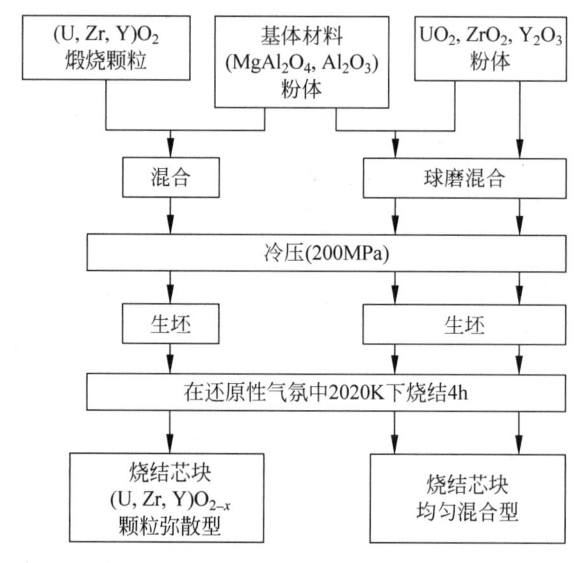

图 7-16 典型惰性基体燃料芯块制备流程图

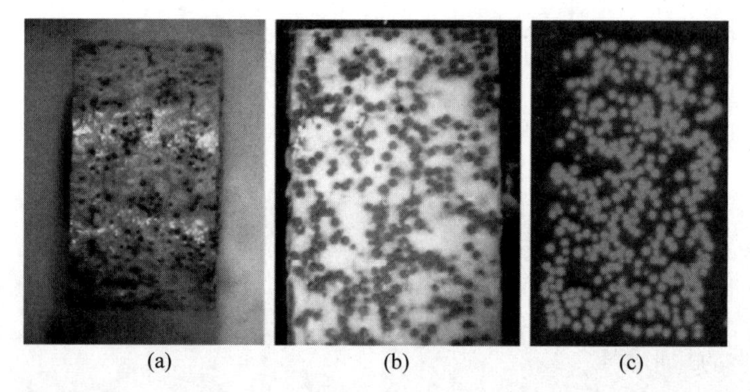

图 7-17 $(Er,Y,Pu,Zr)O_{2-x}+MgAl_2O_4$ 尖晶石的外观(a)、内部外观(b)和 α 射线自显影图像(c)

7.2.2 燃料性能

1. 化学性质及结构稳定性

惰性基体燃料中的基体相一般选择性能稳定的材料。如 ZrO_2 是非常稳定的材料，不溶于硝酸，也不与蒸汽反应，熔点高（2983K），在 2273K 时的总蒸气压为 0.01Pa。此外，考虑到核废料的处理，ZrO_2 的抗化学腐蚀性能以及基于 ZrO_2 的惰性基体燃料的优势对于直接处置和存储乏燃料非常有利。ZrO_2 在室温下具有单斜晶体结构，在高温下具有四方和立方晶体结构。冷却过程中 ZrO_2 会从四方晶系到单斜晶系转变，转变过程中体积变化较大，会导致破裂，这种情况需要避免。通过添加少量其他氧化物可以将 ZrO_2 稳定在四方或立方形式，常用的稳定剂为 Y_2O_3 或 CaO。

MgO 的熔点(3100K)比 ZrO_2 更高，在 2000K 时的总蒸气压为 100Pa。MgO 不会与液态钠反应，这有利于其在钠冷反应器中的使用。然而，MgO 最大的缺点是会与水反应形成氢氧化物，这使得单一 MgO 基燃料无法用于水冷堆。

2. 热导率

1）基体

锆基燃料的主要缺点是热导率低，在目标温度范围（大约 1273K）下，立方相稳定的 ZrO_2 的热导率约为 2W/(m·K)。研究人员对锆基燃料进行了广泛研究，发现(Zr,Y,Er,Pu)O_{2-x}（质量分数为 16%）的热导率与 YSZ 非常接近。假设氧化锆相的热导率不随钚浓度的变化而显著变化，则可以由式(7-13)近似得到锆基燃料的热导率，它远低于其他常用基体相的热导率。不同惰性基体材料的热导率随温度的变化如图 7-18 所示。

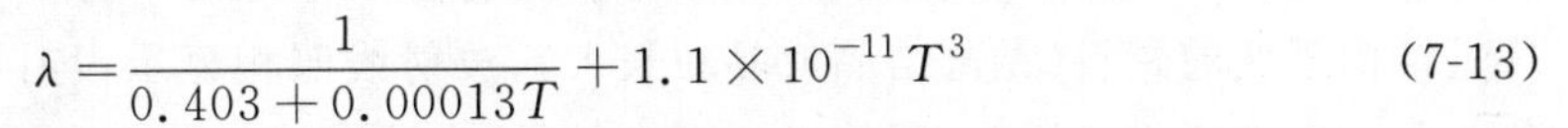

$$\lambda = \frac{1}{0.403 + 0.00013T} + 1.1 \times 10^{-11} T^3 \tag{7-13}$$

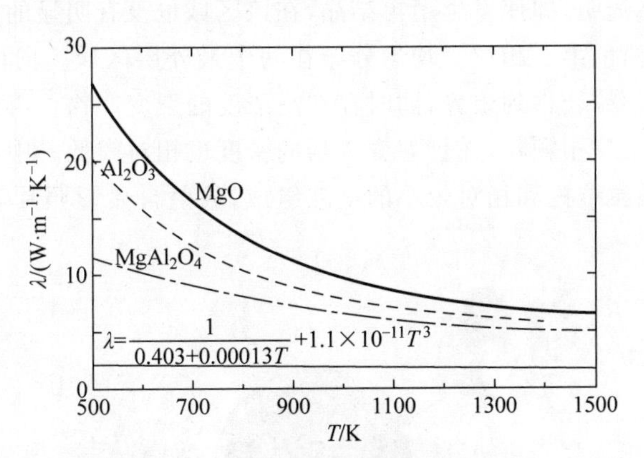

图 7-18　不同惰性基体材料的热导率

2）燃料

复合燃料的总热导率不仅取决于各个组分的热导率，还取决于其微观结构。对于由随机分布在基体中的球形颗粒制成的复合材料，其热导率与分散相浓度间存在如下关系：

$$1 - C_D = \frac{\lambda_D - \lambda_C}{\lambda_D - \lambda_M}\left(\frac{\lambda_M}{\lambda_C}\right)^{1/3} \tag{7-14}$$

其中，λ_M、λ_D 和 λ_C 分别代表基体、分散相和复合燃料的热导率，C_D($0 \leqslant C_D \leqslant 1$)表示分散相的浓度。

式(7-15)所示为一种更为实用的复合体系有效热导率(λ_{eff})公式，适用于浓度范围(V_D)广的球形颗粒弥散的金属-陶瓷燃料，在这种材料中，基体相的热导率远大于燃料相的热导率，即 $\lambda_M \gg \lambda_D$：

$$\lambda_{\mathrm{eff}}=\lambda_{\mathrm{D}}+(1-V_{\mathrm{D}})(\lambda_{\mathrm{M}}-\lambda_{\mathrm{D}})\left(\frac{\lambda_{\mathrm{eff}}}{\lambda_{\mathrm{M}}}\right)^{1/3} \tag{7-15}$$

3. 辐照行为

1）基体材料

由稳定的 ZrO_2 制成的惰性基体燃料可与镧系元素、过渡元素或其他裂变产物形成固溶体。中子和裂变碎片辐照实验表明 ZrO_2 具有很高的抗非晶化能力。在 Xe 辐照下，即使在极端条件下，ZrO_2 也不会非晶化。ZrO_2 的肿胀速率也非常低，在 Xe 离子（能量 60keV）通量达 $1.8\times10^{16}\ \mathrm{n/cm^2}$ 辐照条件下，室温下的肿胀为 0.19%，在 925K 时为 0.72%。

MgO 在高温下对中子辐照也是稳定的。当进行低温辐照实验时，可以观察到无缺陷细长的间隙环和网络结构的形成，发现了明显的肿胀。当退火至 1273K 左右时，60%的辐照损伤可恢复。

2）燃料

对 ZrO_2 基燃料进行了大量的辐照试验，其辐照后显微结构的形成主要源于基体材料较低的热导率。图 7-19 所示为辐照后的 ZrO_2-9.76%（质量分数）PuO_2 燃料样品横截面。和之前讨论的 UO_2 燃料类似，辐照后的燃料也可以分为几个特征明显的区域。最外层的环是结构不变的燃料（无再结晶或晶粒长大），放射线照相显示没有明显的裂变产物迁移迹象。下一个内环为半透明，即使发生了再结晶，在该区域也没有明显的裂变产物迁移。仔细检查发现，非常小的白色第二相粒子均匀分布在两个最外层区域。向内的第三个环由大颗粒组成，空隙从该大颗粒迁移到边界，同时存在高浓度的裂变产物。再向内的第四个环为致密结构，没有空隙和第二相颗粒，并且裂变产物的密度也相对较低。中心区域为最初的熔融区域，由柱状、等轴晶粒结构和相对较小的空隙组成，放射自显影照片表明中心的裂变产物分布均匀。

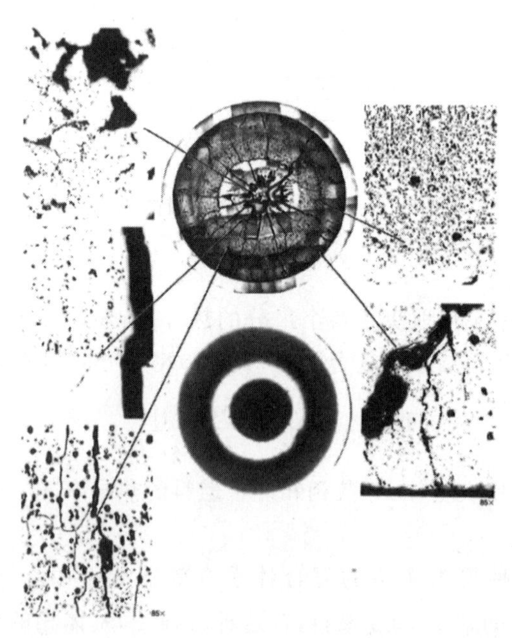

图 7-19　辐照后的 ZrO_2-9.76%（质量分数）PuO_2 燃料样品横截面

$MgO-PuO_2$ 燃料的辐照行为与 ZrO_2 基类似，其主要的辐照行为为中心产生空隙以及柱状晶粒生长。样品中心附近在高温下会形成半透明柱状晶粒，大晶粒被较小的不透明柱状晶粒的周向环所围绕，而该周向环又被外围附近的未受影响的材料环所围绕。放射自显影和化学分析表明，PuO_2 和裂变产物在径向上发生了重分布。PuO_2 和裂变产物从大的半透明柱状晶粒中排除，并集中在大小柱状晶粒之间的边界环中。在这几个区域中，钚的浓度变化了两个数量级。

对于复合燃料体系而言，由于其燃料颗粒的尺寸和分散形式的不同，辐照行为也各异，其典型的行为主要是元素的重分布及裂变产物从燃料相向基体中的扩散。如图 7-20 所示，对于 U(Pu)-YSZ 与 $MgAl_2O_4$ 复合燃料，在一定的条件下，由于低的氧分压，还会造成基体相的分解以及 MgO 的挥发。

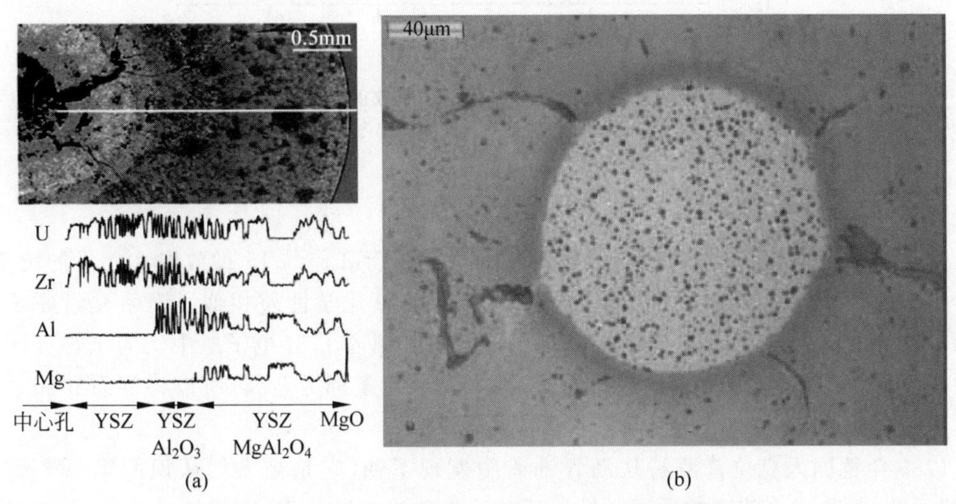

图 7-20　U(Pu)-YSZ 与 $MgAl_2O_4$ 复合燃料的辐照行为

(a) 元素的再分布；(b) 裂变产物向基体的扩散

7.3　含锕系元素燃料与嬗变靶材

反应堆中乏燃料组件的放射性能持续存在几千年甚至几百万年，主要是由长寿命放射核素引起的，如图 7-21 显示了铀氧化物乏燃料的放射性随时间的变化。在乏燃料中最终裂变产物约占总质量的 4%，其中钚占 1%，然后是锕系元素镅(Am)、锔(Cm)和镎(Np)，因为其含量较少，只占乏燃料的 0.07%左右，故称为次锕系元素(MA)。在乏燃料中，其中的长寿命裂变产物 ^{135}Cs、^{99}Tc 和 ^{129}I 是造成辐射毒性的主要因素，对环境有潜在的危害。以一座百万千瓦的轻水反应堆为例，一年产生的乏燃料当中可以循环利用的 ^{235}U 和 ^{238}U 约有 23.75t，约有钚 200kg，约有中短寿命的裂变产物 1t、长寿命的裂变产物 30kg。按 2030 年我国非化石能源占全国一次能源的 20% 估算，2030 年我国核电的装机容量将达到 150～200GW，而届时乏燃料累积存量将达到 2.35 万 t 左右，乏燃料中长寿命高放性核废料的安全处置将成为我国核电可持续发展的瓶颈问题。

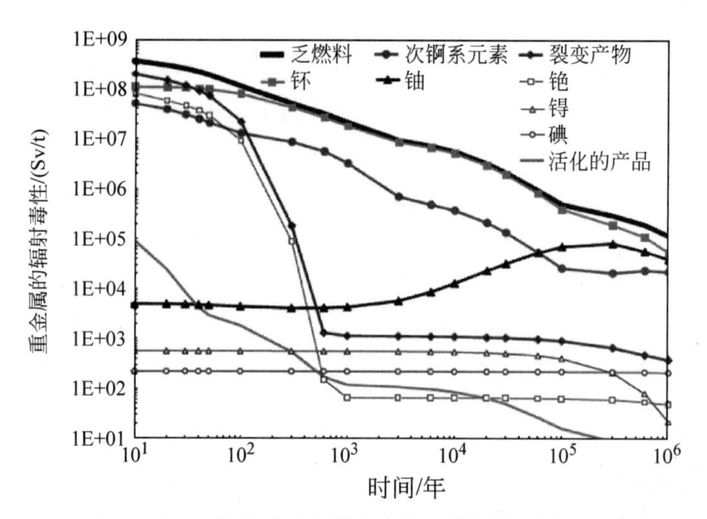

图 7-21 铀氧化物乏燃料中各物质放射性随时间变化

7.3.1 锕系元素

锕系元素是第 89 号元素锕(Ac)到第 103 号元素铹(Lr)共 15 种放射性元素的统称，用符号 An 表示，位于周期表中ⅢB 族，属于过渡元素，其化学性质相似。锕系元素原子的外层和次外层的电子构型基本相同，新增加的电子大都填入了 5f 电子层中。为了与 d 区过渡元素相区分，锕系和镧系称为内过渡元素，因为锕系元素都为金属，所以将锕系和镧系元素统称为 f 区金属。

1789 年德国人克拉普罗特从沥青铀矿中发现了铀，它是被人们认识的第一个锕系元素，随后钍、锕和镤也陆续被发现。铀以后的元素称为超铀元素，它们都是在 1940 年以后通过人工合成的方法发现的。较重的锕系元素则因为锕系收缩现象的减缓导致彼此之间的相似性较高，这也就造成了对乏燃料后处理分离上的困难。

锕系元素皆为银灰色有光泽的放射性金属，半衰期一般随着原子序数的增大而依次缩短。锕系元素的硬度较软，具有较高的密度及可塑性，暴露在空气中会失去金属光泽。其化学性质与镧系元素相似，一般比较活泼，能形成可溶于水的氯化物、硫酸盐、硝酸盐及高氯酸盐等，它们的氢氧化物、氟化物、硫酸盐及草酸盐等则不溶于水。

7.3.2 嬗变

嬗变是指一种化学元素转变成为另一种化学元素，或同种化学元素的某种同位素转化为其另一种同位素的过程。能够引发核嬗变的核反应包括粒子(质子、中子以及原子核)与原子核发生碰撞后引发的反应和原子核的自发衰变，但原子核的自发衰变或者与其他粒子的碰撞并不一定都能导致核嬗变。嬗变反应发生的方式有裂变反应和中子俘获反应两种，中子俘获反应往往不能显著地降低 MA 的辐射毒性，所以裂变反应在利用嬗变反应处理长寿命高放废物尤其是其中 MA 方面有更大的优势。研究表明通过嬗变反应可以使长寿命高放废物转变为最终裂变产物，其大部分核素半衰期小于 50 年。而嬗变反应发生场所包括反应堆和加速器驱动的次临界系统，相关的堆型有热中子堆、快堆、混合堆等。下面对嬗变堆型进行简单介绍。

1. 热堆嬗变

热堆可以将^{129}I和^{99}Tc转化成稳定的核素^{130}Xe和^{100}Ru，但乏燃料中镎(Np)、镅(Am)等俘获截面较大的核素会降低堆芯的反应性。热堆的嬗变是纯粹的消耗中子的反应，如果不提高燃料中易裂变核素的富集度会使循环效率降低。

目前利用压水堆嬗变长寿命高放废物对堆芯也有影响，会导致空泡系数向不利的方向发展，慢化剂温度系数为负，多普勒系数绝对值减少。利用热堆嬗变能将最后的核废物的放射毒性降低到当量的天然铀的毒性水平，是一种可观的发展方向。

2. 快堆嬗变

快堆的中子通量密度比热堆大，快堆中的锕系核素发生裂变反应更容易变为稳定的核素，嬗变长寿命高放废物核素，快堆的效率要高于热堆的效率。嬗变锕系元素也会对堆芯的特性造成一些影响，首先添加长寿命高放废物之后会使得冷却剂的密度效益成正反馈，降低了缓发中子的份额，同时也使平均瞬发中子的时间减少了；MA的中子俘获截面大，可以作为中子吸收剂，但是其裂变和俘获截面都比母核大，使反应性加强快堆的裂变截面较热堆更低，长寿命高放废物被加入到快堆后对燃料温度系数和空泡系数的影响更大，理论上造成了快堆堆芯安全性的降低。

由压水堆和快堆的中子能谱可以看出，快堆在利用裂变反应嬗变处理长寿命高放废物方面有更好的优势，快堆的中子通量较压水堆高10倍左右。在快堆中长寿命高放废物有助于中子平衡并维持反应堆当中的链式反应。而对于压水堆长寿命高放废物是堆芯毒物，会对堆芯各参数造成不利的影响。因此现阶段主要的研究工作是利用快堆嬗变反应来处理。利用快堆处理乏燃料中高放废物尤其是次锕系元素有均质再循环和异质再循环两个技术路径，如图7-22所示。

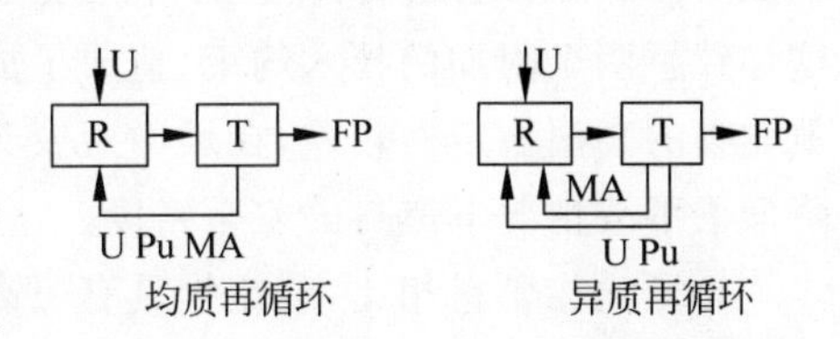

图7-22　均质再循环和异质再循环过程

1) 均质再循环

在均质再循环的过程中，燃料全部或者部分采用标准燃料以此稀释MA，使其含量较低，以免影响燃料和堆芯的性能。MA的嬗变发生在燃料内部，受到燃料最大允许燃耗的限制，而燃料的最大允许燃耗本身决定于包壳层的机械性能，包壳层是最终裂变产物(FPs)的第一个限制屏障。为了减少引入MA对堆芯物理性能参数和燃料性能的不利影响，燃料中MA的含量必须保持相对较低，通常小于重金属原子分数的2%，具体的量取决于堆芯的尺寸。

堆芯中加入MA对燃料芯块的制造影响很大。MA的高中子发射和高热功率特性产生了显著的技术约束，还有临界风险或与热量释放有关的风险。制造中首先要限制工作人员的暴露，必须在带远程操作的热室中进行，这意味着需要对整个生产过程进行严格审查。

2) 异质再循环

在异质再循环过程中，首先要从标准燃料中分离MA，MA依附在惰性基体上，优先位于堆芯外围，其质量分数在10%～40%之间，以限制中子对堆芯物理的影响。如果支撑MA的是惰性基体，这些组件就称为“靶材”，靶材需要在专门工厂中制造。现阶段需要进行大量的研发工作来设计这些新型的惰性基体燃料，目前这种惰性基体燃料在辐照下的行为缺乏相应的研究，而基体材料在辐照下的特性是维持反应堆安全运行的重要因素。

7.3.3 含锕系元素核燃料

1. 氧化物

无论采用哪种类型的回收方法，MA 都优选以其二氧化物的形式发生嬗变反应。MA 的二氧化物多为立方萤石结构，具体结构参数见表 7-1。锕系元素的离子半径彼此非常接近，并且随着原子序数的减小而减小，因此能够在较大的组成范围内形成固溶体，故 MA 通常以(U,Np,Pu,Am,Cm)$O_{2\pm x}$ 型固溶体的形式引入燃料中。

表 7-1 几种锕系氧化物的结构参数

参　数	UO_2	NpO_2	PuO_2	AmO_2	CmO_2
晶格参数 a/nm	0.5468	0.5434	0.5396	0.5377	0.5359
密度 d/(g/cm^3)	10.97	11.14	11.46	11.71	12.09

2. 碳化物和氮化物

与氧化物燃料相比，碳化物和氮化物具有如下优势：高密度、高热导率、裂变气体释放量低、增殖比较高、允许较高的线功率和较深的燃耗。但是，氮化物的一个缺点是它在中子辐照下^{14}N 会发生嬗变反应，另外还要考虑到^{15}N 的循环再利用问题。从经济的角度来看，这导致了两个附加的技术约束，造成了成本的增加，阻碍了氮化物燃料的大规模应用。而且氮化物的高温稳定性较差，在堆中观察到氮化物在高温下会部分分解，有钚的金属相生成，降低了事故情况下燃料的安全裕度。

与氮化物燃料相比，碳化物具有更高的热稳定性，而物理性能则稍差一些，主要体现在热导率方面。碳化物燃料合成比较困难，需要高的烧结温度。U、Pu 的碳化物的合成要求化学计量比的偏差较低，在化学计量比的相区中容易有锕系金属相生成，超化学计量比区域容易有 U_2C_3、Pu_2C_3 生成，锕系金属相的生成会降低燃料的高温稳定性。

3. 锕系元素合金

锕系金属合金作为核燃料主要的优点是热导率高，抗高温蠕变性能好，降低了燃料与包壳之间发生反应的可能。现阶段金属燃料最大的问题是其熔点较低，与奥氏体或铁素体-马氏体钢包壳层的化学相容性差。美国的快堆的参考燃料就是 UPuZr 型金属合金，因为合金燃料的熔点较低，反应堆要进行设计调整，降低堆芯温度，以保持燃料运行在较低温度下，保证堆芯安全。

锕系金属燃料具有多种相变，且各个元素之间的互溶性也不确定，所以锕系金属燃料的冶金工艺很复杂。金属镅的挥发性很高，是钚的 4 倍，因此，美国开发的用于嬗变燃料的合金中锆含量比标准燃料高得多，并且采用“闪蒸”工艺生产，尽可能减少了高温热处理时间，以限制 MA 的挥发。

4. 惰性基体燃料

惰性基体燃料在上节已经进行了详细的介绍，其主要用途是在燃料中稀释锕系化合物，以形成复合物或者固溶体,从而控制嬗变期间释放的功率密度,并能改善燃料的热学性能。惰性基体材料的选择非常严苛,必须满足以下的性能要求:

(1) 良好的热学性能,包括高熔点、高热导率和与锕系化合物相近的膨胀性能。

(2) 在中子辐照作用下具有低的活性。

(3) 耐辐照性(低溶胀,结构和尺寸稳定性,各向同性,保持原始特性的能力等)。

(4) 与锕系元素化合物、冷却剂和包壳的化学相容性。

(5) 惰性基体如果回收再利用,可根据基体材料的特性在水溶液介质或熔融盐中进行溶解、分离;如果基体在辐照后直接储存,则必须进行化学稳定处理。

(6) 可以通过简单稳定的制造过程集成。

7.3.4 含锕系元素燃料制备工艺

1. 冶金过程

粉末冶金工艺(工业上用于生产压水堆的混合氧化物燃料(MOX 燃料)的工艺)非常适合于在实验室中生产多种嬗变靶材和燃料。粉末冶金工艺能够生产出基于惰性基质的固溶体、微观分散或宏观分散的复合材料,可满足与反应堆性能相关的质量要求。但是对于 MA 基氮化物和碳化物,其在低于烧结处理温度下的挥发性尚未解决。

在工业生产上利用冶金过程生产镅靶材和燃料面临的主要问题是粉尘问题,要设法在工艺的所有阶段减少粉尘的产生。产生的粉尘会积聚在过滤器中以及手套箱的壁上,粉尘大多具有放射性,会造成环境问题。粉末冶金工艺的另一个问题是工艺过程中使用的有机物在受热或者辐照作用下会迅速降解,影响产品性能。

2. 共沉淀过程

沉淀或共沉淀过程是指从含有锕系元素的溶液中获得固相锕系化合物的方法,锕系元素主要源自对乏燃料的分离和提纯工艺,而且目前主流是采用湿法冶金进行处理,所以利用共沉淀法制备含有锕系元素的燃料能与现有的乏燃料处理工艺相结合。虽然共沉淀法看似简单,但具体操作过程需要考虑到所有物理、化学和工程参数,这些参数对沉淀物的化学组成、工艺可重复性及其物理特性例如流动性、粒度分布、可过滤性、微观结构等都有着显著的影响。

3. 溶胶凝胶法

20 世纪 80 年代起,就有学者研究了溶胶凝胶法制备锕系元素氧化物、碳化物和氮化物的相关工作。溶胶凝胶法特别适合于几种锕系元素或锕系元素和易于水解的惰性元素(例如 Zr)的共制备。现阶段缺乏制造含 MA 材料的相关经验,且 MA 元素很多较难水解,这也是制约嬗变燃料和靶材工业化生产所面临的主要问题。

4. 振动密实工艺

振动密实工艺是通过致密颗粒的振动压实来填充燃料棒的过程。通过在振动作用下重新排列各种粒度的颗粒,可以使粉末在燃料棒内致密化。该技术大大简化了嬗变燃料的制造过程,消除了产生粉尘最多的研磨、制粒、压制等阶段。振动密实工艺的颗粒制造过程必须对其粒径分布进行精确控制,以获得与反应堆规格兼容的有效密度,并具有足够的强度以承受振动操作。裂变材料的线密度和分布必须尽可能均匀,以确保在燃料棒的整个长度上具有相同的中子特性。

5. 放射性物质渗透工艺

放射性物质渗透工艺是由德国卡尔鲁厄的超铀研究所开发的，可以避免通过使用锕系元素粉末来合成锕系元素化合物。将利用溶胶凝胶法制备得到的多孔基体材料浸泡在浓缩过的锕系元素的硝酸盐浓溶液中，可以通过反复多次的渗透操作，使得基体的多孔网络达到饱和极限。然后将渗透过的基体干燥并煅烧，将锕系元素的硝酸盐转变成为氧化物。

7.3.5 加速器驱动次临界系统

嬗变反应发生的另一种途径是通过加速器驱动次临界系统(accelerator driven subcritical system，ADS)，ADS 集成了 20 世纪核科学技术发展的两大工程技术——加速器和反应堆技术，其基本工作原理是利用加速器产生的高能强流质子束轰击重原子核，产生高能高通量散射裂变中子来驱动和维持次临界堆芯中裂变材料发生持续的链式反应，使得长寿命放射性核素最终变为短寿命或非放射性的核素，并保持其有效中子增殖因数 $k_{\mathrm{eff}}<1$，维持反应堆的运行。ADS 的中子能谱硬，通量大，能量分布宽，嬗变长寿命核素能力强，同时可以大幅降低核废料的放射性危害，减少核废料的产量。ADS 也被国际上公认为是核废料处理最有前景的技术途径。

1. ADS 基本组成

ADS 由强流质子加速器、重金属散裂靶和次临界反应堆等组成，如图 7-23 所示。强流质子加速器是 ADS 系统的驱动器，它的作用是产生高能、强流、大功率质子束流，通过质子束流轰击散裂靶产生高通量中子，以此来维持次临界堆内的链式反应。有望应用于 ADS 的质子加速器有回旋加速器和直线加速器两种。

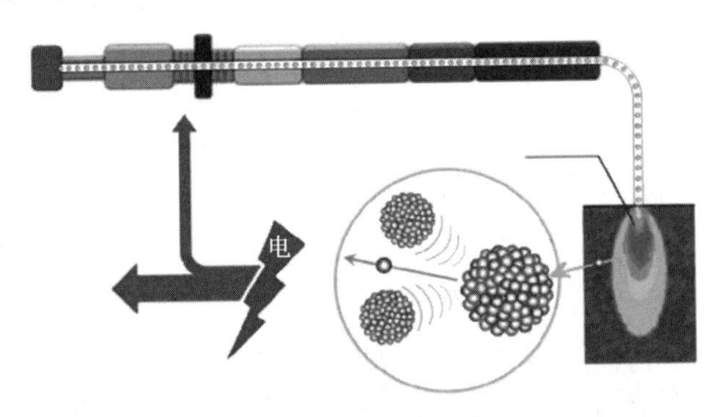

图 7-23 ADS 原理示意图

散裂靶是加速器和次临界堆的耦合环节，其散裂产生的中子量的多少决定了次临界反应堆芯的能量放大系数和核废料的嬗变效率。为了保证散裂靶在中子轰击下产生的中子通量和空间分布满足整个 ADS 系统在次临界条件下持续工作的要求，一般选择易发生散裂反应的重金属例如铅、铅铋合金和钨为散裂靶材料。

ADS 系统的堆芯实质是一个次临界、快中子反应堆。其主要功能是实现与加速器、散裂靶耦合，产生快中子场并提供核反应环境。如果中子能量较低，则次锕系核素的中子俘获截面远大于裂变反应截面，不利于次锕系核素的嬗变，因而中子能量较高的快中子堆芯更有利于核废料的嬗变。为了进行反应堆的安全控制和保持次锕系核素装载量的灵活性，ADS系统选用次临界堆芯。次临界不受缓发中子份额的影响，可以大大提高燃料中次锕系元素的装载量，可以高达40%～50%。

2. ADS核能系统部件用材料

现阶段研发ADS装置面临的主要问题之一就是材料。ADS系统与现有的核能系统不同，ADS在商用后各类材料的服役工况更加苛刻，现有的核能材料体系不能完全满足要求，所以必须寻找和研发出新材料以满足ADS系统的要求。ADS装置部件用材料示意图如图7-24所示。下面主要介绍次临界反应堆、散射靶和ADS装置核燃料相关材料。

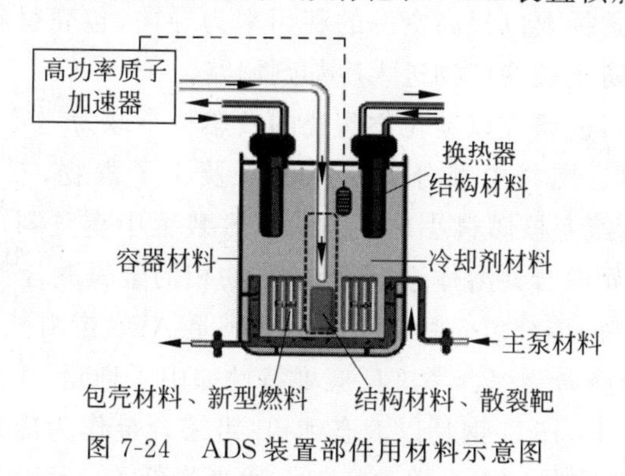

图7-24　ADS装置部件用材料示意图

1）次临界反应堆材料

次临界反应堆系统主要包括主容器、燃料组件、堆内构件、主泵、换热器/蒸汽发生器、换料机构等。一般堆内构件材料选择的标准为：有优良的中子学和耐辐照性能，良好的热学、机械、抗蠕变性能，以及冷却剂相容性和长期稳定性。

目前ADS次临界反应堆设计以液态铅(Pb)或者铅铋合金(LBE)为冷却剂，设计工作温度为300～500℃，在该温度下奥氏体不锈钢或铁素体/马氏体钢可以作为堆芯构件候选材料和换热器/蒸汽发生器候选材料。结构材料可以考虑使用三元过渡族金属碳化物陶瓷材料(Ti_3SiC_2)、Al或Ta涂层T91/316L以及Ti_3SiC_2涂覆铁素体钢等。随着核能技术的发展，对于未来更高的反应堆运行温度，现有的合金钢将无法满足高温运行工况，具有良好高温性能的耐腐蚀抗辐照的合金以及增韧复合陶瓷将成为更具潜力和应用前景的堆内构件用材料。

2）高功率散裂靶材料

散裂靶材料主要包括：产生散裂中子用靶材料、靶体结构材料、散裂靶-加速器耦合质子束窗材料。产生散裂中子用靶材料一般有固态金属和液态金属两种类型，固体靶如钨、钨合金等，液体靶如液态铅、铅铋合金和汞等。固体靶的主要问题是热移除困难，不适于高功率散裂靶。液态靶具有良好的中子学与热力学性能、蒸汽气压低、低的化学活性等优势，但是液态靶存在流体力学不稳定性、泄露安全风险以及对结构材料的温度腐蚀效应、高能强质子束轰击液态靶产生的强冲击波会加速其疲劳老化等问题。我国科学家提出的颗粒流散裂靶兼具液态、固态散裂靶的优势，以固体颗粒作为产生中子的靶材料，其散裂靶材料主要采用了高比重的钨镍铁合金球，钨基合金制备加工容易、成本低，且材料机械性能优异，目前对于颗粒流靶及其材料的可行性做了初步的验证。

对于高功率散裂靶,则对其中子产额和热力学性能有更高的要求。靶体结构材料和靶材料要有良好的耐高温和耐辐照性能。质子束窗材料要在高功率束流下稳定工作,也要具有高温稳定性和耐辐照性能。考虑到现有核材料体系,可以作为束窗的候选材料有镍基合金(Inconel 718)、奥氏体钢(316L)、马氏体钢(T91)、钛合金(Ti92.5-Al5-V2.5)、铝基合金(5083-O、AL6061-T4、Al-Mg3 等)、钒合金(V92-Cr4-Ti4)、W-Re 合金。

3) ADS 核燃料

核燃料及其包壳材料运行工况极其恶劣,处于高温、堆内中子强辐照、高应力和冷却剂的环境下,所以对核燃料和包壳材料提出了更高的要求,其也是 ADS 装置最为核心的关键材料。核燃料的设计和选择要以提高资源的利用率为导向,包壳材料的主要作用是保护燃料免受冷却剂的腐蚀和防止裂变产物进入冷却剂回路。

对于 ADS 核燃料,目前研究以碳化物陶瓷的核燃料小球为主要候选形式。通过先进的干法首端处理工艺去除乏燃料中部分裂变产物以及中子毒物,然后制备包含有铀(U)、钚(Pu)以及 MA 的再生嬗变核燃料小球,并在 ADS 装置中重复利用。碳化铀可与钚以及部分次锕系核素形成二元混合共溶体系,形成单一物相的金属混合碳化物燃料。

对于核燃料包壳材料,传统包壳材料不能完全满足 ADS 燃料元件对包壳材料的苛刻要求。ADS 包壳材料的选择需要综合考虑反应堆特性如中子通量、工作温度、冷却剂类型、燃料周期、堆运行寿命等。15-15Ti 钢是以液态纯铅/铅铋合金作为冷却剂的次临界快堆的候选燃料包壳材料之一,它是在 316 不锈钢基础上适当降低 Cr 元素含量、提高 Ni 元素含量并添加少量 Ti 制备得到的,相较于 316 不锈钢显著提高了高温性能和抗辐照肿胀性能。以 T91 为代表的铁素体/马氏体钢(F/M)是另一类燃料包壳候选结构材料。相比奥氏体钢,T91 的耐辐照性能得到了显著提高,但是其在低温(<450℃)时易发生辐照硬化,同时韧脆转变温度也会上升,而在更高的温度下辐照硬化/脆化现象会减弱甚至消失。而陶瓷材料作为包壳材料也越来越受到重视,它相比于金属材料具有更好的高温性能及耐辐照腐蚀等优点,目前研究的有望成为包壳材料的陶瓷材料有 SiC、ZrC 及相关复合陶瓷材料。和传统的金属包壳材料相比,SiC 基陶瓷材料可以在更高的温度下工作,承受的中子注量也更高,耐腐蚀性能更好,使用寿命更长,但是 SiC 包壳在工作时径向温度梯度、功率调节时产生的热冲击和辐照肿胀等均会引起包壳管的体积膨胀甚至脆性断裂。ZrC 陶瓷的抗辐照和耐腐蚀性能比 SiC 陶瓷材料更加优异,但在高温下的强度稳定性和高温、辐照复合条件下的蠕变性能仍需进一步改善。另外,SiC、ZrC、TiC、TiN 等陶瓷涂层在合金包壳管上的应用也得到了广泛关注,但对于陶瓷涂层的制备方法、处理工艺以及后期性能验证等仍需做大量的工作。

参考文献

[1] KONINGS R J M. Comprehensive Nuclear Materials[M]. Amsterdam: Elsevier, 2012.

[2] WHITE D W, BEARD A P, WILLIS A H. Irradiation behavior of dispersion fuels[R]. Niskayuna: Knolls Atomic Power Laboratory, KAPL-P-1849, 1957.

[3] MILLER J V. Estimating Thermal conductivity of cermet fuel materials for nuclear reactor application[R]. Washington, DC, NASA, Technical Report NASA TN D-3898, 1967.

[4] NEEFT E A C, BAKKER K, BELVROY R L, et al. Mechanical behaviour of macro-dispersed inert

matrix fuels[J]. Journal of Nuclear Materials,2003,317: 217-225.

[5] HOUGH A,MARPLES J A C. Pseudo binary phase diagrams of PuO_2 with alumina beryllia and magnesia and pseudo binary PuO_2-ThO_2-BeO[J]. Journal of Nuclear Materials,1965,15: 298-309.

[6] HELLWIG C,STREIT M,BLAIR P,et al. Inert matrix fuel behaviour in test irradiations[J]. Journal of Nuclear Materials,2006,352: 291-299.

[7] SCHULZ B. Thermal conductivity of porous and highly porous materials[J]. High Temperature-High Pressures,1981,13: 649-657.

[8] NITANI N,KURAMOTO K,NAKANO Y,et al. Fuel performance evaluation of rock-like oxide fuels[J]. Journal of Nuclear Materials,2008,376: 88-97.

[9] SHIRATORI T,YAMASHITA T,OHMICHI T,et al. Preparation of rock-like oxide fuels for the irradiation test in the Japan Research Reactor No. 3[J]. Journal of Nuclear Materials,1999,274: 40-46.

[10] SCHRAM R P C,VAN DER LAAN R R,KLAASSEN F C,et al. The fabrication and irradiation of plutonium-containing inert matrix fuels for the “Once Though Then Out” experiment[J]. Journal of Nuclear Materials,2003,319: 118-125.

[11] KOHYAMA A. Present status of NITE-SiC/SiC for advanced nuclear energy systems 31st International Conference on Advanced Ceramics and Composites[C]. Daytona Beach: The American Ceramic Society,2007.

[12] KATOH Y, WILSON D F, FORSBERG C W. Assessment of silicon carbide composites for advanced salt-cooled reactors[R]. Oak Ridge: Oak Ridge National Laboratory, ORNL/TM-2007/168,2007.

[13] FRESHLEY M D. In Plutonium Handbook [M]. La Grange Park: The American Nuclear Society: 1980.

[14] 王凯. 热堆中添加 MA 核素的嬗变研究[D]. 北京:华北电力大学,2012.

[15] 吴宏春. 利用超长寿命快堆嬗变亚锕元素的特性研究[J]. 核动力工程,2000(4): 381-384.

[16] 王志光,姚存峰,秦芝,等. 加速器驱动次临界系统装置部件用材发展战略研究[J]. 中国工程科学,2019,21(1),39-48.

[17] 詹文龙,徐瑚珊. 未来先进核裂变能——ADS 嬗变系统[J]. 中国科学院院刊,2012,27(3): 375-381.

[18] TIAN W, GUO H, CHEN D, et al. Preparation of UC ceramic nuclear fuel microspheres by combination of an improved microwaveassisted rapid internal gelation with carbothermic reduction process[J]. Ceramics International,2018,44: 17945-17952.

[19] STERGAR E, EREMIN S G, GAVRILOV S, et al. Influence of LBE long term exposure and simultaneous fast neutron irradiation on the mechanical properties of T91 and 316L[J]. Journal of Nuclear Materials,2016,473: 28-34.

第 8 章

高温气冷堆燃料

根据第四代核能系统国际论坛的反应堆代际划分，高温气冷堆是具有第四代特征的六种反应堆堆型之一，也是唯一可在短期内看到明确商业化前景的四代堆型。清华大学核能与新能源技术研究院在高温气冷堆核燃料方面进行了半个世纪的探索研究，在核燃料核芯、包覆燃料颗粒、球形燃料元件等制备工艺和辐照前后性能检测方面进行了大量工作，建立了世界上规模最大的高温气冷堆球形燃料元件商业化生产线，并对新型超高温气冷堆核燃料技术进行了研究。本章主要对高温气冷堆核燃料研究工作进行简要梳理和总结。

8.1 高温气冷堆及其发展历程

气冷堆是世界上最早的反应堆堆型，20 世纪 40 年代初期就用来生产钚，后来发展成商用化动力堆。气冷堆的发展大致可分为四个阶段：镁诺克斯型气冷堆、改进型气冷堆、高温气冷堆和模块式高温气冷堆。

1. 镁诺克斯型气冷堆

这种气冷堆采用石墨作为慢化剂，CO_2 气体作为冷却剂，金属天然铀为燃料，镁诺克斯(Magnox)合金作为燃料棒的包壳材料。镁诺克斯合金是一种加入少量铝、铍、锆、锰等合金元素形成的抗氧化和抗金属间反应的镁合金。1956 年英国建成了卡特霍尔(Calder Hall)气冷堆电站，标志着这种堆型进入商业化。这种堆的主要优点是堆内材料中子吸收截面小，石墨慢化性能好，能利用天然铀作为燃料；主要缺点是由于镁诺克斯合金不耐高温，限制了 CO_2 的出口温度，从而限制了反应堆热工性能的进一步提高，因而从 20 世纪 70 年代中期终止建造这种反应堆。世界上总共建造和运行了 37 座镁诺克斯堆，总装机容量达到 8360MWe。

2. 改进型气冷堆(AGR)

为提高气冷堆的热工性能，发展了改进型气冷堆，用不锈钢代替镁诺克斯合金作为燃料的包壳材料。由于不锈钢的中子吸收截面较高，所以用 2%左右富集度的 UO_2 代替天然铀。改进后 CO_2 的出口温度从 400℃左右提高到 670℃。由于受到 CO_2 与不锈钢包壳材料化学相容性的限制，出口温度难以进一步提高。加上功率密度和燃耗低，难以在经济上和压水堆竞争，因而仅 20 世纪七八十年代在英国得到发展，共建造了 15 座改进型气冷堆。

3. 高温气冷堆(HTGR)

为解决改进型气冷堆冷却剂 CO_2 与元件包壳材料在高温下化学不相容的问题，发展了高温气冷堆。高温气冷堆采用化学惰性和热工性能好的氦气作为冷却剂，以全陶瓷包覆颗粒为燃料，石墨作为慢化剂和堆芯结构材料，可使堆芯出口氦气温度达到 950℃。英国从 1956 年就开始研究发展高温气冷堆，在 1959 年和西欧十二国共同进行“龙堆”计划研究，于 1964 年建成世界上第一座高温气冷堆——“龙堆”。该堆于 1966 年 4 月达到满功率。美国也在 20 世纪 50 年代开始研究高温气冷堆技术。1962 年开始建造桃花谷高温气冷试验堆。该堆于 1966 年 3 月达到临界，1967 年 6 月并网发电。随后于 1968 年 9 月开始建造圣·符伦堡高温气冷原型堆电站，1974 年 1 月达到临界，1976 年下半年开始供电。德国的高温气冷堆的研究和发展工作从 1957 年开始，分别于 1967 年和 1985 年建成球床实验堆(AVR)和原型堆电站——钍高温反应堆(THTR-300)。

4. 模块式高温气冷堆(MHTGR)

1981 年德国电站联盟(KWU)和国际原子能公司(Interatom)首先提出模块式球床高温气冷堆的概念，其特点是：①具有固有安全性，即在技术上确保在任何安全事故情况下能够安全停堆，即使在冷却剂流失情况下，堆芯余热也可依靠自然对流、热传导和辐射导出堆外，使堆芯温度上升缓慢，燃料元件的最高温度限制在 1600℃以下；②经济性好，即通过模块式组合和标准化生产，从而具有建造时间短和投资风险小等优势，因而在经济性上可与其他堆型核电站相竞争。由于具有上述优点，模块式高温气冷堆已成为国际高温气冷堆技术发展的主要方向。1984 年美国通用原子能公司(GA)也提出了模块式柱状高温气冷堆的民用核电站设计方案。清华大学核能与新能源技术研究院在建成 10MW 高温气冷实验堆之后，在山东威海石岛湾建成了世界上首台模块式高温气冷堆商业示范电站 HTR-PM。HTR-PM 已于 2021 年实现临界。图 8-1 给出了部分高温气冷堆发展历程图片。

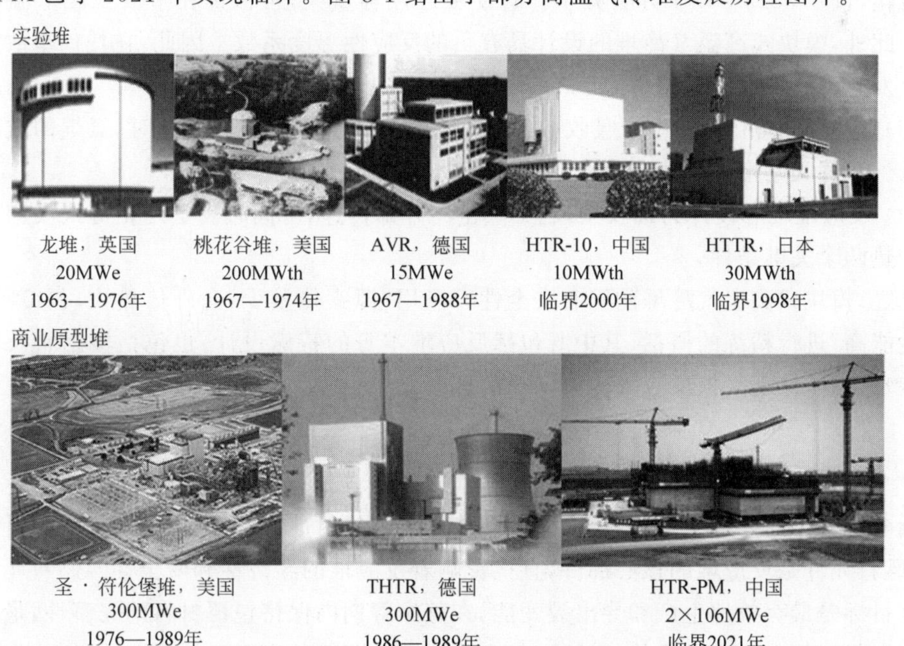

图 8-1 高温气冷堆发展历程中的部分反应堆

8.2 高温气冷堆燃料设计

8.2.1 反应堆固有安全性理念

根据对安全理念的深入分析和研究,可将反应堆安全性分为四个等级:

(1) 被动安全(后备安全),即有冗余系统的可靠度或阻止放射性物质逸出的多道屏障提供的安全保护,如安全壳等,属于被动防护性质。

(2) 能动安全,依靠能动设备或有源设备,如动力泵等,来防止放射性物质的逸出。

(3) 非能动安全,依靠非能动设备,包括惯性原理(如泵的惯性旋转)、重力法则(如高度位差等)、热传递法则等保障反应堆的安全性。

(4) 固有安全性,只取决于反应堆内在负反应性系数、多普勒效应、控制棒借助重力落入堆芯等自然法则的安全性。

模块式高温气冷堆在任何情况下都不会发生堆芯熔毁、放射性大量外泄等严重事故,是目前世界上各种反应堆中具有固有安全性的堆型之一。它的这种安全性是由堆的设计特性和燃料下述特点决定的:

(1) 采用石墨基体的弥散型燃料,以及多层包覆燃料颗粒结构。包覆颗粒燃料核芯和热解炭及碳化硅包覆层能耐高温,对裂变产物的滞留能力强。完整的 SiC 层即使在事故工况下也能阻挡绝大部分裂变产物的释放。因而它们构成了阻止放射性外泄的第一道屏障。此外还有燃料元件的石墨基体作为第二道屏障、压力壳作为第三道屏障和一回路舱室作为第四道屏障,因而不会发生放射性大量外泄而危害公众和环境安全的情况。

(2) 作为慢化剂、堆芯结构材料和反射层材料的石墨具有很好的耐高温特性,在常压下不会熔化,仅在 3625℃以上才会升华。石墨堆芯热容量大,可保证在事故工况下温度上升缓慢。此外,模块式高温气冷堆的设计具有负的反应性温度系数。因此,在任何事故条件下也不会发生堆芯熔毁的严重事故。

(3) 氦气是单相介质,中子吸收截面小,不容易活化,因而正常运行时,氦气的放射性水平很低。氦气又是惰性气体,与反应堆的结构材料相容性好。

(4) 反应堆堆芯设计为细长型,利于热量向外部传递,可同时满足终止链式反应和顺利排出余热两个关键条件。

总之,模块式高温气冷堆的固有安全性可以用"源头热量少,向外传热快,包覆材料好,耐热性能高"进行精练的概括,其中既包括反应堆本身的特殊设计,也包括核燃料及堆用材料的特殊设计,体现了核反应堆固有安全的理念。

8.2.2 高温气冷堆燃料元件设计

核电厂产生的能量来自燃料元件,核裂变产生的放射性裂变产物滞留在燃料元件内部,因此,燃料元件是反应堆的核心部件,直接影响着反应堆的经济性和安全性。燃料元件设计的直接目标是最有效地生产和导出裂变能,在整个寿期内保持包覆材料的完整性,最大限度地约束燃料和放射性裂变产物,保证工作人员和周边环境的安全。按照上述目标,根据反应堆对燃料元件的要求和设计准则以及燃料元件制造的可行性和经济性，合理地选材、确定燃料元件的结构和设计参数是燃料元件设计的主要任务。

和其他堆型相比，具有高达近1000℃的冷却剂出口温度是高温气冷堆的主要特点之一。高的运行温度要求燃料元件不含任何金属材料，是全陶瓷型的。依靠陶瓷包覆材料阻挡裂变产物的释放，确保其在整个寿期的完整性，这是高温气冷堆燃料元件设计和制造的主要难点。

高温气冷堆主要有两种类型，即球床堆和柱状堆。球床堆使用球形燃料元件，柱状堆使用柱状燃料元件，如图8-2、图8-3所示。两种设计的基础均是全陶瓷型的包覆燃料颗粒，每个燃料元件中有数千至数万个包覆颗粒。包覆颗粒是由UO_2核芯颗粒和四层包覆层（疏松热解炭层、内致密热解炭层、碳化硅层、外致密热解炭层）组成的，也称为三结构各向同性（TRistructural ISOtropic，TRISO）颗粒。其中碳化硅层是关键包覆层，可以阻挡住绝大部分裂变产物的释放，是反应堆安全性的第一道屏障，如图8-4所示。

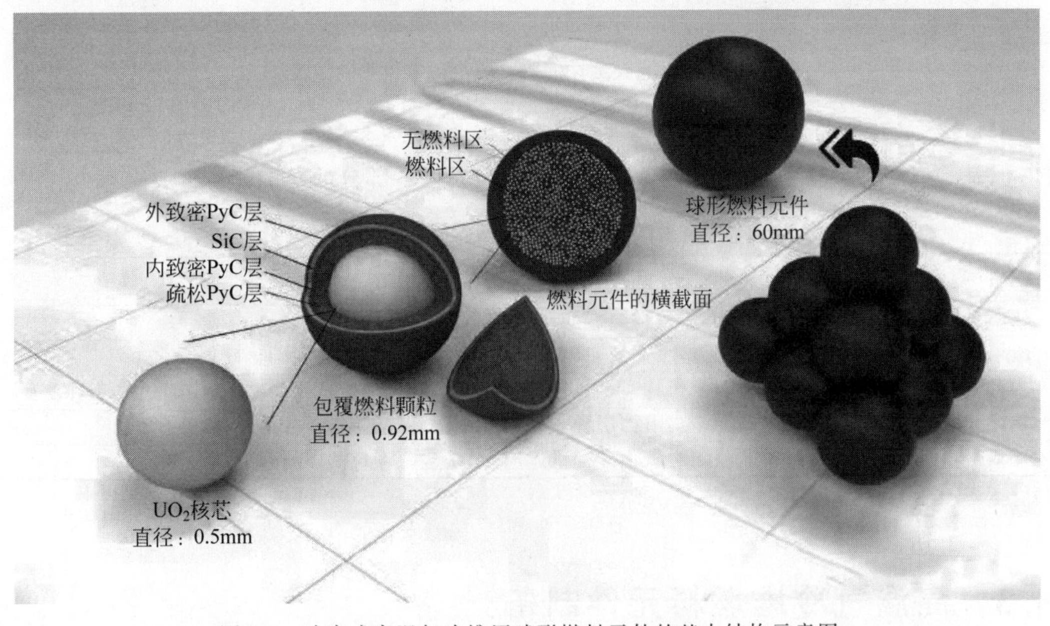

图8-2　球床式高温气冷堆用球形燃料元件的基本结构示意图

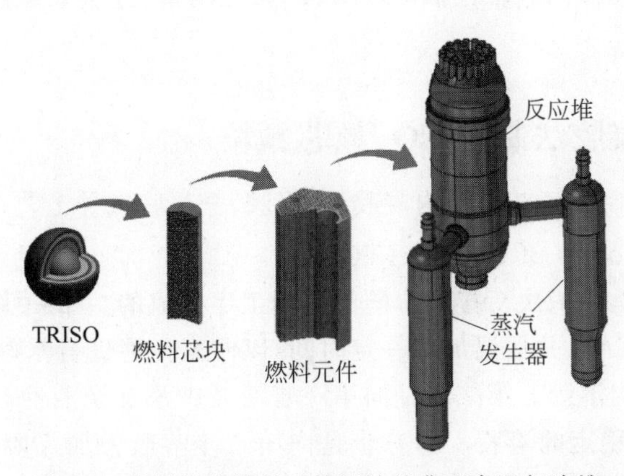

图8-3　使用柱状燃料元件设计的典型高温气冷堆

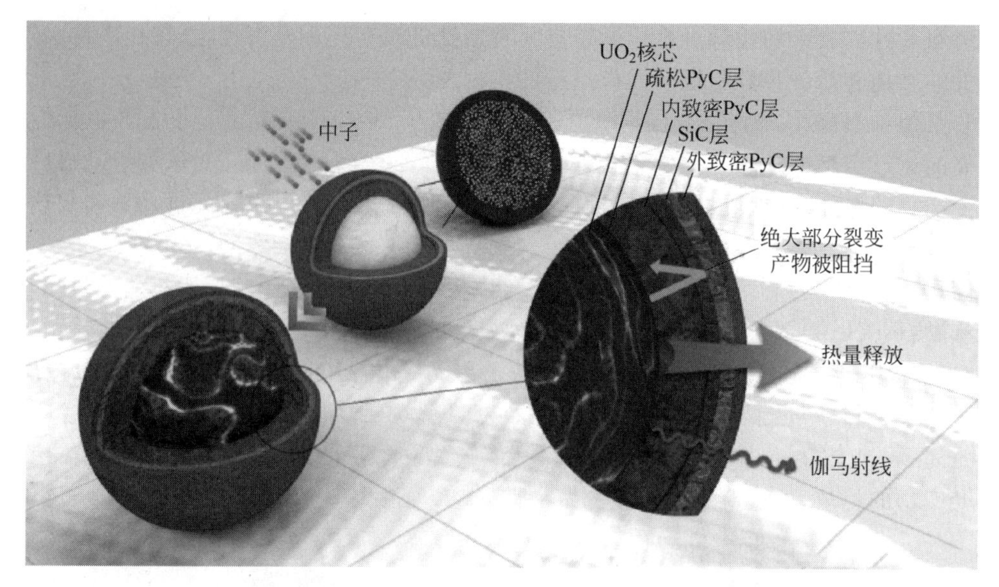

图 8-4　反应堆安全性的第一道屏障：碳化硅包覆层

包覆燃料颗粒的发展也经历了单层、双层到多层的过程，双层颗粒可以部分滞留裂变气体，但是难以阻挡固体裂变产物的释放。多层包覆颗粒各部分的功能如表 8-1 所示。

表 8-1　TRISO 颗粒各部分的主要功能

组成部分	功　能
核燃料核芯	提供裂变能，滞留部分裂变产物
疏松热解炭层	容纳裂变气体，缓冲裂变碎片，保护内致密热解炭层和碳化硅层
内致密热解炭层	阻挡部分裂变产物，承受一定内压，保护碳化硅层免受腐蚀，提供碳化硅沉积表面
碳化硅层	主要的裂变产物阻挡层和主要的承压层，保证燃料颗粒的结构稳定性
外致密热解炭层	产生辐照收缩对碳化硅提供压应力，是包覆颗粒的环境保护层

8.3　高温气冷堆燃料元件制备

高温气冷堆燃料元件的制备包括 UO_2 核芯颗粒制备、包覆颗粒制备、燃料元件制备三个部分。

8.3.1　溶胶凝胶法制备 UO_2 核芯颗粒

UO_2 核芯颗粒的制备工艺包括内凝胶、外凝胶、全凝胶三种工艺，本节简要介绍全凝胶工艺(total gelation process of uranium，TGU)。

溶胶的制备过程是由依次衔接和协同的三步工序构成的。第一步是向主原料硝酸铀酰溶液中添加尿素(UREA)，并保温加热一定时间，以便充分地进行水解-缩聚反应，得到特征尺寸细小而稳定的均匀溶胶。第二步是向第一步溶胶中添加亲液性改性剂(PVA＋四氢糠醇(4-HF))，得到更加稳定的溶胶。第三步是向第二步溶胶中加入质子接受体六次甲基四胺(HMTA)，得到具有同步胶凝性质的溶胶。

制备过程中需要合理地选择 U、UREA/U、PVA、4-HF 和 HMTA/U 的最佳浓度范围，它们的浓度不仅影响表面张力、黏度，而且影响到焙烧球的密度。通过综合结果分析，可以得到如下规律：①在 TGU 溶胶中存在一类使表面张力、黏度等增加，而表面自由能等降低的物质，如 U、PVA、4-HF 和 HMTA 等，由于它们的添加使得 TGU 焙烧球的密度显著提高；②在 TGU 溶胶中存在另一类使表面张力、黏度等降低，而表面自由能等增加的物质，如 UREA 等，由于它们的添加使得 TGU 焙烧球密度下降。设计 TGU 溶胶组成必须找到它们的平衡点。

在 TGU 溶胶物性（密度、黏度和表面张力等）确定之后，控制核芯尺寸和球形的关键工序是分散与胶凝。围绕均匀分散所追求的目标是稳定地控制核芯的尺寸，围绕均匀胶凝所追求的目标是稳定地控制核芯的球形度。均匀分散和均匀胶凝是控制核芯大小与形状最为重要的工序之一，如图 8-5 所示。分散实验结果证明，在溶胶物性和喷嘴尺寸以及振动频率等确定之后，胶滴均匀性和核芯大小的控制因素是溶胶流量，而溶胶流量可依据连续相高度的大小与稳定程度来控制。

图 8-5　溶胶凝胶法制备核芯颗粒中的关键分散工艺

通过 TGU 获得凝胶球（如图 8-6(a)所示）之后，还需要进行陈化—洗涤—干燥工序，获得干燥球（如图 8-6(b)所示）；再通过一定的升温—控温焙烧工序，获得 UO_3 焙烧微球（如图 8-6(c)所示）；最后再通过通入氢气，进行还原—烧结工序，最终获得成品 UO_2 微球（如图 8-6(d)所示）。该过程经过一系列的化学变化，是一个颗粒直径逐渐变小、密度逐渐提高的过程，要保证微球变化均匀，需要很精细的温度、气氛、气速等参数控制。

图 8-6　溶胶凝胶法制备 UO_2 核芯过程中各产物的形貌及尺寸演变

(a) 凝胶球；(b) 干燥球；(c) 焙烧球；(d) 烧结球

8.3.2 流化床-化学气相沉积法制备 TRISO 型包覆燃料颗粒

流化床-化学气相沉积(FB-CVD)技术是化工流态化学科和材料化学气相沉积制备技术的交叉应用,其系统示意图如图 8-7 所示。流化床-化学气相沉积技术是一个典型的多尺度过程,如图 8-8 所示。在流化床中,基体颗粒在流化气流的作用下处于流态化,而气体反应物(或者固/液体前驱体的加热蒸气)通过载带的形式进入流化床,在高温区发生化学反应,形成超细粉末颗粒或者成膜沉积在颗粒表面。该项技术的原始理念起源于核能领域,最初应用于陶瓷球形核燃料核芯的包覆,现在已经逐步扩展到碳纳米管制备、多晶硅制备、催化载体及粉体表面改性等领域。流化床-化学气相沉积是一个典型的"三传一反"(质量—动量—能量传递+化学反应)耦合过程,非常复杂,并且难以解耦分别进行研究,因此流化床-化学气相沉积的实际应用和工艺流程研发目前多依靠实际操作经验,具体工艺设计繁杂,冗余量大。

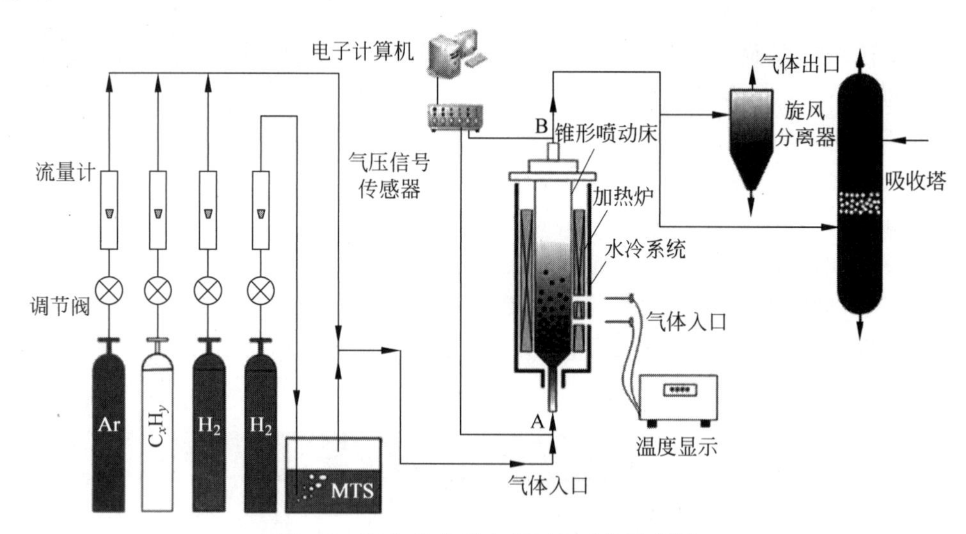

图 8-7 流化床-化学气相沉积系统示意图

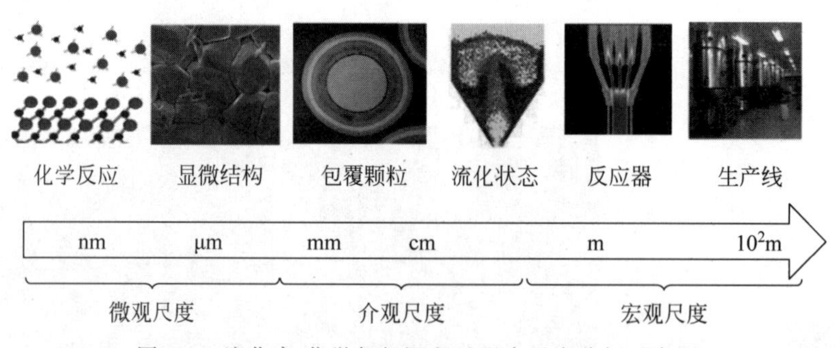

图 8-8 流化床-化学气相沉积过程多尺度分析示意图

TRISO 包覆燃料颗粒各包覆层是用化学气相沉积方法在流化床中沉积的,即反应气体由载带气体载带进入流化床,并在高温下进行分解,其固体产物就沉积在燃料核芯的表面形成包覆层。使用不同的反应气体和工艺参数可得到不同性质的包覆层。低密度 PyC 层一般用乙炔作为反应气体，在1200～1400℃下分解沉积。要求包覆层的密度小于$1.1g/cm^3$，厚度均匀，一般为$95\mu m$左右。内外高密度各向同性PyC层一般采用丙烯和乙炔的混合气体作为反应气体，在1250～1400℃之间进行热解沉积。要求高密度各向同性PyC的密度为$1.90g/cm^3$左右，各向异性因子BAF小于1.10，厚度一般为$40\mu m$左右。碳化硅层用甲基三氯硅烷（CH_3SiCl_3，简称为MTS）作为反应气体，氢气为载带气体，在高温下制得。制得的SiC层密度高于99%理论密度（$\geqslant 3.18g/cm^3$），强度高，对裂变产物的阻挡能力强。碳化硅的密度及结构与沉积温度和MTS在氢气中的浓度密切相关，较好的沉积温度应控制在1500～1700℃，H_2与MTS流量的比值应大于25。过低的沉积温度会得到低密度的含有游离Si的SiC层；沉积温度过高，密度也会降低，结构为粗大柱状晶。一般SiC层的厚度控制在$35\mu m$左右。如图8-9所示为包覆颗粒的典型SEM照片以及SiC包覆层的晶粒结构。

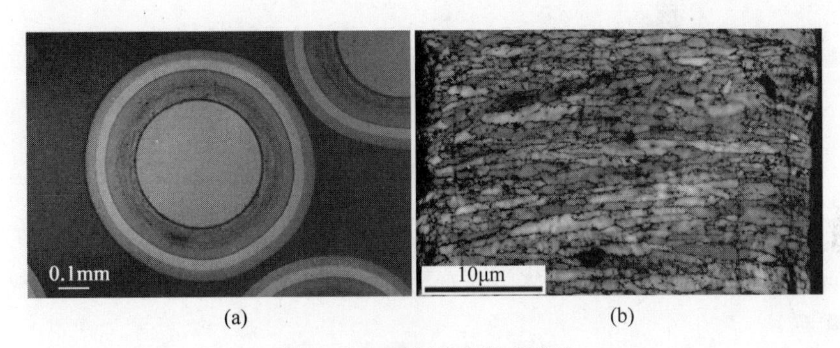

(a) (b)

图8-9 包覆颗粒的微观形貌

(a) 截面SEM照片；(b) SiC包覆层典型电子背散射衍射(EBSD)图像

8.3.3 冷准等静压法制备球形燃料元件

制备球形燃料元件的工艺主要包括基体石墨粉制备、包覆燃料颗粒“穿衣”、球芯预压、终压成型、车削和热处理等工序，如图8-10所示。具体如下：

1. 基体石墨粉的制备

(1) 物料混合。把两种合格的物料天然石墨粉和人造石墨粉按一定比例分别加入锥形混料器内，混合均匀后装入混捏机中。

(2) 混捏。按一定质量分数的比例把粉碎好的酚醛树脂溶解在甲醇（或乙醇）中，过滤后加入混捏机中与物料一起进行混捏。

(3) 真空干燥。把混捏料搓料（或挤条切断）后放入真空干燥箱内干燥，除去溶剂。

(4) 粉碎。用锤击式粉碎机，把干燥的物料粉碎成一定粒径的基体石墨粉。

(5) 混批。把几批粉碎后的物料加入锥形混料器内混合均匀成一批基体石墨粉，待用。

2. 包覆燃料颗粒“穿衣”

把检验合格的包覆燃料颗粒放入穿衣机内。启动穿衣机旋转，同时不断地加入基体石墨粉和喷洒溶剂，在包覆燃料颗粒的外面涂敷上一层厚100～$200\mu m$的基体石墨粉。此工序目的是避免在压制时包覆颗粒因直接接触而破损，从而减小燃料元件的制造破损率，此外

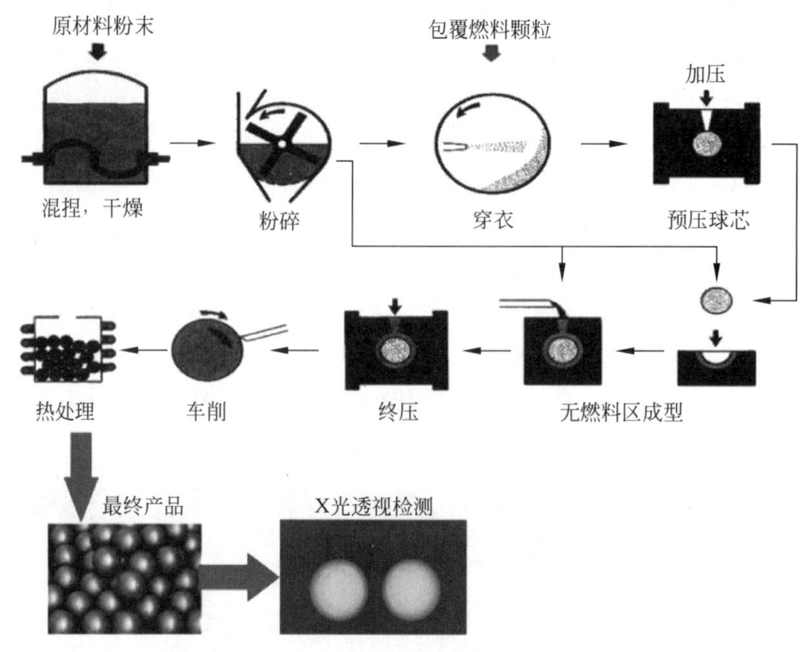

图 8-10　球形燃料元件制备的工艺路线示意图

还可以使包覆燃料颗粒在基体中分布均匀。经振动分选及滚动筛筛选去除不合格的穿衣包覆颗粒。

3. 球芯预压

把合格的穿衣包覆颗粒和基体石墨粉混合，采用橡胶模冷准等静压工艺，在较低的压力(约 3MPa)下预压燃料球的球芯。

4. 终压成型

采用橡胶模冷准等静压工艺，在约 300MPa 压力下把基体石墨粉压制到球芯外面，压制成燃料球球坯，再用专用车床把球坯车削到规定尺寸。

5. 热处理

热处理过程主要分为两个步骤：

(1) 炭化处理。在氩气或氮气保护下，在一定的升温制度下加热到 800℃，使黏结剂裂解焦化形成黏结剂交联桥，把骨料颗粒牢固地结合在一起。

(2) 高温纯化处理。把经炭化的燃料球置于石墨碳管炉内，在真空下加热至 1800～1950℃，保温一定时间，将部分杂质纯化去除，同时进一步致密化。

以上三个主要制备工艺的过程可以用图 8-11 来梳理总结，在制备过程中包括多个过程质量检测点，需要测量不同的物性参数，例如氧铀比、球形度、包覆层厚度、密度等，在制备环节中应严格控制产品的质量。

8.3.4　高温气冷堆燃料元件的性能检测

燃料元件制造过程中需要很多质量检测点，涉及多项检测技术，通过研发及借鉴相关领

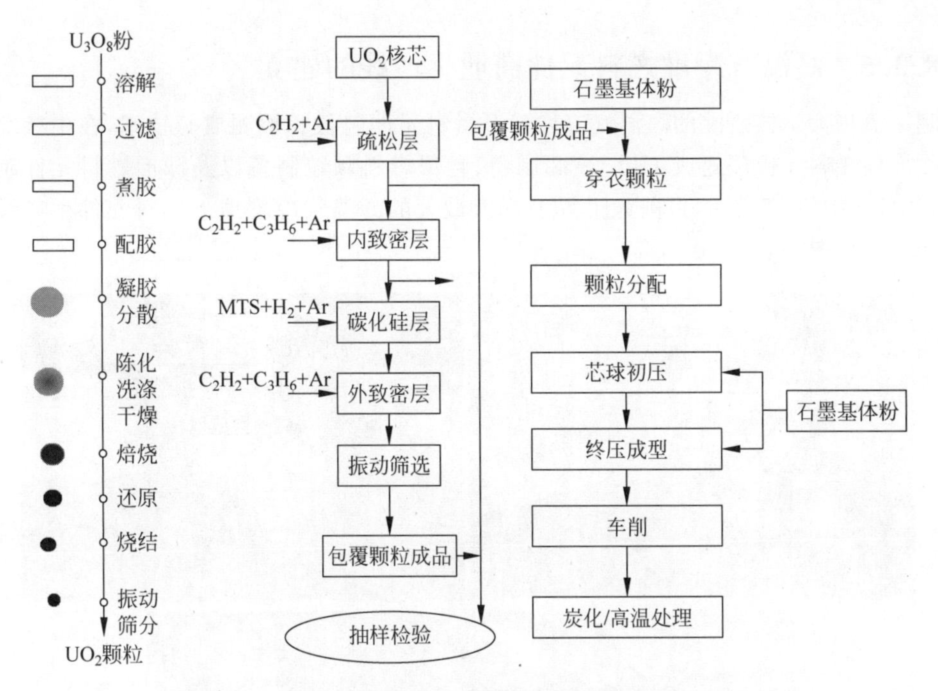

图 8-11　核芯-包覆颗粒-球形燃料元件制备主要工艺简图

域的经验，目前已经建立了一整套检测体系，包括热天平法测量 UO_2 核芯 O/U 原子比，数字图像法测量 UO_2 核芯球形度，软 X 射线照相投影仪法测量 UO_2 核芯直径、SiC 层和外致密热解炭层厚度，瓷相法测量疏松热解炭层和内致密热解炭层的厚度，沉浮法测量 SiC 层和致密热解炭层密度，光学法测量致密热解炭层各向异性度，激光脉冲法测量石墨基体球热导率等。

针对球形燃料元件的特殊要求，研究人员还对燃料元件石墨基体热膨胀各向异性的测量方法、基体石墨球抗氧化性能测量方法、球形燃料元件自由铀含量测定方法、基体石墨球落球强度测量方法、基体石墨球的压碎强度测量方法、基体石墨球的磨损率测量方法以及球形燃料元件无燃料区检验方法进行了针对性的研发。图 8-12 给出了包覆燃料颗粒包覆层厚度检测以及球形燃料元件无燃料区检测实际测量结果示意。

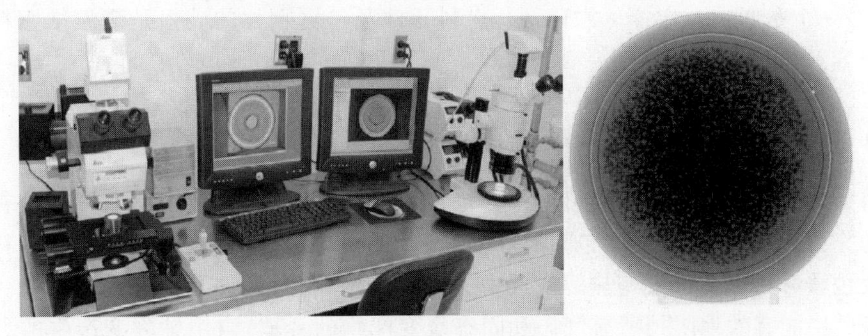

图 8-12　高温气冷堆燃料元件性能检测举例：包覆燃料颗粒包覆层厚度检测以及球形燃料元件无燃料区检测

8.3.5 高温气冷堆燃料元件商业生产线的建立

利用清华大学核研究院的高温气冷堆球形燃料元件制备和检测成套技术，在中核北方高温气冷堆核燃料元件厂建成 UO_2 核芯制备、包覆燃料颗粒制备以及球形燃料元件制备生产线，2017 年试生产成功，目前为世界上规模最大的高温气冷堆球形燃料元件生产线。部分车间照片如图 8-13 所示。

图 8-13 利用清华大学核研究院高温气冷堆球形燃料元件技术建设的商业化生产线

8.4 高温气冷堆燃料的失效形式及堆内考验

高温气冷堆燃料元件的破损引起的后果主要有两个：一个是放射性裂变产物不可接受的释放，另一个是影响反应堆可靠运行。燃料元件及包覆颗粒的破损是高温堆燃料须重点关注的内容。

8.4.1 燃料元件制造中的破损

燃料元件制造破损率通常用自由铀含量表示。自由铀含量是燃料元件中没有被包覆燃料颗粒的完整 SiC 层包覆的铀(包括有缺陷 SiC 层的包覆燃料颗粒铀含量和在燃料元件石墨基体及包覆燃料颗粒外致密热解炭层中的铀含量)和燃料元件总铀含量的比值。包覆燃料颗粒 SiC 层能有效地阻挡所有气态和固态裂变产物的释放，自由铀裂变产生的裂变产物没有完整 SiC 层的阻挡，因而释放率就高得多。引起自由铀含量超标的原因主要有以下几点。

1. 有缺陷的 SiC 层

SiC 是脆性材料，包覆燃料颗粒制造工艺不合适(如激烈的流化状态)、流化床内粉尘多、卸料和筛分操作中颗粒激烈碰撞等都可能使 SiC 层出现缺陷和裂纹。

2. SiC 层被压破

压制球形燃料元件时，压力高达 300MPa，畸形颗粒、有缺陷 SiC 层颗粒、孪生“穿衣”颗粒都可能会被压破。颗粒压破后，燃料核芯即暴露出来，裂变后裂变产物将无阻挡地释放出来。

3. 铀沾污

在包覆燃料颗粒制造中会带来外致密热解炭层的铀沾污和燃料元件制造过程中引起的石墨基体铀沾污。

8.4.2 包覆燃料颗粒失效

1. 压力壳式破损

燃料元件在运行过程中，随着燃耗的增加，裂变气体、CO 和 CO_2 以及低挥发固态裂变产物的积聚，均会造成包覆燃料颗粒的内压增加，会在包覆燃料颗粒包覆层中产生应力。在热和辐照作用下，不同材料的性能变化不同，也会在包覆层产生应力。当这些应力之和超过包覆燃料颗粒包覆层的强度时，包覆层就会发生压力壳式破损，失去约束裂变产物的能力。

2. 钯对 SiC 侵蚀

裂变产物钯在热解炭中扩散系数大，可穿过内致密热解炭层扩散到 SiC 层的内表面，与碳化硅反应生成 Pd_3Si、Pd_2Si 和 PdSi 等化合物，使包覆层减薄和出现缺陷，削弱了 SiC 层对裂变产物的阻挡能力。

3. 燃料核芯迁移(阿米巴效应)

在氧化物燃料核芯的包覆燃料颗粒中，C 和 CO_2 会发生如下反应形成 CO：

$$C + CO_2 \rightleftharpoons 2CO \tag{8-1}$$

反应的平衡随温度变化。当包覆燃料颗粒处于高温和温度梯度下，在高温侧，反应向右移动，C 和 CO_2 反应形成了 CO；而在低温侧，反应向左移动，CO 生成了 C 和 CO_2。即发生了炭从高温侧向低温侧的质量迁移，从而使燃料核芯向高温侧迁移，这种现象称为阿米巴效应(Amoeba effect)。燃料核芯迁移超过一定距离将会引起包覆燃料颗粒包覆层的破损。

4. SiC 高温分解

气态和固态裂变产物主要依靠包覆燃料颗粒 SiC 层阻挡。常压下，温度高于 2100℃时 SiC 层开始分解，从而失去阻挡裂变产物的能力。

包覆颗粒的几种破损形式的典型照片如图 8-14 所示。

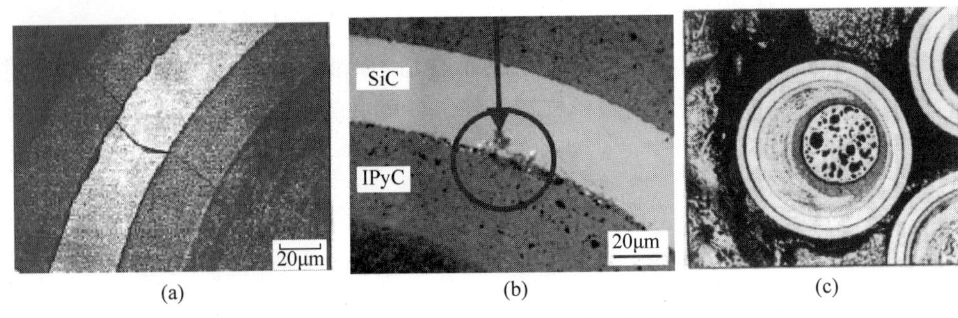

(a) (b) (c)

图 8-14 包覆颗粒的几种破损形式

(a) 压力壳式破损；(b) 裂变产物的侵蚀；(c) 阿米巴效应

8.4.3 燃料元件失效

1. 热和辐照应力

球形燃料元件的基体是石墨材料，柱状元件的六角棱柱块也是石墨材料。石墨材料具有各向异性，其热膨胀系数和辐照引起的尺寸变化在不同方向上是不一样的，在热和辐照作用下会发生不均匀变形，从而引起热应力和辐照应力。燃料元件各部分温度是不完全相同的，温差也会引起热应力产生。当热应力和辐照应力超过构成燃料元件的石墨材料强度时，燃料元件就会损坏。

2. 机械负荷

燃料元件在堆芯中除承受自身重力外，还承受叠加在上面的其他元件的压力。在装卸过程中，柱状元件需承受装卸设备施加的机械力和重力，球形燃料元件需承受在输送系统和下落过程中的撞击力。这些静载力和撞击力超过石墨材料的强度时也会使燃料元件破损。

3. 化学腐蚀

构成燃料元件的石墨材料在纯氦气中是稳定的，但氦气中的杂质 O_2、CO_2 和水汽会使石墨发生氧化腐蚀。有时这种腐蚀还会是不均匀的，从而影响石墨的强度。

4. 磨损

球形燃料元件在堆芯中移动，球之间会有摩擦，在装卸料过程中会在管道、阀门和设备中发生摩擦和冲刷。如磨损太大，不但使球壳变薄，还会增加氦气中粉尘量，在局部区域发生石墨的沉积。

8.4.4 高温气冷堆堆内辐照试验

高温气冷堆核电站示范工程燃料元件的堆内辐照性能数据和辐照后事故模拟加热试验性能数据及其他辐照后检验性能，可以为燃料元件在高温气冷堆核电站的安全运行提供评价依据。辐照试验结果可用于高温气冷堆核电站示范工程的安全评审。辐照试验结果也为改进燃料元件设计、改善燃料元件性能和优化制造工艺提供试验数据，因此燃料元件堆内辐照试验对燃料元件的研发至关重要。

高温气冷堆球形燃料元件的研发过程中，国内外进行了大量的堆内辐照试验研究，本节给出最新的一次针对 20 万 kW 级球床模块式高温气冷核电站燃料元件的堆内辐照试验介绍。

清华大学核研院在 2011 年上半年按照研发成功并固化了的高温气冷堆核电站示范工程燃料元件所用主要原材料、生产关键设备和工艺进行了 5 批次批量试验,各批 UO_2 核芯、包覆燃料颗粒和球形燃料元件性能都满足高温气冷堆核电站示范工程燃料元件设计要求。

2011 年 7 月 1 日至 2011 年 10 月 8 日按照固化了的高温气冷堆核电站示范工程燃料元件所用主要原材料、生产关键设备和工艺进行了高温气冷堆核电站示范工程燃料元件辐照样品的生产,总共生产了近 1000 个球形燃料元件,铀的富集度为 17%。

从 1000 个球形燃料元件的生产批中随机抽取 10 个球形燃料元件,其中 5 个用于辐照,5 个备用。生产批中的 UO_2 核芯、包覆燃料颗粒和球形燃料元件满足 20 万 kW 级球床模块式高温气冷核电站燃料元件的各项性能要求。辐照试验在荷兰 Petten 高通量试验堆(HFR)上进行。HFR 是池式、轻水冷却和慢化、铍为反射层的反应堆,功率为 45MW,每年满功率运行天数多于 270 天。

图 8-15 所示为高温气冷堆核电站示范工程燃料元件的辐照试验装置。球形燃料元件置于具有半球腔的石墨圆柱结构内,该石墨圆柱结构的外表面和辐照金属盒的内表面之间有一定的间隙,形成清扫气体的气体通道。清扫气体是 He 和 Ne 的混合气体,改变它们的比例就可以改变导热系数。提高 He 在混合气体中的比例,就可以提高混合气体的导热系数,降低燃料元件的运行温度;反之,提高 Ne 比例,就可以降低混合气体导热系数,提高燃料元件的温度。测量清扫气体中气态裂变产物的活性,就可以获得燃料元件在辐照中气态裂变产物的释放情况。

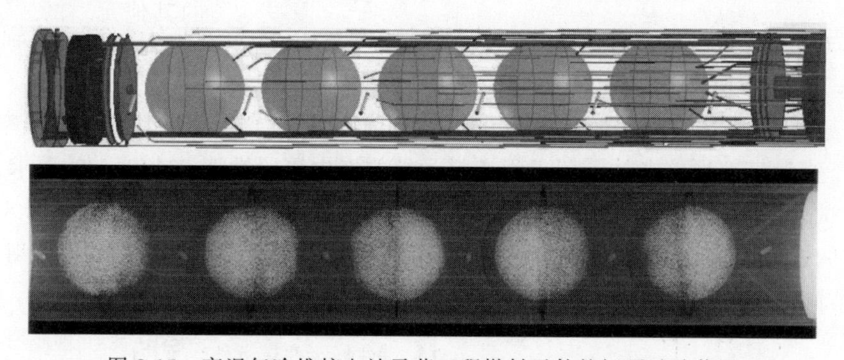

图 8-15 高温气冷堆核电站示范工程燃料元件的辐照试验装置

辐照金属盒是双层圆柱结构,内层为 AISI 321 不锈钢,外层为铝包壳。燃料元件的无燃料区、石墨圆柱和辐照金属盒内安装 48 根热电偶,测量和控制燃料元件的温度。

燃料元件辐照试验条件都严于燃料元件在高温气冷堆核电站示范工程的运行条件。辐照后得到如下实验结果:

(1) 燃料球的平均中心温度控制在(1050±50)℃,最高温度达到 1094℃。

(2) 5 个燃料球的燃耗分别为 102300、110400、111600、105100 和 90600MW·d/tHM。

(3) 累积快中子注量($E \geqslant 0.1$MeV)介于 $3.79 \times 10^{25} \sim 4.9 \times 10^{25}$ n/m^{2}之间。

(4) 燃料元件最大功率达到约 3269W。

(5) 至辐照试验结束,裂变气体氪和氙同位素的平衡释放率和产生率的比值(R/B)在辐照初始阶段平稳增长,并在辐照中后期保持基本稳定。在最后一个循环,氪同位素的平衡释放率和产生率的比值在 $2.4\times10^{-9}\sim3.3\times10^{-9}$ 之间,氙同位素的平衡释放率和产生率的比值在 $1.2\times10^{-9}\sim3.7\times10^{-9}$ 之间。

在辐照试验中,一旦有颗粒破损,裂变气体 R/B 将比 10^{-9} 高几个数量级,如图 8-16 中水平直线所示。本次辐照试验裂变气体 R/B 在 10^{-9} 量级,表明在五个燃料球的近 60000 个包覆燃料颗粒中,没有一个燃料颗粒因制造缺陷及辐照而发生破损。

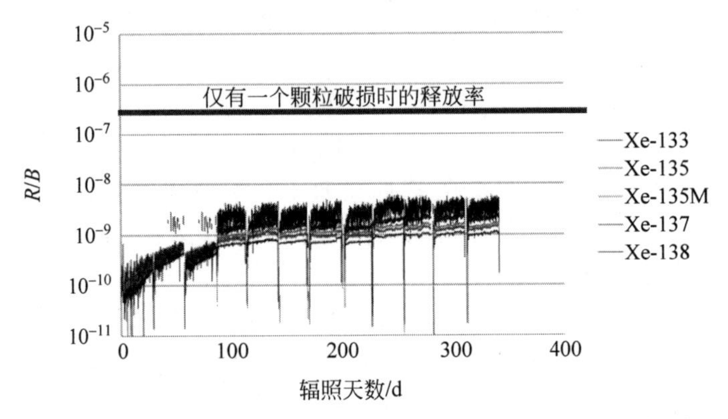

图 8-16 辐照试验过程中裂变产物氙的释放率(图中横线为一个包覆颗粒破损时的释放率水平)

根据二项式分布,没有破损颗粒时,可用下式计算最大破损率:

$$Z_{\max}=1-\exp\left[\frac{\ln(1-C)}{N+1}\right] \tag{8-2}$$

式中,N 为被测试的包覆燃料颗粒数(本辐照试验 $N=6\times10^{4}$);C 为置信度(本辐照试验 C 取 95%);$Z_{\max}$ 为最大破损率。

由计算可得,本次堆内辐照试验在 95%的置信度下,包覆燃料颗粒最大破损率是 5.0×10^{-5},优于高温气冷堆核电站示范工程燃料元件的堆内辐照性能 2×10^{-4} 的要求。

辐照试验结束后,对燃料球进行了伽马扫描,测量到的放射性裂变产物如图 8-17 所示。在燃料球的燃料区外没有测量到放射性裂变产物,说明燃料球有很好的阻挡放射性裂变产物的能力,同时说明石墨基体非常纯净,自由铀含量处于极低水平。

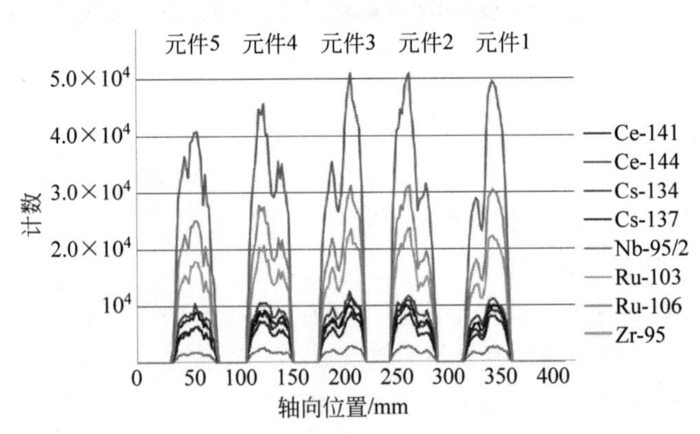

图 8-17 辐照试验结束后测量的放射性裂变产物在试验装置中的分布

高温气冷堆在事故工况下，燃料元件的温度会上升，裂变产物的释放率将会提高，包覆燃料颗粒有可能发生破损。事故模拟加热试验就是对受过辐照的燃料元件按模拟的高温气冷堆事故过程进行加热试验，同时测量裂变产物从燃料元件中的释放率，用来研究燃料元件在高温气冷堆失压失冷事故下的行为。含有包覆燃料颗粒的球形燃料元件在事故模拟加热炉中加热到1620℃以上，气体回路中的He将把燃料元件在加热过程中释放的裂变气体（主要是^{85}Kr）载带出来，测量释放的裂变气体，就可以了解球形燃料元件中SiC颗粒燃料的破损情况。固体裂变产物，如Cs、Sr和Ag等同位素在加热过程中释放出来，沉积在炉子上端的冷凝板上，测量冷凝板上的固体裂变产物，就可以了解固体裂变产物在球形燃料元件加热过程中从包覆颗粒燃料内释放出来的情况。辐照后的球形燃料元件经过1620℃、1650℃和1700℃各150小时的事故模拟加热试验，^{85}Kr的释放情况如图8-18所示，在第一次150小时1620℃、第二次150小时1650℃和第三次150小时1700℃的事故模拟加热试验中，^{85}Kr的释放低于探测器的检测限，因此在事故模拟加热试验中没有任何颗粒破损。

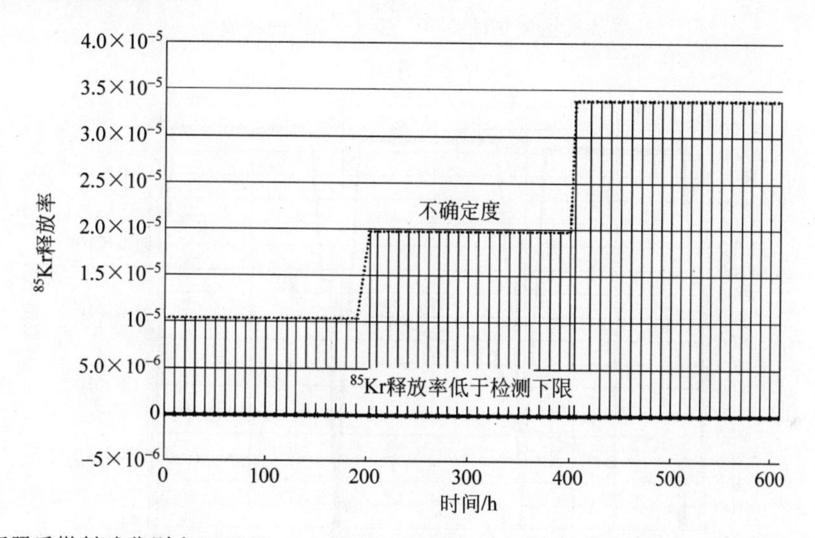

图8-18 辐照后燃料球分别在1620℃、1650℃和1700℃各150小时的事故模拟加热试验中^{85}Kr的释放

图8-19和图8-20分别所示为^{137}Cs＋^{134}Cs以及^{110m}Ag在第一次150小时1620℃、第二次150小时1650℃和第三次150小时1700℃的事故模拟加热试验中的释放率曲线。由图可看出，在第一次150小时1620℃后，^{137}Cs＋^{134}Cs释放率大约为7×10^{-6}，^{110m}Ag释放率大约为4×10^{-5}；在第二次150小时1650℃加热后，^{137}Cs＋^{134}Cs释放率大约为1×10^{-4}，^{110m}Ag释放率大约为1×10^{-3}；在第三次150小时1700℃加热后，^{137}Cs＋^{134}Cs释放率大约为2×10^{-2}，^{110m}Ag释放率大约为5×10^{-2}。

表8-2总结了我国HTR-PM、德国和美国三种燃料元件在事故模拟加热试验中^{137}Cs和^{134}Cs以及^{110m}Ag裂变产物的释放率。由表可见，相同结构的包覆燃料颗粒，大体相同的堆内辐照条件，在事故模拟加热试验中，我国燃料元件加热时间最长，加热温度也最高，但^{137}Cs和^{134}Cs以及^{110m}Ag释放率却低1～2个量级。

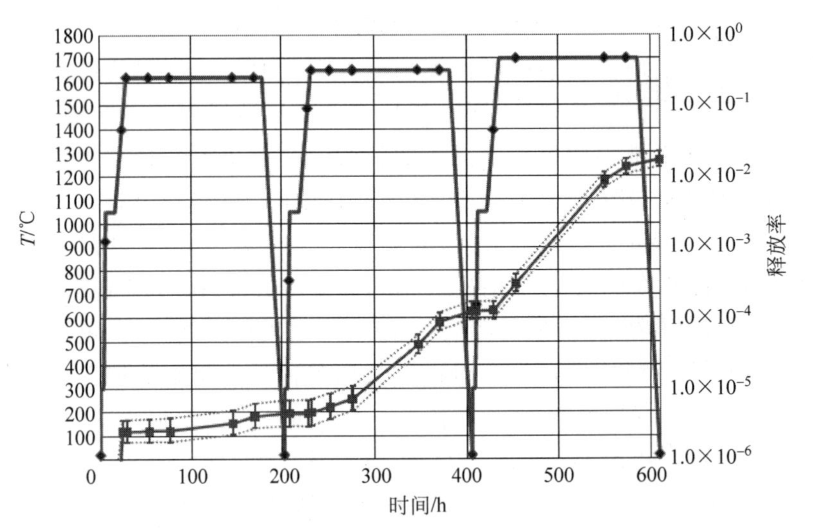

图 8-19 辐照后燃料球分别在 1620℃、1650℃和 1700℃各 150 小时的事故模拟加热试验中 $^{137}Cs+^{134}Cs$ 的释放

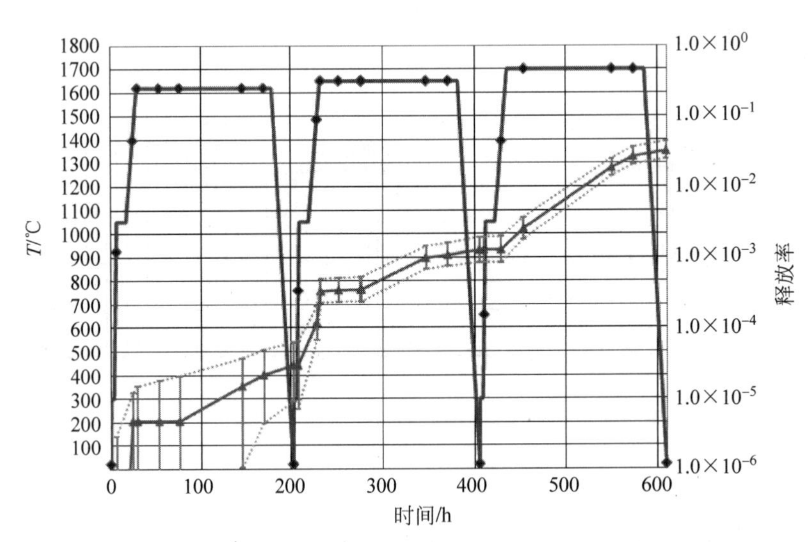

图 8-20 辐照后燃料球分别在 1620℃、1650℃和 1700℃各 150 小时的事故模拟加热试验中 ^{110m}Ag 的释放

表 8-2 不同燃料元件在事故模拟加热试验中固体裂变产物的释放率

样　　品	堆内辐照	事故模拟加热试验	$^{137}Cs+^{134}Cs$ 释放率	^{110m}Ag 释放率
德国	14%FIMA 950℃(表面)	1600℃ 430 小时	$\approx 3\times10^{-4}$	$\approx 3.1\times10^{-1}$
美国	10.5%FIMA 1062℃	1600℃ 300 小时	$\approx 5\times10^{-3}$	$\approx 2\times10^{-2}$
中国 HTR-PM	11.64%FIMA 1023℃	1620℃ 450 小时	$\approx 4\times10^{-5}$	$\approx 2\times10^{-3}$

8.5 高温气冷堆新型核燃料研究

目前高温气冷堆燃料元件的设计已经较为成熟，制备工艺路线基本确定。针对未来高温气冷堆核燃料的研究，主要包括提高单批次规模、优化全流程工艺以增强经济性。同时，针对高温气冷堆的进一步发展，例如超高温气冷堆、气冷微堆等，许多研究机构也进行了新型核燃料研究，包括新型核芯（UC、UN、USi 等）、新型包覆层（ZrC、NbC 以及复合涂层等）以及基于此的新型包覆颗粒设计、制备和性能评价等方面。

TRISO 型包覆燃料颗粒中通常采用 SiC 包覆层，但是 SiC 包覆层在高温下会发生热分解以及从 β-SiC 到 α-SiC 的相转变，机械强度会很快降低，这就限制了高温气冷堆燃料元件的应用。为了改进高温气冷堆燃料元件的性能，要研制能耐更高温度的包覆燃料颗粒，需要寻找比 SiC 更耐高温的替代涂层。ZrC 是一种熔点高（3546℃）、中子吸收截面低和阻挡放射性裂变产物能力强的耐高温材料。在 1600℃时，^{137}Cs 在 ZrC 涂层中的扩散系数为$(1\sim5)\times10^{-18}$，比在 SiC 涂层中的扩散系数低两个数量级。在 1800℃以上从 SiC 包覆燃料颗粒中释放的^{137}Cs 随温度升高急剧增加；而直到 2400℃以上，从 ZrC 包覆燃料颗粒中释放的^{137}Cs 随温度升高才缓慢增加。金属裂变产物钯（Pd）和 ZrC 不发生反应，但会侵蚀 SiC 层。总之，ZrC 涂层作为 SiC 层的替代材料正在被研究和发展。从 20 世纪 70 年代起，美国、德国和日本等国先后开展了 ZrC 涂层的制备和辐照性能的研究工作。

制备 ZrC 涂层的方法主要有海绵锆卤化法和四氯化锆粉末升华法等。其中四氯化锆粉末升华法采用气相沉积原理在流化床包覆炉中制备 ZrC 涂层，其所用的化学反应体系是四氯化锆（$ZrCl_4$）、丙烯（C_3H_6）、氢气（H_2）和氩气（Ar），其中氩气是稀释和载带气体。化学反应式如下：

$$3ZrCl_4 + C_3H_6 + 3H_2 \longrightarrow 3ZrC + 12HCl \tag{8-3}$$

影响 ZrC 涂层性能和结构的工艺参数有沉积温度、$ZrCl_4$ 浓度、C_3H_6 浓度、氢气浓度、氩气浓度和流化状态等，其中沉积温度是最重要的工艺参数。只有采用合适的工艺条件才能获得高密度的 ZrC 涂层。目前对 ZrC 涂层的辐照性能等的研究工作正在进行中。

另外对 TRISO 颗粒结构本身也有一些改进研究，例如采用小直径燃料核芯、厚疏松热解炭层、疏松 SiC 包覆层和厚 SiC 层的包覆燃料颗粒的新设计方案，可以增加放射性裂变产物储存空间和提高阻挡放射性裂变产物的能力，以便提高包覆燃料颗粒的耐燃耗特性和降低包覆燃料颗粒的放射性裂变产物的释放率，从而提高高温气冷堆的安全性和经济性。

参考文献

[1] 唐春和. 高温气冷堆燃料元件[M]. 北京：化学工业出版社，2007.

[2] 高文. 高温气冷堆[M]. 北京：原子能出版社，1982.

[3] NABIELEK H, KAISER G, HUSCHKA H, et al. Fuel for pebble-bed HTGR[J]. Nuclear Engineering and Design, 1984, 78: 155-166.

[4] STANSFIELD O M. Evolution of HTGR coated particle fuel design[J]. Energy, 1991, 16(12): 33-45.

[5] 刘马林，刘荣正，李自强，等. 颗粒学在高温气冷堆核能工程中的应用[J]. 中国粉体技术，2014，20(4)：1-7.

[6] 刘荣正，刘马林，邵友林，等. 碳化硅材料在核燃料元件中的应用[J]. 材料导报 A：综述篇，2015，29(1)：1-5.

[7] FREIS D，ABJANI A E，CORIC D，et al. Burn-up determination and accident testing of HTR-PM fuel elements irradiated in the HFR Petten[J]. Nuclear Engineering and Design，2020，357：110414.

[8] LIU M，CHEN Z，CHEN M，et al. Scale-up strategy study of coating furnace for TRISO particle fabrication based on numerical simulations[J]. Nuclear Engineering and Design，2020，357：110413.

[9] LIU R，LIU M，CHANG J，et al. An improved design of TRISO particle with porous SiC inner layer by fluidized bed-chemical vapor deposition[J]. Journal of Nuclear Materials，2015，467：917-926.

[10] LIU M，WEN Y，LIU R，et al. Investigation of fluidization behavior of high-density particle in spouted bed using CFD-DEM coupling method[J]. Powder Technology，2015，280：72-82.

[11] LIU R，LIU M，CHANG J. Experimental phase diagram of SiC in CH_3SiCl_3-Ar-H_2 system produced by fluidized bed chemical vapor deposition and its nuclear applications[J]. Journal of Materials Research，2016，31(17)：2695-2705.

钠冷快中子增殖堆燃料

9.1 快中子堆及其发展历程

9.1.1 快中子堆的特点

快中子反应堆(fast breeder reactor,FBR)是指通过从钚和铀等核裂变反应中产生高能中子从而维持反应堆内核裂变链式反应并可实现核燃料增殖的反应堆。

相比于其他堆型,快中子反应堆具有如下优势:

(1) 资源利用率高。

由于其增殖特性,快堆可充分利用天然铀中占 99.3%的^{238}U,使天然铀的利用率提高 60 倍以上。同时快堆可将压水堆乏燃料中分离出的燃料再利用,还可将浓缩铀生产剩下的贫铀再利用,实现燃料的闭合循环。如图 9-1 展示了一种快堆-水堆联合的闭合循环路径。

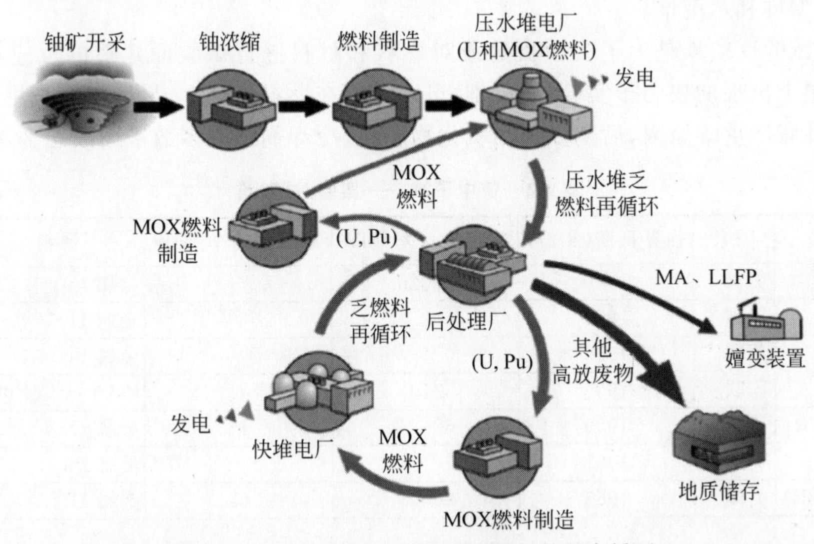

图 9-1 快堆-水堆联合利用实现燃料的闭合循环

(2) 减少长寿命放射性废物。

快堆的中子通量高，中子谱硬，可烧掉(嬗变)压水堆乏燃料中存在的一些长寿命的次锕系元素(MA)，使其对环境的影响时间缩短到原来的1/100，同时也可大大减少放射性废物量，节约深埋处理的储存空间。一座快堆可支持5～10座同功率压水堆MA的嬗变。

(3) 结构紧凑。

为了提高增殖能力，需要维持一个较硬的中子能谱，尽可能压缩冷却剂和结构材料的体积，所以快中子增殖堆具有排列紧凑的特点。一般同样热功率的快堆堆芯比压水堆小。表9-1比较了典型的压水堆和快堆的堆芯体积和燃料装载量。可以看出快堆的平均功率密度和比功率都比热中子堆大，前者大3～4倍，后者大1倍。目前，绝大部分快中子增殖堆都用液态金属作为冷却剂，被称为"液态金属快中子增殖反应堆"(LMFBR)，其中钠冷快堆是目前的主流选择。任何情况下都不能用水作为冷却剂，因为水具有良好的慢化中子的能力。

表9-1 典型压水堆和快堆堆芯体积和装载量比较

参　　数	压水堆PWR(西屋)	钠冷快堆LMFBR
电功率/MW	1150	1000
热功率/MW	3411	2410
堆芯高度/cm	366	91
堆芯等效直径/cm	337	222
堆芯平均功率密度/(W/cm^3)	104	380
燃料质量/t	90.2	19
比功率/(kW/kg)	37.8	77
转换比或增殖比	0.5	1.3

9.1.2 国外快堆发展历史及现状

目前，世界各国都在积极开发快堆技术，快堆燃耗达到130GW·d/tU，热电转化效率达43%～45%。根据快堆的用途可分为增殖生产堆和动力堆，根据发展阶段可分为实验/试验堆、原型堆和示范堆。

实验/试验反应堆是为了实验目的或对燃料和材料进行试验而建造的反应堆。表9-2列出了历史上出现的快中子实验/试验堆，可以看出在燃料选择上，早期快堆采用金属燃料，由于辐照肿胀严重等原因，后期多采用氧化物燃料，冷却剂绝大多数采用液态金属钠。

表9-2 快中子堆——实验/试验堆

反应堆	国家	临界日期(年份)	额定热功率/MW	额定电功率/MW	燃料	冷却剂
Clementine	美国	1946	0.025	—	金属Pu	Hg
EBR-Ⅰ	美国	1951	1.2	0.2	金属U	Na-K
BR-1/2	苏联	1956	0.1	—	金属Pu	Hg
BR-5/10	苏联	1958	5/10	—	PuO_2,UC/PuO_2	Na
Dounreay(DFR)	英国	1959	60	15	金属U	Na-K
LAMPRE	美国	1961	1	—	液态Pu	Na
Fermi(EFFBR)	美国	1963	200	65	金属U	Na

续表

反应堆	国家	临界日期(年份)	额定热功率/MW	额定电功率/MW	燃料	冷却剂
EBR-Ⅱ	美国	1963	62	20	金属 U	Na
Rapsodie	法国	1967	40	—	UO_2-PuO_2	Na
SEFOR	美国	1969	20	—	UO_2-PuO_2	Na
BOR-60	苏联	1969	60	12	UO_2	Na
KNK-2	德国	1977	58	21	UO_2	Na
JOYO	日本	1977	100	—	UO_2-PuO_2	Na
FFTF	美国	1980	400	—	UO_2-PuO_2	Na
FBTR	印度	1983	50	15	UO_2-PuO_2	Na
PEC	意大利	1985	118	—	UO_2-PuO_2	Na

原型堆电厂是一种中等规模的特定类型的电厂，其电功率在250～350MW范围，建造它们的目的是为扩大到商用规模电厂提供数据和经验。

示范堆电厂是完全商用规模的电厂，建设它是为了验证建设和运营商用电厂所必需的容量和可靠性。

表9-3列举了一些钠冷快堆的原型堆和示范堆，冷却系统有池式和回路式(管式)。下文将对不同国家的快堆发展情况进行介绍。

表9-3 钠冷快堆——原型堆或示范堆

反应堆	国家	临界日期(年份)	额定热功率/MW	额定电功率/MW	燃料	冷却剂	冷却系统形式
BN-350	苏联	1972	1000	150	UO_2	Na	回路式
Phexix	法国	1973	568	250	UO_2-PuO_2	Na	池式
PFR	英国	1974	600	250	UO_2-PuO_2	Na	池式
BN-600	苏联	1980	1470	600	UO_2	Na	池式
SNR-300	德国	1984	770	327	UO_2-PuO_2	Na	回路式
Super Phenix	法国	1985	3000	1200	UO_2-PuO_2	Na	池式
Monju	日本	1987	714	300	UO_2-PuO_2	Na	回路式
CRBRP	美国	1988	975	375	UO_2-PuO_2	Na	回路式
CDFR	英国	1990	3230	1320	UO_2-PuO_2	Na	池式
SBR-2	德国	1990	3420	1300	UO_2-PuO_2	Na	回路式
BN-1600	苏联	1990	4200	1600	UO_2-PuO_2	Na	池式
示范堆	日本	1990	2400	1000	UO_2-PuO_2	Na	回路式

美国是世界上最早研发快堆的国家。为验证用钚作为燃料产生动力的可能性，美国建造了世界上第一座快中子堆Clementine。该堆用金属钚作为燃料、汞作为冷却剂。第一个产出电力的实验快中子增殖反应堆EBR-Ⅰ由阿贡国家实验室建造(图9-2展示了1951年该反应堆首次产生电力的情景)，它成功验证了增殖理论，是第一个"消耗钚又产出更多钚"的增殖反应堆(BR＝1.27)。1955年，EBR-Ⅰ发生了反应堆堆芯部分熔化事故。之后又于1954年设计了EBR-Ⅱ，1961年达到干临界(没有冷却剂)，1963年11月达到湿式临界(有冷却剂)。EBR-Ⅱ是世界上第一个用池式概念设计的快中子反应堆，把反应堆和一回路都

安装在钠池中。该堆还包括完整的燃料后处理厂、燃料元件制造厂和发电厂。

俄罗斯(苏联)快中子反应堆的研究工作始于20世纪50年代早期,建造的第一座快中子堆BR-1是一座零功率临界装置,堆芯体积为1.7L。1956年,反应堆经改建和加强,重命名为BR-2,热功率为100MW,冷却剂为汞。不久建造了BR-3,进行快-热耦合堆的研究。BR-5是世界上第一个装有钚氧化物的快中子反应堆。BR-10反应堆是将关闭的BR-5反应堆经过改进而成,其中装入碳化物燃料。BN-350是世界上第一个原型快堆电站,其燃料为UO_2,是回路式快中子反应堆,1972年11月达到临界,1973年实现带功率运行。BN-600原型堆是池式快中子反应堆,规模中等,介于原型堆和示范堆电厂之间,建造于1979年,1980年临界,拟延寿运行至2040年,经济性参数良好。BN-800于2016年11月正式投入商业运行,采用闭式燃料循环,后续计划于2030年开发和建造大型商业化钠冷快堆。

图9-2 1951年EBR-Ⅰ反应堆首次产生电力

法国的快堆计划始于1953年,主要研究钠系统。法国的第一个快中子反应堆名为“狂想曲”,整个运行期间状态良好。法国“凤凰”(Phenix)原型堆在1973年8月31日达到临界,1974年3月满功率运行,热功率为568MW,电功率为250MW。“超凤凰”号商用电站于1977年开始建造,1985年9月达到临界,热功率为3000MW,电功率为1200MW。法国的大型零功率装置Masurca为快中子反应堆物理特性的研究做出了很大的贡献。

此外,英国、德国、日本等国也建造了一系列原型堆、实验堆及示范堆。印度也在积极发展快堆技术。

9.1.3 中国快堆发展现状

按照我国快堆发展的战略研究,快堆工程发展分三个阶段进行:

(1) 中国实验快堆(CEFR),功率65MWt/20MWe。

(2) 中国原型/示范快堆(CPFR/CDFR),功率大于1500MWt/600MWe。

(3) 中国大型增殖快堆(CDFBR),功率2500~3750MWt/1000~1500MWe。

中国实验快堆是我国第一座快堆,采用钠-钠-水三回路设计,一回路为一体化池式结构,堆芯入口温度360℃,出口温度530℃,蒸气温度480℃,压力14MPa。事故余热排出系统采用直接冷却主容器内钠的非能动系统。该项目1992年立项,2000年浇灌第一罐混凝土,2004年完成施工设计,2010年6月首次临界,2011年7月并网发电,2014年12月首次达到100%功率(图9-3)。之后2017年12月在福建霞浦开始建设60万kW的中国快堆示范电站。

在CPFR/CDFR之后,我国计划一址多堆地推广CPFR/CDFR作为增殖堆或嬗变快堆计划。为了缩短从CEFR到CDFBR的反应堆工程发展周期,减小发展中的技术经济风险,考虑技术的延续性,在燃料方面,选择MOX燃料作为过渡燃料和CEFR/CDFR的基础燃料,U-Pu-Zr燃料将被用于CDFBR和中国商用快堆,以获得最高的增殖收益。

图 9-3　中国实验快堆建设进程

9.2　核燃料增殖原理及运行物理机制

9.2.1　中子谱

核裂变中释放的中子几乎全是高能的，平均能量约为 2MeV，裂变中子能谱与引起核裂变的初级中子能量关系不大。

图 9-4 所示为核反应堆中典型的中子能谱。

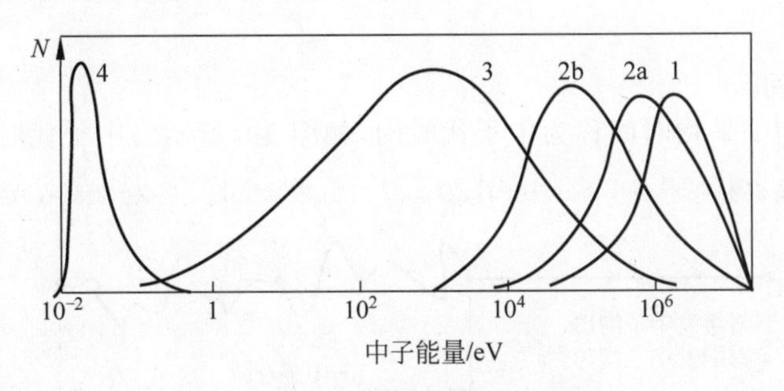

图 9-4　核反应堆中的典型中子能谱

1—裂变次级中子谱。吸收前基本无慢化，反应堆类型基本不可能实现；2—快堆内引起裂变的硬的(2a)和软的(2b)中子谱。核燃料、冷却剂、结构材料等的加入使中子慢化，快堆中引起裂变的初级中子能量平均约为 0.5MeV，一般不小于 0.1MeV；3—中能反应堆内引起裂变的中子谱。加入一定的慢化剂，中子谱的能量在 1～10000eV 之间，这种反应堆称为中能中子反应堆，实用价值不大；4—热中子堆内引起裂变的中子谱。继续增加慢化剂的量，中子能量进一步降低，但存在一个位移极限，即与周围介质处于热力学平衡状态，最可几能量约为 0.025eV。该中子谱可引发热中子反应堆的链式裂变反应，是目前商业水堆电站最常用的中子谱。

9.2.2 中子动力学

1. 瞬发中子

^{235}U核裂变过程中放出的中子，99%以上都是在10^{-14}s的裂变瞬间释放出来的，这样的中子叫作瞬发中子，能量分布在0.05～10MeV范围内，平均能量约为2MeV，相当于2×10^4km/s的速度，是快中子。

2. 缓发中子

在反应堆等链式裂变反应中会产生大量的具有中等质量数的裂变碎片，称为缓发先驱核（质量数为60～120不等），不同的裂变碎片具有不同的衰变周期，衰变过程中会有非常复杂的放射性衰变反应如(n,α)反应、(n,p)反应、(n,γ)反应等。在这些裂变碎片逐步衰变的过程中会伴随有中子的释放，这些中子在裂变后将持续存在几分钟之久，称为缓发中子。缓发中子与核反应产生的瞬发中子相比能量能级要小很多，能量分布在250～560keV范围内。

根据这些缓发中子的平均寿期和衰变常数等的不同，将其大致划分为六组。这样划分的优点是便于核工程的计算和分析等，是人为的一种划分方法，但是目前国际核工业界普遍接受了这种分组方法并广泛应用，如表9-4所示。

表9-4 ^{235}U裂变时的缓发中子数据

组号	半衰期 $T_{1/2,i}$/s	衰变常数 λ_i/s^{-1}	平均寿命 T_i/s	能量 /keV	产额 y_i	份额 β_i
1	54.47		78.74	250	0.00064	0.000125
2	21.86	0.0317	31.55	560	0.00361	0.001424
3	6.03	0.115	8.70	405	0.00319	0.001274
4	2.23	0.311	3.22	450	0.00691	0.002568
5	0.50	1.400	0.71	420	0.00217	0.000748
6	0.18	3.870	0.26	430	0.00044	0.000273

3. 中子代时间

两代中子之间的平均时间称为中子代时间，如图9-5所示为中子代时间示意图。

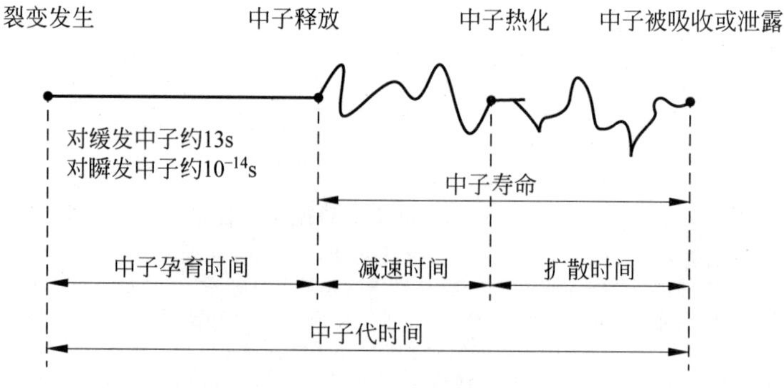

图9-5 中子代时间示意图

如表 9-5 所示，瞬发中子代时间决定于中子寿命，约为 10^{-5} s($\theta_{瞬}$)。缓发中子的代时间是 6 组缓发中子的平均时间(表 9-4)，起主要作用的是中子孕育时间，即吸收后到缓发中子先驱核释放出下一代中子需要的时间。缓发中子的代时间大约为 13s($\theta_{缓}$)。

表 9-5 瞬发中子和缓发中子代时间

中子类型	"孕育"时间/s	中子寿命/s	平均代时间 θ/s
瞬发中子	10^{-14}	10^{-5}	10^{-5}
缓发中子	13	10^{-5}	13

对于^{235}U，瞬发中子占 99.35%(瞬发中子份额 $1-\beta$)，缓发中子占 0.65%(缓发中子份额 β)。用中子份额作权重，可得到中子的平均代时间(θ)为 0.085s：

$$\theta=(1-\beta)\theta_{瞬}+\beta\theta_{缓}=\frac{99.35\times10^{-5}+0.65\times13}{100}\text{s}\approx0.085\text{s} \tag{9-1}$$

4. 缓发中子对反应堆控制的影响

缓发中子占裂变中子的份额虽小，但对反应堆的控制起着重要作用。

首先引入中子增殖系数(或增殖因子)k 的概念，它是产生的中子数与因吸收或泄露而消失的中子数之比，其定义如式(9-2)所示：

$$中子增殖系数(k)=\frac{某一代的中子数}{上一代的中子数}=\frac{由核裂变生成的中子数}{消失了的中子数} \tag{9-2}$$

反应性 ρ 表示反应堆偏离临界状态的程度，即有效增殖因数 k 与临界值 1 的相对偏移量，可定义如下：

$$\rho=\frac{k-1}{k}\approx k-1(临界值附近) \tag{9-3}$$

假设反应堆原先处于临界状态 $k=1, t=0$ 时，k 有一个很小的变化，使反应堆超临界或次临界，之后 k 保持不变(即反应性 ρ 为常数)。在 t 时刻，平均中子密度为 n，由于中子与^{235}U 的裂变反应，过了一代后(时间为中子的平均代时间 θ)，将增为 nk，净增 $n(k-1)$。那么单位时间内中子密度的变化为

$$\frac{\mathrm{d}n}{\mathrm{d}t}=\frac{n(k-1)}{\theta}=\frac{n\rho}{\theta} \tag{9-4}$$

将上式进行变形，可得中子的变化为

$$\frac{\mathrm{d}n}{n}=\frac{\rho}{\theta}\mathrm{d}t \tag{9-5}$$

两边积分，可得

$$\frac{n(t)}{n_0}=\mathrm{e}^{\frac{\rho}{\theta}t} \tag{9-6}$$

式中，n_0 为 $t=0$ 时的中子密度。

有一反应堆，引入正反应性 $\rho=100$pcm，如果反应性全由瞬发中子贡献，即中子代时间 $\theta=10^{-5}$s，那么 1s 后，有

$$\frac{n(1)}{n_0}=\mathrm{e}^{\frac{100\times10^{-5}\times1}{10^{-5}}}=\mathrm{e}^{100}\approx10^{43} \tag{9-7}$$

这种情况下,反应堆功率不可控制。如果存在缓发中子,情况就不同了。即反应性的值是在缓发中子份额加权后的平均中子代时间($\theta=0.085\text{s}$)内完成的,那么 1s 后,有

$$\frac{n(1)}{n_0}=\mathrm{e}^{\frac{100\times10^{-5}\times1}{0.085}}=\mathrm{e}^{0.01176}\approx1.012 \tag{9-8}$$

为确保反应堆正常运行,反应性应是受限制的,它的极限值决定于缓发中子份额。快堆的中子代时间小于水堆,引入正反应性时,快堆热功率上升的周期比热堆小很多,尤其是以陶瓷氧化物为燃料的快堆,有效缓发中子份额减少,动力学响应会更加迅速,可能造成严重后果。

9.2.3 快堆增殖特性

1. 转换链

易裂变核是指在任何能量的中子轰击下,都能产生裂变反应的核素,如^{233}U、^{235}U、^{239}Pu 和^{241}Pu。可裂变核又称可转换核,这种核素可以通过核素转换形成易裂变核,如^{232}Th、^{238}U 和^{240}Pu。为达到增殖作用,可裂变核素必须通过中子俘获转换为易裂变核素。铀-钚转换链见图 9-6,钍-铀转换链见图 9-7。图 9-6 和图 9-7 均忽略了所有核素的裂变反应(n,f)和短寿命的 β 发射体的中子俘获反应。

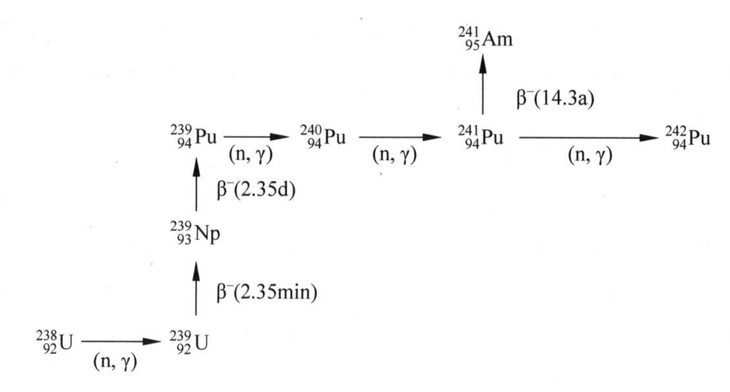

图 9-6 铀-钚转换链

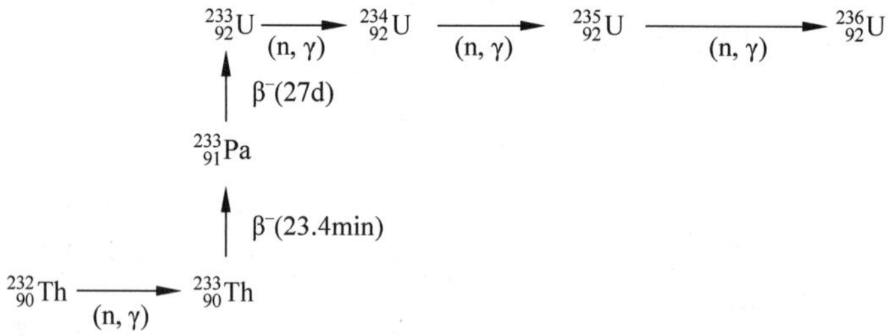

图 9-7 钍-铀转换链

快中子对易裂变元素的裂变截面比热中子的小得多(见表 9-6),因此快堆堆芯不能含使中子慢化的物质,同时维持中子裂变链需要易裂变核素富集度较高的燃料。

表 9-6 易裂变核素和可转换核素的中子特性

核素		热中子(0.025eV)			快中子(>100keV)		
		俘获截面/b	裂变截面/b	平均二次中子数	俘获截面/b	裂变截面/b	平均二次中子数
可转换核素	^{232}Th	7.4	0		0.38	0.01	
	^{238}U	2.7	>0		0.33	0.04	
易裂变核素	^{233}U	45.76	528.5	2.28	0.27	2.73	2.5
	^{235}U	98.68	585.1	2.07	0.56	1.90	2.3
	^{239}Pu	270.33	747.4	2.11	0.5	1.8	2.9

2. 转换比和增殖比

快堆具有把可转换核素转变成易裂变核素的能力，但这只能在有足够的中子可以利用的情况下才能实现。通常用转换比 CR 来描述转换的过程，它定义为反应堆中每消耗一个易裂变同位素原子所产生的新的易裂变同位素原子数。

假设在一个装置里有 1 个单位的易裂变材料，全部烧掉产生 CR 单位的易裂变材料，再全部烧掉产生 CR^2 单位的易裂变材料，那么可利用的核燃料总量为

$$N = 1 + \mathrm{CR} + \mathrm{CR}^2 + \cdots \tag{9-9}$$

如果 CR<1，上式收敛，极限值为 1/(1-CR)，轻水堆转换比 CR≈0.6，最终被利用的易裂变核约为原来的 2.5 倍，而 CANDU 反应堆的 CR≈0.7～0.8。

若 CR>1，上式发散，理论上所有的^{238}U 全部转换成易裂变核素。但由于每次燃料循环过程中的损失，铀资源不可能全部利用，估计可利用的天然铀只达 60%。堆内产生的易裂变核多于消耗的易裂变核，相应的反应堆称为增殖堆。

3. 增殖过程

易裂变原子核每吸收一个中子产生的平均次级中子数 η 可由如下关系式决定：

$$\eta = \frac{\nu\sigma_f}{\sigma_f + \sigma_c} = \frac{\nu}{1 + \sigma_c/\sigma_f} = \frac{\nu}{1+\alpha} \tag{9-10}$$

式中，ν 为易裂变原子核每次裂变产生的平均次级中子数，为测量值；σ_f 为易裂变原子核的裂变截面；σ_c 为易裂变原子核的俘获截面；α 为俘获裂变截面比($\alpha=\sigma_c/\sigma_f$)。

对主要的易裂变核素，在每种中子能量(0～1MeV)下，ν 值几乎是一个常数，但其会随着中子能量的增加而缓慢上升，对^{239}Pu 大约是 2.9，对^{235}U 大约是 2.3。α 在各类同位素和不同中子能量下变化明显。对^{239}Pu 和^{235}U，在 1～10eV 的中等能量范围，α 值随中子能量的增加而迅速增加，在高能区又下降；对^{233}U，α 值没有明显的变化。ν 和 α 的这种性质决定了 η 值随能量的变化(图 9-8)。

以下根据简单的中子平衡原理，推导反应堆的增殖条件。

一个中子被吸收平均生成 η 个次级中子，这 η 个中子中：

(1) 1 个中子必定被易裂变核吸收，以维持链式反应。

(2) L 个中子发生非生产性损失，包括寄生吸收或从反应堆泄漏。寄生吸收指的是除了易裂变材料核和可裂变材料核的吸收外，被其他任何材料的吸收。反应堆泄漏是指中子被散射到堆外。

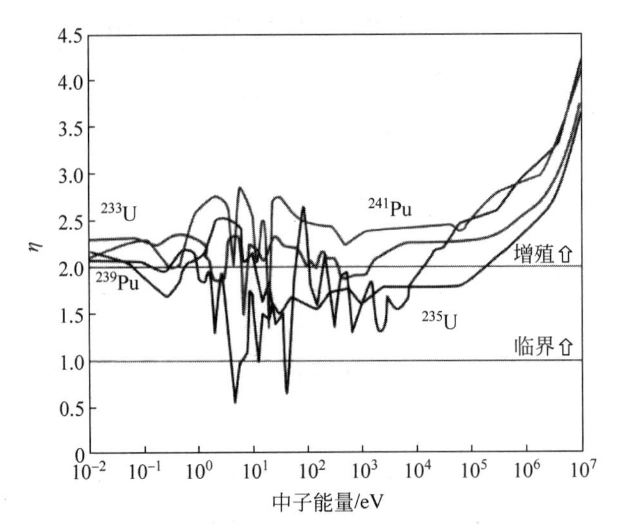

图 9-8　重要的可裂变核素 η 随中子能量的变化

因此，可裂变(可转换)材料可以俘获的中子数即增殖比 BR 为

$$\mathrm{BR}=\eta-(1+L) \tag{9-11}$$

除了要有 1 个中子使可裂变核转换成新的易裂变核外，还要有足够多的中子被吸收，因此必须有

$$\eta-(1+L)\geqslant 1 \tag{9-12}$$

这样，消耗 1 个易裂变核，产生至少一个新的易裂变核，以实现增殖，即要求

$$\eta\geqslant 2+L \tag{9-13}$$

因为损失总是大于零，L 不可能降低至 0.2 以下，所以

$$\eta\geqslant 2.2 \tag{9-14}$$

这就是简化了的最小增殖准则。

表 9-7 给出了几种主要易裂变核素在不同能谱条件下的平均 η 值。快中子反应堆的 η 值大于热中子反应堆的 η 值，这就是快中子反应堆能充分利用铀资源的原因。此外，^{233}U 的 η 值比 ^{235}U 要大，^{239}Pu 的 η 值更高，要充分发挥快中子的增殖作用，需要加入一定的 Pu，因此 MOX 燃料是最佳选择。

表 9-7　快堆和热堆能谱的平均 η 值

能　　谱	^{239}Pu	^{235}U	^{233}U
对 LWR 谱平均(≈0.025eV)	2.04	2.06	2.26
对典型的氧化物燃料的 LMFBR 谱平均	2.45	2.10	2.31
对金属燃料或碳化物(UC-PuC)的 LMFBR 谱平均(约 1MeV)	2.90	2.35	2.45

4. 倍增时间

倍增时间(reactor doubling time，RDT)是指一座反应堆生产的易裂变材料为该反应堆的易裂变材料的初装料量的 2 倍所需要的时间。反应堆的倍增时间可用一种简单的形式确定：

$$\mathrm{RDT}=m_0/m_g \tag{9-15}$$

式中，m_0 为易裂变材料的初始装量，kg；m_g 为一年内增益的易裂变材料量，kg。

例如，$m_g=0.1m_0$，且每年有 $0.1m_0$ 被放置一边，十年后会有 $2m_0$ 的易裂变材料（堆内、堆外各 m_0）。

9.3 钠冷快堆系统

目前绝大部分液态金属冷却快堆采用钠为冷却剂，其一是因为钠的熔点低（98℃），沸点高（883℃），反应堆出口温度可达 550℃，可保证常压运行；其二是钠的热容量大，传热性能好，能导出余热；其三是堆芯有较大负反馈，事故状态能够自稳。本节主要介绍钠冷快堆的相关内容。

9.3.1 钠冷快堆系统布置

与热中子堆类似，快堆核裂变的能量传输到蒸汽系统，以推动汽轮机发电。因此，堆芯外部的电厂系统，包括热传输系统、反应堆容器、反应堆钠池、钠泵、中间交换器和蒸汽发生器，也是快堆电厂发电所需的。

快中子增殖反应堆热传输系统主要布置有两种，即池式和回路式（管式）。

1. 池式结构布置

在池式结构中，反应堆堆芯、中间热交换器、一次循环泵及出口管道都密封在一个钠池内，形成一体化结构。冷热液态钠被流挡板（内壳层）分开。

一回路中热传输介质为放射性钠。钠池中冷的液态钠由“一次循环泵”输进内壳层送到堆芯底部，然后由下而上流经燃料组件，使其加热到 550℃左右。而从堆芯上部流出的高温钠流经中间热交换器，将热量传递给中间回路的钠介质，温度降至 400℃左右，再流经内壳层与钠池主层之间，由一回路钠循环泵送回堆芯。

二回路中热传输介质为非放射性钠。液钠由“二次循环泵”驱动，不断地被送入中间热交换器并将得到的热量带到蒸汽发生器，使汽-水回路中的水变成高温蒸汽。

三回路中热传输介质为水。介质水被水泵送至蒸汽发生器，吸收二回路的热量变成高温水蒸气，进而推动汽轮发电机组发电。之后经冷凝器（冷却剂可为海水）冷却后由水泵输送回蒸汽发生器。

2. 回路式（管式）结构布置

在回路式（管式）结构中，堆芯本体、一次钠泵和中间热交换器分开布置，由管道相连。通过封闭的钠冷却回路（一回路）最终将堆芯热量传输到汽-水回路（三回路），推动汽轮发电机组发电。二回路与钠池式结构相似。

图 9-9 所示为两种布置的结构示意图，池式布置一回路钠设备和很短的管线都布置在主容器中，不必担心泄漏问题，即使发生泄漏，也不会引起堆芯失冷。主容器外层还有保护容器，可确保放射性不外泄。大型钠池热惯性高，有很大的热惰性，钠的热导率大，堆芯不易过热，即使失去全部热阱，一回路钠的升温也很慢，抗瞬变能力强。钠池上表面用惰性气体

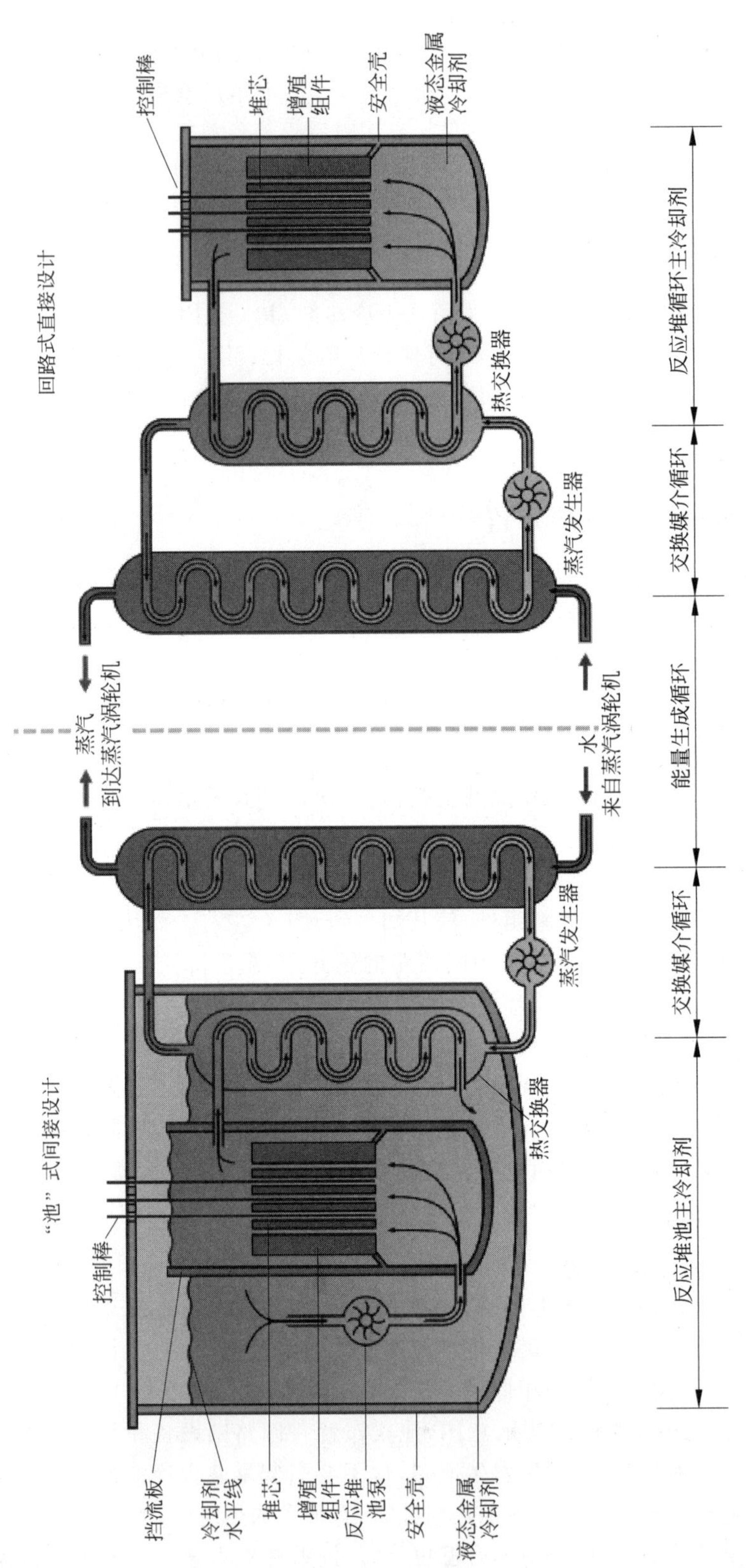

图 9-9 快堆系统“池”式间接设计与回路式直接设计对比

(一般为氩气)覆盖,可防止发生钠的氧化反应。池式布置结构紧凑,经济性好但堆本体结构复杂,设计、制造、安装难度较大,维护不方便,为减小二次钠的活化,钠池内屏蔽材料用量较大。回路式(管式)布置结构分散,各设备间隔开,总体结构简单,便于维护和维修,中间热交换器可布置于较高位置,提高了自然循环能力。但这种布置管线长,焊缝多,一回路钠温度高,增加了一回路放射性钠从钠设备及管线泄漏的可能性。

9.3.2 钠冷快堆材料体系

1. 核燃料的选择

对于小型的实验快堆,由于功率和中子通量的要求,需使用加浓的 UO_2。金属燃料由于辐照肿胀严重及与包壳材料的高温相容性不佳等缺点在快堆建造初期未能及时解决,因此快堆燃料选择上导向了氧化物型燃料,以便借鉴压水堆燃料丰富而可靠的加工制造经验。目前,钠冷快堆中主要使用氧化物型的燃料,一般为贫 UO_2 和质量分数为 25%～30%的 PuO_2(可提高至 40%)的混合氧化铀钚(MOX)燃料。

除了氧化物燃料,碳化物和氮化物燃料也是快堆燃料的发展方向。碳化物和氮化物具有高熔点、高热导、高金属原子密度、慢化原子少(硬中子能谱)等特点,可实现高线功率密度和高增殖比。氮化物与萃取法回收铀钚工艺的首端相适应,是优先发展方向,但其辐照肿胀高,需降低芯块密度和保证燃料-包壳间隙。

表 9-8 总结了不同种类快堆的燃料特性。

表 9-8 快堆燃料的特性对比

类 别	优 点	缺 点
铀-钚氧化物 $(U,Pu)O_2$	(1) 公认快堆标准燃料; (2) 高燃耗性能; (3) 熔点高(2750℃); (4) 工作温度不相变	(1) O对中子起部分慢化作用,降低增殖比; (2) 导热差,最高温度限即为熔化温度,必须非常细长; (3) 裂变气体释放率高,需很长气腔; (4) 质量分数 $PuO_2 \leqslant 30\%$,否则后处理困难; (5) 与钠相容性差
铀-钚碳化物 (U,Pu)C	(1) 高导热率,可提高燃料棒线功率密度; (2) 每个重原子仅有一个慢化剂原子,硬中子谱,高增殖比; (3) 与钠相容性好; (4) (U,Pu)N 溶于硝酸,Pu 含量可提至 60%	(1) 处于开发研究阶段,需辐照验证; (2) 辐照肿胀较氧化物严重,需降低有效密度; (3) 氮化物高温稳定性差,安全准则更苛刻
铀-钚氮化物 (U,Pu)N		
铀-钚金属燃料 U-Pu-Zr	(1) 更高的增殖比; (2) 非常好的导热性能; (3) 适于直接回收处理	(1) 早期研究中元件各向异性肿胀严重; (2) 与不锈钢包壳材料在约 810℃形成低共晶合金

2. 包壳和结构材料的选择

包壳材料用于将燃料与冷却剂隔离开来,防止裂变产物进入一次冷却剂系统。这些材料必须在快中子通量下工作 2～3 年，辐照损伤剂量约为 100～150dpa，还需承受裂变气体压力和各部件之间的相互作用力，以及可能的腐蚀条件，如外壁受冷却剂钠腐蚀，内壁受裂变产物及其化合物的腐蚀。选择结构材料需要考虑所要求的特性与材料化学成分和制备条件的关系，如图 9-10 所示。

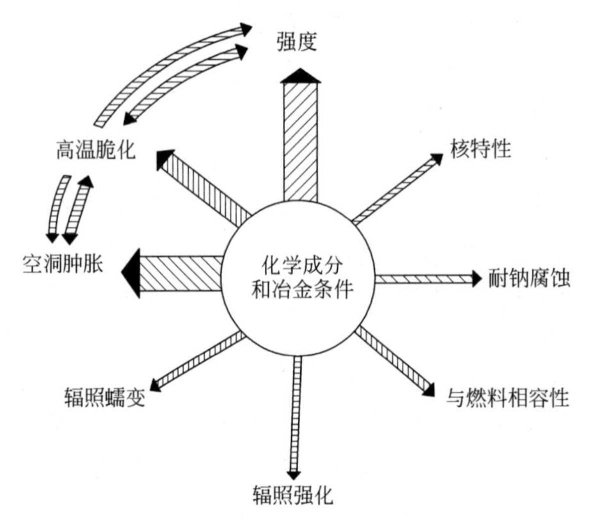

图 9-10 包壳材料特性与化学成分和制备条件的关系

材料的选择主要标准如下：中子吸收截面低，以获得较高的增殖比；高温强度好，尤其蠕变断裂特性，使冷却剂有较高的出口温度；抗辐照性能好，特别是抗肿胀性能，使燃料达到较高的燃耗；与燃料和冷却剂相容性好；金属包壳可焊性好；制造成本低。

表 9-9 各种金属元素的中子吸收截面

金　属	σ(n,γ)(0.1MeV)/mb	σ(n,γ)(热中子)/b
Al	4.0	0.23
Ti	6.0	5.80
Fe	6.1	2.53
Cr	6.8	3.10
V	9.5	15.10
Co	11.5	37.00
Ni	12.6	4.80
Zr	15.1	0.18
Cu	249.0	3.77
Mn	25.6	13.20
Mo	71.0	2.70
Nb	100.0	1.15
W	178.0	19.20
Ta	325.0	21.00

表 9-9 列出了各种金属元素的中子吸收截面。对钠冷快堆而言，可接受的吸收截面为 10mb，而压水堆中采用的 Zr 基合金快中子吸收截面为 15.1mb，无法在钠冷快堆中使用。满足截面要求的铝强度不够，铬（铬基合金）易脆，钴（钴基合金）的同位素 ^{60}Co 放射性太大，钒基合金与液态钠的相容性差，高温下与氧化物燃料的相容性更差。镍基合金需严格控制钠冷却剂的纯度，因其在钠中对冷却剂杂质（O，H）的抗腐蚀性能较奥氏体不锈钢差，此外某些镍基合金还有显著的高温脆化。综合考虑可知，满足截面要求的金属材料为铁及其合金钢（奥氏体钢和铁素体钢）。

德国的包壳材料选用 Ti 稳定化钢，堆芯其他部件材料选用 Nb 稳定化钢。俄罗斯选用 Ti、Nb 作为不锈钢稳定化元素。作为标准的结构材料，美国、英国、法国、日本也采用稳定化钢。加稳定化元素的奥氏体不锈钢具有较好的高温机械特性和抗肿胀性能，并能改善与冷却剂钠和燃料的相容性。

铁素体和马氏体不锈钢虽有优异的抗辐照肿胀能力和良好的高温蠕变强度，但由于辐照脆化不可接受，材料制备上也困难重重，仍需进一步优化改进。由于其在高温下（620℃）强度下降较大，只适合做外套管。在氧化物弥散强化钢中，氧化物颗粒的分布可以在纳米尺度上进行控制，有效阻碍了位错移动，并在粒子-基体界面上吸收了辐射缺陷。此外，通过控制晶界结构，可显著增强高温强度和延展性。目前氧化物弥散强化钢种类很多，处于实验室研究阶段的有美国橡树岭实验室的 12-14YWT。而投入商业化应用的有欧洲的 MA956、MA957，奥地利 Plansee 公司生产的 PM2000 等。

钠冷快堆所用基本材料总结如表 9-10 所示。

表 9-10 钠冷快堆所用基本材料

部　件	材　料
主容器和保护容器	316、304 不锈钢
燃料	富集的 UO_2(60%)；MOX 燃料(20%PuO_2+UO_2)
包壳	奥氏体不锈钢(316SS 或 316Ti)、镍基合金等
元件盒	马氏体/铁素体钢或奥氏体不锈钢
控制棒	碳化硼/300 系列不锈钢
传热管	800 合金(Cr-Ni)或 304 不锈钢
冷却剂	液态钠

9.4 钠冷快堆燃料组件

9.4.1 燃料组件的特征

钠冷快堆的燃料组件具有如下特征：

(1) 具有较高的钚含量。钚含量一般为 15%～30%（质量分数）甚至更高。

(2) 燃料形状一般是实心或空心（带有中心孔）的圆柱体芯块。

(3) 燃料棒内留有很大的空腔，其长度与裂变柱的长度几乎相等，以容纳裂变气体。

(4) 燃料棒之间的间距用绕丝或格架来维持,绕丝被绕在燃料表面上并固定在上下端塞上。

(5) 用元件盒(外套管)包裹燃料棒束,构成燃料组件,并组成冷却剂流道,使钠冷却剂的冷却效率提高。

(6) 使用奥氏体或铁素体钢或镍基合金为包壳、端塞、元件盒等结构材料。

(7) 燃料棒的最高中子注量处的线功率密度约为 450W/cm,包壳最高温度达 700℃。辐照损伤剂量大于 100dpa,目标燃耗达 150GW · d/tHM。

9.4.2 燃料棒结构

由于快堆要求高功率密度和高比功率,采用的燃料棒必须是小直径的细棒(pin),不能是压水堆那样的大直径的粗棒(rod)。典型的钠冷快堆燃料棒是细长的密闭式结构,主要由一根无缝的不锈钢包壳管和圆柱形混合氧化物燃料芯块构成。燃料柱在棒内的轴向中心段,由许多短芯块堆垛而成,燃料柱上下通常是贫 UO_2 芯块组成的轴向转换区。在上转换区芯块的上方是定位器与压紧弹簧,裂变气体储存腔布置在下(上)轴向转换区的下(上)方,也有上下兼有气腔的。气腔与燃料柱长度几乎相等。棒的两端是上下端塞,以封闭燃料棒。棒外有绕丝,材料与包壳一致,固定在上下端塞上。典型燃料芯块直径约 5mm,高 6～8mm,中心孔直径大于 1mm,由铀-钚混合体组成,燃料棒包壳外径约 6mm,间隙充入氦气。两种典型的 LMFBR 燃料棒结构如图 9-11 所示。

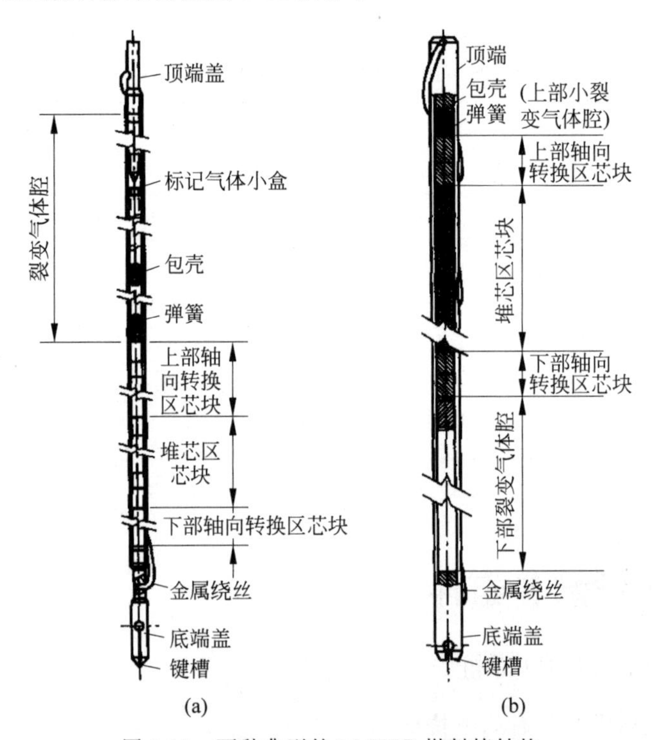

图 9-11　两种典型的 LMFBR 燃料棒结构

(a) 美国 Clinch 增殖反应堆的燃料棒结构;(b) 法国"超凤凰堆"的燃料棒结构

上面介绍的是典型的燃料棒结构，燃料芯块在轴向是均匀布置的(如图 9-12(a)所示)，中心为燃料芯块，向顶部和底部对称依次布置燃料转换区、裂变气体腔。也有轴向不均匀布置的(如图 9-12(b)所示)，即在燃料芯块区也布置燃料转换区，可以减缓包壳内壁腐蚀。还有一种结构，两端没有贫 UO_2 轴向转换材料，全是 $(U,Pu)O_2$ 芯块，目的是提高燃料组件的烧 Pu 量，但降低了增殖比。

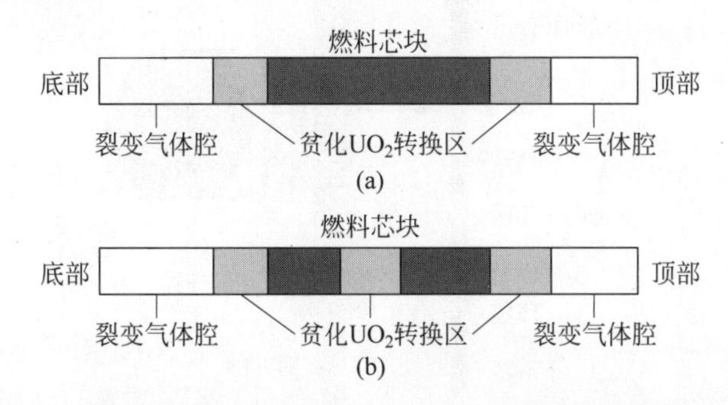

图 9-12　两种含贫化 UO_2 转化区的钠冷快堆燃料棒的结构示意图

(a) 轴向均匀；(b) 轴向非均匀

9.4.3　燃料组件结构

燃料组件的功能在于增殖、传导热和转换核素，一般由燃料棒组成的燃料棒束装入一个六角形外套管组成，轴向定位由栅板维持，径向定位由螺旋金属绕丝或格架维持。燃料棒束上方依次为屏蔽件和组件操作头，操作头上有冷却剂出口孔。燃料棒束下方依次为屏蔽件和管脚。管脚用于组件在堆芯的定位。管脚上有冷却剂的入口孔和控制漏流量的结构。

超凤凰堆燃料组件质量 580kg，其结构如图 9-13 所示。总长 5400mm，燃料棒长度(堆芯高度)1000mm，上下轴向转换区各 300mm，气腔 1000mm，上屏蔽元件(包括操作头)1450mm，组件管脚 1200mm；燃料棒三角形排列，元件盒为六角形，装有 271 根燃料棒(烧

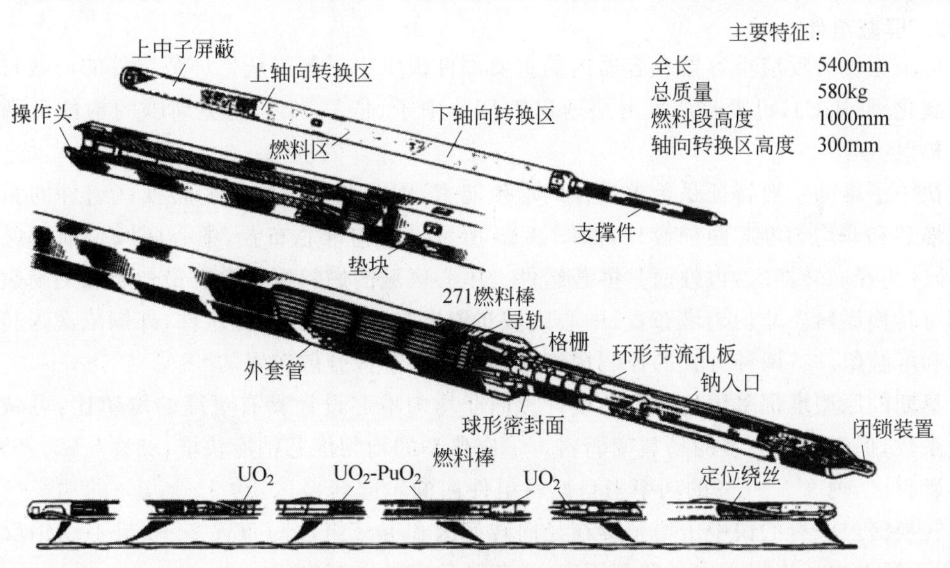

图 9-13　超凤凰堆燃料组件结构

钚元素增至 331 根),有冷却剂流道。图 9-14 所示为中国实验快堆燃料组件结构。

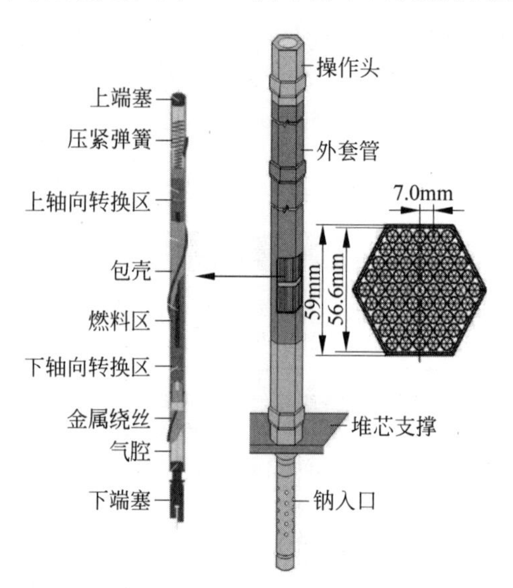

图 9-14 中国实验快堆(CEFR)燃料组件结构

9.4.4 其他组件

1. 转换区组件

其与燃料组件外观相似,内部装料不同,全部为增殖材料。元件棒直径较大,一般为正常燃料棒直径的 2 倍,并保证线功率不超标。

2. 控制组件

控制组件的主要功能包括运行过程中补偿反应性,正常运行时启、停堆以及异常情况下快速停堆。

3. 屏蔽组件

屏蔽组件为反应堆容器和容器内的重要部件提供中子等屏蔽。屏蔽组件的屏蔽材料通常是碳化硼(B_4C),可吸收从反射层逸出的部分中子(依靠^{10}B),避免周围的构件受到过量中子辐射。

快中子堆的主要特征是追求最佳的增殖能力,因此其燃料组件和转换区组件的布置有均匀堆芯和非均匀堆芯两种设计,如图 9-15 所示。均匀堆芯布置,中心区域是堆内燃料组件,外区为径向转换区,再外面是屏蔽组件。中心区域的燃料组件含有最初装载的易裂变燃料和可转换燃料。非均匀堆布置,中心区域布置燃料组件和转换区组件,外围依次为转换区组件和屏蔽组件。两种方式的控制棒组件都是在堆芯区分散布置的。

早期的原型堆都采用均匀堆芯设计。而非均匀堆芯设计具有更高的增殖比,可减少钠空泡系数,但需投入更多的易裂变燃料。一座典型的均匀堆芯钠冷快堆,85%～95%的功率来自燃料区,约 3%～6%的功率来自燃料组件内的轴向转换区,约 3%～8%的功率产生在径向转换区内。有的快中子增殖堆在径向转换区和屏蔽组件间布置 2～3 排不锈钢反射组件,用于反射中子来提高中子的利用率,也起到一定的屏蔽作用。

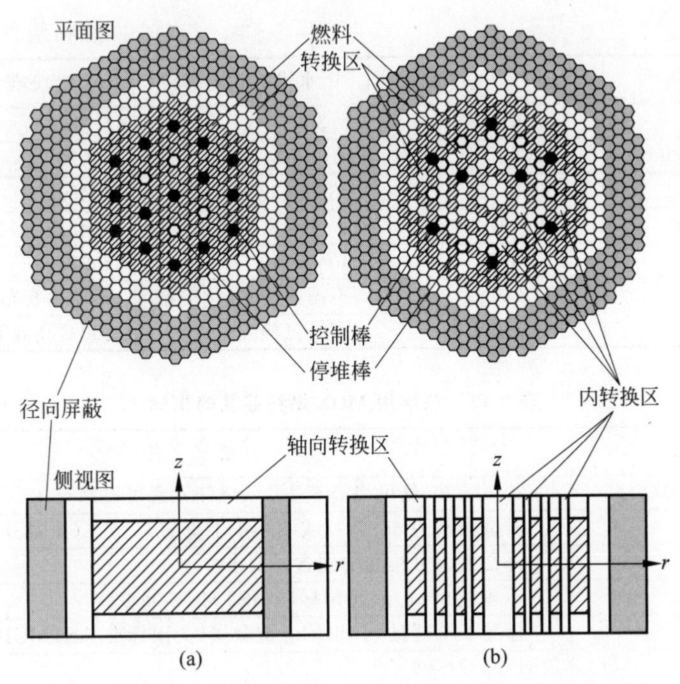

图 9-15 典型的均匀和非均匀的 LMFBR 堆芯/转换区布置

(a) 均匀堆芯；(b) 非均匀堆芯

9.5 MOX 燃料

9.5.1 MOX 燃料的主要特征

钠冷快堆所用燃料主要为 MOX 燃料，所谓 MOX 燃料是指 UO_2 和 PuO_2 的混合燃料(mixed uranium and plutonium oxide fuel)。快堆与压水堆 MOX 燃料的性能对比如表 9-11 所示。快堆用 MOX 燃料芯块的指标如表 9-12 所示。

表 9-11 快堆与压水堆典型 MOX 燃料性能对比

性能指标	压水堆 UO_2 燃料	压水堆 MOX 燃料	快堆 MOX 燃料
^{235}U 富集度	<5	约 0.3	0.3～45
PuO_2 的质量分数/%	0	5～10	15～40
芯块烧结密度/%	$95^{+1}_{-1.5}$	95±1	95±1
芯块 O/M 原子比	2.00～2.02	2.00～2.02	1.96～1.99
芯块外径/mm	8.19	8.19	5.05
芯块内径/mm	—	—	1.6
芯块高度/mm	13	13	6～9
芯块晶粒尺寸/μm	<10	<10	<50
芯块研磨方法	湿法无心研磨	干法无心研磨	不研磨(对工艺控制更严格)
芯块制造辐射防护	开放式	手套箱密封屏蔽	手套箱密封屏蔽
包壳材质	锆合金	锆合金	316Ti 奥氏体不锈钢
包壳外径/mm	9.5	9.5	6.0

续表

性能指标	压水堆 UO_2 燃料	压水堆 MOX 燃料	快堆 MOX 燃料
包壳内径/mm	8.36	8.36	5.20
芯块与包壳间隙/mm	0.085	0.085	0.075
燃料棒长度/mm	3868.42	3868.42	1345.00
单棒制造辐射防护	开放式	手套箱密封屏蔽	手套箱密封屏蔽
组件长度/mm	4066.54	4066.54	2592.00
组件制造辐射防护	开放式	不需手套箱，须屏蔽	不需手套箱，须屏蔽
焊缝氦检漏	室温氦检漏	室温氦检漏	500℃高温氦检漏

表 9-12 快堆用 MOX 燃料芯块的指标

项目	要求
PuO_2 的质量分数	20%～30%(可提高至 40%，烧钚元素可提高至 45%)
U+Pu 含量	质量分数为 86.7%(或不小于干重的 87.7%(质量分数))
^{241}Am 含量	符合最大可接受的镅含量要求
水分含量	不超过 30μg/g(美国标准 ASTMC1008-92)
气体含量	标况下不超过 0.18L/kg 重金属(美国标准 ASTMC1008-92)
O/M 比	1.96～1.98
密度	91%～94%TD
富钚颗粒当量直径	小于 200μm
富钚颗粒含量	(占 PuO_2 质量分数)小于 5%
钚均匀性的波动范围	在±0.2%以内(每个芯块取样量≤1g)(美国标准 ASTMC1008-92)
硝酸溶液溶解度	98%～99%

快堆典型燃料$(U_{0.8}Pu_{0.2})O_{1.97}$的物理特性如表 9-13 所示。

表 9-13 快堆典型燃料$(U_{0.8}Pu_{0.2})O_{1.97}$的物理特性

项目	要求
理论密度	$11.04g/cm^3$
熔点	2768℃
比热容(600℃)	85.6J/(mol·℃)
热膨胀系数	11.6×10^{-6}/℃
热导率	3.3W/(m·K)(600℃)，2.5W/(m·K)(1000℃)

9.5.2 MOX 燃料制备

1. MOX 制备关键问题

MOX 燃料中由于含有钚，其制备过程不同于普通的 UO_2 燃料，在制备过程中需要关注众多关键问题，主要包括：

1) 钚分布均匀性问题

保证均匀性的目的在于：①避免堆芯初始装料反应性事故(RIA)；②将不良的钚分布功率峰值降到最小，确保反应堆的稳定性；③保证乏燃料在硝酸中的溶解性(纯 PuO_2 很难溶于硝酸)；④尽可能减少裂变气体释放(燃耗加深、均匀性差会导致富钚凝聚点尺寸大于裂变尖峰长度，局部高燃耗点的饱和效应会产生额外的裂变气体释放，增加燃料棒内压，不利于包壳的完整性）。

2）钚燃料的毒性问题

钚的 γ 毒性强，需在手套箱中操作。手套箱需具有好的气密性，以及具有气体除杂、辐射屏蔽的功能。屏蔽材料要求具有吸收 X 射线、γ 射线和中子辐射的能力。此外钚的获取与提纯也是 MOX 制备中需要重点关注的问题。

3）O/M 比的控制

氧化钚有多价态形式，且随着金属原子裂变，O/M 比值增大，过剩的氧形成游离态离子与包壳中的某些元素作用（如生成金属氧化物），加深燃料与包壳间化学作用，不利于包壳的机械性能稳定。因此为防包壳氧化需控制化学计量比。

2. MOX 粉末制造

(1) 机械混合法。是指直接将贫 UO_2 和 PuO_2 粉末机械混合。UO_2 粉末的获得与浓缩铀的粉末制备方法一样，包括 ADU 流程、AUC 流程、IDR 流程等。由于不存在天然的钚，在乏燃料后处理中，硝酸溶解并经铀钚分离得到硝酸钚，之后利用与 ADU、AUC 流程类似的方法获得 PuO_2 粉末。由硝酸钚得到氧化钚的方法有沉淀法（见图 9-16）和热去氮法（硝酸盐加热分解，TND），金属钚可先转化成硝酸钚，或直接氧化。PuO_2 粉末需进行焙烧和处理，使粉末大小和形状都比较均匀。

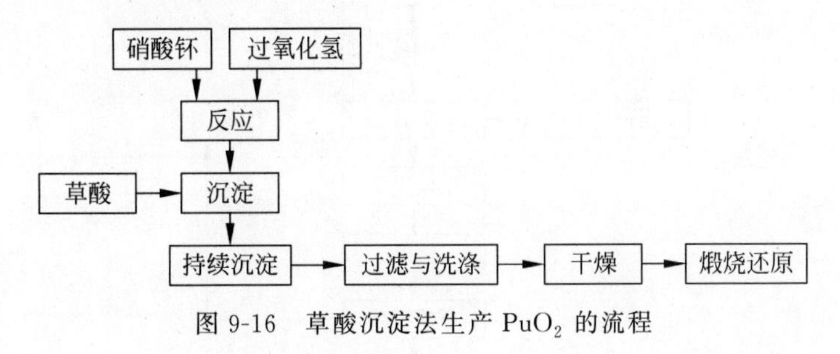

图 9-16　草酸沉淀法生产 PuO_2 的流程

在机械混合过程中，首先按比例称量 UO_2 和 PuO_2 粉末，在混料机中混合，再通过球磨工艺混匀，之后经过预压、制粒、粉碎，获得细粉末以保证足够的流动性，得到粉末粒度和钚的均匀性都符合压块与烧结要求的 MOX 粉末。机械混合的难点在于粉末中钚的分布均匀性，需优化球磨过程。

(2) 共沉淀法。在液态将两相混合，之后共沉淀，可利用 AUC 流程形成碳酸铀钚酰胺（AUPuC）。也可将硝酸铀酰和 40%的硝酸钚溶液混合，用氨水或草酸铵使其同时沉淀，然后经过滤、干燥、焙烧、还原等生产出铀钚混合物。共沉淀法获得的混合粉末在约 1000℃的氢气气氛中可形成固溶体，而机械混合法则要达到 1600℃才形成固溶体。

(3) 凝胶沉淀法。利用有机聚合物（如聚丙烯酰胺）和结构修饰剂（如甲酰胺）使硝酸盐水解形成沉淀物，经陈化、洗涤、干燥和煅烧得到 MOX 粉末。其优点是避免了粉尘和辐射问题。

(4) 熔盐电解法。以 NaCl、KCl、LiCl、CsCl 及其混合物为熔盐介质，在电解液中通入 Cl_2，在适当的阴极电位下，可从乏燃料中分离提纯得到 UO_2、PuO_2、金属 Pu、混合氧化铀钚及裂变产物（Ru-Rh、Zr、Ce、Cs、Sr、Am-Cm 等）结晶。氧化物的电位比金属低，优先析出，通过调节 O_2、Cl_2 的量可控制 PuO_2 的生成量，从而控制铀、钚氧化物的比例。产物经再加工使其颗粒化，利用振动密实法生产快堆燃料棒。

3. MOX 芯块制造

MOX 粉末到芯块的加工包括球磨、制粒、压制成型(生坯)、烧结四道主工序。其制备过程与 UO_2 芯块的制备类似。芯块的固相高温烧结是在还原性气氛中(氩气加少量的氢气)进行的,在温度约 1700℃下保温 2～3h。烧结制度对生坯的收缩率、芯块孔隙率、晶粒度都有重大影响。影响烧结的因素还有粉末性质(如比表面积、颗粒尺寸、形状、多孔性、密度、O/M 比)、生坯压制工艺(是否含黏结剂、润滑剂及生坯密度)和烧结气氛。烧结气氛可影响缺陷结构、气体扩散速率、铀钚离子扩散速率、粉末表面成分、搭接状态和铀钚挥发损失等因素。烧结气氛有五种,即还原性气氛、惰性气氛、弱氧化气氛、氧化气氛及混合气氛。由于氧化钚有 PuO、PuO_2、Pu_2O_3 三种形式,为使快堆用 MOX 燃料的 O/M 比为 1.96～1.98,可采用氩气加少量氢气(5%～7%)的气氛。快堆 MOX 燃料组件的制造流程如图 9-17 所示。

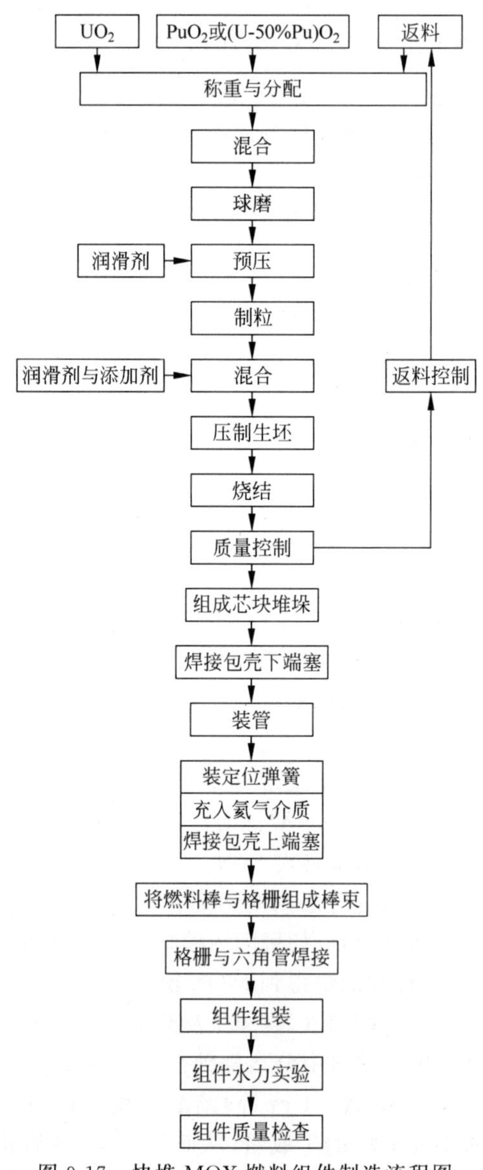

图 9-17 快堆 MOX 燃料组件制造流程图

9.6 快堆燃料堆内行为

9.6.1 燃料棒运行条件

相比于水堆燃料,快堆燃料的服役条件更为苛刻,主要表现在以下几方面:

(1) 高的线功率,约为 450~470W/cm。

(2) 高的温度,燃料的最高温度接近熔点,芯块的温度梯度为 10^4℃/cm,包壳的最高温度达 700℃,以获得较高的出口温度。

(3) 高的中子注量,约$(2\sim4)\times10^{15}$ n/(cm^2 · s)(E>0.1MeV)。

(4) 高的目标燃耗,达 150GW · d/tU(最高中子注量率处)。

(5) 高的辐照损伤,结构材料受到中子损伤量大于 100dpa,商业堆需承受约 150~200dpa。

9.6.2 快堆燃料堆内辐照效应

由于以上苛刻的辐照环境,钠冷快堆中的燃料元件有着更加严重的辐照损伤。高燃耗产生许多效应,如肿胀,裂变气体释放率高,与包壳发生较为严重的化学作用和机械作用等。

1. 快堆燃料和包壳的堆内行为

快堆燃料和包壳在堆内的行为分三个阶段描述:

1) 辐照初期(从开始到燃耗为原子分数 4%~5%)

此阶段燃料从几何形状到结构乃至物理性能都发生了很大的变化,如芯块开裂,芯块内发生结构和组分重分布,并发生内部腐蚀。其变化的原因主要是较高的线功率造成温度梯度大,辐照造成氧化物燃料的性能变化(如扩散、蠕变等),其内部产生气体和裂变产物。

芯块辐照初期导热性能会发生变化,主要是由于燃料-包壳间热传导系数变化,这些变化来源于气孔结构、氧的迁移、辐照缺陷等,使得氧化物燃料热导率发生变化。

此阶段包壳的变化不大,没有可见的腐蚀,也没有受到很大的应力,但破坏性检验发现局部的高线功率区约 10 天就可能出现包壳腐蚀。原因与裂变产物 I、Te 不稳定衰变产生的 Cs、Rb 有关,这些产物因温度效应发生轴向迁移,在裂变柱两端产生腐蚀。

2) 辐照中期(燃耗为原子分数 7%~8%)

此阶段的特征是燃料和包壳的接触形式发生变化。

当原子分数约 5%~6%时,燃料-包壳间隙基本弥合,剩余的约几微米中充满混合气体,而这些气体的导热性能很差。原子分数约 7%~8%时,燃料外缘与包壳分离,间隙内充满 Mo、Cs 等裂变产物形成的化合物。

3) 辐照后期(燃耗为原子分数 12%以上)

辐照后期燃料芯块导热性能变差,体积变大,芯块和包壳发生相互作用,包壳变形。在燃耗的原子分数 12%时裂变气体释放率非常大,如"凤凰堆"元件中裂变气体释放率达 80%~100%。包壳变形主要来自于肿胀和蠕变两个因素,表现为长度和直径都发生变化。肿胀受辐照剂量和温度的影响,蠕变主要受内部气体压力的影响。此时包壳内产生腐蚀。腐蚀产生的原因一是燃料-包壳反应,造成包壳减薄与局部变形。燃耗使 Cs、Te、O 等元素达到一定浓度，并向燃料-包壳间隙迁移，与钢中的 Fe、Ni、Cr 等元素反应生成复杂化合物，造成腐蚀。二是裂变-增殖界面反应，造成包壳减薄和产生多孔区域。减少包壳内部腐蚀的措施主要包括在燃料棒内（如裂变柱顶端）加入 Ti、V 等元素捕集氧，改变包壳材料，采用轴向不均匀的燃料元件等。

2. 元件盒的辐照行为

与包壳相同，元件盒在中子通量下也会变形（见图 9-18），主要原因是肿胀和辐照蠕变。因温度和温度梯度比包壳管小，其肿胀和蠕变的值也相应较小。辐照肿胀引起长度变化和面间距增加，蠕变引起瓢曲畸变使面间距变化。堆内位置、冷加工量不同造成肿胀程度不同，不同位置钠压力不同而引起的应力不同，造成元件盒管的畸变和弯曲，制约其使用寿命。在元件盒材料方面，铁素体/马氏体钢损伤剂量可达 200dpa，被选为新型元件盒材料。

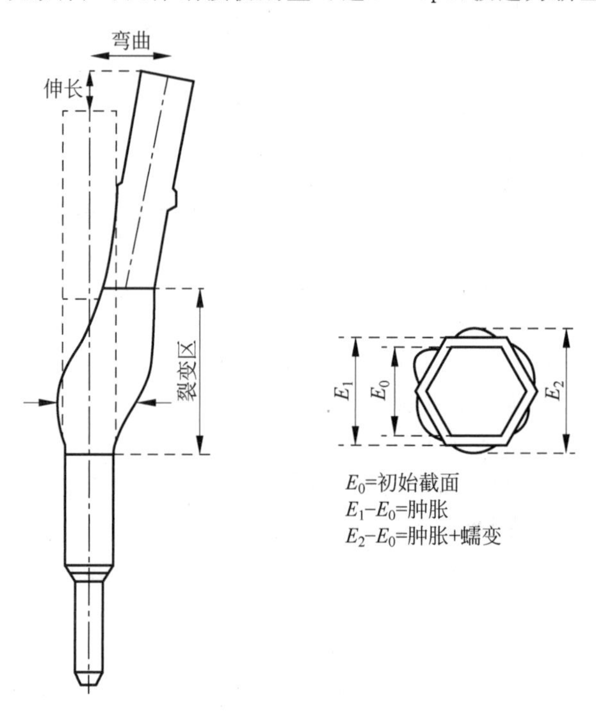

图 9-18　元件盒辐照变形示意图

3. 燃料棒束的堆内行为

1）绕丝与燃料棒的相互作用

绕丝在焊接前要有一定的紧张度，使其与包壳在辐照时和温度变化时能保持一致，如不一致，则会出现以下情况：

（1）包壳变形大于绕丝——绕丝抽紧造成元件棒弯曲；

（2）包壳变形小于绕丝——绕丝不直，绕丝与包壳间的角度发生变化。

2）燃料棒束与元件盒的相互作用

燃料棒束与元件盒间留有一定间隙，间隙过大会导致燃料棒束在堆内振动，过小则在辐照下会发生相互作用，可分三个阶段。

第一阶段：间隙弥合。燃料棒肿胀以及与绕丝作用发生弯曲使间隙减小，包壳局部温度略有上升。

第二阶段：中等程度相互作用。燃料棒束与元件盒接触产生压力，使包壳发生椭圆变形和弯曲。

第三阶段：强相互作用。包壳的椭圆度进一步增大，产生非常大的局部应力，钠液流道变小，温度升高。综合作用使包壳很快破损。

为防止包壳破损，可加强监测每个组件的出口钠温度，据此测出相互作用的程度。

4. 燃料破损

严重的辐照效应可能导致燃料棒发生破损，破损时会发生如下变化：

(1) 导热性能变化。钠进入包壳与氧化铀钚反应，产生铀钚酸钠，其热导率低，可以使燃料温度提高。破损后燃料中 O/M 比下降，导热性能下降。

(2) 形成裂纹。反应层铀钚酸钠的生成会造成体积膨胀和应力增加，使得初始裂纹扩大，产生二次裂纹。

(3) 封闭系统变成开放系统。重铀酸盐与钠发生还原反应，导致氧化铀钚从元件棒中释放出来，造成裂变材料的外泄。

9.7 钠冷快堆燃料的发展趋势

9.7.1 结构材料体系的发展趋势

2010 年 3 月召开的国际原子能机构“革新型能源系统先进材料的预选基准”会议上，各国专家对钠冷快堆材料的发展路线达成了初步共识。

(1) 燃料元件包壳材料发展主要包括研究钛稳定化的 316 不锈钢，钛稳定化的 15Cr-15Ni 不锈钢，铁素体/马氏体钢和氧化物弥散强化钢等。

(2) 堆内关键部件主要选择 316LN 和 304LN 低碳控氮奥氏体不锈钢材料。

(3) 蒸汽发生器材料采用 9Cr1Mo 替代 2.25Cr1Mo 钢。

尽管快堆材料的发展已达成国际共识，但仍有一些新材料出现。2019 年 3 月，俄罗斯国立科技大学宣布研制出一种独特的三层钢-钒-钢材料。它能持久承受 700℃高温，并对高辐射水平、机械应力和腐蚀具有耐受性。该种材料可用于制作快堆燃料组件，但仍需进行长期堆内考验。

9.7.2 燃料元件的发展趋势

(1) 燃料棒棒径由小变大，拟从 6.0mm 变为 8.5mm。棒径小可带来较高的比功率，但会增加制造成本，增加结构材料(包壳管)的体积份额。增加棒径可提高经济性。

(2) 芯块结构从中心孔结构变为实心燃料块。虽然带有中心孔有较好的安全性，但由于燃料经辐照后会形成中心孔，因此后期大部分堆都采用实心燃料块。

(3) 提高$(U,Pu)O_2$ 燃料中 Pu 含量。后处理工艺中，乏燃料在硝酸中的溶解受到限制，Pu 含量一般不超过 30%，随着工艺改进，Pu 含量可以提高，有望提到 45%。

(4) 燃料棒分布向非均匀布置和无轴向转换区发展。燃料棒非均匀布置可减缓包壳内壁腐蚀，无轴向转换区可提高烧钚能力。

(5) 采用振动密实工艺制备燃料棒。燃料棒的生产由传统烧结芯块工艺转向振动密实工艺。振动密实工艺利用高温电化学法制备(U,Pu)O_2,将数种不同颗粒度颗粒添加适量的金属铀粉,均匀混合,振动密实,封焊成燃料棒,简化工序,可实现快堆燃料循环一体化。

9.7.3 燃料发展前沿

1. 金属燃料

金属燃料是未来主要的快堆燃料种类之一。其制造工艺更加简化,与干法后处理(分离出的金属为U和Pu)能更好地直接配合来生产新燃料,构成一体化燃料循环系统。金属燃料的研发主要集中在U-Zr(通常U-10Zr)和U-Pu-Zr合金,其中加入MA可成为嬗变燃料。

金属燃料的原料可从金属乏燃料中获得,早期采用熔融精炼技术,通过在ZrO_2坩埚中熔化乏燃料实现,目前使用的热冶炼技术为熔盐电化学再处理技术。

金属燃料存在辐照肿胀严重和工作温度低的问题,导致燃耗深度低。辐照肿胀的解决方案主要包括在燃料中心开孔(改善效果不大),增加包壳-燃料的初始间隙,降低燃料有效密度,同时在其中填充钠以改善传热以及增大裂变气体收集腔体积等。金属燃料工作温度低主要源于金属燃料的熔点低和与包壳共晶反应的温度低。包壳中的Ni和Fe很容易向燃料中扩散,形成固相线温度较低的合金区域。解决方法为掺杂其他元素。Cr、Mo、Ti和Zr的加入均能使Pu-U合金的固相线温度得到一定的提高,加入Zr的效果最好。

2. 氧化物燃料

近年来快堆MOX燃料在俄罗斯、法国、比利时、日本、印度等国得到了快速发展,法国和日本的快堆重新启动运行,俄罗斯已决定在商业快堆中循环利用钚。美国启动了先进嬗变快堆(ABR)和相关嬗变MOX燃料的研究。2020年俄罗斯国家原子能集团公司宣布,BN-800钠冷快堆别洛亚尔斯克4号机组装填了首批批量制造的MOX燃料后重新投入运行,预计2021年年底整个堆芯都换装MOX燃料,原料采用贫铀和乏燃料后处理获得的钚。目前全世界共建造了20余座MOX燃料厂,快堆MOX燃料厂占了一半。

MOX燃料粉末混合这一核心技术一直在不断发展和完善之中,特别是英国发明的简短无黏结剂(short binderness route,SBR)工艺与法国发明的微细化主混合(micronized master blend,MIMAS)工艺相比,显示出钚颗粒分布均匀性好、裂变气体释放率低和工艺简单等优势。

3. 氮化物燃料

混合铀钚氮化物早在20世纪60年代就被确定为先进的钠冷快堆燃料,但只有少数国家以实验室规模或中试规模生产过UN和(U,Pu)N燃料元件,用作小型实验钠冷快堆的驱动燃料和用于堆内测试。氮化物燃料的发展需解决的主要问题是辐照肿胀高和蠕变低,在辐照下,其肿胀系数比氧化物燃料大两至三倍,因此其燃耗比很低。目前俄罗斯在该燃料体系开展了大量工作,并于2015年完成了首批原型氮化物燃料的制造,在别洛亚尔斯克3号机组中进行辐照试验,并在位于季米特洛夫格勒的核反应堆研究所(NIIAR)接受辐照后检查。2020年俄罗斯Bochvar无机材料研究所(VNIINM)正进行^{15}N浓缩技术的研究项目,以生产同位素改性的氮化物燃料。

参考文献

[1] 关本博. 图解核能 62 问[M]. 彭瑾,译. 上海：上海交通大学出版社,2015.

[2] 张汝娴,谢光善. 快中子堆燃料元件[M]. 北京：化学工业出版社,2007.

[3] 成松柏,王丽,张婷. 第四代核能系统与钠冷快堆概论[M]. 北京：国防工业出版社,2018.

[4] 何佳闰,郭正荣. 钠冷快堆发展综述[J]. 东方电气评论,2013,27(3)：36-43.

[5] 连培生. 原子能工业[M]. 北京：中国原子能出版社,2002.

[6] 韦斯顿·M. 斯泰西. 核反应堆物理[M]. 2 版. 丁铭,曹夏昕,杨小勇,等译. 北京：国防工业出版社,2017.

[7] 李泽华. 快堆物理基础[M]. 北京：中国原子能出版社,2011.

[8] 李文埮. 核材料导论[M]. 北京：化学工业出版社,2007.

[9] 苏著亭,叶长源,阎凤文. 钠冷快增殖堆[M]. 北京：原子能出版社,1991.

[10] 俞保安,喻真烷,朱继洲,等. 钠冷快堆固有安全性[J]. 核动力工程,1989(4)：90-97.

[11] 王洲. 新一代钠冷快堆及特高温堆的研发[J]. 核科学与工程,2008(3)：193-198.

[12] 徐銤,阮於珍. 快堆材料[M]. 北京：中国原子能出版社,2011.

[13] UKAI S,FUJIWARA M. Perspective of ODS alloys application in nuclear environments[J]. Journal of Nuclear Materials,2002,307：749-757.

[14] 崔超,黄晨,苏喜平,等. 快堆先进包壳材料 ODS 合金发展研究[J]. 核科学与工程,2011,31(4)：305-309.

[15] 文杰. 快堆包壳用氧化物弥散强化铁素体钢的发展[N]. 世界金属导报,2015-05-12.

[16] HIRATA A,FUJITA T,LIU C T,et al. Characterization of oxide nanoprecipitates in an oxide dispersion strengthened 14YWT steel using aberration-corrected STEM[J]. Acta Materialia,2012,60(16)：5686-5696.

[17] OKSIUTA Z,OLIER P,DE CARLAN Y,et al. Development and characterisation of a new ODS ferritic steel for fusion reactor application[J]. Journal of Nuclear Materials,2009,393(1)：114-119.

[18] KLUEH R L,SHINGLEDECKER J P,SWINDEMAN R W,et al. Oxide dispersion-strengthened steels：A comparison of some commercial and experimental alloys[J]. Journal of Nuclear Materials,2005,341(2)：103-114.

[19] 袁叙文. Zr、Ti 添加对第四代核反应堆燃料包壳用 ODS 钢纳米氧化物的影响[D]. 重庆：重庆大学,2018.

[20] 肇博涛,刘建权,卢涛,等. 快堆 MOX 燃料生产技术概述[C]. 中国核学会 2017 年学术年会,威海：中国核学会,2017.

[21] 王琦安,龙斌,王西涛,等. 中国钠冷快堆材料研发体系的研究[J]. 钢铁研究学报,2014,26(9)：1-6.

[22] 郭志锋,伍浩松. 俄宣布研发新型快堆燃料材料[J]. 国外核新闻,2019(4)：17.

[23] 李冠兴,周邦新,肖岷,等. 中国新一代核能核燃料总体发展战略研究[J]. 中国工程科学,2019,21(1)：6-11.

[24] 仇若萌,马荣芳,付玉,等. 美国钠冷快堆研发路线分析[C]. 中国核学会 2019 年学术年会. 包头：中国核学会,2019.

[25] 郭奇勋,李宁. 快堆燃料循环与金属燃料[J]. 厦门大学学报(自然科学版),2015,54(5)：593-602.

[26] 胡赟,徐銤. 快堆金属燃料的发展[J]. 原子能科学技术,2008(9)：810-815.

[27] 吴虹锋. 快堆金属燃料中的元素重分布现象的研究进展[J]. 科技创新导报,2019,16(8)：104-106.

[28] 尹邦跃. 中国实验快堆 MOX 燃料研究进展[J]. 核科学与工程,2008,28(4)：305-312.

[29] 伍浩松,戴定. 美终止 MOX 燃料设施建设项目[J]. 国外核新闻,2018(6)：22.

[30] 伍浩松,戴定. 法日企业开展后处理和 MOX 燃料制造合作[J]. 国外核新闻,2018(8):23.
[31] 伍浩松,赵宏. 俄 BN-800 快堆首次装入批量制造的 MOX 燃料[J]. 国外核新闻,2020(2):17.
[32] 杨启法,杨廷贵,尚改彬,等. MOX 燃料元件技术研究进展[J]. 中国原子能科学研究院年报,2015(1):108-109.
[33] 朱桐宇,张顺孝,吴金德,等. 快堆燃料芯块压制成型技术研究[J]. 原子能科学技术,2020,54(5):835-841.
[34] 马荣芳,仇若萌,宋岳,等. 国外混合氮化物燃料技术进展:中国核学会 2019 年学术年会[C]. 包头:中国核学会,2019.
[35] 曹伟宁. 俄罗斯在快堆燃料研发领域取得两项重要进展[J]. 国外核新闻,2014(10):29.
[36] 伍浩松. 俄企在燃料研发领域取得新进展[J]. 国外核新闻,2016(5):23.
[37] 俄完成新型快堆铀钚氮化物燃料组件验收测试[J]. 国外核新闻,2020(2):18.
[38] 伍浩松,赵宏. 俄研究同位素改性的氮化物燃料[J]. 国外核新闻,2020(3):21.
[39] 刘舒,江林. 俄罗斯 BN-1200 快堆核燃料的选型研究[J]. 科技创新导报,2017,14(18):91-92.
[40] KONINGS R J M. Comprehensive Nuclear Materials[M]. Amsterdam: Elsevier,2012:41-54.
[41] HEDBERG M, EKBERG C. Studies on plutonium-zirconium co-precipitation and carbothermal reduction in the internal gelation process for nitride fuel preparation[J]. Journal of Nuclear Materials,2016,479:608-615.
[42] 中国原子能科学研究院. 一种碳氮化铀粉末的微波合成方法:110156475A[P]. 2019-08-23.
[43] JOHNSON K D, LOPES D A. Grain growth in uranium nitride prepared by spark plasma sintering[J]. Journal of Nuclear Materials,2018,503:75-80.

其他第四代反应堆燃料

前面章节介绍的(超)高温气冷堆和钠冷快堆是第四代核能系统的典型代表。第四代反应堆具有更高的运行温度、更高的发电效率,可实现长寿命裂变产物的嬗变,同时可满足多种工业用途,其模块化、小型化的设计理念可灵活适用于多种场景。相比于传统的水堆核电站,这些核能系统对核燃料及相关材料提出了更高的要求,其核燃料结构具有独特的特点,设计理念及材料服役性能参数可以相互借鉴。本章将对其他四种典型第四代反应堆用燃料进行介绍。

10.1 铅合金液态金属冷却堆燃料

铅合金液态金属冷却堆简称铅冷快堆,是第四代反应堆的候选堆型之一,它与钠冷快堆有相似之处,同时又具有独特的优点。

10.1.1 铅冷快堆简介

与钠冷快堆一样,铅冷快堆也能够实现燃料的闭式循环,因此将会使铀消耗量、地质处置的超铀元素废物量以及燃料废物的长期放射性毒性大为减少。与钠冷快堆不同的是,铅冷快堆采用纯液态铅或铅铋共晶合金作为冷却剂。铅冷快堆的整体结构设计如图 10-1 所示。

从目前来看,钠冷快堆与铅冷快堆相比技术更加成熟,使用更加广泛,但铅冷快堆在公众接受度方面仍具有优势。相比而言,铅的一些特殊性质可以使反应堆的安全性能得到提升。与钠相比,用液态金属铅及其合金作为冷却剂具有以下优点:

(1) 钠的化学性质非常活泼,与水和空气接触会发生剧烈的反应。而铅的化学性质很不活泼,不会与水和空气发生剧烈的化学反应。

(2) 铅对中子的慢化截面远小于钠,可加大燃料棒间的栅距,增大冷却剂与燃料的体积比,大大降低堆芯功率密度。铅的中子输运截面比钠的中子输运截面大,中子扩散系数小,

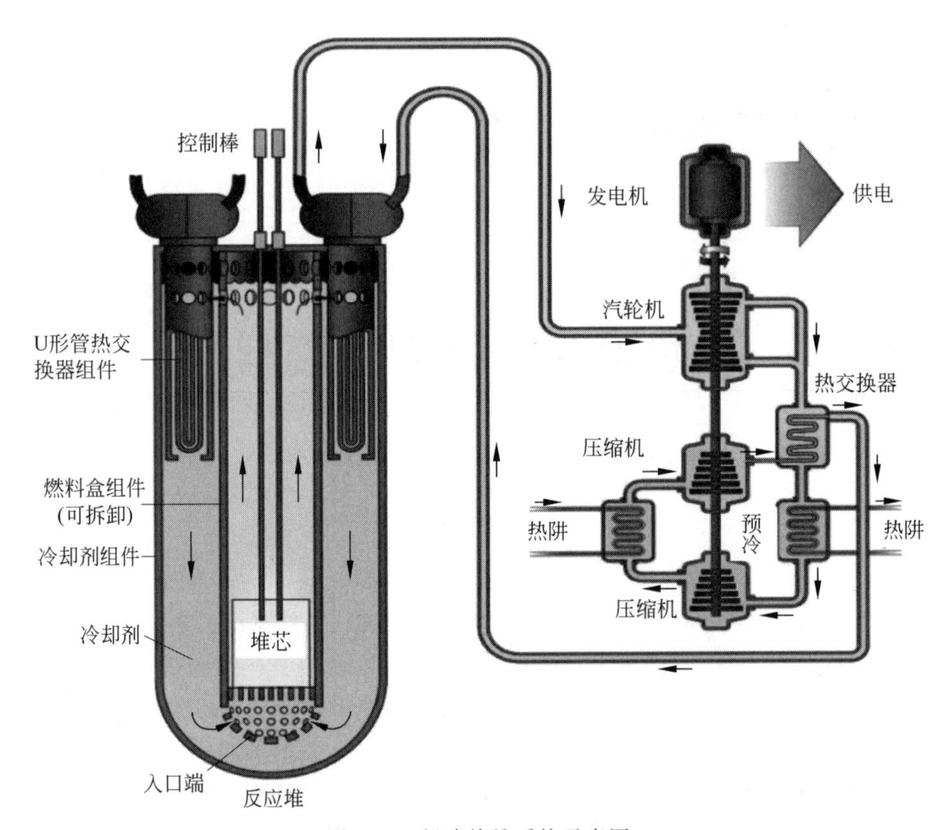

图 10-1　铅冷快堆系统示意图

中子泄漏少，有利于堆的临界。铅的俘获中子截面的变化平滑，无共振峰。

(3) 在大型钠冷快堆中，钠空泡产生后，由于钠的沸点低且中子散射截面较小，使得正的谱硬化效应大于负的泄露效应，所以钠的空泡反应性系数为正值；而铅的沸点高达1740℃，约为其正常工作温度的 3 倍，因此发生沸腾的可能性极小，加上其中子输运截面比钠大，使得中子更难以扩散和泄露，从而可以加强气泡的负效应，进而实现反应堆的安全性。

铅冷快堆具有如下缺点：

(1) 由于铅冷快堆的栅距增大，堆芯燃料的增殖比降低，一般只能维持在 1.02～1.05 范围内，不能实现燃料的快速增殖。

(2) 液态金属铅对合金钢中的某些合金元素（如 Ni、Cr 等）具有溶解性腐蚀能力，需要使用耐铅腐蚀的结构材料或发展新型的铅合金冷却剂。

(3) 由于铅的熔点很高，冷却剂的工作温度应当高于其熔点，因此铅冷堆需要较大的回路电加热器功率，一旦停堆冷却剂容易凝固，维护难度较大。

(4) 若使用铅铋合金作为冷却剂，则其中的铋在辐照条件下容易产生放射毒性很强的钋，对环境安全构成一定的潜在威胁。

10.1.2　铅冷却剂的物理特性

铅基材料与其他堆用冷却剂的热物性对比如表 10-1 所示。铅是一种蓝灰色的重金属，质地柔软，其表面易形成氧化膜，但不易被腐蚀，它是最稳定的金属之一，与水和空气都不发生剧烈反应。其熔点为327.5℃，沸点高达1740℃，熔解时体积增大4.01%，密度由11.1g/cm^{3}下降到10.7g/cm^3，熔解热为23.2kJ/kg。铅的比热容较小，仅为钠的1/10左右，其热导率也比钠低，约为钠的1/3，但比水高几十倍，因此，其传热性能也是很好的。

表10-1　铅基材料与其他堆用冷却剂热物性对比

热物性 \ 冷却剂	铅（723K，0.1MPa）	铅铋合金（723K，0.1MPa）	铅锂合金（673K，0.1MPa）	钠（723K，0.1MPa）	水（573K，15.5MPa）	氦气（1023K，3MPa）
密度/(g/cm^3)	10.52	10.15	9.72	0.844	0.727	0.0014
熔点/K	601	398	508	371	—	—
沸点/K	2013	1943	1992	1156	618	—
质量比热容/(kJ/(kg·K))	0.147	0.146	0.189	1.3	5.4579	5.1917
体积比热容/(kJ/(m^3·K))	1546	1481	1837	1097	3965	7.304
热导率/(W/(m·K))	17.1	14.2	15.14	71.2	0.5625	0.368

目前在裂变堆中广泛使用的还有铅铋共晶合金冷却剂。从表10-1中可以看出，铅铋合金的熔点比纯铅低200℃，相比于纯液态铅作为冷却剂，铅铋快堆可以在较低的温度下运行，这对结构材料的高温性能要求较纯铅堆宽松一些，因此目前来看具有更强的工程可行性。

10.1.3　核燃料与结构材料

1. 核燃料类型和结构

目前铅冷快堆主要发展的燃料类型有MOX燃料和铀钚氮化物混合燃料，二者的主体结构类似，参数略有不同。目前世界上几种主要铅冷快堆堆型的燃料选型如表10-2所示。

表10-2　主要铅冷快堆堆型的燃料选型

铅冷快堆堆型	燃料选型
欧洲ELFR、MYRRHA、ALFRED系列	MOX燃料
俄罗斯BREST-OD300铅冷快堆	UN+PuN燃料
美国SSTAR反应堆	UN+PuC燃料
中国C1系列移动堆	UO_2+MOX燃料

以选用MOX燃料的欧洲ALFRED快堆为例，127个燃料棒构成一个燃料组件，燃料棒结构如图10-2(a)所示。堆芯由171个燃料组件和16个控制/安全棒布置成圆柱形，如图10-2(b)所示。主要技术参数见表10-3。

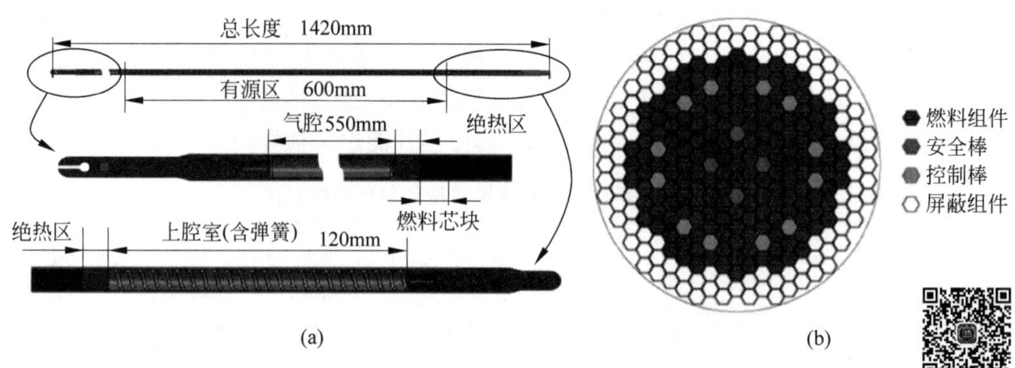

图 10-2 ALFRED 堆芯设计

(a) 燃料棒结构；(b) 堆芯布局

表 10-3 ALFRED 主要技术参数

参 数	数 值
热功率/MW	300
堆芯最大内径/cm	约 150.0
燃料组装方式	六方密排
燃料类型	MOX
燃料中最大 Pu 含量/%	30
燃料最高温度/℃	约 2000
最大燃耗/(MW·d/kg)	100
气腔最高承压/MPa	5.0
包壳材料	15-15Ti
正常运行时包壳最高温度/℃	550
包壳最大损伤/dpa	100
冷却剂	铅
冷却剂入口温度/℃	400
冷却剂出口温度/℃	480
冷却剂最大流速/(m/s)	2.0
无保护失流(ULOF)工况下包壳最高温度/℃	750

铀钚氮化物混合燃料在铀密度、导热性能、抗辐照肿胀等方面更具优越性，更适合发挥铅冷快堆的安全功能。典型的氮化物燃料设计如图 10-3 所示。另外，在燃料后处理以及再制造过程中，氮化物燃料组件处理和制造方法简单，成本较低，更有利于满足铅冷快堆的发展需要。但是，目前对氮化物燃料的研究不充分，缺乏辐照数据，因此仍在发展中。

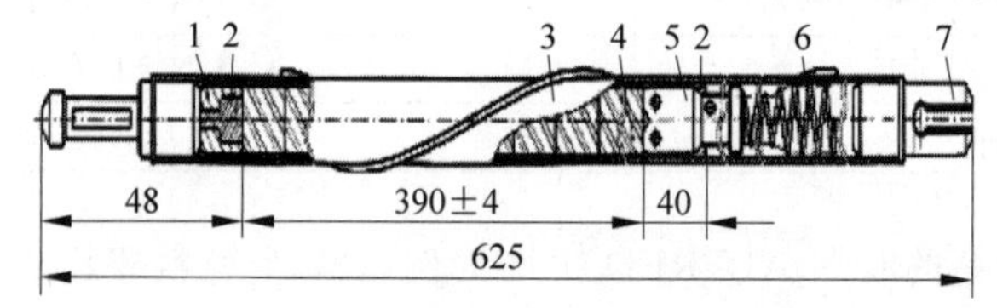

图 10-3 具有混合铀钚氮化物燃料和铅层的实验性 BOR-60 燃料棒(单位：mm)

1—由 EP-823 钢制成的底部垫片；2—铅层；3—EP-823 钢包层；

4—燃料核芯；5—由 EP-823 钢制成的顶部垫片；6—弹簧夹；7—顶端

2. 铅基介质与燃料和材料的相互作用

在过去的20年间，已经解决了铅冷快堆中许多主要的设计问题，并提出了一些解决方案。但是，液态铅对结构材料的腐蚀侵蚀问题仍然存在且尚未解决。

液体铅对结构材料的腐蚀主要是由于材料的主要成分(如Fe、Ni、Cr等)会溶解在液态铅中，它们在液态铅中的溶解度不同，并且溶解度随温度的升高而增大。如果温度分布均匀，那么只要达到溶解成分的饱和水平就足以停止溶解；然而，反应堆中各部分的温度差异非常大，将导致不均匀的溶解。

根据腐蚀试验的结果，对工作在铅合金中的铁素体/马氏体(F/M)钢和奥氏体钢的腐蚀性能研究表明，在450℃以下，只要在液态金属中有足够的氧活度，两种钢都会形成充当腐蚀屏障的氧化层；在温度高于500℃时，由氧化膜带来的腐蚀保护失效，可以观察到混合腐蚀现象，包括钢的氧化和元素的溶解。由于钢在不同的氧含量下具有不同的氧化性能，因此，在液态铅合金中可通过控制铅合金中的氧浓度来保证与铅合金接触的基底材料上能形成保护性氧化膜，避免材料发生溶解。然而，铅合金的氧含量太高将导致氧化铅的形成，从而堵塞冷却剂通道。理论预测，在400～700℃的温度范围内，铅合金中的氧浓度在$10^{-6}\%$～$10^{-4}\%$(质量分数)之间，足够形成氧化膜。

可以通过如下方法改善铅对材料的腐蚀：①在包壳上采用不同涂层技术进行表面涂层保护；②开发316L不锈钢组件，因为其在低于400℃的温度下无腐蚀；③铝基奥氏体钢(AFA)是一种新兴且有希望的解决方案，它在具有非常低的氧气浓度的流动液态铅中仍能形成非常稳定的氧化铝层，防止成分溶解；④通过改变冷却剂本身的化学成分来减少冷却剂的侵蚀。

10.1.4 发展历程及未来方向

俄罗斯是铅冷快堆发展最为先进的国家。早在20世纪50年代，苏联就开始研究液态铅/铅铋冷却快堆，由于铅铋合金熔点低，所以最初是将铅铋共晶合金作为船舶推进用核反应堆冷却剂，解决材料腐蚀的主要方法是使用氧化物钝化技术。之后开发了SVBR-100小型铅铋快堆和BREST-OD-300中型铅冷快堆。

BREST-OD-300是装机容量为300MW的铅冷快堆，冷却剂为纯铅，入口温度为420℃，出口温度为450℃。主体结构为池式，堆芯外围不设增殖区，借助于铅对中子的反射不仅可减少堆芯中子的泄漏，也有利于防止核扩散。BREST-OD-300选用贫化铀和钚混合而成的氮化物为反应堆燃料，初始燃料来源于压水堆乏燃料后处理中所提取的U、Pu及MA核素，在反应堆运行后可保持自持核燃料循环。在后处理过程中，BREST-OD-300卸料组件采用熔盐电化学工艺，用电解法去除大部分一般裂变产物，剩余产品为金属态的U、Pu及MA的混合物，然后再进行燃料重制。

在欧洲，铅冷反应堆最初的发展是基于加速器驱动的核能系统，主要堆型包括在比利时建造的铅铋冷却加速器驱动次临界反应堆MYRRAN、在罗马尼亚建造的欧洲铅冷示范堆ALFRED以及欧洲铅冷商业反应堆ELFR。当前的活动集中在ALFRED(advanced lead-cooled fast reactor european demonstrator)。ALFRED是一个小型示范堆，装机容量为300MWth，采用纯铅冷却，选用MOX燃料。ALFRED主系统采用池式结构，为了在保证冷却剂不凝固的同时尽可能减少对结构材料的腐蚀，冷却剂进出口设计温度分别为400℃和480℃，流速最大为2m/s。

在美国，阿贡国家实验室在之前提出的STAR-LM设计基础上设计了SSTAR(small secure transportation autonomous reactor)，即小型安全可移动的自主反应堆。SSTAR采用池式结构，反应堆设计功率为45MWth(20MWe)，采用超铀元素的氮化物燃料，每个控制棒在控制棒导向管的内部移动，在三角形格子中占据一个位置，燃料棒之间的间距由栅格间距决定。SSTAR因其革新性的设计理念、良好的热工安全性能、显著的经济竞争力和突出的防核扩散力，被GIF选定为三种铅冷快堆参考设计方案之一，其代表了小型自然循环铅冷快堆的主要研究发展方向。堆芯主要技术参数如表10-4所示。

表10-4　SSTAR主要技术参数

参数/单位	数　值
功率/MW	45(热功率) 20(电功率)
热效率/%	44
主冷却剂	纯铅
冷却剂入口/出口温度/℃	420/567
包壳最高温度/℃	650
堆芯燃料类型	(TRU)N
燃料芯块直径/cm	2.5
燃料最高温度/℃	841
燃料功率密度/(W/cm^3)	42
堆芯寿命/a	30
堆芯增殖比(CBR)	约1

中国关于铅/铅铋快堆的研究起步较晚，科研投入与俄罗斯、美国和欧盟相比比较少，开始主要针对ADS进行研究。2009年，中国科学院开始研究基于铅/铅铋冷却的ADS系统。2011年，中科院启动战略性先导技术专项“未来先进核裂变能——ADS嬗变系统”研究项目，并将中国铅基反应堆(China LEAd-based Reactor, CLEAR)列为候选堆型，开始部署我国在铅基快堆方面的研究工作，计划到2030年建成工业示范的ADS系统。CLEAR项目计划先建成一座CLEAR-I(10MW)反应堆，然后再向CLEAR-Ⅱ(100MW)工程示范堆和CLEAR-Ⅲ(1000MW)商用原型堆推进。项目开发的首个阶段使用了铅铋合金冷却剂，后续开发阶段计划使用纯铅冷却剂。同时，由于液态铅锂与铅或铅铋具有相似的特性，上述项目的开发也将有助于正在开展的聚变堆铅锂包层项目的推进。

总体来看，国内外主要铅冷快堆及其研发状态如表10-5所示。

表10-5　国内外主要铅冷快堆及其研发状态

铅冷快堆名称	所属国家/地区	电功率/MW	冷却剂	当前状态
SVBR	俄罗斯	75～100	铅铋合金	原拟于2017年启动建设，现已延期
BREST	俄罗斯	300	纯铅	拟于2022年启动建设
SSTAR	美国	180	纯铅	原拟于2015年启动首堆建设，现已停止研发

续表

铅冷快堆名称	所属国家/地区	电功率/MW	冷却剂	当前状态
DLFR	美国	210	纯铅	正在设计研发，拟于2035年建成首堆
ELFR	欧盟	600	纯铅	正在设计研发
ALFRED	欧盟	300	纯铅	正在设计研发
PBWFR	日本	150	铅铋合金	正在进行基础研究
PEACER	韩国	40	铅铋合金	正在进行概念设计
SEALER	瑞典	3～10	铅铋合金	正在设计研发，拟于2025年建成首堆
CLEAR	中国	10～1000	纯铅	正在设计研发

铅冷快堆最大的优点是安全性好，这使其成为第四代反应堆的候选堆型之一。但由于铅的熔点高和铅对结构材料具有腐蚀效应，从研发到运行还有很长的路要走，耐腐蚀合金的研究也是铅冷快堆材料研究中的重点。

10.2　气冷快堆燃料

10.2.1　气冷快堆简介

作为第四代核能系统之一的气冷快堆(gas-cooled fast reactor，GFR)，不仅具有气冷热堆的高出口温度、高热效率等优点，而且由于其具有快中子能谱，能够实现燃料增殖、贫铀处理、次锕系元素焚烧、核废料处理等，因此气冷快堆具有广阔的应用前景。

典型的气冷快堆主回路示意图如图10-4所示。

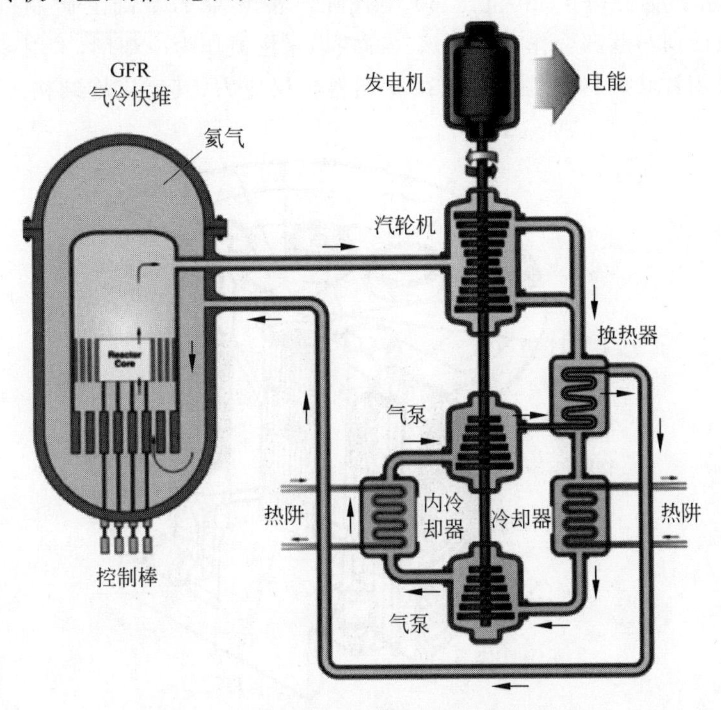

图10-4　典型气冷快堆主回路结构示意图

气冷快堆使用气体作为冷却剂，如氦气、超临界二氧化碳。氦气的化学性质不活泼，与材料的兼容性好，同时中子截面也很小。技术原理上可参照现有的燃气轮机技术，使从反应堆出来的热气直接推动汽轮机做功发电，提高了发电效率。

第四代核能系统主要应满足安全性、经济性与可持续性要求，气冷快堆在设计的过程中对这几点均有所考虑。气冷快堆的安全性主要体现在两个方面，分别是较小的冷却剂空泡系数以及良好的余热排出能力。其经济性主要体现在冷却剂直接进入汽轮机做功发电以及具有高的冷却剂出口温度。单回路的反应堆设计不仅能够降低设备的冗杂性，节约成本，而且能够提高反应堆的发电效率。此外，高的冷却剂出口温度不仅可进一步提高发电效率，还具有更广泛的热应用。气冷快堆的可持续性主要体现在快中子能谱的增殖性能，利用钚以及次锕系元素的有效裂变，实现燃料的循环利用。

典型的气冷快堆主要参数如表 10-6 所示。

表 10-6 典型气冷快堆主要参数

属性	参考值
反应堆热功率	2400MWth
运行压力	5～10MPa
冷却剂进/出口温度	490℃/850℃
堆芯压力	9MPa
燃料组成	UPuC/SiC(70%/30%)，Pu 的含量占 20%
燃料/气体储存空间/SiC 基体体积份额比	50%/40%/10%
功率密度	50～100MWth/m^3

美国通用原子能公司于 20 世纪 60 年代在气冷热堆的基础上研制气冷快堆，称为 GCFR 计划，该计划与欧洲合作实施。该气冷快堆采用氦作为冷却剂，采用多腔预应力混凝土压力容器，采用针状燃料元件设计以减少燃料包层应力，其反应堆结构示意图如图 10-5 所示。

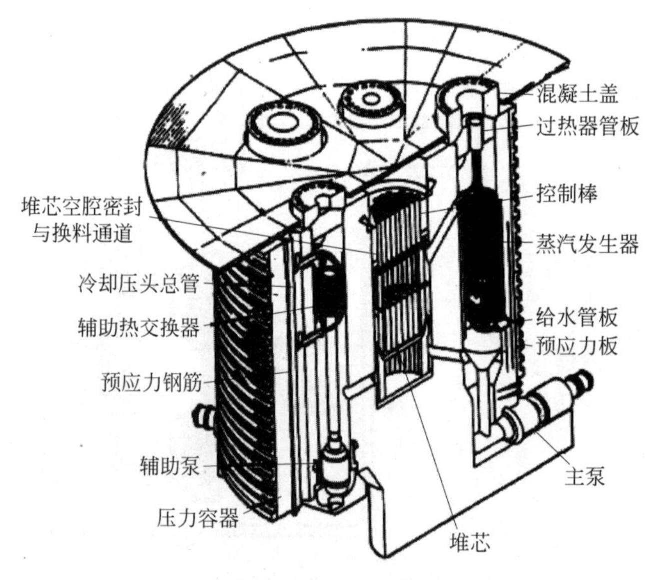

图 10-5 美国 GCFR 反应堆结构

德国的卡尔斯鲁厄理工学院、于利希研究中心以及其他工业合作伙伴于 1969 年提出了三个气冷快堆设计方案。这三个方案都是由氦气冷却，燃料方面参考钠冷快堆的燃料设计，也对包覆颗粒燃料进行了一定的研究。采用预应力混凝土压力容器，蒸汽循环，此外对冷却剂直接循环发电也进行了一定的研究。

英国于 20 世纪 70 至 90 年代在气冷热堆的基础上设计了 ETGBR/EGCR 气冷快堆。采用金属包壳燃料，二氧化碳作为冷却剂，使用预应力混凝土压力容器。

日本从 20 世纪 60 年代至今致力于棱柱状气冷快堆的研究，设计了含包覆颗粒的块状燃料以及球床式（GBR-2 型）燃料。

由法国、瑞士以及欧洲原子能联盟发起的气冷快堆项目主要包括两部分，分别为前期的实验示范电站 ALLEGRO，以及后期的气冷快堆原型电站。ALLEGRO 实验电站将是世界上第一个气冷快堆电站，其主要参数如表 10-7 所示。

表 10-7　ALLEGRO 气冷快堆电站主要参数

属　性	参　数
反应堆热功率	75MWth
堆芯高度	2.06m
堆芯直径	2.23m
冷却剂	氦气
二回路冷却剂	水
燃料/包壳	MOX/SS 包壳
	UPuC/SiC 包壳
燃料组件类型	含针状燃料的六角形燃料组件
燃料组件数	81
每个组件的燃料棒数	169
实验燃料组件数	6
控制及停堆棒数	10
主回路压力	70bar
冷却剂进/出口温度	260℃/516℃
功率密度	100MWth/m^3

ALLEGRO 气冷快堆的结构及堆芯燃料布置如图 10-6 所示。氦冷却剂在通过堆芯后，进入蒸汽发生器进行热量交换，将热量传递给二回路的水，随后冷却的氦气经过风机增压进入堆芯继续带出堆芯热量。三个与压力容器相连的余热排出系统能够确保在极端情况下堆芯余热顺利排出。

在 ALLEGRO 实验电站的基础上，下一步的计划是设计气冷快堆原型电站，以 GFR-2400MWth 为例，其反应堆热功率为 2400MWth，燃料拟采用 397 个板状（U，Pu）C/SiC 燃料，运行温度 1260℃，功率密度 100MWth/m^3。

10.2.2　气冷快堆燃料类型

气冷快堆的快中子能谱要求堆芯具有更高的功率密度，可达到 50～100MWth/m^3，因此气冷快堆的燃料铀装量相应地也需要提升。由于气冷快堆具有很高的铀装量，如果仍用

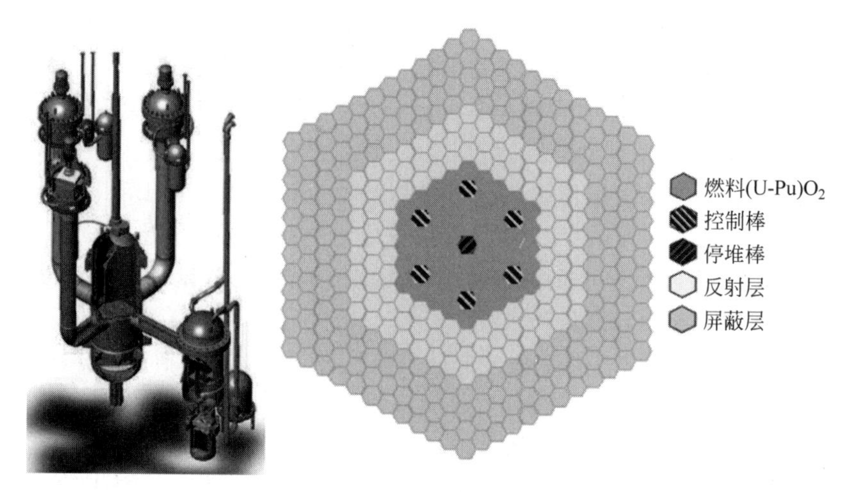

图 10-6 ALLEGRO 的结构及堆芯燃料分布示意图

气冷热堆使用的石墨作为慢化和结构材料，石墨会过度慢化且石墨的性质会因大量辐照而发生改变。因此气冷快堆应使用耐高温、耐辐照的材料如 SiC、ZrC 等作为结构和包壳材料。为满足第四代核能系统所要求的安全性、经济性和可持续性，气冷快堆的核燃料须达到表 10-8 所示的筛选标准。

表 10-8 气冷快堆燃料筛选标准

评测标准	参考值
熔点	>2000℃
燃料重金属密度	$>5g/cm^3$
燃料燃耗潜能	>5%HM

图 10-7 所示为随着铀装量的增加，燃料结构的变化示意图。由图可知，随着燃料铀装量的增加，燃料从适用于气冷热堆逐渐转变为适用于气冷快堆，且燃料中锕系元素的占比也逐渐增加。

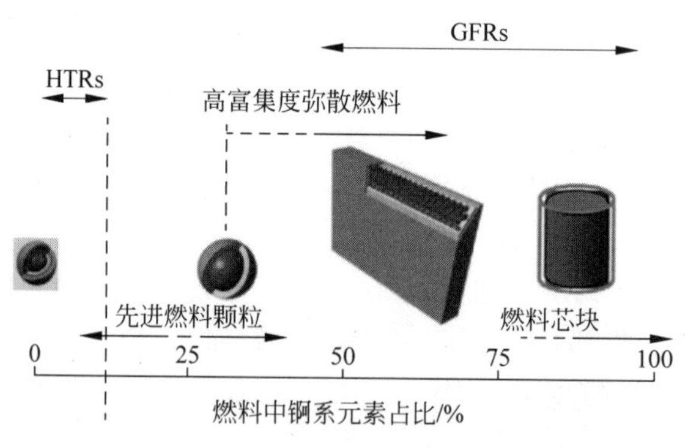

图 10-7 气冷快堆用燃料的发展路线

气冷快堆使用的燃料元件主要有两种，分别是直接由铀的碳化物或碳化物和氧化物混合制成的燃料芯块，以及由 SiC 外壳包覆燃料核芯的包覆颗粒弥散在 SiC 基体中形成的颗粒弥散体。目前已有的燃料设计方案主要包括针状燃料、板状燃料以及弥散燃料。

1. 针状燃料

反应堆失冷事故条件下燃料的响应是针状燃料设计时应考虑的重要因素。此外，针状燃料所选用的核燃料主要取决于堆芯中子以及燃料的性能。由于氧的存在会导致燃料密度降低和能谱软化，氧化物燃料的表现不如碳化物和氮化物燃料。在燃耗较低的情况下，混合氮化物燃料辐照肿胀和气体释放的趋势比碳化物燃料低，然而，随着燃耗的增加，气体释放和膨胀行为的差异会减小，但是氮化物燃料产生的^{14}N会严重影响燃料增殖效率。因此在考虑经济性的情况下，优先选择碳化物燃料。

除了燃料，针状燃料所关注的另一个重点是包壳的兼容性。SiC与碳化物燃料的兼容性最好。此外，在不超过1000℃的温度和50dpa的辐照损伤水平下SiC复合材料表现出良好的辐照性能，能够保持良好的机械性能。针状燃料的燃料元件和组件示意图如图10-8所示。

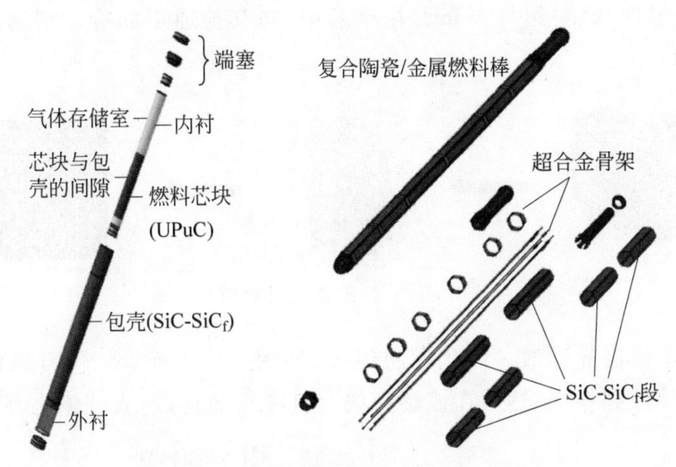

图10-8　针状燃料元件与组件示意图

2. 板状燃料

板状燃料分为燃料芯块板状燃料和颗粒弥散体板状燃料。燃料芯块板状燃料的结构如图10-9所示，含次锕系元素的碳化物燃料(U,Pu)C或(U,Pu,MA)C由于具有高的铀装量和良好的导热性，且熔点较高，可作为参考燃料芯块材料。燃料芯块分别插入SiC板中的蜂窝孔洞内，芯块与蜂窝壁之间气隙填充氦气，然后在另一端焊上SiC板，形成板状燃料。随后将板状燃料安装在六角形包壳管中，构成坚固的燃料组件，以确保堆芯稳定性和机械平衡。

图10-9　燃料芯块板状燃料示意图

另一种为包覆颗粒板状燃料，如图 10-10 所示。一种包覆颗粒的设计为直径 410μm 的(U,Pu)C 核芯，外面包裹两层 SiC 包覆层，分别为厚度 17μm 的疏松 SiC 层和厚度 18μm 的致密 SiC 层。包覆颗粒随后弥散在 SiC 基体中，制成板状弥散燃料，随后板状燃料组成六边形板状燃料组件。

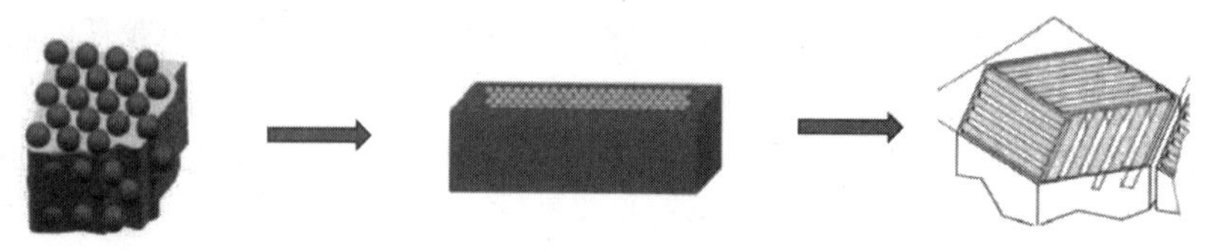

图 10-10 颗粒弥散体板状燃料示意图

3. 弥散燃料

包覆颗粒弥散在 SiC 基体中后，可制成圆柱状弥散燃料棒，燃料棒固定在六边形支架内形成六边形燃料组件，燃料组件再布置在堆芯中，与其他通道如冷却剂通道一起布置成堆芯，如图 10-11 所示。

图 10-11 弥散棒式燃料组件

另一种为日本研制的弥散一体化燃料组件，如图 10-12 所示。包覆颗粒弥散在 SiC 基体中制成六边形弥散燃料块，然后在该燃料块上打冷却剂孔，形成一体化燃料组件。

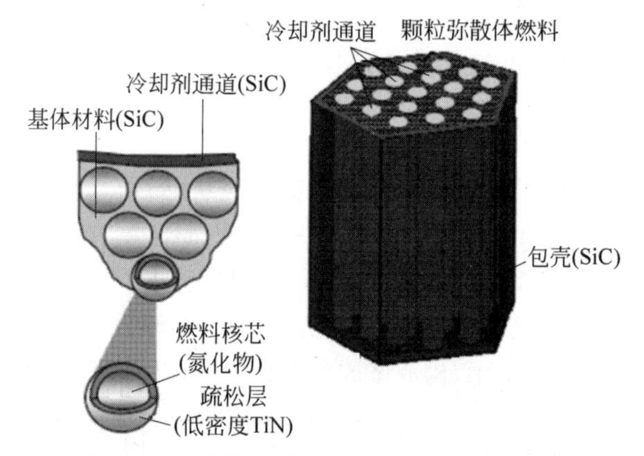

图 10-12 一体化弥散燃料组件结构示意图

10.2.3 核燃料的辐照考验

目前气冷快堆的发展还处于初步阶段，其首座实验示范电站 ALLEGRO 仍然处于设计阶段。但是气冷快堆所用的核燃料，如陶瓷燃料等，在其他快中子堆也有应用。因此陶瓷燃料在非气冷快堆中的堆内辐照考验对于今后气冷快堆核燃料的设计也是有指导意义的。

位于印度卡培坎的英迪拉甘地原子能中心的快中子增殖测试堆(fast breeder test reactor,FBTR)于1985年10月正式运行。近期,其针对($Pu_{0.7}U_{0.3}$)C燃料进行了辐照测试。测试结果表明,($Pu_{0.7}U_{0.3}$)C燃料的总体表现良好,在燃料包壳的预计运行温度703K下,包壳仍有3%的剩余延展性。由于辐照蠕变和辐照肿胀,针状燃料的直径增大了1.6%,针状燃料的长度增加了0.4%,堆叠的燃料芯块长度增加了1.73%。最大的裂变气体释放为14%。燃料芯块在横断面处尺寸增幅最大,约为0.7%,在边角处约为0.5%。燃料组件的首尾错位为4.3mm。辐照后,燃料棒中心的包壳间隙已闭合。在燃耗达到100GW·d/t后,燃料裂纹由径向向周向变化,这表明由于燃料与包壳的力学作用,径向裂纹已经退化。未观察到包壳的明显炭化。预计该燃料能承受150GW·d/t的燃耗。

10.3 超临界水堆燃料

超临界水冷堆(supercritical water cooled reactor,SCWR)是第四代核能系统中唯一被选定的轻水堆型,它的设计基于超临界流体的相关特性,是一种革新型的核能系统。

10.3.1 超临界流体

我们通常将物质的存在形态分为气态、液态和固态。不同的存在形态在特定的温度和压力下可以相互转化。当温度高于某一特定值时,再增加压力不能使该物质由气态转化为液态,此特定温度值称为临界温度 T_c。当处于临界温度时,气体能被液化的最小压力称为临界压力 p_c。物质处于临界温度和临界压力之上时呈现出一种特殊的相态,其介于气态和液态之间,成为超临界流体(supercritical fluid,SCF),如图10-13(a)所示。常被用作超临界流体溶剂的物质主要有 H_2O 和 CO_2,其中 H_2O 的临界温度和压力分别为647.3K和22.0MPa,CO_2 的临界温度和压力分别为304.2K和7.38MPa。

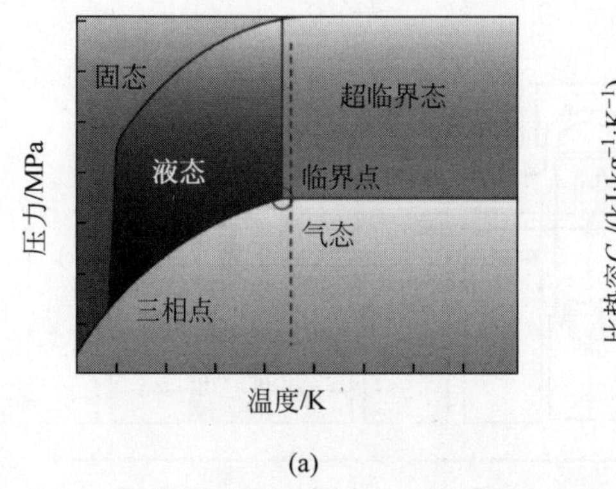

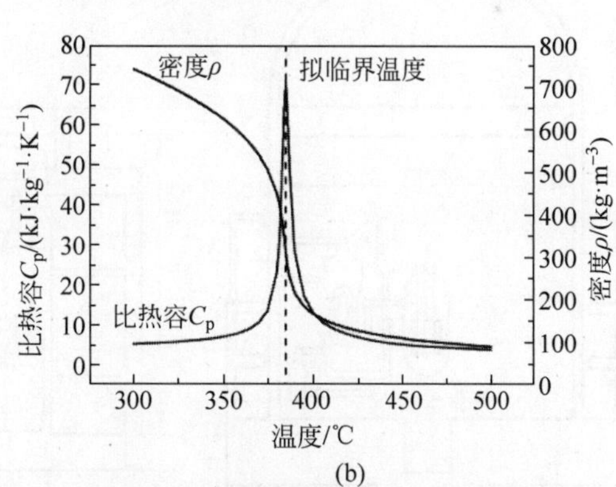

图10-13 水工质相态图与超临界水拟临界区物性突变示意图

超临界流体具有特殊的物理和化学性质,其物理属性融合了气体和液体的某些特性。如图10-13(b)所示,超临界流体对应比热容最大位置的温度称为拟临界温度,在拟临界点附近存在大比热容区。流体的比热容越大,单位质量流体所携带的能量越多,载热能力越强。拟临界点之前为高密度、高黏度的类液态流体,在拟临界点之后为低密度、低黏度的类气态流体，类液态向类气态的相态转变为连续过渡，即连续相变。超临界水冷堆运行在水的热力学临界点之上，利用了超临界水在拟临界区大比热容、无相变特点，可以有效减少系统流量，提高堆芯的传热效率，形成一个大焓差、小流量的高效核热源。

20 世纪 60 年代，超临界流体用于核反应堆技术的设想在美国和苏联开始出现，直到 20 世纪 90 年代才引起人们的关注，真正的研发活动起始于 1989 年的日本。20 世纪 90 年代末期开始，欧洲、美国、加拿大及韩国等开始在第四代核能系统框架下开展超临界水冷堆的研发工作。

10.3.2 超临界水堆

超临界水堆是高温高压水冷反应堆，在水的热力学临界点以上运行。典型的超临界水堆系统如图 10-14 所示。

超临界水冷却剂能使热效率比现在轻水堆提高约 1/3（超临界水堆的热效率可达 44%，而 LWR 为 33%～35%）。图 10-15 所示为高温高压水冷堆演变过程，可看作从压水堆到沸水堆再到超临界水堆逐步简化的过程，它由先进沸水反应堆 ABWR 去掉内置再循环，再去掉蒸汽发生器而成。其压力-温度关系如图 10-16 所示。

与传统压水堆相比，由于超临界水堆的压力容器运行在更高的压力下，因此虽然其结构与压水堆相似，包壳材料也相同，但其厚度须明显大于压水堆。

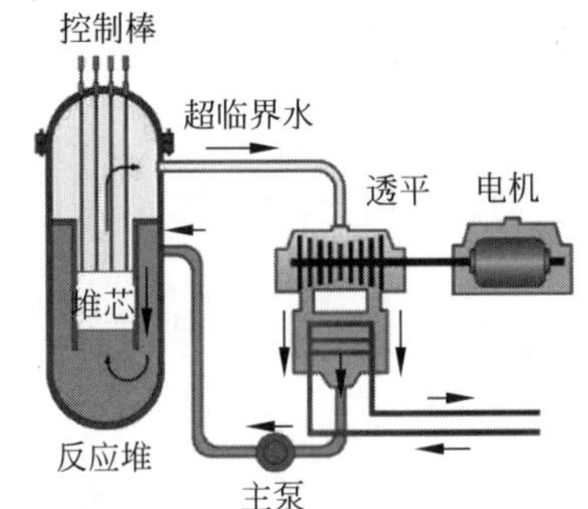

图 10-14 超临界水堆系统简图

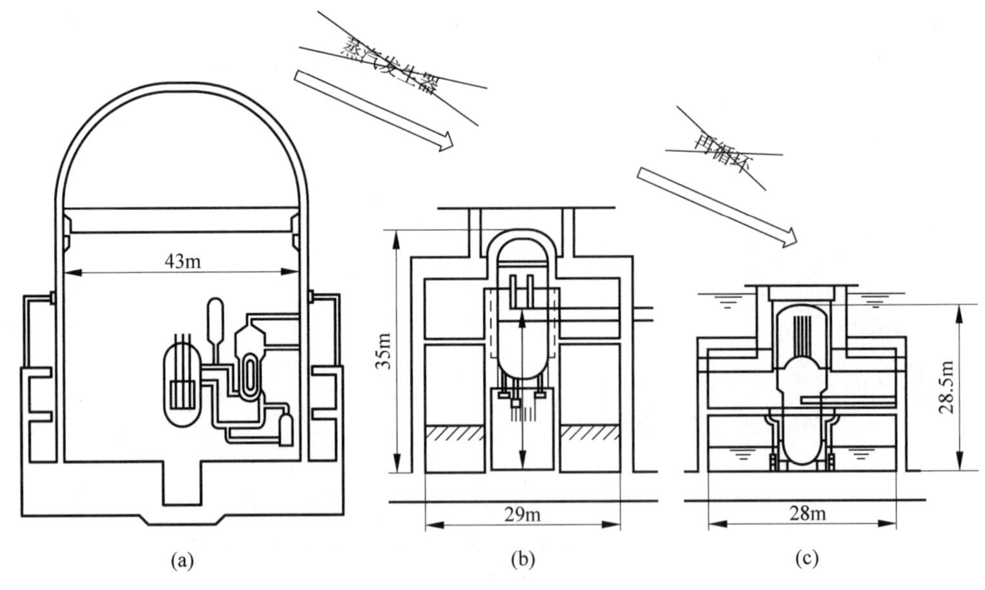

图 10-15 高温高压水冷堆演变过程

(a) PWR(1100MW)；(b) ABWR(1350MW)；(c) SWCR(1700MW)

超临界水冷堆运行的基本流程为：主循环泵提供驱动压头，使流体通过主给水管道进入反应堆堆芯，经过核加热后转变为高温高压“超临界蒸汽”(加热过程无相变)，“超临界蒸汽"通过主蒸汽管道进入下游汽轮机做功，输出电能。经过汽轮机后的乏汽在冷凝器内进一步冷却，形成液相水，重新返回主泵入口，形成闭式直接循环。

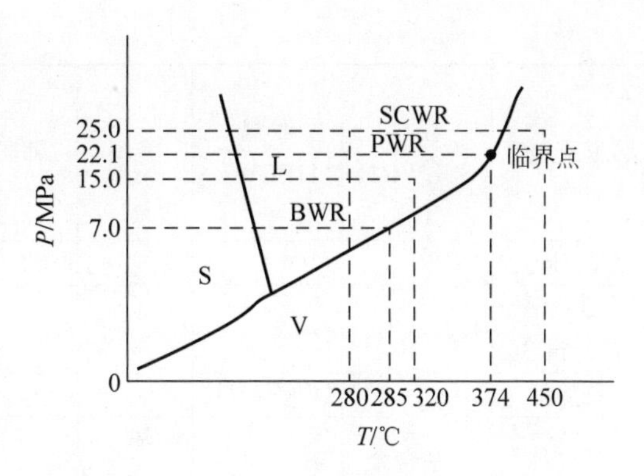

图 10-16　不同类型水堆的压力-温度关系

超临界水堆的技术先进性主要体现在以下几个方面：

(1) 系统简化，装置尺寸小。超临界水无相变，采用直接循环，与传统 PWR 相比取消了蒸汽发生器和稳压器以及相关的二回路系统。与传统 BWR 相比较，取消了蒸汽分离器、干燥器和再循环泵。

(2) 良好的经济性，燃料可循环。由于超临界水堆的系统简化、设备减少、热效率高、单堆功率大，而且可以设计成快中子能谱反应堆，采用与锕系元素重复利用相对应的封闭式的燃料循环，经济竞争能力突出，使电站造价和发电成本大大降低。

(3) 技术继承性好。超临界水堆本质上仍是高参数轻水堆，因此在反应堆系统技术方面，可充分采用现有压水堆的技术基础及现有压水堆核电站设计、研发条件以及制造、建造、运行、维护和管理的经验。另外，从原理上讲，其汽轮机系统与超临界压力火电机组是一样的，因此可直接借鉴超临界火电汽轮机的技术，减少开发所需的成本及时间。

在设计参数上，典型超临界水堆的堆芯压力为 25MPa，进口温度为 280℃，出口温度为 500℃。水的入口密度约为 760kg/m^3，出口密度仅约为 90kg/m^3。堆芯额定功率下最大线热流密度为 39kW/m，额定功率下最大包壳表面温度为 650℃，空泡反应性反馈系数为负。

超临界水堆系统主要用于高效发电。它的堆芯设计方案有两种：热中子谱堆芯或快中子谱堆芯。热中子谱和快中子谱堆芯形式的差别主要体现在超临界水堆堆芯中慢化剂材料的量。快谱反应堆不使用额外的慢化剂材料，而热谱反应堆堆芯中需要。

目前，除美国、欧盟、日本、加拿大以外，俄罗斯和韩国等主要核电大国也都开展了超临界水冷堆概念的研究，初步完成了各自的概念设计。近年来国际上提出的超临界水冷堆设计方案汇总于表 10-9。

表 10-9　国际超临界水冷堆设计方案汇总表

国家或地区	日本 (SCLWRH)	欧盟 (HPLWR)	美国	韩国	加拿大 (SCW-CANDU)	俄罗斯 (KP-SKD)	日本 (SCFBRH)	俄罗斯 (ChUWFR)
堆结构形式	压力壳式	压力壳式	压力壳式	压力壳式	压力管式	压力管式	压力壳式	压力管式
中子能谱	热谱	热谱	热谱	热谱	热谱	热谱	快谱	快谱
堆芯热/电功率/MW	2740/1217	2188/1000	3575/1600	3846/1700	2540/1140	1960/850	3893/1728	2800/1200
效率/%	44.4	44.0	44.8	44.0	45.0	42.0	44.4	43
压力/MPa	25	25	25	25	25	25	25	25
入口/出口温度/℃	280/530	280/500	280/500	280/508	350/625	270/545	280/526	400/550

续表

国家或地区	日本(SCLWRH)	欧盟(HPLWR)	美国	韩国	加拿大(SCW-CANDU)	俄罗斯(KP-SKD)	日本(SCFBRH)	俄罗斯(ChUWFR)
流量/(kg/s)	1342	1160	1843	1862	1320	922	1694	—
堆芯高度/直径/m	4.2/3.7	4.2/—	4.3/3.9	3.6/3.8	—/4.0	5.0/6.45	3.2/3.3	3.5/11.4
燃料类型	UO_2	UO_2/MOX	UO_2	UO_2	UO_2/Th	UO_2	MOX	MOX
包壳材料	Ni基合金	SS	Ni基合金	SS	Ni基合金	SS	Ni基合金	SS
燃料组件数	121	121	145	157	300	653	419	1585
燃料组件流量/(kg/s)	11.1	9.6	12.7	11.9	4.4	1.4	4.1	—
燃料棒数	300	216	300	284	43	18	—	18
燃料棒直径/mm	10.2	8.0	10.2	8.2	11.5	10.7	7.6	12.8
棒栅距/mm	11.2	9.5	11.2	9.5	13.5	—	8.66	—
包壳温度/℃	650	<620	—	620	<850	700	620	650
慢化剂	H_2O	H_2O	H_2O	ZrH_2	D_2O	D_2O	—	—

我国2006年全面启动超临界水冷堆基础技术研发工作，目前已完成了超临界水冷堆基础研究，提出了超临界水冷堆总体技术路线，完成了我国有自主知识产权的百万千瓦级超临界水堆(CSR1000)总体设计方案。

10.3.3 燃料设计

堆芯设计和燃料设计紧密相关，其目的在于最大限度地提高堆芯出口温度和功率密度。

1. 快谱反应堆燃料组件

由于堆芯密度小，超临界水堆可设计为快堆。采用六边形燃料组件，分为点火区燃料组件和再生区燃料组件。点火区采用MOX燃料，再生区采用贫化UO_2燃料，不锈钢材料做包壳。再生区燃料组件既可分担部分功率和反应性，也可与ZrHx层一起作为中子吸收剂，如图10-17所示。

2. 热谱反应堆燃料组件

超临界水堆也可将堆芯设计为热堆，此时需要采用水棒慢化中子，芯块采用浓缩UO_2芯块。为确保水棒中的冷却剂温度低于临界温度，需在水棒外加绝热层。热堆中，冷却剂的工作流程和快堆中的相似，但堆芯中冷却剂通过水棒向下流。如图10-18所示为日本的热堆设计方案，每个燃料组件包含300根燃料棒、36个水棒和24个外部水盒。组件中间的16个水棒中装有控制棒导向管，可从上部插入棒束型的控制棒。

欧洲热谱超临界水堆设计同样采用四边形燃料组件。如图10-19所示，每个燃料组件采用双层燃料棒设计，包含40根燃料棒和1个水棒。每3×3燃料组件联合成为一个燃料组件束。燃料堆芯由若干个燃料组件束排列而成。

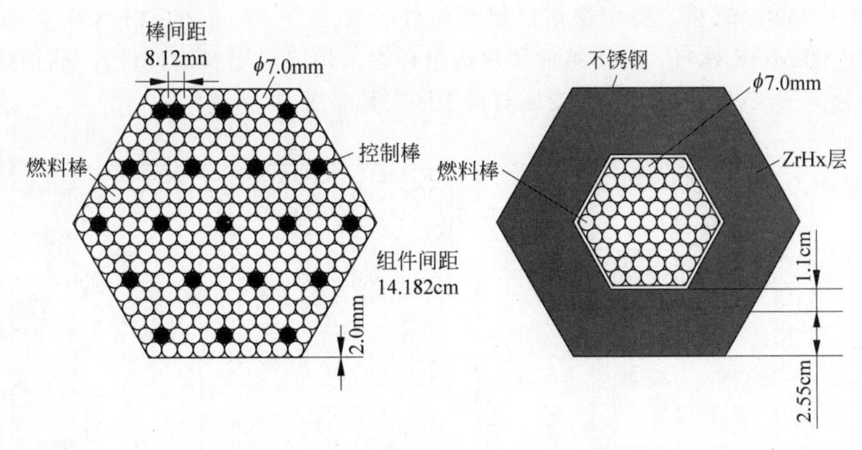

图 10-17　超临界水堆(快堆)燃料组件

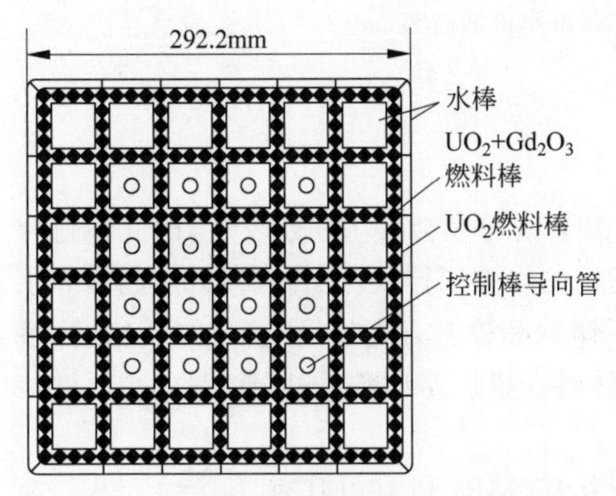

图 10-18　日本超临界水堆(热堆)燃料组件设计

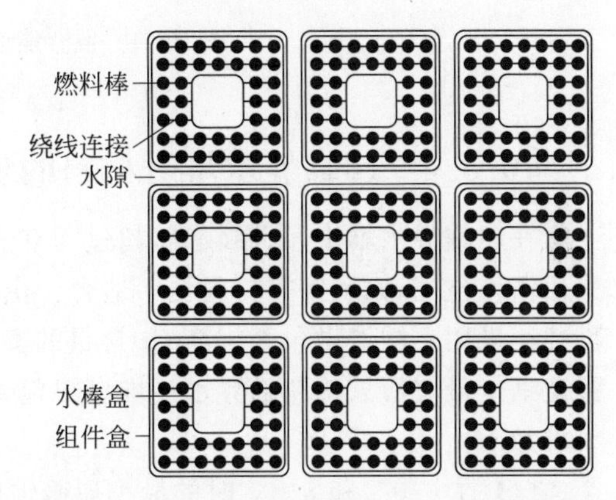

图 10-19　欧洲超临界水堆热谱设计组件束截面图

加拿大沿用设计、工程经验都比较成熟的压力管式反应堆 CANDU 堆的路线，提出了压力管式的超临界水堆设计 CANDU-超临界水堆。CANDU-超临界水堆采用重水慢化，超临界轻水冷却。如图 10-20 所示，压力管内有一层性能极好的绝热层，可保证压力管壁不受冷却剂温度的影响，压力管壁外的慢化剂温度保持在 80℃左右。一组带孔的金属内衬可防止燃料棒束损坏绝热层，也可防止冷却剂腐蚀绝热层。绝热层和金属内衬都不需要承担冷却剂压力，高压直接施加在压力管壁上。

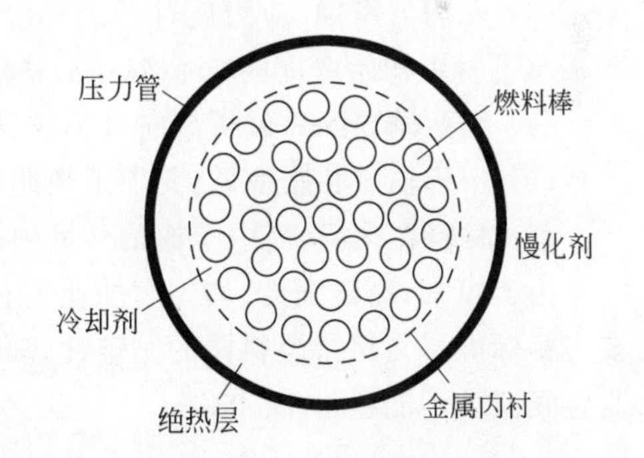

图 10-20　加拿大超临界水堆设计组件截面图

3. 混合能谱燃料组件设计

上海交通大学比较现有设计中快谱堆型和热谱堆型的优缺点，提出了新的概念设计——混合能谱超临界水堆。此设计采用四边形的燃料组件，分为热谱区燃料组件和快谱区燃料组件。如图 10-21 所示，每个热谱区燃料组件包含 180 根燃料棒和 9 个水棒，可使用

UO_2 燃料或 MOX 燃料。每个快谱区燃料组件包含 17×17 的 289 根燃料棒，使用大约 20%富集度的 MOX 燃料。热谱组件和快谱组件均采用多层燃料组件设计，热谱燃料按富集度轴向分为三区，而快谱组件裂变区与再生区交替布置。

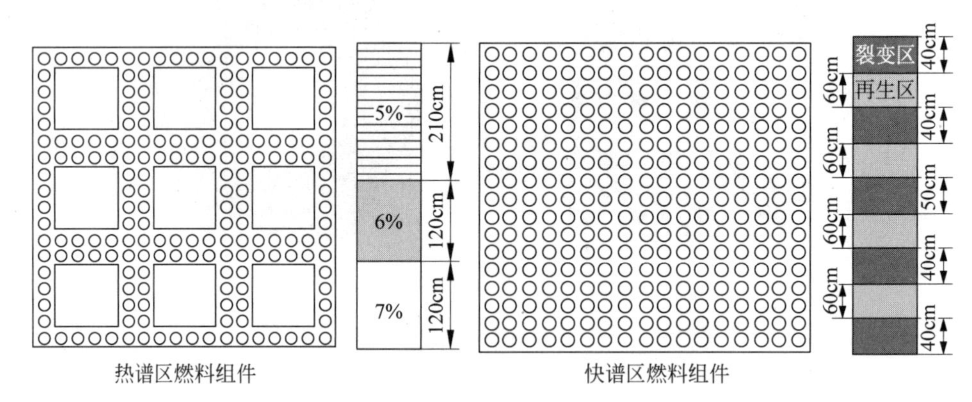

图 10-21 混合能谱超临界水堆组件截面图

10.3.4 超临界水堆对材料的要求

在超临界水堆中，水温较高，超过 400℃，在高温下锆与水会发生强烈反应，因此不适合采用锆作包壳，铝和镁等材料更不适合。由于不锈钢的快中子俘获截面相对较低，超临界水堆往往采用不锈钢做包壳。高 Cr 含量的奥氏体不锈钢和镍基合金以及它们的氧化物弥散强化钢是最有前景的超临界水冷堆燃料包壳候选材料。超临界水堆对包壳材料的主要性能要求如下：

(1) 在 650℃和 800℃时的最小屈服强度分别为 150MPa 和 100MPa；

(2) 在 650℃和 800℃时的最小蠕变强度分别为 120MPa 和 90MPa；

(3) 低均匀腐蚀、应力腐蚀开裂和沿晶开裂，三者在 3～4 个换料周期内总共造成的减薄不超过材料初始厚度的 5%(25μm)；

(4) 辐照诱导晶界偏析倾向极小或没有，因此材料无辐照诱导应力腐蚀开裂倾向；

(5) 中子辐照肿胀率低，无中子辐照脆化倾向；

(6) 材料在高温、高中子通量环境中必须具有稳定的晶格结构。

由上可知，高温强度、均匀腐蚀速率和辐照诱导应力腐蚀开裂为选择燃料包壳材料的重要考察标准。为保持燃料棒的完整性，瞬态工况最高包壳温度不能超过 800℃，事故工况最高包壳温度不能超过 1260℃。

1. 氧化腐蚀

影响超临界水中氧化膜形成的因素很多，其中最主要的影响因素为腐蚀温度、腐蚀时间、溶解氧和合金元素等。典型的不锈钢材料在超临界水中形成的氧化膜为两层或三层结构：外层富 Fe，为磁晶石结构；内层富 Cr，为 Fe-Cr 或 Ni-Cr 尖晶石结构，外加一层赤铁矿结构。另外在基体和内层之间还存在一个内氧化层，这相当于一个过渡层，此时金属元素含量上升到基体含量，而氧含量减少到零，如图 10-22 所示。

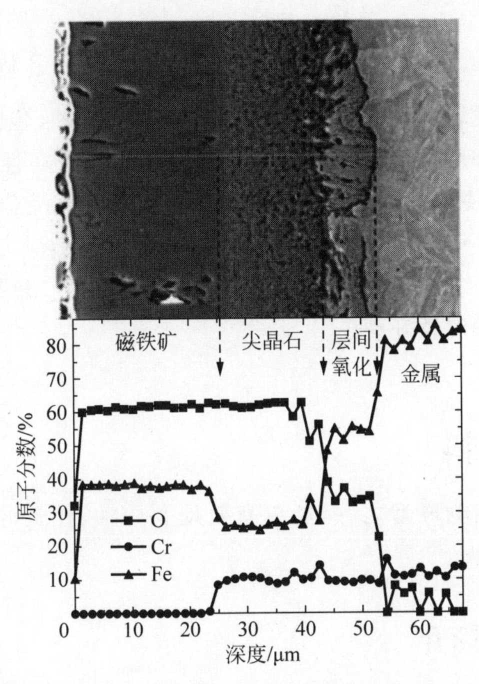

图 10-22　材料在超临界水中的氧化腐蚀及元素分布

2. 应力腐蚀开裂

应力腐蚀开裂,是指金属材料在拉应力与化学介质协同作用下发生脆性断裂的现象。产生应力腐蚀断裂必须同时具备三个基本条件:①敏感的金属材料;②足够大的拉伸应力;③特定的腐蚀介质。应力腐蚀破裂是一种与时间有关的滞后破坏。超临界水堆运行温度在 400～650℃之间,出口压力达 25MPa,这些苛刻的服役环境使材料产生空位缺陷,会降低材料的蠕变性能、断裂韧性和延展性,并引起晶格局部畸变,在剪切力作用下将形成滑移—破裂—溶解的现象,导致材料应力腐蚀开裂的发生。图 10-23 展示了几种典型不锈钢材料在不同温度下应力腐蚀开裂情况。

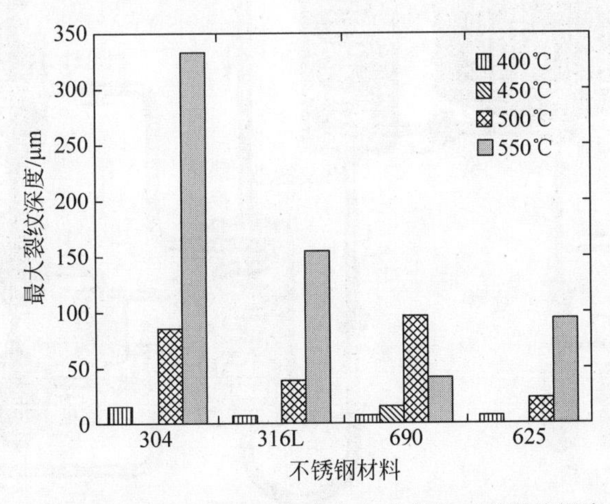

图 10-23　几种典型不锈钢在超临界水中的应力腐蚀开裂裂纹深度与温度关系

3. 辐照综合作用

对于辐照对材料性能的影响已进行了大量研究，重点包括辐照对硬化、肿胀和蠕变以及水化学的影响等。在环境辐照中引起开裂的影响因素有多种，包括：辐照诱导偏析；辐照引起裂纹尖端和裂纹口部腐蚀电位的升高；辐照分解生成破坏性的分子、基团及离子；辐照促进蠕变、松弛；辐照硬化脆化；辐照引起的微观和宏观肿胀等。在超临界水堆内的不锈钢和镍基合金等长期处于高能中子辐照之中，易发生沿晶型应力腐蚀破裂，这种由于辐照而引起的材料环境敏感断裂现象称为辐照促进应力腐蚀开裂。辐照与超高温超高压的综合作用进一步加速了材料的腐蚀开裂。

10.4 熔盐堆燃料

熔盐堆作为第四代核电堆型之一，能更有效地利用铀、钍资源并能实现一定的燃料增殖，得到了世界各国的重视。

10.4.1 熔盐堆简介

熔盐堆(molten salt reactor，MSR)是核裂变反应堆的一种，也是第四代先进核能系统的候选堆型之一。熔盐堆系统简单，又称“PPP”堆，即用罐(pot)、泵(pump)和管子(pipe)连接成的反应堆。

熔盐堆结构如图 10-24 所示，堆芯使用球形燃料元件或者将裂变元素溶解在熔盐中进行裂变反应。堆内燃料压力很低，接近大气压。堆芯发生裂变，放出热量，一回路熔盐通过主热交换器把热能传输给二回路熔盐，一回路熔盐换热后再次进入反应堆堆芯。在二次传热设备

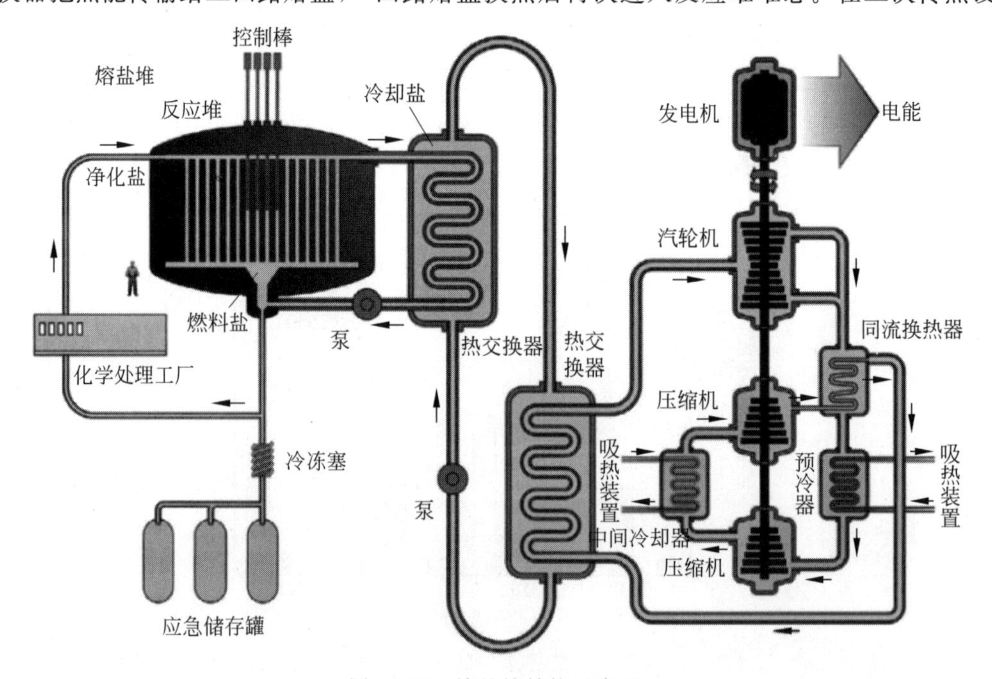

图 10-24 熔盐堆结构示意图

的作用下，通过高温氦气布雷顿循环，把燃料的热能转化为电力。加压氦气经加热后，直接做功，然后进入预冷器降至低温。低温氦气进入压气机机组后被压缩成高压氦气，然后进入回热器高压侧被加热至接近透平的排气温度，最后进入主换热器加热，重复循环此过程。

熔盐堆主要有两种类型，一种是氟盐冷却高温堆(fluoride salt cooled high temperature reactor，FHR)，另一种是液态燃料熔盐堆(MSR-LF)。氟盐冷却高温堆选择具有强导热与储热能力的熔盐作冷却剂，燃料元件为 TRISO 包覆燃料颗粒分散于石墨基质中的全陶瓷型燃料元件，以特定石墨为反射层材料、慢化材料与堆芯结构材料。液体燃料熔盐堆没有燃料芯块，易裂变的同位素燃料(如 UF_4 和 ThF_4)熔于高沸点的高温液态下的氟盐结合构成低熔点共晶体。这种液态混合物既是冷却剂也是燃料。堆芯是由石墨做成的，石墨既是冷却剂的流道，又可以起到慢化剂的作用，因此当熔盐流过堆芯时就会发生裂变反应。

熔盐堆具有如下优势：

(1) 安全性高。在事故工况下，熔盐扩散时会与环境换热，熔盐温度逐渐降低到常温时为固态，相当于防护壳，能防止核污染扩散；熔盐的沸点极高，在 1400℃左右，在其工作时很难有蒸汽产生，从根本上避免了蒸汽爆炸引起的事故；熔盐堆的安全系统设有冻结塞，在事故工况时，按照一定的触发机制，冻结塞会熔化开，熔盐会流入储罐，这样可以避免事故的进一步恶化，避免核污染。

(2) 经济性优越。熔盐堆结构简单，系统设备相比压水堆来说要少很多。并且其运行在大气压环境下，压力容器的钢板用料比压水堆少很多。熔盐堆的压力容器等设备受中子辐照脆化不严重，服役年限优于压水堆。

(3) 换热效率高。熔盐堆的换热效率可达 45%，应用更广泛，可以用来制氢或者供热。

(4) 能进行废料处理。熔盐堆在核废料处理以及核燃料资源供给方面具有独特的优势。熔盐堆能完成燃料“闭环”，并且能连续运行，尤其适用于钍-铀循环。这是由于在钍-铀燃料循环中，^{232}Th 俘获中子后形成 ^{233}Pa，而 ^{233}Pa 的半衰期长达 27 天，在反应堆中大概率继续俘获中子形成 ^{234}U，而不是衰变为 ^{233}U，因此钍-铀燃料循环很难获得高的增殖比。熔盐堆以液态熔盐为燃料，燃料的流动特性使熔盐堆可进行在线加料和后处理，从而可将反应堆中的 ^{233}Pa 持续地提取出来，让其在堆外衰变生成 ^{233}U，减少了俘获形成 ^{234}U 的额外损失。

10.4.2　熔盐堆的发展

第二次世界大战结束以后，美国军队想开发一种无航程限制的战略飞机，核能发动机是其选择之一，因此开展了大规模的飞机核动力推进计划(aircraft nuclear propulsion，ANP)。ANP 计划包含数种反应堆型，其中之一是美国橡树岭国家实验室(ORNL)研发的航空实验堆(aircraft reactor experiment，ARE)。ARE 于 1953 年建成，它是一种功率为 2.5MWth 的小型堆，稳态出口温度达 860℃，核燃料以氟化物的形式溶解在其他氟化盐中(NaF，ZrF_4)，并可循环利用。使用 BeO 做慢化材料，堆芯和管道用耐高温、耐腐蚀的铬镍铁合金材料铸造。之后 ORNL 的一部分研究人员开始研究 MSR，建设并成功运行了熔盐实验堆(molten salt reactor experiment，MSRE)。MSRE 是功率为 8MWth 的液体燃料实验堆，从 1965 年运行到 1969 年年底，该项目是为了研发使用钍-铀燃料循环的增殖堆。燃料是锂、铍、锆氟化物的混合物，铀以 UF_4 的形式溶于其中。燃料盐混合物经过反应堆压力槽、泵、热交换器循环一周，环境温度在 600℃以上。

20 世纪 70 年代初期，ORNL 的研究人员在民用 MSR 研究的基础上研究开发并设计了熔盐增殖堆(molten salt breeder reactor，MSBR)，系统示意图见图 10-25。MSBR 设计热功率为 2250MW，总体热效率为 44%，电功率可以达到 1000MW。MSBR 可以实现最有效的^{233}U 增殖，燃料盐每隔几天进行一次后处理，以提取出^{233}Pa，同时也为了尽快提取出镧系元素。加上线上再处理，ORNL 计算出最高增殖系数可达 1.06，增倍大概需要 20 年。

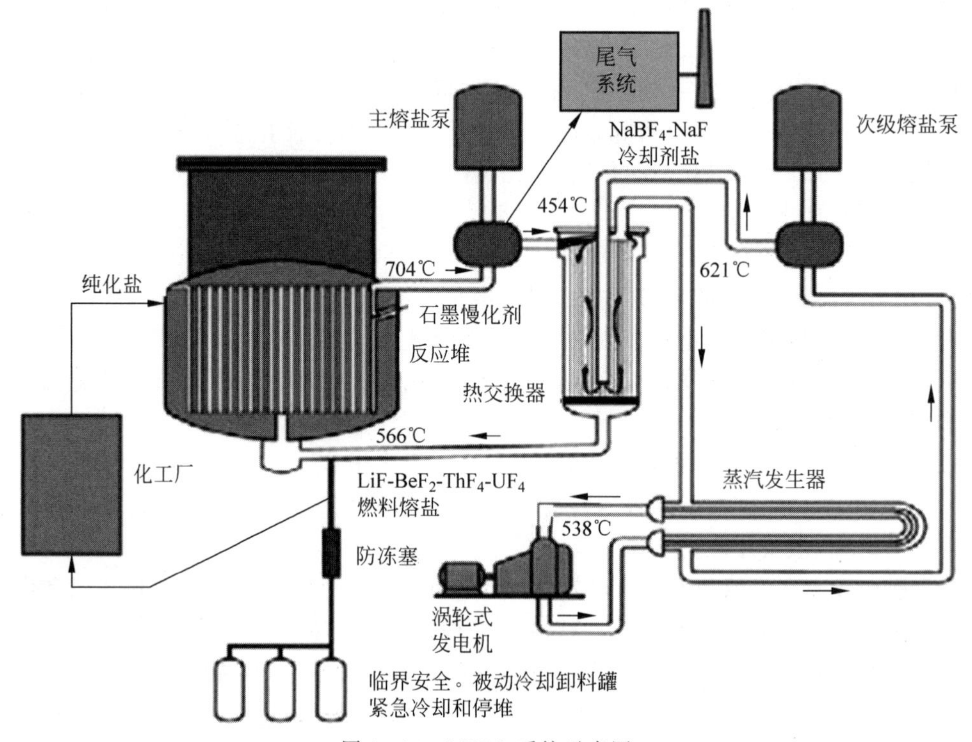

图 10-25 MSBR 系统示意图

自从 2001 年的 GIF 第四代核能论坛以后，许多国家都在 MSBR 的设计基础上对熔盐堆进行了深入研究。其中包括法国的 AMSTER 反应堆和 TMSR 反应堆，日本的 FUJI 反应堆，俄罗斯的 MOSART 反应堆等，其设计参数如表 10-10 所示。

表 10-10 几种典型熔盐堆的设计参数

熔 盐 堆	FUJI-Ⅰ	TMSR	MOSART
用途	动力	动力(增殖)	动力(嬗变)
中子谱	热谱	快谱	快谱
堆芯设计	石墨慢化	罐式，无内部构件	罐式，无内部构件
熔盐组分/%(摩尔分数)	$LiF-BeF_2-ThF_4-UF_4$ 71.75-16-12-0.25	$LiF-(HM)F_4$ 80-20	$NaF-LiF-BeF_2$ 58-15-27
热功率/MW	450	2500	2400
电功率/MW	200	1000	1000
入口温度/℃	567	630	600
出口温度/℃	707	730	715
活性区半径/m	1.5	1.25	1.7
活性区高度/m	2.1	2.6	3.6

10.4.3　熔盐堆燃料类型

1. 液态燃料

熔盐堆一回路采用氟盐体系作为冷却剂，通常采用 UF_4 和 ThF_4 作为燃料。核燃料溶解于熔盐中，随熔盐在一回路中流动。

1）核燃料与熔盐体系

相关研究表明，稀土熔体具有相似的结构行为。对于钍，四价钍离子是唯一已知的熔融氟化物。ThF_4 主要形成通式为 ThF_{4+m}^{m-} 的阴离子配合物，已经发现了存在 ThF_5^-。

对于铀，其三价或四价离子在熔融的氟化物盐中是稳定的。已经证明 UF_4 溶解在氟化物中，形成配位数为 7 或 8 的配合物。在富氟体系中，UF_8^{4-} 占主导地位，而随着氟离子的还原，会产生 UF_7^{3-}。在 LiF-BeF_2 熔盐体系中，UF_8^{4-} 和 UF_7^{3-} 的含量大致相等。表 10-11 列出了几种常见燃料熔盐的物性参数。常见 LiF-ThF_4 和 LiF-BeF_2-ThF_4 熔盐体系相图如图 10-26、图 10-27 所示。

表 10-11　常见燃料盐的物性

参　数	LiF-ThF_4（0.78-0.22）（质量比）	LiF-BeF_2-ThF_4（0.717-0.16-0.123）（质量比）	LiF-NaF-BeF_2-PuF_3（0.203-0.571-0.212-0.013）（质量比）
熔点/K	841	771	775
密度/(kg/m^3)	$55343.0-1.2500T(K)$	$4124.3-0.8690T(K)$	$2759.9-0.5730T(K)$
黏度/(mPa·s)	$0.365\exp(2735/T(K))$	$0.062\exp(4636/T(K))$	$0.100\exp(3724/T(K))$
热容/kJ/(k·kg)	1.0	1.55	2.15
热导率/(W/(m·K))	≈1.5（T=1023K 时）	1.5（T=1023K 时）	$0.402+0.5\times10^{-3}/T(K)$

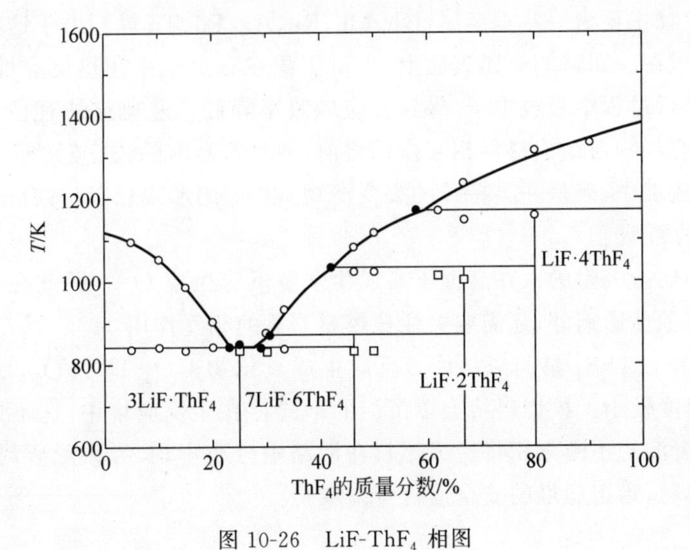

图 10-26　LiF-ThF_4 相图

2）裂变产物

熔盐堆运行过程中形成的裂变产物根据其在载体中的溶解度可分为三大类：惰性气

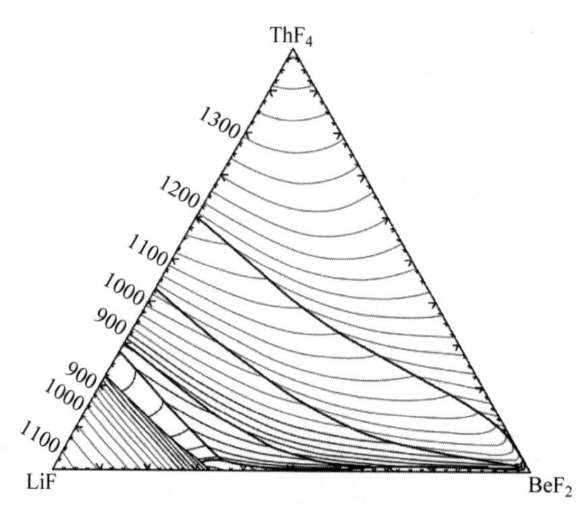

图 10-27 LiF-BeF_2-ThF_4 相图

体、稳定的盐溶性氟化物和很难溶解在氟化物基质中的金属。

(1) 惰性气体

惰性气体在熔盐中的溶解度随气体压力和温度呈线性增加，随气体原子质量的增加而降低。这些惰性气体的溶解度符合亨利定律，即在非常稀的溶液中，压力与摩尔分数成正比。惰性气体只在熔盐中微溶。它们可以通过向尾气系统喷射氦气从燃料中除去。

(2) 盐溶性裂变产物

碱金属(主要是铷、铯)、碱土金属(主要是锶、钡)、镧系元素、钇和锆，均可形成稳定的氟化物，溶于燃料盐中。

(3) 不溶性裂变产物

这类裂变产物主要为一些重金属(Nb、Mo、Ru、Ag、Pd、Tc 等)，由于这些金属不溶于氟盐，其中一些沉积在一回路的金属表面上，少量沉积在石墨上。在热反应堆的情况下，石墨上的沉积物在运行过程中吸收中子，导致反应堆效率降低。避免这种有害沉淀的一种方法是，在不溶性裂变产物与结构材料相互作用之前，通过氦鼓泡除去它们。

此外，在熔盐堆中，碘是一类特殊的裂变产物，以 I^- 的形式存在，具有很强的腐蚀性。

3) 氧离子的影响

由于氟化物熔盐吸附的水在高温下易发生水解反应生成 O^{2-}，因此在一回路中除考虑氟盐对材料的腐蚀性影响外，还需要关注核燃料与氧的相互作用。

研究表明 UF_4、ThF_4 易与氧(O^{2-})反应生成氧化物 UO_2 和 ThO_2，UO_2 和 ThO_2 在氟熔盐中的溶解度较小。核燃料将会以沉淀的形式存在于反应堆中，这不仅造成了核燃料损失，且核燃料沉淀的不断累积将造成燃料在回路中分布不均，导致形成局部过热区域，从而引发超临界问题，给熔盐堆的安全运行带来威胁。

2. 固态燃料

钍基氟盐冷却高温堆主要由填充燃料球的活性区、燃料球外的熔盐以及外面的石墨反射层构成。在典型的设计中，燃料球中 TRISO 包覆燃料颗粒的个数在 7443～84051 之间。堆芯活性区体积为 101.82m^3。燃料球规则地分布在六棱柱里，其填充体积分数约占 60%，燃料球外充满熔盐冷却剂的体积为 40.26m^3，其约占活性区体积的 40%，装量为 114.75t。熔盐用具有中子优势的 2LiF-BeF_2，其在反应堆运行中可保持温度稳定，它的密度是 1.90g/cm^3，且熔盐中的 Li 采用富集度高至 99.995%的^{7}Li 以降低^{6}Li 对中子的吸收。

10.4.4 熔盐堆用材料

1. 氟化物冷却剂

熔盐堆选用氟化物作为核燃料载体和冷却剂，几种常用氟化物熔盐的热物理性能如表 10-12 所示。氟化物熔盐具有中子吸收截面小、高温稳定性好、高热导率、高比热容、高沸点、低饱和蒸汽压和低黏度等一系列特点。

表 10-12 熔盐堆用候选氟化物熔盐热物理性能

氟化物熔盐	分子量/(g/mol)	熔点/℃	900℃蒸汽压/(mmHg)	700℃热物理性能				
				密度/(g/cm^3)	体积热容/(cal/(cm^3·℃))	黏度/(mPa·s)	热导率/(W/(m·K))	慢化率/%
LiF-BeF_2	33.0	460	1.2	1.94	1.12	5.6	1.0	60
NaF-BeF_2	44.1	340	1.4	2.01	1.05	7	0.87	15
LiF-NaF-BeF_2	38.9	315	1.7	2.00	0.98	5	0.97	22
LiF-ZrF_4	95.2	509	77	3.09	0.90	>5.1	0.48	29
NaF_4-ZrF_4	92.71	500	5	3.14	0.88	5.1	0.49	10
KF-ZrF_4	103.9	390	—	2.80	0.70	<5.1	0.45	3
Rb-ZrF_4	132.9	410	1.3	3.22	0.64	5.1	0.39	13
LiF-NaF-ZrF_4	84.2	436	≈5	2.79	0.84	6.9	0.53	13
LiF-NaF-KF	41.3	454	≈0.7	2.02	0.91	2.9	0.92	2
LiF-NaF-RbF	67.7	435	≈0.8	2.69	0.63	2.6	0.62	8

其中二元混合物 LiF-BeF_2(FLiBe)和三元混合物 LiF-NaF-KF(FLiNaK)为最常用的候选熔盐体系。FLiBe 和 FLiNaK 属于同族氟化物熔盐，两者具有相似的性能。由于 FLiBe 具有毒性，FLiNaK 在安全和可操作性上有优势，因此，通常用 FLiNaK 代替 FLiBe 进行相关的熔盐腐蚀研究。

在传统高温氧化环境中，合金获得抗腐蚀性能一般是通过向合金中添加 Cr、Al、Si 等元素，使合金表面形成保护性的氧化膜。然而，这些氧化膜在氟盐中是不稳定的，合金的腐蚀过程表现为合金中的活性元素在合金-熔盐界面发生溶解，生成溶于熔盐的金属离子，在合金表面留下腐蚀孔洞。由于氟盐腐蚀的过程主要是活性元素由金属基体内部向表面扩散，进而发生溶解，因此腐蚀速率取决于活性元素的扩散速率，主要影响因素包括温度、元素初始浓度，以及影响腐蚀热力学和动力学的驱动力。Cr 是镍基合金的主要组成成分，镍基合金在氟盐中的腐蚀过程主要是元素 Cr 的选择溶解过程，合金中 Cr 元素含量越高，腐蚀越严重。

2. 石墨

核石墨是钍基熔盐堆预选的中子慢化体及反射体材料，并且同时充当熔盐流通管道。因此，核石墨不可避免地与熔盐直接接触。核石墨是人造石墨，一种多孔脆性材料，它在与液态熔盐接触的过程中，熔盐可能通过人造石墨中的微孔浸渗到石墨内部，从而产生严重的腐蚀。熔盐堆中核石墨除了需要满足一些常规要求(高纯、高强、高热导、高各向同性度、耐辐照等)外，还要有一定的熔盐阻隔能力，即核石墨致密度高，石墨材料中微孔足够小，小到熔盐无法通过微孔渗透到石墨内部。

3. 镍基合金

熔盐堆的结构材料为耐腐蚀的 Hastelloy N 合金，主要成分为含 17%质量分数 Mo 和 7%质量分数 Cr 的镍基合金为(Ni-17Mo-7Cr)。Hastelloy N 合金对于中子辐照具有较好的忍受能力，其高温强度优于铁基合金，并且在熔融的氟化物中耐腐蚀能力强。一般在合金中添加微量元素如 Nb、Ti、Zr 和 Hf 等来改变其焊接能力、蠕变强度、合金稳定性、抗熔盐腐蚀性和辐照后的力学性能。Hastelloy N 合金在熔盐中的腐蚀行为非常复杂，主要包括如下内容：

(1) 温差腐蚀。熔盐堆中温差的存在不可避免，温差作为腐蚀驱动力导致质量迁移。无论是在腐蚀性较强的燃料盐还是冷却剂盐中，Hastelloy N 合金只发生轻微的腐蚀，甚至不腐蚀。

(2) 辐照腐蚀。在压水堆中，辐照对腐蚀的影响，尤其是辐照导致的应力腐蚀开裂问题引起了广泛的关注。在熔盐堆中，可以认为中子辐照不会对 Hastelloy N 材料的腐蚀产生显著影响。

(3) 异质材料腐蚀。异质材料腐蚀问题主要是针对 Hastelloy N 合金与石墨在氟盐环境中构成的异质材料体系。当石墨与合金在熔盐中电接触时，它们可以构成电偶对，其中石墨是阴极，合金是阳极。正是这种电偶腐蚀作用导致了合金在电接触状态下的腐蚀失重明显大于在非电接触状态下的腐蚀失重。

(4) 杂质腐蚀。熔盐中存在的杂质是氟盐腐蚀的主要驱动力之一。提高氧含量会明显加速氟盐腐蚀，含氧酸根中 SO_4^{2-} 离子是加速腐蚀的主要杂质。熔盐中的水氧、Ni 离子、Fe 离子、Cr 离子、SO_4^{2-} 离子等是影响合金腐蚀的主要杂质类型。

(5) 裂变产物导致的腐蚀。在裂变产物中，Te 对合金的腐蚀加速作用最明显。Te 可导致结构合金发生沿晶开裂。

(6) 应力腐蚀开裂。在压水堆运行环境中，SCC 是结构材料最易发生的失效形式之一。

(7) 流动熔盐中的腐蚀。在流动熔盐环境中，流速是影响结构材料腐蚀行为的重要因素，流动介质在材料表面产生冲刷效应，对表面钝化膜或腐蚀扩散产生影响。冲刷腐蚀是金属表面与流体之间由于高速相对运动而引起的金属损坏现象，是冲刷和腐蚀交互作用的结果。

针对熔盐腐蚀的问题，目前主要有以下三种控制手段：

(1) 发展耐蚀合金。根据合金元素在氟盐中的热力学稳定性可知，Cr 和 Fe 元素为溶解活度高的元素，而 Ni 和 Mo 元素为耐蚀元素，降低合金中 Cr 和 Fe 元素含量，提高 Ni 和 Mo 元素含量，有利于提高合金的耐蚀性能。另外 W 元素被证实比 Mo 更稳定，因此，研究者们用 W 替代 Mo，正在开展耐蚀性更高的合金的研究。

(2) 施加表面耐蚀涂层。在材料表面镀防腐蚀涂层是常用的腐蚀控制手段。在氟盐中，由于 Ni、Mo 等元素具有很好的稳定性，不易发生腐蚀溶解，因此，在合金表面镀 Ni 或 Mo 可以达到控制腐蚀的效果。

(3) 向熔盐中添加活性还原剂。通过向熔盐中添加还原剂，实现对熔盐的氧化还原电位的控制。在 MSRE 运行堆中，采用了向熔盐中添加 Be 作为还原剂的方法，有效控制了结构合金的腐蚀。此外，Cr、Zr 等元素也被认为能够降低熔盐的氧化还原电位，起到有效控制腐蚀的作用。

参考文献

[1] 吴宜灿，王明煌，黄群英，等. 铅基反应堆研究现状与发展前景[J]. 核科学与工程，2015，35(2)：213-221.
[2] 赵兆颐，施工. 固有安全快堆铅冷却剂及其物理特性[J]. 核动力工程，1994，15(2)：146-151.
[3] 沈秀中，于平安，杨修周，等. 铅冷快堆固有安全性的分析[J]. 核动力工程，2002(4)：75-78.
[4] ALEMBERTI A. The lead fast reactor：an opportunity for the future? [J]. Engineering，2016，2：59-62.
[5] 胡大璞，袁红球. 新型快堆——铅冷快堆的堆物理特征[J]. 核动力工程，1995(3)：194-198.
[6] 肖宏才. 自然安全的 BREST 铅冷快堆——现代核能体系中最具发展潜力的堆型[J]. 核科学与工程，2015，35(3)：395-406.
[7] 闫寿军，陆燕，梁和乐. 国外铅冷堆发展概述[J]. 国外核新闻，2018(12)：19-21.
[8] FAZIO C，ALAMO A，ALMAZOUZI A，et al. European cross-cutting research on structural materials for Generation IV and transmutation systems[J]. Journal of Nuclear Materials，2009，392(2)：316-323.
[9] KIKUCHI K. Material Performance in Lead and Lead-bismuth Alloy[J]. Comprehensive Nuclear Materials，2012，5：207-219.
[10] ALLEN T R，CRAWFORD D C. Lead-cooled fast reactor systems and the fuels and materials challenges[J]. Science and Technology of Nuclear Installations，2007，97486.
[11] KHALIL H，LINEBERRY J E，CAHALAN J E. Preliminary assessment of the BREST reactor design and fuel cycle concept[R]. Argonne：Argonne National Laboratory：ANL-00/22，2000.
[12] 韩金盛，刘滨，李文强. 铅冷快堆研究概述[J]. 核科学与技术，2018，6(3)：87-97.
[13] FROGHERI M，ALEMBERTI A，MANSANI L. The lead fast reactor：demonstrator (ALFRED) and ELFR design，International Conference on Fast Reactors and Related Fuel Cycles：Safe Technologies and Sustainable Scenarios (FR13)[C]. Paris. IAEA，2013.
[14] SMITH C F，HALSEY W G，BROWN N W，et al. SSTAR：The US lead-cooled fast reactor (LFR)[J]. Journal of Nuclear Materials，2008，376(3)：255-259.
[15] WEEKS J R. Lead，bismuth，tin and their alloys as nuclear coolants[J]. Nuclear Engineering & Design，1971，15：363-372.
[16] CHOI S，CHO J H，BAE M H，et al. PASCAR：Long burning small modular reactor based on natural circulation[J]. Nuclear Engineering and Design，2011，241(5)：1486-1499.
[17] 詹文龙，徐瑚珊. 未来先进核裂变能——ADS 嬗变系统[J]. 中国科学院院刊，2012，27(3)：375-381.
[18] GRASSO G，PETROVICH C，MATTIOLI D，et al. The core design of ALFRED，a demonstrator for the European lead-cooled reactors[J]. Nuclear Engineering and Design，2014，278：287-301.
[19] TURATI P，CAMMI A，LORENZI S，et al. Adaptive simulation for failure identification in the Advanced Lead Fast Reactor European Demonstrator[J]. Progress in Nuclear Energy，2018，103：

176-190.

[20] SHADRIN A Y,DVOEGLAZOV K N,KASCHEYEV V A,et al. Hydrometallurgical reprocessing of BREST-OD-300 mixed uranium-plutonium nuclear fuel[J]. Procedia Chemistry,2016,21:148-155.

[21] SMITH C F,HALSEY W G,BROWN N W,et al. SSTAR:The US Lead-Cooled Fast Reactor (LFR)[J]. Journal of Nuclear Materials,2008,376(3):255-259.

[22] 环境保护部核与辐射安全中心. 核与辐射安全科普系列丛书之一——核能[M]. 北京:中国原子能出版社,2015.

[23] 陈红丽,吴宜灿,柏云清. 聚变制氢堆高温液态包层热工水力学新概念研究[J]. 2005,25(4):374-378.

[24] 黄群英,宋勇,郭智慧,等. 聚变堆液态金属锂铅包层多功能涂层研发[J]. 核科学与工程,2008(3):256-262.

[25] ADAMOV E O,ZABUD'KO L M,MOCHALOV Y S,et al. Development of fuel pin with uranium-plutonium nitride fuel and liquid-metal sublayer[J]. Atomic Energy,2020,127(324-330):1-8.

[26] SIENICKI J J,MOISSEYTSEV A,YANG W S,et al. Status report on the Small Secure Transportable Autonomous Reactor (SSTAR)/Lead-cooled Fast Reactor (LFR) and supporting research and development[R]. Argonne:Argonne National Laboratory,ANL-GENIV-089,2008.

[27] MARINO A C,PÉREZ E,ADELFANG P. Irradiation of argentine (U,Pu) O_2 MOX fuels. Post-irradiation results and experimental analysis with the BACO code[J]. Journal of Nuclear Materials,1996,229:169-186.

[28] HEJZLAR P,POPE M J,DRISCOLL M J,et al. Gas Cooled Fast Reactor for Gen IV. Service[J]. Progress in Nuclear Energy,2005,47(1-4):271-282.

[29] STAINSBY R,PEERS K,MITCHELL C,et al. Gas cooled fast reactor research in Europe[J]. Nuclear Engineering and Design,2011,241(9):3481-3489.

[30] KVIZDA B,MAYER G,VÁCHA P,et al. ALLEGRO Gas-cooled Fast Reactor (GFR) demonstrator thermal hydraulic benchmark[J]. Nuclear Engineering and Design,2019,345:47-61.

[31] MEYER M K,FIELDING R,GAN J. Fuel development for gas-cooled fast reactors[J]. Journal of Nuclear Materials,2007,371(1-3):281-287.

[32] FIELDING R,MEYER M,JUE J F,et al. Gas-cooled fast reactor fuel fabrication[J]. Journal of Nuclear Materials,2007,371(1-3):243-249.

[33] KITTEL J H,WALTERS L C. Development and performance of metal fuel elements for fast breeder reactors[J]. Nuclear Technology,1980,48(3):273-280.

[34] CRAWFORD D C,PORTERD L,HAYES S L. Fuels for sodium-cooled fast reactors[J]. Transactions of the American Nuclear Society,2006,94:791-792.

[35] ZEGLER S T,NEVITT V. Structures and properties of uranium-fissium alloys[R]. Argonne:Argonne National Laboratory,ANL-6116,1961.

[36] PITNER A L,BAKER R B. Metal fuel test program in the FFTF[J]. Journal of Nuclear Materials,1993,204:124-130.

[37] WALTERS L C,SEIDEL B R,KITTEL J H. Performance of metallic fuels and blankets in liquid-metal fast breeder reactors[J]. Nuclear Technology,1984,65(2):179-231.

[38] HOFMAN G L,PAHL R G,LAHM C E,et al. Swelling behavior of U-Pu-Zr fuel[J]. Metallurgical Transactions A,1990,21(2):517-528.

[39] HOFMAN G L,WALTERS L C,BAUER T H. Metallic fast reactor fuels[J]. Progress in Nuclear Energy,1997,31(1-2):83-110.

[40] BAKER R B,BARD E,ETHRIDGE J L. Performance of fast flux test facility driver and prototype

driver fuels[R]. Richland：Westinghouse Hanford Company，WHC-SA-0974-FP，1990.
[41] MAJUMDAR S，SENGUPTA A K，KAMATH H S. Fabrication，characterization and property evaluation of mixed carbide fuels for a test Fast Breeder Reactor[J]. Journal of Nuclear Materials，2006，352(1-3)：165-173.
[42] 李进军，吴峰. 绿色化学导论[M]. 武汉：武汉大学出版社，2015.
[43] 黄彦平，臧金光. 超临界水冷堆[J]. 现代物理知识，2018，30(4)：19-24.
[44] 吴宜灿. 核安全导论[M]. 合肥：中国科学技术大学出版社，2017.
[45] 沃尔夫冈·霍费尔纳. 核电厂材料[M]. 上海核工程研究设计院，译. 上海：上海科学技术出版社，2017.
[46] 郑明光，杜圣华. 压水堆核电站工程设计[M]. 上海：上海科学技术出版社，2013.
[47] 中国科学技术信息研究所. 能源技术领域分析报告(2008)[R]. 北京：科学技术文献出版社，2008.
[48] 成松柏，王丽，张婷. 第四代核能系统与钠冷快堆概论[M]. 北京：国防工业出版社，2018.
[49] 陆道纲，彭常宏. 超临界水冷堆述评[J]. 原子能科学技术，2009，43(8)：743-749.
[50] 沈朝，张乐福，朱发文，等. 超临界水冷堆燃料包壳候选材料的耐腐蚀性能[J]. 中国腐蚀与防护学报，2014，34(4)：301-306.
[51] 阎昌琪，王建军，谷海峰. 核反应堆结构与材料[M]. 哈尔滨：哈尔滨工程大学出版社，2015.
[52] 中国核学会. 核科学技术学科发展报告(2014—2015)[R]. 北京：中国科学技术出版社，2016.
[53] 李翔，李庆，夏榜样，等. 中国超临界水冷堆 CSR1000 总体设计研究[J]. 核动力工程，2013，34(1)：5-8.
[54] 李力. 超临界水堆候选材料腐蚀行为的研究[D]. 上海：上海交通大学，2012.
[55] 张丽伟，周张健，谈军，等. 结构材料在超临界水中的应力腐蚀行为[J]. 腐蚀科学与防护技术，2014，26(1)：65-68.
[56] 孙灿辉. 超临界水堆 MOX 燃料物理热工特性研究[D]. 北京：华北电力大学，2012.
[57] 许鹏先. 熔盐堆技术特点分析[J]. 机械，2016，43(S1)：5-6.
[58] 左嘉旭，张春明. 熔盐堆的安全性介绍[J]. 核安全，2011，3：73-79.
[59] KAPPUS P G，LONG W H. Aircraft nuclear propulsion system having an alternative power source：US3547379 A[P]. 1970.
[60] BETTIS E，SCHROEDER R，CRISTY G，et al. The aircraft reactor experiment-design and construction[J]. Nuclear Science and engineering，1957，2(6)：804-825.
[61] HAUBENREICH P N，ENGEL J R. Experience with the Molten-Salt Reactor Experiment[J]. Nuclear Applications & Technology，1970，8(2)：118-136.
[62] KASTEN P R，BETTIS E S，ROBERTSON R C. Design studies of 1000-MW(e) molten-salt breeder reactors[R]. Oak Ridge：Oak Ridge National Lab，ORNL-3996，1966.
[63] ROBERTSON R C. Conceptual design study of a single-fluid molten salt breeder reactor[R]. Oak Ridge：Oak Ridge National Lab，ORNL-4541，1971.
[64] SCOTT D，GRINDELL A G. Components and systems development for molten-salt breeder reactors[J]. Oak Ridge：Oak Ridge National Lab，ORNL-TM-1854，1967.
[65] BETTIS E S，ROBERTSON R C. Design and performance features of a single-fluid molten-salt breeder reactor[J]. Nuclear Technology，1970，8(2)：190-207.
[66] VERGNES J，LECARPENTIER D. The AMSTER concept (actinides molten salt transmuter)[J]. Nuclear Engineering and Design，2002，216(1)：43-67.
[67] MERLE-LUCOTTE E，HEUER D，BRUN C L，et al. The TMSR as actinide burner and thorium breeder[R]. Grenoble：Laboratoire de Physique Subatomique et de Cosmologie，2007.
[68] MATHIEU L，HEUER D，BRISSOT R，et al. The thorium molten salt reactor：Moving on from the MSBR[J]. Progress in Nuclear Energy，2005，48(7)：664-679.

[69] DELPECH S, MERLE-LUCOTTE E, AUGER T, et al. MSFR: Material issues and the effect of chemistry control[C]. Proceedings of the GIF Symposium, Paris, GIF, 2009.

[70] FURUKAWA K, LECOCQ A, KATO Y, et al. Thorium molten-salt nuclear energy synergetics[J]. Journal of Nuclear Science and Technology, 1990, 27(12): 1157-1178.

[71] FURUKAWA K, ARAKAWA K, ERBAY L B, et al. A road map for the realization of global-scale thorium breeding fuel cycle by single molten-fluoride flow[J]. Energy Conversion and Management, 2008, 49(7): 1832-1848.

[72] IGNATIEV V, FEYNBERG O, GNIDOI I, et al. Progress in development of Li, Be, Na/F molten salt actinide recycler&transmuter concept[C]. Proceedings of ICAPP, Nice The American Nuclear society, 2007.

[73] BARTON C J. Solubility of plutonium trifluoride in fused-alkali fluoride-beryllium fluoride mixtures [J]. Journal of Physical Chemistry, 1960, 64(3): 306-309.

[74] ROSENTHAL M W, KASTEN P R, BRIGGS R B. Molten-salt reactors—history, status, and potential[J]. Nuclear Applications and Technology, 1970, 8(2): 107-117.

[75] TOTH L M, GILPATRICK L O. Equilibrium of dilute UF_3 solutions contained in graphite[R]. Oak Ridge: Oak Ridge National Lab, ORNL-TM-4056, 1972.

[76] ROSENTHAL M W, HAUBENREICH P N, BRIGGS R B. Development status of Molten-Salt Breeder Reactors[R]. Oak Ridge: Oak Ridge National Lab, ORNL-4812, 1972.

[77] ENGEL J R, BAUMAN H F, DEARING J F, et al. Development status and potential program for development of proliferation-resistant molten-salt reactors[R]. Oak Ridge: Oak Ridge National Lab, ORNL-6415, 1979.

[78] BENE O, KONINGS R. Actinide burner fuel: potential compositions based on the thermodynamic evaluation of MF_X-PuF_3 (M=Li, Na, K, Rb, Cs, La) System[J]. Journal of Nuclear Materials, 2008, 377(3): 449-457.

[79] ENGEL J R, BAUMAN H F, DEARING J F, et al. Conceptual design characteristics of a denatured molten-salt reactor with once-through fueling[R]. Oak Ridge: Oak Ridge National Lab, ORNL-7207, 1980.

[80] COMPERE E L, BOHLMARIN E G, KIRSLIS S S. Fission product behavior in the Molten Salt Reactor Experiment[R]. Oak Ridge: Oak Ridge National Lab, ORNL-4865, 1975.

[81] BENE O, KONINGS R M. Advances in Nuclear Fuel Chemistry: Molten salt reactor fuel and coolant [M]. Amsterdam: Elsevier, 2020.

[82] 周兴泰，罗凤凤. 钍基熔盐堆关键材料的辐照损伤研究进展[J]. 江西科学，2020，38(2)：135-146.

[83] 彭浩. 氟熔盐体系腐蚀杂质及氧化物溶解行为的研究[D]. 上海：中国科学院研究生院(上海应用物理研究所)，2017.

[84] 房勇汉. 钍基氟盐冷却高温堆燃料球中子学性能优化研究[D]. 上海：中国科学院大学(中国科学院上海应用物理研究所)，2019.

[85] 侯娟，俞国军，孙华，等. 熔盐堆中结构材料的腐蚀研究[J]. 核科学与工程，2018，38(2)：171-185.

[86] MISRA A K, WHITTENBERGER J D. Fluoride salts and container materials for thermal energy storage applications in the temperature range 973-1400K[C]. Proceedings of the Twenty-second Intersociety Energy Conversion Engineering Conference, Philadelphia: IEEE, 1987.

第3篇

材料篇

反应堆用功能材料与结构材料

11.1 反应堆控制材料

1986年4月26日凌晨，苏联切尔诺贝利核电站的四号反应堆发生连续爆炸，核电站8余吨放射性物质混合着炙热的石墨残片和核燃料碎片随着蒸汽喷涌而出，释放出的辐射剂量约达 12×10^{18} Bq。这就是举世闻名的切尔诺贝利核事故，它被认为是历史上最严重的核电事故，也是首例被国际核事件分级表评为第七级事件的特大事故。切尔诺贝利事故的部分原因为控制棒设计的严重缺陷。切尔诺贝利核电厂的控制棒的尾端由石墨制成，延伸部分中空且充满水，其他部分由碳化硼制成。由于石墨可以吸收的中子比沸腾的轻水少，控制棒刚开始插入时反而会使反应堆的输出功率增加，反应的剧烈发生使堆芯温度急剧升高，冷却水瞬间蒸发变成水蒸气，从而使密封容器压力过高导致了冷却管道大爆炸。

核反应堆的控制是保证其运行安全的重要环节。核反应速度的调节是由反应堆内的控制材料决定的。

11.1.1 核反应堆的反应性控制

核反应堆的反应性控制是利用中子吸收材料吸收堆内中子，从而达到启动、停堆和功率调节的目的，主要包括化学补偿控制、可燃毒物控制和控制棒控制三种方式。

化学补偿控制主要用于压水堆中。在压水堆的一次冷却剂中加入可溶性的化学毒物硼酸，通过改变其浓度来补偿反应性变化，从而达到控制反应性的目的。化学补偿控制的反应性变化包括反应堆从冷态到热态时慢化剂的温度效应、易裂变核素燃耗和长寿命裂变产物积累以及平衡氙和平衡钐等慢变化引起的反应性。这一方式的优点是硼酸可以随着冷却剂循环，浓度调节较为方便，且堆芯各处的反应性较为均匀，可以长期使用。

可燃毒物控制是指在初始堆芯或高燃耗、长寿命的换料堆芯中加入某些控制材料作为中子毒物来吸纳较大的初始后备反应性，加深燃耗和展平中子注量率分布。随着反应堆的运行，毒物的中子吸收效应逐渐减弱，被抑制的反应性会被缓慢释放。

控制棒控制是指采用控制棒组件调节和控制反应性的方法，主要用于控制反应性的快变化，包括燃料的多普勒效应(温度升高使得燃料的共振吸收增加)、慢化剂的温度和空泡效应、硼稀释效应、工况变化时的瞬态氙效应等。

在压水堆中这三种控制方式并存，在沸水堆中采用控制棒和可燃毒物控制的方法，而其他后备反应性小的反应堆一般由控制棒控制。通常，新堆芯的初始剩余反应性都比较大。特别是在第一个换料周期的初期，堆芯中全部核燃料都是新的，这时的剩余反应性最大。可以采用控制棒、可燃毒物与化学补偿毒物三种方式的联合控制，以减少控制棒的数目。

在反应堆控制中，控制棒控制是应用最为广泛的一种方法。反应堆控制材料即用于制作反应堆控制棒的材料。

11.1.2 控制棒

控制棒组件是用于调节和控制反应堆中子反应性变化，以实施正常运行工况下的启堆、停堆及调整反应堆功率和事故工况下紧急停堆的部件，它由强中子吸收体芯块与金属型包壳(包括 304、316 不锈钢等)组成，如图 11-1 所示。

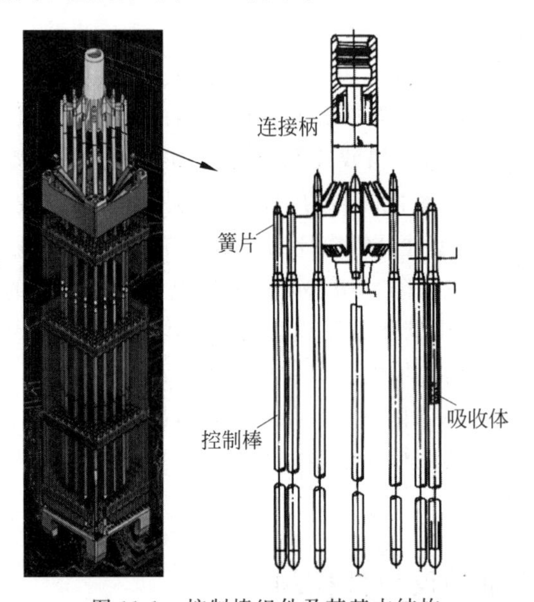

图 11-1 控制棒组件及其基本结构

控制棒组件材料主要指用于中子吸收的控制棒的芯体材料，其必须具有大的中子吸收截面和小的中子散射截面。重要的中子吸收体含硼、镉、铪、铕、钆等稀土元素，它们多以合金或陶瓷形态制成圆柱棒状的控制棒芯体。

控制棒包括补偿棒、调节棒和安全棒等。补偿棒在最初全部插入堆芯，随着燃耗的增大，裂变产物毒性和慢化剂温度效应会造成反应性下降，这时补偿棒逐渐抽出，释放被抑制的反应性，补偿反应性的亏损。调节棒可以快速跟踪反应的变化进行调节。安全棒主要供停堆时使用，它落棒时间短，抑制反应能力大，能够在发生事故时紧急停堆。

11.1.3　中子吸收材料

中子吸收材料是指含有中子吸收元素的单质、合金或化合物。中子吸收元素就是那些具有大的或适中的中子吸收截面的元素或核素。

用于控制棒的中子吸收材料应与中子能量相匹配，同时控制棒材料也需要具有简单的中子吸收反应，即吸收中子后产生的新核素的中子吸收少，对控制棒寿命影响小。考虑到核反应堆的运行环境，控制棒材料也应具备高熔点、高热导率、高强度、抗腐蚀和耐辐照等材料性能。

反应堆中控制棒常用的材料及其中子吸收截面如表 11-1、表 11-2 所示。硼元素的中子吸收截面高，且吸收中子的能量范围较宽，一般以 B_4C 或硼钢的形式作为控制材料。镉的热中子吸收截面比硼高，但对超热中子的吸收截面小，一般制成 Ag-In-Cd 合金用于水冷堆。铪不仅对热中子和超热中子都有高的吸收截面，而且是长寿命的中子吸收体，特别适用于水冷堆，但铪稀缺、昂贵，因而使用受到限制。

表 11-1　不同类型反应堆控制棒用材料

反应堆类型	BWR	PWR	CANDU	FBR	HTGR
控制棒材料	B_4C 粉末/304SS	Ag-In-Cd/316SS	Cd/316SS	B_4C/316SS	B_4C/C

表 11-2　控制棒常用材料的中子吸收截面

元素	相对原子质量和同位素	热中子吸收截面/b	快中子吸收截面/b	堆中使用形式
硼(B)	10.82(天然 B)	755	0.4	B_4C 芯块或弥散体
	^{10}B	3813	0.2	
银(Ag)	107.8(天然 Ag)	63	0.5	80%Ag-15% In-5% Cd 合金
	^{107}Ag	31	0.5	
	^{108}Ag	87	0.5	
镉(Cd)	112.41	2450	0.2	
铟(In)	114.82	196	0.3	
钐(Sm)	150.3(天然 Sm)	5600	0.6	Sm_2O_3 芯块，Sm_2O_3 弥散于核燃料内
	^{149}Sm	40800	1.6	
	^{152}Sm	224	0.3	
铕(Eu)	152.0(天然 Eu)	4300	2.2	Eu_2O_3 芯块，EuB_6 芯块，或弥散于合金中
	^{151}Eu	7700	2.8	
	^{153}Eu	450		
钆(Gd)	157.26	46000	0.4	Gd_2O_3 芯块，或弥散于合金中
铪(Hf)	175.58	105	0.4	纯金属铪
钽(Ta)	183.86	19.2	0.8	纯金属钽

1. 碳化硼

天然硼有 ^{11}B 和 ^{10}B 两种同位素，其中 ^{10}B 的丰度约为 19.8%，热中子吸收截面为 3813b，而占 80.2%的 ^{11}B 几乎不吸收中子。天然硼可作为热中子堆的控制材料，在快堆的能谱范围内，^{10}B 吸收中子的截面只有 2.6b，B_4C 作为快堆的控制材料，需使用不同浓缩度^{10}B的B_4C，特别是快堆补偿棒和安全棒倾向使用高浓度^{10}B的B_4C。

1）晶体结构

碳化硼(B_4C)晶体属于三方晶系，晶格常数$a=0.5162nm$。也可以用六方晶格表示，其中$a=0.5599nm$，$c=1.2075nm$。该结构可视为由一个立方原胞从空间对角线拉长而成。在8个顶角上由12个B原子形成正二十面体，如图11-2所示。

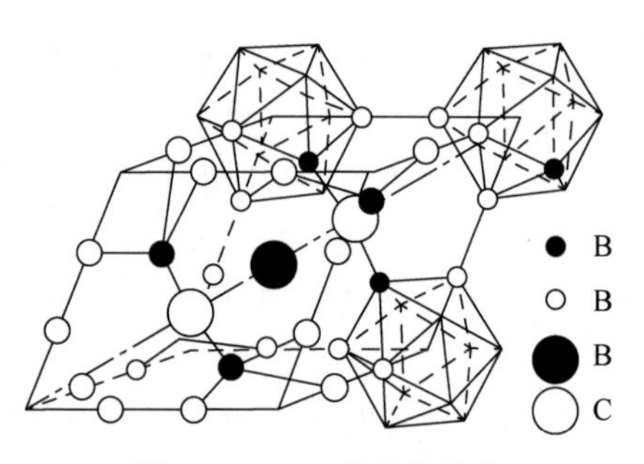

图11-2 B_4C的晶胞结构

2）物理性质

B_4C的物理性质如表11-3所示，其质地坚硬，密度小，熔点高，热中子吸收截面高，且耐高温、耐腐蚀。

表11-3 B_4C的物理性质

性　　质	数　　值
密度/(g/cm^3)	2.52
熔点/℃	2445
显微硬度/GPa	48.5
抗压强度/GPa	1.9
拉弯强度/MPa	250
弹性模量/GPa	360～460
热膨胀系数/$℃^{-1}$	$2.6\times10^{-6}\sim5.8\times10^{-6}$
热导率/(W/(m·K))	15～29

3）化学性质

B_4C有很好的化学惰性，在无机酸中不会发生分解，在中等温度以上会发生氧化。它与奥氏体316不锈钢的相容性较好，700℃以下不发生明显的腐蚀反应。但是当表面温度高于700℃时，就在包壳内表面生成一层Fe_2B。为了限制B_4C芯块与包壳之间的化学反应，设计上规定B_4C芯块表面温度不高于600℃。

4）制备方法

(1) 粉体制备

碳热还原法是目前工业制备最重要的方法，脱水氧化硼与碳在电炉中进行高温还原反应，其反应式为

$$2B_2O_3+7C\longrightarrow B_4C+6CO\uparrow \tag{11-1}$$

这种方法的优点是设备结构简单、工艺操作成熟，缺点是能量消耗大、合成的原始粉体平均粒径大，需要经过破碎处理，且粉体中一般含有含量较高的游离碳和游离硼。

第二种方法为镁热法，反应式为

$$2B_2O_3+5Mg+2C\longrightarrow B_4C+CO\uparrow+5MgO \tag{11-2}$$

该方法用镁作助熔剂，利用合成时的反应热使反应进行下去，因此也称作自蔓延高温还原合成。它的优点是过程简单、反应温度较低、节约能源、反应迅速、容易控制，且可制得极细($0.1\sim0.4\mu m$)的高纯度B_4C粉；缺点是反应物中残留的MgO难以彻底去除。

第三种方法是气相法。实验室规模的B_4C粉末可用多种气相合成方法制得，气相法制

得的粉末粒度细、纯度高，反应式为

$$4BCl_3 + CH_4 + 4H_2 \longrightarrow B_4C + 12HCl\uparrow \tag{11-3}$$

$$4B_2H_6 + C_2H_2 \longrightarrow 2B_4C + 13H_2 \tag{11-4}$$

(2) 烧结

B_4C 是共价键很强的化合物，晶界移动阻力很大，要想通过无任何添加剂的常压烧结得到较高致密度的产品，要求的条件很苛刻。通常需要添加各种烧结助剂以促进烧结，添加物包括各种金属和无机非金属助剂。工业上制备形状简单的 B_4C 制品主要采用热压烧结。在真空和惰性气氛中，纯 B_4C 制品热压条件一般为：温度 2050～2100℃，压力 30～40MPa，保温保压 15～45min。这种方法制得的纯 B_4C 陶瓷相对密度达 99%以上，抗弯强度超过 500MPa。

除了对 B_4C 进行直接烧结，也可采用反应烧结法。利用 B 粉和 C 粉经混料，高温合成、热压烧结，最后整形加工到设计要求尺寸的芯块。

5) 芯块辐照性能

(1) 硼燃耗

控制棒组件利用 B_4C 中的同位素 ^{10}B 吸收中子达到控制反应堆剩余反应性：

$$^{10}B + ^{1}n \longrightarrow ^{7}Li + ^{4}He \tag{11-5}$$

^{10}B 每吸收一个中子，则消耗 1 个 B 原子，产生 1 个 Li 原子，释放一个 He 原子。随着控制棒组件在堆内运行，不断地消耗 B 原子，即 B 燃耗不断增加，调节剩余反应性的效率不断下降。为延长控制棒组件的寿命，就应该尽可能提高 B 燃耗。

(2) He 的产生和释放

B_4C 中的 ^{10}B 在辐照下除了发生式(11-5)所示的反应，还会发生以下反应：

$$^{10}B + ^{1}n \longrightarrow ^{3}H + 2\,^{4}He \tag{11-6}$$

根据上面两个反应式，每消耗 1 个 B 原子，产生 1～2 个 He 原子，所以 He 的产生随 B 燃耗呈线性增加。He 的释放与辐照温度和 B 燃耗有关。当 B 燃耗低于 10^{26} cap/m^3，辐照温度不高于 1000℃时，He 释放率很低。随着 B 燃耗加深，辐照温度升高会加速 He 的释放，当 B 燃耗超过 150×10^{26} cap/m^3，辐照温度高于 1000℃时，He 的释放量几乎等于它的产生量。

在快堆的高能区 ^{10}B 产生的 ^{7}Li 也会吸收中子产生氚，发生如下反应：

$$^{7}Li + ^{1}n \longrightarrow ^{1}n + ^{3}H + ^{4}He \tag{11-7}$$

以上反应是堆芯产氚的主要来源。

(3) B_4C 芯块肿胀

每发生一次(n,α)反应，释放的能量为 2.78MeV，大部分能量都直接储存在 B_4C 基体内。B_4C 的中子俘获反应产生的 Li 原子和 He 原子都比初始的 B 原子大，保留在基体中会引起 B_4C 芯块肿胀。当温度不高于 1000℃时，且在低燃耗下，B_4C 芯块肿胀与 B 燃耗相关；当温度高于 1000℃时，肿胀随温度下降，这是由 He 释放率增加所致。

2. 银铟镉合金

Ag、In 和 Cd 都具有大的中子吸收截面，其中镉的热中子吸收截面最高，如表 11-4 所示。由于 Ag-In 合金和 Ag-Cd 合金耐腐蚀性差，因此在反应堆中采用 Ag-In-Cd 合金作为控制棒材料。

表 11-4 Cd 的同位素丰度及热中子吸收截面

Cd 的同位素	天然丰度/%	热中子吸收截面/b
^{106}Cd	1.25	1.000
^{108}Cd	0.89	700.700
^{110}Cd	12.49	11.140
^{111}Cd	12.80	24.000
^{112}Cd	24.13	2.200
^{113}Cd	12.22	20600.000
^{114}Cd	28.73	0.336
^{116}Cd	7.49	0.075

1）物理化学性质

Ag-In-Cd 合金的化学组成为 80%Ag、15%In 和 5%Cd，可以满足对控制材料的要求，总体效果和铪相当。它的熔点约为 800℃，为单相固溶体，结构为面心立方，辐照性能好。它易于加工，价格低廉，无气体产物，且尺寸稳定，普遍用于压水堆中。Ag-In-Cd 控制棒材料通常密封于不锈钢包壳管中，再和锆合金导向管一起装配成组件，构成压水堆堆芯的控制组件，如图 11-3 所示。Ag-In-Cd 合金不仅可以吸收热中子，也可以吸收能量范围在 1.46～16.6eV 之间的中子。

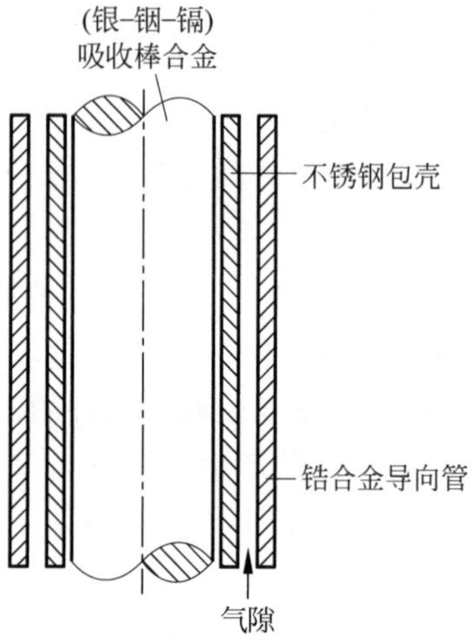

(银-铟-镉)
吸收棒合金
不锈钢包壳
锆合金导向管
气隙

图 11-3 压水堆的控制棒组件结构示意图

2）压缩蠕变

Ag-In-Cd 控制棒的工作环境温度为 290～390℃，并且在反应堆工况下的应用过程中两端会受到端塞弹簧的压应力作用，导致控制棒发生蠕变现象。当蠕变现象严重时，容易发生控制棒卡棒现象，这会给反应堆的安全运行带来极大威胁。因此，对 Ag-In-Cd 的压缩蠕变研究是十分必要的。

Ag-In-Cd 合金在不同应力（12MPa、18MPa 和 24MPa）和不同温度（300℃、350℃ 和 400℃）下的蠕变曲线如图 11-4 所示。由曲线图可以看出，控制棒的蠕变量随着压应力和温度的增加而增大。即随着温度的升高，合金的抗蠕变性能降低。

根据蠕变曲线可以看出，合金存在稳态蠕变阶段，即曲线的线性部分，由此可以得到它的稳态蠕变速率 ε。稳态蠕变速率的对数与时间的倒数和压应力的对数呈线性关系，如图 11-5 所示，根据这一规律可以进行一些相关计算。

合金蠕变后的微观组织图像如图 11-6 所示，可以看出基体中有很多的位错和层错混合在一起。压缩蠕变的主要控制机制为位错运动形成的大量层错。产生这种现象的原因是：该合金的面心立方晶体结构具有更多的滑移系统，更容易形成层错；合金中含有 85%的银，而银的层错能很低。

3）辐照肿胀

Ag-In-Cd 三元合金在反应堆中会发生如下中子俘获反应：

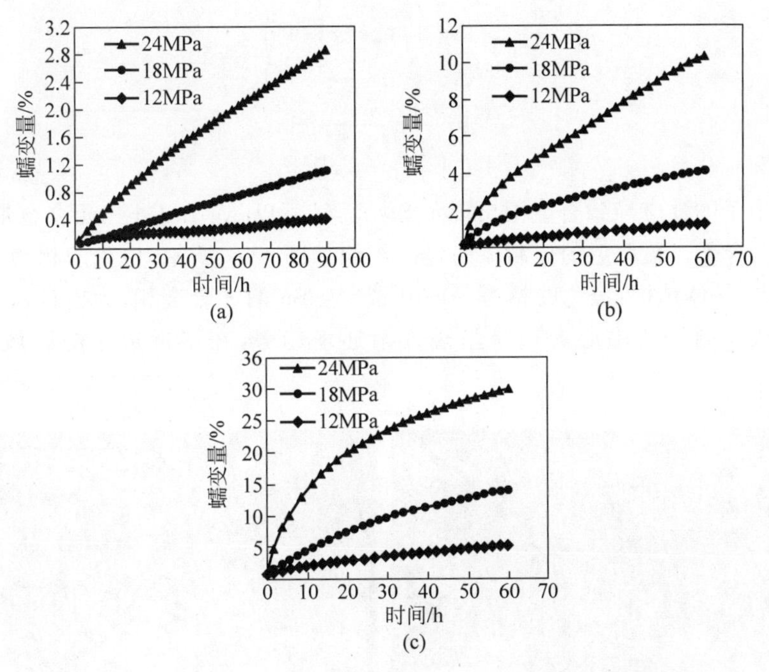

图 11-4　Ag-In-Cd 合金在不同应力和不同温度下的蠕变曲线

(a) 300℃；(b) 350℃；(c) 400℃

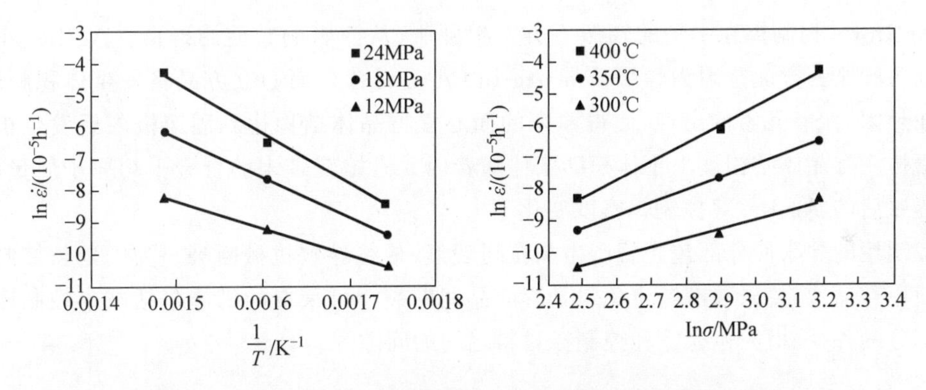

图 11-5　Ag-In-Cd 合金稳态蠕变速率与温度和压应力的关系图

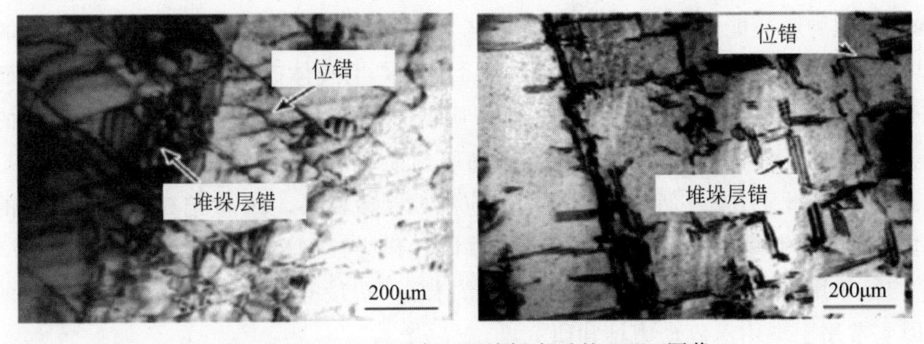

图 11-6　Ag-In-Cd 合金压缩蠕变后的 TEM 图像

$$^{107}Ag + ^{1}n \longrightarrow ^{108}Cd \tag{11-8}$$

$$^{109}Ag + ^{1}n \longrightarrow ^{110}Cd \tag{11-9}$$

$$^{115}In + ^{1}n \longrightarrow ^{116}Sn \tag{11-10}$$

$$^{113}Cd + ^{1}n \longrightarrow ^{114}Cd \tag{11-11}$$

In 俘获中子的反应导致合金中出现了 Sn 元素，所以 Ag-In-Cd 三元合金最终变为 Ag-In-Cd-Sn 四元合金。辐照后的控制棒的显微组织如图 11-7 所示，白色的相为 Ag-In-Cd 合金，为面心立方晶体结构，黑色的相为 Ag-In 或 Ag-Sn 两元合金相，为密排六方晶体结构。黑色的组织从控制棒的中心向边缘呈现逐渐递增趋势，在接近边缘的区域中甚至达到了 100%。

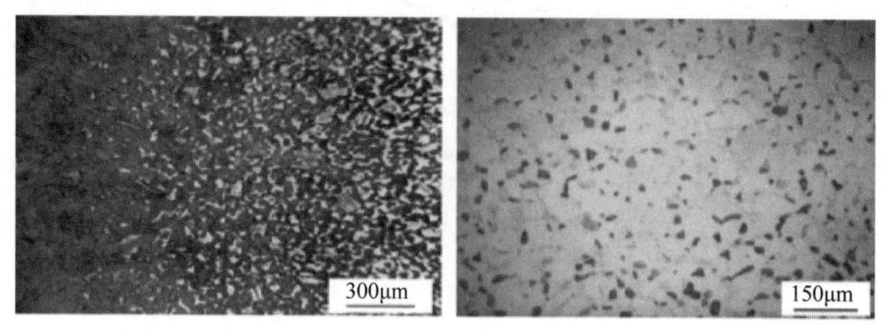

图 11-7　Ag-In-Cd 合金辐照后的金相照片

Ag-In-Cd 控制棒在中子的辐照下会发生肿胀，从而影响其使用寿命。Ag-In-Cd 控制棒的辐照肿胀一方面是因为辐照诱导 Ag-In-Cd 三元合金面心立方晶格发生体积膨胀，另一方面是因为 Sn 元素的出现，使得原来的面心立方晶体结构达到固溶极限后发生扩张衍变为密排六方晶体结构。由于体积膨胀伴随着因元素嬗变带来的合金平均原子质量增加，因此辐照后的 Ag-In-Cd 控制棒密度变化不大。

控制棒的肿胀使外部包壳管产生晶粒间裂痕，最终导致机械断裂。为了延长控制棒组件的使用寿命，需要采取措施避免包壳管的晶间断裂。可采取的措施包括减小控制棒材料底端部分的外径、增大包壳管和控制棒材料之间的间隙等。

3. 金属铪

Ag-In-Cd 合金是目前我国压水堆核电站普遍采用的控制棒吸收体材料，但它的耐腐蚀性能和抗辐照肿胀的能力较差，这些因素限制了它的使用寿命。金属 Hf 具有优良的抗腐蚀性，可以直接与冷却剂接触，且 Hf 在辐照后不会产生气体产物和其他高放废物，而是会形成 Hf 同位素，而这些同位素也是好的中子吸收剂，如表 11-5 所示，这保证了 Hf 的使用寿命。同时，Hf 还具有良好的力学性能、耐辐照性能和耐腐蚀性能，且熔点高(2200℃)、热膨胀系数小。因此 Hf 是一种较为理想的反应堆控制棒材料。20 世纪 50 年代，美国的第一艘核动力潜艇(鹦鹉螺号)的反应堆中首次采用 Hf 作为控制棒材料，到了 20 世纪 80 年代，美国平均每年用于核反应堆的 Hf 达 26t，占铪材总消费量的 50%以上。然而由于铪的价格较高，因此常用于军用潜艇动力堆和研究堆。

表 11-5　Hf 的同位素丰度和热中子吸收截面

核　素	天然丰度/%	热中子吸收截面/b
^{174}Hf	0.16	400
^{176}Hf	5.16	30
^{177}Hf	18.39	370
^{178}Hf	27.24	80
^{179}Hf	13.59	65
^{180}Hf	35.46	13

Hf 一般作为 Zr 的副产品得到。通常以锆砂为原料，用溶剂萃取法进行 Zr-Hf 分离，继而制得 HfO_2。再经过氯化、提纯后，用镁还原 $HfCl_4$ 即可制得海绵 Hf。制得的海绵 Hf 不具备塑性加工性质，因此在加工前须进行熔铸或碘化处理。

Hf 控制棒在中子辐照后塑性会发生下降，使其抗冲击载荷的能力减小，可能会导致材料发生脆性断裂。因此在进行控制棒结构设计时，需要采用不锈钢支撑架来承担冲击载荷。不锈钢的力学性能受中子辐照的影响很小，因此可以有效提高控制棒组件的抗冲击能力。

4. 稀土氧化物

稀土元素，如钆(Gd)、钐(Sm)、铕(Eu)、镝(Dy)和铒(Er)，具有大的热中子吸收截面，在超热中子区又有较大的共振吸收截面，可以用作控制材料。

稀土金属化学活性较高，成本也比其氧化物高，因此其氧化物常用于控制材料。氧化钆(Gd_2O_3)已用作压水堆可燃毒物。使用时混入 UO_2 粉末制备成含有 Gd_2O_3 的芯块。Gd 的同位素丰度和热中子吸收截面如表 11-6 所示。

表 11-6　Gd 的同位素丰度及热中子吸收截面

核　素	天然丰度/%	热中子吸收截面/b
^{152}Gd	0.20	1400.0
^{154}Gd	2.18	290.0
^{155}Gd	14.80	62540.0
^{156}Gd	20.47	12.0
^{157}Gd	15.65	255000.0
^{158}Gd	24.84	7.0
^{160}Gd	21.86	1.8

另外，含元素镝的块体材料也已经被用作控制棒中的中子吸收剂。例如俄罗斯的 VVER-1000 水堆即采用 Dy_2TiO_5 材料作为控制棒材料。Dy 具有五种中子吸收截面相对较大的稳定同位素，它的嬗变产物如 Ho 和 Er 等也具有较大的中子吸收截面。因此，在核反应的过程中，材料的中子吸收截面不会发生突变，较为稳定。

控制棒在核反应堆的安全运行中发挥着至关重要的作用，而合适的材料选择是控制棒发挥正常作用的关键因素。目前常用的 B_4C、Ag-In-Cd 材料仍然存在着芯块肿胀、使用寿命不足等缺陷。提高现有材料性能、开发新的中子吸收材料是一项充满挑战性的工作。

11.2 反应堆屏蔽材料

当反应堆运行时,会辐射出大量的中子和γ射线;即便当反应堆停止运行时,裂变产物还会向周围区域发射γ射线。为了防止放射性辐射对人体造成伤害,并防止邻近的结构材料受到辐照损伤,必须在反应堆周围设置屏蔽层。

11.2.1 γ射线屏蔽材料

γ射线作为一种高频射线,具有能量高、穿透性强的特点。当与物质相互作用时,它将失去大部分或全部能量。γ射线与物质的相互作用主要包括光电吸收、康普顿散射和电子对效应,三种效应的占优势区域如图11-8所示。光电吸收是指γ光子将所有能量转移到屏蔽材料原子的束缚电子上,电子克服结合能后离开原子,光子消失,主要发生在1～500keV的低能范围内。康普顿散射则是γ光子与轨道外层电子作用,传递大部分光子能量,电子反冲,光子改变能量和运动方向,是非弹性散射过程,发生在γ光子能量100～10MeV范围内。康普顿散射是γ光子与物质相互作用的主要机理,并且散射截面随γ光子能量的增加缓慢减小。电子对效应仅在光子能量大于正负电子的能量和(1.022MeV)时发生,是重元素与高能光子之间的主要相互作用过程,最终光子的能量被完全吸收并湮灭。

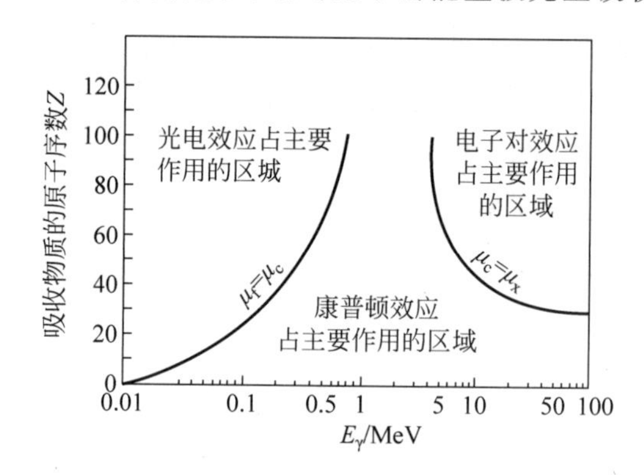

图11-8 三种效应占优势区域与光子能量和原子序数的关系

根据γ射线辐射的特性,通常选择原子序数大的材料作为屏蔽材料,但还需要考虑经济性。许多物质都可以屏蔽γ射线,例如普通土壤、建筑物混凝土、自然界中的水、钢、有机铅玻璃、铅及其氧化物、硼/铅复合材料等。但是,这些屏蔽材料对γ射线的屏蔽效果存在差异。其中,重金属对γ射线的屏蔽效果最好。铅作为一种低成本、易得的原料,具有优异的屏蔽效果,已成为制备屏蔽材料的首选。然而,铅具有一定的毒性,目前正在开发新的屏蔽材料来替代。

11.2.2 中子屏蔽材料

中子屏蔽主要靠弹性散射,先将中子慢化,然后利用中子吸收截面大的材料加以吸收。中子不带电,不与原子核外电子相互作用,只与原子核相互作用。由于中子的质量与质子很接近，原子序数小的元素很容易发生辐射俘获反应之类的吸收反应。

水中含有大量的氢，因此它是一种非常有效的中子屏蔽材料。水中的氢俘获中子后，仅会释放出少量能量为 2.2MeV 的次级 γ 射线，并且水作为中子屏蔽材料具有廉价且易于获得、化学稳定性相对较好等优点。水作为中子屏蔽材料也有其相应的缺点：一旦发生中子辐射泄漏，使用水进行防护也会造成水污染，如果后期处理不当，污水将进入自然循环。一般来说，水不是很好的中子屏蔽材料。

石墨具有优异的中子慢化特性和反射性能，其物理性能、化学性能、力学性能在高温下稳定，因此被广泛用作反应堆屏蔽材料。在液态金属冷却快中子堆中，石墨通常用作快中子屏蔽的一次屏蔽体。为了提高石墨的中子屏蔽性能，有时混合一些硼化合物之类的热中子吸收剂。当石墨用作中子屏蔽材料时，最佳密度需要高于 1.69g/cm^3。

硼用作热中子吸收剂，是通过^{10}B 的(n,α)反应实现的。反应中产生的 α 射线很容易在屏蔽体中吸收，但是当入射中子通量大时，α 射线将产生氦气并产生热量。硼可以直接使用，也可以与石墨和聚乙烯混合使用，或与其他材料以氧化硼或碳化硼形式混合使用。含硼中子屏蔽材料性能比较总结如表 11-7 所示。

表 11-7 含硼中子屏蔽材料

材料	天然 B 的质量分数/%	优点	缺点
含硼不锈钢	<2.25	抗辐照，抗腐蚀，耐高温	制备困难，高温下力学性能较差
硼铝合金	0.5～4.5	低密度，导热性好	机械强度低，需添加富集^{10}B 以满足应用要求
B_4C/Al 复合材料	<25	低密度，低气孔率，机械性能好，导热性好，抗腐蚀	制备过程影响因素多
含硼聚乙烯	<20	低密度，快、热中子吸收性能好	辐照易脆化，机械强度差

由于铁的密度高、机械强度高，被广泛用作反应堆的结构材料、隔热材料和压力壳材料。但铁在捕获热中子后会发射很多二次 γ 射线，因此铁不是一种很好的中子屏蔽材料。为了提高对热中子的屏蔽效果，将硼添加到铁中制成加硼钢。然而，由于硼含量低，中子吸收的效果并不理想，因此必须增加硼钢的厚度，从而导致屏蔽系统总重量的增加。然而提高硼含量又会降低硼钢合金的延展性和冲击抗力，这限制了硼钢作为乏燃料存储和运输设备结构材料的使用。不锈钢对 γ 射线和中子的屏蔽性能优于铁。由于不锈钢的非弹性散射截面非常大，因此屏蔽快中子比铁更有效。但是，由于不锈钢中的 Cr、Ni、Mn 和其他元素在中子辐照后会活化，因此必须在反应堆关闭后限制人员进入。

11.2.3 屏蔽材料分类

在反应堆屏蔽方面，辐射屏蔽的主要对象是 γ 射线和中子。它们对屏蔽材料有不同的要求，可以分为三类：混凝土、金属和非金属屏蔽材料。

混凝土以及一些沙石具有一定的中子屏蔽作用，与其他屏蔽材料相比，它们还具有强度高和耐久性强的优点，因此被广泛使用。此外，混凝土的成分稳定，并且不会产生有害的二次辐射。但是,这种屏蔽材料也存在一些缺点:当环境温度超过80℃时,其中所含的水分将迅速流失,因此相应的中子屏蔽效果将大大降低;而且由于混凝土的体积和密度大,在某些需要屏蔽材料质轻的特殊领域中,其应用将受到极大的限制(例如个人辐射防护设备和医疗辐射防护设备等)。

金属屏蔽材料主要分为铁、不锈钢、加硼钢、铅等金属材料。铁和不锈钢对中子有一定的屏蔽作用,但是需要注意中子辐射活化后会对人体造成伤害。铅可以用作γ射线屏蔽材料,但其机械性能较差,容易被碱腐蚀并且不能吸收中子,因此限制了其使用范围。

非金属屏蔽材料包括水、石墨、铅玻璃、铝复合 B_4C 板和有机屏蔽材料。大多数非金属屏蔽材料包含大量的氢原子,因为它们具有良好的中子慢化和吸收效果。但是,大多数有机屏蔽材料都是原子序数小的轻元素,其γ射线屏蔽能力差,中子辐射的吸收能力不够强,因此其使用受到限制。为了增强其屏蔽效果,可以添加一些原子数较大的元素(如铅)制成多层板。

11.3 反射层材料

为了减少从堆芯泄漏出的中子数量,在堆芯周围使用了反射层,该反射层可以将部分从堆芯逸出的中子反射回活性区域。通过在堆芯外部布置反射层,可以有效减小堆芯的临界尺寸。反射层的另一个重要作用是可以减少堆芯中子通量的不均匀性,使温度分布更加均匀,有利于反应堆输出更多的功率。中子反射层材料需要高的中子慢化截面和低的中子吸收截面。石墨是最常用的反射层材料。其他可以用作反射层的材料有铍、氧化铍和氢化锆等。

11.3.1 主要反射层材料

1. 金属铍

金属铍是反应堆常用的反射层材料之一,它的密度很低,约为铝的2/3,熔点为1283℃,中子吸收截面较小,仅为0.009b,而散射截面大,慢化能力比石墨大,且金属铍的高温强度好,热导率和比热容较高。但是,铍与中子反应产生氦和氚聚集形成气泡,会引起局部肿胀,而且铍的毒性高,制备困难,价格昂贵。

金属铍的基本性质如表11-8所示。

表11-8 金属铍的基本性质

参数	数值(或类型)
晶体结构	六方
密度(室温下)/(g/cm^3)	1.85
熔点/K	1560
沸点/K	2742
熔化热/(kJ/mol)	7.895
蒸发热/(kJ/mol)	297
摩尔热容(302K)/(J/(mol·K))	16.443

续表

参　　数	数值(或类型)
热导率(300K)/(W/(m·K))	200
热膨胀系数(302K)/K^{-1}	11.3×10^{-6}
声速(室温)/(m/s)	12870
杨氏模量/GPa	287
剪切模量/GPa	132
体积模量/GPa	130
泊松比	0.032
维氏硬度/GPa	1.67
散射截面/b	6
吸收截面/b	0.009

2. 氧化铍

BeO是一种陶瓷材料，熔点为2550℃，与金属铍类似，它的中子吸收截面小，慢化能力强，可用在高温液态金属冷却堆和高温气冷堆中。此外，BeO的化学稳定性高，但在湿空气中加热会形成氢氧化铍挥发物，而且它难以加工，一般采用热压烧结制备。

BeO陶瓷的基本性质如表11-9所示。

表11-9　BeO陶瓷的基本性质

参　　数	数值(或类型)
晶体结构	六方纤锌矿
密度(室温下)/(g/cm^3)	3.02
熔点/K	2780
沸点/K	4173
热导率(300K)/(W/(m·K))	281
热膨胀系数(293～373K)/K^{-1}	8.0×10^{-7}
电阻率(1273K)/(Ω·cm)	12870
散射截面/b	9.8
吸收截面/b	0.0092

3. 氢化锆

氢化锆是用于制造快堆中子反射层的材料，表11-10总结了氢化锆($ZrH_{1.66}$)的物性参数。未来还可能发展氢化钛和氢化钇等金属氢化物作为中子反射层。

表11-10　氢化锆($ZrH_{1.66}$)的物性参数

参　　数	数值(或类型)
晶体结构	面心立方
晶格参数/nm	0.47782
杨氏模量/GPa	132
剪切模量/GPa	50

续表

参　　数	数值(或类型)
体积模量/GPa	124
维氏硬度/GPa	2.67
摩尔热容(δ-$ZrH_{1.58}$)/(J/(mol·K))	39.4(367K),54.8(708K)
电导率/(10^6 S/m)	1.47(293K),0.95(673K)
热导率/(W/(m·K))	16.7(286K),18.5(663K)

11.3.2 制备工艺

美国布拉什威尔曼公司(Brush Wellman)是世界上最早开始生产铍的公司之一,供应铍的所有商业产品,包括金属、合金和铍的化合物。我国1954年就开始铍冶炼工艺的研究,1957年完成了氧化铍和金属铍的小型试验,目前主要的铍冶炼工厂包括水口山有色金属集团有限公司和新疆有色金属研究所等。具有一定规模的金属铍的工业生产采用的是氟化铍镁热还原法。利用氟化铍镁热还原法生产金属铍的流程大体如图11-9所示。

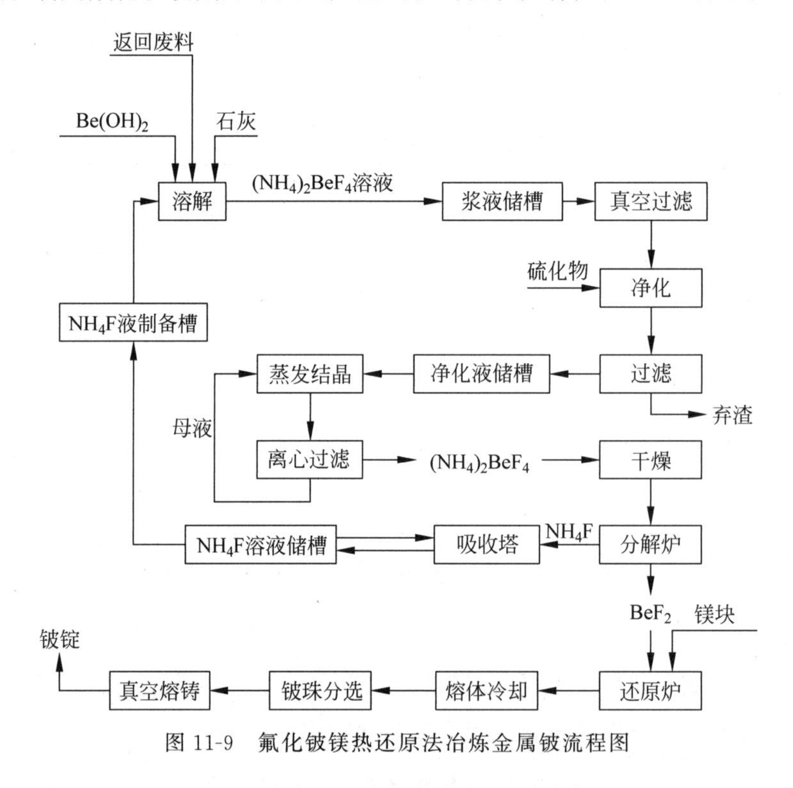

图 11-9 氟化铍镁热还原法冶炼金属铍流程图

目前,BeO的主要生产方法有硫酸法和氟化法,其中硫酸法应用比较广泛。其原理是通过预焙烧破坏铍矿物的结构和晶型,然后采用硫酸酸解含铍矿物,使酸溶性金属(例如铍、铝、铁)进入溶液相,并与硅等脉石矿物进行初步分离,然后从含铍溶液中纯化和去除杂质,以获得合格的BeO产品。其制备流程见图11-10。

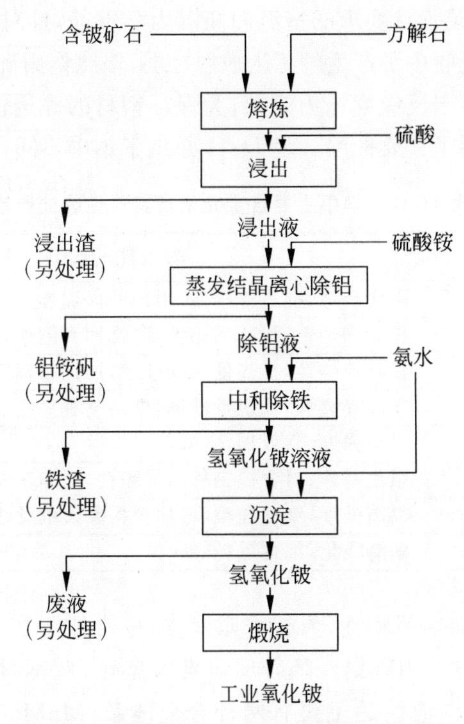

图 11-10　硫酸法生产 BeO 的基本工艺流程

11.4　反应堆结构材料

反应堆结构材料包括堆芯结构材料、燃料（棒）包壳材料以及反应堆压力容器、驱动机构材料等。随着新一代核反应堆的发展，为达到更高的安全性和经济性的目标，其结构材料的工作环境更加严苛，温度和中子通量更高，腐蚀环境更为苛刻。这些特点为结构材料的选取带来更高的要求。反应堆结构材料需要具备以下性能或特征：

（1）尺寸稳定性好，具有抗高温蠕变、抗辐照蠕变及抗空洞肿胀等性能。

（2）力学性能优异，如在强度、塑性、韧性、耐蠕变破裂、耐疲劳、耐蠕变-疲劳交互作用等方面都具有较高的性能。

（3）耐辐照性能满足要求，可抵抗高中子剂量（10～150dpa）下的辐照损伤（辐照硬化和脆化）、耐氦脆等。

（4）与冷却剂、核燃料等具有较好的化学相容性。

在选材过程中还须考虑材料的可使用性、可焊性以及成本等重要因素。

11.4.1　反应堆用低合金高强度钢

低合金高强度钢是在碳素钢的基础上，加入少量的合金元素（Mn、Mo、Ni、Cr 等）制成的，合金元素总量低于 3.5%，以提高钢的屈服强度，改善韧性和加工成型性能，提升耐腐蚀性。低合金高强度钢在反应堆中的应用包括压力容器、稳压器和蒸发器的壳体、蒸发器的管板等。

压力容器用钢需要满足设计要求的室温和高温力学性能，针对不同冷却剂的耐腐蚀性能好，热中子吸收截面小且吸收中子产生的感生放射性弱，辐照作用下性能稳定，热导率高，热膨胀系数小，加工性能好。对于反应堆压力容器，为保证钢材的淬透性、韧性、焊接性、强度以及耐辐照性能，合金元素发挥了重要作用。表 11-11 总结了钢中不同合金元素对性能的影响。

表 11-11 钢中主要合金元素及其对性能的影响

合金元素	对性能的影响
Mn	强化基体，提高淬透性，增加回火脆性
Mo	提高淬透性，提高耐热性，降低回火脆性，提高断裂韧性
Ni	提高淬透性，提高低温韧性，增加钢材辐照脆化敏感性
Cr	提高淬透性，稳定渗碳体，提高断裂韧性
C	提高强度，降低韧性，降低焊接性
Si	强化基体，对含镍钢材增加脆性，增加辐照脆性
V	提高强度，细化晶粒，增加焊接裂纹敏感性
Nb	固溶强化，细化晶粒

S、P、Cu 等元素会增加辐照脆性，为有害元素，应尽量控制其含量。早期反应堆以小型轻水堆为主，压力容器钢材选用碳钢。随着反应堆大型化，对钢材强度要求更高，开始选用低合金高强度钢。目前堆内应用的主要有两种合金体系，MnMoNi 系钢以及 CrNiMoV 系钢，前者为美国、日本、法国、德国等国应用，后者为俄罗斯应用。

11.4.2 反应堆用不锈钢

不锈钢一般为含铬(Cr)量大于 12%的铁合金。不锈钢从金相组织来分，可分为奥氏体(A)不锈钢、铁素体(F)不锈钢、马氏体(M)不锈钢、沉淀硬化不锈钢和双相(A/F 或 F/M)不锈钢。奥氏体为 γ 相的面心立方结构；铁素体为 α 相的体心立方结构；马氏体为碳在 α 相中的过饱和固溶体，通过淬火形成，为体心四方结构，具体可以参见铁碳相图。图 11-11 所示为 C 和 Cr 含量对不锈钢类型的影响。不锈钢中合金元素包括 Cr、Ni、Mo、Nb、C、N

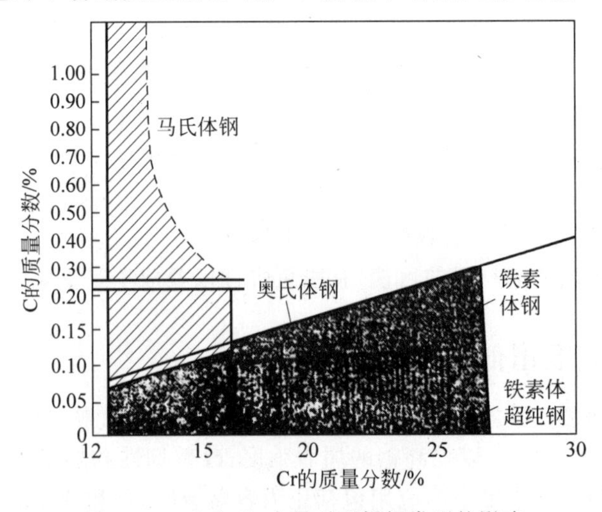

图 11-11 C 和 Cr 含量对不锈钢类型的影响

等,不同的合金元素对不锈钢的相组织、耐蚀性、力学性能、焊接性、加工成形性能等方面有不同的影响,调整合金元素含量,可以得到符合使用要求的不锈钢。

反应堆用不锈钢在性能上,要求热中子吸收元素含量低,主要是约束B元素含量;控制经辐照活化产生的感生放射性元素,避免污染系统;钢材会发生辐照脆化,使塑性、韧性下降,可通过细化晶粒,限制Cu、P等杂质元素含量,改善浇铸性能,降低偏析和白点等缺陷。同时可采用合适的热处理加工等手段改善钢材的塑性及韧性。

不锈钢一般都用具体的牌号表示,钢号中碳含量以千分之几表示。例如"2Cr13"钢的平均碳含量为0.2%(质量分数);若钢中碳(质量分数)≤0.03%或≤0.08%,钢号前分别冠以"00"或"0"表示。对钢中主要合金元素以百分之几表示,例如316L(00Cr17Ni14Mo2)表示钢中Cr、Ni和Mo的质量分数分别为17%、14%和2%。

1. 核用主要不锈钢

1) 铁素体不锈钢

铁素体不锈钢Cr含量高,质量分数在13%~27%之间,耐腐蚀性强,抗氧化性能好,强度以及抗应力腐蚀性能优于奥氏体不锈钢。温度达到475℃时会析出富铬的σ相,表现出脆性。铁素体不锈钢焊接性能差,对晶间腐蚀敏感。目前用作结构材料的铁素体不锈钢主要有0Cr13Al、00Cr12、1Cr17、1Cr17Mo和00Cr27Mo等。

2) 马氏体不锈钢

马氏体由奥氏体淬火得到,马氏体不锈钢Cr质量分数范围为12%~18%,碳含量高于铁素体型,一般为质量分数0.1%~1%。马氏体不锈钢具有高的强度、硬度以及耐磨性,但焊接性、耐蚀性、热加工性以及塑性、韧性较差。可引入其他合金元素,比如引入Ni提高耐蚀性和韧性,引入Mo提高硬度等。以部分马氏体不锈钢为例,如1Cr13钢,经淬火和回火后具有较高的强度、韧性、耐蚀性、冷变形能力,以及良好的减振性能,主要用作抗弱腐蚀介质,具有较高韧性及受冲击负荷的零部件,如在反应堆中的2、3级辅助泵传动轴,蒸发器支承件,控制棒驱动机构。此外00Cr13Ni5Mo也得到了较广泛的应用,它属于超低碳马氏体不锈钢,具有良好的强度、韧性以及耐磨蚀性能。

3) 奥氏体不锈钢

奥氏体不锈钢具有好的高温蠕变性能,高的抗腐蚀性和抗氧化性,以及优良的强度、塑性和韧性,例如,316LN、D-9等。但是,当暴露于中剂量中子辐照下时,与铁素体钢或F/M钢相比,各种奥氏体不锈钢(例如316SS)的辐照肿胀大都非常严重,这限制了奥氏体不锈钢的应用。另外,奥氏体不锈钢的热导率低,在一定程度上降低了反应堆的热效率。在较低温度(450℃)下,奥氏体钢的耐蚀性比铁素体钢好,但在较高温度(550℃)下,奥氏体钢的性能会变差。目前,发现在奥氏体钢中添加Si似乎有助于提高Pb-Bi环境中奥氏体不锈钢的耐蚀性,但有待进一步研究。

奥氏体不锈钢中一个重要系列是Cr-Ni系不锈钢,如0Cr18Ni9钢是一种早期沸水堆的主要结构材料,具有良好的冷、热加工性能。在其基础上,通过提高镍含量以及降低碳含量研制了00Cr19Ni10型超低碳奥氏体不锈钢,强度略有降低,但抗晶间腐蚀能力有所提升。而控氮0Cr19Ni10钢则是通过引入氮,提高强度并改善抗晶间腐蚀能力,主要应用于沸水堆和压水堆的堆内构件、控制棒驱动机构导向组件、热交换器管、支承件等。

4）铁素体/马氏体(F/M)钢

铁素体/马氏体钢最初用作火力发电厂的结构材料。随着不断地发展和组织改性，逐渐在许多反应堆中使用。目前，主要开发的铁素体/马氏体钢的 Cr 质量分数为 9%～12%，例如 HT-9 钢、T-91 钢、NF12 钢等。这种钢比低铬钢具有更好的耐腐蚀性和抗氧化性。此外，铁素体/马氏体钢中子辐照后其活性将迅速降低，在更换部件或反应堆退役时，可以采用浅埋法代替深埋法；它还具有良好的抗辐射空洞生长和高温蠕变变形的能力。但是，F/M 钢的长期高温蠕变断裂性能和在 400℃左右的辐照脆化问题仍有待研究。

5）双相不锈钢

双相不锈钢由奥氏体和铁素体组成，通过在奥氏体 18-8(质量分数 18%的 Cr 和质量分数 8%的 Ni)钢的基础上增加稳定铁素体的 Cr 含量、减少稳定奥氏体的 Ni 含量，从而得到双相组织。根据 Cr 含量分为 Cr18、Cr21、Cr25 三种类型，Cr18 型奥氏体为基体，其余两种铁素体为基体。相比于单相的不锈钢，双相不锈钢兼有强度高的铁素体以及塑韧性高的奥氏体，降低了焊接热裂纹形成率；利用 Cr 在 α 和 γ 相中不同的扩散速度，减少了晶间贫 Cr 区，提高了晶间腐蚀抗性。分布在基体中的第二相阻碍了裂纹扩展，提高了应力腐蚀抗性。00Cr18Ni6Mo3Si2Nb 钢就是一种双相不锈钢，主要用于解决 18-8 钢在氯化物环境中应力腐蚀的问题，应用于核燃料生产堆的卸料脉冲管和主热交换器换热管。

6）沉淀硬化不锈钢

沉淀硬化不锈钢是在各类不锈钢基础上加入硬化元素得到的，它具有强度高、韧性好、焊接性优良及耐腐蚀的特点。有马氏体型、奥氏体型、奥氏体＋马氏体型以及奥氏体＋铁素体型四类。沉淀硬化不锈钢的碳含量相对较低，Cr 的质量分数超过 14%，Ni 质量分数范围 4%～7%。主要通过 Al、Ti、Nb、Mo、Cu 等硬化元素形成的沉淀强化相以及少量碳化物沉淀来强化。以 0Cr17Ni4Cu4Nb 钢为例，它属于马氏体沉淀硬化不锈钢，主要应用于具有不锈性且耐弱酸、碱、盐腐蚀的高强度部件，反应堆中用于控制棒驱动机构的耐磨、耐蚀的高强度部件。

2. 腐蚀类型

不锈钢在腐蚀溶液中发生的腐蚀现象包括全面腐蚀以及局部腐蚀。局部腐蚀又包括以下类型：

(1) 点腐蚀。局部微小区域形成蚀坑，随着腐蚀程度加深，由于高阴阳极面积比，有较快的局部腐蚀速度。

(2) 缝隙腐蚀。腐蚀介质迁移受到狭窄缝隙阻滞，随着腐蚀产物累积，形成局部应力。

(3) 晶间腐蚀。沿着或紧邻着晶粒边界发生，宏观上可能没有明显变化，但材料强度显著下降，可能导致设备突然破坏，危害性相当大。

(4) 应力腐蚀。在腐蚀介质和拉应力共同作用下发生腐蚀甚至脆性断裂。

(5) 腐蚀疲劳。在腐蚀介质和交变应力作用下产生腐蚀裂纹。

(6) 磨损腐蚀。腐蚀和机械磨损同时存在且具有相互促进作用。

核反应堆中大量使用奥氏体不锈钢，在轻水堆中，工作环境为 250～350℃的水。奥氏体不锈钢发生的腐蚀类型包括应力腐蚀开裂、晶间腐蚀以及腐蚀疲劳。图 11-12 展示了不锈钢的主要腐蚀形貌。

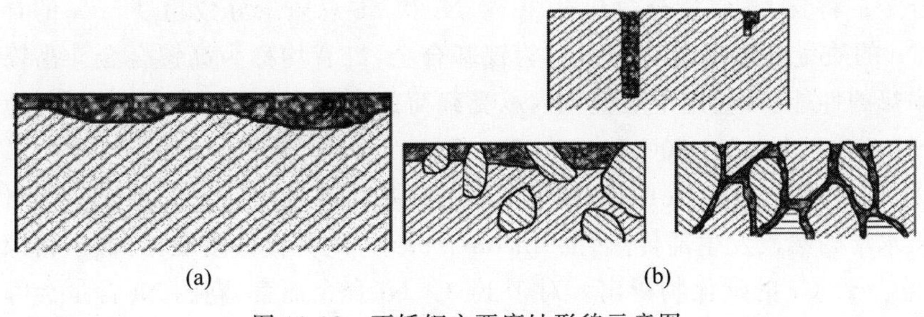

图 11-12　不锈钢主要腐蚀形貌示意图

(a) 全面腐蚀；(b) 局部腐蚀

3. 合金元素对不锈钢性能的影响

Cr 元素是铁素体稳定元素，其含量增加会促进奥氏体不锈钢的组织中铁素体的残留。Cr 元素是提高钢材耐腐蚀性能的重要元素。当 Cr 质量分数达到 12.5%时，阳极电位大幅提高，可从热力学上降低腐蚀速率。此外，在腐蚀过程中，Cr 的存在使得表面形成致密的氧化膜，从动力学上有效阻止钢材的进一步腐蚀。钢材中往往有碳的残留，Cr 的碳化物性质稳定不易长大，从而可以细化晶粒，使得碳化物均匀分布。

Ni 元素可与 γ-Fe 无限互溶，是奥氏体稳定元素。对低碳镍钢，Ni 元素的质量分数达到 24%可得到单相奥氏体组织。若钢中含有 Cr 元素，单相奥氏体组织要求的 Ni 含量则会降低，例如奥氏体不锈钢中典型的 18-8 钢。Ni 元素可改善低碳钢的淬火能力，耐蚀性、焊接性以及加工成形性能。图 11-13 示出了 Cr 和 Ni 含量对不锈钢类型的影响。

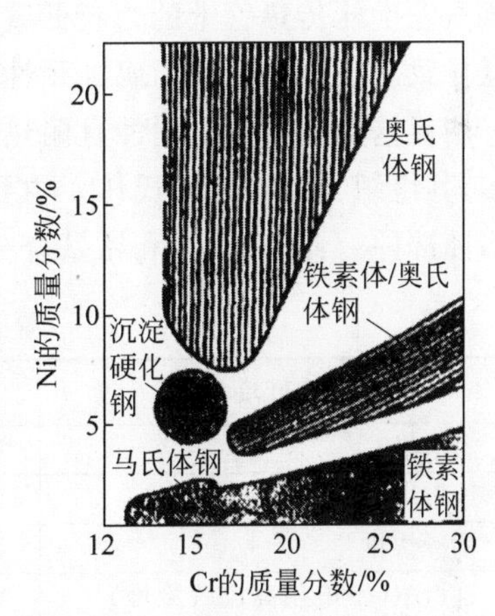

图 11-13　Cr 和 Ni 含量对不锈钢类型的影响

碳元素是奥氏体稳定元素。增加碳含量可引起固溶强化，进而提高材料的强度及硬度。同时，在不同温度下，碳可与 Fe 以及其他合金元素例如 Cr 形成各类碳化物，受热时析出碳化物，降低合金相内 Cr 含量，严重降低材料的腐蚀耐性。

Mo 元素是铁素体稳定元素，可促进形成针状铁素体组织，从而提高材料强度。Mo 的引入也能增强钢材在卤素环境下的腐蚀性能以及点蚀抗性。在沉淀硬化不锈钢中 Mo 具有重要作用，Mo 的引入形成细小的 Mo_2C 或 Fe_2Mo 相，改善了钢材回火稳定性，同时提高了强度以及裂纹抗力。

Nb 元素是铁素体稳定元素。Nb 由于具有相当大的原子半径，对不锈钢强度有显著提升。同时，Nb 可与钢中的碳结合形成碳化物，减少 Cr 以碳化物的形式析出导致的晶界贫 Cr，从而提高耐腐蚀性能。Nb 也能有效提高卤素环境下的点蚀抗性。

11.4.3　反应堆用高温合金

高温(600～1100℃)下能承受一定的应力并具有抗氧化、耐腐蚀性能且合金元素含量超过 50%的金属材料称为高温合金。按照基体元素划分，高温合金可分为铁基合金、镍基合金和钴基合金。将含 Ni 质量分数超过 30%，Ni 和 Fe 总质量分数超过 50%的合金称为铁镍基合金，Ni 的质量分数超过 50%的称为镍基合金，二者均称为高镍合金。高镍合金具有耐腐蚀和耐热的性能，常应用于反应堆内承受载荷的高温部件，如蒸汽发生器传热管，典型牌号有 Inconel 600、Incoloy 800、Inconel 690 等。

Inconel 600(0Cr15Ni75Fe10)是最早发展的镍基高温合金，于 20 世纪 30 年代问世，早期应用于压水堆的蒸汽发生器传热管。Inconel 600 为纯奥氏体组织，类似于铬镍奥氏体不锈钢，升温会导致 Cr 的碳化物析出。对于 Fe-Cr-Ni 合金而言，高的 Ni 含量会降低碳的固溶度，进而弱化晶间应力腐蚀耐性，而 Ni 含量太低则会降低穿晶应力腐蚀耐性。此外，Inconel 600 还应用于反应堆容器上封头和底封头的穿透件等零部件。在 Inconel 600 合金的基础上提高 Cr 含量，发展了 Inconel 690(0Cr30Ni60Fe10)合金，改善了原来晶间腐蚀的情况。除蒸汽发生器传热管之外，Inconel 690 也应用于压水堆压力容器的穿透件和控制棒驱动机构的零部件上。为减少 Ni 的使用，发展了 Incoloy 800 合金(Cr 的质量分数通常为 15%～25%，镍的质量分数为 30%～45%，并含有少量的铝和钛)，而根据碳含量的高低，这一类型的合金可细分为标准型(质量分数为低于 0.10%)、高碳型(质量分数为 0.06%～0.10%)、中碳型(质量分数为 0.03%～0.06%)和超低碳型(质量分数低于 0.03%)，应用于蒸汽发生器传热管上的为超低碳型，它具有细晶粒度、良好的耐应力腐蚀性能，但 Ni 含量降低导致碱性环境下应力腐蚀耐性下降。它的应用有 CANDU 重水堆蒸发器管束等。

镍基合金大多是耐蚀且耐热的合金，所含的 Ni、Cr、Mo 等合金元素都比奥氏体不锈钢多，其组织为稳定的奥氏体。主要用于堆外作为蒸汽发生器、过热器的传热管和其他耐热、耐蚀部件。此外，铁基和钴基合金在不同堆型中均有所应用，如表 11-12 所示。

表 11-12 不同堆型使用的高温合金

反应堆堆型	使用材料
沸水堆	Inconel 600，Inconel X-750，海因斯 No. 25
压水堆	Inconel 600、690、625、718，Incoloy 800
钠冷快堆	Incoloy 800，Inconel X-750
HTGR(发电用高温气冷堆)	Incoloy 800，Inconel 600、690、625、718，X-750，Hastelloy B

参考文献

[1] 王乃彦. 核电站安全性分析[J]. 物理教学，2008，30(8)：2-4.

[2] 尹浪，陈传伟，徐阳，等. 核电厂运行手册开发研究[J]. 科技视界，2020，302(8)：244-247.

[3] 石兴伟，曹欣荣，赵国志. B_4C 控制棒高温氧化研究现状[J]. 核安全，2012，2：35-40.

[4] STEINBRUECK M，VESHCHUNOV M S，BOLDYREV A V，et al. Oxidation of B_4C by steam at high temperatures：New experiments and modelling[J]. Nuclear Engineering and Design，2007，237(2)：161-181.

[5] STEINBRÜCK M. Degradation and oxidation of B_4C control rod segments at high temperatures[J]. Journal of Nuclear Materials，2010，400(2)：138-150.

[6] 王零森，方寅初，吴芳，等. 碳化硼在吸收材料中的地位及其与核应用有关的基本性能[J]. 粉末冶金材料科学与工程，2000，5(2)：113-120.

[7]　长谷川正义，三马良绩．核反应堆材料手册[M]．孙守仁，等译．北京：中国原子能出版社，1987．
[8]　张继红，曹仲文，翟伟，等．高温气冷堆控制棒 B_4C 芯块的研制[J]．高技术通讯，2003，13(9)：80-83．
[9]　王日中，胡毅，唐可超．核反应堆用碳化硼材料研究进展[C]．中国核科学技术进展报告第二卷，贵阳：中国核学会，2011．
[10]　SEPOLD L，LIND T. AgInCd control rod failure in the QUENCH-13 bundle test[J]. Annals of Nuclear Energy，2009，36(9)：1349-1359．
[11]　CASTILLO J A，ORTIZ J J，ALONSO G，et al. BWR control rod design using tabu search[J]. Annals of Nuclear Energy，2005，32 (7)：741-754．
[12]　刘英，张文，童坚．核级银铟镉合金中 AgInCd 的连续滴定[J]．分析实验室，1999，18(6)：67-70．
[13]　薛淑娟，陈勇，邱绍宇．反应堆控制棒材料 Ag-In-Cd 的热物理性能测量[J]．核动力工程，2004，25(6)：522-524．
[14]　张路．Ag-In-Cd 合金压缩蠕变行为分析[J]．铸造技术，2014，35(10)：2200-2202．
[15]　赵冲．Mg-Zn-Cu-Ce 合金组织与性能研究[D]．重庆：重庆大学，2012．
[16]　肖红星，龙冲生，陈乐，等．反应堆控制棒材料 Ag-In-Cd 合金的压缩蠕变行为[J]．金属学报，2013，49(8)：1012-1016．
[17]　陈昊，赵涛，邢健，等．核级 Ag-In-Cd 合金棒材料研究进展[J]．铸造技术，2019(9)：1018-1021．
[18]　龙冲生，肖红星，高雯，等．Ag-In-Cd 合金辐照后的微观组织变化[J]．原子能科学技术，2015，49(11)：70-74．
[19]　BOURGOIN J，COUVREUR F，GOSSET D，et al. The behaviour of control rod absorber under irradiation[J]. Journal of Nuclear Materials，1999，275(3)：296-304．
[20]　倪东洋，刘琨，魏彦琴．铪替代银-铟-镉合金控制棒价值分析[J]．核动力工程，2020，41(1)：194-198．
[21]　黄洪文，武宇，叶林，等．反应堆控制棒铪板性能研究[J]．原子能科学技术，2009，43(S2)：316-318．
[22]　熊炳昆．金属铪的制备及应用[J]．稀有金属快报，2005，24(5)：46-47．
[23]　黄洪文，叶林，钱达志，等．新型铪控制棒的研制[J]．核动力工程，2008，29(3)：48-51．
[24]　RISOVANY V D，VARLASHOVA E E，SUSLOV D N. Dysprosium titanate as an absorber material for control rods[J]. Journal of Nuclear Materials，2000，281(1)：84-89．
[25]　RISOVANYI V D，KLOCHKOV E P，VARLASHOVA E E. Hafnium and dysprosium titanate based control rods for thermal water-cooled reactors[J]. Atomic Energy，1996，81(5)：764-769．
[26]　NAITO M，KODAIRA S，OGAWARA R，et al. Investigation of shielding material properties for effective space radiation protection[J]. Life Sciences in Space Research，2020，26：69-76．
[27]　陈首锋．环境 γ 射线检测仪[D]．重庆：重庆大学，2009．
[28]　何国龙．碳化硼/铅复合屏蔽材料的制备与性能研究[D]．大连：大连理工大学，2013．
[29]　欧向明，赵士庵，李明生．辐射防护材料铅当量随 X 射线峰值管电压变化的研究[J]．中国医学装备，2008，5(6)：4-7．
[30]　王金刚，成泰民．中子及中子散射特征[J]．沈阳航空航天大学学报，2006，23(1)：81-83．
[31]　ALKORTA I，ELGUERO J. Ab Initio (GIAO) calculations of absolute nuclear shielding for representative compounds containing $^{1(2)}H$，$^{6(7)}Li$，^{11}B，^{13}C，$^{14(15)}N$，^{17}O，^{19}F，^{29}Si，^{31}P，^{33}S，and ^{35}Cl Nuclei[J]. Structural Chemistry，1998，9(3)：187-202．
[32]　何建洪，孙勇，段永华，等．射线与中子辐射屏蔽材料的研究进展[J]．材料导报，2011，25(2)：347-351．
[33]　ACOSTA P，JIMENEZ A J，FROMMEYER G，et al. Microstructural characterization of an ultrahigh carbon and boron tool steel processed by different routes[J]. Materials Science and Engineering A，1996，206(2)：194-200．
[34]　刘常升，崔虹雯，陈岁元，等．高硼钢的组织与性能[J]．东北大学学报(自然科学版)，2004，25(3)：247-249．

[35] KONINGS R J M. Comprehensive Nuclear Material[M]. Amsterdam：Elsevier，2012.
[36] HAMPEL C A. Rare Metals Handbook[J]. American Journal of Physics，1962，30(1)：77.
[37] 李振军. 金属铍冶炼进展[J]. 中国有色冶金，2006，6：18-23.
[38] 符剑刚，蒋进光，李爱民，等. 从含铍矿石中提取铍的研究现状[J]. 稀有金属与硬质合金，2009，37(1)：40-44.
[39] MURTY K L，CHARIT I. 第Ⅳ代核反应堆的结构材料：挑战与机遇[J]. 熊茹，刘桂良，译. 国外核动力，2009，30(3)：25-32.
[40] 刘建章. 核结构材料[M]. 北京：化学工业出版社，2007.
[41] 谢文玲，周顺勇. 归类法讲解铁碳相图的点、线和相区[J]. 广州化工，2015，43(21)：185-186.
[42] 胡凯，武明雨，李运刚. 马氏体不锈钢的研究进展[J]. 铸造技术，2015，36(10)：2394-2400.
[43] 申丽娟. 0Cr18Ni9 奥氏体不锈钢凝固过程组织转变研究[D]. 包头：内蒙古科技大学，2012.
[44] YEN Y W，SU J W，HUANG D P. Phase equilibria of the Fe-Cr-Ni ternary systems and interfacial reactions in Fe-Cr alloys with Ni substrate[J]. Journal of Alloys and Compounds，2008，457(1-2)：270-278.
[45] 袁志钟，戴起勋，程晓农，等. 氮在奥氏体不锈钢中的作用[J]. 江苏大学学报(自然科学版)，2002，3：72-75.
[46] 刘振宝，梁剑雄，杨志勇. Mo 在马氏体沉淀硬化不锈钢中的作用与应用[J]. 连铸，2015，41(3)：44-48.
[47] 朱晨，王伯健. 钼及镍在不同钢种中作用的研究进展[J]. 材料热处理技术，2009，38(24)：36-38.
[48] 王俊琴，刘云霞. 铌在不锈钢中的应用[J]. 大型铸锻件，2004，2(17)：51-54.

第12章

反应堆用炭材料

12.1 炭材料的结构

12.1.1 炭材料的结构多样性

碳在元素周期表中位于第ⅣA族，原子序数为6，其基态电子层结构是$1s^2 2s^2 2p^2$，即K层有2个电子，L层有4个电子。当碳原子成键时，往往要发生一个2s电子激发到2p态，这时碳原子的电子层结构变为$1s^2 2s^1 2p_x^1 2p_y^1 2p_z^1$，根据杂化轨道理论，这4个未成对电子可以重新组合为“杂化”轨道。1个2s电子与3个2p电子杂化形成4个sp^3杂化轨道，它们的对称轴指向四面体的四个角，每个碳原子利用这种杂化轨道与相邻的4个碳原子形成的共价键为饱和键，键间距均为1.53Å，方向性很强，分别指向以碳原子为中心的正四面体的四个顶角，键间夹角为$109°28'$，对应的是碳-碳的单键结合。当1个2s电子与3个2p电子中的2个进行杂化，形成3个sp^2杂化轨道时，3个轨道在平面上互成120°排列，与相邻碳原子形成共价键从而形成六角网格。剩余的1个2p电子在垂直平面的方向上排列，称之为π电子。π电子在六角网格上下方相互重合，形成范德华键。而当1个2s电子与3个2p电子中的1个进行杂化，形成sp^1杂化轨道时，另外2个2p电子作为π电子。sp^1杂化轨道的键之间是直线排列，键角为180°。

碳-碳原子间可以通过不同的杂化状态键合，因此碳元素存在多种性质各异的异构体，如sp^3杂化的金刚石、无定形碳，sp^2杂化的石墨、富勒烯与碳纳米管，sp^1杂化的卡宾碳等，如图12-1所示。另外，还存在大量同时含有两种键合碳原子的材料，如多孔炭、玻璃炭、炭纤维及炭膜等，这些材料的存在大大丰富了炭素家族。

炭、石墨材料的基本结构是碳原子呈现六角网面层状结构，层面内为强共价键结合，而层间为弱的范德华力结合，显示出明显的各向异性，在凝聚成型过程中，这些各向异性的片层有取向的趋势。因此，不同的凝聚途径可以得到不同的结构，片层的取向程度也不同，从而形成多种结构炭材料。

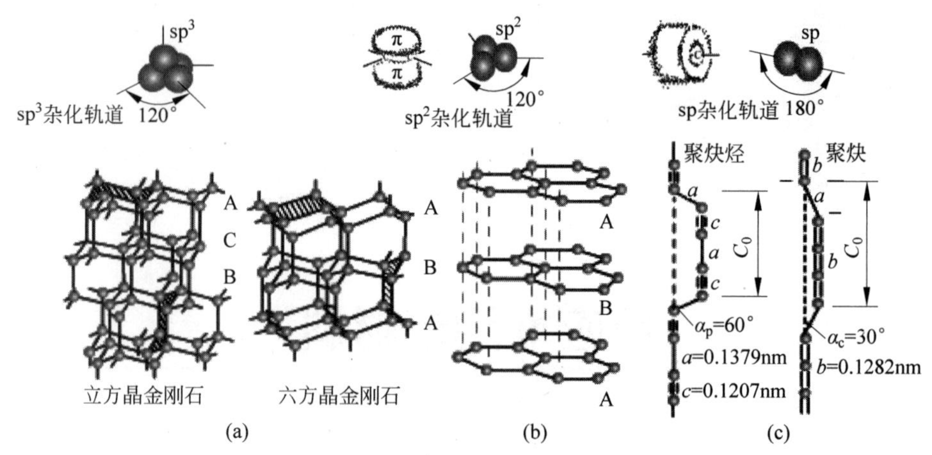

图 12-1 碳原子的成键类型及典型的异构体

(a) 金刚石结构；(b) 六方晶石墨；(c) 卡宾碳

1. 点取向结构

网面以基准点为中心的同心球状或放射状取向。炭黑接近于同心球取向，某些球状焦如 Gilsonite 也呈同心球状结构，沥青基中间相炭微球成放射状点取向。

2. 轴取向结构

网面沿同轴圆管状取向的年轮型和从基准轴以放射状取向的辐射型，常见于碳纤维的微观组织中。不同结构取向的材料及其性能差异，主要取决于纤维的前驱体及纺丝条件。气相生长的碳纤维有明显的年轮型取向组织，而中间相沥青碳纤维中则有接近于辐射型的组织结构。

3. 面取向结构

该结构的代表材料为石墨单晶和高取向热解炭，对高分子薄膜进行热处理后也可得到具有高取向性的炭。用于石墨电极、块状石墨及高密度各向同性石墨的原材料焦炭，同样也存在面取向组织。

4. 自由取向结构

酚醛树脂等热固性树脂经低温炭化处理后，产物中的组织是由随机无序的微小积层体构成的自由取向组织，以等离子化学气相沉积生成的硬质炭膜也属于这类结构，即使经高温处理也很难得到石墨结构。

12.1.2 石墨的结构类型

石墨是由许多平行于基面的层面连续叠合而成的。每一层内，碳原子排列成正六角形，三个相邻碳原子以共价键连接，成为一个二维空间无限延展的网状平面，称为基面。层间距离为 3.34Å，同一平面上原子间距为 1.42Å。石墨层与层之间的相对位置有两种排列形式，因而能够形成两种石墨晶体：六方晶系石墨和菱方晶系石墨。六方晶系石墨是六角环形网状体，层与层之间的结合呈 ABAB 重叠，如图 12-2 所示，即第一层的位置与第三层相对应，第二层的位置与第四层相对应。每层之间靠层面间活动着的 π 电子云所提供的金属键力连接起来。大多数天然石墨与人造石墨属于六方晶系结构。菱方晶系石墨层与层之间的结合呈 ABCABC 重叠，如图 12-3 所示，即层与层的排列每隔两层重复一次，第一层的位置与第四层相对应，第二层的位置与第五层相对应。菱方晶系石墨实际上是一种有缺陷的石墨，在结晶较完善的天然石墨中，呈 ABAB 结构的六方晶系石墨约占 80%，而呈 ABCABC 结构的菱方晶系石墨约占 20%。在人造石墨中，呈 ABCABC 结构的一般很少，基本都是 ABAB 结构，即六方晶系石墨，这是因为人造石墨是在高温下获得的，呈 ABCABC 结构的石墨加热到 3000℃可转变为 ABAB 结构。除了规则堆积，在许多炭材料中碳网面也可能自由堆积，称为乱层结构，即相邻网面在规则堆积的基础上沿某方向发生平行位移或旋转一定角度。实际炭材料中，乱层结构与规则结构以较宽的比例同时并存，主要取决于原材料和处理温度。各种人造石墨和天然石墨的结构都不可能像上述理想结构那样，而是各有不同的结构缺陷，如层面堆积的缺陷（层面呈无秩序的排列）、晶格键连接的缺陷（把层面分割成有限的微晶，而并非如理想晶格那样无限延伸）、晶界位错和空洞缺陷、混入杂质原子的缺陷等。这些缺陷会影响石墨的许多性能。

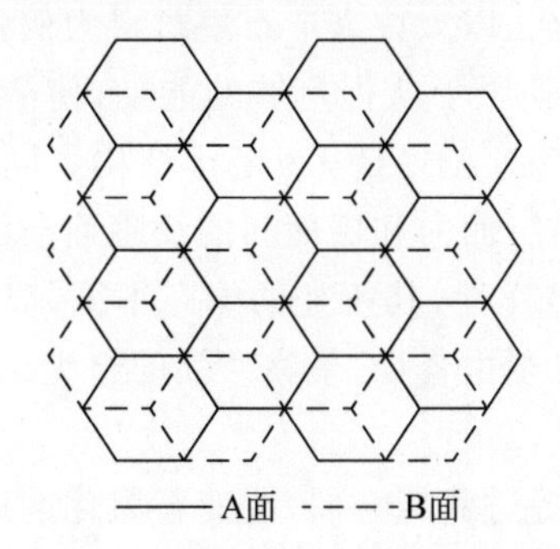

图 12-2　六方晶系石墨层与层之间 ABAB 结构示意图

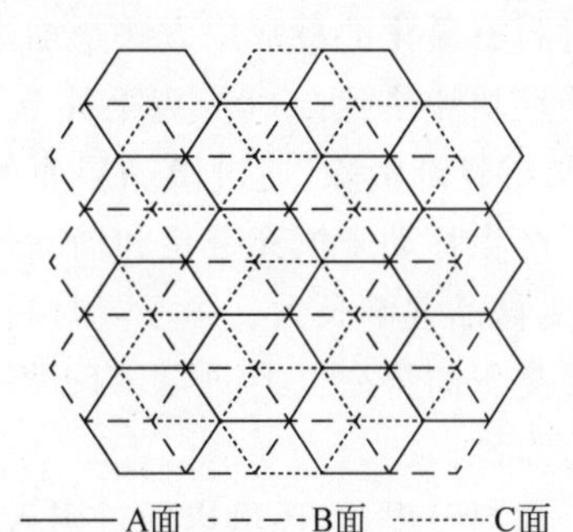

图 12-3　菱方晶系石墨层与层之间 ABCABC 结构示意图

12.1.3　炭材料的石墨化

常温常压下，焦炭等炭材料作为石墨前驱体，处于较高的能态，是不稳定结构，而石墨是碳同素异形体中热力学最稳定的结构。这些不稳定的同素异形结构只要获得足够的能量，得以克服结构转变的势垒，就可以转变成石墨。石墨化难易程度取决于势垒的高低，有些同素异形结构转变的势垒极高，以至于难以发生石墨化过程。同时，微晶的原始堆垛结构对石墨化过程影响也较大。易石墨化的材料微晶交叉少，排列比较整齐，层间空隙少，层间距为 0.344nm 左右；难石墨化的材料微晶交叉结晶多，堆砌不规则，层间空隙多，层间距约为 0.37nm 左右，3000℃也不易转化，如图 12-4 所示。

炭材料的石墨化是使晶界和其他晶格缺陷因热激发而移动消失的过程。这一点上，其机理同加工金属的再结晶有许多相似之处。关于晶界本身的结构，过去人们也曾认为是包络各微晶的非晶质薄层。经许多实验验证，至今已确立了过渡格子理论，即晶界是以位错为主体的尺度在埃量级的过渡格子层。炭材料的石墨化过程分步表示如下：焙烧（约 1100℃）后炭材料内部发生大倾角晶界的垂直移动，继而产生晶界位错，之后倾斜晶界位错壁发生移动、复合和二维生长，最终通过扭曲晶界位错格子的消除（旋转、垂直移动）并通过物质输送

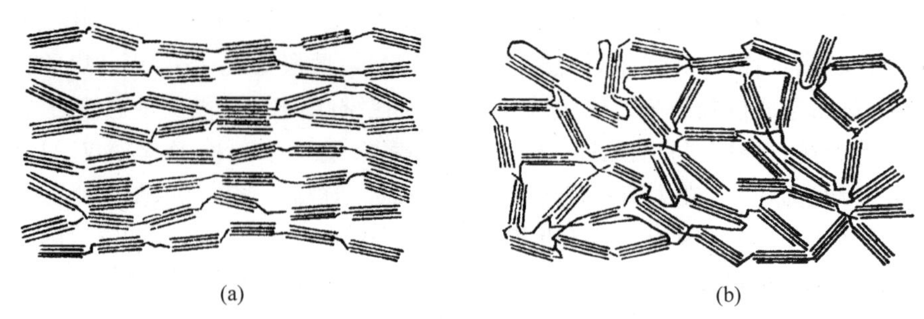

图 12-4 石墨微晶的堆垛结构与石墨化难易的关系
(a) 易石墨化；(b) 难石墨化

(扩散、蒸发)完成结构的石墨化。尽管炭材料的石墨化原理十分简单，但具体炭材料的石墨化机制则十分复杂，很多问题都有待解决和回答，例如石墨的组织结构和前驱体材料的关系、石墨最终性能特别是辐照性能与石墨组织结构的关系等。

炭材料石墨化的最常用方法是加热，即高温石墨化。以大块人造石墨材料为例，将浸渍炭化后的坯块加热到 2500℃以上甚至 3000℃的高温，碳原子获得足够的能量，使微晶内的碳-碳交叉键逐渐消除，通过微晶层面的转动和移动，形成 ABAB……密排结构。同时碳环和单原子产生移动来填充空位和消除位错，从而使石墨层面内和层面间的缺陷逐渐消失，面间距变小，微晶逐渐长大。由于炭材料前驱体结构的多样性，其所处的能态不同，高温石墨化时需要克服的势垒也不同，影响石墨化过程进行的机制也各异，最终产品的组织结构和性能也千差万别。

除了高温石墨化，还可以通过引入异质原子(如铁等过渡族金属)改变石墨化的途径，促进石墨化过程的进行，从而使石墨化过程的热处理温度大大降低，甚至可以在 1000℃以下进行。提高石墨化热处理过程中气氛的压力也可以加速石墨化的进程，快中子辐照也可以提供给碳原子足够的能量，使其发生石墨化，甚至可以引起玻璃炭等不易石墨化的炭材料发生石墨化转变。

12.2 炭材料在反应堆中的应用及发展概况

12.2.1 炭材料在反应堆中的应用

在反应堆被发明之初，炭材料就在其中有重要应用。1939 年年初，中子轰击^{235}U 核发生裂变放出的巨大能量，使得铀核裂变反应在军事上的应用被立即提上日程。热中子与铀核发生裂变反应的概率远远大于裂变过程中产生的快中子和铀核发生裂变反应的概率，因此必须对核裂变产生的快中子进行慢化。由于当时铀富集的研究才刚刚开始，只有天然铀供应，能使天然铀发生自持核裂变链式反应的慢化剂材料只有重水、铍(氧化铍)和石墨。重水需要从水中提取分离，成本高昂且极易泄露；铍稀少且价格昂贵，同时还有毒性；石墨材料因具有优良的综合性能及可加工性能，且可以商业规模大批量供应，成为第一座核反应堆内结构材料和慢化剂的候选者。

1942 年 12 月 2 日，在著名意大利裔美籍物理学家 Enrico Fermi 的领导下，人类历史上第一座自主建造、自持核链式反应装置在芝加哥大学的一座半地下的篮球场内建成并实现临界，史称 CP-1(Chicago Pile-1)。建造 CP-1 共使用石墨材料约 385.5t，主要由美国 National Carbon Company 生产，第一个商用核石墨品牌为 Agot。出于战争的需要，美国在 CP-1 建成后，以石墨为慢化剂用于生产 Pu 的生产堆的建造全面展开，并生产出足够数量的 Pu，用于制作战争用原子弹。“二战”期间美军投在日本长崎、代号为“胖子”的原子弹即为钚弹。

“二战”结束后，核能的和平利用被提上日程，炭、石墨材料主要用于石墨慢化的热中子堆，如早期的气冷堆、石墨慢化水冷却堆、熔盐堆及高温气冷堆中。早期具有代表性的气冷堆堆型是英国的 Magnox 堆和 AGR 堆。Magnox 堆采用石墨慢化，利用 CO_2 做冷却剂，采用金属铀燃料，以镁合金 Magnox 为燃料元件的包壳。受金属燃料和镁合金性能的限制，它的冷却剂最高出口温度约为 410℃，发电效率较低。为提高发电效率，发展了先进气冷堆(advanced gas-cooled reactor，AGR)。这种堆型的燃料元件包壳材料改为不锈钢，用低富集的 UO_2 为燃料，CO_2 冷却剂的出口温度可提高至 575℃。美国的试验气冷堆(experimental gas cooled reactor，EGCR)除冷却剂使用氦气外，其构思与 AGR 堆几乎相同。苏联早期的核反应堆则是石墨慢化水冷却的设计模式，石墨的工作温度与 AGR 堆相近。

为了使气冷堆在经济上更具竞争优势，气冷堆必须摆脱高温下 CO_2 冷却剂对石墨的氧化和金属材料使用温度的限制，进而提高冷却剂出口温度，从而提高发电效率，开拓核能应用的新领域。20 世纪 50 年代末，高温气冷堆的概念应运而生，高温气冷堆采用石墨作结构材料和慢化剂、全陶瓷燃料元件和氦气作冷却剂。石墨、全陶瓷燃料元件和氦冷却剂是高温气冷堆赖以建立的三大物质基础。

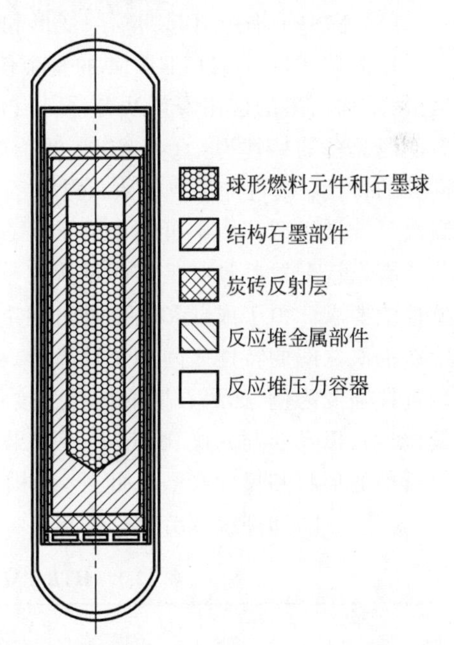

图 12-5　HTR-PM 堆内炭材料使用示意图

在这三大物质基础中，有两项与炭、石墨材料有关：石墨作为结构材料、慢化剂和反射层以及全陶瓷燃料元件中的炭材料涂层。以 HTR-PM 为例，堆内使用的炭材料如图 12-5 所示。在 HTR-PM 的中心有一个圆柱反应堆堆芯，其等效直径为 3m，等效高度为 11.8m。在反应堆堆芯中松散地堆放着几十万个球形燃料元件和石墨球，其中球形燃料元件的基体为石墨。反应堆堆芯向外分别是由结构石墨形成的反射层和炭砖构成的热和中子屏蔽层，其外径为 5m，总高度为 16.8m。结构石墨和炭砖的形状各异，总数超过 3000 种，类型超过 200 种，总质量约为 1000t。石墨和炭材料结构的外部是金属部件和反应堆压力容器。

12.2.2　高温气冷堆中的炭材料

1. 结构石墨

结构石墨组件在保证 HTR-PM 的运行和完整性方面起着重要的作用，如中子反射层和慢化剂等。如图12-5所示，结构石墨组件主要由侧反射层，顶反射层和底反射层组成。组件间使用榫、键、销、套管和其他连接件组合，以确保HTR-PM堆芯的完整性。单个结构石墨部件的最大尺寸为：长1.9m、宽0.7m和高0.4m。HTR-PM中结构石墨组件的主要功能为：

（1）形成球床反应堆堆芯和球形燃料元件和氦冷却剂的流动通道；

（2）提供控制棒和吸收球停堆系统的导向通道；

（3）充当中子反射层以及热和中子的屏蔽组件；

（4）确保反应堆堆芯结构的完整性。

在结构石墨的使用期内，反应堆内的高温和高辐照剂量条件使得结构石墨承受各种冲击和应力：

（1）由石墨自身重量和放置于结构石墨上的其他组件产生的重力载荷；

（2）氦气流压差引起的应力；

（3）稳态和瞬态温度场产生的热应力；

（4）在空气或水汽侵入事故中由于氧化腐蚀而导致的石墨性能下降；

（5）快中子辐照引起的辐照变形和损伤。

作为球床堆，在HTR-PM的整个使用寿期中，堆芯结构石墨是无法更换的。在一定程度上，结构石墨的使用寿期决定了HTR-PM的寿期。高温气冷堆中用作结构石墨的核级石墨应具备的特性为：①高纯度，低杂质元素（尤其是硼）；②可接受的各向同性或近各向同性的特性；③可加工成较大尺寸的石墨组件；④可提供详细的辐照数据。尽管这些是在高温气冷堆辐照环境中可使用的结构石墨部件的基本和必要属性，但它们可能还不足以证明所有设计配置都具有足够的结构完整性。表12-1列出了用于HTR-PM的结构石墨的典型性能要求。由于成形和热处理过程中，坯料内的特性变化，以及批中坯料与坯料之间以及生产批次之间的特性之间的统计差异，必须考虑原材料、配方和加工条件带来的不确定性。以抗拉强度为例，如果石墨的抗拉强度符合正态分布，则需要评价平均值（μ）和相应的标准偏差（σ），以及σ与μ之比（σ/μ）。如果石墨的拉伸强度遵循两参数威布尔分布，则必须给出石墨的形状和尺寸参数。此外，结构石墨生产商应提供结构石墨的腐蚀性能、疲劳特性（古德曼曲线）和裂纹疲劳增长率等。

表12-1 HTR-PM用核级结构石墨的主要性能要求

性　　能	挤　　出	振动模压	等　静　压
颗粒尺寸/mm	≤1.5	≤1.0	≤0.04
密度/(g/cm^3)	≥1.75	≥1.75	≥1.76
热导率/(W/(m·K))	≥125	≥125	≥125
热膨胀系数/(10^{-6}/K)	≤4.5	≤4.5	≤4.0
各向异性	≤1.1	≤1.05	≤1.04
拉伸强度/MPa	≥20.0	≥20.0	≥25.0
压缩强度/MPa	≥65.0	≥65.0	≥75.0
硼当量含量/(μg/g)	≤0.90	≤0.90	≤0.90
灰分/(μg/g)	≤100	≤100	≤100

在HTR-PM的预期寿命内，结构石墨受到的快中子最大累积辐照剂量可达到

$3\times10^{22}n/cm^2$(E>0.1MeV)。由于服役过程中核石墨的尺寸和性能会在辐照下发生变化或退化,因此必须提供候选结构石墨的辐照行为曲线,如尺寸和性能在不同的温度和快中子通量条件下的变化情况。只有候选石墨表现出可接受的辐照前和辐照过程中的相关特性,才可以验证 HTR-PM 中结构石墨的热机械设计和进行安全性评估。目前用于 HTR-PM 的结构石墨材料是由日本东洋碳素制造的细颗粒、采用石油焦为原材料等静压成型的核级石墨 IG-110。HTR-PM 中的结构石墨总量约为 700t,考虑到结构石墨加工过程中核石墨切边、开孔等损失,IG-110 的实际需求量约为 1200t。

2. TRISO 包覆燃料颗粒中的炭材料

任何核反应堆设计的基本要求是对核裂变产生的放射性核素进行严格约束,避免其泄露至外界环境中来。因此对不同的核反应堆设计,采用不同的放射性核素约束系统。对于高温气冷堆来说,曾采用过多种不同的方法来约束放射性裂变产物向堆内主冷却剂回路迁移,最终使用 TRISO 包覆层的包覆燃料颗粒的方法脱颖而出,一直沿用至今。包覆颗粒的相关内容之前已经详细介绍过,其多层炭结构与 SiC 层完美配合,有效地实现了对裂变产物的约束。

3. 球形燃料元件基体石墨

高温气冷堆球形燃料元件设计分为两种:棱柱形燃料元件和球形燃料元件。前者主要用于美国和日本的高温气冷堆中,后者则用于德国的 AVR、THTR-300 及中国的 HTR-10 和 HTR-PM 中。包覆燃料颗粒和基体石墨等耐高温材料的使用,使得球形燃料元件可以承受达 1600℃的高温。球形燃料元件的制备主要包括基体石墨粉制备、包覆燃料颗粒穿衣、燃料区预压、终压成形、车削和热处理等工序。由质量比分别为 64%的天然鳞片石墨、16%的人造石墨和 20%的酚醛树脂组成的基体石墨粉通常称为 A3-3 基体石墨粉。热处理后获得的 A3-3 基体石墨由质量比约为 71%的天然鳞片石墨、18%的人造石墨和 11%的酚醛树脂炭组成。

球形燃料元件的性能对于确保 HTR-PM 的完整性和安全性至关重要。用于 HTR-PM 的球形燃料元件中,质量占比 90%以上为 A3-3 基体石墨。基体石墨对于球形燃料元件在堆内的表现起着重要作用:①慢化裂变产生的快中子;②将裂变产生的热量传导至冷却剂;③保护 TRISO 包覆燃料颗粒,使其不受外力破坏。为了实现这些功能,A3-3 基体石墨必须具有以下特征:①相对较高的密度,以充当快中子的慢化剂;②具有良好的导热性,从而有效地将热量从包覆燃料颗粒传递到燃料元件的表面进而传递给冷却剂;③对冷却剂氦气中的杂质所引起的腐蚀具有良好的抵抗力;④具有很高的机械强度,可抵抗气动传递球形燃料元件中受到的冲击力;⑤在快中子辐照期间具有良好的各向同性和较高的尺寸稳定性。表 12-2 列出了用于 HTR-PM 的球形燃料元件中 A3-3 基体石墨的主要技术要求。

表 12-2 HTR-PM 用球形燃料元件中 A3-3 基体石墨的主要技术要求

项 目	技术要求
密度/(g/cm^3)	1.70~1.77
热导率(1000℃)/(W/(m·K))	≥25.0
腐蚀率/(mg/(cm^2·h))①	≤1.3
磨损性能/(mg/(球·h))	≤6.0

续表

项　　目	技术要求
落球次数②	≥50
压碎强度/kN	≥18
各向异性(20～500℃)$\alpha_{\perp}/\alpha_{/\!/}$③	≤1.3
灰分/(μg/g)	≤300
硼当量含量/(μg/g)	≤1.3
锂含量/(μg/g)	≤0.05

① 1000℃,10h,含1%体积分数 H_2O 的He;

② 从4m高处落到三层A3-3石墨球球床上不破坏的次数;

③ 平行(//)和垂直(⊥)于压制方向。

如前所述,用于HTR-PM的A3-3基体石墨中,占比近90%的是人造石墨和天然鳞片石墨。要使基体石墨的各项性能指标满足技术要求,需严格控制天然鳞片石墨粉和人造石墨粉的物理特性,例如粒度分布、比表面积、微观形态和表观密度。同时,石墨粉必须具有高纯度和低杂质含量,以避免它们可能对外部热解炭层的侵蚀或扩散到SiC层中造成的腐蚀。作为基体石墨的主要成分,天然鳞片石墨粉的灰分、锂含量和硼当量含量的要求分别约为<50μg/g,<0.05μg/g和<1.0μg/g。人造石墨粉和天然石墨粉的主要技术要求如表12-3所示。此外,对于石墨粉中某些杂质元素的含量也有着严格的要求。

表12-3　HTR-PM用天然鳞片石墨粉及人造石墨粉的技术要求

项　　目	技术要求	
	天然石墨粉	人造石墨粉
粒度分布情况*	<32μm(质量分数80%～90%), <63μm(质量分数≥95%), <100μm(质量分数≥98%), <160μm(质量分数≥99%)	<32μm(质量分数65%～75%), <63μm(质量分数92%～98%), <100μm(质量分数≥98%)
BET比表面积/(m^2/g)	4～8	1～2
真实密度/(g/cm^3)	≥2.24	≥2.18
硼当量含量/(μg/g)	≤1.0	≤1.0
石墨化度	—	>85%
灰分/(μg/g)	≤50	≤50

* 采用SFY-D型音波振动筛筛分。

HTR-PM启动时,大约需要84万个球形燃料元件,每个球形燃料元件包含7g丰度为4.2%的加浓铀。球形燃料元件从堆芯顶部加入,底部测量燃耗后将乏燃料元件卸出并将其转移到存储罐中。制造启堆用的84万个球形燃料元件大约需要170t石墨粉,当HTR-PM全功率运行后,每年需要30万个燃料元件才能满足HTR-PM的正常运行,需提供约60t石墨粉,以满足年产30万个球形燃料元件的生产要求。

4. 石墨球

在HTR-PM启堆阶段和运行初始阶段,反应堆堆芯中会放入一些与球形燃料元件具有相同尺寸、不含燃料的石墨球。石墨球主要用于调节堆芯的反应性,并使堆芯功率分布平坦。同时，与堆内其他石墨材料(例如结构石墨和基体石墨)一样，石墨球也可以慢化反应堆中裂变产生的快中子。正常运行时，由于无燃料的石墨球不会产生裂变能，而仅由伽马射线和冷却剂传导的热量加热，因此石墨球的最高温度将不超过球形燃料元件中基体石墨的温度，堆芯对石墨球机械、物理和化学等性能的影响与对 A3-3 基体石墨的影响基本相同。表 12-4 列出了用于 HTR-PM 的石墨球的技术要求，大部分项目与基体石墨的技术要求一致。

表 12-4　HTR-PM 用无燃料石墨球的技术要求

项　　目	技术要求
直径/mm	59.9～60.2
平均密度/(g/cm^3)	单一批次 1.75±0.05，总体 1.75±0.02
导热系数(1000℃)/(W/(m·K))	≥25.0
腐蚀率/($mg/(cm^2 \cdot h)$)①	总体平均≤1.3，单个球≤1.5
磨损性能/(mg/(球·h))	≤6.0
落球次数②	≥50
压碎强度/kN	≥18.0
平均各向异性(20～500℃) $\alpha_{\perp}/\alpha_{/\!/}$③	总体<1.4，单一批次<1.5
平均灰分/(μg/g)	总体<100，单一批次<150
硼当量含量/(μg/g)	≤1.3
锂含量/(μg/g)	≤0.05
自由铀含量/(μg/g)	≤0.6
石墨化度	≥85%

① 1000℃，10h，含 1%体积分数 H_2O 的 He；

② 从 4m 高处落到三层 A3-3 石墨球球床上不破坏的次数；

③ 平行(//)和垂直(⊥)于压制方向。

石墨球可以通过制备基体石墨球的冷准等静压工艺或将大块核石墨直接加工成球来制备。HTR-PM 启堆时，需要约 70 万个石墨球。采用 200t 挤压成型的大块核石墨为原料，利用特制车床直接进行机加工制备。石墨球在 HTR-PM 中的循环与球形燃料元件的循环相同，石墨球在反应堆堆芯中循环最多 3 次，随后将其从 HTR-PM 的堆芯中卸出，石墨球在堆芯中的总停留时间约为 150 个有效全功率日，期间承受的最大快中子通量($E>0.1MeV$)约为 $4\times10^{20}n/cm^2$，仅为结构石墨在其寿期内遭受的最大快中子通量的 1%～2%。由于石墨球在使用期间所受的中子剂量较低，所以不需要提供石墨球或用于制造石墨球的大块核石墨的辐射数据。

5. 炭砖及含硼炭砖

如图 12-5 所示，HTR-PM 中的炭砖组件包括炭砖和含硼炭砖，它们位于结构石墨组件和反应堆金属组件之间。炭砖组件充当隔热层，以保护外部金属组件，使其免受高温损坏。此外，含硼炭砖可以吸收从堆芯中逃逸出的中子，以避免辐射对金属组件和反应堆压力容器的影响。根据炭砖在堆芯中位置的不同，通常分为顶炭砖组件、底炭砖组件和侧炭砖组件。顶部和侧面的炭砖组件仅由一层含硼炭砖组成，同时充当外部金属组件的热屏蔽和中子屏蔽构件。底炭砖组件与反应堆堆芯底部的金属组件紧密接触，为了更好地保护金属组件免受高温热损害，在含硼炭砖和金属组件之间增加了一层额外的炭砖，以达到更好的隔热效果。HTR-PM 中的炭砖和含硼炭砖总用量约为 280t。炭砖通过振动成型法制备，其最大粒径不大于 1.6mm。含硼炭砖中碳化硼的质量分数不小于 5.0%。HTR-PM 中炭砖及含硼炭砖的主要性能要求如表 12-5 所示。

表 12-5　HTR-PM 中炭砖及含硼炭砖的主要性能要求

性　能	技术要求
密度/(g/cm^3)	≥1.60
灰分/(μg/g)	≤3000
拉伸强度/MPa	≥12
压缩强度/MPa	≥35
热膨胀系数(CTE,20～400℃)/$10^{-6}K^{-1}$①	≤5.0
各向异性	≤1.2
热导率(20℃)/(W/(m·K))	≤8.0

① 平行和垂直于振动模压成型方向的热膨胀系数之比。

12.3　核用石墨材料的生产和显微结构

核石墨是以填料焦炭和黏合剂沥青为原材料、经特殊工艺开发出来的一种复合材料。核石墨通常由石油或煤焦油衍生的各向同性焦炭制成，以保证成品的各向同性。

12.3.1　核用石墨的生产过程

核石墨的制造工艺与生产常规石墨的制造工艺基本上相似。图 12-6 示出了制备核石墨的主要工艺步骤。

1. 原材料

核石墨的性能与其制造所用原材料和成型方法密切相关。选择合适的原材料是制造过程中的第一步，也是至关重要的一步。它在很大程度上决定了核石墨最终产品的综合性能和成本。堆用石墨材料的原材料包括天然石墨和人造石墨。天然石墨分为鳞片石墨和微晶石墨。鳞片石墨为简单六方晶体结构，呈片层状分布，颜色银灰，有金属光泽。天然鳞片石墨矿品位不高，需经多次浮选提纯。微晶石墨又称隐晶石墨或土状石墨，外形呈土粒状，颜色较深，晶体直径一般小于 1μm，是石墨微晶的集合体，为非晶形碳转变为晶体碳的过渡产物，含碳量高，少数达 90%。图 12-7 和图 12-8 分别所示为天然鳞片石墨和微晶石墨的外观和显微结构照片。

人造石墨的原料一般为焦炭，分为石油焦、沥青焦和中间相碳微球等原料。石油焦为石油化工的副产品，沥青焦为煤化工的副产品，而中间相碳微球是重质芳香类物质在高温热处理过程中形成的一种介于高分子与炭素材料之间的液晶材料。此外还包括黏结剂和浸渍剂。黏结剂为具有热塑性的高分子材料，在不太高的温度下可以通过混捏把黏结剂包裹在焦炭骨料颗粒上。浸渍剂主要填入生坯的空隙，以提高密度，一般为煤沥青或石油沥青、人造树脂等。

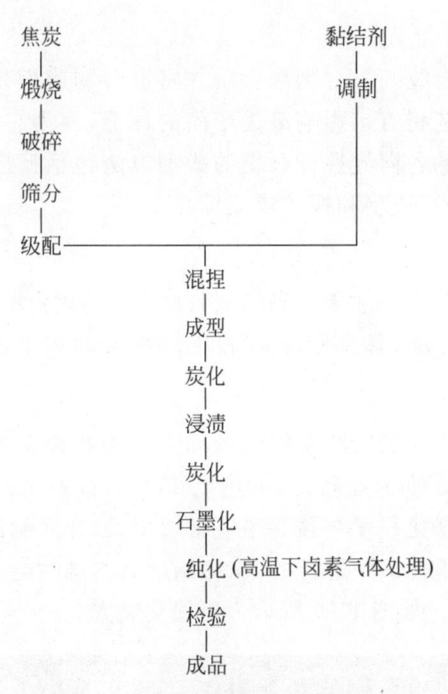

图 12-6 核石墨主要生产工艺流程图

图 12-7 天然鳞片石墨的外观和显微照片

图 12-8 微晶石墨的外观和显微照片

2. 成型

将合适的焦炭颗粒混合物与黏合剂混合后并将混合物成型，成型后的块体通常被称为“毛坯”。所选择的成型工艺将直接影响最终产品的性能，因为它决定了微晶的优选取向以及最终获得的多晶核石墨的各向异性。石墨的成型方法包括挤压成型、模压成型(冷模压、温模压、热模压)、(准)等静压成型和振动成型等。

3. 炭化

炭化是石墨制造的重要工序，主要使黏结剂和浸渍剂转化为不熔性的固体炭，形成黏结骨料的炭桥。炭化过程中有大量气体挥发，耗时较长，在这个过程中会发生微晶的预有序化。

4. 石墨化

石墨化的过程是各种不同起始状态的碳微晶有序化和长大的综合结果。一般而言，加热至2000℃开始发生非晶态向晶态转化，加热至2500℃石墨化迅速进行，加热至3000℃可进一步消除晶体缺陷。石墨化程度与预有序度密切相关，并影响产品的最终物理化学性能。石墨化过程是在专用的石墨化炉中进行的，靠烧制产品本身的电阻发热产生高温，石墨化过程电流可达5万～10万A。如图12-9所示为石墨化装置。

图12-9 石墨化装置

5. 纯化

核石墨须有高的化学纯度，从而最大限度地减少杂质对中子的吸收。同时，还需要将某些加速石墨氧化的杂质元素减少到可接受的水平。首先，在任何情况下选择纯度较高的原材料是必要的，在生产过程中，所有工艺都要采用更高的质量控制要求，避免引入杂质。其次，将核石墨在石墨化最高温度2800～3000℃的范围内保持一到两天，以驱使杂质从石墨中扩散出来。最后，在制造原材料焦炭或核石墨时可使用卤素进行化学提纯。卤素具有渗透入块状石墨和石墨晶体，并与杂质反应从而将其作为挥发性卤化物除去的能力，已在大尺寸核石墨的批量生产中被广泛采用。

12.3.2 核用石墨的显微结构

石墨是多孔材料，一般孔隙率为20%左右，其中开孔和闭孔各占50%，这些孔隙大多是焦炭、黏结剂和浸渍剂在高温挥发时留下的，一些裂纹是骨料与黏结剂收缩不一致造成的。原材料也影响石墨的显微结构，选用针状焦为原料时内部为针状颗粒，孔隙较多，内部裂纹多为长条状；而选用团状焦为原料时内部为团形颗粒，微气孔多，内部裂纹为较短微裂纹。压制过程对石墨的显微结构也有影响，细颗粒等静压的IG110石墨的裂纹细小(长度小于1μm)，孔隙直径较大(5～10μm)，而粗颗粒振动成型的NBG18石墨裂纹直径10μm左右，但孔隙细小，如图12-10所示。此外，在热处理过程中由于应力的影响，在原子基面间会形成裂纹，称为Mrozowski裂纹，裂纹长度可达10μm左右，宽度达200nm左右，如图12-11所示。

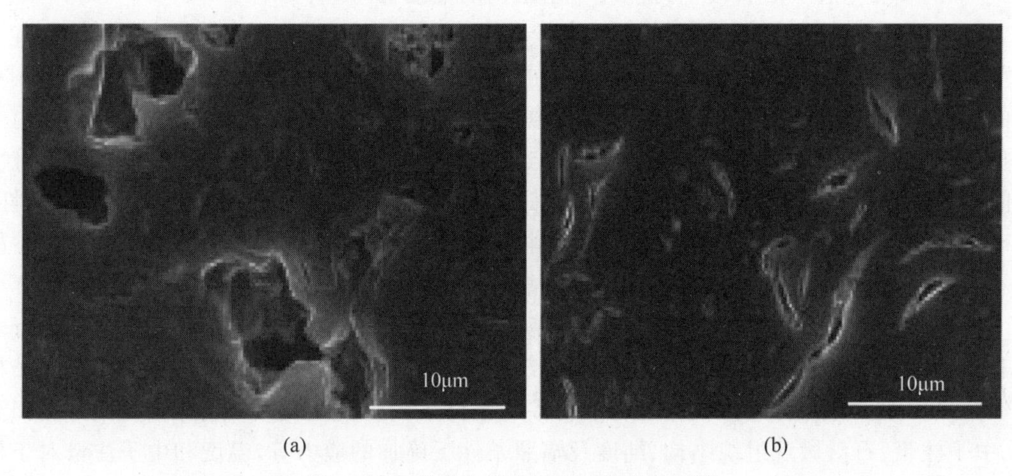

图12-10　两种典型核用石墨的显微结构
(a) IG110；(b) NBG18

结构的各向异性度也是核用石墨关注的重点，高度各向异性的石墨会导致辐照引起的尺寸变化呈现各向异性，使石墨内部产生较高的内应力进而出现开裂和缩短石墨的辐照寿命。因此，各向异性的石墨，例如钢铁工业中的电弧炉电极石墨，不能作为核石墨使用。优先选择各向同性焦炭等原料来制造各向同性的核石墨。但是，各向同性焦炭如Gilsonite焦炭，已无法大量开采。近年来生产的各向同性核石墨是通过“各向同性”焦炭与成型方法相结合来获得的。在核石墨的制造工艺中，等静压成型和带有二次焦炭的振动成型这两种成型方法尤为突出。二次焦石墨采用新颖的制造工艺来实现所需的各向同性辐照响应，并不需要使用各向同性焦炭作为原材料。各向异性焦炭先被制成石墨，然后被破碎成“各向同性”的原材料，故称为“二次焦”，再采用传统的方法制备各向同性核石墨，与等静压成型相比，采用“二次焦”的整个制造过程耗时更长。在等静压成型中，在充满液体的腔室中通过橡胶膜从各个方向对毛坯施加压力，从而使成型后的石墨材料具有更好的均匀性和各向同性。

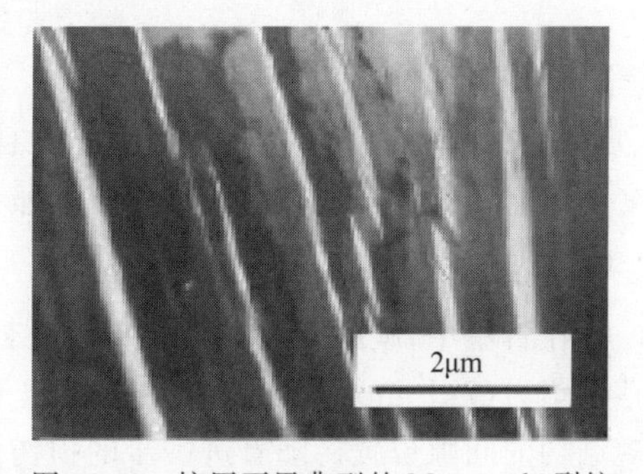

图12-11　核用石墨典型的Mrozowski裂纹

12.4 石墨材料的性能

到目前为止，人们对核石墨辐照行为的基本机理已基本了解。基于核石墨的各向异性程度、纯度、晶粒尺寸、微结构取向和缺陷及成型方法，不同的核石墨将对辐照环境表现出截然不同的响应。尽管可以大致预测任何给定石墨的辐照行为，但仍无法使用基于先前历史数据的模型来精确预测辐照诱发相关尺寸和性能变化的确切幅度。由于其独特的结构和质地，不同的核石墨在一定程度上可能表现出不同的辐照行为。

在成型和热处理过程中引入的织构也会导致核石墨坯料的某些性能发生变化，垂直于成型方向和平行于成型方向上的性能也存在一些差异。此外，从坯料中心到边缘还存在一定的密度梯度。对于任何给定等级的核石墨，必须对这些差异和变化进行量化。另外，由于原材料、配方和加工条件等无法保证完全一致，一个批次中的坯料与坯料之间以及生产批次之间的特性统计上也存在差异，因此必须通过分析大量样品来评估成品石墨的内在变异性，以确定由坯料加工而成的部件所预期的材料性能变化的最大范围。被分析的每个坯料中的样本数量越大，相关特性分布的代表性和可靠性就越高。

核石墨的材料特性在反应堆的辐照环境中会发生变化，因此必须对核石墨材料进行表征和辐照考验，证明当前等级的核石墨表现出可接受的辐照特性，以便进行核反应堆内结构石墨的热力学设计和验证。核石墨在堆内辐照条件下的性能变化取决于多个因素，例如温度、中子注量、石墨微观组织结构、纯度及辐照条件下施加的应力等，温度和中子注量对于核石墨在辐照条件下的微观结构变化和性能响应起关键作用。接下来将对核石墨的物理（微观结构）、机械性能和热学性能及其在辐照条件下的响应进行介绍。

12.4.1 物理性能

通常石墨的物理性能与其微观组织结构密切相关，由辐照引起的石墨微观组织结构的变化决定了石墨宏观热力学性能在辐照条件下的内在变化机理。

1. 微观组织结构

在石墨中，碳原子通过共价键(524kJ/mol)结合形成的平行六边形基平面通过较弱的范德华力(7kJ/mol)堆叠。在中子辐照下，碳原子从它们的平衡晶格位置被撞击到整个微观结构的间隙位置。随着进一步的损伤累积和空位簇在基平面内的增长，基平面开始收缩或塌陷。由于石墨晶体的各向异性结构，被撞出的原子优先扩散至基面之间的较低能量区域中并开始积累。这些间隙原子由小簇聚集成大簇，最后重新排列成新的基平面，从而导致石墨晶体在 c 轴方向(垂直于基平面)膨胀，并在 a 轴方向(平行于基平面)收缩。核石墨制造过程中所形成的微观组织结构如晶体和晶粒度、石墨化程度、各向异性、微晶取向、孔隙率和微损伤等，是影响其在反应堆内宏观物理、热和机械性能表现的主要参数。此外，辐照过程中，石墨的非晶化和石墨化过程可能同步进行，石墨内部存在有序和无序的竞争。

2. 尺寸变化

如前所述，辐照条件下由于石墨的微晶结构为各向异性，石墨微晶在 c 轴方向上膨胀而在 a 轴方向上收缩。在制造冷却过程中由于应力作用在原子基面间形成的裂纹

(Mrozowski 裂纹)优先沿 a 轴方向排列,提供了足够的空间来容纳辐照引起的 c 轴膨胀。由于 c 轴膨胀被容纳抵消,石墨在体积上由于 a 轴收缩而表现为净体积收缩。随着辐照的进一步进行,越来越多的裂缝闭合,最终不再能容纳 c 轴的膨胀;同时微晶尺寸变化的不相容性导致平行于基面定向的新孔隙的产生。这使得体积收缩率逐渐下降并最终停止收缩开始膨胀。在反应堆的运行过程中,大型石墨构件中的中子注量和温度的局部差异会导致石墨微观结构中产生差异应变和应力,如果应力足够大,在较短的堆内服役时间内就可引起石墨构件产生裂纹并扩展直至最终失效。另一方面,通过辐照蠕变产生的应变缓解,可以完全避免石墨的早期失效,使得石墨可以承受因辐照引起的尺寸变化而导致的损伤。通常,石墨的使用寿命定义为材料收缩然后膨胀回其原始尺寸所需的时间或中子注量。尺寸变化的幅度和速率以及逆转点由诸多因素决定,包括石墨微观结构的结晶度、工艺条件、微晶取向的变化以及石墨内的固有微损伤。另外,尺寸变化率也受到照射温度的显著影响。由于微晶的热膨胀,提高辐照温度会导致裂纹闭合更快,从而导致逆转速度更快。因此,需要明确石墨尺寸和相应的体积随辐照剂量和温度的变化规律(见图 12-12),以便更好地开展关键性能评估,如辐照蠕变、逆转点和施加在石墨构件上内应力的大小。

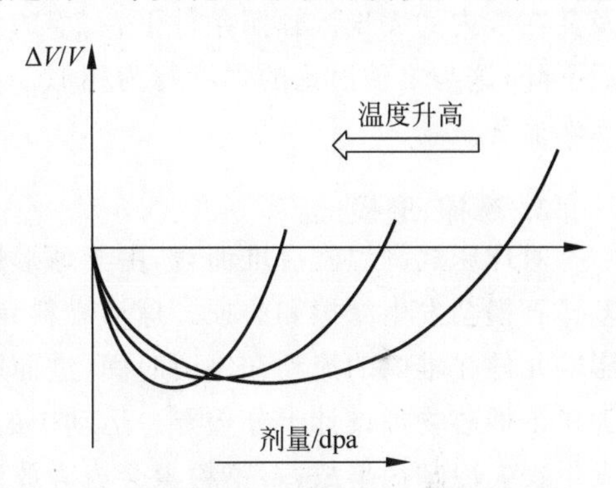

图 12-12 温度及辐照剂量对石墨体积变化的影响示意图

3. 密度

作为慢化剂,核石墨的密度是决定其慢化能力的基本因素。基于中子物理学和工程学的观点,通常希望核石墨能够有较高的密度,因为密度的增加通常伴随着机械性能的改善。但是,密度较高的石墨中气体的渗透性较差,尤其对大块石墨来说。低渗透率使得石墨在炭化和石墨化过程中产生的气体更难以扩散到外表面,因此更易引起变形和破裂。同时,由于其较低的渗透性,也会影响到为获得高纯度的石墨而进行的卤素提纯的效果。

12.4.2 机械性能

大块石墨内机械性能的固有差异是由于成型和热处理过程中引入的各向异性的织构所致,因此必须以统计学方式考虑单个大块内、大块与大块之间和不同批次间石墨机械性能的差异。精确地分析大块石墨的机械性能对于评估施加于石墨构件上的应力,进而确定石墨在反应堆内操作过程中承受的载荷和持续使用的能力至关重要。

1. 强度及模量

石墨的机械强度和模量对于确定堆内石墨组件的结构完整性至关重要,而堆内石墨组件的结构完整性是评估和预测以石墨为反射层的高温气冷堆寿命的重要因素之一。石墨的抗压强度、抗拉强度和抗弯强度随着温度的升高而逐渐升高,直到 2000℃左右,该温度远远超过了事故条件下高温气冷堆的极限峰值中心温度(1600℃)。石墨随着温度升高强度反而增加,主要归因于石墨内 Mrozowski 裂纹和石墨制造过程中引起的其他微裂纹的热闭合。

在辐照下，由于石墨的致密化，石墨的强度通常随中子注量的增加而略有增加，如前所述，这是由于尺寸变化过程中层间裂纹和制造过程中产生微裂纹发生闭合。最终，当辐照剂量接近于尺寸发生逆转时的剂量，石墨的强度显著降低，可能是由于石墨内新的微孔或裂纹的形成。

压缩或拉伸状态下应力-应变曲线是确定金属模量的常用方法，该曲线通常是非线性的。由于石墨是脆性的，因此在去除载荷后，石墨的永久变形较大。目前无损确定石墨模量的标准测试方法是通过声共振来测量其共振频率。由于石墨的弹性模量变化与强度的变化具有很好的相关性，因此通常将其应用于强度模型，以预测石墨组件的结构稳定性和完整性及其在堆内的表现。辐照条件下，石墨的弹性模量最初随着中子注量的增加而略有增加，然后下降，这与之前讨论的强度行为相似。温度对于辐照条件下石墨强度和弹性模量的变化影响显著。

2. 摩擦、磨损

对球床式高温气冷堆而言，由于球形燃料元件在堆内的循环流动，球形燃料元件表面的基体石墨会发生摩擦和磨损。球形燃料元件之间及其与反射层结构石墨之间的摩擦系数会影响元件在堆内的流动和停留时间，进而影响元件的燃耗。因此，堆内石墨材料的摩擦学行为对于堆芯物理设计十分重要。运动中的石墨球在摩擦、磨损过程中会产生石墨粉尘，一旦发生丧失冷却剂事故，石墨粉尘会成为放射性裂变产物的传输载体。此外，对柱状堆和球床堆而言，由于大块石墨间热膨胀行为的不匹配及冷却剂和元件流动产生的振动等因素，大块石墨之间会发生小的相对运动，使得接触面会发生摩擦、磨损。为满足运行功能要求及避免发生黏附及过度磨损，必须弄清楚堆内石墨材料的摩擦性能。

在高温气冷堆堆内氦气气氛下，石墨的摩擦系数随着温度的升高而逐渐降低，这主要是由于氦气中含有的微量杂质元素(如氧气)的吸附引起石墨界面之间的作用力降低所致。辐照条件下，由于石墨长期服役导致的微量氧化可能会改变石墨的表面状态，在 400～500℃下，辐照剂量至 0.3dpa 时，石墨的摩擦系数略有下降。

3. 辐照蠕变

堆内正常运行条件下，由于大块结构石墨组件内中子通量和温度的差异，石墨内部会产生应变和应力。内应力随着堆内中子辐照的增加持续增大，较短的堆内时间就足以导致堆芯迅速解体。幸运的是，辐照导致过快增长的应力会因辐照产生的蠕变应变的存在而得到缓解。在一定的运行温度下(＜1600℃)，石墨材料的热蠕变可以忽略不计，而石墨材料的辐照蠕变量可达百分之几，可以显著降低石墨构件的辐照内应力。辐照蠕变对于高温气冷堆的正常运行尤为重要。石墨材料的蠕变行为被认为是影响反应堆堆内石墨材料服役寿命的主要因素。

12.4.3 热学性能

在高温气冷堆正常运行和事故条件下，石墨材料的热学性能不仅对于保证燃料颗粒温度不超过其设计限制至关重要，而且对于预测大块结构石墨构件内的热诱导应力状态十分重要。热导率、热膨胀系数、比热和发射率等热学性能的降低，将显著影响石墨材料吸收能量和在事故条件下将热量从堆芯区域传导至堆芯外的能力。随之而来的将是燃料中心温度超过设计限制，进而使得大量包覆燃料颗粒失效及放射性裂变产物对外释放。而且，大块石墨内部及大块石墨之间产生的热诱导应力可能会超过大块结构石墨的机械强度，使得石墨发生开裂、层裂和出现结构不稳定等问题。

1. 比热容

比热容对于评估石墨堆芯在正常运行和事故条件下的热响应至关重要。核石墨材料具有较高的比热容，可以在事故初期储存热能量，缓解正常运行中的温度瞬变，有利于将高温气冷堆堆内燃料和金属部件的温度保持在可接受的水平。一般来说，石墨材料的比定压热容随温度（T）升高逐渐增加，如下式所示：

$$C_p = 4.03 + (1.14 \times 10^{-3})T - (2.04 \times 10^5)/T^2 \tag{12-1}$$

通常认为核石墨材料的比热受不同级别核石墨之间的差异影响很小，核石墨比热值在一定范围内的分布主要是由于测试过程中的实验条件差异所致。相同温度下，辐照后石墨材料的比热容几乎与辐照前一致，这在堆芯设计和评估石墨材料在正常运行和事故条件下的响应时非常重要。在较低的辐照温度（RT～300℃）下，由于中子辐照产生的 Wigner 能会储存在石墨结构中，影响石墨的比热容，如图 12-13 所示。石墨在进气或进水事故情况下，额外储存在石墨结构中的 Wigner 能将连同石墨氧化产生的热量使得石墨材料的温度迅速升高，可能会导致温度超过限制并引发失控行为。为了保证石墨材料在事故情况下安全运行，必须对高温条件下 Wigner 能的对外释放进行验证。

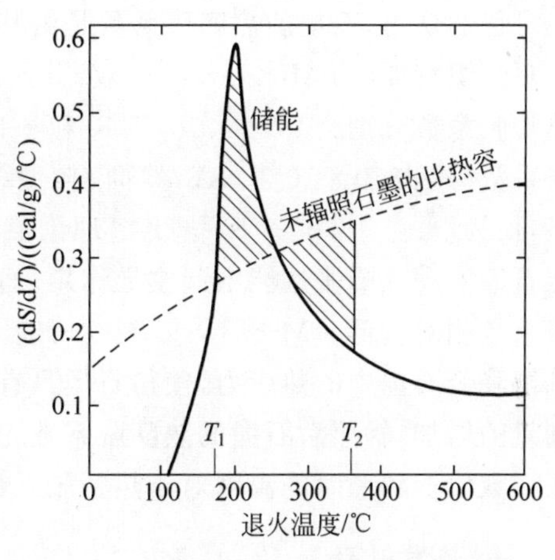

图 12-13 辐照储能引起石墨比热容的变化

2. 热导率

除了比热容，热导率对于确定燃料产生的热量通过石墨材料传递的速率十分重要，这对于高温气冷堆的安全设计至关重要。在石墨材料中，导热基本上是由于石墨晶格振动引起的，可用德拜方程表示：

$$K = bC_p vL \tag{12-2}$$

式中，K 为热导率；b 为常数；C_p 为比热容；v 为声子的速度；L 为声波散射的平均自由程。为保证核石墨具有足够高的热导率，石墨在生产过程中的石墨化温度通常较高（不低于 2700℃）。一般来说，石墨材料的热导率随着温度的升高逐渐降低。在德拜方程中，热导率 K 与平均自由程 L 成正比，而 L 又因为热激发碳原子的振幅增加而与温度成反比。当温度高于室温时，L 成为主导因子，超过了比热容 C_p 的增量。

在较低温度下，辐照引起的热导率变化非常显著。在较高温度（约 1000℃）下，由于石墨中的点缺陷损伤因退火效应变得不明显，石墨的热导率因辐照引起的变化较小。在辐照条件下，与辐照前相比，即使是较低的中子剂量，石墨的热导率也会发生显著的快速下降，但这种快速下降很快达到饱和，之后石墨的热导率基本上保持不变。当石墨承受的中子剂量继续增大至一定程度，石墨的热导率开始进一步下降，这可能是由于此前描述的辐照产生的裂纹和孔隙所致。石墨在辐照条件下热导率达到的饱和值与石墨种类基本上无关，这对于进行反应堆的物理设计十分关键。

3. 热膨胀系数

堆内石墨构件的热膨胀系数对于确保其在正常运行和事故条件下温度升高时的尺寸公差至关重要。热膨胀系数及其变化对于保证机械连锁的堆芯石墨构件不会因构件的接触而承受越来越大的应力非常重要。此外，如果不能确定石墨的热膨胀行为特性，可能会导致反射层大块结构石墨间的间隙过大，冷却剂在循环过程中可能会发生分流，从而导致局部燃料冷却剂不足引起过热进而发生燃料损坏的可能。石墨的热膨胀系数是由其内部孔隙的热闭合控制的，可以预见的是，辐照引起孔结构的变化会改变石墨的热膨胀行为。

普遍认为，石墨的热膨胀系数是由其填充颗粒的晶内热膨胀系数和制造过程中形成的微观组织特征（如 Mrozowski 裂纹）共同决定的。70℃时，石墨微晶在 c 轴和 a 轴方向上的热膨胀系数分别为 27.0×10^{-6}/K 和 -1.5×10^{-6}/K。基于此，各向同性石墨的平均热膨胀系数将是 8.0×10^{-6}/K。然而，典型各向同性石墨的实际平均热膨胀系数通常要小得多，仅为 $(3.0\sim5.0)\times10^{-6}$/K。理论值和实际值之间的差异是由于 Mrozowski 裂纹在决定石墨宏观热膨胀性能中起主导作用，通过吸纳石墨内部的晶间膨胀使得多晶石墨的热膨胀系数相对较低。Mrozowski 裂纹所能容纳的晶间膨胀越多，石墨的热膨胀系数越小，这有利于降低石墨中的热应力，使得石墨具有优良的抗热震性能。在辐照条件下，随着中子辐照剂量的增加，辐照后石墨的热膨胀系数先略有增加并达到峰值，随后下降并低于辐照前热膨胀系数值。辐照时的温度对于热膨胀系数的峰值及最终热膨胀系数的大小影响显著。

4. 热发射率

热发射率为材料发出的热能与理想黑体基准所发出的热能之比，在理想黑体基准下，二者的辐射波长和温度相同。通常认为发射率为 1.0 的理想黑体会吸收掉落在其上的所有辐射能，并在给定温度下辐射整个波长范围内可能的最大能量。在事故条件下，石墨材料的热发射率必须足够高，从而使得通过热辐射传递的能量穿过堆芯和压力容器壁之间的间隙，达到辐射散热的效果。可以确定的是，石墨的发射率随温度变化而略有变化，温度系数为 1.9×10^{-5}/K。在 200～6000nm 的波长范围内，石墨材料的发射率几乎恒定。典型的石墨发射率在 0.8～0.9 之间，由于石墨几乎是理想的黑体材料，因此石墨部件的表面状况和工作环境在确定其发射率方面起着重要作用。需要注意的是，氦气冷却剂中的杂质会引起石墨材料的缓慢氧化并对其表面状态产生影响，进而会影响其热发射率。辐照条件下，石墨材料的热发射率不会发生显著的变化。

参考文献

[1] 谢有赞. 炭石墨材料工艺[M]. 长沙，湖南大学出版社，1988.
[2] 稻垣道夫，康飞宇. 炭材料科学与工程——从基础到应用[M]. 北京：清华大学出版社，2006.
[3] 徐世江，康飞宇. 核工程中的炭和石墨材料[M]. 北京：清华大学出版社，2010.
[4] PIERSON H O. Handbook of carbon, graphite, diamond and fullerenes—properties, processing and applications[M]. Park Ridge: Noyes Publications, 1994.
[5] 王振廷，付长璟. 石墨深加工技术[M]. 哈尔滨：哈尔滨工业大学出版社，2017.

[6]　韩志东. 新型石墨层间化合物的制备及其膨胀与阻燃机理的研究[D]. 哈尔滨：哈尔滨理工大学，2008.
[7]　FERMI E. Experimental production of a divergent chain reaction[J]. American Journal of Physics，1952，20：536-558.
[8]　NIGHTINGALE R E. Nuclear graphite[M]. New York：Academic Press，1962.
[9]　High temperature gas cooled reactor technology development[R]. Vienna：IAEA，IAEA-TECDOC-988，1996.
[10]　IAEA. Current status and future development of modular high temperature gas cooled reactor technology[R]. Vienna：IAEA，IAEA-TECDOC-1198，2001.
[11]　ZHANG Z Y，DONG Y J，ZHANG Z M，et al. The Shandong Shidao Bay 200 MWe high-temperature gas-cooled rector pebble-bed module（HTR-PM）demonstration power plant：an engineering and technical innovation[J]. Engineering，2016，2(1)：112-118.
[12]　ZHOU X W，YANG Y，SONG J，et al. Carbon materials in a high temperature gas-cooled reactor pebble-bed module[J]. New Carbon Materials，2018，33(2)：97-108.
[13]　ZHOU X W，TANG Y P，LU Z M，et al. Nuclear graphite for high temperature gas-cooled reactors[J]. New Carbon Materials，2017，32(3)：193-204.
[14]　BURCHELL T D. Carbon materials for advanced technologies[M]. Amsterdam：Elsevier，1999.
[15]　BURCHELL T D，BRATTON R，WINDES W. NGNP graphite selection and acquisition strategy[R]. Oak Ridge：Oak Ridge National Lab，ORNL/TM-2007/153，2007.
[16]　ZHOU X W，TANG C H. Current status and future development of coated fuel particles for high temperature gas-cooled reactors[J]. Progress in Nuclear Energy，2011，53：182-188.
[17]　KNOL S，GROOT S，SALAMA R V，et al. HTR-PM fuel pebble irradiation qualification in the High Flux Reactor in Petten[C]. International Topical Meeting on High Temperature Reactor Technology（HTR-2016），Las Vegas，American Nuclear Society，2016.
[18]　ZHOU X W，LU Z M，ZHANG J，et al. Preparation of spherical fuel elements for HTR-PM in INET[J]. Nuclear Engineering and Design，2013，263：456-461.
[19]　MROZOWSKI S. Mechanical strength，thermal expansion and structure of cokes and carbons First biannual conference on carbon[C]. Buffalo：University at Buffalo，1953.
[20]　Society of Testing Materials. Standard Test Method for Moduli of Elasticity and Fundamental Frequencies of Carbon and Graphite Materials by Sonic Resonance：ASTM C747-16[S]. 2005.
[21]　RYCROFT C H，GREST G S，LANDRY J W，et al. Analysis of granular flow in a pebble-bed nuclear reactor[J]. Physical Review E，2006，74(2)：021306.
[22]　LUO X W，LI X T，YU S Y. Nuclear graphite friction properties and the influence of friction properties on the pebble bed[J]. Nuclear Engineering and Design，2010，240：2674-2681.
[23]　PRESTON S D，MARSDEN B J. Changes in the coefficient of thermal expansion in stressed Gilsocarbon graphite[J]. Carbon，2006，44：1250-1257.

第13章

聚变堆用材料

能够维持核聚变反应并能利用核聚变能和中子的装置，简称聚变反应堆或聚变堆。与裂变相比，聚变具有许多优点。首先，轻核聚变产能效率高；其次，地球上聚变燃料储量丰富。此外，轻核聚变更为安全清洁，高温不能维持反应便自动终止，聚变产生的氦没有放射性。废物主要是泄露的氚、高速中子、质子与其他物质反应生成的放射性物质，比裂变反应堆生成的废物数量少，容易处理。因此长远来看，聚变能是人类理想的能源。

13.1 聚变堆原理

13.1.1 聚变反应

把轻核结合成质量较大的核，释放出核能的反应叫聚变。消耗相同质量核燃料时，聚变比裂变能释放更多的能量。常见的聚变反应主要有以下几种：

$$D+D \longrightarrow {}^{3}He(0.82MeV)+n(2.45MeV) \tag{13-1}$$

$$D+D \longrightarrow {}^{3}T(1.01MeV)+p(3.03MeV) \tag{13-2}$$

$$D+T \longrightarrow {}^{4}He(3.52MeV)+n(14.06MeV) \tag{13-3}$$

$$D+{}^{3}He \longrightarrow {}^{4}He(3.67MeV)+n(14.67MeV) \tag{13-4}$$

其中 D-T 反应速度快，释放能量多，反应条件低，更易实现，如图 13-1 所示。

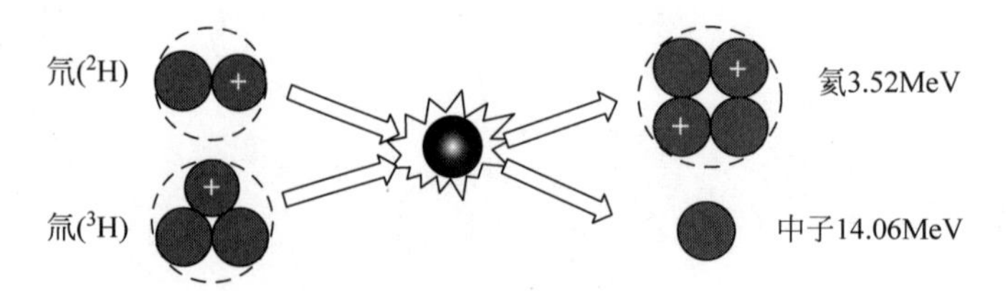

图 13-1 氘氚聚变反应示意图

要实现核聚变，需要使动能足以克服原子核间的静电斥力让原子核能自由运动，也就是温度足够高使得电子能脱离原子核的束缚，才可能使裸露的原子核发生直接接触。这时需要将作为反应体的氘氚混合气体加热到1亿度以上的等离子态。等离子体态是由大量带电粒子（自由电子与离子）及中性粒子组成，宏观上呈现准中性且具有集体效应的混合气体，被称为物质第四态。1957年，劳森将发生核聚变的条件定量化形成劳森判据，这是聚变反应获得能量增益的必要条件（点火条件）。劳森判据如下：

$$\begin{cases} T \approx 10\text{keV}, \quad n\tau = 6 \times 10^{13}\,\text{s/cm}^3\,(\text{D-T 反应}) \\ T \approx 20\text{keV}, \quad n\tau = 2 \times 10^{15}\,\text{s/cm}^3\,(\text{D-D 反应}) \end{cases} \tag{13-5}$$

其中，n 为等离子体密度，τ 为约束时间。劳森判据给出了聚变堆的核心问题，即设计约束手段以便能够在足够长的时间内同时维持很高的温度和等离子体密度。要使具有一定密度的等离子体在高温条件下维持一段时间，需要有一个“容器”，它不仅能忍耐 10^8K 的高温，而且能导热，不能因等离子体与容器壁碰撞而降温。这就需要对等离子体进行约束，等离子体的约束分为磁性约束和惯性约束。

13.1.2　磁性约束

磁性约束，可将低密度等离子体约束较长时间。磁性约束充分利用等离子体是带电粒子气体的特点，在合适的磁场位形下，等离子体粒子有可能被约束，如图13-2所示。常见的环形磁约束系统主要有托卡马克和仿星器。在此主要介绍托卡马克实验装置。

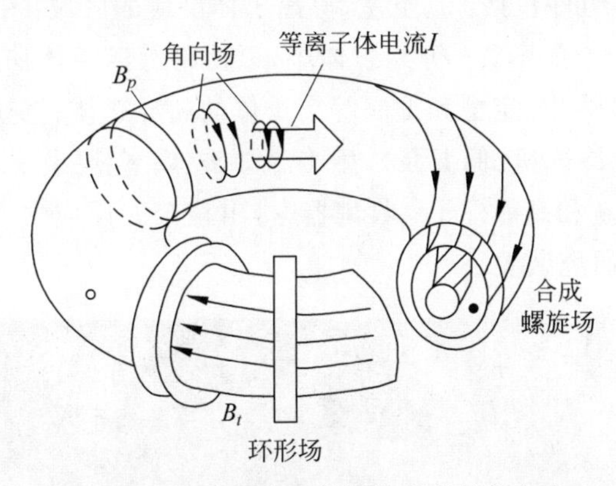

图13-2　环流器中环状螺旋形磁场的合成

托卡马克（俄语 Tokamak）——环形磁室，是当今取得聚变等离子体参数最好的一类装置，等离子体参数已经很接近能量得失相当的水平。磁约束聚变电站主要由三部分构成：堆芯等离子体、包层（氚再生区）和置于真空室外的强磁场。其工作原理为加速器释放出微波、带电粒子束和中性粒子束，用于加热氢气的气流。在高温下，氢气从气态变为等离子体，之后超导磁体对等离子体施加压力，继而发生聚变（图13-3）。但目前还存在大量问题：首先是内壁要经受高能中子的持续强辐照以及高通量氘（D）和氚（T）等离子体轰击；其次，该装置的造价很高，输出能量份额低，发电成本很高。

要实现核聚变点火就必须将等离子体加热到10keV以上，加热的方法有欧姆加热、高能中性粒子束注入加热、大功率射频波加热、绝热压缩加热以及α粒子加热等。

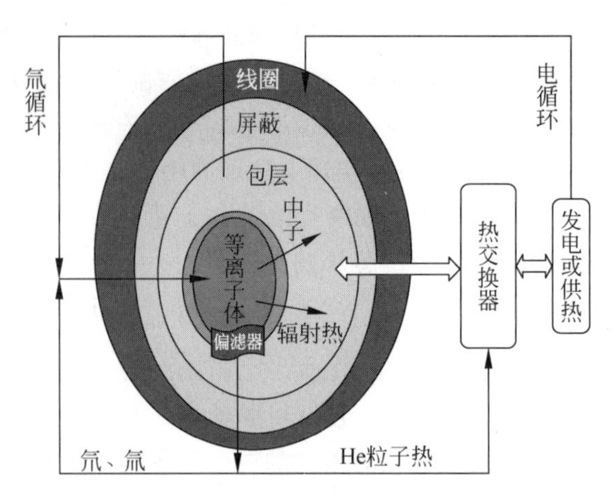

图 13-3 磁性约束聚变堆的工作原理

著名的磁性约束项目为 ITER 项目(the International Thermonuclear Experimental Reactor)。ITER 计划始于 1985 年,其目标是建造一个可自持燃烧(即“点火”)的托卡马克聚变实验堆,以此来验证聚变反应堆的工程可行性,聚变功率为 1500MW(后调整为 500MW)。自 1988 年启动以来,ITER 不仅完成了物理和全部工程设计,而且完成了许多关键部件的预研。参与 ITER 合作的六方(欧盟、俄罗斯、中国、日本、美国和韩国)于 2005 年 6 月 28 日在莫斯科一致同意将 ITER 试验反应堆设在法国南部的 Cadarache。ITER Tokamak 反应堆的主要组件包括:真空室,等离子体反应的区域;中性束注入器(离子回旋系统),将加速器释放的粒子束注入等离子体中,以便将等离子体加热到临界温度;磁场线圈(极向环形),用磁场来约束、定型和抑制等离子体的超导磁体;变压器/中央螺线管,为磁场线圈供电;冷却设备(冷冻机、低温泵),用于冷却磁体;包层模块,由含锂材料制成,用于吸收核聚变反应中的热量和高能中子;收集器,排出核聚变反应中产生的氦。图 13-4 展示了目前的主要聚变实验研究装置。

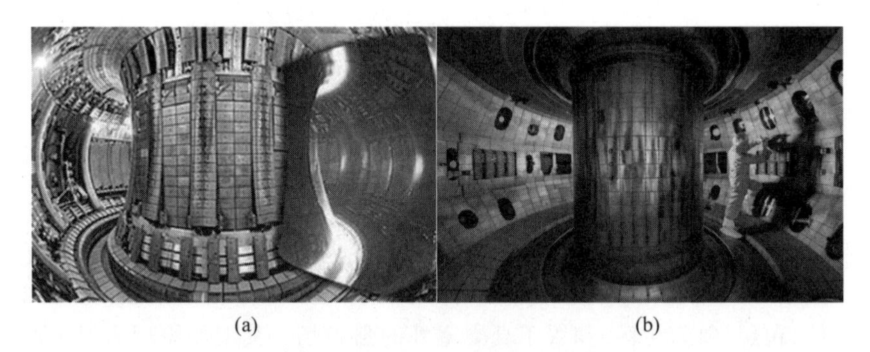

(a) (b)

图 13-4 国外的主要聚变实验研究装置

(a) 欧洲联合环 JET;(b) 美国 DⅢ-D

13.1.3 惯性约束

惯性约束可在短时间内获得极高的等离子体密度。在靶室内部的焦点上,放有一个豌豆大小的氘-氚粒状物，其外侧包有一个小型塑料圆筒。激光的能量(180万J)将加热圆筒，并生成X射线。在高温和辐射的作用下，粒状物将转化为等离子体，且压力不断升高，直至发生聚变。核聚变反应时间很短，大约只有百万分之一秒，但它释放的能量是引发核聚变所需能量的50～100倍。在这种类型的反应堆中，需要相继点燃多个目标，才能产生持续的热量。

惯性约束聚变主要分为以下四个阶段，如图13-5所示：①激光辐照，强激光束快速加热氘氚靶丸表面，形成一个等离子体烧蚀层；②内爆压缩，靶丸表面热物质向外喷发，反向压缩材料；③聚变点火，通过向心聚爆过程，氘氚核燃料达到高温、高密度状态；④聚变燃烧，热核燃烧在被压缩燃料内部蔓延，产生数倍的能量增益。点火方式有两种，一种为中心热斑点火方案，该方案燃料压缩与点火是交织在一起的；另一种为快点火方案，是将内爆压缩和加热分开实现。相比于前者，后者更能降低压缩对称性与驱动能量要求，提高能量增益。

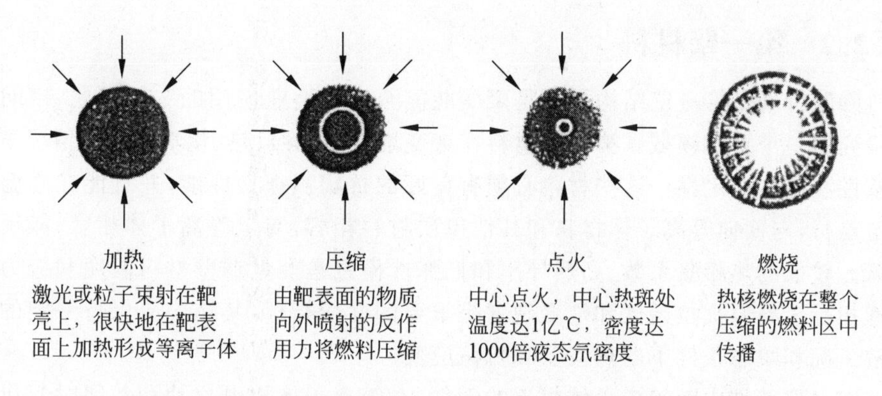

图13-5　直接驱动的惯性约束聚变的四个过程

在激光核聚变研究领域，美国拥有世界上功率最大的X射线模拟器“诺瓦”激光器。早在1998年，美国能源部就开始在劳伦斯利弗莫尔国家实验室启动了“国家点火装置工程”。美国人造小太阳是世界上最大的激光点火装置，整个激光装置的大厅215m长，120m宽，每次激光脉冲持续时间大约为十亿分之一秒，最大输出能量为180万J，其瞬间最大输出功率为54000亿kW，是美国所有电厂输出功率之和的500倍。如此大功率的激光装置完全能点燃人造小太阳。美国国家点火装置可以把180万J的能量，通过192条激光束聚焦到一个直径2mm的冷冻氢气球上，从而产生高达1亿℃的热力，类似恒星和巨大行星的内核以及核爆炸时的温度和压力。

我国著名物理学家王淦昌院士1964年就提出了激光核聚变的初步理论，从而使我国在这一领域的科研工作走在当时世界各国的前列。1974年，我国采用一路激光驱动聚氘乙烯靶发生核反应，并观察到氘氘反应产生的中子。此外，著名理论物理学家于敏院士在20世纪70年代中期就提出了激光通过入射口打进重金属外壳包围的空腔，以X光辐射驱动方式实现激光核聚变的概念。1986年，我国激光核聚变实验装置“神光”研制成功。1995年，激光惯性约束核聚变在“863”计划中立项，同时也成为《国家中长期科学和技术发展规划》的十六项重大专项之一。

13.2 聚变反应堆材料

13.2.1 热核材料

热核材料主要分为三种：氘 D(^{2}H)，氚 T(^{3}H)和^{3}He。氘 D(^{2}H)，存在于普通氢气、普通水、天然气及石油中。氚 T(^{3}H)，氢的放射性同位素，半衰期为 12.35 年，自然界中含量甚微，最经济的大量生产氚的办法，也是现今世界上普遍采用的方法，是利用反应堆中的热中子辐照^{6}Li 靶，原则上任何反应堆只要有多余的后备反应性都可用来生产氚。其中富集铀重水堆具有中子经济性好、产氚率最高的特点。^{3}He，氦的同位素，在空气中含量亿万分之一，是极少数的稳定同位素之一，核衰变是其唯一来源。

13.2.2 第一壁材料

材料问题特别是第一壁结构材料是聚变能能否实现商业应用的主要问题，该问题是目前聚变研究的一个重要领域。第一壁材料在聚变堆严酷辐照、热、化学和应力情况下应保持机械完整性和尺寸稳定性。这些材料必须有良好的抗辐照损伤性能，并且能在高温应力状态下稳定运行，与面向等离子体材料和其他包层材料相容，与氢等离子体相容，能承受高表面热负荷。较低的热膨胀系数、高热导率和低弹性模量是衡量器壁材料温度和应力梯度的重要物理指标。高温抗拉硬度和蠕变硬度是重要的性能指标，其结构应保持一定的塑性以承受正常工况和瞬态条件下的热应变和机械应变。

第一壁是聚变堆中距等离子体最近的部件，在等离子体放电启动和关闭时起决定等离子体的边界面的作用。DT 聚变产生的 14MeV 中子、电磁辐射和带电的或中性的粒子直接作用在第一壁表面，形成对第一壁的能量沉积、中子辐照损伤、溅射和侵蚀等。因此，第一壁材料需满足以下几点：具有一定的抗中子辐照损伤能力，对氢脆和氦脆不敏感，辐照肿胀速率足够低，与冷却剂和包层材料相容性好，可保证材料在寿期内的结构完整性。

常见的第一壁材料主要有奥氏体不锈钢，铁素体和马氏体不锈钢，钒合金和 SiC_f/SiC 复合材料。其中低活化铁素体/马氏体钢(reduced activation ferritic/martensitic steel，RAFM)具有热导率较高、热膨胀系数小、抗辐照、低活化等优点，具有先进的工业基础和现实可行性，经济性较好，成为未来聚变示范堆和第一座聚变电站的首选结构材料。RAFM 钢在辐照条件下的脆性问题以及磁渗透问题是需要解决的关键问题，其上限运行温度相对较低(约 550℃)，影响其工业应用。对于钒合金来说，尽管其运行温度较高(700℃)且与 Li 有很好的包容性，但其抗氧化性能差，规模生产经验较少，目前基本处于实验室水平。V-4Cr-4Ti 因相对优异特性成为钒合金中的首选。对于 SiC_f/SiC 复合材料来说，其耐高温效果具有特殊的优势(1000℃)，但存在辐照肿胀和辐照蠕变等不利影响，因此发展高温、高热导率、具有抗中子辐照特性的 SiC_f/SiC 复合材料仍是一项具有前景性的目标。

难熔合金和碳化硅复合材料在耐高温以及抗辐照方面有明显的优势，是未来先进包层材料的主要候选材料，但发展时间较短，工业基础薄弱，加工工艺较难，价格昂贵，限制了其在早期聚变堆中的应用。随着技术的发展，先进材料必将在聚变堆中扮演重要的角色。从结构材料的发展趋势上看，RAFM 钢最有可能率先获得应用，钒合金其次，最后才是 SiC_f/SiC 复合材料和 W 合金。

13.2.3　高热流部件材料

高热流(负荷)部件是指孔栏和偏滤器中承受高热负荷的部件。其中孔栏是限定等离子体边界的部件，是第一壁的附属结构，比第一壁更接近等离子体。偏滤器通过干扰约束磁场，控制逃逸的燃料离子与杂质，使其远离第一壁而撞击在偏滤器收集板上。常见的高热流部件材料主要有铜合金、钼合金和铌合金。铜合金热导率最高，利于降低壁的温度梯度，但其熔点低、热膨胀系数高。钼合金目前有钼钛合金、钼铼合金等产品，其熔点高，热膨胀系数低，与面向等离子体材料匹配，利于降低截面热应力，但其塑性差，易辐照脆化，加工、焊接性能差。钼合金的发展目标是抑制再结晶脆性和辐照脆性。如加入 TiC，可起到显著增加再结晶温度和减轻辐照损伤的作用，其机制是通过较细的 TiC 粒子阻止钼合金的晶界移动，且 TiC 和钼基体间的界面对辐照引起的缺陷起到尾闾作用。铌合金的熔点和热膨胀性能优势类似钼合金，焊接性能好，对辐照脆化不敏感，但氢脆和氚存留量与渗透率过高。氢可由铌合金在水冷却剂中的腐蚀、等离子体中各种氢同位素的注入或溶解以及核嬗变反应产生，如被铌合金吸收可发生氢脆。一般通过添加 Zr、Ti 加以克服。碳、氧等杂质的存在对铌合金的力学性能有影响。目前，铌锆合金是聚变堆经受持续高温部件中有潜力的候选材料。

13.2.4　面向等离子体材料

等离子体与材料会发生相互作用，这种相互作用非常复杂，其中作用最大的就是等离子体对材料的损伤，例如：物理溅射、化学溅射及表面起泡和剥落等(见图 13-6)。除此以外，还存在着当材料表面放出的各种粒子(包括所吸附的工作气体、杂质气体和组成材料本身的元素)进入等离子体约束区后对等离子体约束特性造成的影响等，如图 13-7 所示。

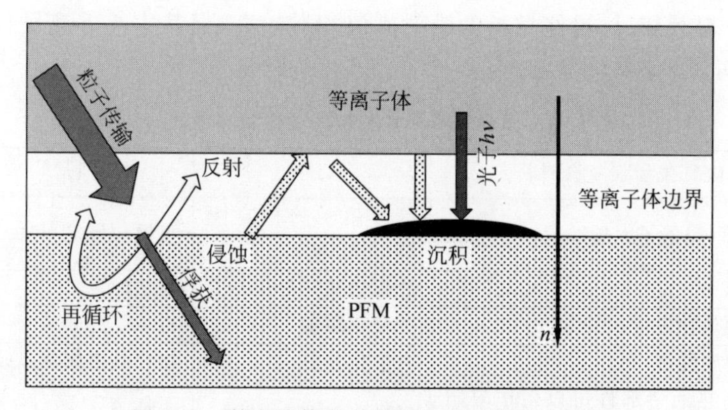

图 13-6　等离子体与壁材料的相互作用示意图

面向等离子体材料是一种保护第一壁、孔栏和偏滤器部件的结构材料，使其免受等离子体逃逸粒子的溅射作用。等离子体逃逸粒子的全部能量在约 0.1ms 内耗散在这些材料上，

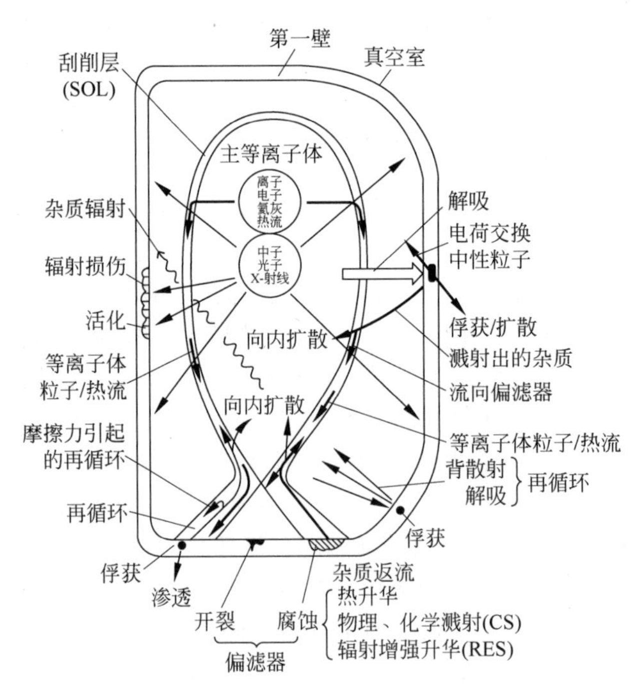

图 13-7 等离子体与材料表面相互作用的基本图像及过程

避免对结构材料造成损伤。选择的面向等离子体材料需满足以下几点要求：低溅射速率，高热冲击抗力，高热负荷能力，低氚存留量，低活化放射性和低衰变余热。此外，材料的价格也是一个重要因素，有些材料很昂贵，例如单晶钨就是因为价格太高而没有经济可行性从而在 ITER 计划中被排除。特别需要注意的是，组成各个功能部件的材料的膨胀系数并不相同，所以各种材料的连接技术十分关键。常见的面向等离子体材料主要有碳纤维复合材料、铍、钨和钨的合金（表 13-1）。人们根据多年的研究提出了低 Z（Z 为原子序数）和高 Z 两种材料作为壁材料的优选方案。其中低 Z 材料（石墨、碳纤维增强复合材料、铍等）一般具有低溅射阈值且中心等离子体容许浓度高。高 Z 材料一般是常见的 W 及其合金和 Mo 及其合金等，与低 Z 材料相反，这些材料的溅射阈值相对较高，但其中心等离子体容许浓度低，且运行经验相对较少。

表 13-1 面向等离子体材料的候选材料性能对比

材料	碳纤维增强复合材料	Be	W
优点	低 Z 值（积累了大量经验）	与等离子的相容性高（低 Z 值）	可原位修复
	高热导率	相对较高热导值	高热导
	优良的热冲击性	无化学溅射	可承受高热应力
	低破裂腐蚀率	可原位修复	物理溅射阈值高，没有化学腐蚀
	作为高热通量部件可以用作限制器及偏滤器材料	强的吸氧能力	高熔点
		低活性	氘氚滞留量低

续表

材料	碳纤维增强复合材料	Be	W
缺点	辐照增强升华	耐中子辐照能力低	中子辐照后变脆
	低的抗氧化性	800℃以上耐氧化性差	高的辐射性
	氚储存量大	低熔点	高 Z 值(等离子体中可容许浓度低)
	中子辐照后热导降低(但通过退火可部分修复)	使用寿命短	在大的聚变装置中缺乏大量使用数据
	需一定焙烧和清洗技术	有毒性,需采取安全措施	加工性差
	与铜热沉连接时的热膨胀失配较大	尘埃易爆	与铜热沉连接时的热膨胀失配较大
	尘埃易爆		尘埃易爆

面向等离子体材料最初选用的是碳基材料、高纯石墨,但其并不适用于未来聚变堆。主要是由于石墨的孔隙较大,导致水蒸气、H_2、O_2 等多种气体大量储存于孔隙,特别是对于聚变燃料氘、氚储存量高,给聚变实验装置的再循环控制造成了困难。此外,该材料耐高温氧化性差,并有高化学溅射和辐照升华现象,使用寿命较短。向石墨中加入 B、Ti 和 Si 等元素能有效抑制化学溅射现象,并提高机械性能、热性能和真空性能。

铍原子序数比碳低,对氧的亲和力高,与氢无相互作用,具有低感生活性和高中子倍增能力,可作为很好的面向等离子体材料。不过存在熔化温度低,蒸气压高,物理溅射产额高,具有一定毒性等缺点。一般铸造铍力学性能很差,多采用冷加工(轧制、挤压),但容易产生织构。铍产品的热、机械和辐照行为与杂质水平有关。氚在铍中的积累有两个来源:嬗变产生的氚和等离子中注入的氚。

钨是熔点最高的金属,蒸气压最低,热导性好,高温强度高,不与氢反应,不与氚共沉积,是良好的高热流密度部件的保护材料。其缺点是具有再结晶脆性和辐照脆性,其能量较高时,自溅射系数大。一般通过粉末冶金烧结方式制备。可通过掺入微量(质量分数 1%)的 La_2O_3 获得弥散强化效果,再通过热机械处理使其结构均匀化,可阻止再结晶。

13.2.5 氚增殖材料

聚变堆的包层主要由氚增殖材料、结构材料、冷却介质等构成,不仅可以产生氚,而且可将聚变产生的能量变成热能并由冷却介质带走,还可以提供对人员和敏感部件的核防护。氚增殖材料主要分为液态增殖材料和陶瓷增殖材料两种。其中液态增殖材料主要有液态金属锂(Li)、氟锂铍熔盐(FLiBe)和液态锂铅合金($Li_{17}Pb_{83}$),由于液态氚增殖剂中单位体积内的 Li 的原子数较多,因此可以达到较高的氚增殖率。其中技术相对成熟且最具有吸引力的是 LiPb 增殖剂,它载热能力强,在作为氚增殖剂和中子倍增剂的同时也可作为冷却剂,与 Li 相比电导性不高,因而磁流体动力学效应相对较弱。液态金属没有中子辐照损伤和热机械性能方面的限制,在结构材料温度允许的条件下其运行温度可以达到很高。对于陶瓷增殖材料来说，含锂陶瓷材料具有优良的热物理与力学性质以及良好的氚释放性能、热稳定性和化学惰性。固态增殖剂材料主要分为合金型（Al-Li）和陶瓷型（Li_2O、偏铝酸锂（$LiAlO_2$）、偏锆酸锂（Li_2ZrO_3）、硅酸锂（Li_4SiO_4）等）两种。

表 13-2 比较了几种典型的固态氚增殖剂特性。相比于液态增殖材料来说，由于受到 Li 的原子比以及填充率的限制，固态包层的氚增殖率普遍不高，为了达到合适的氚增殖率，需要在包层中布置可以提高中子产额的中子倍增剂，如 Be 等。固态陶瓷氚增殖剂和中子倍增剂 Be 在中子辐照和高温条件下，其热物理性能和机械性能会大大降低，因此其使用温度有一定的限制，其中固态陶瓷氚增殖剂允许使用的温度上限为 900℃，而中子倍增剂 Be 允许使用的温度上限为 650℃。但固态增殖剂具有不发生 Li 反应，危险性较低，且无磁流体动力学效应的影响等优势。中国氦冷示范堆实验包层方案中已选用 Li_4SiO_4 微球作为第一候选氚增殖剂（Li_2TiO_3 作为替补材料）。早期的增殖剂设计有棒状、板状和小球形式。经过长期的研究和发展，球床形式的氚增殖剂以及中子倍增剂已经成为首选，便于氚提取和滞留量的控制。

表 13-2　固态氚增殖剂特性比较

性　　质	Li_2ZrO_3	Li_2TiO_3	Li_4SiO_4
温度上限/℃	960	959	972
相变温度/℃	1100	1150	1024
温度下限/℃	290～340	300～350	382～418
Li 密度（理论值）/（g/cm^3）	0.38	0.43	0.55
小球密度（理论密度）/%	85～90	90～95	98
机械特性	好	好	好
热应力敏感性	低	可能低	高（但小尺寸球可以补偿）
对水的敏感性	相当高	低	高
球床的热导性	中等	好	好
活化限制/a	20 万	200	75
余热	非常高	相当低	低
制备与处理	复杂	复杂	相对容易
与结构材料的相容性	好（T<700℃时）	好（T<700℃时）	好（T<700℃时）
辐照稳定性	好	好	好

在目前的包层设计中冷却剂主要有三类：氦气、水以及液态金属（包括熔盐）。固态包层的冷却剂主要是氦气和水，而液态包层除了可以用氦气和水之外，氚增殖剂也可以通过自身的流动将热量带出，起到冷却剂的作用。固态增殖剂包层由于只有一种冷却剂，因此只能选择单冷模式。而液态包层则可以选择单冷、双冷或液态金属自冷三种冷却方式。表 13-3 所示为典型的聚变堆包层特征。聚变堆第一壁结构材料与包层材料的发展综合评价如图 13-8 所示。

表 13-3 典型聚变堆包层特征

国家/地区	包层设计概念	包层形式	结构材料	氚增殖剂	中子倍增剂	冷却剂	冷却剂出口温度/℃
欧洲	HCPB	固态	RAFM	Li_4SiO_4	Be	He	500
	A-HCPB	固态	SiC_f/SiC	Li_4SiO_4	Be	He	700
	WCLL	液态	RAFM	LiPb	—	水	325
	HCLL	液态	RAFM	LiPb	—	He	500
	A-DC	液态	ODS/SiC 插件	LiPb	—	LiPb/He	700/480
	TAURO	液态	SiC_f/SiC	LiPb	—	LiPb	950
美国	ARIES-RS	液态	V-alloy	Li	—	Li	646
	ARIES-ST	液态	ODS/SiC 插件	LiPb	—	LiPb/He	700/525
	ARIES-AT	液态	SiC/SiC	LiPb	—	LiPb	1000
	APEX-FLiBe	液态	RAFM	FLiBe	Pb	Flibe	681
日本	SSTR	固态	RAFM	Li_2O	Be	水	325
	SSTR-A	固态	RAFM	Li_2O	Be	超临界水	540
	DREAM	固态	SiC_f/SiC	Li_2TiO_3	Be	He	900
	FFHR	液态	钒合金	FLiBe	Be	FLiBe	600
中国	SLL	液态	RAFM	LiPb	—	He	450
	DLL	液态	RAFM/SiC 插件	LiPb	—	LiPb/He	700/450
	HTL	液态	RAFM/SiC 插件	LiPb	—	LiPb/He	1000/450
	HCSB	固态	RAFM	Li_4SiO_4	Be	He	500

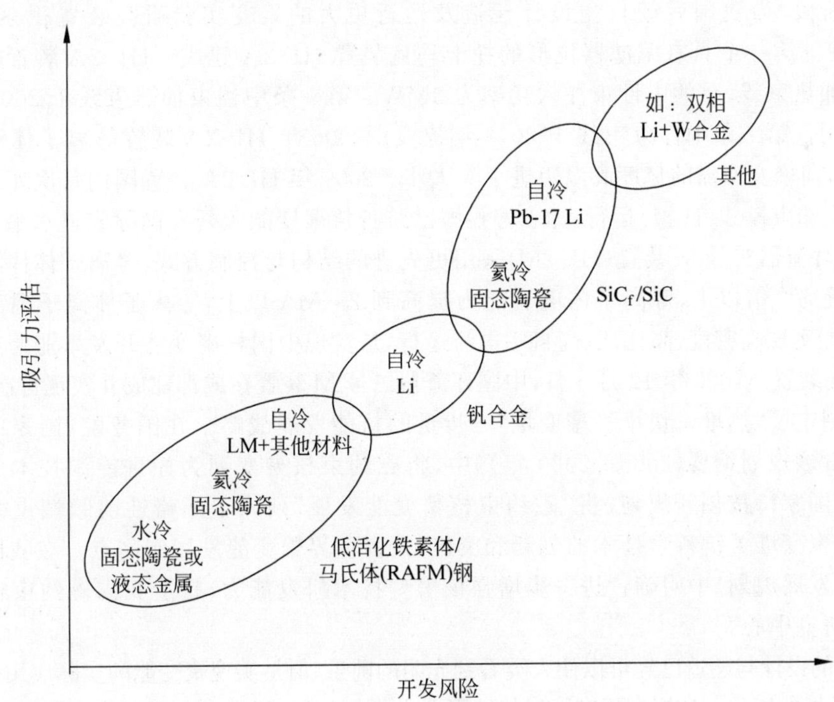

图 13-8 结构材料发展综合评价

13.2.6 功能材料

同裂变堆类似，聚变反应堆为了防止氚渗透和腐蚀，需要添加一层涂层作为绝缘层，从而降低磁流体动力学效应的影响。因此，这要求涂层材料首先要具有良好的氚渗透降低因子以及与液态 LiPb 有很好的相容性。常见的涂层材料也分为三类：氧化物层，主要有 Cr_2O_3、Al_2O_3 等；钛基陶瓷涂层，主要包括 TiC 和 TiN，或这两种材料的复合或混合材料；硅化物涂层，主要有 SiC 和 Si_3N_4。

13.3 核聚变在我国的发展

我国核聚变研究始于 20 世纪 50 年代，开始是原理性和探索性研究。核工业西南物理研究院于 1965 年在四川建立，是我国最早的聚变研究专业院所。先后建立了角向箍缩、仿星器、磁镜、反场箍缩等不同类型的装置。从 20 世纪 70 年代末到 80 年代初，我国开始在托卡马克型装置上进行了重点研究。国内从事磁约束受控核聚变研究的主要研究院所及高校有核工业西南物理研究院、中科院等离子体物理研究所、中国科学技术大学、华中科技大学、中国工程物理研究院、四川大学、北京大学、清华大学、大连理工大学、浙江大学等，具有一定国际影响力的磁约束受控核聚变主要研究设施有 HL-1、HL-2A、EAST、J-TEXT、KTX、HL-2M 等。

中国环流器一号（HL-1）装置是 1971 年 12 月批准建设的大科学工程项目。HL-1 装置于 1984 年建成并投入实验运行，是我国自主设计建造的第一个聚变大科学工程装置，在我国核聚变研究史上具有里程碑意义。它标志着我国核聚变研究由原理性研究阶段迈入规模实验研究阶段，为我国后续自主设计建造及运行更大的聚变实验研究装置积累了经验。2002 年，我国第一个具有偏滤器位形的托卡马克装置 HL-2A 建成。HL-2A 装置配备了两条中性束加热束线，总的中性束注入功率为 3MW。第一条中性束加热束线于 2007 年建成并投入使用。第二条中性束束线于 2013 年建成。2006 年 HL-2A 装置等离子体温度达到 5500 万℃，向聚变所需的亿度高温迈进了一大步。2009 年 HL-2A 装置国内首次实现了偏滤器位形下高约束模式（H 模）运行，标志着我国已跻身核聚变能源开发国际先进水平。在此基础上，中国环流器二号 M 装置（HL-2M）采用更先进的结构与控制方式，等离子体体积达到国内现有装置的 2 倍以上，等离子体电流能力提高到 2.5MA 以上，等离子体离子温度可达到 1.5 亿℃，能实现高密度、高比压、高自举电流运行，是实现中国核聚变能开发事业跨越式发展的重要依托装置。2020 年 12 月 4 日，中国环流器二号 M 装置在成都建成并实现首次放电。

我国制定了“热堆—快堆—聚变堆”三步走的核能发展战略。在国务院《国家中长期科学和技术发展规划纲要（2006—2020 年）》中，将磁约束核聚变列为先进能源技术。国务院《“十三五”国家科技创新规划》将“磁约束核聚变能发展”列入了战略性前瞻性重大科学问题，拟通过聚变堆关键科学技术的创新和突破，抢占世界聚变能发展制高点。在我国《“十三五”核工业发展规划》中明确，“进一步增强核聚变技术研发能力，打造我国磁约束核聚变的核岛设计研究中心”。

ITER 的设计与建造已经可以使人类看到光明的前景，但是实现聚变能的实际应用仍是一段持久而不平坦的历程。核聚变研究已经持续了几十年的时间，但未来它能否成为物理上先进、工程上现实、环境上被接受，而又具有经济竞争能力的能源，还需要更深层次的探讨研究。

参考文献

[1] 杨青巍，丁玄同，严龙文，等. 受控热核聚变研究进展[J]. 中国核电，2019，12(5)：507-513.

[2] WESSON J. Tokamak[M]. 3rd ed. Oxford：Clarendon Press，2004.

[3] MILEY G H，TOWNER H，IVICH N. Fusion cross sections and reactivities[R]. Urbana：Illinois University，COO-2218-17，1974.

[4] MIRNOV S V，SEMENOV I B. Measurement of ion temperature in the "Tokamak T-3" facility from doppler broadening of spectral lines of neutral hydrogen and deuterium[J]. Soviet Atomic Energy，1970，28(2)：160-162.

[5] WAGNER F. Regime of improved confinement and high beta in neutral-beam-heated divertor discharges of the ASDEX Tokamak[J]. Physical Review Letters，1982，49(19)：1408-1412.

[6] FRIGIONE D，GIOVANNOZZI E，GORMEZANO C. Steady improved confinement in FTU high field plasmas sustained by deep pellet injection[J]. Nuclear Fusion，2001，41(11)：1613-1618.

[7] ZHAO K J，NAGASHIMA Y，DIAMOND P H，et al. Synchronization of geodesic acoustic modes and magnetic fluctuations in toroidal plasmas[J]. Physical Review Letters，2016，117(14)：145002.

[8] 于兴哲，宋月清，崔舜，等. 聚变堆用结构材料的研究现状与进展[J]. 材料导报，2008，22(2)：68-72.

[9] PARKER R，JANESCHITZ G，PACHER H D，et al. Plasma-wall interactions in ITER[J]. Journal of Nuclear Materials，1997，241-243(1)：1-26.

[10] SCHAAF B V D，GELLES D S，JITSUKAWA S，et al. Progress and critical issues of reduced activation ferritic/martensitic steel development[J]. Journal of Nuclear Materials，2000，283-287(4)：52-59.

[11] EHRLICH K，BLOOM E E，KONDO T. International strategy for fusion materials development[J]. Journal of Nuclear Materials，2000，283(1)：79-88.

[12] 吕广宏，罗广南，李建刚. 磁约束核聚变托卡马克等离子体与壁相互作用研究进展[J]. 中国材料进展，2010，29(7)：42-48.

[13] 海然. 托卡马克面向等离子体材料双脉冲激光诱导击穿光谱诊断研究[D]. 大连：大连理工大学，2016.

[14] KEILHACKER M. Overview of results from the JET tokamak using a beryllium first wall[J]. Physics of Fluids B Plasma Physics，1990，2(6)：1291-1299.

[15] The JET Team. Results of JET operation with beryllium[J]. Journal of Nuclear Materials，1990，176(4)：3-13.

[16] HIRAI T，ESCOURBIAC F，CARPENTIER-CHOUCHANA S，et al. ITER tungsten divertor design development and qualification program[J]. Fusion Engineering and Design，2013，88(9-10)：1798-1801.

[17] 曹小华. 聚变裂变混合堆的氚工艺和氚增殖剂研究[J]. 原子核物理评论，1995，12(4)：33-36.

[18] ROUX N，JOHNSON C，NODA K. Properties and performance of tritium breeding ceramics[J]. Journal of Nuclear Materials，1992，191-194：15-22.

[19] ROTH E，CHARPIN J，ROUX N. Prospects of ceramic tritium breeder materials[J]. Fusion Engineering & Design，1989，11(1-2)：219-229.

[20] 冯开明. ITER 实验包层计划综述[J]. 核聚变与等离子体物理，2006，26(3)：161-169.

[21] 焦伯良，严建成，李晓东，等. HL-1 装置主机的工程调试[J]. 核聚变与等离子体物理，1986，6(3)：137-145.

[22] YANG Q W，ZHONG G W，WANG Z H，et al. The edge fluctuations in H-mode like discharges induced by electrode biasing on the HL-1 tokamak[J]. Journal of Nuclear Materials，1992，196-198：833-836.

[23] 杨青巍，丁玄同，严龙文，等. First Divertor Operation on the HL-2A Tokamak[J]. 中国物理快报(英文版)，2004，21(12)：2475-2478.

第4篇

发展篇

第14章 先进核燃料与材料中的数值模拟

近年来，随着计算机技术的飞速发展，数值模拟已经成为和实验研究、理论分析并行的第三种科学研究方法，无论在流体领域还是固体材料领域都具有不可替代的实际应用价值。在先进核燃料与材料研究领域，有着众多的数值模拟研究成果，从微观电子、原子尺度，到材料制备反应器尺度，甚至到宏观生产线尺度都有很多数值模拟的算法和实例研究，从多尺度的视角也有一些研究及总结论文发表。本章拟从材料研究的四要素出发，梳理先进核燃料和材料中的数值模拟研究成果，以期更加明确和定义这个研究领域，给对此领域感兴趣的读者一个新的解读视角。

14.1 数值模拟简介

数值模拟随着计算能力和研究需求的提高不断创新，目前在不同的时空尺度均有对应的计算模拟方法，总体而言，在核燃料研究的各个领域已经形成比较完整的数值模拟方法体系。对于材料研究而言，材料的性质、服役性能以及制备三个方面均有数值模拟研究成果发表。

14.1.1 数值模拟的重要性

一般而言，数值模拟的基本方法表现为通过认识自然规律，采用数学方程描述其规律，并辅以实验验证，然后在一定的初始条件和边界限制条件下对计算域内的某一或某些属性进行计算。其主要意义包括如下四个方面：

(1) 弥补实验不能测量到的细微信息；

(2) 指导实验优化的方向；

(3) 深刻理解变化规律；

(4) 预测未来的工况。

14.1.2 数值模拟方法多尺度分析

类似于不同的实验测量手段适用于不同的时空尺度，材料的模拟也可从时空尺度上分为多个层次，这也是目前数值模拟研究中一种比较常用的分类方法。空间上从电子、原子尺度，到分子、团簇尺度，再到宏观反应器和材料尺度，时间上从电子自旋的皮秒尺度，到材料服役性能的数月或数年尺度，均有不同的模拟方法。将不同尺度间的模拟方法耦合或者进行信息传递是研究者比较关注的研究方向。图 14-1 给出不同时空层次的材料研究数值模拟手段以及可以验证的实验手段，涵盖了材料性能和性质研究的大部分模拟模型。

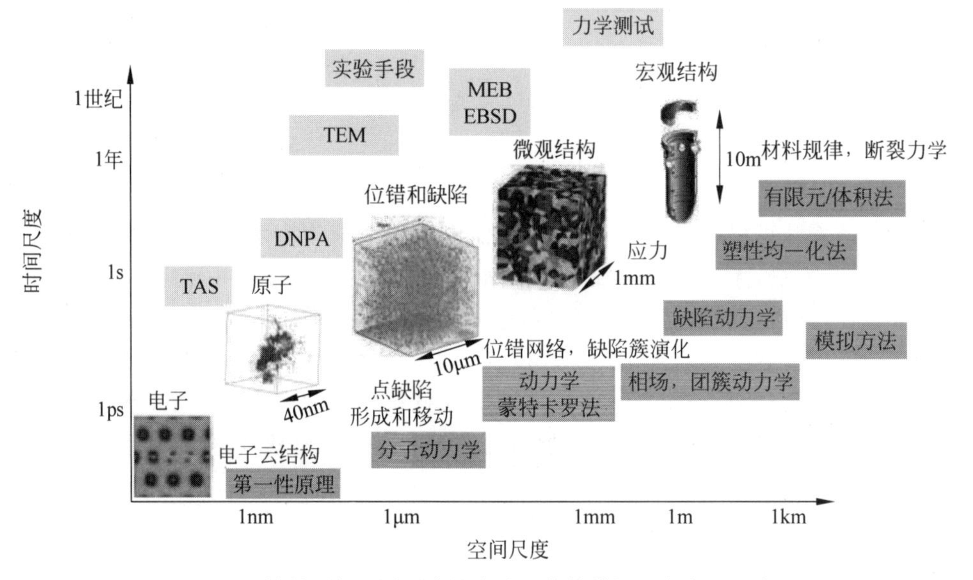

图 14-1 材料研究不同层次的实验和数值模拟研究方法示意图

14.2 先进核燃料与材料中的数值模拟归类

本节从材料研究的经典四要素出发，对先进核燃料中的数值模拟研究进行分析归类。首先将材料研究的四要素简述如下。

成分与结构：组成材料的原子种类和组分，以及它们的排列方式和空间分布。习惯上将前者叫作成分，后者叫作组织结构。

性质：指材料对电、磁、光、热、机械载荷的反应，例如传热系数、弹性模量等，主要决定于材料的成分与结构。

合成与制备：包括传统的冶炼、铸造、制粉、压力加工、焊接等，也包括新发展的真空溅射、气相沉积、溶胶凝胶等新工艺，新工艺使人工合成材料如超细晶材料、超塑性材料及纳米材料成为可能。

使用性能：指材料在使用状态下表现的行为，它与材料设计、工程环境密切相关。使用性能包括可靠性、耐用性、寿命预测及延寿措施等。

根据材料研究四要素梳理先进核燃料中的数值模拟研究如图 14-2 所示，值得说明的

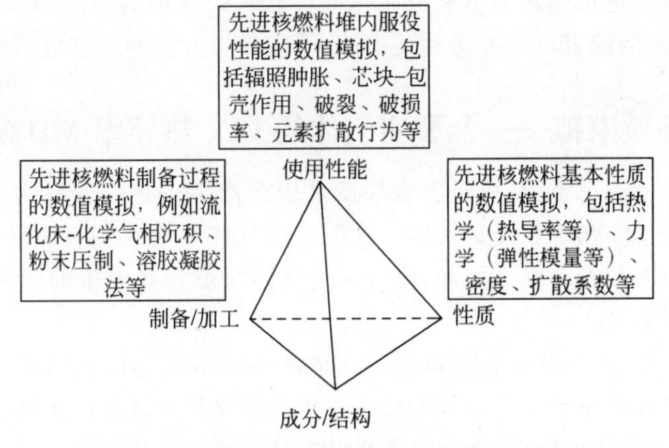

图 14-2 材料研究的四要素对应的数值模拟研究

是，以材料成分/结构为基础，在核燃料性质、核燃料制备/加工以及核燃料使用服役性能三个方面均发展了数值模拟方法。从这个角度进行数值模拟研究梳理，比从传统的多尺度视角进行数值模拟方法研究更适合于材料研究人员的理解习惯，本节对此进行分类阐述。

1. 先进核燃料性质模拟——经典计算材料学研究领域

主要从材料的组成与结构出发，采用计算材料学的方法，包括从头计算法、密度泛函理论、分子动力学方法、相场法、蒙特卡罗法等，计算材料对于电、磁、光、热、机械载荷的反应，例如相对密度、传热系数、弹性模量、泊松比、扩散系数等性能的变化。

2. 先进核燃料制备和加工中的数值模拟——材料制备过程模拟

主要指材料制备和加工各个过程中的数值模拟过程，涉及的范围相当广泛，属于一个多学科交叉领域，多与流体-颗粒系统相关。包括压制、烧结、流化床-气相沉积、溶胶凝胶法等，尤其针对目前研究比较热门的事故容错燃料——全陶瓷微封装弥散燃料，制备过程与传统水堆燃料差异巨大，采用数值模拟方法的研究有不少新成果涌现。

3. 先进核燃料性能模拟——辐照和服役性能模拟

核燃料的服役性能模拟一直为核燃料研究的传统和重要方向，有大量文章涉及此方面的研究，包括芯块-包壳相互作用、包壳材料受力、芯块辐照肿胀、裂变气体释放和扩散行为规律等。采用的模拟方法主要基于有限元法，最近的研究中逐步采用更低尺度的模拟方法，例如分子动力学方法等，获得材料的辐照性能规律基本参数，然后和有限元方法耦合，从而精确模拟燃料在堆内的辐照和服役行为。

14.3 先进核燃料与材料模拟实际应用举例

本节通过具体实例，分别说明核燃料性质模拟（含裂变气体的 UO_2 热导率模拟研究）、核燃料制备加工过程数值模拟（计算流体力学耦合离散单元法数值模拟流化床-化学气相沉积法制备包覆燃料颗粒）以及核燃料服役性能模拟（从头计算法计算高温气冷堆核燃料基体石墨表面的裂变产物吸附性能，包覆颗粒受力有限元模拟）。因为数值模拟涉及的基础理论较多，囿于篇幅，本节重点阐述数值模拟在先进核燃料研究中的理念，对理论基础和数学模型较少涉及，感兴趣的读者可以参考相关书籍，了解模拟方法的详细数学模型和推导过程。

14.3.1 性质模拟——含裂变气体的 UO_2 热导率 MD 模拟

在反应堆运行的工况下，铀原子发生裂变反应会产生多种裂变产物，其中 30%是惰性气体氙(Xe)和氪(Kr)，被称为裂变气体。这些裂变气体会导致燃料热导率的降低，进而影响反应堆的运行效率和安全性。因此，研究裂变气体对燃料热导率的影响规律对于考察其堆内行为具有重要意义。

通过反向非平衡分子动力学模拟(molecular dynamics，MD)，可以计算得到热导率。该方法通过将边界处的原子与中心处的原子进行动能交换形成温度梯度。在系统达到稳定状态后，计算热流和温度梯度，然后通过傅里叶定律即可计算热导率：

$$k=\frac{J_z}{(T_c-T_b)/(L_z/2)} \tag{14-1}$$

式中，J_z 是热流；T_c 是中心处的温度；T_b 是边界处的温度；L_z 是模拟系统垂直于热流方向的长度。

由于分子动力学模拟的尺度在纳米量级，与声子的平均自由程相当，沿热流方向的有限尺寸会导致对热导率的低估，因此，需要计算热导率随热流方向尺寸 L_z 的变化。完整晶格 UO_2 热导率的倒数与 $1/L_z$ 之间呈线性关系，如图 14-3 所示，可以通过拟合 $k^{-1}=A+BL_z^{-1}$ 得到 $L_z\to\infty$ 时热导率的值。而含空洞或者气泡的 UO_2 热导率随着 L_z 增加而增大，在 $L_z/L_x=6$ 时近似达到一个固定值。

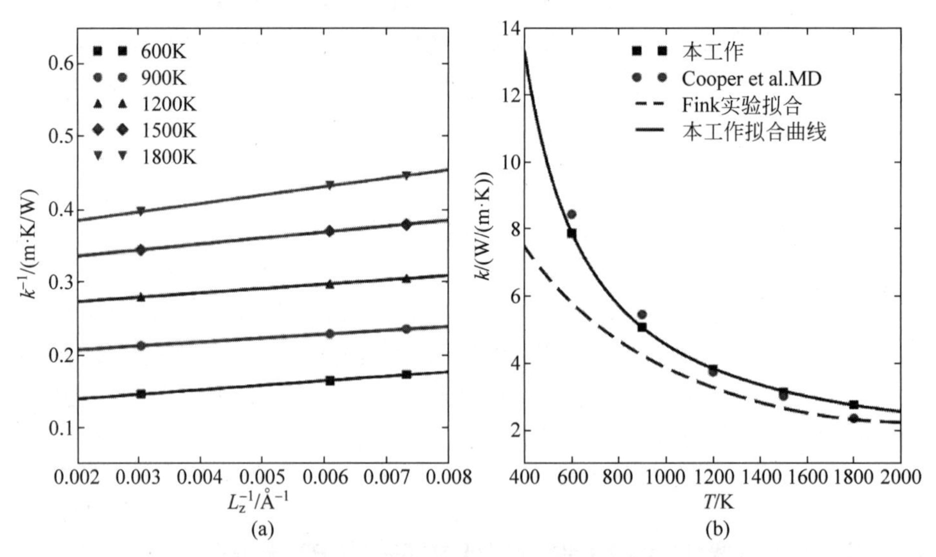

图 14-3 UO_2 热导率分子模拟结果

(a) UO_2 热导率的倒数随模拟空间尺寸倒数的变化；

(b) 分子动力学模拟得到的 UO_2 热导率随温度的变化与实验数据的对比

采用 Cooper、Rushton 和 Grimes(CRG)发展的势函数对 UO_2-Xe 系统进行非平衡分子动力学模拟。所有的模拟均采用周期性边界条件，时间步长设置为 1fs。首先对系统进行平衡模拟：在 NVT 系综（N 个粒子处在体积为 V 的盒子里，放在温度 T 恒定的环境中）中模拟 400ps，在 NPT 系综（粒子数 N、压强 p 以及温度 T 确定，并保持不变）中模拟 50ps，在 NVE 系综（N 个粒子处在体积为 V 的盒子中，并固定总能量 E）中模拟 50ps。接下来在 NVE 系综中进行非平衡分子动力学模拟 5ns，并且每隔 0.2ns 进行一次热导率计算，对最后 2～3.2ns 的热导率计算结果进行平均即可得到该模拟系统的热导率。

裂变气体以三种形式分布在燃料中：第一种是弥散在 UO_2 基体中，尺寸在埃的量级；第二种是在 UO_2 基体中聚集形成气泡，尺寸在 1～10nm；第三种是在晶界或界面上形成亚微米尺度（≈0.1μm）的气泡。

目前已有含晶内弥散型裂变气体的 UO_2 热导率模型和含晶内气泡的 UO_2 热导率模型。Alvarez 和 Sellitto 通过唯象的声子水动力学建立了能够同时考虑孔隙度和孔隙尺寸效应的热导率模型：

$$\frac{k_{\text{Alvarez}}}{k_0}=\frac{1}{\dfrac{1}{f(p)}+\dfrac{9}{2}p\dfrac{Kn^2}{C_1C_2}} \tag{14-2}$$

式中，Kn 为努森数。$Kn=l/r$ 是声子平均自由程 l 与孔隙半径 r 之比，$f(p)=(1-p)^3$ 描述的是孔隙度 p 对热导率的影响，C_1 用来修正从扩散输运转变到弹道输运时粒子所受阻力的变化，C_2 是孔隙分布的修正因子。Alvarez 使用的阻力修正因子如下：

$$C_1=1+Kn(0.864+0.29\mathrm{e}^{-1.25/Kn}) \tag{14-3}$$

而 Sellitto 使用的阻力修正因子为

$$C_1=1+2Kn(1.257+0.4\mathrm{e}^{-1.1/Kn}) \tag{14-4}$$

对于简单立方分布的气泡，C_2 通过下式进行计算：

$$C_2=1-1.76\cdot\sqrt[3]{p}+p \tag{14-5}$$

对于随机分布的气泡，C_2 通过下式计算：

$$C_2=\left(1+\frac{3}{\sqrt{2}}\sqrt{p}\right)^{-1} \tag{14-6}$$

Nichenko 等通过拟合分子动力学模拟得到的含孔隙 UO_2 热导率数据建立了如下可以考虑孔隙度和孔隙尺寸的热导率模型：

$$\frac{k_{\text{Nichenko}}}{k_0}=\frac{1}{\dfrac{1}{f(p)}+3.43\cdot p^{0.7}\cdot Kn^{0.9}(1-\mathrm{e}^{-0.25Kn})} \tag{14-7}$$

可以通过分子动力学模拟对上述模型进行验证，研究发现 Alvarez 模型高估了孔隙度大于1%的 UO_2 的热导率，低估了孔隙度小于1%的 UO_2 的热导率，而 Nichenko 模型对于孔隙度在 0.4%～4.0%范围内的 UO_2 热导率都能进行很好的预测，如图 14-4 所示。

尽管上述热导率模型可以很好地描述纳米孔隙对热导率的影响规律，但是仍不足以描述纳米气泡对热导率的影响，这是因为这些模型没有考虑基体与气泡相互作用导致的界面热阻的增大。通过分子动力学模拟发现 UO_2 与 He 气泡的相互作用导致在其界面上形成 He 扩散层，该扩散层对声子进行散射，使得热导率进一步降低。Zhu 等通过分子动力学模拟发现在 UO_2 的空洞中填入 Xe 气体后会导致 UO_2 与 Xe 气泡界面上的 U、O 缺陷浓度增大，使得热导率进一步降低。他们结合分子动力学模拟和唯象声子水动力学，在 Nichenko

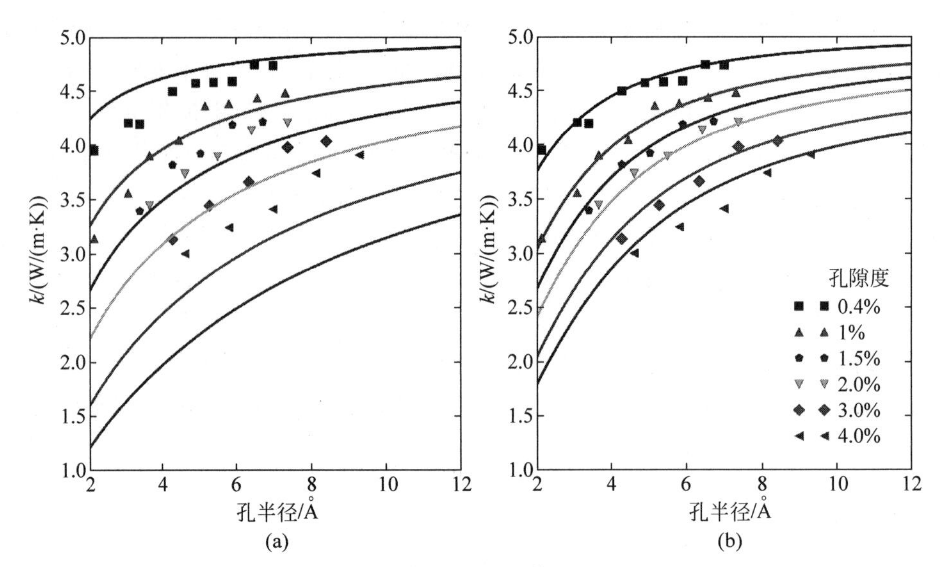

图 14-4 900K 温度下孔隙度为 0.4%～4.0%的 UO_2 热导率随孔隙半径的变化

(a) Alvarez 模型的计算结果；(b) Nichenko 模型的计算结果

模型的基础上建立了能够考虑气泡孔隙度、尺寸和气泡中的 Xe 原子含量的热导率模型：

$$\begin{cases} \dfrac{k_{\text{Zhu}}}{k_0} = \dfrac{1}{D(p,\xi)\left[\dfrac{1}{f(p)} + 3.43 \cdot p^{0.7} \cdot Kn^{0.9}(1 - e^{-0.25Kn})\right]} \\ D = [A_1 \exp(\xi/t_1) - A_1]p + 1 \\ Kn = l/r, l = a\exp(-T/b) + c \end{cases} \tag{14-8}$$

其中，ξ 是气泡中 Xe 原子个数与 U 原子空位个数之比；$A_1 = 1.096$，$t_1 = 0.978$；$a = 256.401$Å；$b = 176.570$K；$c = 12.154$Å。

14.3.2 制备模拟——流化床化学气相沉积 CFD-DEM-CVD 模拟

高温气冷堆包覆燃料颗粒制备过程，采用的流化床-化学气相沉积方法，其基本原理是基体颗粒在流化气流的作用下处于流态化，而气体反应物（或者液体前驱体的加热蒸汽）通过载带的形式进入流化床，在高温区发生化学反应，形成超细粉末颗粒或者成膜沉积在颗粒表面。其中颗粒的均匀流化、气固有效接触、气相沉积过程等均是模拟研究的热点问题。

清华大学核研院新材料研究室研究人员以“动量传递，质量传递，热量传递-化学反应耦合”为科学核心，基于颗粒运动和包覆层生长机理，建立了新型流化床-化学气相沉积颗粒包覆 CFD-DEM-CVD 模型。该多物理场模拟模型包括颗粒流化模拟模型、传热模型、化学反应流模型以及化学气相沉积模拟模型。颗粒流化模拟模型即 CFD-DEM（computational fluid dynamics-discrete element model）模型，已经在流态化领域被广泛应用。传热模型包括流体传热、颗粒间传热和颗粒壁面传热模型。化学反应流模型即在对流扩散模型中加入化学反应源项。选用组分传递与反应模型中的涡扩散概念有限速率模型模拟化学反应，混合物质的性质如黏度、热扩散系数等采用混合规则估算。化学气相沉积模型非常复杂，包括表面更新模型、晶体生长动力学模型以及第一性原理模型等，目前采用的模型是物理背景比较清晰的颗粒运动-吸附-沉积模型。进一步的，基于气相裂解“气体-粒子转化”成核机理，考虑“气相-纳米粒子-基体颗粒”三相相互作用，建立新的 CFD-DEM-CVD 模型，实现了流化床-化学气相沉积颗粒包覆过程的数值模拟，模型示意图如图 14-5 所示。

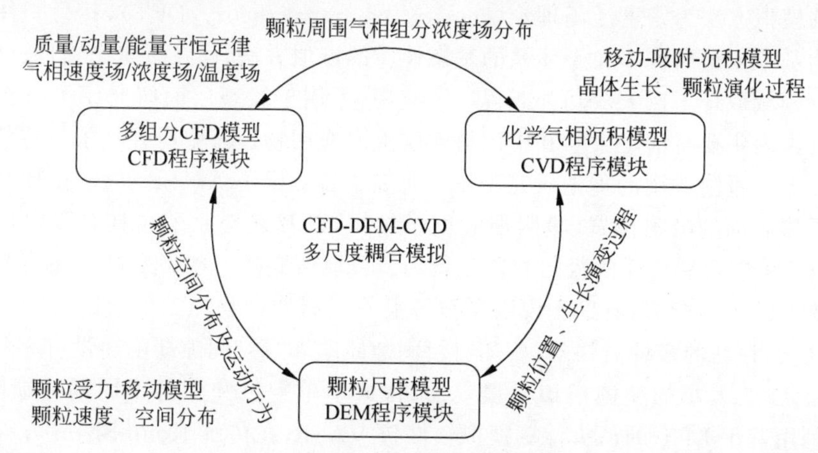

图 14-5　流化床-化学气相沉积法制备包覆燃料颗粒的 CFD-DEM-CVD 数学模型

基于流化床-化学气相沉积数学模型可以研究包覆效果的参数依赖关系，如反应器结构(特别是气体入口结构)、气速、气体配比、温度对包覆效率的影响规律。比如任意时刻任意颗粒的位置、附近沉积物浓度、包覆质量、包覆速率等信息，可以在反应器设计优化、工艺放大设计、操作参数优化等方面提供有益的指导性意见。基于模拟结果对流化床-化学气相沉积颗粒包覆过程放大规律进行了研究，提出“有效包覆区-过渡包覆区”概念和放大准则，部分模拟结果如图 14-6 所示。

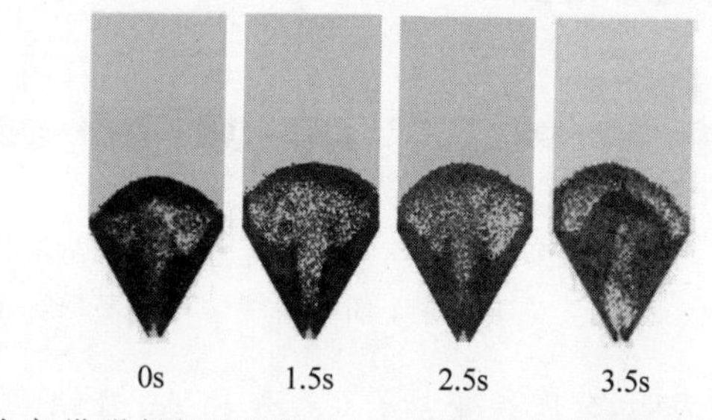

图 14-6　流化床-化学气相沉积制备包覆颗粒部分数值模拟结果(单喷嘴入口)

14.3.3　性能模拟——基体石墨表面吸附性能 DFT 模拟

高温气冷堆(HTGR)采用含有 TRISO 包覆燃料颗粒的球形燃料元件，有效地增强了反应堆的固有安全性。TRISO 包覆燃料颗粒核芯外包覆着三层热解炭(PyC)和一层碳化硅(SiC)，在反应堆正常运行以及事故工况下，能够有效地滞留和容纳裂变产物。但是，堆内极少数 TRISO 包覆燃料颗粒可能在服役过程中发生破损，而金属裂变产物，例如 Cs、Sr 和 Ag，会从受损的 TRISO 包覆燃料颗粒中释放出来，扩散至堆内燃料基体石墨中。基体石墨在制备和辐照过程中会产生缺陷结构，缺陷的引入对于基体石墨的电子结构有着非常重要的影响，能够有效增强基体石墨表面的化学活性，将金属原子束缚在缺陷区域。因此，从原子尺度上理解金属裂变产物在石墨表面的相互作用机理，有助于确定基体石墨对放射性产物的滞留能力，以及评估反应堆的安全性。

采用的模拟方法为密度泛函理论（density functional theory，DFT），其为一种用电子密度分布作为基本变量研究多粒子体系的基态性质的近似方法，已在凝聚态物理、材料科学和量子化学等领域取得了巨大成功并获得广泛应用，可用于微观层面研究原子与物质的相互作用。目前国内主要有清华大学和中国科学院上海应用物理研究所开展了一些关于裂变产物在缺陷石墨上吸附作用的理论研究工作。研究了裂变原子 Ag、Sr 和 Cs 在具有单空位缺陷的单层石墨表面的吸附位置、吸附能和电子结构，以及裂变原子在具有双空位和 Stone-Wales 缺陷的单层石墨表面的吸附和扩散行为。目前研究的一些裂变产物在石墨、单空位、无定形碳等上的吸附行为，有助于说明在石墨上不同裂变产物原始的吸附行为。可是基体石墨结构复杂，存在的多种点缺陷，例如“桥”间隙缺陷和“螺”间隙缺陷还没有充分研究。此处使用 3 层 3×3 大小的超胞模拟石墨表面，构造了单空位和两种不同间隙缺陷结构（见图 14-7），利用基于 DFT 的从头计算模拟软件包 VASP，在传统 Kohn-Sham 方程计算得到的基态能量上，考虑石墨层间相互作用，加入色散能校正项 E_{disp}，使计算结果更接近于实验数据。同时，计算了金属裂变原子与缺陷石墨表面的吸附能 E_{ads}、差分电荷密度（deformation charge density，DCD）和态密度（density of states，DOS），并与完美石墨表面结果进行比较，分析裂变原子在不同结构石墨表面上的吸附行为。

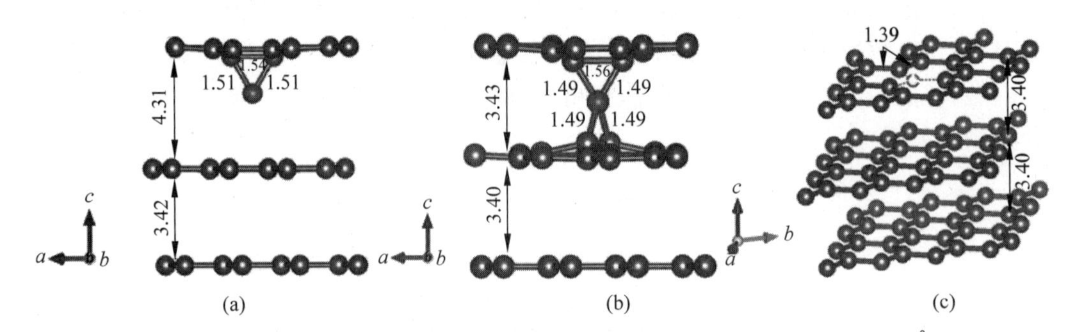

图 14-7 优化后得到的含有不同缺陷类型的石墨结构模型（图中距离单位为 Å）

（a）“桥”；（b）“螺”；（c）单空位缺陷结构

数值模拟结果表明，金属裂变原子 Cs、Sr 和 Ag 在缺陷区域，特别是单空位缺陷处的吸附能力比在完美石墨表面大得多。如表 14-1 所示，Cs、Sr 和 Ag 在单空位缺陷处的吸附能最小，表明在单空位缺陷处的吸附能力最强，差分电荷密度和态密度结果也进一步验证了这个结果。这是因为，单空位缺陷结构具有悬挂键，明显增强了石墨表面的化学活性；“桥”和“螺”间隙缺陷结构虽然不含悬挂键，但含有 sp^3 杂化键，相比于 sp^2 杂化键，电荷的局域性增强，也使体系活性得到增强。由 DCD 和 DOS 图可知，虽然“桥”和“螺”间隙缺陷对金属裂变产物的吸附能力相似，但它们对金属裂变产物的吸附行为完全不同，这可能是由于两者不同的电荷分布导致的。从表 14-1 中也可以看出，不同的裂变原子在石墨表面上具有不同的吸附行为。对于在完美石墨表面上的吸附，Cs 和 Sr 吸附能力相似，吸附能分别为 1.88eV 和 1.46eV，都属于化学吸附；Ag 的吸附能为 0.27eV，属于物理吸附。这一计算结果与实验现象一致。对于在缺陷石墨表面上的吸附，Cs 和 Sr 吸附能增加明显，而 Ag 只有在单空位缺陷上的吸附能增加明显，在“桥”和“螺”缺陷石墨表面上的吸附能增加较小。

表 14-1　计算得到的金属裂变原子在完美石墨和缺陷石墨表面的吸附能　　eV

结　　构	Cs	Sr	Ag
完美基体石墨	1.88	1.46	0.27
“桥”间隙缺陷	2.50	2.33	0.39
“螺”间隙缺陷	2.25	2.13	0.40
单一空位缺陷	2.83	3.37	2.37

以上利用密度泛函方法计算了金属裂变原子 Cs、Sr 和 Ag 在含有单空位或单间隙原子缺陷的石墨表面吸附性质。结果表明，三种裂变产物在有缺陷的石墨表面的吸附能力明显强于完美石墨表面，说明悬挂键和 sp^3 杂化键在金属裂变原子与石墨表面的相互作用中起着至关重要的作用。这一结果对高温气冷堆燃料元件基体石墨的制备工艺优化思路具有指导意义，在保证基体石墨结构性能的同时，通过调控人造石墨或树脂炭的含量，人为增加基体石墨缺陷结构，可以增加基体石墨中容纳与滞留裂变产物的能力。

14.3.4　服役性能模拟——包覆颗粒受力有限元模拟

随着 TRISO 包覆颗粒在各国反应堆中的广泛使用，其颗粒包覆层在反应堆条件下的辐照行为也被大量关注。在反应堆高温辐照条件下，因中子积累和辐照温度的变化，TRISO 包覆燃料颗粒伴随着辐照收缩、热膨胀变形等行为。在辐照初期，PyC 发生收缩变形，随着辐照时间的延长，PyC 从收缩逐渐转为膨胀变形。此外，随着快中子注量的积累，PyC 发生辐照蠕变变形，由于包覆层之间的热膨胀系数不同，温度引起的 PyC 热膨胀将伴随辐照蠕变行为同时发生。在辐照后期，燃料核芯产生的气态裂变产物(如 Kr、Xe 等)以及其他气体(CO、CO_2 等)引起颗粒内压逐渐增加，成为引起包覆燃料颗粒失效的主要原因。裂变产物通过燃料核芯不断向外扩散，并被外部的包覆层阻挡而滞留在疏松热解炭层和内致密热解炭层中，对 SiC 层产生一个向外的正向拉应力。

TRISO 颗粒主要包覆层的受力示意图如图 14-8 所示。辐照初期，颗粒核芯产生的气态裂变产物储存在疏松层中，随着辐照过程的进行，内压逐渐增加，并通过热解炭层传递至

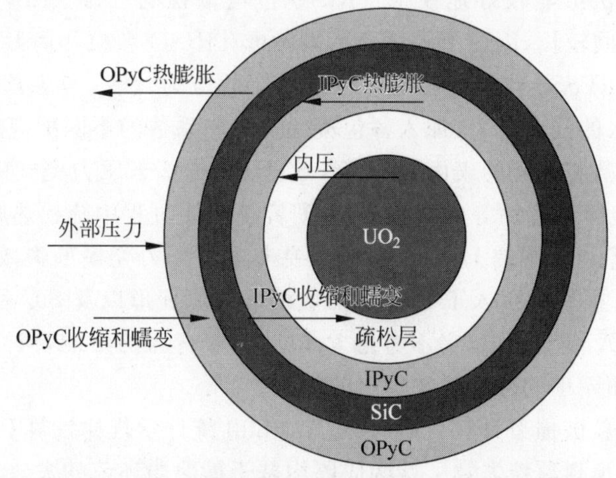

图 14-8　包覆颗粒各包覆层主要受力示意图

SiC层，在SiC层上产生径向压应力和切向拉应力。与此同时，随着辐照温度的升高，PyC发生热膨胀变形，对SiC产生一个切向的拉应力作用，与内压对SiC的作用方向相同。此外，PyC的蠕变行为会释放作用在SiC层的所有应力（包括辐照蠕变和热蠕变，一般只需考虑辐照蠕变，因为热蠕变一般在温度高于1600℃的环境下才会发生）。

各包覆层的材料特性（例如杨氏模量和蠕变系数等）在辐照过程中随着温度、快中子注量以及燃耗的变化而不断变化，尽管准确的材料性质计算以及TRISO燃料性能模型计算应考虑这些参数在辐照过程中的变化，但具体变化以及材料参数之间的相互关系至今并没有十分完整的、可获得的数据。此外，由于燃料制造过程带来的随机性，每层TRISO颗粒包覆层的尺寸参数和密度并不是固定不变的，而是服从一定的统计规律。大量颗粒参数统计变化的充分采样（例如包覆层厚度和密度）需要大量的计算，因此需要建立一个有效的燃料性能模型。

随着高温堆在各个国家的发展，很多国家已经开发出属于自己的TRISO颗粒性能模型，不同国家通常会针对本国反应堆堆型独特的需求和特点自定义模型代码，因此各国都有一套属于自己的TRISO颗粒模型代码。现有的颗粒破损率模型可以按计算方法分为两种：一种是使用闭式分析的解析解来计算应力-应变-位移关系；另一种是使用数值方法，如有限元法。

计算颗粒包覆层应力、应变和位移的关系，并用于预测包覆颗粒性能的解析解法，主要是在美国爱达荷国家实验室（INL）发展的封闭式解析解法，这种方法将问题简化为一维对称球面，不考虑颗粒非球面性，计算大量颗粒的破损率较为便捷，并能节省一定的计算资源。使用该解析解法分析HTGR中TRISO颗粒的包覆层应力，在假设SiC层为各向同性弹性材料的同时考虑了内外致密热解炭层在辐照过程中的蠕变和各向异性肿胀行为；之后分析了瞬态蠕变对包覆燃料颗粒破损率的影响，并对此方法进行了进一步的完善与改进，主要考虑了PyC层蠕变泊松比对包覆层受力的影响。由于该方法只能求解一维尺度的应力-应变关系，因此只能用来预测过压失效。

用数值方法求解TRISO包覆颗粒的三维应力-应变-位移关系成功解决了前面解析解法中被简化的问题。法国能源委员会（CEA）开发的ATLAS代码使用有限元分析来获取数值解，考虑了IPyC层的开裂、包覆层间的脱黏等行为，还加入了颗粒非球形度的考虑。值得一提的是，有限元法虽能较好地模拟TRISO包覆颗粒的三维失效行为，但相比解析解法，这种方法计算时间较长，因此不太适合用来考虑TRISO颗粒几何参数的统计变化。

英国发展的STRESS3代码则着眼于各包覆层的应力计算，考虑核芯肿胀以及制造过程中核芯烧结等引入的残余应力，加入各包覆层热膨胀系数的不匹配现象，以及由辐照引起的尺寸变化，颗粒和基质之间的表面效应等。STRESS3基于压力壳式破损模型，还考虑了IPyC层的破损、各包覆层脱粘等失效机制，并研究了辐照过程中疏松热解炭层的体积变化。

德国的FZJ模型和日本的JAERI模型主要考虑了压力壳模型失效。FZJ模型只考虑了SiC层，而JAERI模型则引入了PyC辐照收缩和膨胀变形以及SiC和PyC各自的失效。FZJ模型与GA/KFA模型类似，它不考虑PyC层辐照行为的影响，但GA/KFA模型考虑了受中子辐照影响而缩小的疏松热解炭层的体积。

上述TRISO颗粒破损率计算代码，通过Weibull统计学规律计算PyC和SiC层的强度和强度分布，并用于预测颗粒失效。这些代码均基于最薄弱环节的失效理论，通过考虑大量颗粒中的缺陷尺寸和位置来预测颗粒失效，其中最重要的两个参数是 PyC 和 SiC 层的 Weibull 平均断裂强度和 Weibull 模量。

我国 TRISO 包覆颗粒破损方面的相关研究正在逐步发展，并已有一些重要研究进展。基于压力壳式破损机制研究了包覆燃料颗粒计算模型，运用解析解法计算了不同球形度颗粒的应力分布，重点分析了不同辐照条件下的球形度对包覆燃料颗粒破损率的影响，初步建立了我国自己的高温气冷堆燃料元件计算模型。在上述基础上，采用有限元法研究了非球形因素和包覆层几何尺寸等对包覆燃料颗粒应力的影响，并与解析解法进行了比较。此外，在分析单层 SiC 所受应力的基础上，还加入了 OPyC 层的辐照收缩效应对包覆层应力分布的影响规律，初步建立了基于有限元法的包覆燃料颗粒应力计算模型，后续又考虑了内外 PyC 层的辐照蠕变以及热膨胀等行为。此外还运用蒙特卡罗方法分析了颗粒包覆层几何参数的统计分布规律对颗粒破损率的影响。

14.4　先进核燃料与材料中数值模拟未来发展趋势

本章阐述了从材料研究的四要素视角梳理的先进核燃料与材料数值模拟研究进展，并给出了几个最新研究的典型模拟实例，力求从材料研究人员的视角来理解先进核燃料中数值模拟工作。可以看出，材料相关数值模拟具有典型的多尺度特性，未来的发展趋势主要包括对各尺度自身的模型和物理规律的认识，更重要的是多尺度多物理场耦合和尺度间关键信息传递，力求精确模拟材料性质、制备过程以及服役行为，为先进核燃料的发展提供更多参考价值。本节以传统的燃料服役行为模拟研究——水堆燃料芯块-包壳相互作用数值模拟研究为例说明多尺度多物理场耦合的重要性和发展趋势。

传统的压水堆燃料元件中，UO_2 核燃料芯块的堆内性能模拟是一个重要的研究内容，有大量的研究文献发表，其基本模拟研究框架如图 14-9 所示。

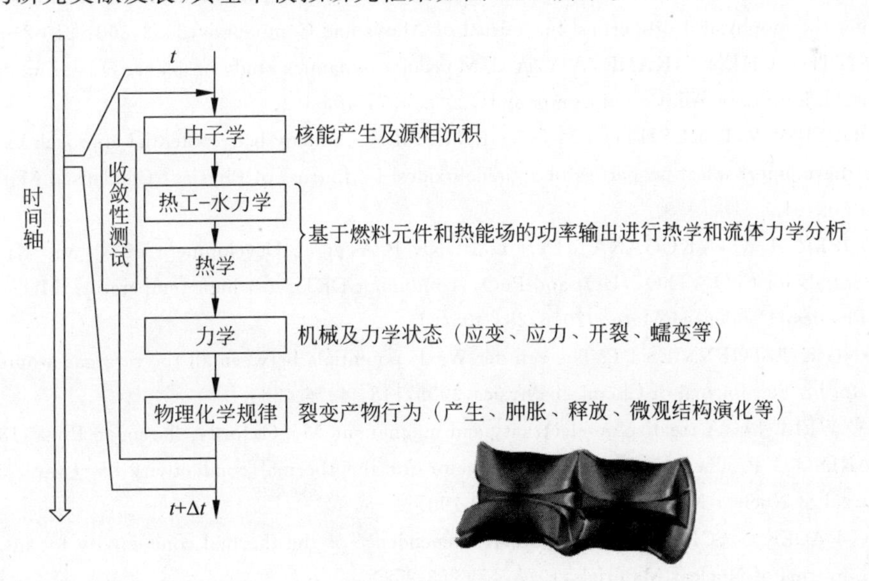

图 14-9　水堆燃料芯块-包壳相互作用多尺度多物理场数值模拟基本框架

该数值模拟的基本原理是从中子动力学方程出发，模拟燃料的热学-水力学行为，反馈到燃料本身，得到燃料的热学性质参数(此部分规律目前多采用解析方程描述，未来可由分子动力学模拟获得)，然后获得芯块-包壳的力学行为，例如应力、蠕变、断裂韧性等，最后获得燃料的物理化学变化规律，例如裂变气体释放、微裂纹演化规律等，此处采用的扩散系数等可以由第一性原理法计算得到。可以看出多物理场多尺度模型的相互耦合和信息传递是未来燃料服役行为精确模拟的理论基础。

参考文献

[1] TONKS M, ANDERSSON D, DEVANATHAN R, et al. Unit mechanisms of fission gas release: Current understanding and future needs[J]. Journal of Nuclear Materials, 2018, 504: 300-317.

[2] FINK J K. Thermophysical properties of uranium dioxide[J]. Journal of Nuclear Materials, 2000: 279: 1-18.

[3] TONKS M R, LIU X Y, ANDERSSON D, et al. Development of a multiscale thermal conductivity model for fission gas in UO_2[J]. Journal of Nuclear Materials, 2016, 469: 89-98.

[4] BUSKER G, CHRONEOS A, GRIMES R W, et al. Solution mechanisms for dopant oxides in yttria [J]. Journal of the American Ceramic Society, 1999, 82: 1553-1559.

[5] GOFRYK K, DU S, STANEK C R, et al. Anisotropic thermal conductivity in uranium dioxide[J]. Nature Communications, 2014, 5: 4551.

[6] CHEN W M, BAI X M. Unified effect of dispersed Xe on the thermal conductivity of UO_2 predicted by three interatomic potentials[J]. JOM, 2020, 72: 1710-1718.

[7] GRIMES R W, CATLOW C R A. The stability of fission products in uranium dioxide [J]. Philosophical Transactions of the Royal Society of London. Series A: Physical and Engineering Sciences, 1991, 335: 609-634.

[8] BASAK C B, SENGUPTA A K, KAMATH H S. Classical molecular dynamics simulation of UO_2 to predict thermophysical properties[J]. Journal of Alloys and Compounds, 2003, 360: 210-216.

[9] GENG H Y, CHEN Y, KANETA Y, et al. Molecular dynamics study on planar clustering of xenon in UO_2[J]. Journal of Alloys and Compounds, 2008, 457: 465-471.

[10] COOPER M W D, RUSHTON M J D, GRIMES R W. A many-body potential approach to modelling the thermomechanical properties of actinide oxides[J]. Journal of Physics: Condensed Matter, 2014, 26: 105401.

[11] COOPER M W D, KUGANATHAN D, BURR P A, et al. Development of Xe and Kr empirical potentials for CeO_2, ThO_2, UO_2 and PuO_2, combining DFT with high temperature MD[J]. Journal of Physics: Condensed Matter, 2016, 28: 405401.

[12] TANG K T, TOENNIES J P. The van der Waals potentials between all the rare gas atoms from He to Rn[J]. The Journal of Chemical Physics, 2003, 118: 4976-4983.

[13] MAXWELL J C. A treatise on electricity and magnetism[M]. Oxford: Clarendon Press, 1881.

[14] MARINO G P. The porosity correction factor for the thermal conductivity of ceramic fuels[J]. Journal of Nuclear Materials, 1971, 38: 178-190.

[15] ONDRACEK G, SCHULZ B. The porosity dependence of the thermal conductivity for nuclear fuels [J]. Journal of Nuclear Materials, 1973, 46: 253-258.

[16] ZHU X Y, GONG H F, ZHAO Y F, et al. Effect of Xe bubbles on the thermal conductivity of UO_2: Mechanisms and model establishment[J]. Journal of Nuclear Materials, 2020, 533: 152080.

[17] ALVAREZ F X, JOU D, SELLITTO A. Pore-size dependence of the thermal conductivity of porous silicon: A phonon hydrodynamic approach[J]. Applied Physics Letters, 2010, 97: 033103.

[18] SELLITTO A, JOU D, CIMMELLI V A. A Phenomenological study of pore-size dependent thermal conductivity of porous silicon[J]. Acta Applicandae Mathematicae, 2012, 122: 435-445.

[19] MILLIKAN R A. The general law of fall of a small spherical body through a gas, and its bearing upon the nature of molecular reflection from surfaces[J]. Physical Review, 1923, 22: 1-23.

[20] CUNNINGHAM E, LARMOR J. On the velocity of steady fall of spherical particles through fluid medium[J]. Proceedings of the Royal Society of London. Series A, Containing Papers of a Mathematical and Physical Character, 1910, 83: 357-365.

[21] NICHENKO S, STAICU D. Thermal conductivity of porous UO_2: Molecular Dynamics study[J]. Journal of Nuclear Materials, 2014, 454: 315-322.

[22] LEE C W, CHERNATYNSKIY A, SHUKLA P, et al. Effect of pores and He bubbles on the thermal transport properties of UO_2 by molecular dynamics simulation[J]. Journal of Nuclear Materials, 2015, 456: 253-259.

第15章 纳米结构与核燃料

纳米材料是近年来受到广泛重视的新型材料，尺寸的减小使纳米材料具有更大的表面原子占比，显示出不同于一般材料的独特物理化学性质。世界上主要核能国家非常重视纳米材料与纳米技术在先进核能系统中的前瞻性研究，众多知名核能研究机构成立了专门从事纳米材料与技术研究的中心或实验室。目前纳米技术已经被应用于核燃料循环的各个环节，在未来先进核能体系中具有广泛的应用前景。

15.1 纳米材料的性能

纳米材料是指材料的某一典型尺度如晶粒尺寸、晶界厚度、第二相颗粒尺寸、气孔尺寸等显微结构尺度小于100nm的一类材料体系。广义的纳米材料包括零维的原子团簇聚集体和纳米颗粒、一维纳米结构、二维纳米微粒膜或涂层及三维纳米材料。

纳米材料由纳米尺度结构单元组成，存在大量的界面和自由表面，结构单元与表面界面之间的交互作用会使材料表现出新颖的性能特征。纳米材料的典型特征主要表现在以下方面。

1. 小尺寸效应

当粒径减小到一定值时，纳米材料的许多物性都与颗粒尺寸有敏感的依赖关系，表现出奇异的小尺寸效应，并产生性能的突变。例如磁性材料的铁磁-超顺磁转变，纳米粒子的熔点降低等。

2. 表面和界面效应

纳米材料中位于表面的原子占据相当大的比例，计算表明10nm颗粒的表面原子比例为20%，1nm颗粒的表面原子比例为99%，表面原子数增加使其表面能迅速增加，提高了材料的化学活性。纳米材料的表面和界面效应使材料表现出非常高的扩散系数，同时会为部分结构材料带来室温超塑性。

3. 量子尺寸效应

当粒子尺寸降低到一定值时，费米能级附近的电子能级由准连续变为离散，这种现象称为量子尺寸效应。量子尺寸效应将导致材料的带隙和光学性质发生变化。

4. 宏观量子隧道效应

微观粒子具有贯穿势垒的能力称为隧道效应。纳米粒子的磁化强度等也有隧道效应，它们可以穿越宏观系统的势垒而产生变化，被称为纳米粒子的宏观量子隧道效应。

在实际应用中，纳米材料可分为纳米粒子、纳米金属材料和纳米陶瓷材料三类。

纳米粒子包括纳米颗粒、纳米线、纳米管等，其在吸附、催化、光致发光、磁流体等方面具有广泛的应用，研究重点主要为对纳米粒子形貌、尺寸和表面状态的调控以及粒子的有序组装。

对于纳米金属材料，其强度有显著提高，但塑性和断裂韧性改善不多，由于晶粒主导作用减弱，Hall-Patch 公式不再适用，可能不再存在应变硬化和强化，高温蠕变主要为扩散机理，而不是位错滑移。目前研究重点为利用纳米颗粒的小尺寸效应造成的无位错或低密度位错达到高强度和高硬度。

对于纳米陶瓷材料，强度和硬度比微米陶瓷显著提高，弹性模量急剧降低，晶粒细化有助于晶粒间滑移，提高断裂韧性，进一步减小晶粒尺寸可能使陶瓷材料具有塑性行为，并表现出新颖的物理性能。目前研究重点为通过改善界面脆性或纳米复合来提高断裂韧性。

15.2 纳米核燃料

将纳米材料技术应用到核燃料设计与制造领域，从微纳米尺度对核燃料进行更为精细的设计与合成，将对先进核燃料的研发产生重要影响。研究表明，如果核燃料中存在一定量的纳米孔则可以容纳更多的裂变产物，这种多孔燃料在更高的燃耗下依然保持结构稳定，从而可以在一定程度上防止燃料元件过快肿胀失效。纳米核燃料可以改善塑性，实现更优的力学性能，有效降低芯块对包壳的应力。同时，纳米结构还可显著增强材料的抗辐照损伤能力。另外，纳米核燃料也会带来一些不确定因素，例如纳米晶晶界缺陷多，对提高热物理性能不利，纳米微孔的辐照稳定性、气泡肿胀有待深入研究等。目前认为纳米核燃料最佳晶粒尺寸为 200～300nm，同时采用纳米掺杂技术，提高纳米核燃料热导率。

15.2.1 核燃料纳米颗粒

制备纳米核燃料首先需要制备核燃料纳米颗粒，目前对于 UO_2、ThO_2 和 PuO_2 及其复合氧化物的纳米颗粒已开发出多种纳米制备技术。

1. 溶剂热法

溶剂热法是制备单分散纳米颗粒最常用的方法。在油酸、油胺和十八烯的混合溶液中加入乙酰丙酮铀酰，在一定温度下高温回流得到 UO_2 纳米晶，通过调节溶液中油酸和油胺的比例即可调节纳米颗粒尺寸，得到直径为 2～6nm 的 UO_2 纳米晶颗粒。该纳米颗粒由于表面油酸基团的存在，在非极性溶剂中可以实现非常好的单分散性。采用类似的方法可以

制备 ThO_2 和 PuO_2 纳米颗粒，通过改变反应条件、表面活性剂种类以及前驱体种类，可以实现对颗粒尺寸和表面形貌的调控，如图 15-1 所示。

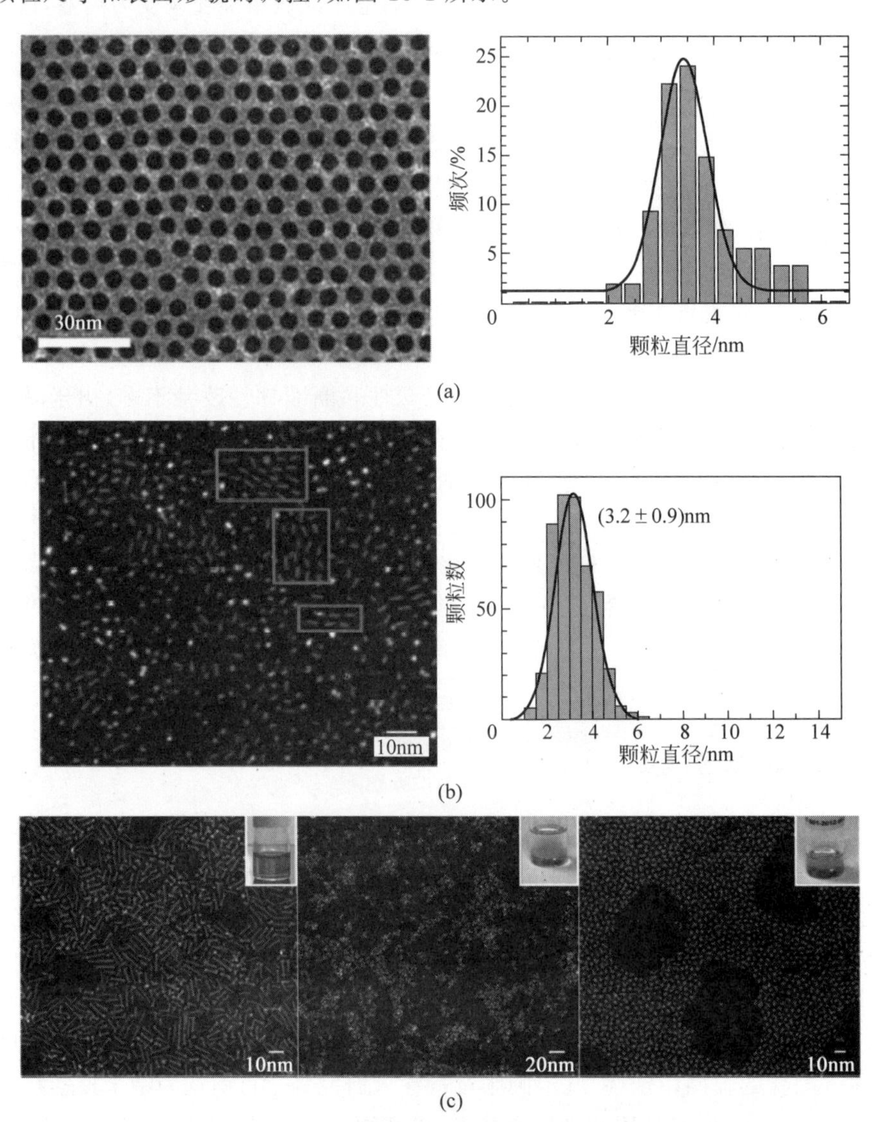

图 15-1 采用溶剂热法制备的核燃料氧化物纳米颗粒及其形貌调控

(a) UO_2；(b) PuO_2；(c) ThO_2

2. 还原法

采用辐照还原法可以制备 UO_2 空心纳米结构，该空心纳米结构直径为 30～50nm，壁厚为 8～15nm，球壳由更小的纳米颗粒组成，尺寸为 3～5nm。辐照还原的基本原理为：在 γ 射线的辐照作用下，水溶液中会产生活性的还原基团，该基团可以将 $(NH_4)_4UO_2(CO_3)_3$ (AUC)中的六价铀还原为四价铀，在碱性环境中发生沉淀脱水得到 UO_2 纳米颗粒。辐照过程水溶液中产生的氢气气泡可以作为纳米颗粒成核的模板，最终得到空心纳米结构。图 15-2 展示了辐照还原法制备纳米空心结构的基本原理和产物形貌。与辐照还原法类似，通过电化学还原的方法，采用 $Ag/AgCl/Cl^-$ 电极将六价铀还原为四价铀，同样可以制备结晶良好的 UO_2 纳米颗粒，颗粒的平均直径为 3nm。反应的基本装置和产物的典型形貌如图 15-3 所示。

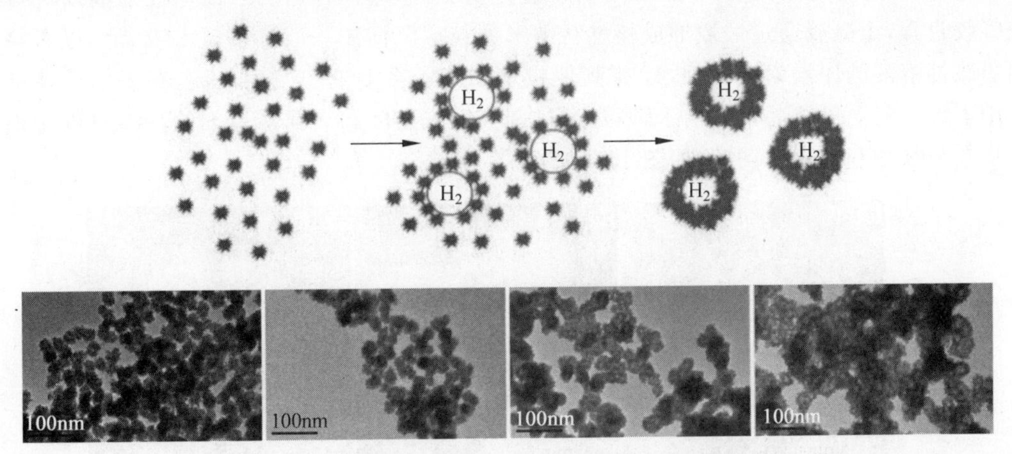

图 15-2　辐照还原法制备 UO_2 空心纳米结构的基本原理和产物形貌

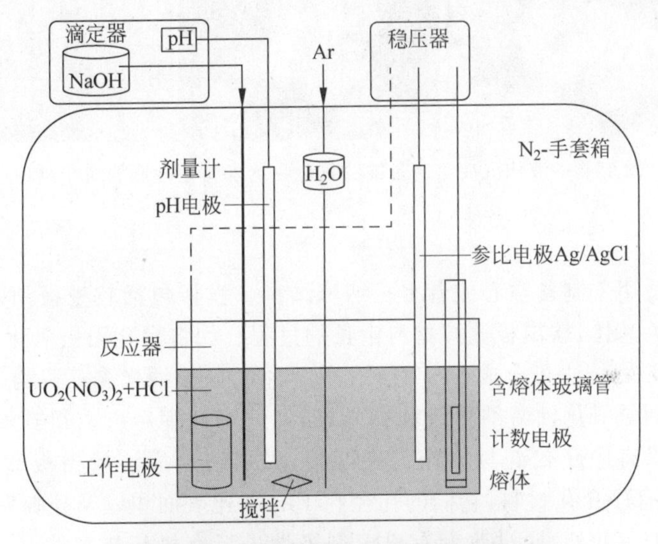

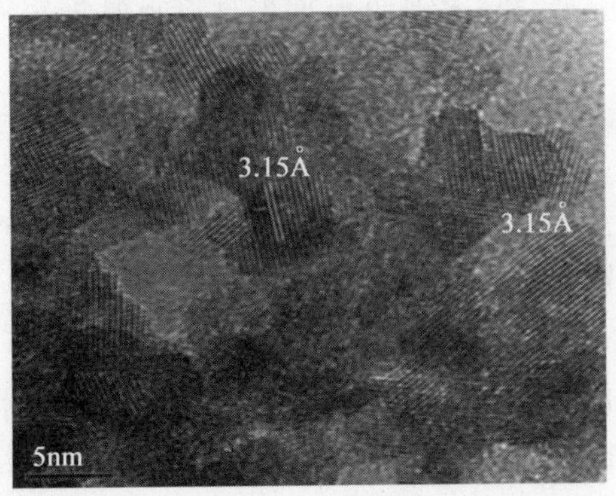

图 15-3　电化学还原法制备 UO_2 纳米颗粒的设备系统及颗粒形貌

3. 液相沉淀法

液相沉淀法分为溶胶凝胶法和共沉淀法。采用溶胶凝胶法可以制备 UO_2 或者 ThO_2-UO_2 混合氧化物纳米颗粒，一般采用硝酸盐为前驱体，选择合适的表面活性剂辅助进行溶胶凝胶过程，干凝胶通过煅烧形成核燃料纳米颗粒。沉淀法一般选择氨水或者可以水解得到弱碱性溶液的尿素为沉淀剂，U 或其他核素的离子在溶液中发生沉淀，在表面活性剂的作用下经一定温度结晶得到纳米颗粒，通过调节反应温度和表面活性剂的种类可以实现对纳米颗粒尺寸和形貌的调控，如图 15-4 所示。

图 15-4 液相沉淀法制备铀的氧化物纳米颗粒的形貌演变过程

4. 模板法

模板法主要适用于制备空心或者多孔纳米结构。模板包括软模板和硬模板，一般硬模板提供材料生长的基体，软模板调控材料生长的过程。如将多孔阳极氧化铝(AAO)作为模板，利用溶胶-凝胶-煅烧法可合成 ThO_2 纳米管。以高分子纳米多孔膜为模板，控制沉积条件可以选择性得到氢氧化铀酰纳米线和纳米管，经煅烧处理后可以得到形貌保持的 U_3O_8 一维纳米结构。以有序介孔硅材料作为硬模板，采用纳米灌注及模板移除技术可以制备 U_3O_8 与 UO_2 的有序介孔材料，它们的孔径约 10nm，比表面积以及孔隙率比微米尺寸的体相材料有显著增加。此外，通过改变有机溶剂极性进行有机相热解能够合成直径约 1nm、长度 50～500nm 的超细 U_3O_7 纳米线。而以 U_3Si_2 为前驱体进行高压水热反应则可生长无定形 SiO_2 均匀包覆的 UO_2 纳米线。几种典型的模板法制备的核燃料纳米结构的形貌如图 15-5 所示。

15.2.2 纳米核燃料芯块

1. 柔软芯块

在辐照过程中，核燃料会发生显著的结构变化，当燃耗达到 70GW · d/tM 以上，温度在 800℃以下时，燃料边缘部分的微米级晶粒会转变为 100～300nm 的小晶粒，并伴随着有序气孔的形成，这种结构称为高燃耗结构(high burn-up structure，HBS)。这种晶粒分化来源于辐照过程中材料晶格参数的变化和芯块内储存气体的内压。在辐照的初始阶段，燃耗低

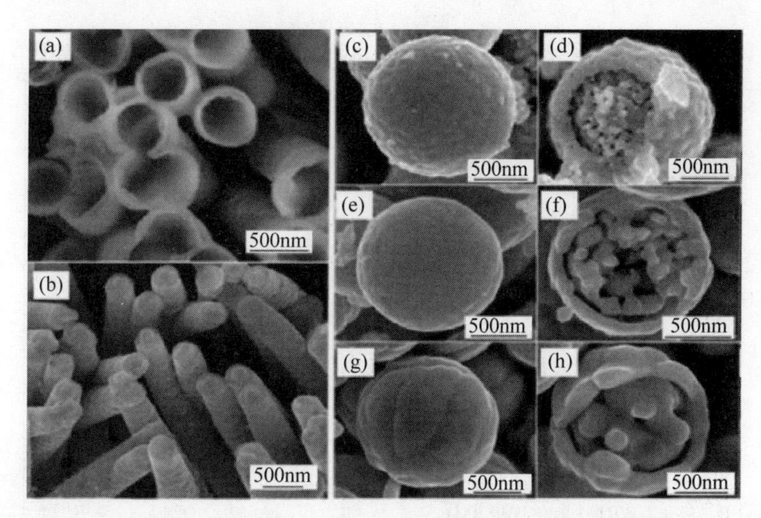

图 15-5　由硬模板法和水热法制备的不同含铀氧化物/氢氧化物纳米结构 SEM 照片

(a) $UO_2(OH)_2$ 纳米管；(b) U_3O_8 纳米线；(c)～(h) 多孔 U_3O_8 微球

于 1GW・d/tM 时，对应于燃料元件入堆几个小时至几天的时间范围，燃料晶格先出现膨胀，之后由于燃料基体中缺陷团簇的形成，晶格膨胀很快就会松弛下来。在进一步的辐照过程中，直到第一个反应堆内循环(≈10GW・d/tM)接近完成时，燃料处于无应变期。在这段抗损伤的稳定期之后，晶格应变又开始稳定增加，甚至超过了第一个最大值。在第二个晶格膨胀阶段，位错密度、位错环和气泡的数量稳步增加，同时位错网络开始形成。在接近第三次辐照循环结束时(平均燃耗≈40GW・d/tM)，当燃料外围达到 70GW・d/tM 的局部燃耗时，会出现快速的晶格收缩，在这一阶段，通过重组累积的辐照缺陷，在该区域形成纳米晶基质(晶粒尺寸<300nm)。这是一种自我修复的过程，在这个过程中，材料从损伤中恢复，并以这种方式避免结构崩塌。核燃料在不同辐照阶段的显微结构演化如图 15-6 所示，图 15-7 示出了 UO_2 芯块晶格参数与燃耗的变化关系。

图 15-6　核燃料在不同辐照阶段的显微结构演化

(a) 69GW・d/tM；(b) 100GW・d/tM；(c) 140GW・d/tM

由于纳米级晶粒具有优异的抗氧化性能以及有序气孔对裂变气体的包容能力，这种特殊的结构被认为是新型核燃料的设计方向，被称为“柔软芯块”。如图 15-8 所示，通过在 4%(摩尔分数)Y_2O_3-ZrO_2 材料中加入一定的造孔剂可以模拟这种高燃耗结构，形成纳米颗粒和有序气孔的混合结构。该结构在 1300℃的压缩实验中表现出极高的塑性变形，这种塑性

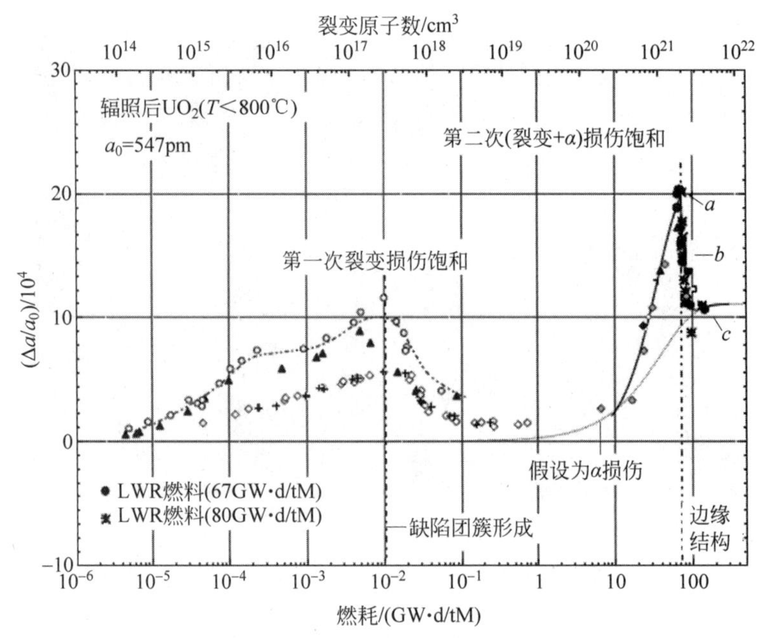

图 15-7 压水堆中 UO_2 芯块晶格参数与燃耗的变化关系

变形来源于材料内部孔洞在压应力作用过程中的平稳收缩。模拟实验结果证明了高燃耗结构作为“柔软芯块”的潜力。

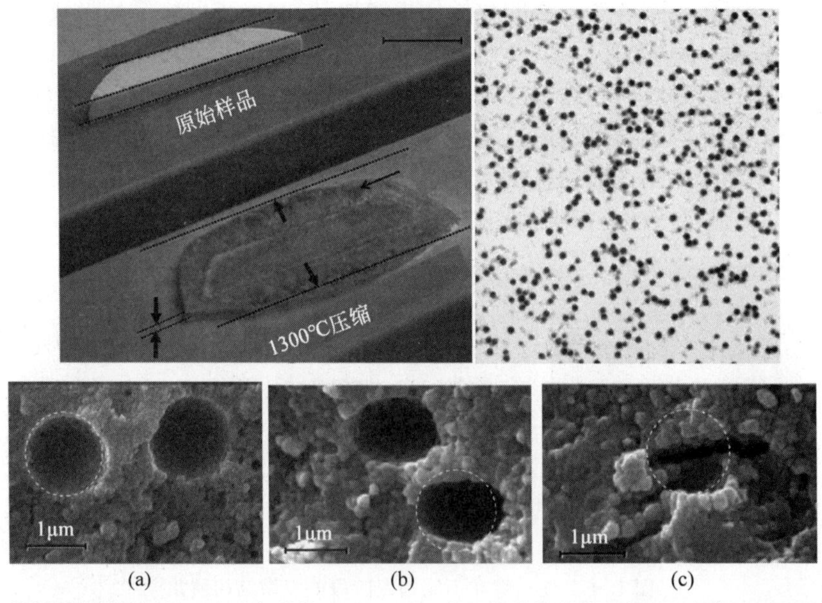

图 15-8 高燃耗结构模拟材料 4%(摩尔分数)Y_2O_3-ZrO_2 的显微结构及其在高温压力作用下的塑性变形过程

2. 纳米晶芯块

核燃料纳米颗粒具有均一的尺寸，极低的杂质含量，高的烧结活性，可以烧结制备更高质量的燃料芯块。采用快速烧结工艺可以最大限度地减少晶粒生长，获得纳米晶核燃料芯块。对于常规的 UO_2 粉体，其烧结温度一般要高于 1600℃，而纳米颗粒可以显著地降低烧结温度,尤其是采用快速烧结工艺,可以将纳米核燃料芯块的制备温度降低至600～1000℃。例如,采用溶胶凝胶法制备的50nm直径的纳米颗粒经过835℃放电等离子(SPS)烧结可以获得晶粒尺寸为300nm的致密芯块,极高的升温速率和短的保温时间有效地防止了晶粒的生长,如图15-9所示。

(a)　　(b)

图15-9　不同粒径 UO_2 粉体经低温SPS烧结后的芯块显微结构

(a) 纳米粉体835℃ SPS烧结;(b) 常规粉体862℃ SPS烧结

3. 纳米掺杂提高热导率

与金属燃料相比,金属氧化物燃料导热性能相对较差,对于纳米核燃料,晶粒尺寸的降低带来更多的晶界,会使材料的本征热导率降低。核燃料的纳米掺杂技术则可以改善氧化物燃料的导热性能。这种掺杂技术一般分为两类,一类是通过调整材料的内部缺陷和显微结构提高热导率,另一类是通过添加高热导率的材料提高热导率。在显微结构改善方面,对陶瓷导热系数的影响主要是由材料的声子导热机理决定的。当晶格完整无缺陷时,声子的平均自由程越大,热导率越高,而晶格中往往存在着空位、位错等结构缺陷,这些缺陷作为散射中心,显著降低了声子的平均自由程,导致热导率降低,因此合理调控晶格缺陷是提高热导率的关键。添加高热导率第二相是一种更直接的提高热导率的方法,相比于基体材料,第二相的弥散分布和渗流效应可以促进局部的热量传递,部分第二相存在于晶界处,可有效改善晶界处的传热机制,实现材料整体热导率的提升。在 UO_2 燃料芯块中掺入质量分数为0.05%～0.15%的 SnO_2 纳米颗粒,可以使 UO_2 在高温条件(600～800℃)下的导热能力提高2～3倍。在 ThO_2 中掺入Ce、W、Mo、Mn等金属制备得到纳米复合物的研究工作亦有报道,部分 ThO_2 纳米复合物的导热性能与 ThO_2 自身相比均有显著提高。

导热性能优良的碳纳米管及石墨烯材料等也被用来作为提升热导率的掺杂助剂。在制备方法上,可采用陶瓷制备工艺将纳米碳材料与核燃料粉体进行球磨混合,之后成型烧结,一般掺杂量在10%(体积分数)以下。如图15-10所示,UO_2 核芯中掺杂碳纳米管,烧结后可见碳纳米管弥散分布在陶瓷基体中,掺杂后可以使热导率提高30%。由于纳米材料的团聚特性,混合工艺的最大挑战是均匀性问题,为实现更充分的混合,可以采用液相法,首先将液相的核燃料氧化物前驱体材料与含碳纳米材料或者相应的前驱体均匀混合,之后采用溶胶凝胶法或者沉淀工艺原位形成纳米复合体系,经一定条件煅烧处理得到纳米复合粉体。图15-11示出了一种石墨烯支撑的 UO_2 纳米颗粒的制备方法,UO_2 纳米颗粒的制备采用溶剂热法,将单层氧化石墨烯均匀分散至前驱体溶液,UO_2 纳米颗粒以石墨烯为基底进行形核结晶,最终得到石墨烯支撑的 UO_2 纳米颗粒。这种纳米合成技术可以自下而上地制备纳米混合体系，对于纳米级多元混合的 MOX 燃料的掺杂更为有利。

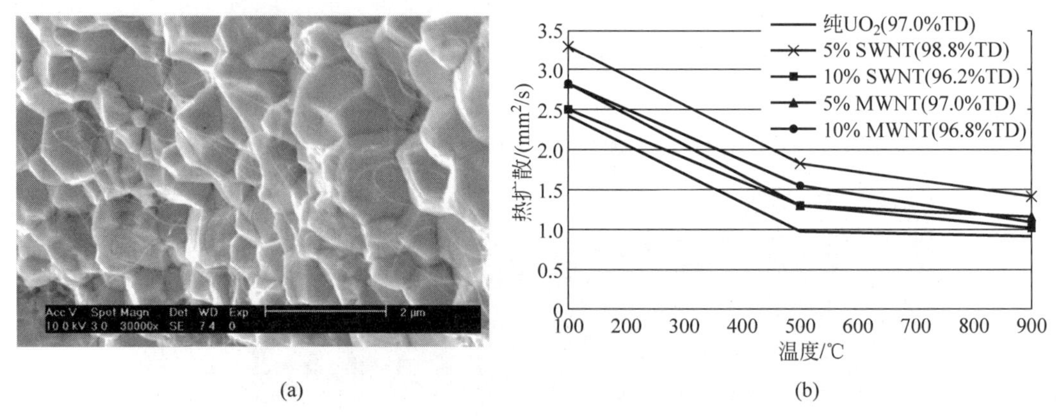

图 15-10 碳纳米管掺杂 UO_2 芯块的显微形貌及掺杂对导热性能的影响

(a) UO_2+5%体积分数碳纳米管芯块的显微形貌；(b) 不同体积分数的掺杂量情况下的导热性能

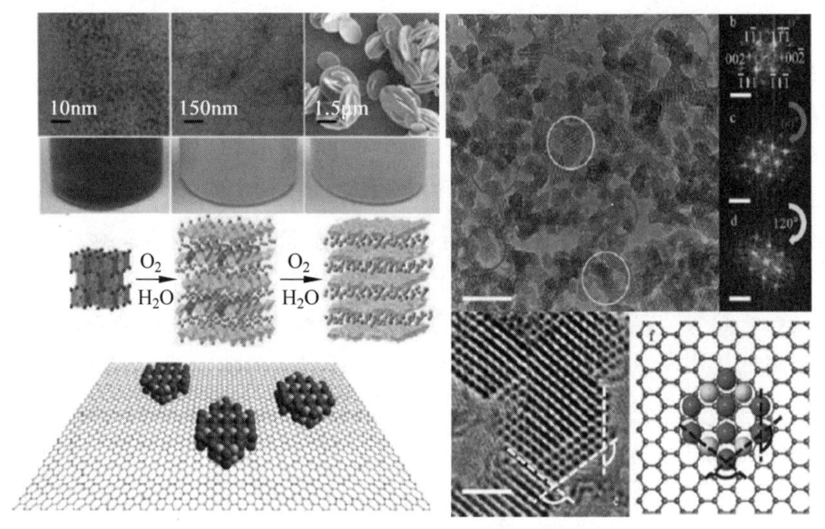

图 15-11 石墨烯支撑的 UO_2 纳米颗粒的制备方法及产物形貌

15.3 核用纳米结构材料

研究表明，纳米结构具有良好的抗辐照性能，核燃料包壳及核用结构材料长期暴露在辐照环境中，需要开发新型纳米结构材料来提升其堆内服役性能。

15.3.1 纳米结构的抗辐照性能

晶界、相界以及自由表面可以作为点缺陷的有效“陷阱”，吸收并消除辐照引起的自由移动的点缺陷，从而抑制间隙原子和空位的积聚，有效提高材料的抗辐照损伤性能。纳米材料的界面和表面效应可以提供更多的点缺陷吸收陷阱，诱导空位和间隙原子实现有效复合。模拟计算表明晶界具有令人惊讶的“加卸载”效应，这种效应发生在皮秒量级。辐照后，间隙原子被加载到边界，然后作为一个源，激发新的间隙原子返回晶格来消除材料中的空位。这种复合机制比传统的空位扩散机制具有更低的能量势垒，并且能够有效地消除附近的空位，从而实现辐照损伤的自愈。空位浓度的降低将大大减小宏观缺陷的形成概率，使材料处于缺陷形成和复合的动态过程中，避免材料出现宏观的蠕变、肿胀等辐照效应。如图 15-12 所示，传统材料易形成间隙原子与空位的聚集，而纳米材料通过快速缺陷复合可以实现材料的自我修复。纳米材料的这种辐照自愈功能也被模拟计算所证实，如图 15-13 所示，当 PKA 粒子引发级联碰撞时，在碰撞初期晶界处产生大量缺陷，但由于晶界的缺陷复合功能，最终只有少量缺陷形成。纳米材料提供了大量的晶界，因此表现出优异的抗辐照性能。

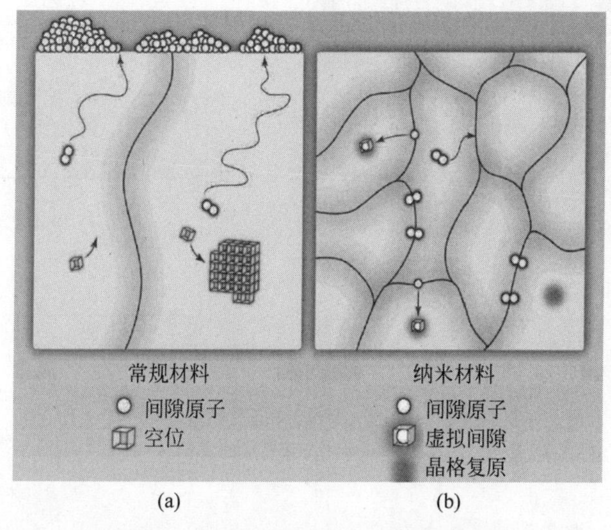

图 15-12　常规材料与纳米材料在辐照中间隙原子和空位的移动规律

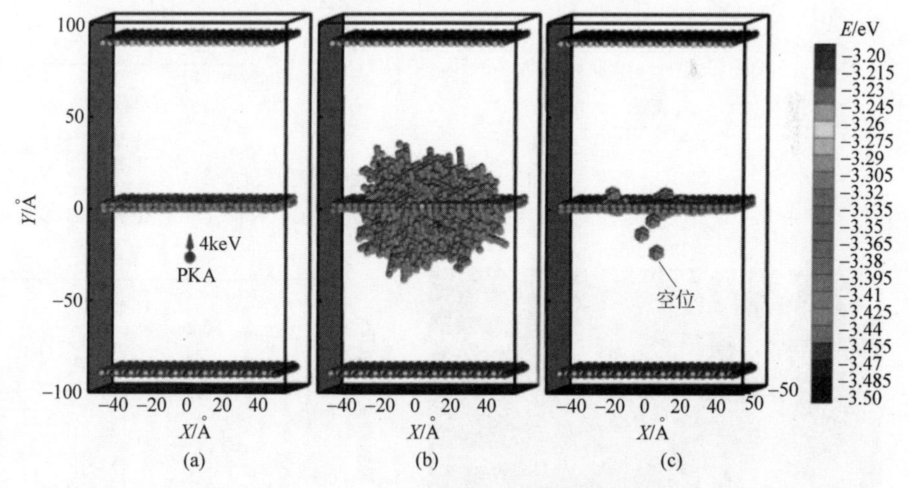

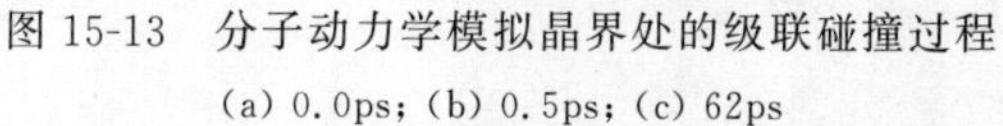

图 15-13　分子动力学模拟晶界处的级联碰撞过程

(a) 0.0ps；(b) 0.5ps；(c) 62ps

纳米结构的抗辐照性能已被众多实验所证实，例如纳米 Ni 中的位错环密度显著降低，同时可以观察到位错环的原位吸收；纳米 Fe 薄膜中的 He 泡密度相比于大晶粒要低一半；

Pd 辐照后的缺陷密度随尺寸降低表现出明显的线性规律(图 15-14)。根据纳米结构抗辐照的特性,可以设计构筑多层复合结构来进一步提升材料的辐照性能,通过减少各层的厚度使辐照性能进一步提升。例如对于 Ag/Ni 复合材料,辐照硬化随单层厚度降低而下降,当单层厚度达几个纳米时,辐照硬化效应显著降低(图 15-15)。

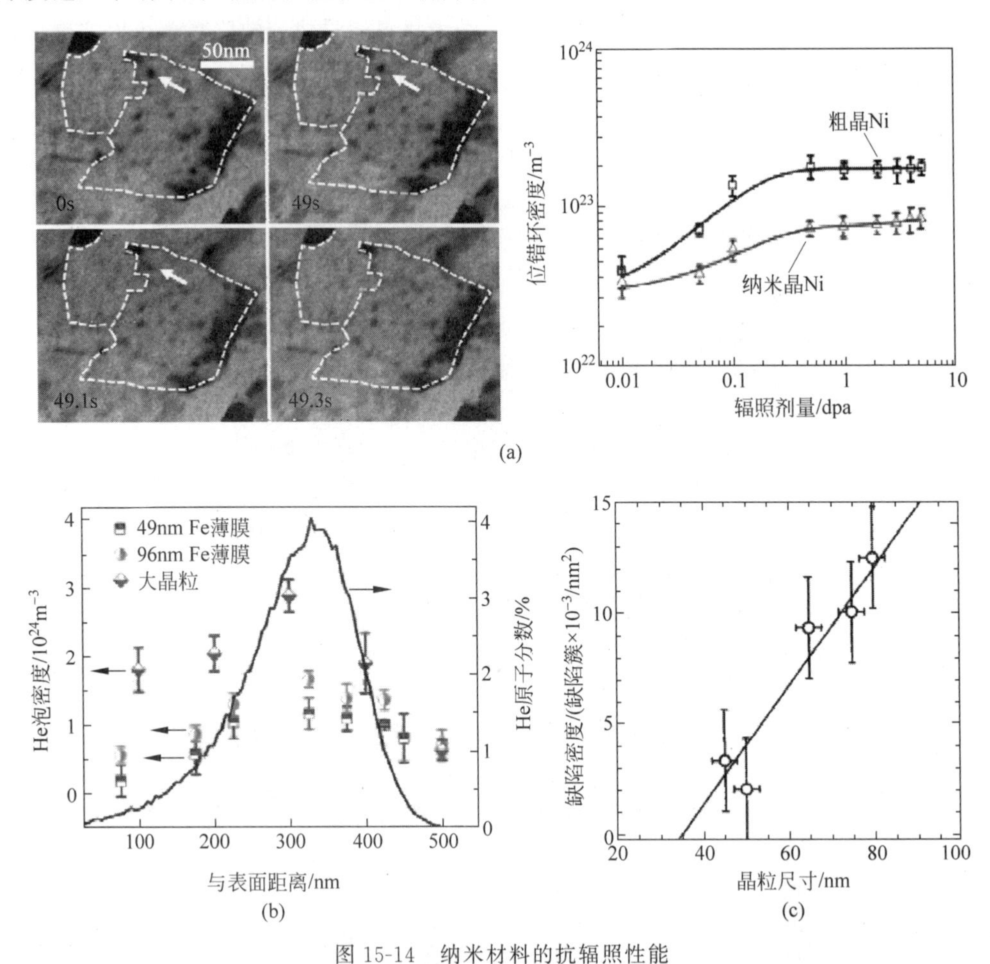

图 15-14　纳米材料的抗辐照性能

(a) 纳米 Ni 中位错环的吸收;(b) 纳米 Fe 中低的 He 泡密度;(c) 纳米 Pd 中缺陷密度随晶粒尺寸的变化

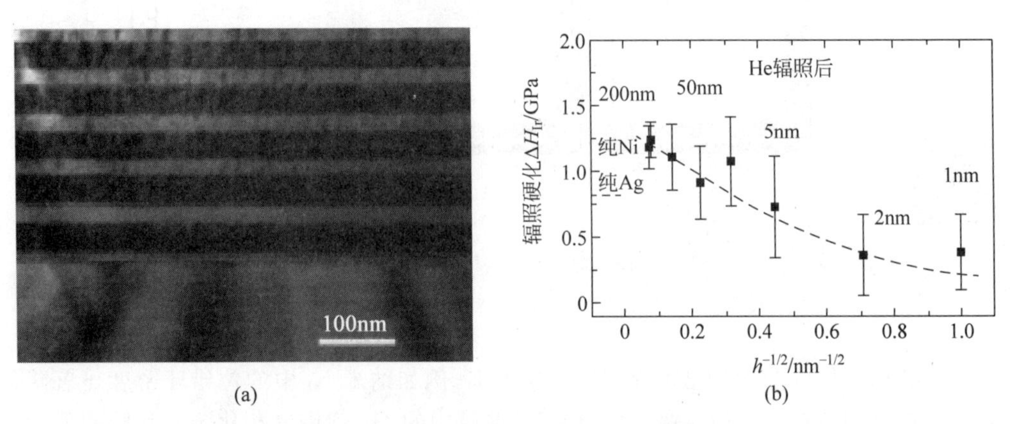

图 15-15　Ag/Ni 多层复合材料辐照硬化与单层厚度的关系

(a) 多层结构形貌;(b) 辐照硬化与单层厚度的关系

另一方面，晶界、相界等界面虽然可以促进缺陷的复合，但也加剧了界面附近的晶格无序化、化学计量失衡以及相变等。辐照缺陷的产生及其与晶界的交互作用对材料性质影响的微观机理有待进一步完善。辐照剂量与温度的相互耦合关系也需要深入研究。

15.3.2　纳米结构对力学性能的提升

核用纳米材料的另一重要应用为包壳材料及结构材料性能的提升。其中最成功的例子为氧化物弥散强化(oxide dispersion strengthened，ODS)钢。弥散分布的纳米氧化物第二相粒子除了增强 ODS 钢的强度之外，还表现出优异的抗辐照性能。图 15-16 比较了纳米铁素体合金(NFA)与 9Cr 正火回火马氏体钢(TMS)抗辐照损伤机制。纳米铁素体合金为含质量分数 12%～20% Cr 铁素体不锈钢，通过添加 Y-Ti-O(Y_2O_3 和 Ti)纳米结构进行弥散强化，材料表现出高蠕变强度，允许在高于位移损伤状态的温度下运行。对于纳米铁素体合金，高密度的纳米结构和位错为其提供了抗辐照损伤的能力。纳米结构保持高稳定的吸附阱密度以消除缺陷，氦可以在细小的气泡中被捕获，同时晶界也能防止高浓度氦的积累。由于位错钉扎效应，材料表现出高蠕变强度。TMS 的抗辐照损伤能力比 NFA 低，这是因为 TMS 的微观结构较粗，消除缺陷能力差，He 气泡较大。TMS 的这些微观结构特征可导致空洞(膨胀)以及大量的位错环和细颗粒沉淀的形成，这些都会在较低温度下导致硬化和脆化。He 在晶界上的显著累积，可促进蠕变空腔的形成并在应力作用下生长，缩短断裂时间，降低高温下的延展性。材料的断口照片显示了高浓度 He 对快速断裂的影响，在 TMS 中表现出极脆晶间断裂，在 NFA 中表现出塑性断裂。

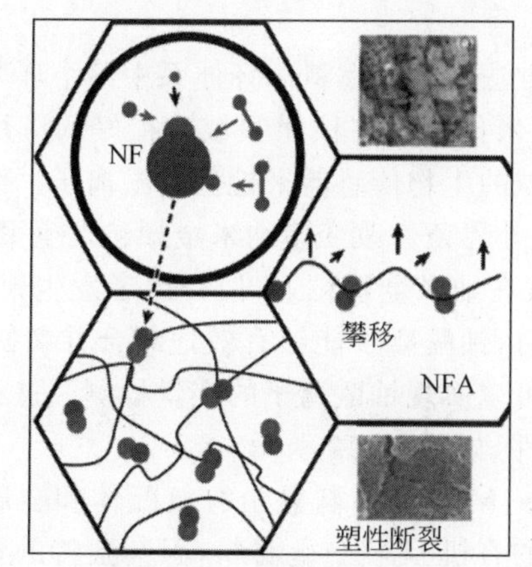

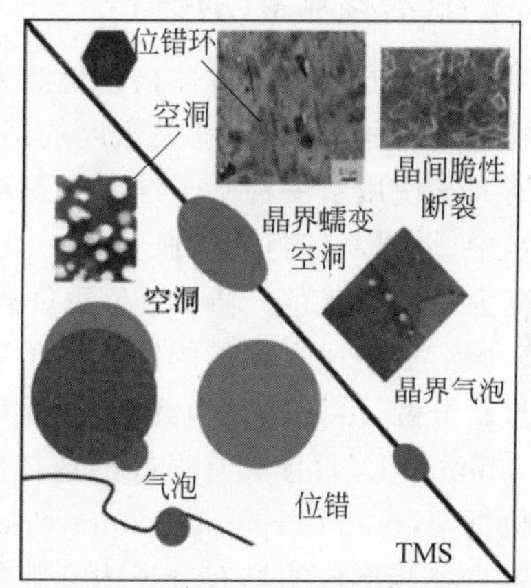

图 15-16　纳米铁素体合金(NFA)与 9Cr 正火回火马氏体钢(TMS)抗辐照损伤机制比较

15.3.3　纳米涂层

纳米结构涂层应用于燃料包壳、管道和热交换器上，以提高耐腐蚀性和表面硬度。可选的纳米涂层材料包括纳米 SiC、MAX 相涂层、ODS FeCrAl 涂层、不锈钢表面涂覆 TiN 或 Zr 涂层、纳米碳材料涂层等。纳米涂层材料可以分为两类，一类为涂层本身为纳米尺度；另一类为涂层为微米尺度，但涂层的显微结构单元为纳米尺度。相关内容将在事故容错燃料章节展开介绍。

15.4 核用纳米功能材料

除了纳米核燃料及核用结构材料，在核燃料循环的整个周期中，纳米技术及纳米材料都将发挥越来越重要的作用，其中包括：纳米冷却流体提高核反应堆的冷却效率，纳米识别材料进行核素检测，纳米吸附材料分离核燃料后处理中的同位素，以及采用生物纳米技术进行核废物处置和核环境修复等。

15.4.1 纳米冷却流体

纳米流体是由分散相（纳米粒子）和分散介质（基液）组成的分散体系。由于纳米流体与基液相比具有导热系数高、传热能力强的优点，用纳米流体取代传统的核能系统冷却剂，将有望提高冷却剂与堆芯的能量传递效率，降低冷却剂流量，减小反应堆尺寸，对于提高核能系统的安全性与经济性有重要意义。纳米流体可用于反应堆的一回路系统、应急安全系统以及严重事故管理方案中。麻省理工学院（MIT）建立了一个多学科交叉的纳米流体应用于核能系统的研究中心，以评估纳米流体对核能系统安全性与经济性的影响。研究表明，与水相比，添加0.01%～0.1%体积分数的氧化铝、氧化锌和金刚石形成的纳米流体（纳米粒子尺寸小于100nm）可强化临界热流密度40%～50%。对于核用纳米冷却流体，为了不影响反应堆的正常运行，所选的分散相纳米粒子还必须具备小的中子吸收截面和辐照稳定性。

15.4.2 纳米核素识别材料

高灵敏度和操作方便的放射性核素检测方法对于核燃料循环体系中各个环节的安全运行以及核环境安全均非常重要，高灵敏度的纳米传感器在核能领域有很好的应用前景。美国伊利诺伊斯大学使用了一种基于纳米金颗粒的生物传感器来检测铀酰离子。纳米金颗粒均匀分散在水中，形成酒红色的溶胶。而一旦外界条件改变使纳米金颗粒发生聚集，溶液就会从酒红色变为紫色或蓝色。将DNA酶负载在纳米金颗粒上，使得后者发生聚集，溶液颜色发生改变。向溶液中加入痕量的铀酰离子后，铀酰离子能够有效地结合并切割DNA酶，纳米金粒子重新分散，溶液恢复为红色，因此可以实现铀酰离子的定量检测。这种传感器的检测下限为50nmol/L，而且具有很好的选择性，如图15-17所示。

金属有机框架（metal-organic frameworks，MOFs）材料是由有机配体和金属离子或团簇通过配位键自组装形成的具有分子内孔隙的有机-无机杂化材料，因其独特的孔道结构在很多领域具有应用前景。基于MOFs的核用核素识别材料主要分为两类，一类用于对铀酰离子进行识别，另一类用于通过铀基MOFs来识别其他核素。MOFs材料具有一维孔道，适合铀酰离子进入，随着铀酰离子浓度的增加，荧光吸收峰的强度逐渐减弱。另外，利用锕系金属具有独特的5f电子性质开发的高灵敏度检测方法也开始受到关注。以铀为例，其最为常见的阳离子形式为UO_2^{2+}，将其引入到配位聚合物纳米材料的制备和应用研究中，发展出了一系列具有特殊性质和潜在应用的铀基MOFs。通过将铀酰和均苯三甲酸在二甲基甲酰胺（DMF）中进行溶剂热反应，制备出了一种对Fe^{3+}具有高灵敏度荧光响应的铀基MOFs材料$UO_2(C_8H_3O_6)\cdot DMF$，该材料对溶液中Fe^{3+}的检出限低至6.3μg/L，同时不对溶液中其他干扰离子产生明显响应。

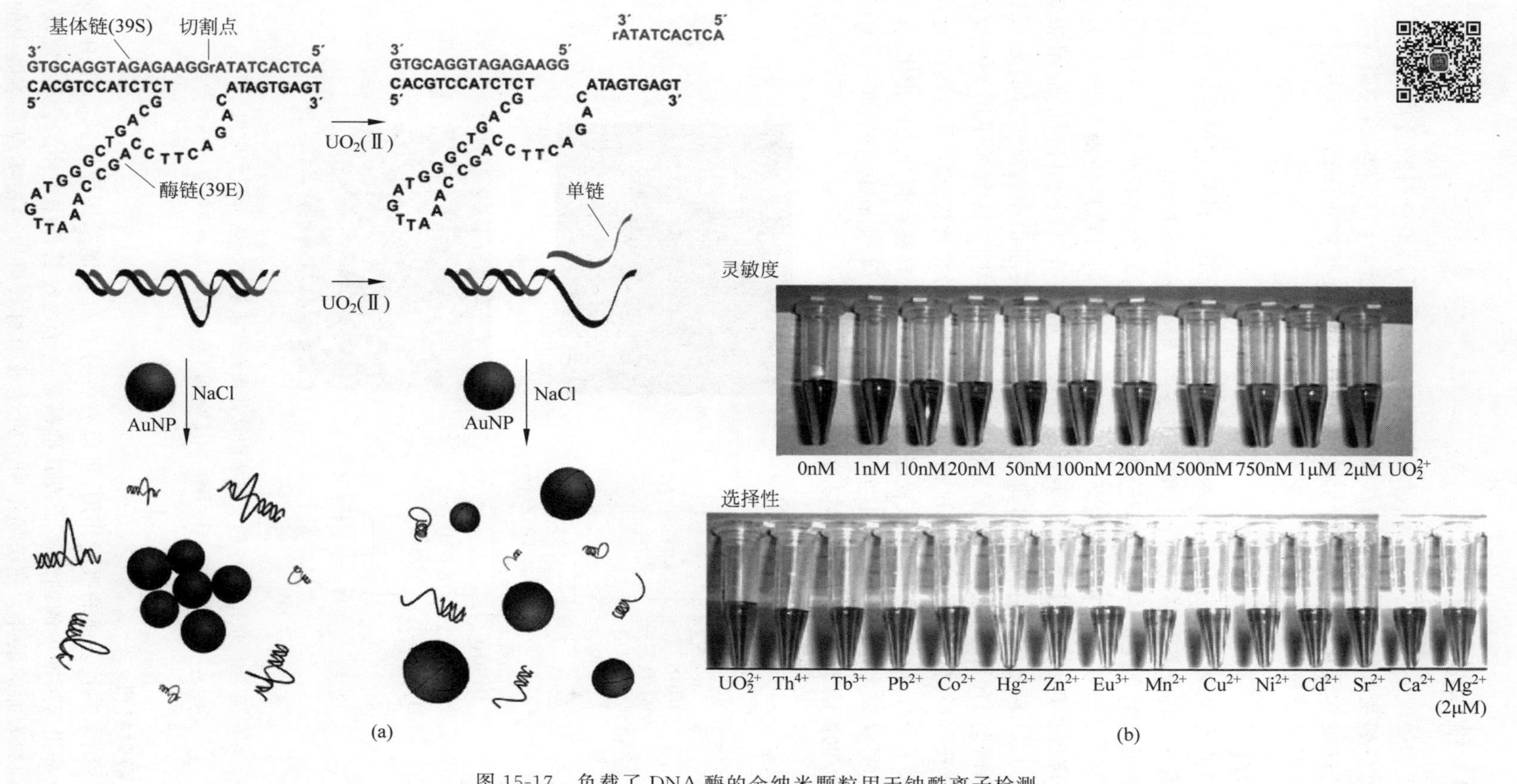

图 15-17　负载了 DNA 酶的金纳米颗粒用于铀酰离子检测

（a）检测原理；（b）对不同含量铀酰离子检测的灵敏度及对不同离子检测的选择性

15.4.3 纳米吸附材料

放射性废物处理一般包括分离回收铀、钚等可裂变或可增殖材料和分离回收长寿命次锕系元素及重要裂变产物元素，以提高核资源利用率，并降低废物对环境的长期威胁。纳米材料因具有特殊的物理化学性质，在放射性废物处理中将发挥重要作用。目前用于放射性吸附的纳米材料主要包括如下几类。

1. 介孔材料

介孔材料的孔径介于 2～50nm，纳米级的孔道尺寸使介孔材料具有很多传统材料不能比拟的突出优点。将介孔材料应用于核能领域，将有望充分发挥其独特的优势，为放射性废物处理提供新思路。介孔材料大多基于无机杂化材料，具有较高的化学稳定性和辐照稳定性，应用性更强。基于介孔材料的固相萃取操作简单，吸附剂可循环使用，不产生大量二次废物，将显著降低处理成本。目前在放射性废物吸附方面，介孔硅基材料的应用和研究最多，孔径一般为 2～8nm，大的孔道尺寸加之本身较高的比表面积和表面丰富的羟基基团为介孔硅基材料吸附 U(Ⅵ)等放射性元素提供了先决条件。图 15-18 展示了用于高放废液中元素分离的介孔 SiO_2 的显微结构，通过在其表面嫁接不同的有机基团可以实现元素的选择性分离。除了介孔硅，介孔碳也是被普遍关注的一类介孔材料。与介孔硅相比，介孔碳具有更好的耐酸耐碱性。此外，介孔金属氧化物和金属氢氧化物，如 TiO_2/ZrO_2、$Mg(OH)_2$ 等，也被用于吸附分离 U(Ⅵ)等放射性离子。

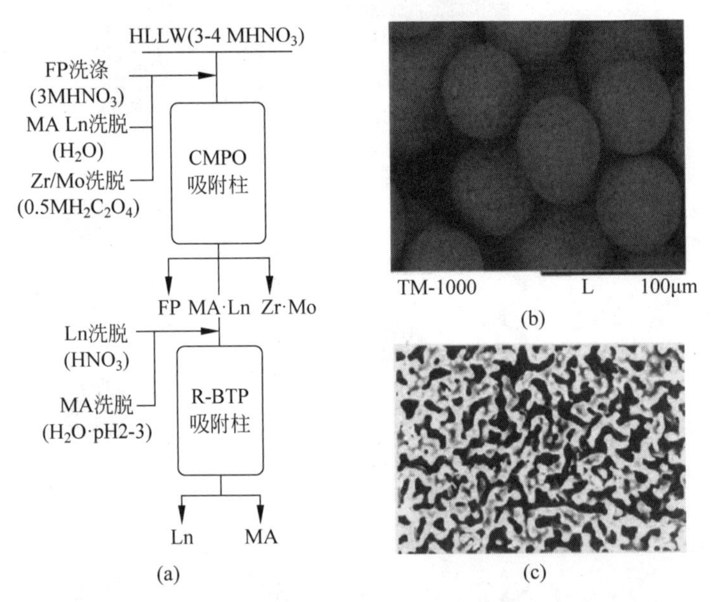

图 15-18 介孔 SiO_2 的显微结构及其在高放废液中元素分离的应用

(a) 分离流程图；(b) SiO_2 微球形貌；(c) 介孔 SiO_2 显微结构

2. 磁性吸附材料

利用磁性纳米颗粒表面的吸附作用，可以将各种有机功能基团嫁接到磁性纳米颗粒表面，有机功能基团与溶液中的铀酰离子或其他核素离子通过螯合作用相结合，实现核素离子在磁性纳米颗粒表面的聚合。在磁场作用下磁性吸附材料可以轻松实现在溶液中的分离，同时通过解脱附可以实现一定程度的复用。图 15-19 展示了一种利用 Fe_3O_4 吸附铀酰离子的工艺过程，在 Fe_3O_4 表面接入有机基团，通过双膦酸盐和铀酰离子发生螯合作用来实现铀酰离子的有效分离。

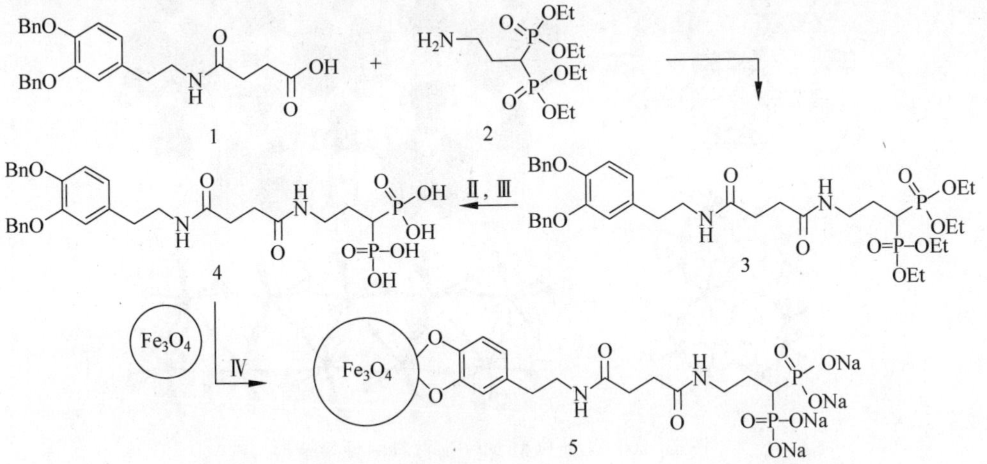

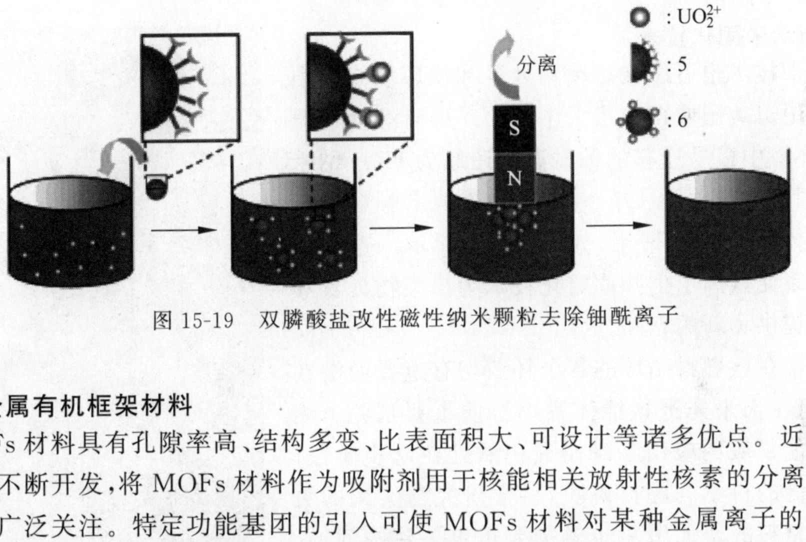

图 15-19　双膦酸盐改性磁性纳米颗粒去除铀酰离子

3. 金属有机框架材料

MOFs 材料具有孔隙率高、结构多变、比表面积大、可设计等诸多优点。近年来随着核能技术的不断开发，将 MOFs 材料作为吸附剂用于核能相关放射性核素的分离提取开始引起人们的广泛关注。特定功能基团的引入可使 MOFs 材料对某种金属离子的吸附能力提高几个数量级。图 15-20 展示了几种 MOFs 材料的骨架结构。

除了金属有机框架，共价有机框架(covalent organic frameworks，COFs)材料也可用于放射性元素的吸附分离。COFs 材料骨架中不包含金属离子，非金属元素间通过强共价键连接，形成二维或者三维的网状多孔结构。COFs 材料可用于强酸性条件下吸附分离 U(Ⅵ)、Pu(Ⅳ)等放射性元素，将有可能为乏燃料后处理提供新思路和新线索。另外一种核素吸附材料为 MXenes 材料。MXenes 是一类新型的过渡金属碳化物/碳氮化物纳米材料，具有类石墨烯片层结构，由选择性刻蚀 MAX 相中的 A 位原子制备。MXenes 材料属于无机材料，稳定性尤其是辐照稳定性较高，片层结构比表面积大，且表面富含—OH、—O 以及—F 等功能基团，利于其吸附应用。例如，二维碳化钒材料(V_2CT_x)表面富含钒羟基，相邻两个钒羟基能够与铀酰离子形成稳定的二齿配合物，从而可实现对 U(Ⅵ)的高效去除；二维碳化钛材料($Ti_3C_2T_x$)通过插层处理后对 U(Ⅵ)的吸附能力提升 5 倍以上。

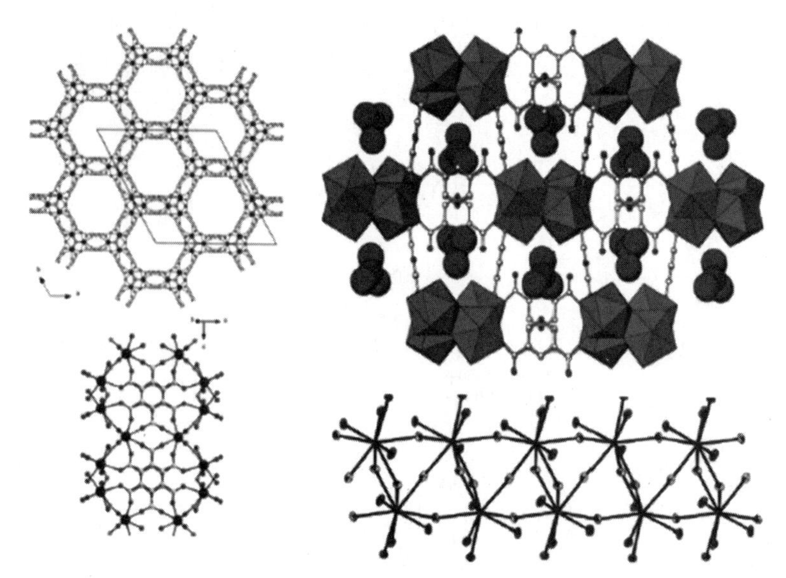

图 15-20 几种典型 MOFs 材料的骨架结构

4. 生物纳米固化技术

生物纳米技术也可以在核废物处置和核环境修复中发挥重要作用。美国威斯康星大学利用一种硫酸盐还原菌,可将在环境中极易迁移的铀酰离子还原为 UO_2 纳米颗粒,纳米颗粒的尺寸为 1.5～2.5nm,该纳米颗粒还可以在细菌的体表进一步聚集,如图 15-21 所示。这种环境友好的锕系元素离子生物固定化技术为核废物处置和核环境修复提供了新的思路。

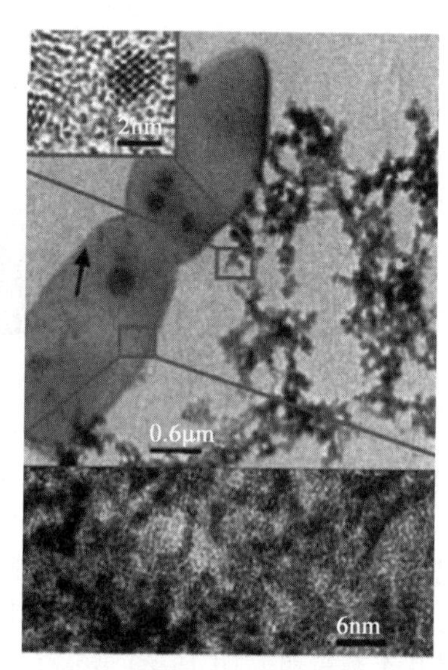

图 15-21 硫酸盐还原菌将铀酰离子还原为 UO_2 纳米颗粒

纳米技术在核燃料循环的各个环节均有重要的潜在应用前景,将在未来先进核能体系中扮演重要角色。纳米技术在核能领域的应用基础研究仍然处在起步阶段,还有大量关键的科学问题待解决,科学研究与实用的关系以及纳米材料的辐照考验也是需要重点关注的问题。随着研究工作的不断深入,纳米材料与纳米技术的优势将会有更充分的发挥,纳米结构与核燃料将会建立更紧密的联系。

参考文献

[1] CARTAS A, WANG H, SUBHASH G, et al. Influence of Carbon Nanotube Dispersion in UO_2—Carbon Nanotube Ceramic Matrix Composites Utilizing Spark Plasma Sintering [J]. Nuclear Technology, 2017, 189 (3): 258-267.

[2] COLOGNA M, TYRPEKL V, ERNSTBERGER M, et al. Sub-micrometre grained UO_2 pellets consolidated from solgel beads using spark plasma sintering (SPS)[J]. Ceramics International, 2016,

42 (6): 6619-6623.

[3] HUDRY D, APOSTOLIDIS C, WALTER O, et al. Controlled synthesis of thorium and uranium oxide nanocrystals[J]. Chemistry, 2013, 19 (17): 5297-5305.

[4] HUDRY D, APOSTOLIDIS C, WALTER O, et al. Synthesis of transuranium-based nanocrystals via the thermal decomposition of actinyl nitrates[J]. RSC Advances, 2013, 3(40): 18271-18274.

[5] HUDRY D, APOSTOLIDIS C, WALTER O, et al. Ultra-small plutonium oxide nanocrystals: an innovative material in plutonium science[J]. Chemistry, 2014, 20 (33): 10431-10438.

[6] JOVANI-ABRIL R, GIBILARO M, JANßEN A, et al. Synthesis of nc-UO_2 by controlled precipitation in aqueous phase[J]. Journal of Nuclear Materials, 2016, 477: 298-304.

[7] KIM J Y, NORQUIST A J, O'HARE D. $[(Th_2F_5)(NC_7H_5O_4)_2(H_2O)][NO_3]$: an actinide-organic open framework[J]. Journal of the American Chemical Society, 2003, 125(42): 12688-12689.

[8] KIMURA A, CHO H S, TODA N, et al. High Burnup Fuel Cladding Materials R&D for Advanced Nuclear Systems[J]. Journal of Nuclear Science and Technology, 2007, 44(3): 323-328.

[9] LEE J H, WANG Z, LIU J, et al. Highly sensitive and selective colorimetric sensors for uranyl (UO_2^{2+}): development and comparison of labeled and label-free DNA zyme-gold nanoparticle systems [J]. Journal of the American Chemical Society, 2008, 130(43): 14217-14226.

[10] MA H, WANG H, BURNS P C, et al. Synthesis and preservation of graphene-supported uranium dioxide nanocrystals[J]. Journal of Nuclear Materials, 2016, 475: 113-122.

[11] WU H, YANG Y G, CAO C. Synthesis of colloidal uranium-clioxide nanocrystals[J]. Journal of the American chemical Society, 2006, 128(51): 16522-16523.

[12] MIAO P, ODETTE G R, YAMAMOTO T, et al. Thermal stability of nano-structured ferritic alloy [J]. Journal of Nuclear Materials, 2008, 377(1): 59-64.

[13] MOHSENI N, AHMADI S J, ROSHANZAMIR M, et al. Characterization of ThO_2 and $(Th,U)O_2$ pellets consolidated from NSD-sol gel derived nanoparticles[J]. Ceramics International, 2017, 43(3): 3025-3034.

[14] NKOU BOUALA G I, CLAVIER N, PODOR R, et al. Preparation and characterisation of uranium oxides with spherical shapes and hierarchical structures [J]. CrystEngComm, 2014, 16 (30): 6944-6954.

[15] ODETTE G R, ALINGER M J, WIRTH B D. Recent Developments in Irradiation-Resistant Steels [J]. Annual Review of Materials Research, 2008, 38 (1): 471-503.

[16] OK K M, SUNG J, HU G, et al. TOF-2: a large 1D channel thorium organic framework[J]. Journal of the American Chemical Society, 2008, 130 (12): 3762-3763.

[17] SCHOTTLE C, RUDEL S, POPESCU R, et al. Nanosized Gadolinium and Uranium-Two Representatives of High-Reactivity Lanthanide and Actinide Metal Nanoparticles[J]. ACS Omega, 2017, 2 (12): 9144-9149.

[18] SHI W Q, YUAN L Y, LI Z J, et al. Nanomaterials and nanotechnologies in nuclear energy chemistry [J]. Radiochimica Acta, 2012, 100 (8-9): 727-736.

[19] SPINO J, SANTA CRUZ H, JOVANI-ABRIL R, et al. Bulk-nanocrystalline oxide nuclear fuels-An innovative material option for increasing fission gas retention, plasticity and radiation-tolerance[J]. Journal of Nuclear Materials, 2012, 422 (1-3): 27-44.

[20] SUZUKI Y, KELLY S D, KEMNER K M, et al. Nanometre-size products of uranium bioreduction [J]. Nature, 2002, 419: 6903.

[21] WALTHER C, DENECKE M A. Actinide colloids and particles of environmental concern [J]. Chemical Reviews, 2013, 113 (2): 995-1015.

[22] WANG L, YANG Z, GAO J, et al. A biocompatible method of decorporation: bisphosphonate-

modified magnetite nanoparticles to remove uranyl ions from blood[J]. Journal of the American Chemical Society, 2006, 128 (41): 13358-13359.

[23] WANG Y, CHEN Q, SHEN X. Preparation of low-temperature sintered UO_2 nanomaterials by radiolytic reduction of ammonium uranyl tricarbonate[J]. Journal of Nuclear Materials, 2016, 479: 162-166.

[24] WANG Y M, CHEN Q D, SHEN X H. One-step synthesis of hollow UO_2 nanospheres via radiolytic reduction of ammonium uranyl tricarbonate[J]. Chinese Chemical Letters, 2017, 28 (2): 197-200.

[25] WU H, YANG Y, CAO Y C. Synthesis of colloidal uranium-dioxide nanocrystals[J]. Journal of the American Chemical Society, 2006, 128 (51): 16522-16523.

[26] YAO T, MO K, YUN D, et al. Grain growth and pore coarsening in dense nano-crystalline UO_{2+x} fuel pellets[J]. Journal of the American Ceramic Society, 2017, 100 (6): 2651-2658.

[27] 化信.上海应物所等在锕系纳米材料研究中取得进展[J].化工新型材料, 2013, 41 (5): 186-187.

[28] 石伟群,赵宇亮,柴之芳.纳米材料与纳米技术在先进核能系统中的应用前瞻[J].化学进展, 2011, 23 (7): 1478-1484.

[29] 袁立永,王琳,王聪芝,等.纳米技术与核能发展[J].现代物理知识, 2018, 30 (5): 3-10.

[30] BUONGIORNO J, HU L W. Innovative technologies: Two-phase heat transfer in water-based nanofluids for nuclear applications[R]. Cambridge: Massachusetts Institute of Technology, 2009.

[31] KIM S J, MCKRELL T, BUONGIORNO J, et al. Subcooled flow boiling heat transfer of dilute alumina, zinc oxide, and diamond nanofluids at atmospheric pressure[J]. Nuclear Engineering and Design, 2010, 240: 1186-1194.

[32] KIM S J, MCKRELL T, BUONGIORNO J, et al. Experimental study of flow critical heat flux in alumina-water, zinc-oxide-water and diamond-water nanofluids[J]. Journal of Heat Transfer 2009, 131(4): 569-574.

[33] HOSHI H, WEI Y Z, KUMAGAI M, et al. Separation of trivalent actinides from lanthanides by using R-BTP resins and stability of R-BTP resin[J]. Journal of Alloys & Compounds, 2006, 408-412: 1274-1277.

[34] WEI Y Z, ZHANG A Y, KUMAGAI M, et al. Development of the MAREC process for HLLW partitioning using a novel silica-based CMPO extraction resin[J]. Journal of Nuclear Science and Technology, 2014, 41(3): 315-322.

[35] USUDA S, LIU R Q, WEI Y Z, et al. Evaluation study on properties of a novel R-BTP extraction resin-from a viewpoint of simple separation of minor actinides[J]. Journal of Ion Exchange, 2010, 21 (1): 35-40.

[36] SUZUKI Y, KELLY S D, KEMNER K M, et al. Nanometre-size products of uranium bioreduction [J]. Nature, 2002, 419: 134.

第16章

事故容错燃料

压水反应堆燃料棒的主要结构材料是锆合金,当包壳温度超过800℃时,在反应堆失去冷却的情况下,锆和水蒸气会发生反应,形成易爆炸的氢气。福岛核电站(Fukushinia Nuclear Power Plant)地处日本福岛工业区,共10台机组,均为沸水堆。2011年3月11日日本东北太平洋地区发生里氏9.0级地震,继而发生海啸,导致福岛第一核电站、第二核电站受到严重的影响。日本福岛核电站事故中,锆水反应产生了大量的氢气和热量,导致堆芯熔化和氢气爆炸,以及放射性物质泄漏,对社会和环境造成了极大的负面影响。在此之后,核工业界加速对安全、可靠、经济并具有创新性的事故容错燃料(accident tolerant fuel, ATF)进行研究开发。此类燃料不仅能够显著提高堆芯抵抗和容忍事故的能力,尤其是减轻包壳的氧化产氢和反应释热,而且能够替代现有的燃料技术体系,进一步提高商用核反应堆的安全性、竞争力和经济性。

16.1 事故容错燃料设计理念及发展

16.1.1 事故容错燃料的定义及设计理念

福岛核事故深刻地揭示了事故条件下燃料棒损毁的过程。如图16-1所示,在事故初期,失去冷却导致包壳的温度升至800℃的危险区间,此时包壳发生内部氧化和外部蒸汽氧化;之后衰变热的缓慢释放引起包壳温度进一步提升,包壳发生鼓包和爆裂,燃料芯块错位;温度进一步升高,达到包壳的熔点,燃料棒发生熔化,包壳与燃料发生反应,形成氧化物共晶体。开发事故容错燃料能显著延缓堆芯温度上升,防止燃料熔毁,为操作人员应对事故争取时间。图16-2比较了Zr包壳和ATF包壳在堆芯失去冷却时的表现。

事故容错燃料的定义是:与标准的UO_2-Zr燃料体系相比较,能够在相当长一段时间内容忍堆芯失水事故,并且在正常运行工况下维持或提高燃料性能的燃料。事故容错燃料最重要的两个理念是：①提高燃料的导热性能来降低燃料的温度；②减小包壳水侧以及与蒸汽的氧化反应速率。

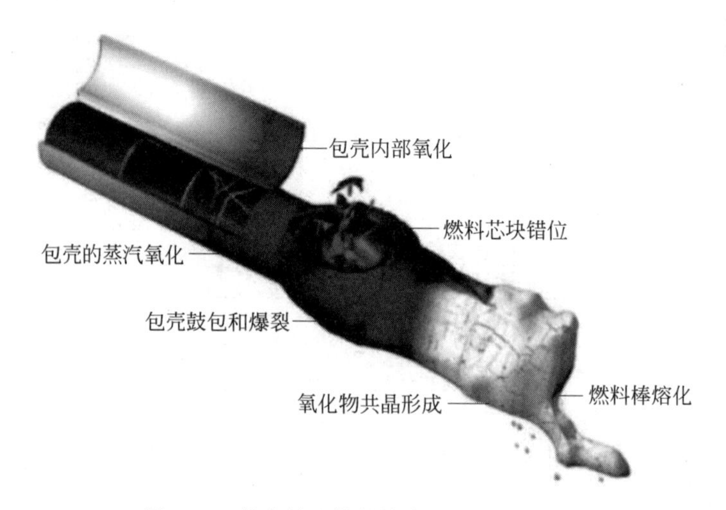

图 16-1 核事故下燃料棒熔化过程示意图

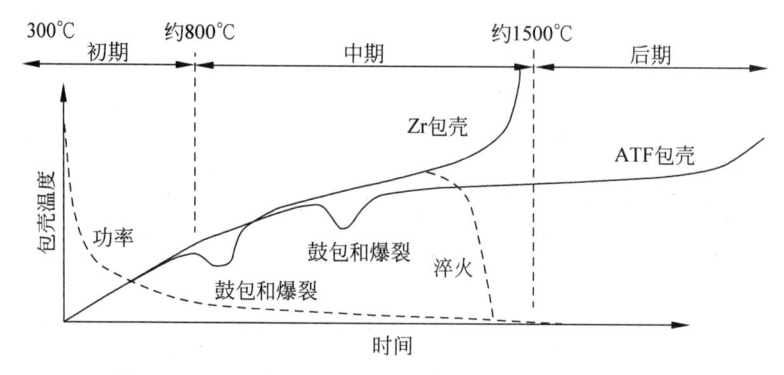

图 16-2 Zr 包壳和 ATF 包壳在堆芯失去冷却时的表现

目前事故容错燃料设计主要有三个研究方向：①继续使用锆合金包壳，通过改变合金中微量元素的配比，或者在锆合金包壳管外侧添加涂层以提高包壳的强度和抗氧化性能；②研发新型的包壳材料代替传统锆合金包壳，例如 SiC 陶瓷及复合物、FeCrAl 合金以及 Mo 合金等；③研发具有高热导率和包容裂变产物能力的新型核燃料，例如全陶瓷微封装燃料、碳化物燃料、氮化物燃料、硅化物燃料、BeO 弥散燃料和 CeO_2 弥散燃料等。

16.1.2 事故容错燃料的发展历程及现状

目前事故容错燃料研发和设计的首要目标是提高燃料包壳在较长时间内抵御衰变热带来的高温的能力，以及提高其对裂变产物的滞留能力。新型核燃料系统要与现役的核燃料生产设备相互兼容，保证其经济性和可靠性。这些要求给事故容错燃料的设计和研发带来巨大挑战，因此也吸引了世界上各核能大国纷纷把事故容错燃料作为下一步重点发展方向，这种高安全性技术已在国际核能界掀起一股研发热潮。

1. 美国

美国事故容错燃料的研究并非后福岛时代才开始的。美国西屋电气公司早在2004年就启动了事故容错燃料项目。2012年,美国能源部面向国家实验室和核燃料供应商发起了“研制事故容错燃料”的研究和发展计划的基金。美国能源部指出,事故容错燃料需要做到以下几点:①给核电运营者更多“处理时间”来应对事故状况;②继续使用且不影响原本的铀燃料循环;③商业运营可行。美国能源部为事故容错燃料的研发设定了可行性研究(2012—2015年)、开发与资格认证(2016—2021年)和商用(2022年后)3个阶段。第1阶段的工作包括建模、制造小比例设备原型、辐照测试、蒸汽反应测试、机械性能测试、熔炉测试等,评估燃料的经济性、安全性,及对运行动态、核燃料循环和环境等的影响。第2阶段主要是挑选燃料棒的材料,再对工业级规模的试验反应堆进行一系列复杂测试,并且取得相应的资质。第3阶段是制备出成品在正规商用核电站服役。

2017年6月13日,西屋电气公司正式推出事故容错燃料解决方案——EnCore燃料。EnCore燃料旨在帮助西屋公司的核燃料客户提高基于设计变更的燃料安全性,获得更高的铀使用率。EnCore燃料的产品交付分为两个阶段。第一阶段的EnCore燃料产品由带涂层的包壳管内填充硅化铀芯块组成。这一设计燃料芯块的铀密度更高,热导率更高。在正常运行期间(250～350℃),因涂层包壳具有抗氧化和降低吸氢腐蚀的优点,可延长包层寿命,增强耐磨性和增加安全裕量。带涂层的包壳管在冷却剂失水事故(loss-of-coolant accident,LOCA)、反应性引发的事故(reactivity-initiated accident,RIA)和超设计基准事故的工况下,还可延长燃料暴露于高温蒸汽和空气中(1300～1400℃)的时间。EnCore燃料的第二阶段的特点是采用SiC包壳管。该设计在发生超设计基准事故的工况下可有效地提高安全性,例如,在极高的温度(2800℃或更高)和与水发生反应的情况下,会最小限度地释放热量和氢气。

2. 中国

中国事故容错燃料研发始于2015年,由中国广核集团有限公司(简称中广核)牵头,中国科学院、中国工程物理研究院、清华大学、西安交通大学等科研院所、高校和企业参与。经过数年的努力,中广核研究院ATF项目部研发了一种非常有前途的燃料芯块UO_2-BeO,有效提高了燃料芯块的热导率,它是下一代燃料的备选方案。其辐照性能的优劣是这种燃料芯块能否具有工程可行性的关键问题。2019年,中广核自主研发设计的S2FPI-A型事故容错燃料小棒顺利载入研究堆,正式开始辐照考验工作,这是我国首次实现ATF燃料堆内辐照。下一阶段,将争取早日实现ATF燃料工程化应用,推动核能技术持续变革。

3. 俄罗斯

2019年11月,俄罗斯国家原子能公司旗下核燃料元件公司在俄罗斯原子反应堆研究所完成了事故容错燃料首阶段堆内测试。2019年1月,两组实验性事故容错燃料组件与俄制VVER燃料棒和西方国家制PWR燃料棒一同载入MIR研究堆中。每组事故容错燃料组件包含24个燃料元件,以及4种不同包壳和燃料基体材料。燃料芯块由传统UO_2和U-Mo合金制成,并采用镀铬锆合金和铬镍合金作为燃料棒包壳材料。初步试验结果表明,两组燃料组件均未出现燃料棒几何形状变化和包壳材料表面损伤问题。

16.2 事故容错燃料芯块研究

为了降低堆芯熔化和严重事故的概率，与标准的 UO_2/Zr 燃料体系相比，事故容错燃料芯块的温度梯度更小，中心温度更低，其整体热容和热导率的提升可以显著降低芯块在停堆时瞬变过程中的升温速率。事故容错燃料芯块主要有三种类型，包括改进型 UO_2 芯块（大晶粒 UO_2、掺杂 BeO 和 SiC 等高导热材料的 UO_2 复合芯块）、高铀密度芯块（U-Si、UN、UN-USi_x、U-Mo 复合芯块）和全陶瓷微封装（fully ceramic microencapsulated，FCM）燃料芯块。

16.2.1 改进型 UO_2 芯块

UO_2 是目前在核反应堆中得到大规模应用的核燃料，在不影响 UO_2 中子特性的前提下提高其热导率成为近期最有可能得到应用的技术。针对 UO_2 热导率低的结构因素，通过分子动力学计算发现，UO_2 晶格中声子传播的高度非谐性使其不能有效参加热传导，从而导致本征热导率处于很低的水平。目前，提高 UO_2 核燃料热导率主要有以下两种技术路线：添加高热导率第二相，制备热导率增强型 UO_2 芯块；制备大晶粒度的 UO_2 燃料芯块，减少晶界处热传导损耗。

1. 热导率增强型 UO_2 芯块

使用高热导率材料对 UO_2 进行掺杂改性从而提高其热导率成为近年来的研究热点，多种材料曾被用作掺杂改性材料。综合考虑掺杂改性材料与 UO_2 和包壳材料的化学相容性、抗辐照性、中子散射截面等性能可知，目前适合对 UO_2 核燃料进行掺杂改性的材料主要有 BeO、SiC、金属材料、碳纳米材料等。

1）BeO 增强 UO_2 芯块

BeO 具有热导率高、化学稳定性好、与包壳材料相容性好、中子吸收截面低等优势，适合在核反应堆工作条件下应用。研究结果表明，连续相 BeO 相对于非连续相 BeO 对 UO_2 核燃料热导率有着更明显的改善作用。当连续相 BeO 掺杂量为 10%时，UO_2 热导率相对于标准芯块上升 50%，温度梯度降低 38%左右，燃耗从 65GW·d/tU 增至 72.2GW·d/tU，内部压力相对于标准芯块下降 50%左右。使用共烧结法制备 97%理论密度的 UO_2/BeO 芯块，在 200℃和 1000℃条件下，10%掺杂比例 UO_2/BeO 的热导率相对于标准 UO_2 芯块分别上升了 46.9%和 34.5%（图 16-3）。该结果与计算结果符合较好。为了证实 UO_2/BeO 燃料芯块中连续相 BeO 的存在，将其放入煮沸的硝酸中 1h，将 UO_2 全部侵蚀，得到 BeO 骨架，从实物照片和 SEM 照片中均可看到掺杂在燃料芯块中的 BeO 具有良好的连续性，从而保证了燃料芯块

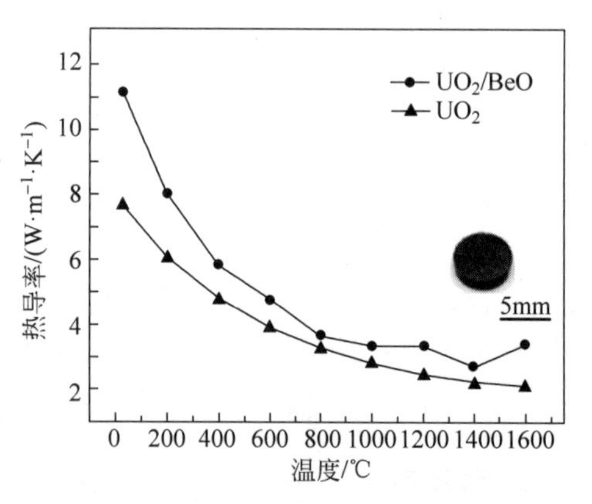

图 16-3 UO_2/BeO 复合芯块及标准 UO_2 芯块在不同温度下的热导率

热导率的有效提升，如图 16-4 所示。

图 16-4 硝酸溶解前后 UO_2/BeO 燃料芯块照片及 BeO 骨架的 SEM 照片

连续相 BeO 掺杂能够有效提高 UO_2 燃料芯块的热导率，从而降低工作条件下燃料的温度梯度、裂变气体释放量以及内部压力，最终达到提升燃料芯块安全性的目标。BeO 掺杂 UO_2 燃料芯块具有良好的经济效益和应用前景。但 BeO 的剧毒特性仍然是该技术应用需要注意的问题。另外，BeO 在辐照条件下的热导率及其他性能的变化仍然需要进一步评估。

2）SiC 增强 UO_2 芯块

SiC 具有物理化学特性优良及抗辐照性能好的优点，在核工业中具有广泛的应用前景。在 527℃条件下单晶 SiC 和多晶 SiC 的热导率分别为 UO_2 的 30 倍和 10 倍，掺杂 SiC 之后预期能够有效改善 UO_2 的热导率。通常情况下 UO_2 燃料芯块是通过将 UO_2 粉末研磨造粒成形，然后在 1700℃左右的氢气还原性气氛中进行烧结得到的。这样的高温条件是为了保证产物的密度能够达到理论密度的 95%左右，以适合在反应堆中使用。但是，温度过高时 SiC 会与 UO_2 发生化学反应并产生气体。在 1350℃以上二者之间的化学反应就会发生，该温度大大低于 UO_2 燃料芯块的烧结温度。因此，避免 SiC 与 UO_2 之间化学反应的问题受到广泛关注。可以通过前驱体浸渍裂解法制备不同比例 SiC 掺杂的 UO_2 燃料芯块，在 1300℃的烧结温度下获得了理论密度达到 96%的 UO_2/SiC 复合材料。但相比于标准 UO_2 燃料芯块，该方法制备的 UO_2/SiC 复合芯块热导率并未得到提高。其可能的解释为前驱体浸渍裂解法在 1400℃以下制备得到的 SiC 存在缺陷，这些缺陷作为声子散射中心降低了燃料芯块的热导率。为了避免前驱体浸渍裂解法的缺陷，直接将 SiC 晶须与 UO_2 混合，使用热压烧结制备得到分布均匀、理论密度大于 95%的 UO_2/SiC 复合材料，但其热导率相对于标准芯块也没有明显改善。其可能的解释为该方法制备得到的复合材料中 UO_2 与 SiC 的接触不够充分，界面热阻值较大。另外，使用化学气相沉积法在 UO_2 表面直接覆盖一层 SiC 以改善二者之间的接触，可提高热导率。采用放电等离子体烧结(SPS)法制备 UO_2/SiC 复合材料，与传统烧结方法相比，在较低的烧结温度和短暂的烧结时间下可实现致密化，有效避免 SiC 与 UO_2 之间的化学反应。使用 SPS 法在不同温度下烧结得到的含有 10%SiC 的 UO_2/SiC 复合材料芯块热导率相对标准 UO_2 燃料芯块有了明显提高，在 100℃、500℃、900℃条件下分别提高了 54.9%、57.4%、62.1%，明显改善了燃料芯块的热传导性能。但该方法目前仅在实验室取得了成功，较难用于大规模工业制造，且该方法制备的 UO_2/SiC 复合材料在辐照条件下性能的变化还缺乏系统的研究。

3）其他材料增强 UO_2 芯块

除 BeO 和 SiC 之外，近年来一些新材料体系也被引入以制备热导率增强型 UO_2 芯块，如金属 Mo、碳纳米管、纳米金刚石等。韩国原子能研究所向 UO_2 芯块中添加 10%的 Mo，得到了连续分布 Mo 包覆 UO_2 颗粒的结构，在 1000℃条件下热导率相对标准芯块提高了 96%，并进一步采用微胞模型描述了 Mo/UO_2 的导热特性，如图 16-5 所示。如果向 UO_2 中添加碳纳米管和金刚石等第二相，其热导率相对于 UO_2 芯块也均有较为明显的提升。上述将新材料体系引入 UO_2 芯块中做热导率增强相的方法取得了较为明显的效果，但目前均处于起步阶段，还需要进一步深入系统的研究。

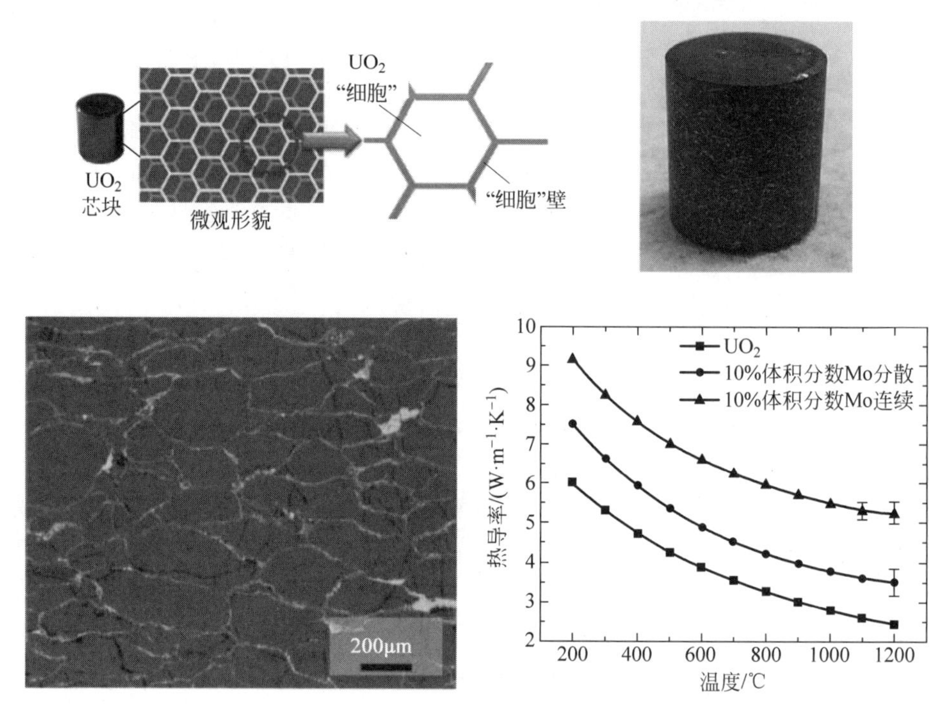

图 16-5　UO_2/Mo 芯块的“细胞”结构及其对热导率的提升

2. 大晶粒 UO_2 芯块制备

晶界的阻挡是限制 UO_2 热导率提高的一个关键因素。在不同温度下，UO_2 热导率均呈现随着晶粒尺寸的增加而上升的趋势。UO_2 中不同晶体学方向的热导率不同，而晶界的存在则会极大限度地导致热导率的降低。因此，制备大晶粒尺寸的 UO_2 成为添加热导率增强相之外提高 UO_2 核燃料热导率的另一重要手段。同时，晶粒尺寸的增大还能够极大地改善燃料的裂变气体包容性，对改进燃料安全性能有着重要的作用。目前提高 UO_2 晶粒尺寸主要采用的方法是添加烧结助剂，包括各类金属和非金属氧化物，如 Al_2O_3、TiO_2、Cr_2O_3、SiO_2 等。例如已经通过添加 Cr_2O_3 来增加 UO_2 的晶粒尺寸，并取得了良好的效果，在添加不超过 0.5%Cr_2O_3 的情况下，得到了晶粒尺寸约为 50μm 的 UO_2（图 16-6）。各种烧结助剂的添加对提高 UO_2 晶粒尺寸作用明显，但烧结助剂的添加在增加 UO_2 晶粒尺寸的同时作为杂质也会影响核燃料的热导率提升，这也被实验和第一性原理计算结果证明。因此，如何尽量减少或避免这种不利影响也需要进一步研究。

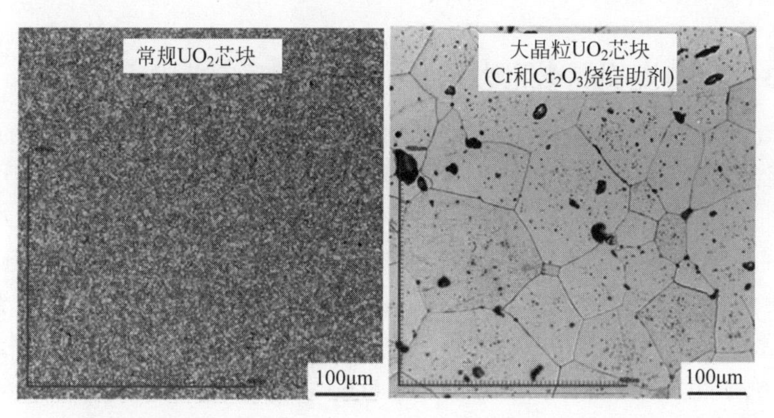

图 16-6 常规 UO_2 芯块和大晶粒 UO_2 芯块(以 Cr 和 Cr_2O_3 为烧结助剂)的微观形貌

16.2.2 高铀密度芯块

高铀密度芯块主要包括 U-Si、UN、U-Mo 芯块及其复合结构，其中大部分内容在前面章节已有介绍。目前将 UN 和 USi_x 进行复合获得复相芯块成为重点关注的方向(图 16-7)。复合芯块具有高的铀密度、高的热导率和良好的辐照性能。和 UO_2 不同，复合芯块的热导率随温度升高而升高，通过调节两相配比获得热导率和服役温度的平衡。此外，UN 和 U-Si 体系还会形成多元化合物 U-Si-N，三元化合物对芯块性能的影响需要进行深入评价。

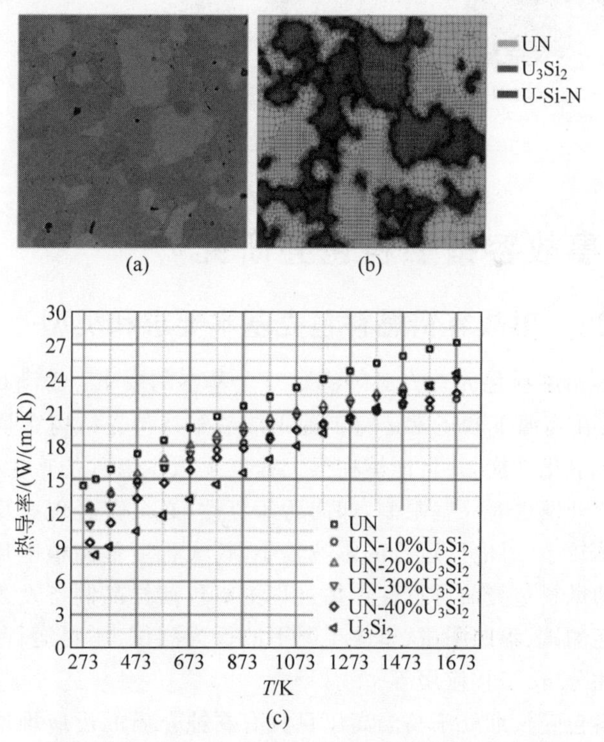

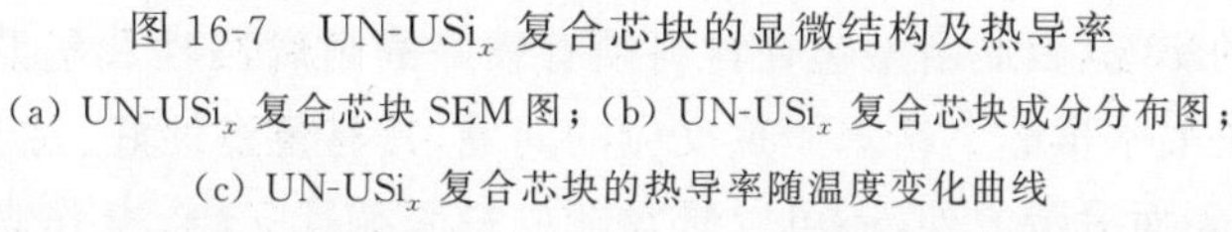

图 16-7 UN-USi_x 复合芯块的显微结构及热导率

(a) UN-USi_x 复合芯块 SEM 图；(b) UN-USi_x 复合芯块成分分布图；

(c) UN-USi_x 复合芯块的热导率随温度变化曲线

16.2.3 全陶瓷微封装芯块

全陶瓷微封装弥散燃料是将 TRISO 颗粒弥散在 SiC 等具有高导热性能的基体中制成弥散芯块，再将弥散芯块装在包壳中。全陶瓷微封装弥散燃料采用的 TRISO 颗粒的主要结构与高温气冷堆包覆颗粒类似，根据使用环境不同，包覆层的层数和组成可进行一定的调节。陶瓷型的弥散芯体外层通常会有一层无燃料的基体区，最终形成适合于压水堆应用的芯块(图 16-8)。全陶瓷微封装弥散燃料有很多优良的性能，比如热导率高、比热性能好、密度随温度变化率低、体积热容指数优异等。此外，基体材料与包壳材料的相容性好，阻挡裂变产物的能力强，事故状态下具有较大的安全裕度等。

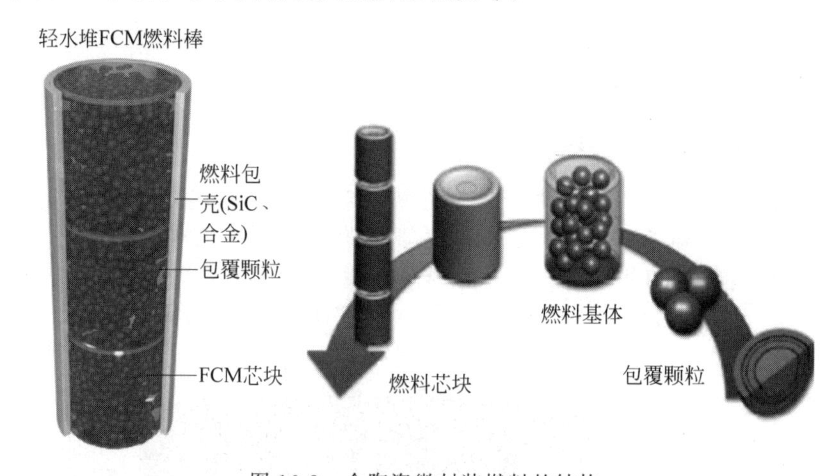

图 16-8 全陶瓷微封装燃料的结构

16.3 事故容错燃料包壳研究

16.3.1 事故容错燃料包壳基本要求和类型

事故容错燃料包壳首先必须满足三个基本的要求：①满足所有燃料设计、性能和可靠性要求；②在高温下和正常运行工况下能够维持包壳结构完整性；③在事故工况下具有较强的抗蒸汽氧化性能，并且能够在很大程度上减少氢气的产生，从而避免氢爆。其次，新型燃料包壳的开发也有一些限制，如向后兼容性(必须符合现有反应堆的条件)、经济性、对燃料循环影响较小、对电厂运行的影响较小、较大程度提高核电厂安全性等。通常情况下，对一种新型的燃料包壳的可行性评估过程主要包括样品制备及表征、氧化测试、高温测试、包壳力学性能测试、辐照测试、事故工况下的行为测试、燃料运行分析、安全性分析、燃料循环以及经济性分析、工程应用等。

核燃料包壳长期处于高温高压且具有腐蚀介质的反应堆堆芯极端环境中，同时还受到中子辐照的影响，因此新型包壳材料须有较好的耐腐蚀性和辐照稳定性。锆合金表面涂层可有效解决失水事故下锆水严重反应的问题，具有经济性好、易于实现商业化等优点。除进行 Zr 合金表面涂覆之外，还可以研发新材料来替代 Zr 合金作为新的事故容错燃料包壳材料，例如 SiC_f/SiC 复合材料、FeCrAl 合金以及 Mo 合金。上述三种新材料在性能上与 Zr 合金包壳相比有不同程度的提升，都存在待解决的关键性问题。目前对 FeCrAl 合金的研发最为成功，FeCrAl 合金在各个方面表现较好，但在工业加工和焊接等方面仍有待改善。对于 SiC_f/SiC 复合材料，SiC 自身的高脆性导致的断裂韧性不足，限制了其作为核燃料包壳的应用，而且辐照引起的热导率急剧降低及连接密封和加工制造等方面还需要进行研究。Mo 合金的力学性能和抗辐照性能较好，但自身抗腐蚀性较差，目前其加工能力未达到薄壁长管的工业制造水平。对于这几种候选包壳材料，仍需要在理论和实验上进行大量研究，使其能够真正应用在核反应堆中。

16.3.2 Zr 合金表面涂覆

1. Zr 合金包壳表面涂覆方法

Zr 包壳涂层须均匀、密实，并具有良好的耐高温氧化性能，才能适应反应堆中恶劣的环境。膜基结合力和涂层致密度是表征涂层质量的重要参数，而这两个参数受沉积技术和工艺参数的影响。通常涂层沉积温度应低于锆包壳的最终退火温度(约 500℃)，以避免锆合金基体微观组织的变化。对锆合金包壳进行表面涂覆的方法有热喷涂、冷喷涂以及物理气相沉积法。

热喷涂包括火焰喷涂、电弧喷涂和等离子喷涂等。传统火焰喷涂及电弧喷涂所得到的涂层与基体之间主要靠机械结合，界面的结合强度相对较低，因而耐冲击性能不好。而且在喷涂过程中，会存在粉末氧化、相变或原始粉末的物理和化学性质改变等问题，同时也会对基体产生不良的热影响。虽然等离子喷涂涂层孔隙率低，涂层与基体间结合强度较高，但其更适合镀厚膜，厚度一般为 0.25～8mm，对 Zr 合金包壳表面几十微米薄的涂层制备控制较难。

冷喷涂是在低温状态下通过高速粉末颗粒撞击基体时发生强塑性变形而形成涂层。冷喷涂工艺具有沉积温度低、对基体热影响小、分布均匀以及涂层基本无氧化现象等优点。但是冷喷涂实现几十微米的薄涂层有一定难度，且冷喷涂对粉末颗粒尺寸和杂质要求高，喷涂过程中，涂层颗粒对薄壁锆管产生作用力容易导致 Zr 管变形。

物理气相沉积法主要分为磁控溅射和离子镀。磁控溅射的成膜效果好，基体温度低，膜的黏附性强，尤其适用于大面积镀膜。磁控溅射过程中的基体温度是涂层微观结构和性能的最重要影响因素，合适的基体温度能提高薄膜的附着力和沉积速度。采用磁控溅射技术制备的膜层质量好，但沉积速率低，涂层的残余应力大。电弧离子镀具有涂层质量好、沉积速率高、绕射性强、可以大面积沉积等优点。但不足是易产生喷射颗粒，影响膜层质量。通过实验对比磁控溅射和电弧离子镀 Cr 涂层高温抗氧化性能的差异，发现磁控溅射和电弧离子镀 Cr 涂层均能显著提高 Zr 合金的高温抗氧化性能。与磁控溅射 Cr 涂层相比，电弧离子镀 Cr 涂层不再有单一的(211)晶面择优取向，Cr 涂层厚度均匀，表面平整，膜基界面分明，孔洞相对较少，氧化后涂层表面依然致密，单位面积氧化增重相比磁控溅射 Cr 涂层减少，高温抗氧化性能亦优于磁控溅射 Cr 涂层。

2. Zr 合金包壳表面涂层材料

Zr 合金表面涂层材料应具有以下性质：①具有耐腐蚀、抗吸氢和抗辐照性能，中子吸收截面低，传热效率高；②具有良好的抗水蒸气氧化性能和抗热冲击性能；③与锆合金兼容性好，如膨胀系数匹配性、涂层与锆合金制备工艺的兼容性等较好。

在涂层制备过程中，由于 Zr 合金的最终退火温度通常在 600℃以下，为降低对 Zr 合金基体材料的影响，涂层制备工艺温度要尽量低，以保证 Zr 合金基体能保持良好的完整性。因此选择何种材料作为 Zr 合金表面涂层材料，以及如何选择和控制涂层制备工艺，是 Zr 合金表面涂层制备的研究重点。

1）氮化物涂层

氮化物具有高硬度、高熔点和高热导率，以及优异的耐腐蚀性能等优点，制备方法主要有电弧离子镀、脉冲激光沉积和冷喷涂等。对 Zr-4 合金包壳管表面 TiN 和 TiAlN 涂层在超临界水中（500℃、25MPa、48h）腐蚀行为的研究发现，氮化物涂层通过形成致密的保护膜，可显著提升 Zr-4 合金包壳管的抗氧化和抗腐蚀性能。采用阴极电弧沉积在 ZIRLO 合金上制备 TiAlN 涂层（含金属 Ti 中间层），对 360℃、72h 水蒸气环境下包壳管腐蚀行为进行研究发现，Al 元素扩散至表面形成 AlO(OH)保护膜，阻碍氧化的进行，如图 16-9 所示。CrN、TiAlN 涂层可使 Zr-4 合金管在水和蒸汽环境下腐蚀速率降低，吸氢速率减小约两个数量级。而 AlCrN 涂层由于自身结合性能较差和涂层开裂等原因，未起到增强效果。另外采用多弧离子镀在 Zr-702 合金上制备 TiAl-CrN 涂层，并对氧化性能和腐蚀性能进行研究发现，1060℃、1h 空气环境下氧化后，在涂层表面形成致密氧化膜，阻碍氧向基体的扩散，氧化锆层厚度由未作涂层保护时的 300μm 减小至 10μm。

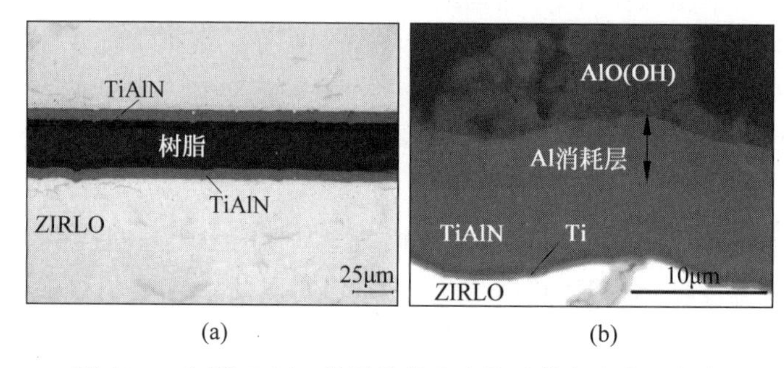

图 16-9 包覆 TiAlN 涂层的锆合金管及其水汽腐蚀行为

（a）涂层形态；（b）水汽腐蚀后的界面层

2）SiC 涂层

碳化物具有优异的堆内和堆外综合性能，目前 SiC 已成功应用于高温气冷反应堆中，表现出良好的辐照稳定性。采用低温沉积技术可将 SiC 沉积在 Zr 合金表面。但有研究指出，SiC 在 360℃高压水环境下会形成 $Si(OH)_4$，降低对基体的保护作用，在水蒸气氧化和淬火过程中，由于 SiC 与 Zr 合金膨胀系数相差较大，SiC 涂层出现开裂和剥落现象。为解决上述问题，采用离子束混合沉积的方式进行多次沉积，以填补 SiC 涂层开裂所出现的空隙。在高温条件下，SiC 与 Zr 合金相互扩散并发生反应，反应产物主要有 Zr_3Si、Zr_5Si_3C、Zr_2Si 和 ZrC 等。

3）Cr 涂层

同其他材料涂层相比，Cr 涂层制备工艺相对简单，可采用多种工艺。Cr 与基体 Zr 合金同为金属材料，热膨胀行为较为接近，理论上具有较好的抗热冲击性能。采用 3D 激光涂层技术可制备涂层厚度为 90μm 的 Zr 合金表面涂层（图 16-10）。研究表明，由于中间扩散层的形成，Zr-4 合金与 Cr 涂层间具有优异的黏附性。在 1200℃、2000s 水蒸气环境中的氧化试验结果表明，涂层 Cr 合金的高温抗氧化性能明显强于 Zr 合金基体，且 Cr 涂层 Zr 包壳具有更优异的延展性。通过对比镀 Cr 和未镀 Cr 的 M5 包壳管在 360℃、Li 含量为 70ppm 水环境下的氧化增重行为，发现未镀 Cr 的 M5 包壳管经 140 天后氧化增重明显，而外侧镀 Cr 的 M5 包壳管未出现明显增重行为，且未观察到失重以及 Cr 溶解行为，由此说明，Cr 涂层可提高锆合金在富 Li 介质中的耐腐蚀行为。采用冷喷涂在 Zr-4 合金和 ZIRLO 包壳管上沉积 Cr 涂层，分别在 1300℃空气环境下以及 400℃、10.3MPa 水蒸气环境下考察了界面抗氧化性能。结果显示，两种试验条件下，Cr 涂层均起到了有效防护作用，Zr 合金的氧化程度得到有效缓解。采用阴极电弧蒸镀技术在 Zr 合金 E110 表面制备 Cr 涂层，涂层厚度 5μm。离子辐照试验结果显示，在 25dpa 离子辐照条件下，Cr 涂层晶粒尺寸从 250nm 增加到 295nm。辐照诱导空洞的大小随辐照剂量的增加而增大。5dpa 辐照下肿胀 0.16%，25dpa 辐照下肿胀达到 0.66%，比目前反应堆用包壳材料的肿胀低 1 个数量级。

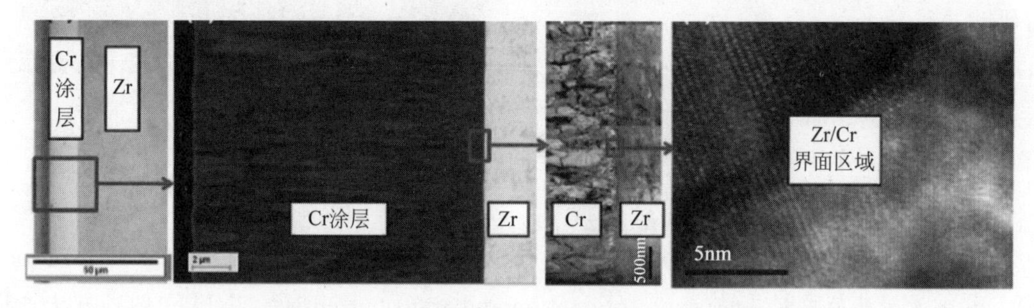

图 16-10　Zr 合金表面的 Cr 涂层及 Zr/Cr 界面

4) CrAl 涂层

采用激光熔覆技术可在 Zr-4 合金表面沉积 CrAl 涂层，涂层厚度约 300μm(图 16-11)。经 1100℃热处理 10min 后，导致固相间溶质扩散，形成中间相金属化合物，并且在富 Zr 区域容易形成 Zr 的氧化物，诱导涂层开裂，降低 Zr 合金性能。通过比较 700℃、水蒸气环境下 Zr-2 合金基体上 Cr 涂层和不同 Al 含量 CrAl 涂层的抗氧化能力，发现尽管 CrAl 涂层厚度仅有约 1μm，但对 Zr 合金基体仍可起到有效防护作用。随着 Al 含量的增加，CrAl 涂层氧化增重减小。

图 16-11　CrAl 涂层与 Zr 合金界面及其表面形貌

(a) CrAl 涂层与 Zr 合金界面；(b) CrAl 涂层表面形貌

16.3.3 SiC_f/SiC 复合材料包壳

从20世纪60年代起，SiC材料被提出用在高温气冷堆的TRISO颗粒中，对其相关性能的探究也逐渐展开，并发现其具有优异的高温强度、蠕变抗性、抗氧化性能以及耐辐照性能。SiC纤维增强的SiC复合材料(SiC_f/SiC)包壳(图16-12)最初被设计应用于聚变堆，随后被提出用在第四代快中子反应堆中，后来该理念被引入到轻水堆的事故容错燃料。SiC_f/SiC复合材料提高燃料事故耐受性的主要优势有：耐高温蒸汽腐蚀、高温强度高、高温化学性能稳定、升华温度高、熔点高、辐照稳定性好、高温抗蠕变性好。此外SiC的中子经济性比Zr合金高25%，也不存在Zr合金中的氢致破坏机制的问题。而SiC_f/SiC复合材料则能够在一定程度上弥补单相SiC所存在的脆性问题，提高其断裂强度。

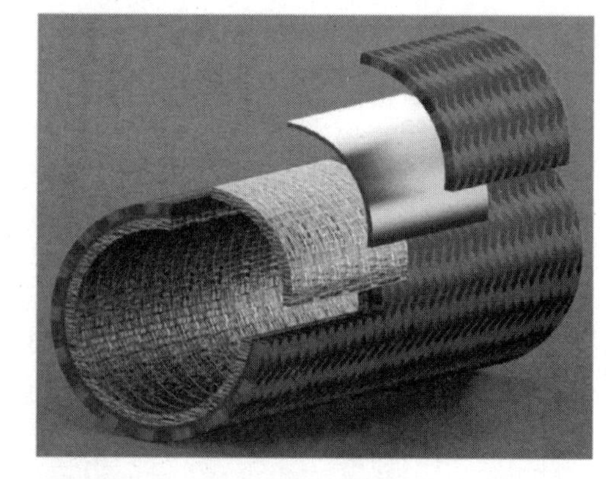

图16-12 SiC_f/SiC复合材料包壳结构示意图

1. SiC_f/SiC 复合材料包壳制备方法

当前SiC_f/SiC复合材料制备途径主要有化学气相渗透(chemical vapour infiltration，CVI)和纳米浸渍与瞬时共晶(nano infiltration and transient eutectic，NITE)两种方法。其中，CVI法研究较多，已经较为成熟，但仍有很多缺点，例如设备成本高、产物致密度低等。NITE法是将SiC纤维预制体浸入SiC纳米粉与少量氧化物烧结助剂配制成的浆料中，随后在高温下进行热压烧结。相比于CVI法，NITE法制品具有形状灵活、致密度高、结晶度高、热导率高以及抗辐照性能和机械性能优异等优点。但是NITE法制备SiC_f/SiC复合材料的研究相对较少，目前仍处于实验室阶段。近期已有研究机构制备出较大尺寸SiC_f/SiC复合材料的包壳样件(图16-13)。但是对于工程上可以应用的大长径比(轴向长度为1～4m，外径为1cm，壁厚小于1mm)SiC_f/SiC薄壁管的研制仍十分困难。同时薄壁管与端塞的连接也是当前需解决的问题。对于大尺寸SiC_f/SiC薄壁管，在技术上可探索应用NITE法结合热等静压技术研制满足性能要求的组件。

2. SiC_f/SiC 复合材料包壳的性能

1) 耐蚀性

SiC材料在航空航天领域得到广泛研究和应用，相较于Zr合金，SiC基复合材料具有优异的抗氧化性。在1700℃大气环境下，SiC氧化反应动力学常数较Zr合金低两个数量级，在2MPa、1350℃条件下，约低1个数量级。SiC及Zr合金两者氧化反应的焓变接近，但较慢的氧化反应动力学减缓了热量产生速率，在严重事故过程中，提供了额外的安全系数。SiC_f/SiC材料抗水汽腐蚀实验研究结果表明，在高温水热腐蚀作用下，SiC_f/SiC材料质量损失严重。主要原因为，在轻水堆正常工况下，SiC与水发生反应生成SiO_2，SiO_2溶于水形成$Si(OH)_4$，而Zr的氧化物不溶于水，因此Zr合金氧化后质量增加，SiC材料由于氧化-溶解而发生质量损耗。且不同制备方法获得的SiC，其抗腐蚀性能不同。化学气相沉积法制

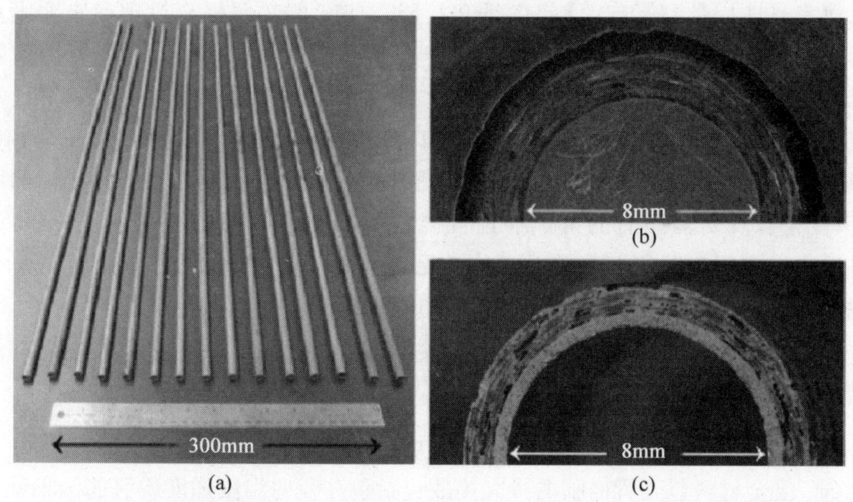

图 16-13 美国通用电子公司生产的不同结构的 SiC_f/SiC 复合材料包壳管

(a) 约 0.9m 长的 SiC_f/SiC 包壳管；(b) 外层为 SiC 层的包壳管横截面；(c)内层为 SiC 层的包壳管横截面

备的 SiC 质量损失速率最小，而经反应烧结后的 SiC 质量损耗速率较高。SiC 的水热腐蚀对于包壳层厚度的设计、外加载荷的要求以及阻隔裂变产物的释放作用等具有关键的影响。当前仍需系统开展核反应堆环境下 SiC_f/SiC 的反应动力学的定量研究并明晰其腐蚀机理。

2）抗辐照性

SiC_f/SiC 复合材料的抗辐照性能研究主要研究其抗中子辐照性。在中子辐照条件下，SiC 辐照肿胀主要受温度和剂量影响，且不同方法制备的不同形态 SiC 肿胀程度及机制各异。对 SiC 及其复合材料的辐照肿胀行为研究表明，在中子剂量小于 1dpa 时，辐照肿胀随辐照强度的增加而快速增长至某一饱和值，该变化过程与温度相关(图 16-14)。辐照条件下，SiC_f/SiC 复合材料在径向温度梯度作用下，辐照肿胀程度的差异导致产生应力或应变，在热应力作用下 SiC 基体中的裂纹产生并扩展。同时，辐照使 SiC 基体产生大量缺陷，导致 SiC 的热物理性质如热导率显著下降。可以认为在辐照条件下 SiC_f/SiC 复合材料的热物理

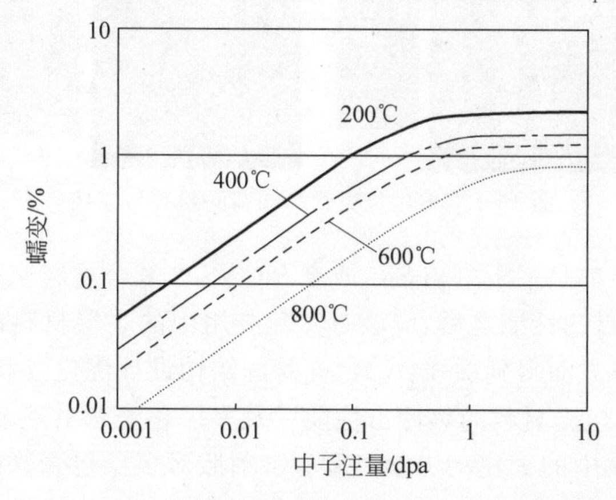

图 16-14 SiC_f/SiC 在不同辐照温度和中子注量下的肿胀行为

性质及几何完整性均受到影响，目前在理论上 SiC_f/SiC 的辐照蠕变机理尚未明晰。在技术研究方面，针对辐照条件下 SiC_f/SiC 复合材料微裂纹的预防和消除途径，可探索延展性优异的金属材料作为密封涂层或优化结构设计（如全密封层结构），或通过改性 SiC 基体材料获得稳定的氧化层（原位氧化）以阻止裂纹的扩展。在辐照考验实验方面，SiC_f/SiC 复合材料的辐照蠕变、辐照肿胀数据是评估其作为包壳材料应用的重要依据。目前辐照肿胀和蠕变、热导率变化以及受辐照后的抗热冲击性能的可靠实验数据仍然不足，需获得 SiC_f/SiC 复合材料反应堆实际工况辐照考验及评估的足量数据。

3）中子经济性

在中子经济性方面，SiC 的中子吸收截面远小于 Zr 合金，因此，在匹配相应的燃料经济性的前提下，SiC 包壳厚度可以增加至 720μm。

3. SiC_f/SiC 复合材料包壳面临的挑战以及未来研究方向

SiC_f/SiC 复合材料包壳管面临的最大挑战包括包壳径向温度梯度所引起的不同程度的体积膨胀以及包壳管的脆性断裂、热冲击断裂和辐照肿胀等。SiC_f/SiC 复合材料腐蚀过程中产生的副产物会溶解在冷却剂中，目前的核电厂系统中缺乏相应的除杂装置，但由于 SiC 的氧化速率较小，故而该问题相较于前述其他问题并不突出。在工程应用方面，SiC_f/SiC 复合材料包壳管的制备加工以及连接密封等难题依然有待解决（图 16-15）。对于 SiC_f/SiC 复合材料包壳管，其结构设计也是最基本的问题（图 16-16），所设计的结构不仅能够有效包容裂变产物，而且还要具有较强的抗高温水及高温蒸汽腐蚀性和优良的力学性能，失效概率低。

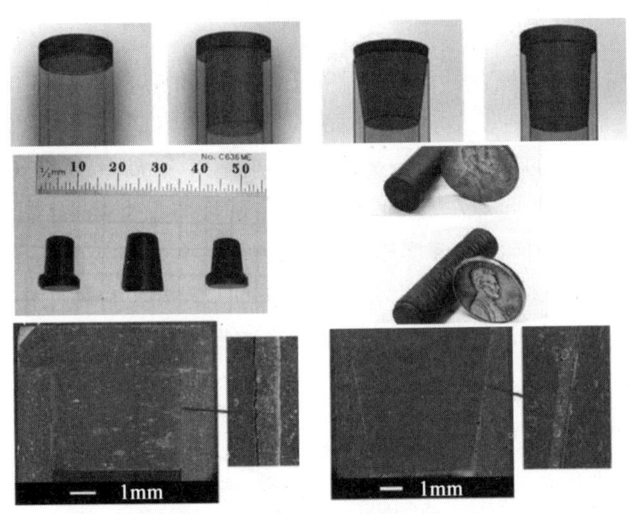

图 16-15 SiC 包壳管与端塞的封装与连接

目前大多数的研究都是基于单相 SiC 或者 SiC_f/SiC 复合材料来进行的，但这还远远不够，在分别掌握了其各自的性能之后，应该对实际应用中的多层材料的整体性能进行研究。未来的研究需要在以下方面得到加强：①包壳管的结构设计优化以及包壳管加工制造的研究；②辐照工况下 SiC 包壳材料的热冲击性能以及多层包壳管的热冲击性能；③多层包壳管在高温水及高温蒸汽中的氧化动力学过程；④辐照对多层包壳管的影响，以及由于热导率低及肿胀不匹配问题导致包壳失效；⑤芯块-包壳化学相互作用机理的深入研究，尤其是 SiC_f/SiC 复合材料与 UO_2 的反应；⑥SiC 材料连接方法的研究及优化，连接处的高温蒸汽

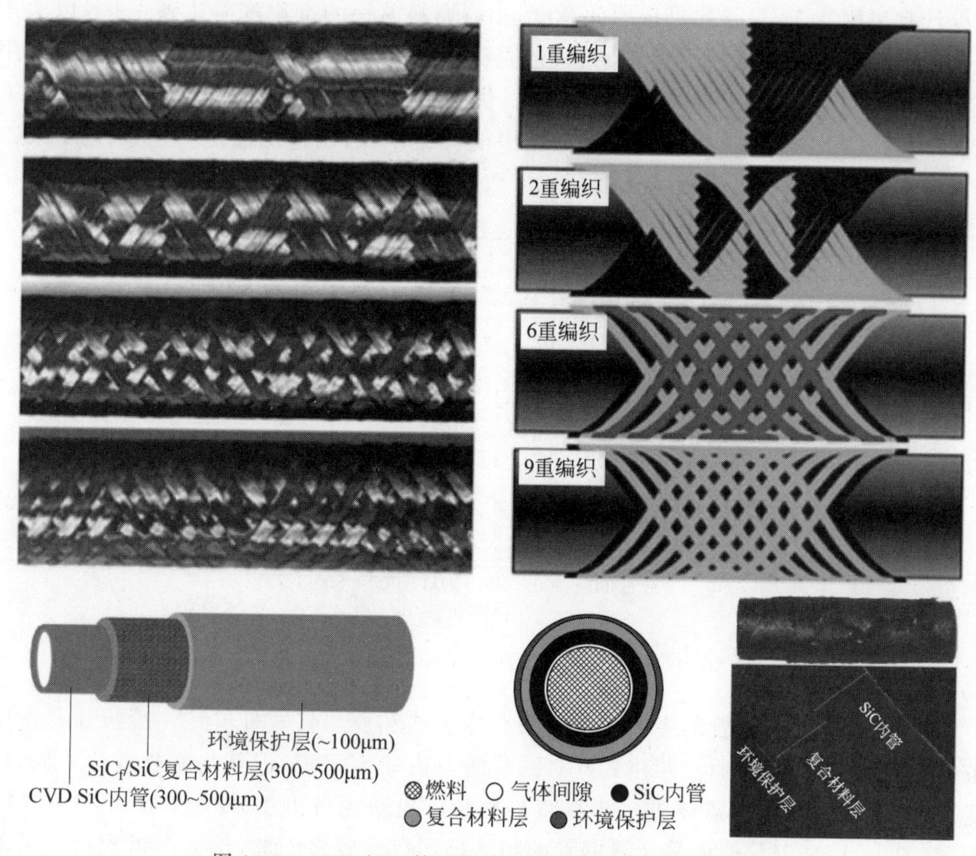

图 16-16 SiC_f/SiC 的不同编织形式及包壳管结构设计

腐蚀及辐照抗性的评估，有效的连接材料的筛选；⑦在所有材料的理化性质都清晰明了的前提下开发事故分析程序。

16.3.4 FeCrAl 合金包壳

FeCrAl 系列合金由于具有较好的高温抗氧化性能已经在很多工业层面被广泛应用。FeCrAl 合金在高温蒸汽氧化过程中表面会生成致密稳定的氧化物，能够防止合金被进一步氧化，因此具有极强的抗氧化性。但是由于核反应堆中环境的复杂性，现有的 FeCrAl 合金不完全适用于反应堆中的包壳系统，要求 FeCrAl 合金具有更加优异的性能，例如良好的高温力学性能、抗辐照性能、长期水腐蚀抗性以及与 UO_2 的兼容性等。FeCrAl 合金的中子经济性较差，会导致堆芯反应性下降，这需要通过提升燃料的富集度来弥补。其次，FeCrAl 合金较高的氢渗透率和辐照导致的硬化脆化都是不可忽视的缺点。

1. FeCrAl 合金包壳制备方法

设计 FeCrAl 合金燃料包壳结构时，必须考虑其具有较大中子吸收截面这一特点。图 16-17 比较了 FeCrAl 合金与 Zr 合金、SiC 和 310SS 包壳厚度与铀富集度的关系。在不改变燃料富集度的情况下，若要保持与 Zr 合金包壳燃料的循环周期一致，则 FeCrAl 合金燃料包壳厚度需减薄至 0.3mm。结合包壳管的力学性能以及当前工业加工的极限，目前大多数设计都采用 0.4mm。如果选用此厚度，相应燃料芯块的富集度需达到 4.9%以上才能满足燃料循环周期的要求。为保持 ATF 包壳材料具有与 Zr 合金相同的经济性，需采用常规工业设备制造，例如挤压和拉拔等。因此，优化后的 FeCrAl 合金应具有良好的加工性能，这也是 FeCrAl 合金成功应用于核电站中的关键步骤，制造出满足上述条件的 FeCrAl 合金无缝钢管依然是一个巨大的挑战。

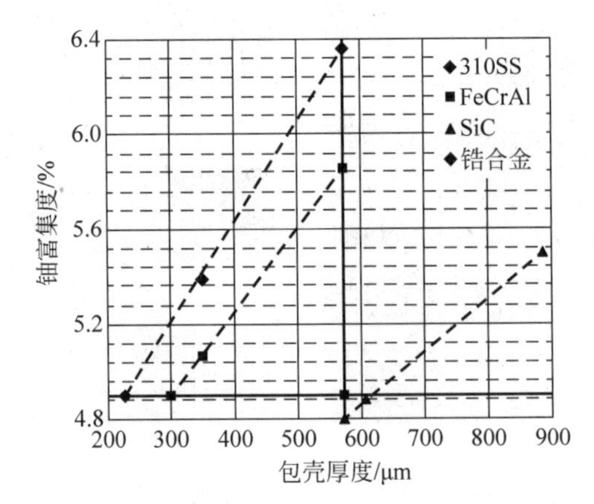

图 16-17　FeCrAl 合金与 Zr 合金、SiC 和 310SS 包壳厚度与铀富集度的关系

现阶段，商用无缝钢管的主要制备方法有冷拔法和皮尔格式轧管法。冷拔法普遍用于制备各种商用无缝钢管，而皮尔格式轧管法尽管具有较多优点，但其与常规方法不同，用于制造 FeCrAl 合金钢管还需要进一步探索。尽管已成功制备出 13Cr-5.2Al-0.05Y-2Mo 无缝钢管(图 16-18)，但其他成分无缝钢管的制备仍然存在较多问题，例如多道次拉拔后的断裂等现象。引起 FeCrAl 合金断裂的原因有三种：①挤压过程中容易在钢管内部表面沿着圆弧积累应力；②未进行相应的退火处理，材料组织中大量形变粗大晶粒导致钢管容易断裂；③拉拔过程中容易沿着端口处断裂。解决上述问题的关键点在于降低 FeCrAl 合金的晶粒尺寸以及对相应的材料进行退火热处理，但不同成分的 FeCrAl 合金退火温度及时间不同，如何合理选择相应参数需进一步研究。

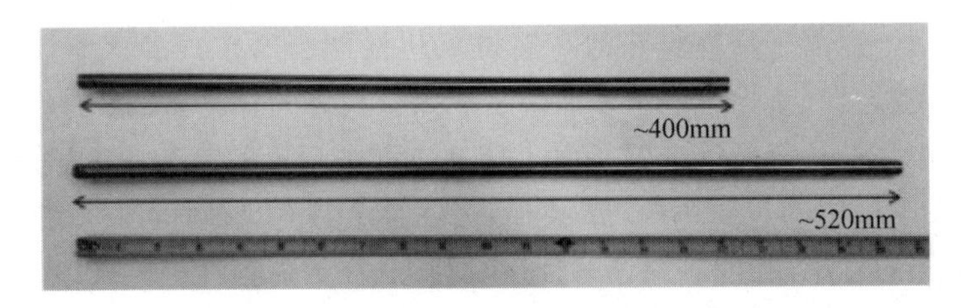

图 16-18　13Cr-5.2Al-0.05Y-2Mo 合金包壳管

2. FeCrAl 合金包壳的性能

1）热物理性能

对 FeCrAl 合金而言，不同组分的合金热物理性能不尽相同。当前，合金成分优化的研究还在进行，并未确定最终包壳材料的合金成分。目前核级 FeCrAl 合金已经发展到了第二代，因此以下所总结的热物性均为第二代 FeCrAl 合金 C35M 合金或商用 APMT 合金的

性质。其中 C35M 合金是美国橡树岭国家实验室研发的具有竞争力的合金材料,合金的熔点为 1525～1540℃,热导率和 Zr 合金相当。

2）力学性能

包壳的力学强度决定着包壳在正常运行工况以及事故工况下的完整性,是评估包壳材料的重要指标。FeCrAl 合金的高温力学强度高,随着温度的升高,合金屈服强度降低,而塑性延伸率会升高。FeCrAl 合金的力学性能还与成分相关,如表 16-1 所示。

表 16-1　辐照前后 FeCrAl 合金的力学性能与成分的关系

合金成分	屈服应力/MPa		许用应力/MPa		总延伸率/%	
	辐照前	辐照后	辐照前	辐照后	辐照前	辐照后
Fe-10Cr-4.8Al	540	465	570	568	12.6	17.1
Fe-12Cr-4.4Al	576	667	602	719	12.0	10.3
Fe-15Cr-3.9Al	566	766	612	793	10.5	13.5
Fe-18Cr-2.9Al	519	801	539	819	11.3	9.2

3）耐腐蚀性能

FeCrAl 合金作为 ATF 包壳候选材料最主要的原因是其具有耐高温蒸汽腐蚀性能。合金中的 Al 元素发生选择性氧化,在温度高于 900℃时生成稳定致密的 Al_2O_3 保护层,该保护层能够有效阻止氧元素的扩散,保护合金不被进一步氧化。Al_2O_3 在蒸汽环境下非常稳定,温度低于 1500℃时不会挥发,因而 FeCrAl 合金抗高温蒸汽腐蚀的性能优异,腐蚀速率比 Zr 合金低 2～3 个数量级。

4）辐照硬化

FeCrAl 合金为体心立方铁基合金,辐照硬化和脆化较为严重,要将其用作核级包壳材料,必须对它在中子环境中的微观结构稳定性和力学性能进行评估。C35M 合金的辐照肿胀率为 0.05%/dpa。对不同成分的 FeCrAl 合金在高通量同位素堆中进行了辐照实验,辐照温度 382℃,辐照剂量 1.8dpa。辐照引起微观结构的改变主要包括析出物的产生、线位错以及位错环产生等,未发现气泡或空洞(图 16-19)。这些微观结构的变化尤其是析出物会进一步影响合金的力学性能,使合金材料发生硬化。进一步分析得出辐照硬化和脆化效应与 Cr 的含量相关,当 Cr 的质量分数高于 8%时,辐照硬化与脆化主要受析出物影响；当 Cr 的质量分数低于 8%时,辐照硬化与脆化主要受位错环影响。降低 Cr 含量可以减少中子辐照过程中析出物的产生,从而缓解辐照硬化。高剂量的辐照实验(13.8dpa)也进一步证明了低 Cr 含量 FeCrAl 合金抗辐照性能更加优越,且经中子辐照之后的拉伸力学性能优于 Zr 合金。

5）焊接性

包壳材料的焊接性是保证包壳在末端塞焊接处完整性的关键参数,是燃料棒行为评估中一项很重要的评价准则。即使是少量的污染或焊接缺陷,也可导致焊缝区微观结构发生变化,使焊缝与基体的形变产生差异,最终可能造成燃料失效。因此,将 FeCrAl 合金作为包壳材料必须开发相应的有效焊接方法,研究不同焊接方法对材料微观结构的影响以及焊缝连接处的腐蚀氧化行为和力学性能等,以保证在反应堆运行过程中包壳的完整性不受影响。

通过研究激光焊接技术对不同组成的 FeCrAl 合金的焊接性和焊缝处力学性能的影响,发现在熔融区由于局部退火作用导致晶粒粗化和重结晶,进而导致屈服强度降低,但焊

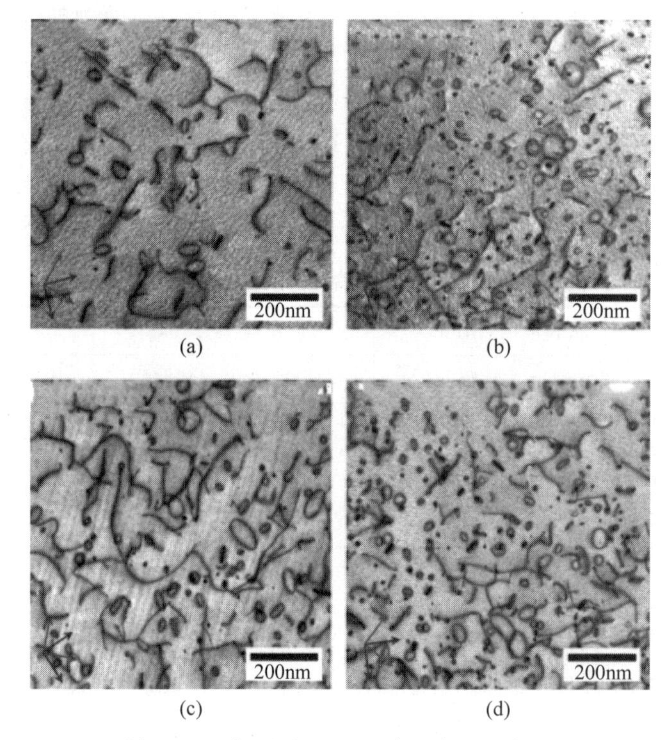

图 16-19 辐照后 FeCrAl 合金产生的位错

(a) Fe-10Cr-4.8Al；(b) Fe-12Cr-4.4Al；(c) Fe-15Cr-3.9Al；(d) Fe-18Cr-2.9Al

接区的塑性和延展性提高。Al 和 Cr 的含量对 FeCrAl 合金的焊接性能没有太大的影响，激光焊接后没有裂缝或杂质产生。

6）氢渗透性

FeCrAl 合金相比于传统的 Zr 合金，其氚渗透率高了很多，引起了潜在的安全问题。燃料棒中的氚一旦进入到冷却剂中，会与冷却剂中的含氢化学物质发生同位素交换反应，后期处理这些氚污染水的费用非常高昂，带有辐射性的氚也具有一定的危险性。利用静态渗透试验研究不同 FeCrAl 合金的氚渗透行为，发现 FeCrAl 合金的渗透率比 Zr 合金高约 1 个数量级，比 304 不锈钢略高。实验还发现 FeCrAl 合金中氢渗透的活化能随 Cr 含量的增加而升高。

当 FeCrAl 合金在高温蒸汽中氧化生成致密 Al_2O_3 层之后（图 16-20），其渗透性大幅下降，且低于 Zr 合金。但上述情况仅局限于事故工况，在反应堆正常运行工况下，FeCrAl 合金氧化不会生成致密 Al_2O_3 层。这提供了一个降低 FeCrAl 合金包壳渗透性的解决方案，即预氧化包壳材料，使其预先生成致密 Al_2O_3 层，不过该方法经济性较差。还有另一种缓解氢渗透的方法，即在包壳的内侧加屏蔽层（如 Al）作为氚扩散的屏障。

图 16-20 FeCrAl 合金在高温蒸汽中氧化生成的致密 Al_2O_3 层

3. FeCrAl 合金包壳面临的挑战及未来发展方向

就已有的研究进展来看，FeCrAl 合金更可能在短时间内实现商业化。目前国外对 FeCrAl 合金的研究已经进行到第二代，FeCrAl 合金的研发中最关键的问题就是调节合金元素成分来平衡其各方面的性能。目前 FeCrAl 合金的高温力学性能和抗腐蚀性能均优于 Zr 合金或与 Zr 合金相当，抗辐照性能可以通过调节合金元素成分来优化。在一定范围内 Cr 和 Al 元素含量的增加可以增强抗氧化性，但 Cr 含量过高会使材料的脆性增加，而 Al 含量过高也会导致材料的韧脆转变温度升高，对包壳管的加工制造不利，在辐照环境下还会导致硬化。

未来需要着手解决的问题主要包括：①调整合金中 Cr 和 Al 元素以及微量元素的成分，以达到抗腐蚀性、抗辐照性和加工制造方面的均衡；②进一步优化加工制备工艺，以达到能够制造晶粒细小且壁厚均匀的薄壁长管的加工水平；③系统研究材料在辐照条件下的抗腐蚀性能；④深入研究包壳末端塞的焊接，包括有效的焊接手段、焊接处力学性能、抗腐蚀性能和抗辐照性能等；⑤探索降低 FeCrAl 合金氢渗透率的有效方法；⑥在材料基本的物理性质和化学性质及相应的模型都清晰掌握的前提下，开发事故分析程序。

16.3.5 Mo 及 Mo 合金包壳

Mo 及 Mo 合金由于具有高力学强度、高热导率、高蠕变抗性、高熔点、较好的辐照抗性以及在高温蒸汽中适度的稳定性等，被认为是事故容错燃料包壳较好的候选材料。其力学性能和辐照抗性会随着 Mo 纯度的提升和晶粒的细化而进一步增强。Mo 的熔点为 2623℃，接近 UO_2（2850℃），比 Zr 合金高约 1000℃，这极大地提高了燃料熔化阈值。Mo 的热导率在 738K 下达 118W/(m·K)，远高于 Zr 合金。但是，Mo 具有非常大的中子吸收截面（比 Zr 大 10 倍多），为了弥补由此带来的堆芯反应性损失，Mo 包壳的厚度需减薄到 0.2mm 左右。其次，Mo 自身在水环境中抗腐蚀性能较差，在高温下（>600℃）会生成挥发性的 MoO_3 产物，使包壳减薄，所以需在包壳表面加 Zr 或 FeCrAl 涂层，或者研发具有抗腐蚀性能的 Mo 合金。相较于 SiC 和 Zr 合金，Mo 合金虽具有较高的中子吸收截面，然而基于优异的高温力学强度，作为包壳材料，其厚度设计尺寸可小于 Zr 合金。Mo 及其合金作为燃料包壳材料的研究相对较少，在科学研究和工程研制等领域均面临挑战。

1. Mo 合金包壳的性能

1）耐蚀性

金属 Mo 在温度高于 600℃的氧化环境中易于加速腐蚀和氧化，形成可溶性和挥发性的 MoO_3。在 1000℃、纯蒸汽和蒸汽与 10%氢气的环境下，Mo 合金包壳氧化速率即厚度损耗为 20～25μm/d。针对事故容错燃料的设计，需在 Mo 合金外层沉积表面抗腐蚀保护层。FeCrAl 合金在模拟轻水堆冷却剂环境中具有优异的抗腐蚀性（形成 Cr_2O_3 保护层）和高温抗氧化性（形成薄的 Al_2O_3 抗氧化层）。为改善 Mo 合金在反应堆中实际应用环境下的抗腐蚀性和抗高温氧化性，可应用化学沉积技术，使含 Al 不锈钢或 Zr 合金与 Mo 合金冶金结合，在外层形成抗腐蚀和氧化的保护层。美国电力研究所（EPRI）提出以 Mo 合金为包壳材料的事故容错核燃料包壳的概念设计（图 16-21）。以 Mo 合金为包壳层，利用金属 Mo 在温度达到 1500℃时的高强度，在严重事故下可保持燃料棒的完整性和堆芯的冷却能力，其设计厚度应小于 0.25mm，以减小对中子吸收的影响。最外层为薄的、冶金结合的 Zr 合金或

FeCrAl 合金,用以抵抗在正常运行下轻水堆中冷却剂的腐蚀,以及提高在严重事故下的抗氧化能力,其设计厚度为 0.025～0.1mm。将此设计思路进行拓展,可将 Mo 合金设计为成分梯度材料,梯度烧结制备 Mo-Zr、Mo-FeCrAl 合金。其中,多层 Mo 合金的设计对包壳提出了新的要求: ①涂层良好的厚度均一性; ②保护层与 Mo 合金管优异的结合强度; ③极高的致密度。研究表明 Nb 可显著降低 Mo 合金的腐蚀速率,在溶解有 0.3×10^{-6} 的氢气的模拟沸水堆环境中,含 10%Nb 的 Mo 合金的腐蚀速率(0.5μm/月)较纯 Mo 降低了 1 个量级。近期,高纯 Mo 和氧化物弥散强化 Mo 合金(Mo+La_2O_3)管的研制已获成功。应用等离子体和钨极惰性气体保护焊以及电子束焊对 Mo 管与端塞进行连接实验,发现电子束焊热影响区小。

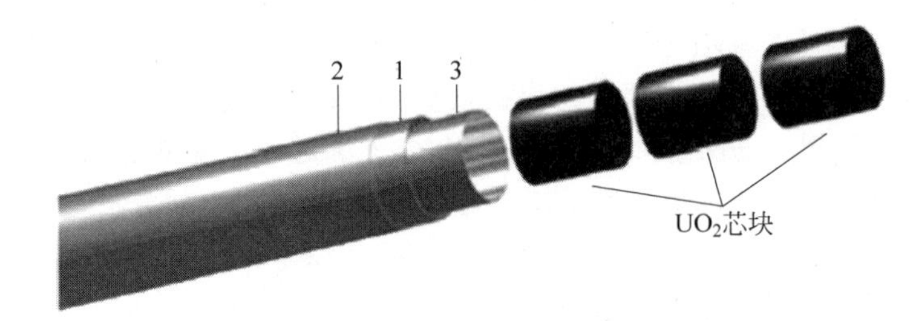

图 16-21 美国电力研究所设计的 Mo 合金包壳示意图

1—Mo 合金; 2—Zr 合金或含 A1 铁合金或其他替代物; 3—Zr 合金软衬或其他替代物

2) 辐照脆化

Mo 合金作为金属包壳材料,辐照脆化是其面临的潜在问题。在快堆中的实验表明,Mo 合金晶界弱化且塑性显著下降。目前尚无在轻水堆中的相关测试数据。Mo 合金力学性能特别是径向力学性能的改善,可通过如下两种方式实现: ①Mo 合金管热-力还原过程的优化; ②微观结构的调控。有研究表明,细晶结构的 Mo 合金可同时增加强度和塑性。另外,微量合金元素(B、Al、Ti、Zr 等)的添加也可以增加晶界的强度。氧化物弥散 Mo 合金(ODS-Mo)由于具有相对高的断裂应力及低的辐照敏感性,相较于纯 Mo 和 TZM 合金(Mo-0.5%Ti-0.1%Zr),其抗辐照脆化能力最强,断裂应力的增加导致辐照后的 ODS-Mo 合金的剪切断裂临界温度降低。评估 Mo 和 UO_2 及裂变产物化学相容性的原位辐照实验正在 Halden 反应堆(>100GW·d/tU)中开展,Mo 合金包壳与芯块的燃料元件计划在爱达荷国家实验室先进示范堆进行辐照测试。

3) 中子经济性

Mo 具有优异的高温强度,在维持包壳材料力学性能的前提下,可显著减小壳层厚度,并降低对中子吸收的影响。Mo 有 7 种同位素,其中,高的中子吸收截面主要来自 ^{95}Mo。^{95}Mo 的丰度为 16%,应用新的同位素分离技术,大批量分离出 ^{95}Mo 的成本显著降低。TZM 合金(Mo-0.5%Ti-0.08%Zr)是强中子吸收材料,在压水堆中,若用 TZM 代替 Zr-4 合金包壳,中子吸收增加超过 12%,循环周期的有效满功率天数减少 225。因此,若 Mo 中的 ^{95}Mo 不能有效分离,则 TZM 合金不能实际应用于轻水堆包壳。有研究指出,应用同位素分离技术,可将 ^{95}Mo 的质量分数降低至 0.1%时,TZM 合金中子吸收降低为原来的 43.4%,循环周期的有效满功率天数减少 87。因此,为保持中子的经济性,Mo 合金包壳材料的厚度设计尺寸应小于当前 Zr 合金包壳厚度的 50%,且应尽量分离出 ^{95}Mo。

2. Mo合金包壳面临的挑战及未来发展方向

Mo及Mo合金的研究目前还处于比较初级的阶段，距离工业应用还有很长的路要走。若要达到高力学强度、较好的抗氧化性和抗辐照性能还需进行合金化，所以必须对合适的合金元素种类、成分等进行探索。其次，合金化之后若抗氧化性不能大幅度提高，还必须进行表面涂层，但又将增加包壳成本。对Mo及Mo合金包壳管来说，未来需解决的问题包括：①以力学性能、抗腐蚀性能和抗辐照性能的平衡为目标，开展Mo合金的成分设计；②研究包壳管的加工以及焊接密封性；③开发新的涂层技术，测试包覆涂层后材料的相关性能，以解决主流的PVD涂层方法的高成本问题；④提高金属Mo的纯度或进行合金化来提高包壳管的延展性，以防止芯块-包壳机械相互作用发生时包壳过早失效；⑤探究Mo氧化过程中产生的MoO_3是否会与基体或堆芯中的其他组件发生共熔反应，Mo是否与氢气发生反应及发生氢脆等。此外，新型包壳候选材料的开发应用，需要建立一套完善的标准来衡量材料的质量以及建立属性数据库。

16.3.6 MAX相材料包壳

20世纪60年代，科学家首先提出了三元过渡族金属碳化物或者氮化物的概念。此后，人们又相继发现了一些具有类似结构的化合物，如Ti_3SiC_2、Ti_3GeC_2以及Ti_3AlC_2等，但当时这类化合物并未引起人们的足够重视。2000年发表的一篇关于这类材料的综述性文章，将这类材料统称为“$M_{n+1}AX_n$相”(简称MAX相)，其中M为过渡族金属元素，A为主族元素，X为C或者N。图16-22展示了MAX相陶瓷材料的结构与综合性能。M、A、X在元素周期表中的位置如图16-22(a)所示。由于具有独特的纳米层状的晶体结构，这类材料具有自润滑、高韧性、可导电等性能，并广泛地应用为高温结构材料、电极电刷材料、化学防腐材料和高温发热材料。MAX相属于六方晶系，空间群为P63/mmc，其晶体结构可以描述为由具有类似岩盐型结构的$M_{n+1}X_n$片层与紧密堆积的A族原子面在c方向上交替堆垛组成。根据通式中n值的不同(即MX片层厚度的不同)，MAX相可以分为M_2AX相(也称为211相)、M_3AX_2相(也称为312相)以及M_4AX_3相(也称为413相)等。换言之，M_2AX相的晶体结构是由两个MX片层与一层A原子面交替堆垛组成，而M_3AX_2相则是由三个MX片层与一层A原子面交替堆垛组成，以此类推。

MAX相材料具有良好的导热性、优良的高温力学性能和可加工性，这使得它们成为先进核反应堆、高温反应堆的理想燃料包壳材料。以典型MAX相材料Ti_3AlC_2为例，它具有优异的高温抗氧化性能，并且在耐腐蚀和抗辐照方面都表现良好。此外它比Zr合金材料的硬度大得多。MAX相材料与其他碳化物陶瓷材料的最大区别是其具有高温自愈合能力。在高温环境中，MAX三元层状陶瓷表面存在的裂纹和刻痕会被材料的氧化物填充，可降低材料裂纹对其性能的危害。由于多数结构钢在液态金属冷却剂中具有固有的腐蚀性，所以铅冷快堆和钠冷快堆中合金作为包壳材料受到限制。而MAX相材料与熔融铅和熔融钠等冷却剂具有很好的化学相容性。在Ti_2AlC和Ti_3SiC_2在650℃和800℃的循环熔融铅中的腐蚀性能测试中，观察到了良好的化学稳定性。这意味着Ti_2AlC和Ti_3SiC_2可以作为高温液态金属冷却快堆的潜在材料。

目前绝大多数MAX相陶瓷的韧脆转变温度都低于1050℃，在此温度之上其弹性模量

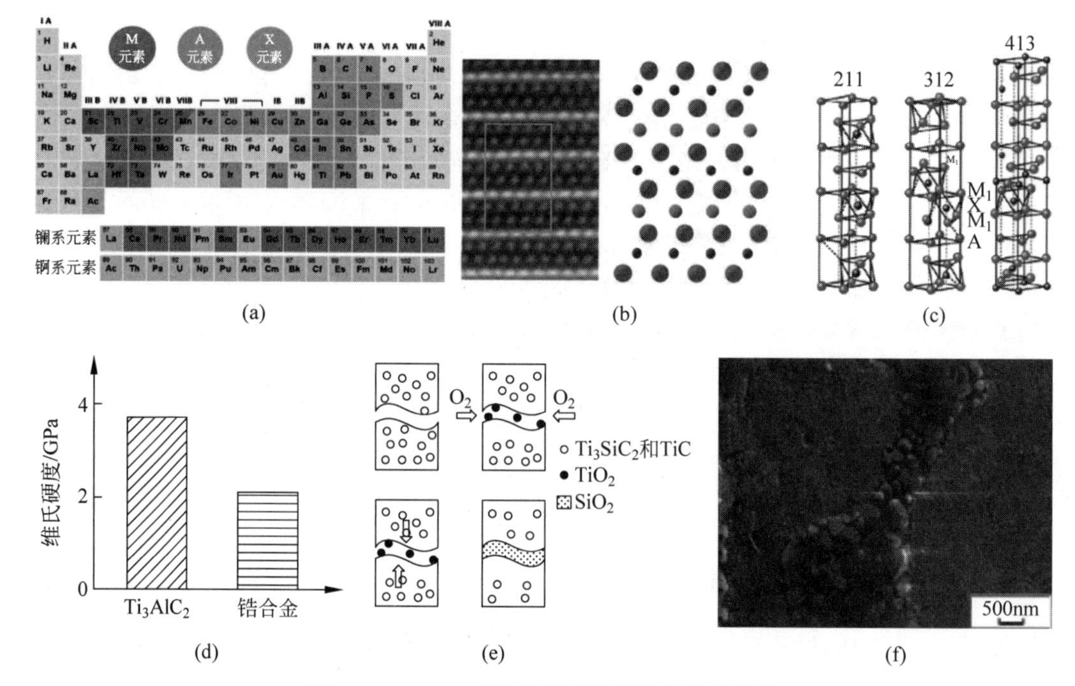

图 16-22 MAX 相陶瓷材料的结构与综合性能

(a) M、A、X 所代表的元素分布图；(b) 典型 TEM 照片及原子排布；(c) 不同组成的晶胞结构；(d) Ti_3AlC_2 材料与 Zr 合金的硬度对比；(e) 裂纹的愈合机制；(f) 典型的自愈合形貌

随着温度升高会急剧下降，只有 Nb-Al-C 体系的陶瓷具有较高的韧脆转变温度，但性能较好的 Nb_4AlC_3 抗氧化性能较差，因此也难以用作包壳材料。提升 Ti_3AlC_2 和 Ti_3SiC_2 的高温力学性能以及改善 Nb_4AlC_3 的抗氧化性能成为新包壳材料的发展方向，现有的改善力学性能的方法包括第二相颗粒强化、固溶强化以及高取向织构强化等，提升 MAX 相抗氧化性能的方法包括固溶微量元素、添加第二相和固体粉末包埋渗等。

16.3.7 ODS 合金包壳

氧化物弥散强化合金又称为 ODS 合金（oxide dispersion-strengthened alloy），其具有比同类熔炼合金更优异的高温蠕变强度以及抗辐照性能，从而具有更高的服役温度窗口。氧化物的形成自由能远大于碳化物和氮化物，相比于传统熔炼钢中主要的析出强化相，具有更高的热力学稳定性。通过特殊的工艺技术，将化学结构稳定、熔点高的氧化物颗粒以超细的纳米粒子弥散进入钢的基体中，可大幅提高钢的高温服役能力。实现 ODS 钢显微结构的工艺技术主要为粉末冶金方法，如图 16-23 所示，该法首先通过机械合金化将预合金粉末与细小的氧化物颗粒通过高能球磨，形成过饱和固溶体，之后通过热加工工艺制备不同形状的工件，并在随后的热处理过程中析出均匀分布于基体中的超细弥散颗粒，通过这些第二相纳米氧化物粒子对位错运动的阻碍而产生明显的弥散强化效果。

通过在钢基体中引入具有极高稳定性的纳米氧化物粒子实现弥散强化的 ODS 设计理念，已被证明能获得优异的高温强度和抗辐照性能，使得 ODS 钢成为第四代堆包壳和聚变

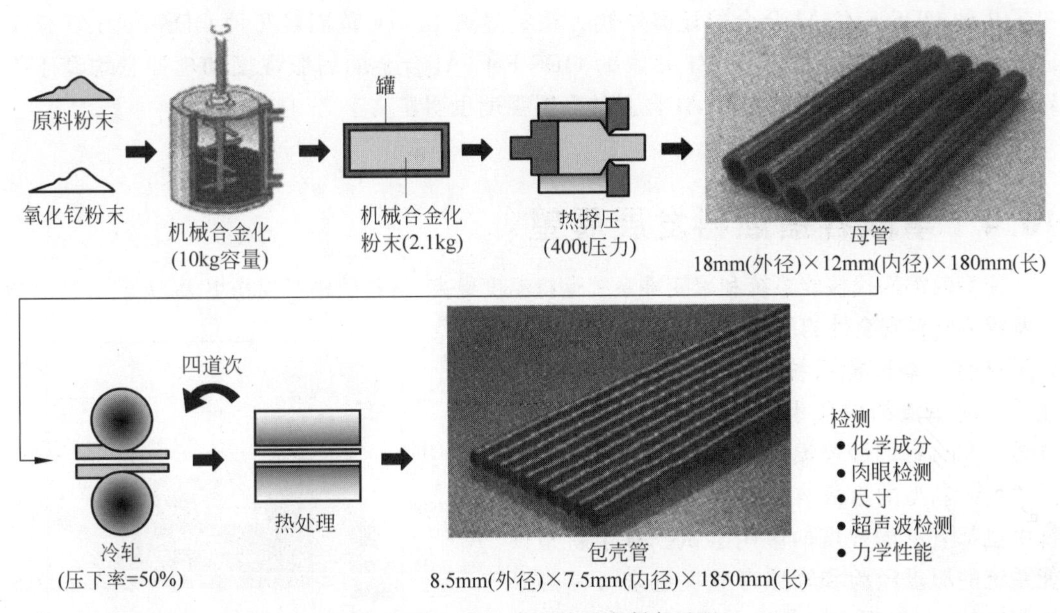

图 16-23　ODS 合金的基本制备过程

堆包层的重要候选材料。ODS 钢主要应用于高温环境，其显微组织在长时间高温环境中的稳定性至关重要。ODS 钢中的纳米氧化物粒子在中低温(800℃以下)长时间时效、高温短时间时效以及在中子或重离子和电子模拟辐照中都具有优异的稳定性。ODS 钢的优异性能源于其独特的显微组织，即超细晶粒，以及在晶内弥散分布的高密度超细氧化物粒子。由于 ODS 钢中氧化物粒子非常细小，如何全面准确地表征弥散氧化物粒子，尤其是纳米团簇仍是一个有待提高的技术环节。从强韧性匹配的角度来说，双晶粒尺寸 ODS 钢的可控制备是一个值得深入研究的发展方向。

商用快堆要求燃料燃耗达到 10%以上，元件包壳辐照损伤剂量预计为 150～200dpa，包壳材料的主要候选材料为 ODS 合金。快堆用 ODS 合金基体为铁素体/马氏体，比目前在快堆中大量采用的面心立方结构的奥氏体不锈钢具有明显优越的抗辐照肿胀能力，合金中极其细小且分布均匀的氧化物弥散相不仅保证了合金具有优良的高温蠕变强度，而且这些弥散相的存在还能起到辐照生成缺陷尾闾的作用，可进一步提高合金抗辐照肿胀的能力。在新型事故容错燃料研究中，ODS-FeCrAl 合金是 FeCrAl 合金性能优化的方向，图 16-24 示

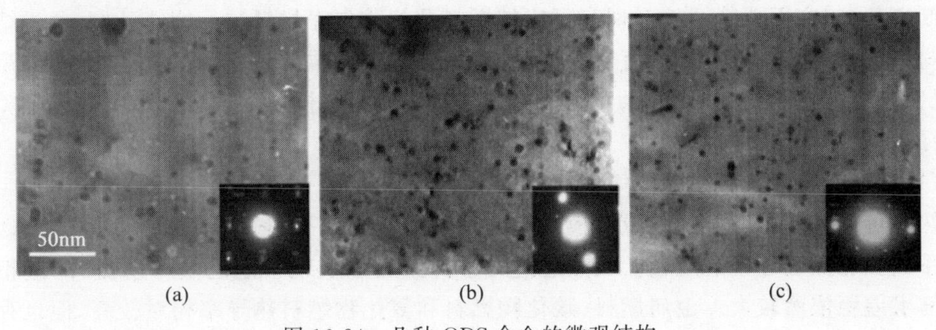

图 16-24　几种 ODS 合金的微观结构

(a) Fe-16Cr-4Al-2W-0.35Y_2O_3；(b) Fe-16Cr4Al-0.6Zr-0.35Y_2O_3；(c) Fe-16Cr-4Al-0.6Hf-0.35Y_2O_3

出了几种 ODS-FeCrAl 合金的显微结构。在室温到 1400℃范围对几种 ODS-FeCrAl 合金进行的环向拉伸实验表明，含 Zr 元素的 ODS-FeCrAl 合金的屈服强度和延伸量均高于无 Zr 元素的合金材料，ODS-FeCrAl 合金的高温强度也明显高于 Zr 合金。

16.4 事故容错燃料发展展望

新型的第四代核能系统和聚变堆系统运行温度更高，材料的辐照损伤更大，人们对其核燃料及相关材料安全性的关注度更高。图 16-25 比较了目前主要核能系统中材料的运行环境，相比于目前主流的二代水堆，新一代核能系统中核燃料和材料的服役温度更高，辐照损伤更大。前述各种新型的事故容错燃料在新一代核能系统中也都有不同程度的应用尝试。基于新型核能系统的服役经验和辐照考验反过来可以为事故容错燃料应用于商业水堆电站提供技术支撑。不同核能系统间核燃料和核用材料的选择可以相互借鉴，通过持续深入的数据累积，不断完善新型事故容错燃料的服役图景。未来，在技术层面，需要不断优化现有材料的性能指标并兼顾新型材料的研发进程。另外，事故容错燃料的研发、制备、辐照考验和运行成本也是未来其走向实际应用的综合考量指标。

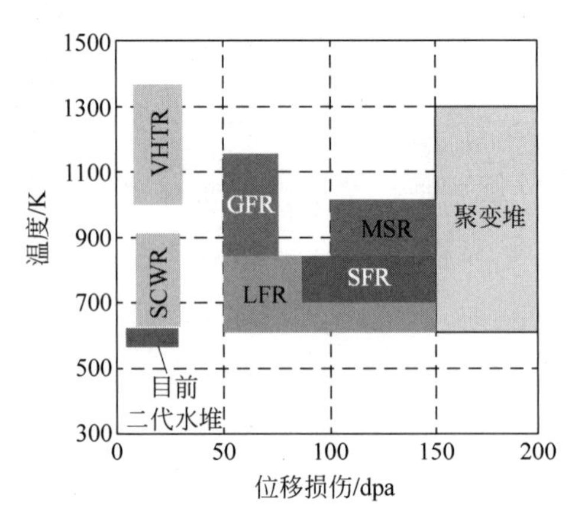

图 16-25 主要核能系统中材料的运行环境

中国科协在 2020 年 8 月发布了 10 个对科学发展具有导向作用的科学问题，其中"第五代核能系统会是什么样子？"位列其中。目前第四代核能系统尚在持续推进中，第五代核能系统的概念似乎言之尚早，但根据未来的应用场景和目前公众对核能的需求，我们可以推测第五代核能系统将会实现更加安全的运行，更加高效的发电效率，更加智能的反馈与调节，更加灵活的应用场景，甚至有可能走进人们的日常生活。核能系统越先进，对核燃料的要求就越严苛。核燃料将会面临更加复杂的服役环境，包括更高的温度，更大的压力，特殊的工作介质，更高的燃耗，甚至要面临短时的极端物理环境的冲击。对于核燃料元件，堆内辐照考验是其性能评价的必经之路。核燃料研发周期非常漫长，核燃料的未来发展需要在传承中不断创新，一方面要持续地对现有可用核燃料及相关包壳材料进行性能开发，通过结构设计和材料显微组织调控挖掘现有材料的潜能，另一方面要同步进行新材料的研发和筛选工作，以突破现有材料的性能极限。在材料的性能提升和新材料的研发过程中，有几个关键问题贯穿始终：

（1）提升核燃料的热物理性能。

热量传输关乎核燃料的能量转换效率和核能系统的安全性，目前成熟商用氧化物核燃料体系面临着低热导率的短板。虽然通过元素掺杂可以实现一定的热导率提升，但相比于实际需求差距依然较大。金属燃料、碳化物燃料和氮化物燃料热导率相对较高，但也存在其他性能指标上的不足。要持续提升核燃料的热物理性能，从材料研究层面需要从导热微观物理机制出发，深刻理解材料内部显微结构、微观缺陷等对热导性能的影响，同时综合考虑动态辐照过程中缺陷的产生与复合等因素，从基本物理原理出发调控核燃料热物理性能。另一方面，从工程学的角度，可以从宏观层面构筑等效热导更高的多级体系，通过不同结构单元的组合实现热量的快速传递。

(2) 提升核燃料的辐照性能。

辐照性能是核燃料服役的基本性能，提升核燃料辐照性能可以实现更长的服役周期，实现更高的燃耗。提升核燃料的辐照性能同样存在材料结构优化及新材料研发两个层面。虽然纳米材料表现出更好的抗辐照特性，但需要综合考虑材料纳米化之后带来的其他性能指标的变化。在辐照性能提升方面，应该抓住辐照缺陷的产生与复合这两个基本现象，将辐照效应与材料固有的结构特征耦合，充分利用材料复合的设计理念，构筑核燃料内部不同的功能区，实现辐照过程中材料显微结构演化“变”与“不变”的动态平衡。

(3) 提升核燃料的综合力学性能。

塑性的金属材料(例如 Zr 合金包壳)相对强度往往不高，高强度的陶瓷材料(例如 UO_2 芯块，SiC 包壳)一般都具有大的脆性，材料的强度和塑性的同步提升是研发过程中不断追求的目标。对于核燃料元件，除了芯块和包壳本身的力学性能外，两者之间的相互作用也是核燃料设计中着重需要考虑的问题。提升核燃料的综合力学性能也需要从材料学的基本原理出发，理解不同性能对应的机制原理，在微纳层面进行结构设计，综合运用晶粒-晶界、晶粒-气孔等相互关系，研究裂纹产生和扩展机制，研究脆性材料滑移系统的构建和启动，研究材料内部能量吸收耗散过程，优化设计软硬结合的显微结构，关注辐照耦合效应，实现综合力学性能的提升。

以上内容是未来先进核燃料研发的重要方向，也是核燃料性能提升的关键挑战。

参考文献

[1] KIM H M, KIM Y W, LIM K Y. Pressureless sintered silicon carbide matrix with a new quaternary additive for fully ceramic microencapsulated fuels[J]. Journal of the European Ceramic Society, 2019, 39: 3971-3980.

[2] ZINKLE S J, TERRANI K A, GEHIN J C, et al. Accident tolerant fuels for LWRs: A perspective[J]. Journal of Nuclear Materials, 2014, 448: 374-379.

[3] 我国新型核燃料研发获重大进展[J]. 能源与环境, 2019, 2: 32.

[4] GONG X, LI R, SUN M Z, et al. Opportunities for the LWR ATF materials development program to contribute to the LBE-cooled ADS materials qualification program[J]. Journal of Nuclear Materials, 2016, 482: 218-228.

[5] FANGHÄNEL T, RONDINELLA V V, GLATZ J P, et al. Reducing uncertainties affecting the assessment of the long-term corrosion behavior of spent nuclear fuel[J]. Inorganic Chemistry, 2013, 52: 3491-3509.

[6] YIN Q, SAVRASOV S Y. Origin of low thermal conductivity in nuclear fuels[J]. Physical Review Letters, 2008, 100: 225504.

[7] MANLY W D. Utilization of BeO in reactors[J]. Journal of Nuclear Materials, 1964, 14: 3-18.

[8] REEVE K D. Fabrication and structure of beryllium oxide-based fuels[J]. Journal of Nuclear Materials, 1964, 14: 435-443.

[9] CHRISTIE G E, JACKSON J, LYONS G A, et al. Fabrication of fuelled beryllia by extrusion and sintering[J]. Journal of Nuclear Materials, 1964, 14: 444-452.

[10] NISHIGAKI S, MAEKAWA K. Fabrication of BeO-UO_2-Be fuel pellets[J]. Journal of Nuclear Materials, 1964, 14: 453-458.

[11] ISHIMOTO S, HIRAI M, ITO K, et al. Thermal Conductivity of UO_2-BeO Pellet[J]. Journal of Nuclear Science and Technology, 1996, 33: 134-140.

[12] FINK J K. Thermophysical properties of uranium dioxide[J]. Journal of Nuclear Materials, 2000, 279: 1-18.

[13] SARMA K H, FOURCADE J, LEE S G, et al. New processing methods to produce silicon carbide and beryllium oxide inert matrix and enhanced thermal conductivity oxide fuels[J]. Journal of Nuclear Materials, 2006, 352: 324-333.

[14] KIM S K, KO W I, KIM H D, et al. Cost-benefit analysis of BeO-UO_2 nuclear fuel[J]. Progress in Nuclear Energy, 2010, 52: 813-821.

[15] CABRERO J, AUDUBERT F, PAILLER R, et al. Thermal conductivity of SiC after heavy ions irradiation[J]. Journal of Nuclear Materials, 2010, 396: 202-207.

[16] SNEAD L L, HAY J C. Neutron irradiation induced amorphization of silicon carbide[J]. Journal of Nuclear Materials, 1999, 273: 213-220.

[17] NGUYEN B N, HENAGER C H. Fiber/matrix interfacial thermal conductance effect on the thermal conductivity of SiC/SiC composites[J]. Journal of Nuclear Materials, 2013, 440: 11-20.

[18] VERRALL R A, VLAJIC M D, KRSTIC V D. Silicon carbide as an inert-matrix for a thermal reactor fuel[J]. Journal of Nuclear Materials, 1999, 274: 54-60.

[19] JAMES S T, RONALD H B. An Innovative high thermal conductivity fuel design[R]. Gainesville University of Florida, 2007.

[20] GE L H, SUBHASH G, BANEY R H, et al. Densification of uranium dioxide fuel pellets prepared by spark plasma sintering (SPS)[J]. Journal of Nuclear Materials, 2013, 435: 1-9.

[21] LI B Q, YANG Z L, JIA J P, et al. High temperature thermal physical performance of SiC/UO_2 composites up to 1600℃[J]. Ceramics International, 2018, 44: 10069-10077.

[22] LEE H S, KIM D J, KIM S W, et al. Numerical characterization of micro-cell UO_2-Mo pellet for enhanced thermal performance[J]. Journal of Nuclear Materials, 2016, 477: 88-94.

[23] CHEN Z C, SUBHASH G, TULENKO J S. Spark plasma sintering of diamond-reinforced uranium dioxide composite fuel pellets[J]. Nuclear Engineering and Design, 2015, 294: 52-59.

[24] GE L H, SUBHASH G, BANEY R H, et al. Influence of processing parameters on thermal conductivity of uranium dioxide pellets prepared by spark plasma sintering[J]. Journal of the European Ceramic Society, 2014, 34: 1791-1801.

[25] GOFRYK K, DU S, STANEK C R, et al. Anisotropic thermal conductivity in uranium dioxide[J]. Nature Communications, 2014, 5: 4551.

[26] SINGH R N. Isothermal grain-growth kinetics in sintered UO_2 pellets[J]. Journal of Nuclear Materials, 1977, 64: 174-178.

[27] HASTINGS I J, SCOBERG J A, MACKENZIE K. Grain growth in UO_2: in-reactor and laboratory testing[J]. Journal of Nuclear Materials, 1979, 82: 435-438.

[28] KURI G, MIESZCZYNSKI C, MARTIN M, et al. Local atomic structure of chromium bearing precipitates in chromia doped uranium dioxide investigated by combined micro-beam X-ray diffraction and absorption spectroscopy[J]. Journal of Nuclear Materials, 2014, 449: 158-167.

[29] MEI Z G,STAN M,YANG J. First-principles study of thermophysical properties of uranium dioxide [J]. Journal of Alloys and Compounds,2014,603: 282-286.

[30] TERRANI K A,KIGGANS J O,KATOH Y,et al. Fabrication and characterization of fully ceramic microencapsulated fuels[J]. Journal of Nuclear Materials,2012,426: 268-276.

[31] 刘俊凯,张新虎,恽迪. 事故容错燃料包壳候选材料的研究现状及展望[J]. 材料导报 A: 综述篇,2018,32(6): 1757-1778.

[32] 潘昕怿,兰兵,贾斌,等. 事故容错燃料包壳和芯块材料中子学分析[J]. 核电子学与探测技术,2016,9: 958-961.

[33] 黄鹤,邱长军,陈勇,等. 锆合金表面磁控溅射与多弧离子镀 Cr 涂层的高温抗氧化性能[J]. 中国表面工程,2018,2: 51-58.

[34] 潘晓龙,邱龙时. 事故容错锆合金包壳涂层材料研究进展[J]. 新技术新工艺,2019,12: 1-5.

[35] KHATKHATAY F,JIAO L,JIAN J,et al. Superior corrosion resistance properties of TiN-based coatings on Zircaloy tubes in supercritical water[J]. Journal of Nuclear Materials,2014,451(1-3): 346-351.

[36] ALAT E,MOTTA A T,COMSTOCK R J,et al. Ceramic coating for corrosion (c3) resistance of nuclear fuel cladding[J]. Surface and Coatings Technology,2015,281: 133-143.

[37] DAUB K,NIEUWENHOVE R V,NORDIN H. Investigation of the impact of coatings on corrosion and hydrogen uptake of Zircaloy-4[J]. Journal of Nuclear Materials,2015,467: 260-270.

[38] MA X F, WU Y W, TAN J, et al. Evaluation of corrosion and oxidation behaviors of TiAlCrN coatings for nuclear fuel cladding [J]. Surface and Coatings Technology,2019,358: 521-530.

[39] KIM J U,PARK J W. Ion Beam Mixed Oxidation protective coating on Zry-4 cladding [J]. Nuclear Instruments and Methods in Physics Research B,2016,377: 13-16.

[40] KIM H G,KIM I H,JUNG Y I,et al. Adhesion property and high-temperature oxidation behavior of Cr-coated Zircaloy-4 cladding tube prepared by 3D laser coating[J]. Journal of Nuclear Materials,2015,465: 531-539.

[41] PARK J H,KIM H G,PARK J Y,et al. High temperature steam-oxidation behavior of arc ion plated Cr coatings for accident tolerant fuel claddings[J]. Surface and Coatings Technology,2015,280: 256-259.

[42] BISCHOFF J, DELAFOY C, VAUGLIN C, et al. AREVA NP's enhanced accident-tolerant fuel developments: Focus on Cr-coated M5 cladding[J]. Nuclear Engineering and Technology,2018,50(2): 223-228.

[43] MAIER B, YEOM H, JOHNSON G, et al. Development of cold spray chromium coatings for improved accident tolerant zirconium-alloy cladding[J]. Journal of Nuclear Materials,2019,519: 247-254.

[44] KUPRIN A S, BELOUS V A, VOYEVODIN V N, et al. Irradiation resistance of vacuum arc chromium coatings for zirconium alloy fuel claddings[J]. Journal of Nuclear Materials,2018,510: 163-167.

[45] ZHONG W C,MOUCHE P A,HEUSER B J. Response of Cr and Cr-Al coatings on Zircaloy-2 to high temperature steam[J]. Journal of Nuclear Materials,2018,498: 137-148.

[46] DECK C P,JACOBSEN G M,SHEEDER J,et al. Characterization of SiC-SiC composites for accident tolerant fuel cladding[J]. Journal of Nuclear Materials,2015,466: 667-681.

[47] TERRANI K A, YANG Y, KIM Y J, et al. Hydrothermal corrosion of SiC in LWR coolant environments in the absence of irradiation[J]. Journal of Nuclear Materials,2015,465: 488-498.

[48] KATOH Y,OZAWA K,SHIH C,et al. Continuous SiC fiber,CVI SiC matrix composites for nuclear applications: Properties and irradiation effects[J]. Journal of Nuclear Materials,2014,448: 448-476.

[49] KATOH Y,TERRANI K A. Systematic technology evaluation program for SiC/SiC composite-based accident-tolerant LWR fuel cladding and core structures: Revision 2015[R]. Oak Ridge: Oak Ridge National Laboratory,ORNL/TM-2015/454,2015.

[50] BEN-BELGACEM M,RICHET V,TERRANI K A,et al. Thermo-mechanical analysis of LWR SiC/SiC composite cladding[J]. Journal of Nuclear Materials,2014,447: 125-142.

[51] GAMBLE K A,BARANI T,PIZZOCRI D,et al. An investigation of FeCrAl cladding behavior under normal operating and loss of coolant conditions[J]. Journal of Nuclear Materials,2017,491: 55-66.

[52] YAMAMOTO Y,SUN Z,PINT B A,et al. Optimized Gen-II FeCrAl cladding production in large quantity for campaign testing[R]. Oak Ridge: Oak Ridge National Laboratory,ORNL/TM-2016/227,2016.

[53] YAMAMOTO Y,PINT B A,TERRANI K A,et al. Development and property evaluation of nuclear grade wrought FeCrAl fuel cladding for light water reactors[J]. Journal of Nuclear Materials,2015,467: 703-716.

[54] MCMURRAY J W,HU R,USHAKOV S V,et al. Solid-liquid phase equilibria of Fe-Cr-Al alloys and spinels[J]. Journal of Nuclear Materials,2017,492: 128-133.

[55] YANO Y,TANNO T,OKA H,et al. Ultra-high temperature tensile properties of ODS steel claddings under severe accident conditions[J]. Journal of Nuclear Materials,2017,487: 229-237.

[56] TERRANI K A,ZINKLE S J,SNEAD L L,et al. Advanced oxidation-resistant iron-based alloys for LWR fuel cladding[J]. Journal of Nuclear Materials,2014,448: 420-435.

[57] OPILA E J,MYERS D L. Alumina volatility in water vapor at elevated temperatures[J]. Journal of the American Ceramic Society,2004,87: 1701-1705.

[58] PINT B A,TERRANI K A,BRADY M P,et al. High temperature oxidation of fuel cladding candidate materials in steam-hydrogen environments[J]. Journal of Nuclear Materials,2013,440: 420-427.

[59] TERRANI K A,KARLSEN K M,YAMAMOTO Y. Input correlations for irradiation creep of FeCrAl and SiC based on in-pile Halden test results[R]. Oak Ridge: Oak Ridge National Lab,ORNL/TM-2016/191,2016.

[60] FIELD K G,HU X X,LITTRELL K C,et al. Radiation tolerance of neutron-irradiated model Fe-Cr-Al alloys[J]. Journal of Nuclear Materials,2015,465: 746-755.

[61] FIELD K G,BRIGGS S A,SRIDHARAN K,et al. Mechanical properties of neutron-irradiated model and commercial FeCrAl alloys[J]. Journal of Nuclear Materials,2017,489: 118-128.

[62] FIELD K G,GUSSEV M N,YAMAMOTO Y,et al. Deformation behavior of laser welds in high temperature oxidation resistant Fe-Cr-Al alloys for fuel cladding applications [J]. Journal of Nuclear Materials,2014,454: 352-358.

[63] BRAASE L A,CARMACK W J. Advanced fuels campaign FY 2015 accomplishments report[R]. Idaho Falls: Idaho National Lab,INL/EXT-10-20566,2015.

[64] XU Y P,ZHAO S X,LIU F,et al. Studies on oxidation and deuterium permeation behavior of a low temperature α-Al_2O_3-forming FeCrAl ferritic steel[J]. Journal of Nuclear Materials,2016,477: 257-262.

[65] EL-GENK M S,TOURNIER J M. A review of refractory metal alloys and mechanically alloyed-oxide dispersion strengthened steels for space nuclear power systems[J]. Journal of Nuclear Materials,

2005,340: 93-112.

[66] NELSON A T,SOOBY E S,KIM Y J,et al. High temperature oxidation of molybdenum in water vapor environments [J]. Journal of Nuclear Materials,2014,448: 441-447.

[67] EL-GENK M S,TOURNIER J M. Evaluations of Mo-alloy for light water reactor fuel cladding to enhance accident tolerance[J]. Nuclear Sciences and Technologies,2016,2: 5.

[68] COCKERAM B V, SMITH R W, HASHIMOTO N, et al. The swelling, microstructure, and hardening of wrought LCAC,TZM,and ODS molybdenum following neutron irradiation[J]. Journal of Nuclear Materials,2011,418: 121-136.

[69] BYUN T S,LI M,COCKERAM B V,et al. Deformation and fracture properties in neutron irradiated pure Mo and Mo alloys[J]. Journal of Nuclear Materials,2008,376: 240-246.

[70] YOUNKER I, FRATONI M. Neutronic evaluation of coating and cladding materials for accident tolerant fuels [J]. Progress in Nuclear Energy,2016,88: 10-18.

[71] NOWOTNY V H. Strukturchemie einiger Verbindungen der Übergangsmetalle mit den elementen C,Si,Ge,Sn[J]. Progress in Solid State Chemistry,1971,5: 27-70.

[72] 郑丽雅,周延春,冯志海. MAX 相陶瓷的制备、结构、性能及发展趋势[J]. 宇航材料工艺,2013,6: 1-23.

[73] BARSOUM M W. The $M_{N+1}AX_N$ phases: A new class of solids: Thermodynamically stable nanolaminates [J]. Progress in Solid State Chemistry,2000,28(1-4): 201-281.

[74] 徐帅,陈灵芝,曹书光,等. 先进核能系统用 ODS 钢的显微组织设计与调控研究进展[J]. 材料导报,2019,33: 78-89.

附　　录

表 1　拟合方程(6-10)中各项参数

燃料	T_{max}/K	a	b	c	d	e
UC	2780	50.984 62.267	2.572e-2 −4.01856e-3	−1.868e-5 6.3037e-6	5.716e-9 0	−6.187e5 −1.02046e6
$UC_{1.5}$	1670	75.354	−2.3947e-2	2.0689e-5	0	−1.4532e6
$PuC_{0.84}$	1875	57.876	−1.4497e-2	7.7085e-6	8.6156e-9	−6.5548e5
$PuC_{1.5}$	2285	78.0375	−3.9955e-2	3.5225e-5	0	−1.08836e6

表 2　拟合方程(6-11)中各项参数

燃料	方法	T/K	A	B	C	D
UC	X D D	298～2350 293～2270 293～1811	−2.8103e-3 −2.8526e-3 −2.5964e-3	8.9622e-6 9.3877e-6 9.3467e-6	1.6321e-9 1.1886e-9 1.7564e-9	−2.0397e-13 0 0
U_2C_3	X D	298～2060 293～1970	−2.2674e-3 −3.2562e-3	6.8357e-6 1.1798e-5	2.7068e-9 −2.7793e-9	−3.7848e-13 1.5074e-12
35%Pu	X	298～1973	−2.6923e-3	8.5407e-6	1.6573e-9	0
Pu_2C_3	X	298～1930	−3.6604e-3	1.1666e-5	2.07e-9	0
(U,Pu)C,13%Pu	D	298～1173	−2.1811e-3	6.3099e-6	3.3865e-9	0
(U,Pu)C, 20%Pu,97%TD	D	293～1673	−1.9175e-3	4.3543e-6	7.6107e-9	−2.1129e-12
(U,Pu)C, 20%Pu,87%TD	D	293～1673	−1.9863e-3	4.8067e-6	6.7717e-9	−1.6082e-12

注：X 表示 X 射线衍射法；D 表示宏观膨胀法。

表 3　拟合方程(6-19)中各项参数

燃料	T_{max}/K	a	b	c	d	e
UN	3000 2628	51.14 54.149	367.5 2.2817e-3	9.491e-3 4.374e-6	2.6415e11 0	18081 −6.816e5
PuN		50.2	4.19e-3	0	0	−8.37e5
MN	1800	45.38	1.09e-2	0	0	0

表 4　拟合方程(6-11)中针对氮化物燃料热膨胀系数的各项参数

燃料	方法	T/K	A	B	C	D
UN	X X X	298～2523 298～2500 298～2523	−2.08e-3 −2.3885e-3 −1.8014e-3	6.6774e-6 7.8656e-6 5.3239e-6	1.4093e-9 4.9980e-10 2.4952e-9	0 5.921e-15 −2.5407e-13
20%Pu	D	293～1800	−1.9093e-3	5.6354e-6	3.1545e-9	−5.0324e-13
50%Pu	D	293～1450	−2.7145e-3	8.8369e-6	1.5329e-9	−2.5294e-13

注：X 表示 X 射线衍射法；D 表示宏观膨胀法。